U0243535

小动物外科手术彩色图解

（扫码看视频）

李建基　王　亨　主编

·北　京·

图书在版编目（CIP）数据

小动物外科手术彩色图解：扫码看视频/李建基，王亨主编.—北京：化学工业出版社，2023.5（2025.1重印）

ISBN 978-7-122-42942-1

Ⅰ.①小… Ⅱ.①李… ②王… Ⅲ.①动物疾病-外科手术-图解 Ⅳ.①S857.12-64

中国国家版本馆CIP数据核字（2023）第023318号

责任编辑：邵桂林　　文字编辑：李玲子　药欣荣　陈小滔
责任校对：宋　夏　　装帧设计：溢思视觉设计 E-mail: isstudio@126.com / 李申 Li Shen

出版发行：化学工业出版社（北京市东城区青年湖南街13号　邮政编码100011）
印　　装：盛大（天津）印刷有限公司
787mm×1092mm　1/16　印张$23^3/_4$　字数463千字　2025年1月北京第1版第2次印刷

购书咨询：010-64518888　　售后服务：010-64518899
网　　址：http://www.cip.com.cn
凡购买本书，如有缺损质量问题，本社销售中心负责调换。

定　　价：168.00元

编写人员名单

主　　编　李建基　王　亨

副 主 编　董俊升　李　俊　崔璐莹

编写人员（以姓氏笔画为序）

马卫明　山东农业大学
马玉忠　河北农业大学
王　亨　扬州大学
包喜军　公安部南京警犬研究所
毕崇亮　临沂大学
刘　云　东北农业大学
刘俊栋　江苏农牧科技职业学院
闫振贵　山东农业大学
李　玲　江苏农牧科技职业学院
李　俊　扬州大学
李建军　天津农学院
李建基　扬州大学
邱昌伟　华中农业大学
邵春艳　浙江农林大学
孟　霞　扬州大学
崔璐莹　扬州大学
董　婧　沈阳农业大学
董俊升　扬州大学
韩春杨　安徽农业大学

绘　　图　禹翠爱　扬州大学

摄　　像　王　亨

手术操作　李建基　王　亨　李　俊
　　　　　熊文斌　郭　龙　王志浩

剪辑与制作　董俊升　袁长宁

解　　说　邵新宇

前言

FOREWORD

本书是在笔者主编《兽医临床外科诊疗技术及图解》（下册）基础上由改编的文字、图片与视频融于一体的兽医临床手术实践参考书，重点介绍宠物疾病的手术诊疗技术。书中首先对各种小动物共用的外科基本知识与操作技术做了介绍，然后对兽医临床常见疾病的手术方法以文字与图片的形式做了较详细的叙述；针对有代表性的一些手术操作方法以视频的方式进行了讲解。其中，一些图片和视频以示教的形式呈现，着重介绍方法，特意分解操作，例如，结扣拉紧、缝合密闭，以便于读者了解操作方法。

全书内容以小动物疾病的外科手术诊疗技术为主干，突出手术操作的要点，且侧重于教学和实践用书。文字、图片和视频的有机结合使其更具实用性与直观性，这有助于提高教学与学习的效率。本书可作为动物医学专业学生和临床兽医工作者学习和规范实践操作的工具书，也可作为参加国家执业兽医资格考试人员的复习参考书。

本书在编写、采集图片和录制视频过程中，得到刘康军、郭龙、王志浩、袁长宁、邵新宇、吴艳菊、王培莉等同学的帮助，在此一并表示感谢！

尽管我们做了许多努力，但由于水平所限，不当或疏漏之处在所难免，敬请广大读者批评指正！

李建基

2023年4月于扬州大学

CONTENTES

第一章 外科手术基本操作

第二章　包扎法与穿刺术

第三章　损伤与外科感染手术

第四章　头部疾病手术

第五章　眼部疾病手术

第六章　颈部手术

第七章　胸部疾病手术

第八章　腹疝的手术

第九章　胃肠疾病手术

第十章　泌尿器官疾病手术

第十一章　生殖器官疾病手术

第十二章 骨折手术

第十三章 四肢与脊柱疾病手术

视频目录

第一章 外科手术基本操作

第一节 灭菌与消毒

一、手术器械、手术用品的灭菌与消毒

常用的基本手术器械有手术刀、手术剪、手术镊、止血钳、持针钳、缝针、创巾钳、肠钳、牵开器等。手术用品包括手术衣、手术帽、口罩、乳胶手套、创巾、纱布和缝线等。常用的消毒方法包括热力消毒法和化学消毒法。

1. 热力消毒法

临床上常用的热力消毒法有以下两种。

（1）煮沸灭菌法　煮沸灭菌法广泛应用于手术器械和常用物品的消毒。一般用自来水加热，水沸后3～5分钟将器械、物品放到煮锅内，待第二次水沸时计算时间，15分钟可将一般的细菌杀死，但不能杀灭芽孢。对可能污染细菌芽孢的器械或物品，必须煮沸60分钟以上。

（2）高压蒸汽灭菌法　灭菌原理都是利用蒸汽在容器内积聚产生的压力，蒸气压为0.1～0.137兆帕，温度可达121.6～126.6℃，维持30分钟左右，能杀灭所有的细菌和芽孢。

3. 化学消毒法

临床上常用的化学消毒方法有以下两种。

（1）新洁尔灭浸泡法　0.1%新洁尔灭溶液，常用于消毒手臂和其它可以浸湿的用品。器械，浸泡30分钟，不再用水冲洗，可直接应用，对组织无损害；稀释后的水溶液可以长时间贮存，但贮存时间一般不超过4个月。浸泡器械时为防止生锈，可按比例加入0.5%的亚硝酸钠。环境中的有机物会使新洁尔灭的消毒能力显著下降，故应用时需注意不可带有血污或其它有机物；不可与肥皂、碘酊、高锰酸钾和碱类药物混合应用。

（2）酒精浸泡法　一般采用70%酒精，可用于浸泡器械，特别是有刃的器械，浸泡时间不少于30分钟。

二、手术人员的消毒

1. 更衣

在术前穿着清洁的衣服，短袖上衣，戴好手术帽和口罩。手术帽应把头发全部遮住，帽的下缘达眉毛上方和耳根顶端。口罩完全遮住口和鼻。戴眼镜的人员为了避免因呼吸的水汽使镜片模糊，可将口罩的上缘用胶布贴在面部，或是在镜片上涂抹薄层肥皂（用干布擦干净）。

2. 手臂的清洗与消毒

手臂用肥皂、毛刷反复擦刷和用流水充分冲洗。按指甲缝、手指端、指间、手掌、掌背、腕背、前臂、肘部及以上顺序擦刷，刷洗5～10分钟，然后用流水将肥皂沫充分洗去。

将擦刷过的手前臂拭干浸泡在70%酒精或0.1%新洁尔灭溶液或洗必泰溶液或7.5%碘伏（或0.75%聚乙烯酮碘）溶液，浸泡5分钟。用酒精浸泡消毒后再用2%碘酊涂擦甲缘、指端等处，然后用70%酒精脱碘后穿手术衣和戴灭菌手套；用新洁尔灭或洗必泰浸泡消毒后的手臂，可自然干燥后穿手术衣；用碘伏消毒时，需要连续浸泡两次，然后自然干燥后穿手术衣。穿手术衣时用两手拎起衣领部，放于胸前将衣服向上抖动，双手趁机伸入上衣的两衣袖内，助手协助手术人员在背后系好衣带，然后再戴灭菌手套（图1-1、图1-2）。双手放在胸前略微举起，妥善保护手臂，准备进行手术（图1-3）。手术人员的术前消毒见视频1-1。

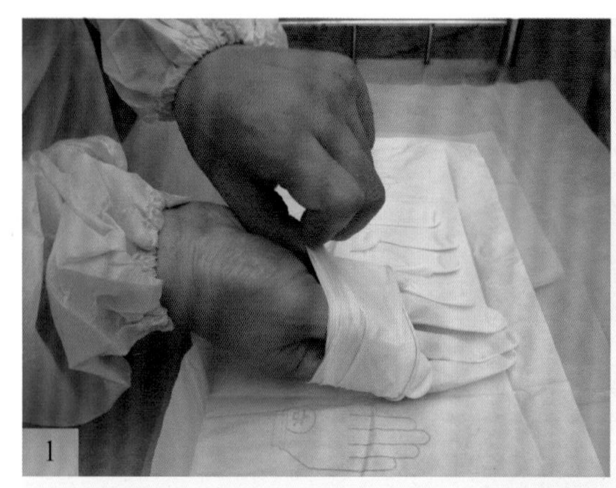

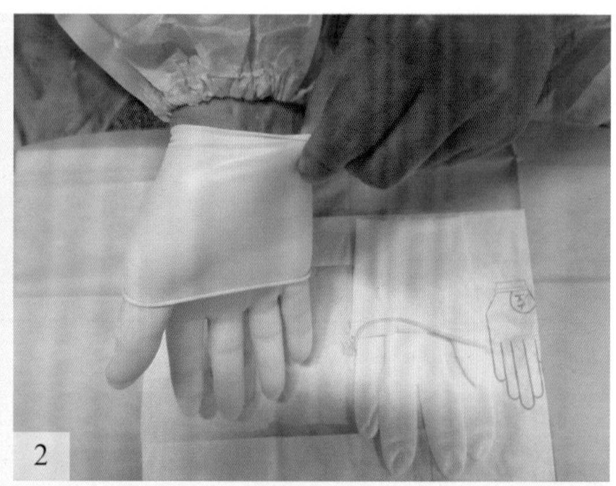

图1-1 右手戴手套

1—外翻手套的掌部，用左手指捏住手套的内面；2—一边套入右手一边移动左手，直到右手指进入手套为止

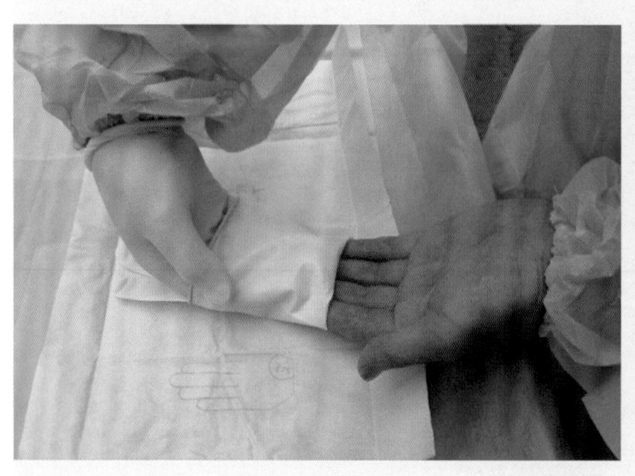

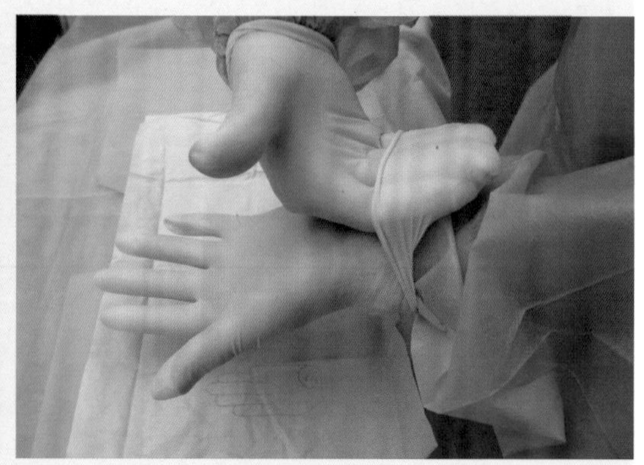

图1-2 左手戴手套

右手伸入外翻的手套间隙内，在不接触左手手套内面与左手皮肤的情况下将手套套在左手上

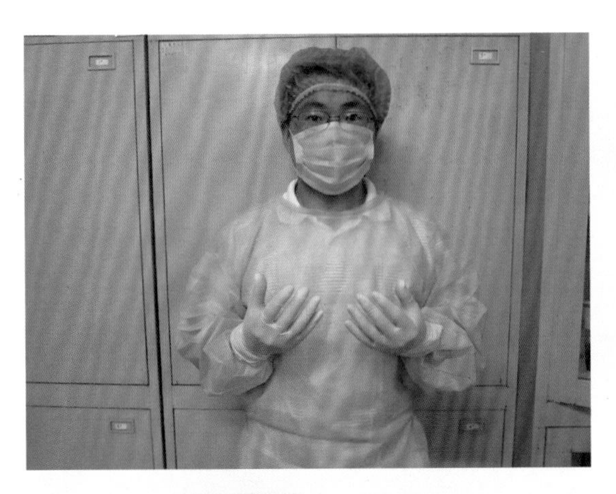

图1-3　术者的隔离

双手放在胸前略微举起，保护手臂，准备进行手术

视频1-1

手术人员的术前消毒

三、患病动物的消毒

1. 术部除毛

手术前用肥皂水刷洗术部及周围大面积的被毛，然后用剃毛刀剃毛。体表清洁的动物，可用电动理发剪剪短被毛，然后再用剃毛刀除去残留的毛。剃毛的范围要超出切口周围20～25厘米，小动物可为10～15厘米。剃毛后，用肥皂反复擦刷并用清水冲净，最后用灭菌纱布拭干（图1-4）。

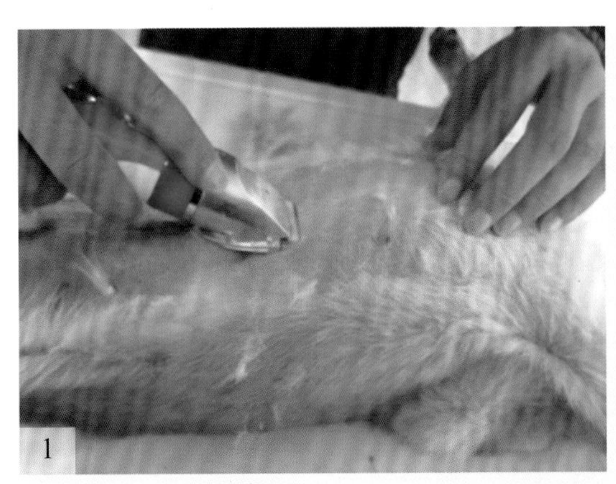

图1-4　剃毛法

1—电剃毛剪剪短被毛；2—用肥皂水清洗后用剃毛刀刮去被毛，再次用肥皂水清洗后，擦干

2. 术部消毒

术部的皮肤消毒，常用的药物是2%~5%碘酊、5%~7.5%碘伏和70%~75%酒精。在消毒时若为无菌手术，应由手术区中心部向四周涂擦（图1-5）；若是已感染的创口，则应由较清洁的四周向患处涂擦。碘酊消毒后稍待片刻，再以70%酒精将碘酊擦去，以免碘被带入创内刺激组织。

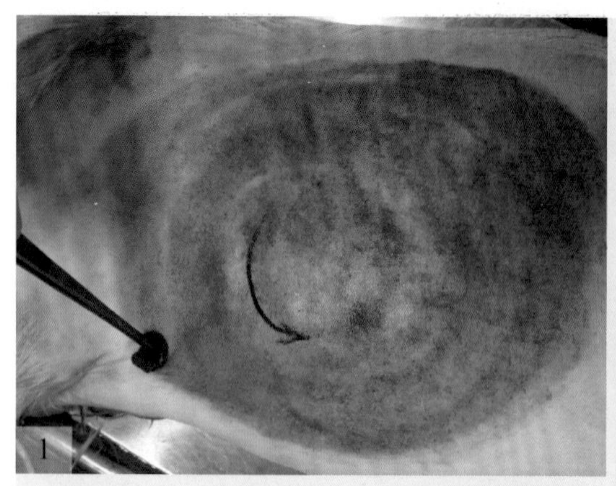

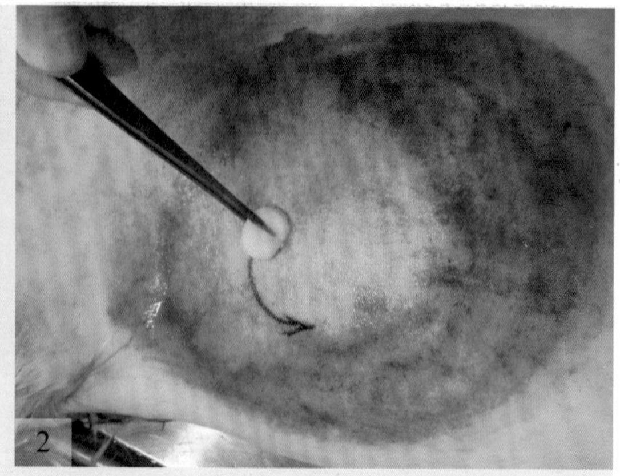

图1-5 术部消毒法

1—自术部中心向周围涂擦消毒；2—用酒精脱脂棉自中心开始脱碘

对口腔、鼻腔、阴道、肛门等处的黏膜消毒不可使用碘酊，可用0.1%新洁尔灭、高锰酸钾溶液；眼结膜多用2%～4%硼酸溶液消毒；蹄部手术用2%煤酚皂溶液做蹄浴。

视频1-2
动物术部准备

3. 术部隔离

采用大块有孔创巾覆盖手术区，仅在中间露出切口部位，使术部与周围完全隔离。在全身麻醉下进行手术时，可用四块创单隔离术部（图1-6）。皮肤切开后，用小创单隔离皮肤创缘。

动物术部准备见视频1-2。

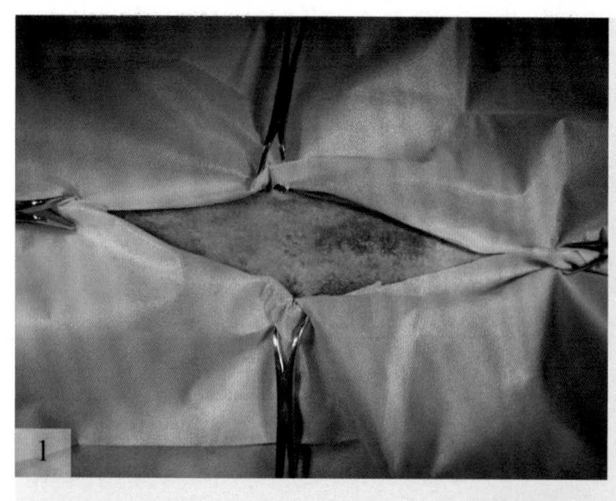

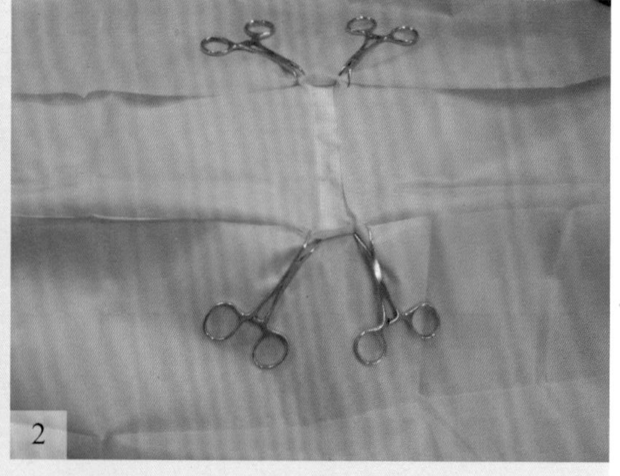

图1-6 术部隔离法

1—有孔创巾隔离法；2—四块创单隔离法

第二节　常用外科手术器械的使用

熟练地掌握手术器械的使用方法，对保证手术基本操作的正确性有很大影响，是外科手术的基本功。

一、常用的手术器械

常用的手术器械有手术刀、手术剪、手术镊、止血钳、持针钳、缝针、巾钳、肠钳、牵开器等，现分述如下。

1. 手术刀

手术刀由刀柄和刀片两部分构成。刀片和刀柄有不同的规格，常用的刀柄规格为4号、6号、8号，这三种型号刀柄安装19号、20号、21号、22号、23号、24号大刀片；3号、5号、7号刀柄安装10号、11号、12号、15号小刀片。按刀刃的形状可分为圆刃手术刀、尖刃手术刀和弯形尖刃手术刀等。根据不同的需要，执刀的姿势和力量有下列几种：

（1）指压式　为常用的一种执刀法。以手指按刀背后1/3处，用腕与手指力量切割（图1-7）。适用于切开皮肤、腹膜及切断钳夹的组织。

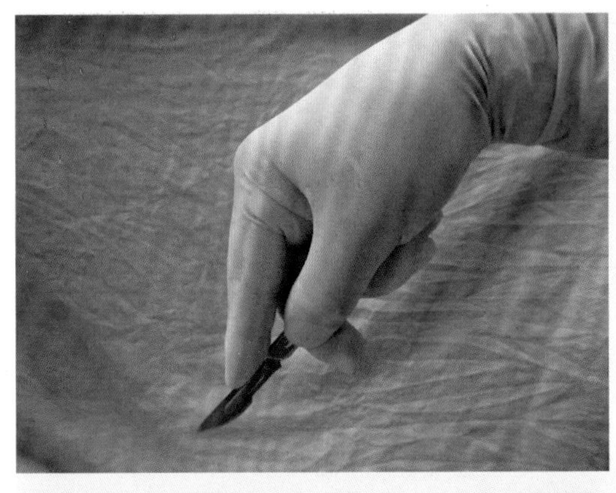

图1-7　指压式持刀法

（2）执笔式　类似于执钢笔。动作主要在腕部，力量主要在手指（图1-8），适合小力量短距离精细操作，用于切割短小切口，分离血管、神经等。

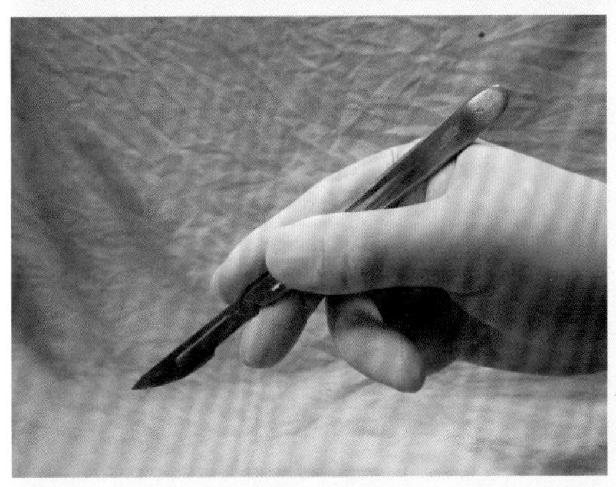

图1-8　执笔式持刀法

（3）全握式　力量在手腕（图1-9），用于切割范围广、用力较大的切口，如切开较长的皮肤切口、筋膜、慢性增生组织等。

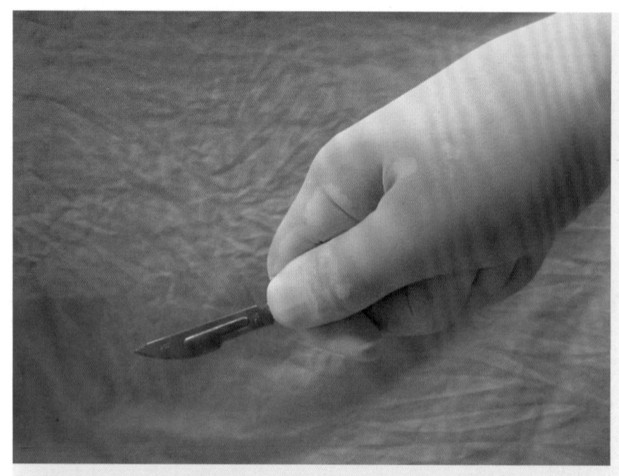

图1-9 全握式持刀法

（4）反挑式　刀刃刺入组织内由内向外挑开组织（图1-10），以免损伤深部组织，如切开腹膜，避免损伤内脏。

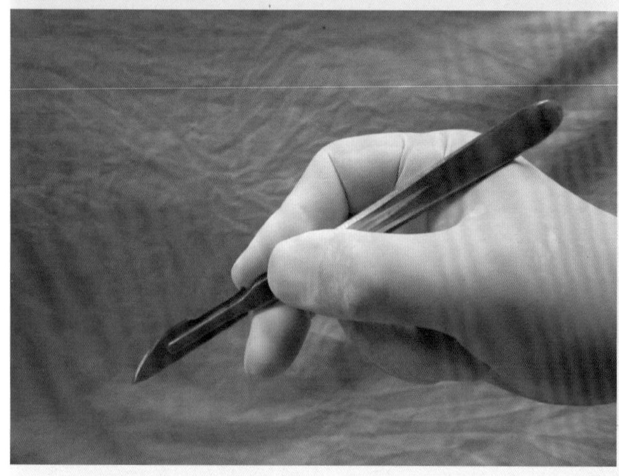

图1-10 反挑式持刀法

执手术刀法见视频1-3。

2. 止血钳

止血钳用于夹住出血部位的血管或出血点，以达到直接钳夹止血的目的，有时也用于分离组织、牵引缝线。止血钳一般有弯、直两种，大小不一。直钳用于浅表组织的止血，弯钳用于深部止血。小型号的蚊式止血钳，用于眼科及精细组织的止血。用于血管手术的止血钳，齿槽的齿较细、较浅，弹力较好，对组织压榨作用和对血管壁及其内膜的损伤亦较轻，称“无损伤”血管钳。止血钳尖端带齿者，叫有齿止血钳，多用于夹持较厚的坚韧组织，如骨组织的止血。

视频1-3
执手术刀法

执拿止血钳的方式与手术剪相同（图1-11）。松钳方法：用右手时，将拇指及第四指插入柄环内捏紧使锁扣分开，再将拇指内旋即可；用左手松钳时，拇指及食指持一柄环，第三、四指顶住另一柄环，二者相对用力，即可松开（图1-12）。

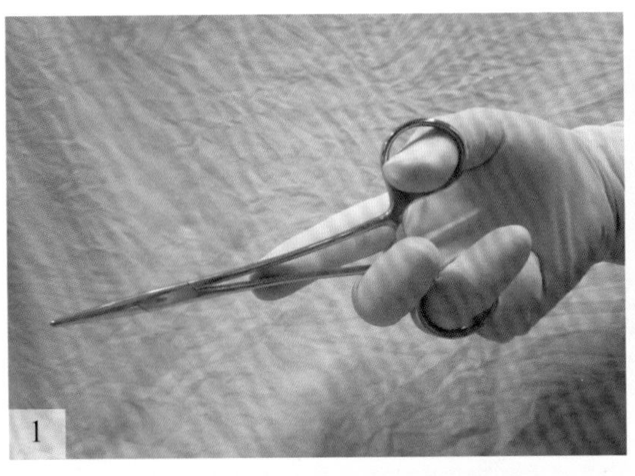

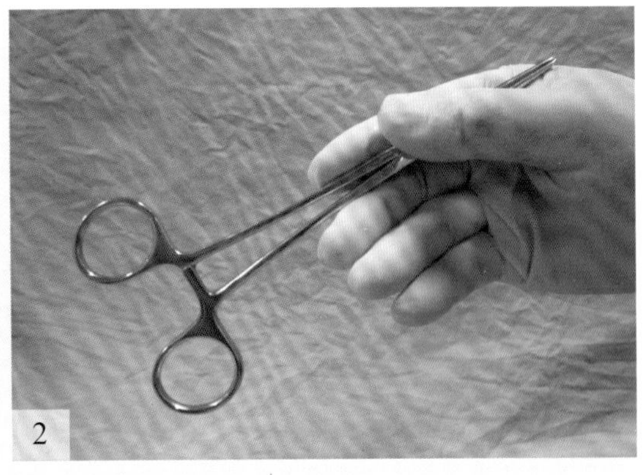

图1-11 止血钳的使用与传递方法

1—持止血钳的方法；2—传递止血钳的方法

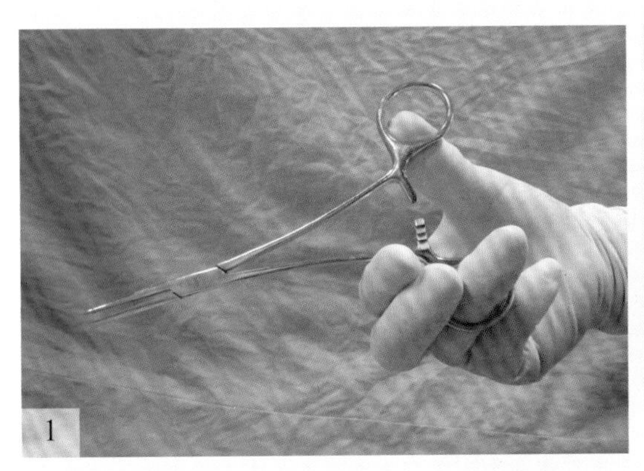

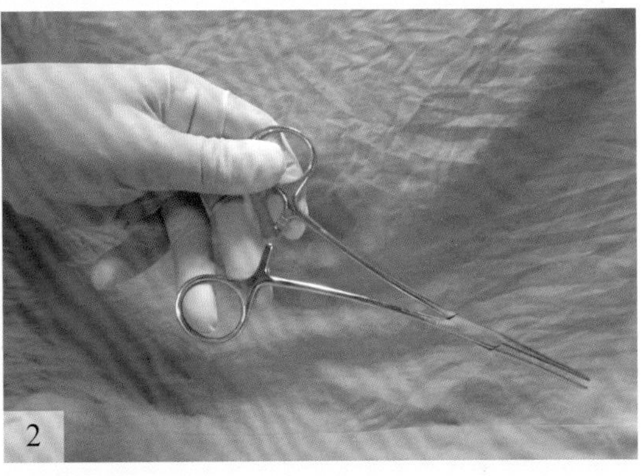

图1-12 松止血钳的方法

1—右手松钳法；2—左手松钳法

3. 手术镊

镊的尖端分有齿及无齿（平镊），又有短型与长型、尖头与钝头之别，可按需要选择。有齿镊损伤性大，用于夹持坚硬组织。无齿镊损伤性小，用于夹持脆弱的组织及脏器。精细的尖头平镊对组织损伤较轻，用于血管、神经、黏膜手术。执镊法是用拇指对食指和中指执拿（图1-13）。

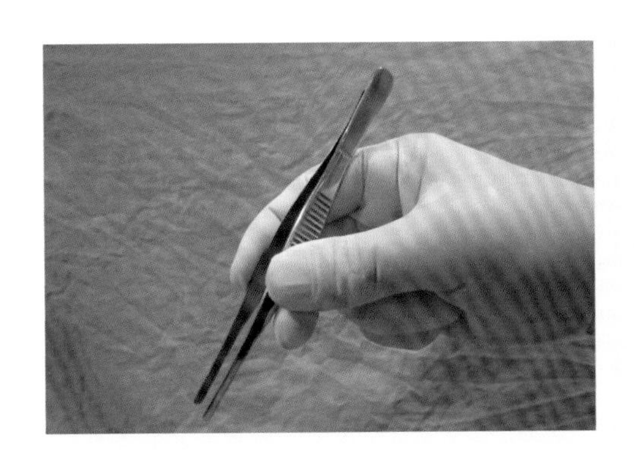

图1-13 持手术镊法

4. 手术剪

组织剪分大小、长短和弯直几种，直剪用于浅部手术操作，弯剪用于深部组织分离。执剪法是以拇指和第四指插入剪柄的两环内，食指轻压在剪柄和剪刀交界的关节处，中指放在第四指环的前外方柄上，准确地控制剪的方向和剪开的长度（图1-14）。

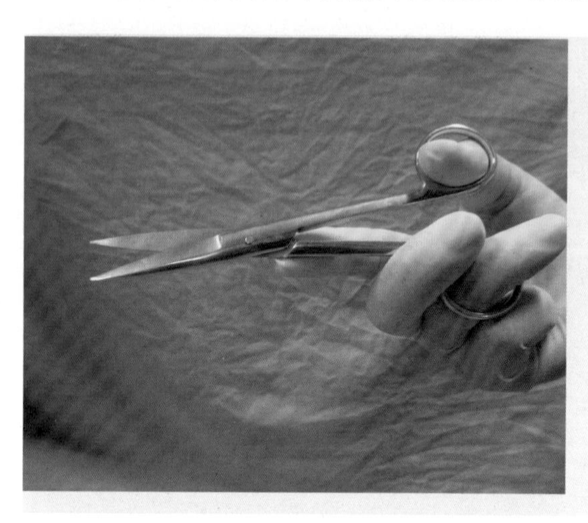

图1-14 持手术剪法

5. 持针钳或持针器

持针钳或持针器用于夹持缝针缝合组织。使用持针钳夹持缝针时，缝针应夹在靠近持针钳的尖端前1/3。一般应夹在缝针的针尾1/3处，缝线应重叠1/3，以便操作（图1-15）。

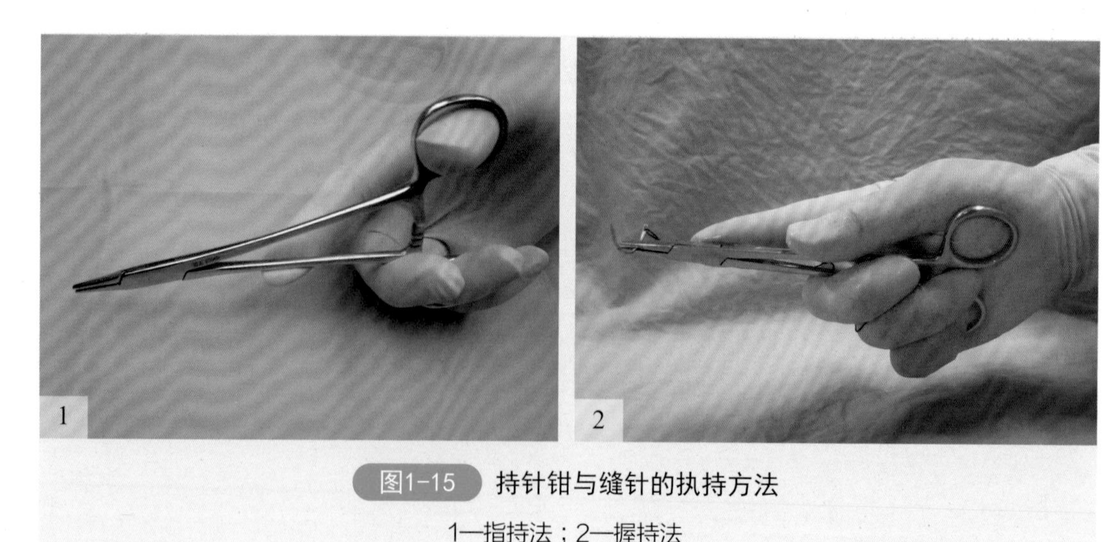

图1-15 持针钳与缝针的执持方法

1—指持法；2—握持法

6. 缝合针

缝合针主要用于闭合组织或贯穿结扎。缝合针分为两种类型，一种是带线缝合针或称无孔缝合针：缝线已包在针尾部，针尾较细，仅单股缝线穿过组织，缝合孔道小，对组织损伤小，又称为“无损伤缝针”，多用于血管、肠管缝合。另一种是有孔缝合针，这种缝合针能多次再利用。有孔缝合针以针孔不同分为两种：一种为穿线孔缝合针，缝线由针孔穿进；另一种为弹机孔缝合针，针孔有裂槽，缝线由裂槽压入针孔内。

缝合针规格分为直型、1/2弧型、3/8弧型和半弯型。缝合针尖端分为圆锥形和三角形。三角形针有锐利的刃缘，能穿过较厚较致密组织。直型圆针用于缝合可充分显露的组织，如用于胃肠、子宫、膀胱等脏器的缝合，用手指直接持针操作。弯针需用持针器操作（图1-16、图1-17）。

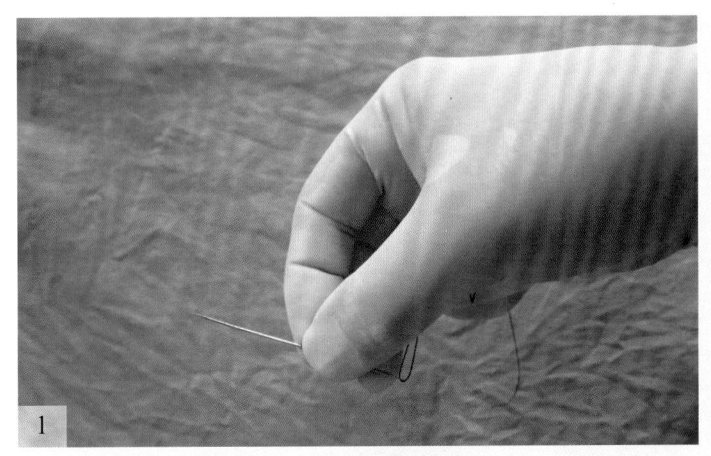

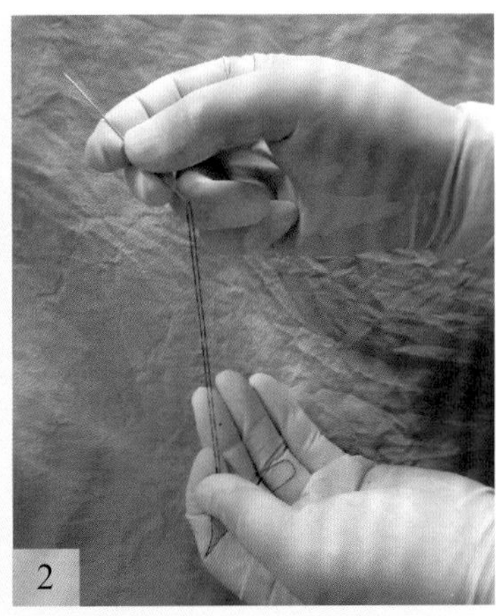

图1-16　直针的手持与传递方法

1—手持直针法；2—传递直针的方法

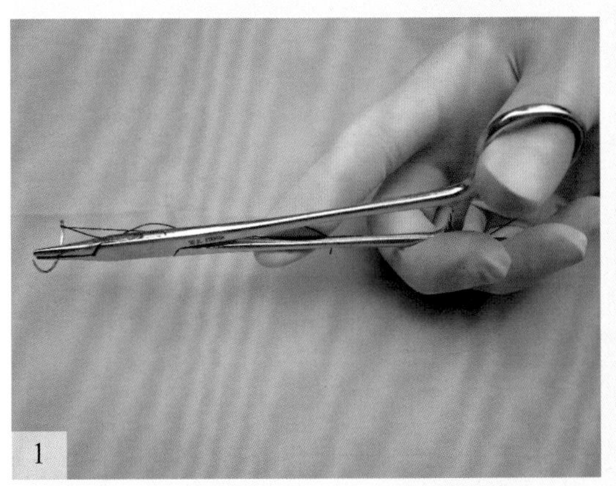

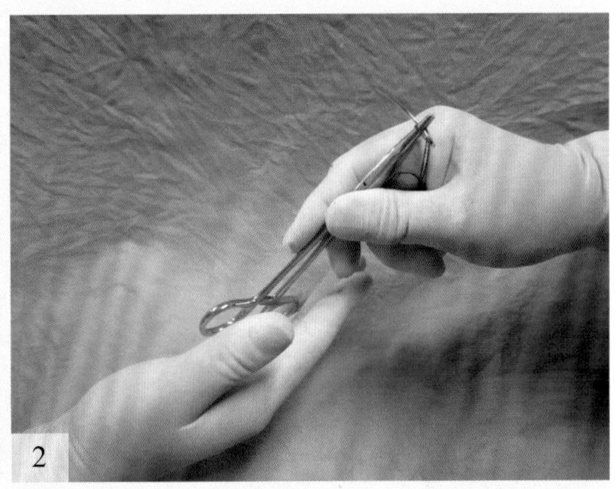

图1-17　弯针的夹持与传递方法

1—夹持弯针；2—传递持针钳与弯针

7. 牵开器

牵开器也称拉钩，用于牵开术部表面组织，加强深部组织显露，以利于手术操作。根据需要有各种不同的类型，可分为手持牵开器和固定牵开器两种。

8. 巾钳

巾钳用以固定手术巾，使用时连同手术巾一起夹在皮肤上，防止手术巾移动。

9. 肠钳

肠钳用于肠管手术，以阻断肠内容物的移动、溢出或肠壁出血。

在实施手术时，手术器械须按照一定的方法传递。例如传递手术刀时，器械助手应握住刀柄与刀片衔接处的背部，将刀柄端送至术者手中；传递手术剪、止血钳、肠钳、持针钳等，器械助手应握住钳、剪的中部，将柄端递给术者（图1-18）。在传递直针时，助手应先穿好缝线，拿住缝针前部递给术者，术者取针时应握住针尾部，切不可将针尖传递给操作人员。

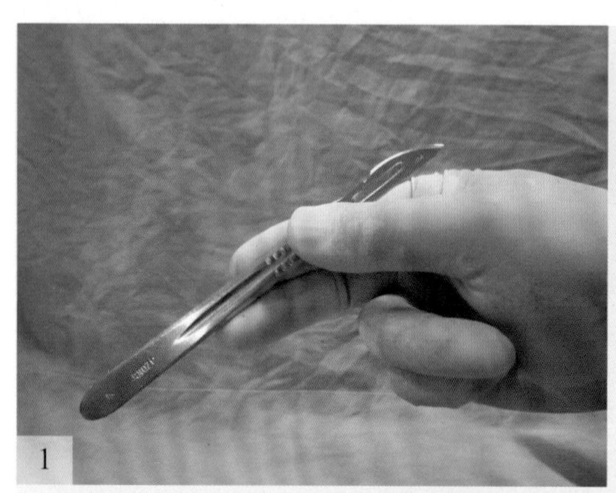

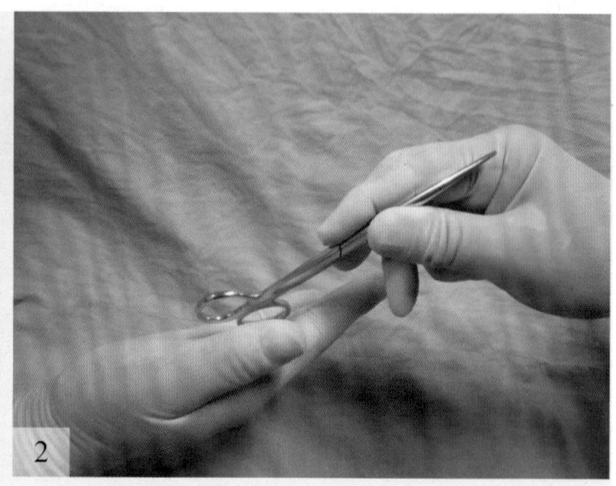

图1-18 手术刀与手术剪的传递方法

1—传递手术刀；2—传递手术剪

二、高频电刀

高频电刀能够切割组织和凝固小血管。其是通过高频电的热作用切割组织和产生微凝固组织蛋白作用。

高频电刀只能用于切割浅表组织，不能做深层组织切割，因为深层组织切割时，电极易造成周围组织损伤。皮肤、筋膜应用高频电刀切割时比较容易，而脂肪组织、皮下组织最好选择手术刀分离。肌肉组织切割避免应用低频电流，因为切割时容易产生肌肉收缩，出现不规则的切口。

电凝止血时，用小球形电极直接触及小血管断端或用止血钳夹住血管断端或用电极直接触及夹住血管断端的止血钳尖部，可以电凝止血。大于1毫米直径的血管应该结扎，电凝效果不佳（图1-19）。

操作时，需使电极接触组织面积最小，触及组织后立即离开。延长凝固时间会增大组织破坏直径，增加术后感染的机会。血液和等渗电解质溶液能传播电极的输出，组织面不需要干燥，而需要适宜的湿度，可使用湿润海绵保持创面湿度。

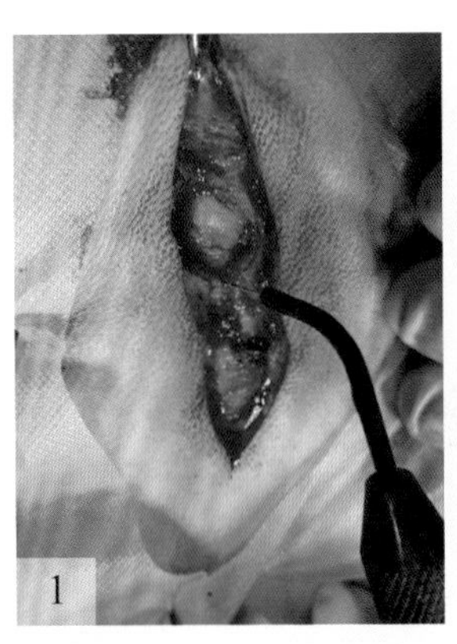

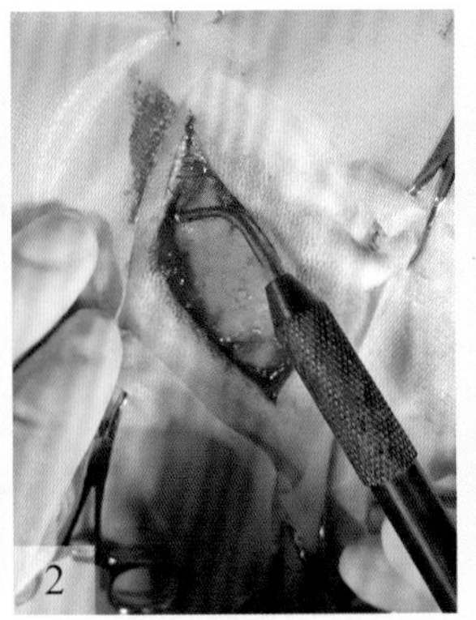

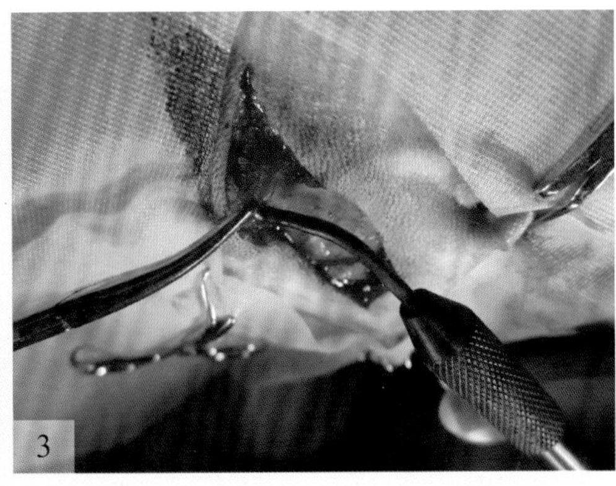

图1-19　高频电刀的切割与止血

1—电刀切割；2—对弥漫性出血用球形电凝器直接做电凝止血；3—钳夹小血管后电凝止血

第三节　组织的切开与分离

一、锐性分离

锐性分离用刀或剪刀进行。用刀分离时，以刀刃沿组织间隙作垂直的短距离切开（图1-20）。用剪刀时以剪刀尖端伸入组织间隙内，张开剪柄分离组织，在确定没有重要的血管、神经后，再予以剪断。锐性分离对组织损伤较小，术后反应也少，愈合较快，但必须熟悉解剖，在直视下辨明组织结构时进行。

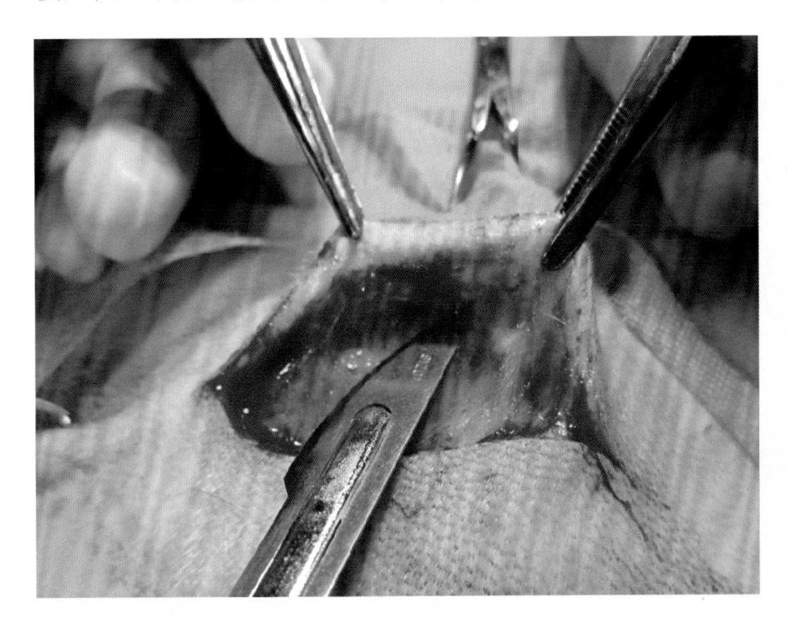

图1-20

用手术刀锐性分离法

二、钝性分离

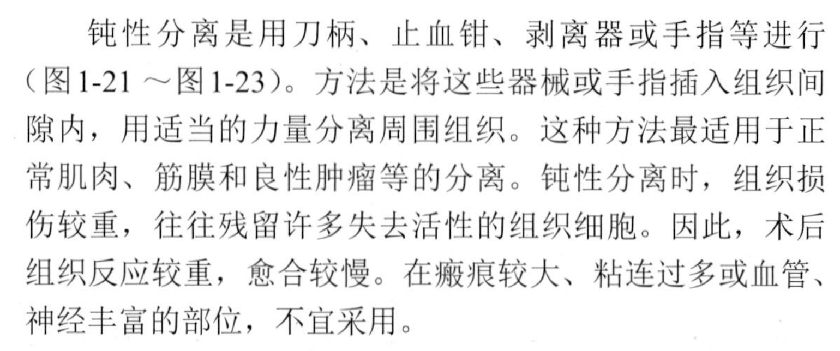

钝性分离是用刀柄、止血钳、剥离器或手指等进行（图1-21～图1-23）。方法是将这些器械或手指插入组织间隙内，用适当的力量分离周围组织。这种方法最适用于正常肌肉、筋膜和良性肿瘤等的分离。钝性分离时，组织损伤较重，往往残留许多失去活性的组织细胞。因此，术后组织反应较重，愈合较慢。在瘢痕较大、粘连过多或血管、神经丰富的部位，不宜采用。

组织分离方法见视频1-4。

视频1-4

组织分离方法

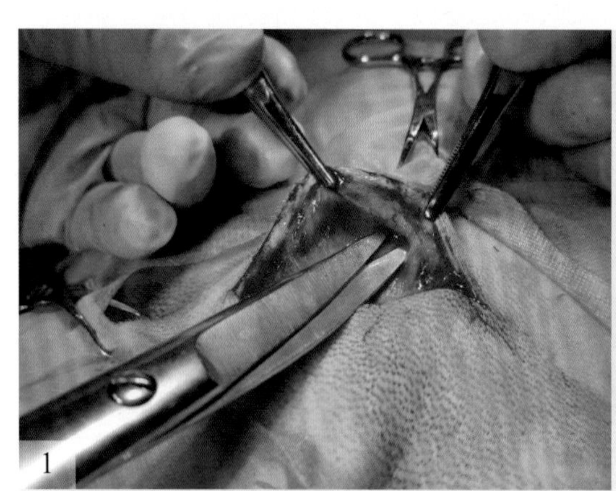

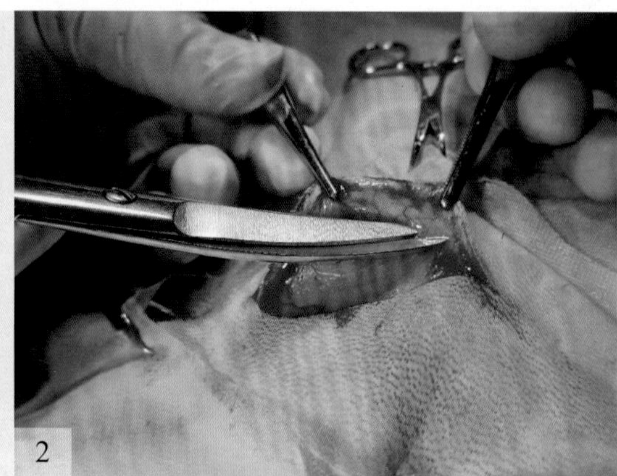

图1-21　用手术剪分离法

1—手术剪插入组织内做钝性分离；2—剪断被钝性分离的组织或直接剪断组织

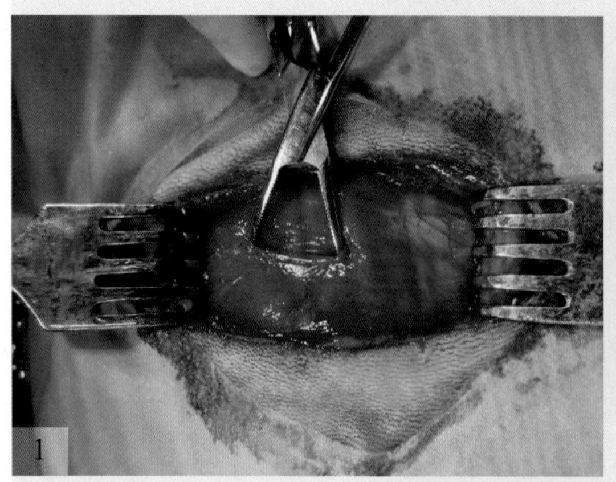

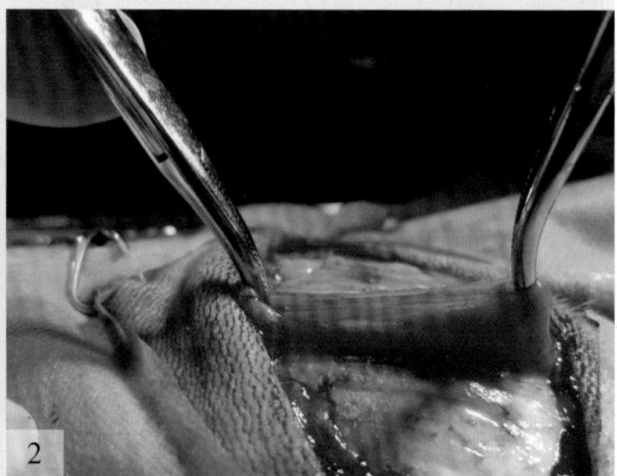

图1-22　用止血钳钝性分离法

1—单止血钳分离法；2—双止血钳分离法

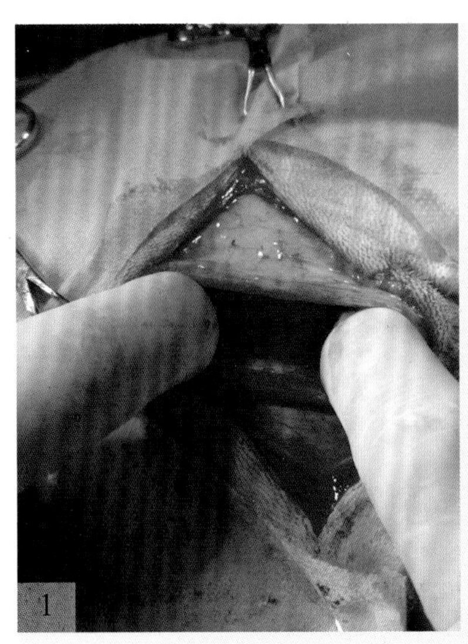
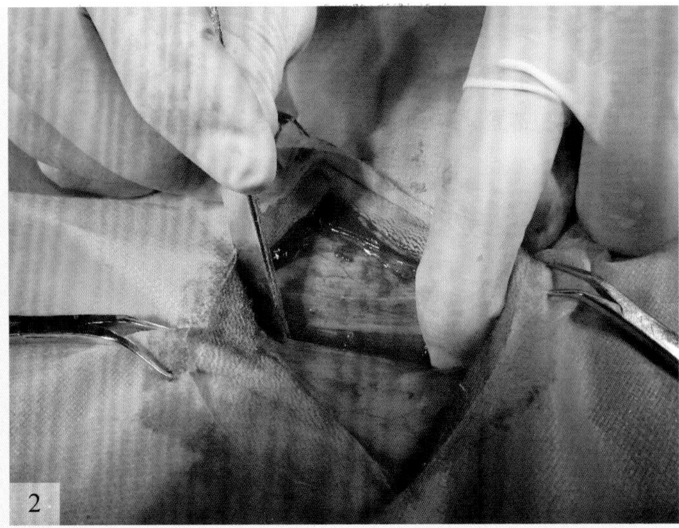

图1-23 用手指钝性分离法

1—手指分离法；2—刀柄配合手指分离法

三、不同组织的常用切开法

1. 皮肤切开法

（1）紧张切开　皮肤的活动性较大，切皮时易造成皮肤和皮下组织切口不一致。由术者与助手用手在切口两旁或上、下将皮肤展开固定（图1-24），或由术者用拇指及食指在切口两旁将皮肤撑紧并固定，刀刃与皮肤垂直，用力均匀地一刀切开皮肤及皮下组织，必要时也可补充运刀，但要避免多次切割致重复刀痕和切口边缘参差不齐或出现锯齿状的切口。

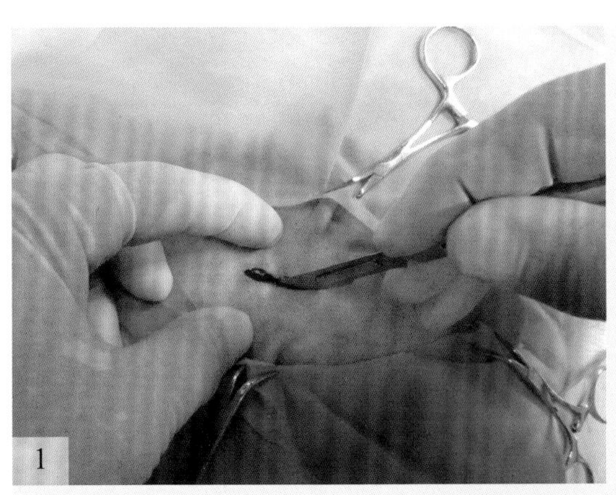
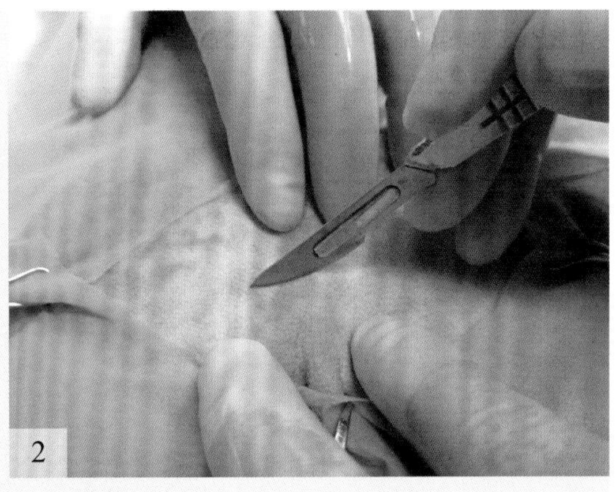

图1-24 皮肤紧张切开法

1—单手绷紧皮肤紧张切开法；2—助手辅助绷紧皮肤紧张切开法

（2）皱襞切开　在切口的下面有大血管、大神经、分泌管和重要器官，而皮下组织较为疏松时，为了使皮肤切口位置正确且不误伤其下部组织，术者和助手应在预定切线的两侧，用手指或镊子提拉皮肤呈垂直皱襞，并进行垂直切开（图1-25）。

皮肤切开法见视频1-5。

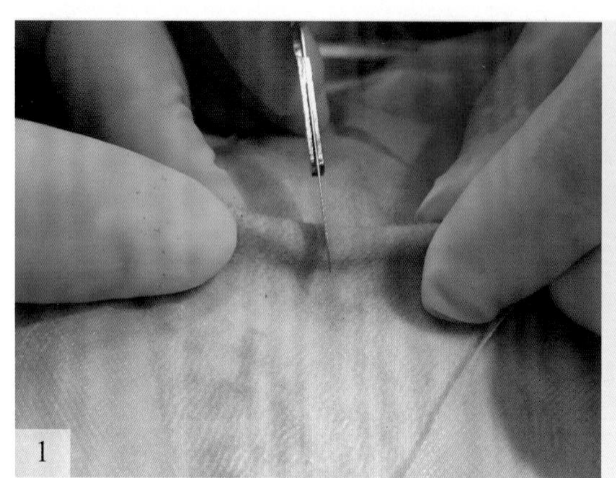

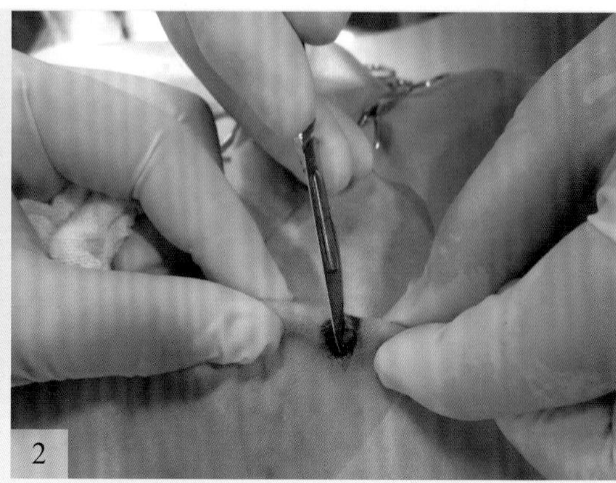

图1-25　皮肤皱襞切开法

1—提起皮肤，一次性切透皮肤；2—助手沿切口方向制作皮肤皱褶，以供术者继续切割

2. 皮下组织分离法

切开皮肤后组织的分割宜用逐层切开的方法，以便识别组织，避免或减少对大血管、大神经的损伤。皮下疏松结缔组织内分布有许多小血管，故多用钝性分离。方法是先将组织刺破，再用手术刀柄、止血钳或手指进行剥离。

3. 筋膜和腱膜的分离

用刀在其中央作一小切口，然后用弯止血钳在此切口上、下将筋膜下组织与筋膜分开，沿分开线剪开筋膜。筋膜的切口应与皮肤切口等长。若筋膜下有神经、血管，则用手术镊将筋膜提起，用反挑式执刀法作一小孔，经小切口伸入镊子，在其引导下切开。

4. 肌肉的分离

肌肉的分离一般是沿肌纤维方向作钝性分离。方法是用刀柄、止血钳或手指顺肌纤维方向剥离，扩大到所需要的长度，但在紧急情况下，或肌肉较厚并含有大量腱质时，为了使手术通路广阔和排液方便也可横断肌纤维。横过切口的血管可用止血钳钳夹，或用细线在两端结扎后从中间将血管切断。

视频1-5

皮肤切开法

5. 腹膜的分离

腹膜的分离可用组织钳或止血钳提起腹膜作一小切口，利用食指和中指或有沟探针引导，再用手术刀或剪刀切开（剪开）腹膜（图1-26、图1-27）。

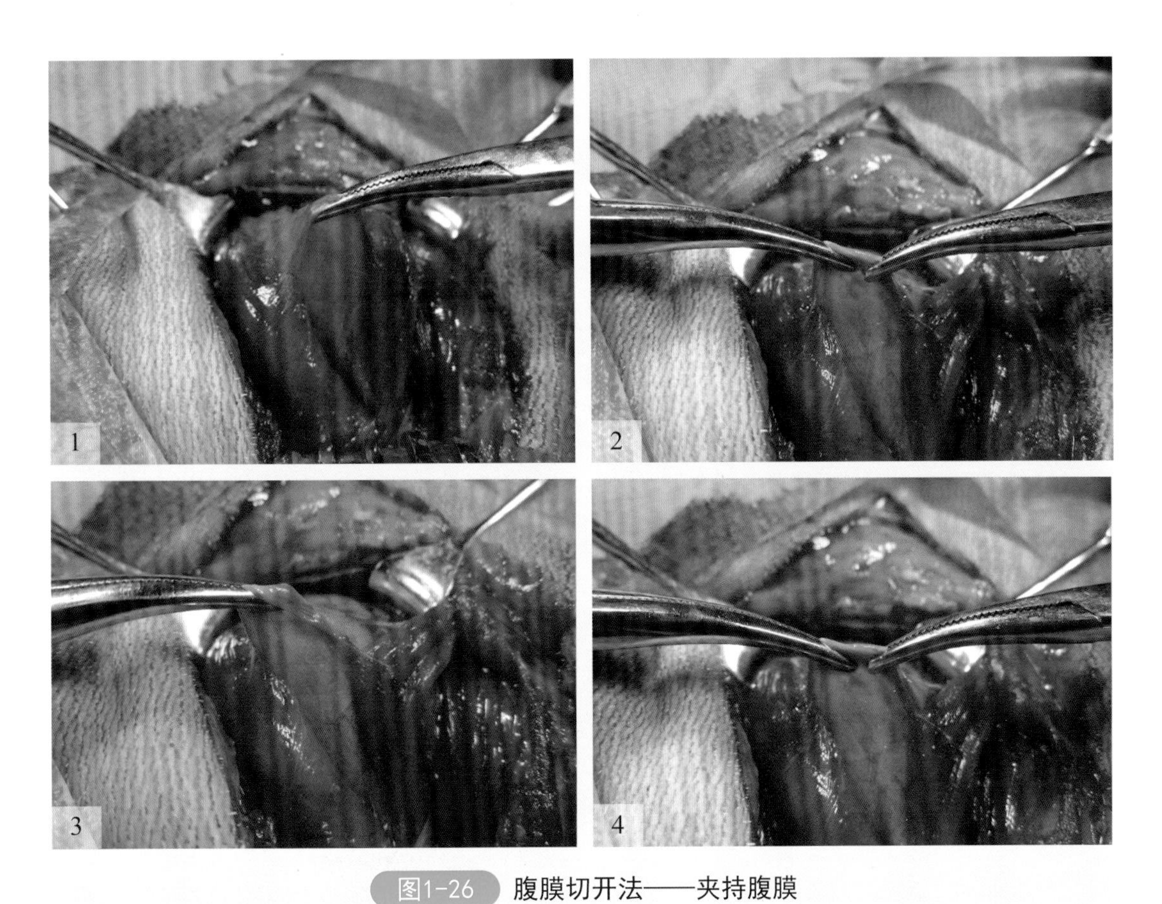

图1-26 腹膜切开法——夹持腹膜

1—用A钳夹起腹膜；2—在A钳附近用B钳夹起腹膜褶；3—松去A钳；4—在B钳附近用A钳再次夹起腹膜褶

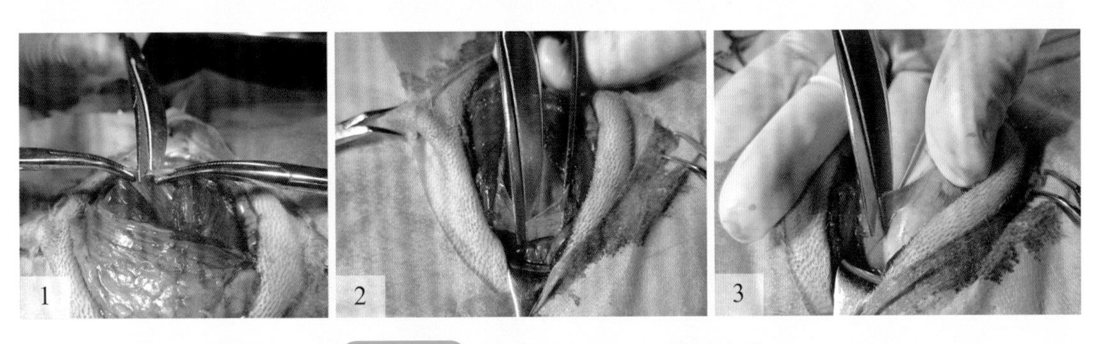

图1-27 腹膜切开法——剪开腹膜

1—在两把夹持腹膜的止血钳之间剪开腹膜；2，3—用手术镊或两指做保护，在指间剪开腹膜

6. 胃肠的切开

肠管侧壁切开时，在大肠纵带或小肠对肠系膜侧纵行切开，并应避免损伤对侧肠管。胃切开时，先用手术刀刺一小口，然后用剪刀扩大切口至需要的长度（图1-28）。

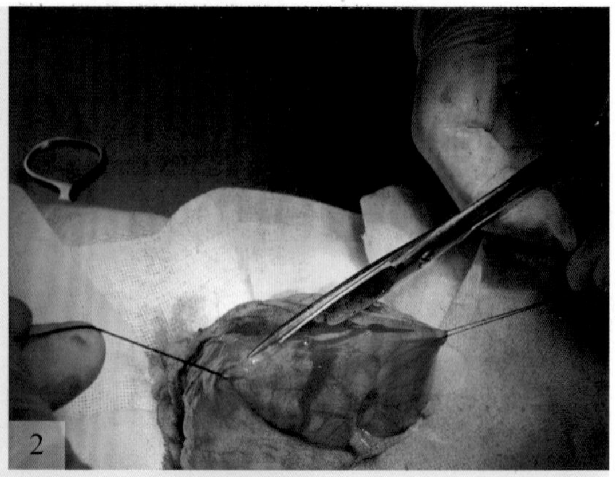

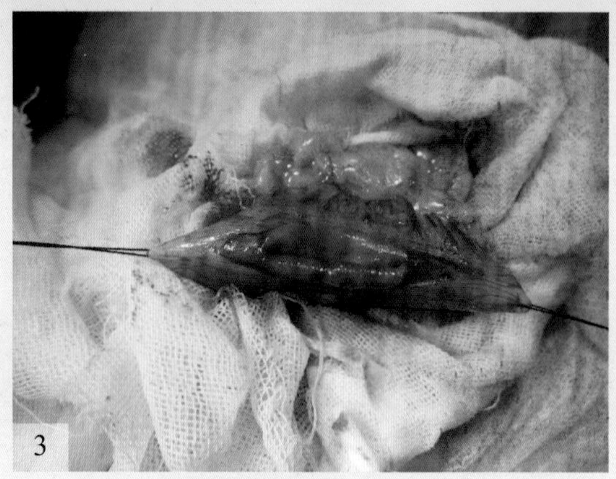

图1-28 胃切开法

1—在预切开线两端各缝置一牵引线，用手术刀刺透胃壁全层；2，3—用手术剪扩大切口

7. 良性肿瘤、放线菌病灶、囊肿及内脏粘连的部分分离

这些部分宜用钝性分离。分离的方法：对未机化的粘连可用手指或刀柄直接剥离；对已机化的致密组织，可先用手术刀切一小口，再用钝性剥离。剥离时手的主要动作应是前后方向或略施加压力于一侧，使较疏松或粘连较小部分自行分离，然后将手指伸入组织间隙，再逐步深入。在深部非直视下，手指左右大幅度的剥离动作易导致组织及脏器的严重撕裂或大出血，应少用或慎用。对某些不易钝性分离的组织，可将钝性分离与锐性分离结合使用，一般是用弯剪伸入组织间隙，将剪尖微张，轻轻向前推进、剥离。

8. 骨组织的分离

首先应分离骨膜，然后再分离骨组织。先用手术刀切开骨膜，然后用骨膜分离器分离骨膜。骨组织的分离一般是用骨剪剪断或骨锯锯断。骨的断端应使用骨锉锉平断端锐缘，并清除骨片。分离骨组织常用的器械有圆锯、线锯、骨钻、骨凿、骨钳、骨剪、骨匙及骨膜剥离器等。

第四节　常用的止血方法与输血疗法

一、止血方法

手术中完善的止血，可以预防发生失血的危险和保证术部良好的显露。

1. 压迫止血

压迫止血是用纱布压迫出血的部位，并借以清除术部的血液。在毛细血管渗血和小血管出血时，如果机体凝血功能正常，压迫片刻，出血即可自行停止。用温生理盐水、1% ～ 2%麻黄素、0.1%肾上腺素、2%氯化钙溶液浸湿后拧干的纱布块作压迫止血，可提高止血效果。

2. 钳夹止血

钳夹止血是利用止血钳最前端夹住血管的断端（图1-29）。钳夹方向应尽量与血管垂直，钳夹住的组织要少，切不可作大面积钳夹。

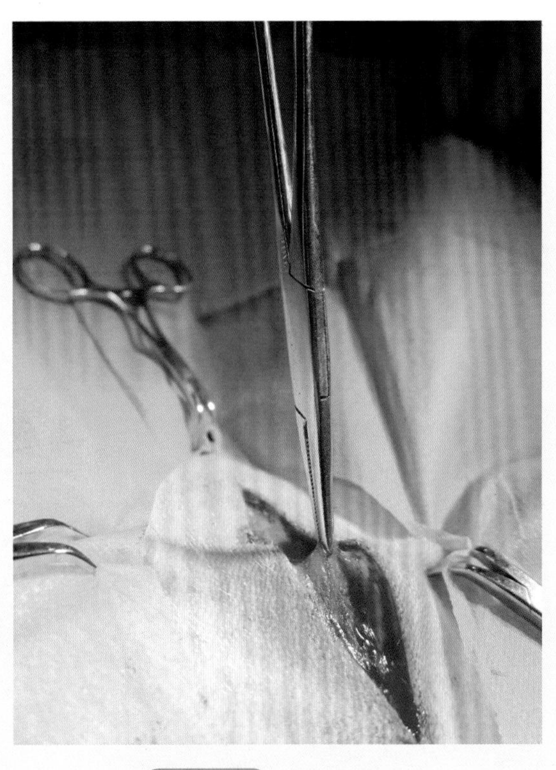

图1-29　钳夹止血法

钳夹出血的血管断端，尽量少夹附近的组织

3. 钳夹捻转止血

钳夹捻转止血是用止血钳夹住血管断端，捻转止血钳1 ～ 2周，轻轻去钳，则断端闭合止血（图1-30）。此法适用于小血管出血，如经钳夹捻转不能止血，应予以结扎。

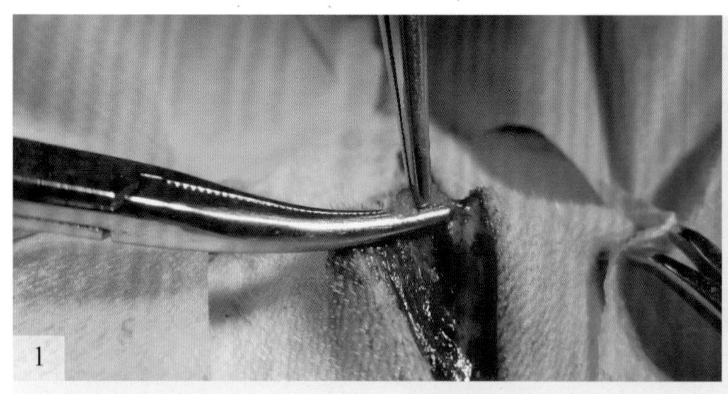

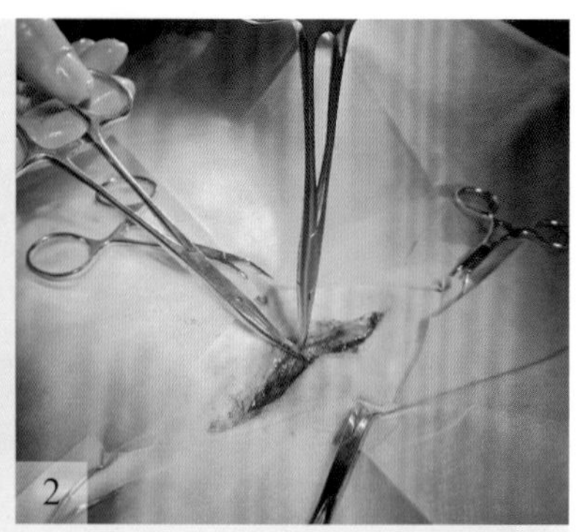

图1-30 钳夹捻转止血法

1—钳夹出血的血管，然后在第一把止血钳下方再用一把止血钳钳夹血管断端；2—捻转第一把止血钳

4. 钳夹结扎止血

钳夹结扎止血是可靠的止血法，多用于明显而较大血管出血的止血。钳夹结扎止血法见视频1-6。其方法有以下两种。

（1）单纯结扎止血　用缝线绕过止血钳所夹住的血管及少量组织做结扎（图1-31）。在拉紧结扣的同时，由助手放开止血钳，使结扣收紧于被夹闭的血管。适用于一般部位的止血。

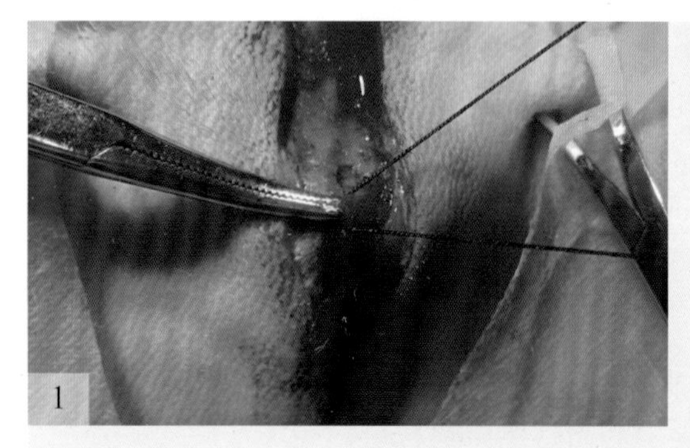

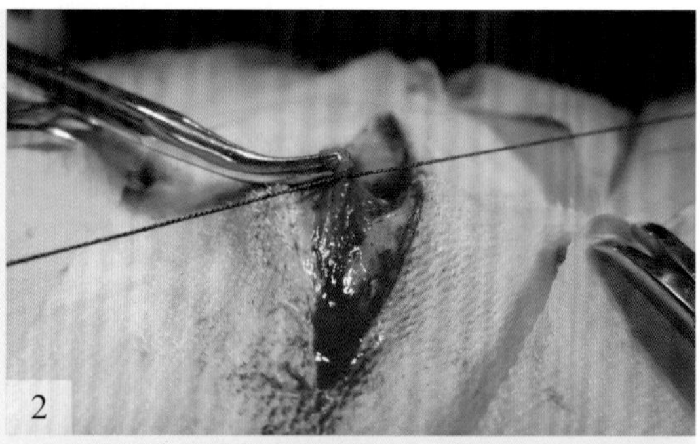

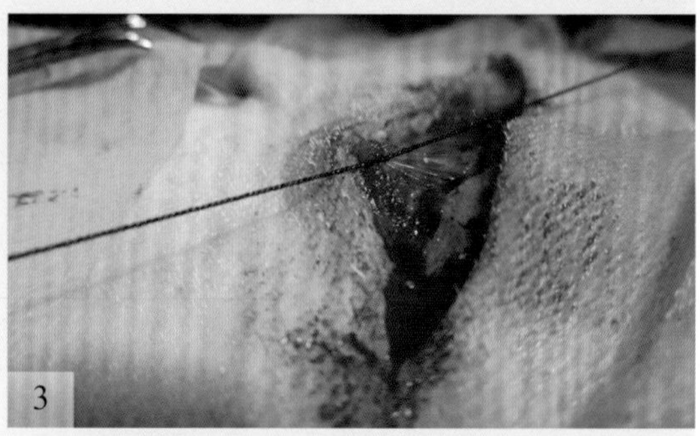

视频1-6

钳夹结扎止血法

图1-31 钳夹单纯结扎止血法

1—钳夹出血点，用短线缠绕出血处的组织；2—平放止血钳，钳尖微翘，打结；3—在收紧第一结扣的同时松去止血钳，然后完成第二结扣

（2）贯穿结扎止血　将结扎线用缝针穿过所钳夹组织后进行结扎（图1-32、图1-33）。常用的方法有“8”字形缝合结扎及单纯贯穿结扎两种。贯穿结扎止血的优点是结扎线不易脱落，适用于大血管或重要部位的止血。

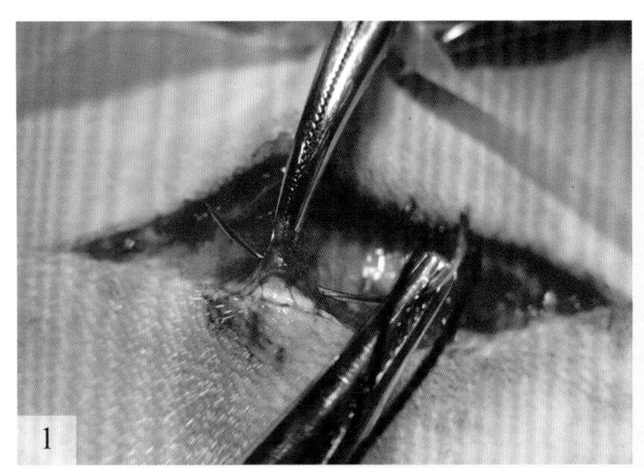

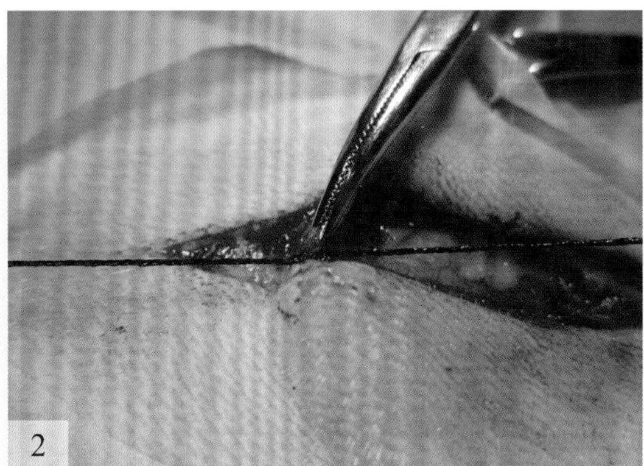

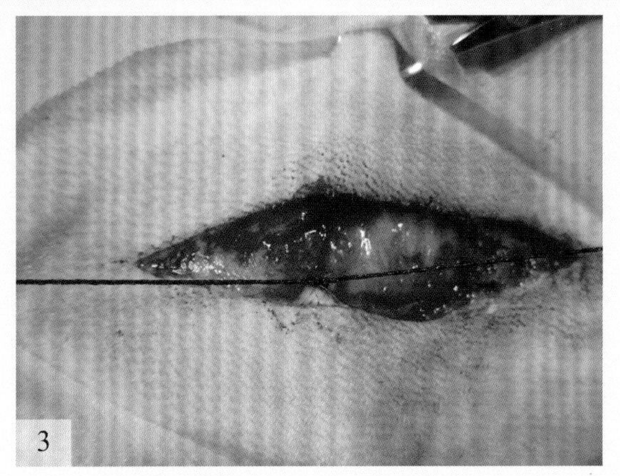

图1-32　单纯贯穿结扎止血法

1—先钳夹出血点，然后在血管径路上做横向缝合；2，3—在收紧第一结扣的同时松去止血钳，然后完成第二结扣

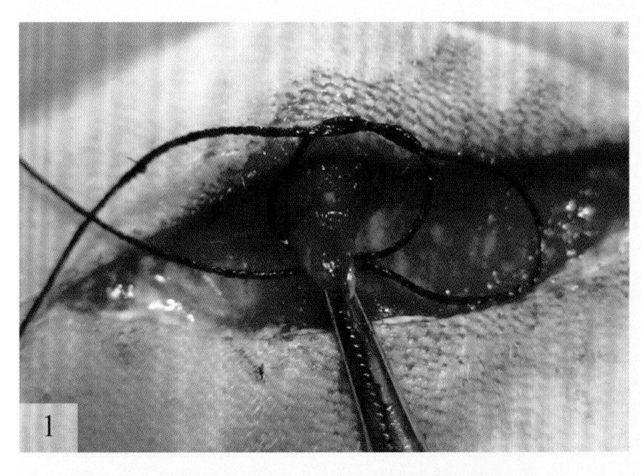

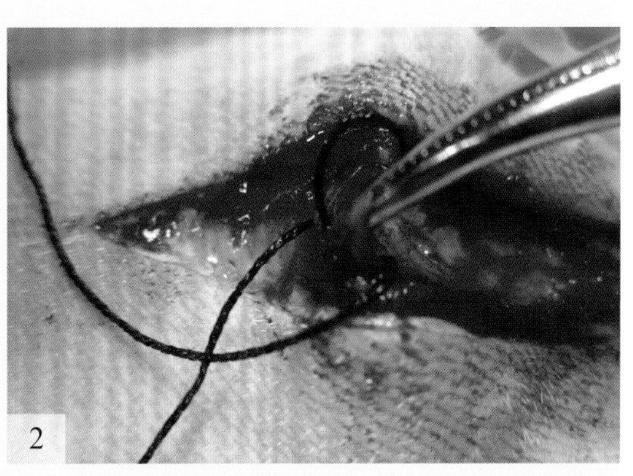

图1-33　“8”字形缝合贯穿结扎法

1—重叠“8”字形贯穿结扎法；2—平展“8”字形贯穿结扎法

5. 填塞止血

本法是在深部大量出血，一时找不到血管断端，钳夹或结扎止血困难时，用灭菌纱布紧塞于出血的创腔或解剖腔内，压迫血管断端以达到止血目的。在填入纱布时，必须将创腔填满，以便有足够的压力压迫血管断端。填塞止血留置的敷料通常是在12～48小时后取出。

6. 电凝止血

电凝止血是利用高频电流凝固组织达到止血目的。使用方法是用止血钳夹住血管断端，向上轻轻提起，擦干血液，将电凝器与止血钳接触，待局部发烟即可。电凝时间不宜过长，否则烧伤范围过大，影响切口愈合。在空腔脏器、大血管附近及皮肤等处不可用电凝止血，以免组织坏死，发生并发症。对较大的血管仍应以结扎止血为宜，以免发生继发性出血。电凝止血见视频1-7。

二、输血疗法

输血疗法是指给病畜静脉内输入保持正常生理功能的同种属动物血液。给病畜输入血液可部分或全部地补偿机体所损失的血液，扩大血容量。输入血液能激活肝、脾、骨髓等各组织的功能，并能促使血小板、钙盐和凝血酶进入血流中，促进血液凝固。

1. 适应证

适用于大失血、外伤性休克、营养性或溶血性贫血、严重烧伤、大手术的预防性止血等。供血者应该是健康、体壮的成年动物，无传染病及血原虫病的动物。严重的心血管系统疾病、肾脏疾病和肝病患畜等不宜输血。

2. 血液相合性试验

临床上常用的方法有：玻片凝集试验法及生物学试验法。两者结合应用，更为安全可靠。每次确定输血时，最好先将供血者的少量血液（马、牛150～200毫升，犬20～30毫升）注入受血者静脉内，注入后10分钟，若受血者的体温、脉搏、呼吸及可视黏膜等无明显变化，即可将剩余的血液全部输入。马、牛一次输血量为1～2升，犬为5～7毫升/千克。输血速度宜缓慢，不宜过快。

3. 输血的副作用及抢救方法

①发热反应，输血后15～30分钟，受血者出现寒战和体温升高，应停止输血。②过敏反应，受血者呼吸急促、痉挛、眼睑肿胀、皮肤有荨麻疹等症状，应停止输血；肌内注射苯海拉明或地塞米松与0.1%肾上腺素溶液缓解症状。③溶血反应，受血者在输血过程中突然不安，呼吸、脉搏增数，肌肉震颤，排尿频繁，高热，可视黏膜发绀等，应停止输血，配合强心、补液治疗。

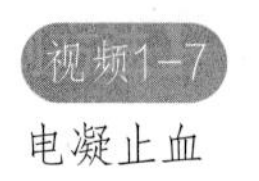

电凝止血

第五节　缝合方法

缝合是将已切开、切断或因外伤而分离的组织、器官进行对合或重建其通道，保证良好愈合的方法。在愈合能力正常的情况下，愈合是否完善与缝合的方法有一定关系。正确而牢固打结是结扎止血和缝合的重要环节，熟练地打结，可防止结扎线松脱，并可缩短手术时间。

一、结的种类与打结法

1. 结的种类

常用的结有方结、三叠结和外科结。

（1）方结　方结是手术中最常用的一种（图1-34），用于结扎较小的血管和各种缝合时打结，不易滑脱。

（2）三叠结　三叠结是在方结的基础上再加一个结，共3个结（图1-34）。常用于有张力部位的缝合，大血管结扎和肠线打结。

图1-34　方结与三叠结

1—方结；2—三叠结，在方结的基础上再打一结扣

（3）外科结　外科结是在打第一个结扣时绕两次，使线摩擦面增大，在打第二个结时第一个结扣不易松动（图1-35）。此结牢固可靠，多用于大血管、张力较大的组织缝合。

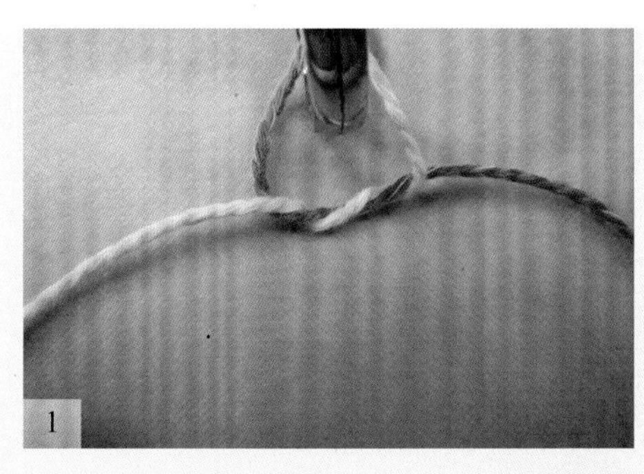

图1-35　外科结

1—两线尾两次缠绕，完成第一结扣；2—完成第二结扣

2. 打结方法

常用的有两种打结方法，即单手打结和器械打结。

（1）单手打结　为常用的一种方法，简便迅速，左右手均可打结（图1-36）。单手打方结见视频1-8，单手打三叠结见视频1-9，单手打外科结见视频1-10。

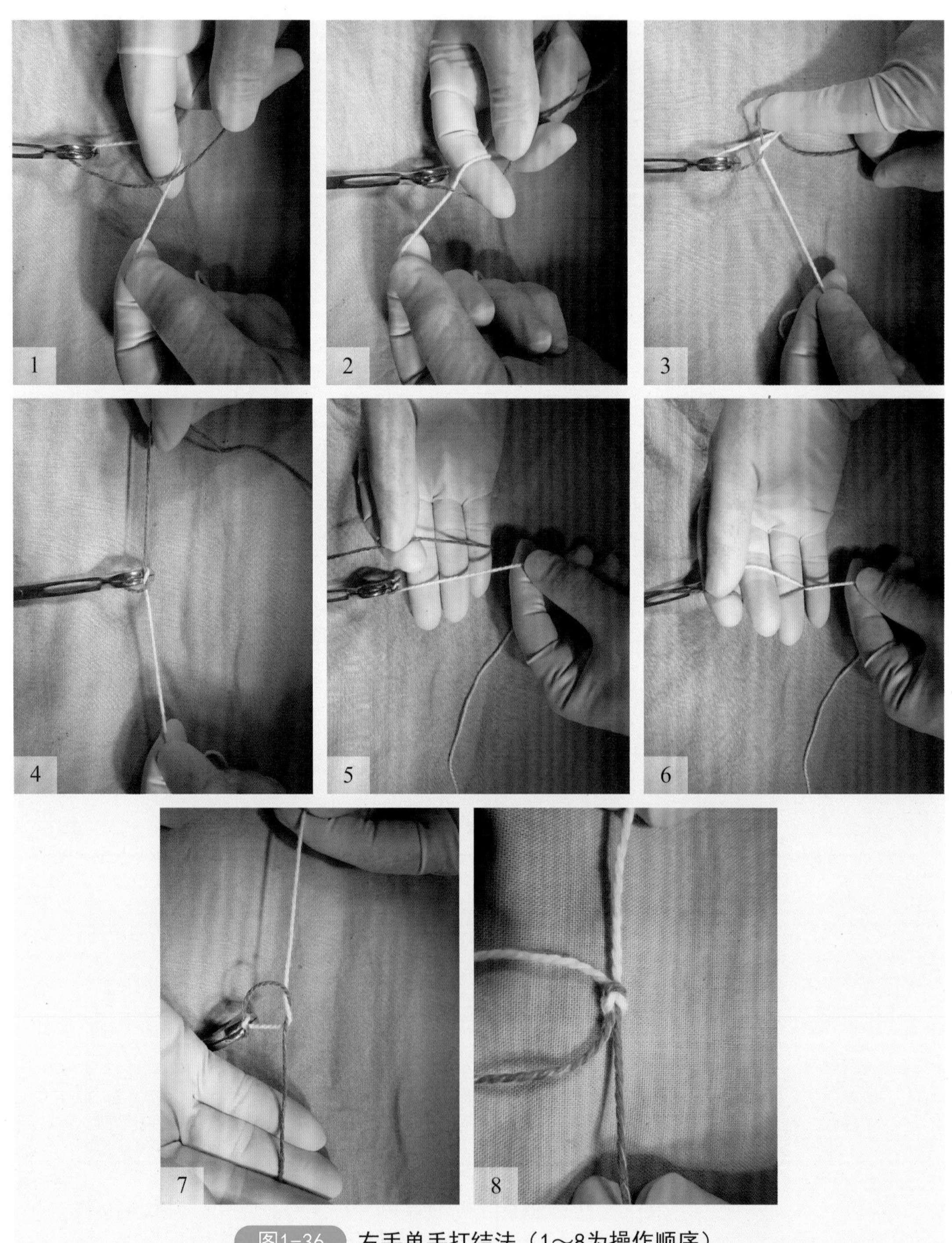

图1-36 右手单手打结法（1～8为操作顺序）

视频1-8
单手打方结

视频1-9
单手打三叠结

视频1-10
单手打外科结

（2）器械打结　用持针钳或止血钳打结。适用于结扎线过短、狭窄的术部、创伤深处和某些精细手术的打结（图1-37）。器械打方结见视频1-11，器械打三叠结见视频1-12，器械打外科结见视频1-13。

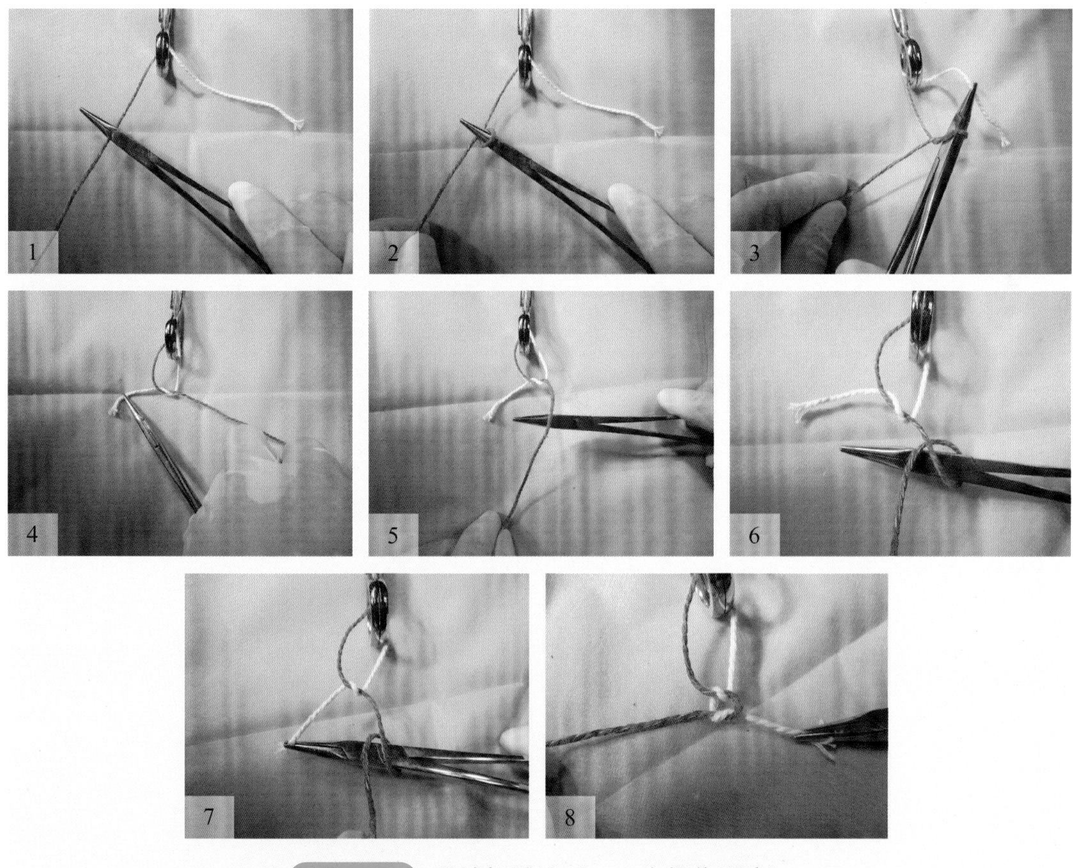

图1-37　器械打结法（1～8为操作顺序）

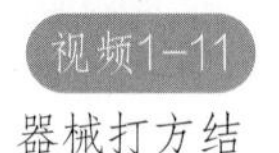
视频1-11
器械打方结

视频1-12
器械打三叠结

视频1-13
器械打外科结

3. 打结注意事项

①打结收紧时要求三点成一线，即左、右手的用力点与结扎点成一直线，不可成角度向上提起。②用力均匀，两手不宜离得太远。深部打结时，可用两手食指伸到结旁，以指尖顶住线，两手握住线尾，徐徐拉紧。埋在组织内的结扎线头，尽量剪短以减少组织内的异物。丝线线尾一般留3～5毫米，较大血管的结扎应略长，以防滑脱；可吸收线尾留4～6毫米；不锈钢丝留5～10毫米，并应将钢丝头捻转埋入组织中。③剪线方法要规范，术者结扎完毕后，将双线尾提起略偏术者的左侧，助手用稍张开的剪刀尖沿着拉紧的结扎线滑至结扣处，再将剪刀稍向上倾斜，然后剪断线，倾斜的角度或离线结的距离取决于要留线尾的长短。

二、常用缝合方法

1. 简单的对接缝合

（1）单纯间断缝合　也称为结节缝合。缝合时，将缝针引入15～25厘米缝线，于创缘一侧垂直刺入，于对侧相应的部位穿出打结。每缝一针，打一次结（图1-38）。为了预防第一结松开，可用止血钳轻轻夹住线结（图1-39）。缝线距创缘距离（边距），根据缝合的组织来定，如缝合皮肤时根据皮肤厚度来定，小动物3～5毫米，大动物0.8～1.2厘米；或与皮肤厚度相等。缝线间距要根据创缘张力来决定，使创缘彼此对合，一般间距0.5～1.5厘米或缝合皮肤时1~1.5个皮厚。打结在切口一侧，防止压迫切口。该方法适用于皮肤、皮下组织、筋膜、黏膜、血管、神经、胃肠道等组织器官的缝合。单纯间断缝合见视频1-14。

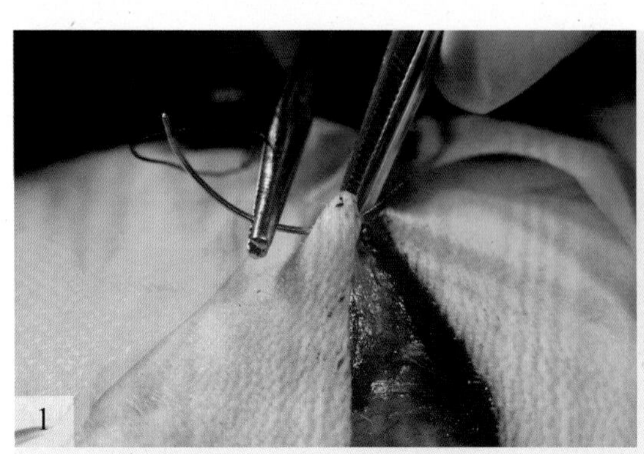
1

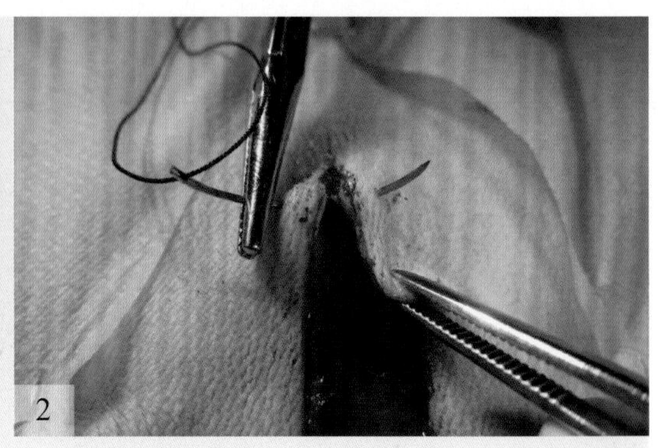
2

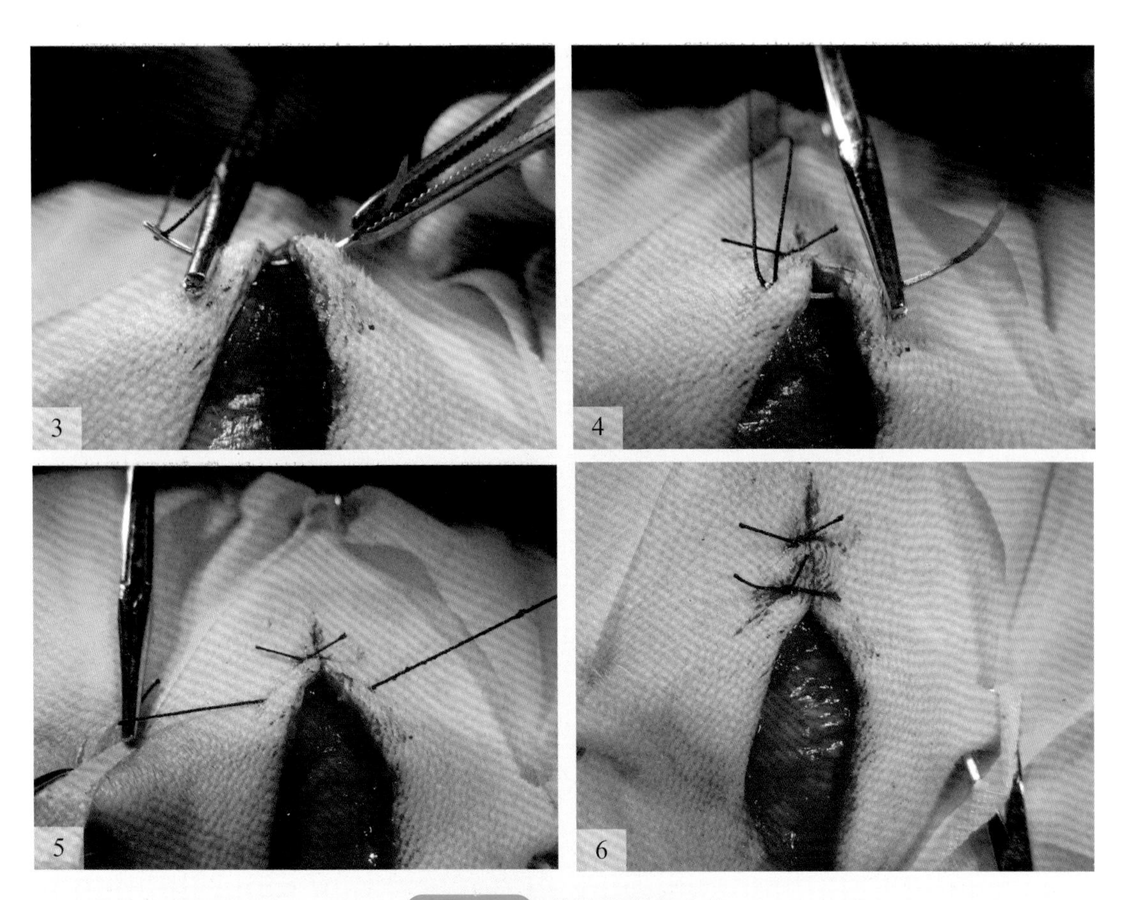

图1-38　单纯间断缝合法

1，2—用镊子夹起待缝合侧皮肤后进针；3—用镊子夹持针前部，用持针钳前推缝针；4—钳夹针刃后方拔出缝针；5，6—线结打在创口的一侧

图1-39　防线结松开法

平行线结方向，用止血钳轻轻钳夹第一结扣

（2）单纯连续缝合　其是用一条长的缝线自始至终连续地缝合一个创口，最后打结（图1-40、图1-41）。常用于缝合具有弹性、无太大张力的较长创口，也用于皮肤、皮下组织、筋膜、血管、胃肠道的缝合。单纯连续缝合见视频1-15。

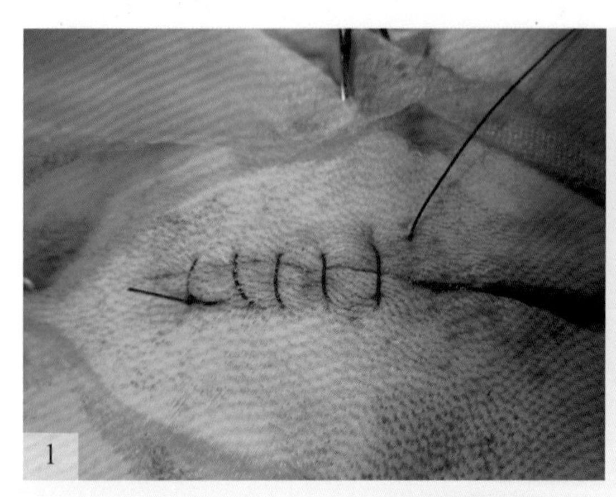
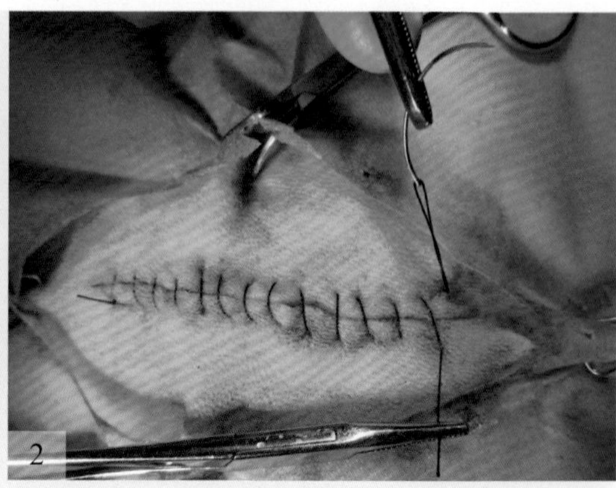

图1-40　单股线单纯连续缝合法

1—单股线连续缝合；2—打结方法，拉长线尾，用双股线缝合一针，然后双股缝线与单股线尾打结

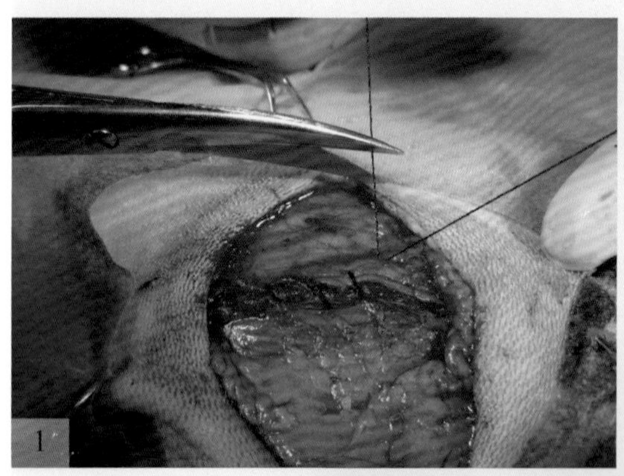
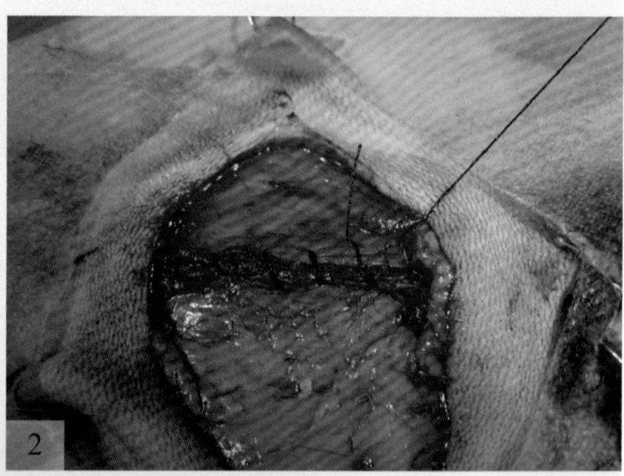
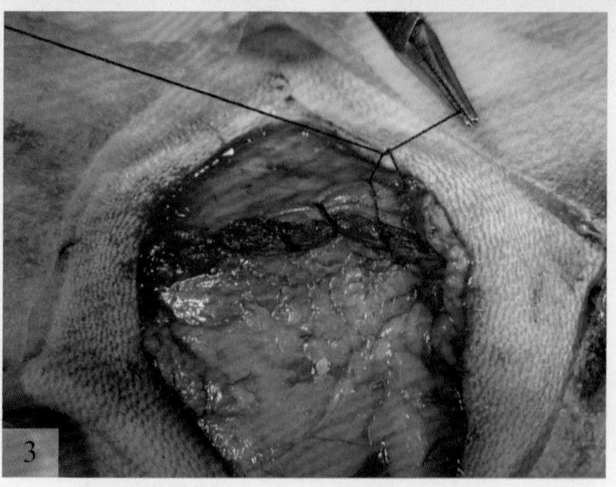

图1-41　双股线单纯连续缝合法

1—剪断一股缝线；2—用单股缝线继续缝合一针；3—打结

视频1-14
单纯间断缝合

视频1-15
单纯连续缝合

（3）表皮下缝合　这种缝合适用于张力较小部位的皮肤切口缝合。缝合在切口一端开始，缝针自真皮下刺入至真皮层穿出，再翻转缝针自对侧真皮层刺入真皮下，在组织深处打结。然后在真皮层平行切口进针，应用水平褥式缝合法做连续缝合。最后一针，拉长线尾缝合后缝针翻转至对侧，自真皮层刺向真皮下，然后与线尾打结，线结埋置在深部组织内（图1-42）。一般选择可吸收性缝合材料。

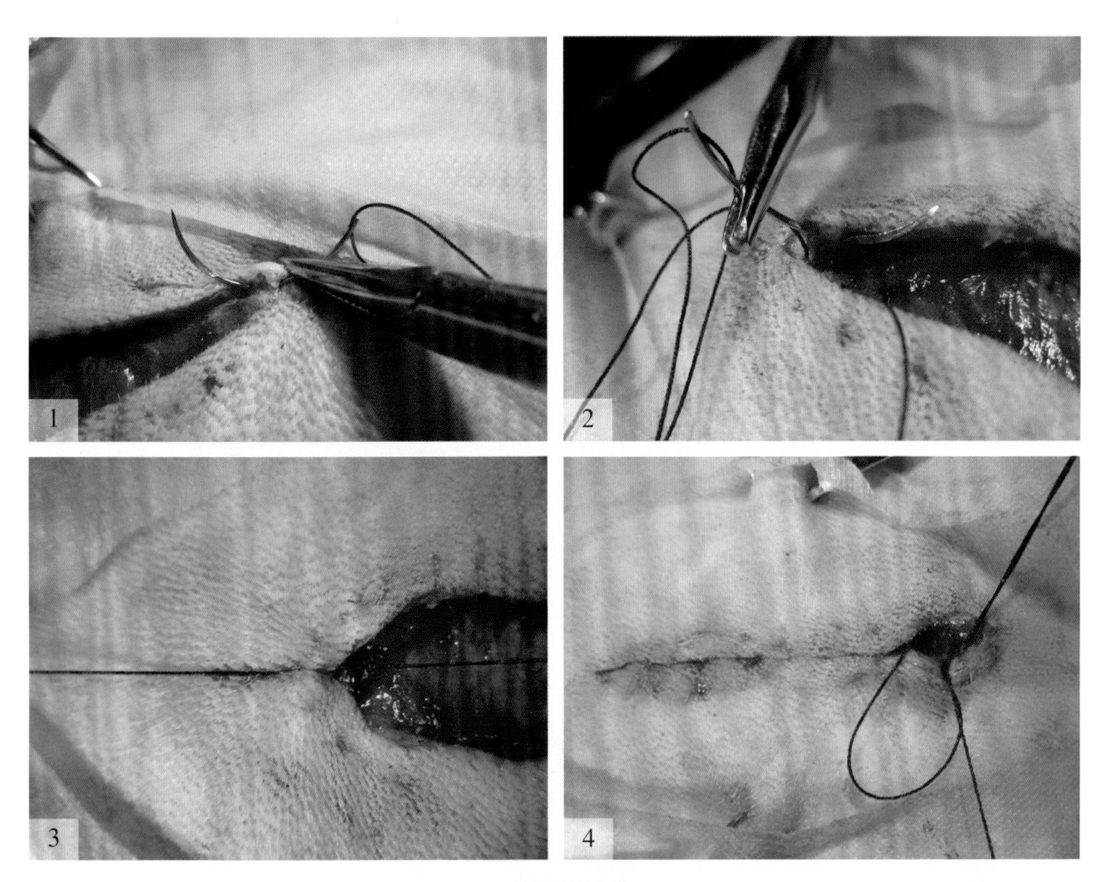

图1-42

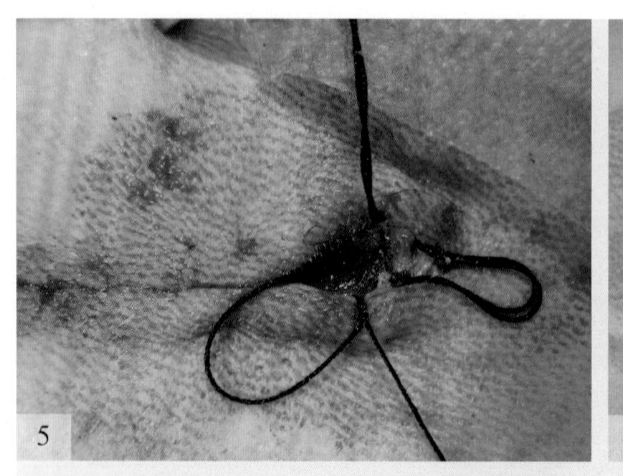

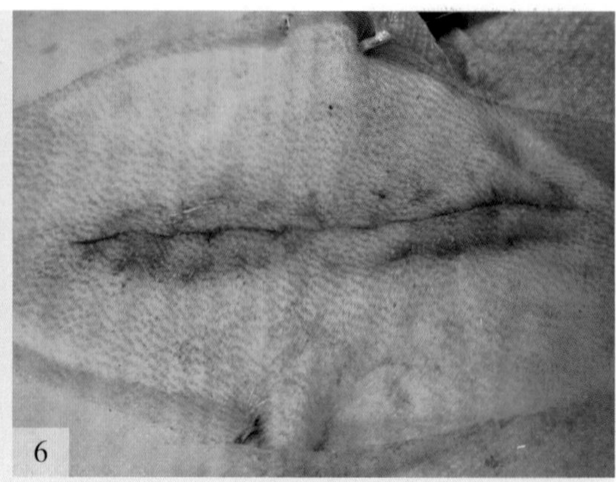

图1-42 表皮下缝合法

1，2—进针方向与创缘平行；3—打结后两侧创缘平整对合，连续缝合至创口的另一端；4，5—拉长线尾，双线在创缘两侧穿行；6—打结后线结包埋在创口内，创缘对合严密

（4）压挤缝合　压挤缝合用于较细肠管吻合的单层间断缝合（图1-43）。缝针刺入浆膜、肌层、黏膜下层和黏膜层进入肠腔。在越过切口前，从肠腔再刺入黏膜到黏膜下层。越过切口，转向对侧，从黏膜下层刺入黏膜层进入肠腔；在同侧从黏膜层、黏膜下层、肌层到浆膜刺出肠表面。两端缝线拉紧、打结。

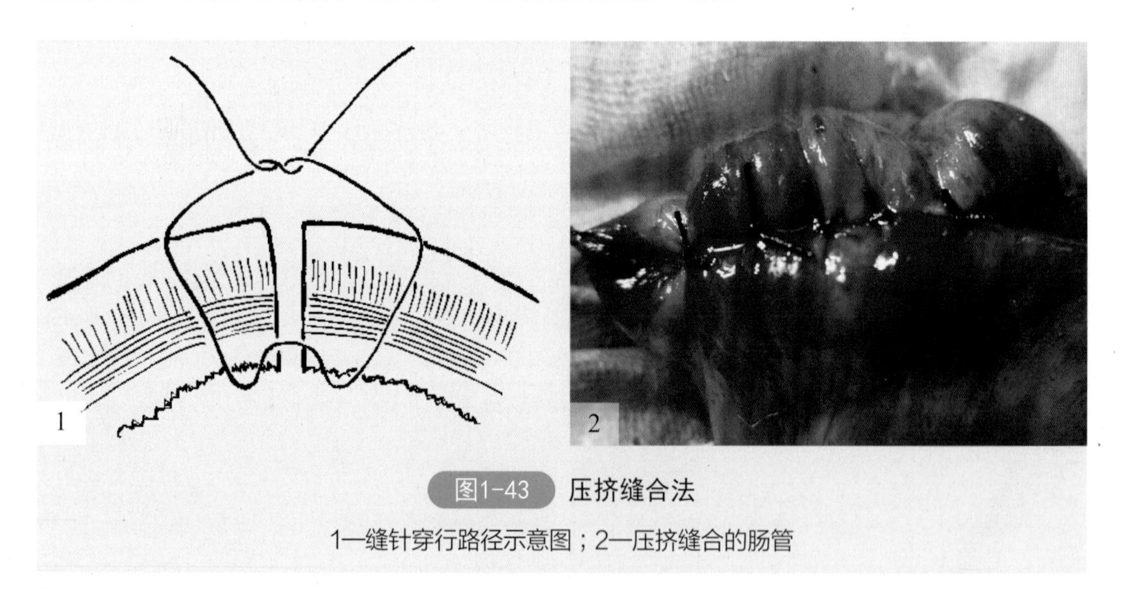

图1-43 压挤缝合法

1—缝针穿行路径示意图；2—压挤缝合的肠管

（5）十字缝合　第一针缝针从切口的一侧到另一侧，类似作结节缝合，第二针平行第一针仍从切口一侧到另一侧，缝线的两端在切口上交叉形成“X”形，拉紧打结（图1-44）。该方法适用于张力较大的组织缝合。

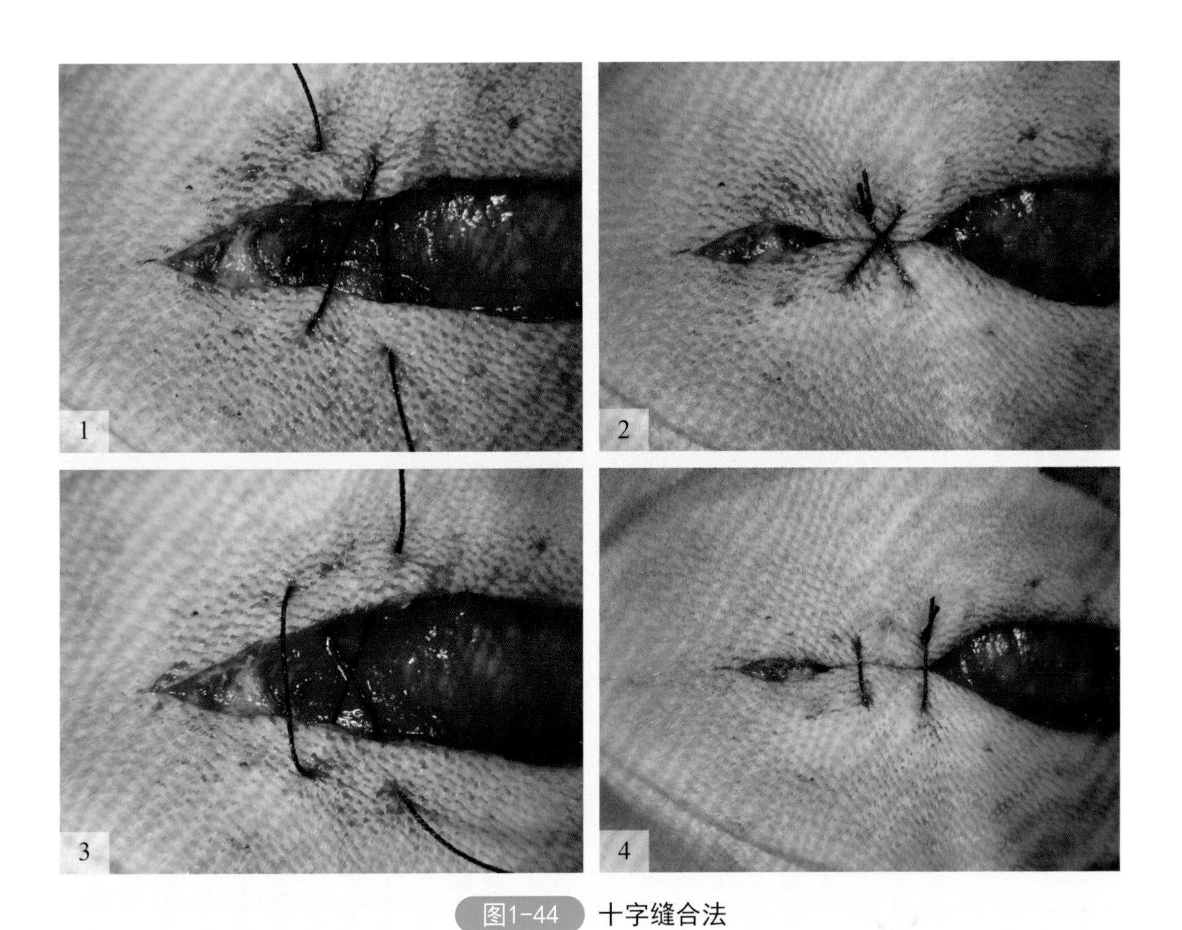

图1-44　十字缝合法

1，2—外十字缝合法；3，4—内十字缝合法

（6）连续锁边缝合　这种缝合方法与单纯连续缝合基本相似，在缝合时每次将缝线交锁（图1-45）。此种缝合能使创缘对合良好，并使每一针缝线在进行下一次缝合前就得以固定。该方法多用于皮肤直线形切口及薄而活动性较大的部位缝合，如颈部、耳缘的皮肤切口闭合（视频1-16）。

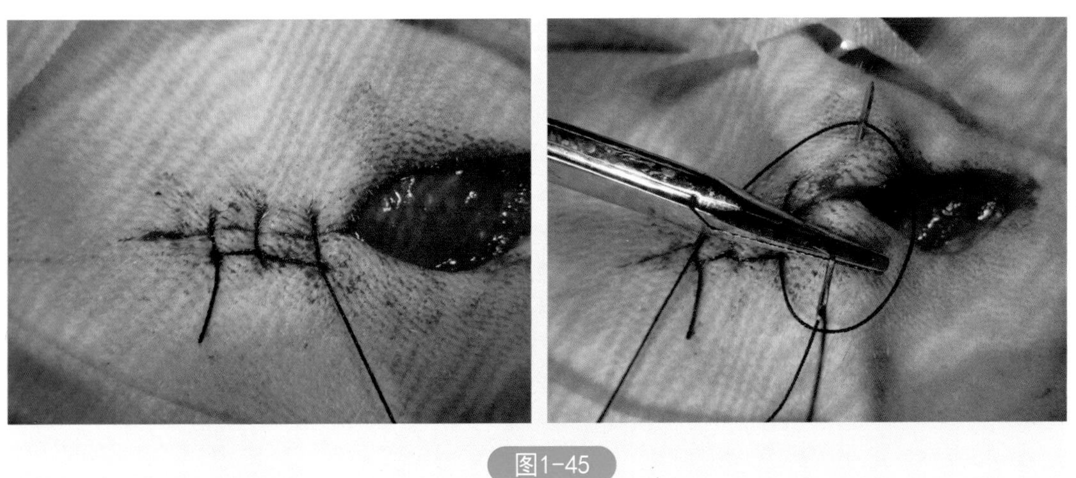

图1-45

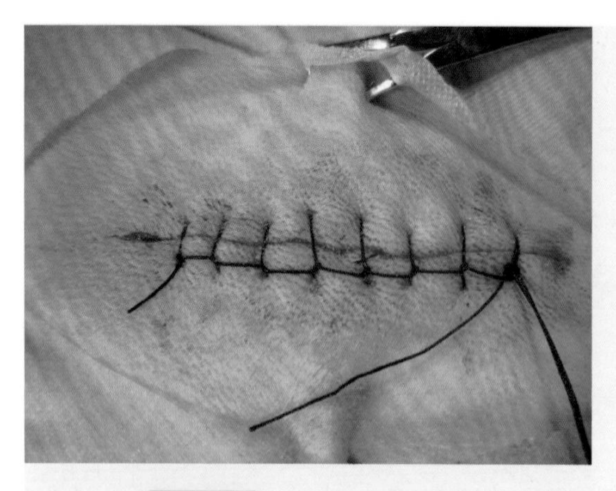

图1-45 连续锁边缝合法

视频1-16
连续锁边缝合

视频1-17
间断伦勃特氏缝合

视频1-18
连续伦勃特氏缝合

2. 内翻缝合

内翻缝合用于胃肠、子宫、膀胱等空腔器官的缝合。

（1）伦勃特氏缝合法　又称为垂直褥式内翻缝合法，缝针分别穿过切口两侧的浆膜层与肌层（简称浆膜肌层），进针方向与切口垂直。其分为间断与连续两种伦勃特氏缝合法（图1-46、图1-47）。如在胃肠切开闭合或肠吻合时，用于浆膜肌层的内翻缝合。间断伦勃特氏缝合见视频1-17，连续伦勃特氏缝合见视频1-18。

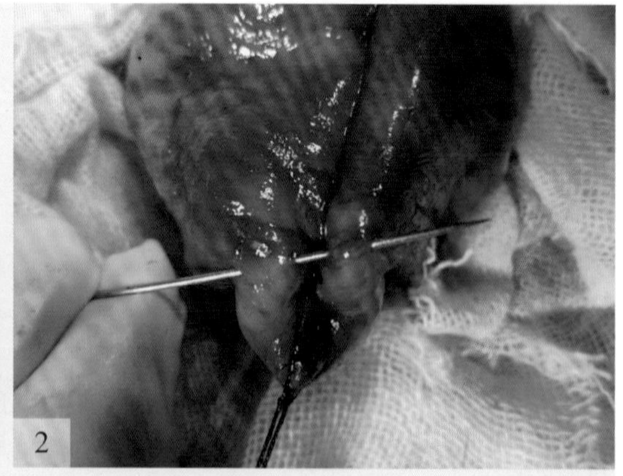

图1-46 间断伦勃特氏缝合法

1—缝针垂直创缘分别穿透两侧的浆膜肌层;2—缝针直接穿透创缘两侧的浆膜肌层

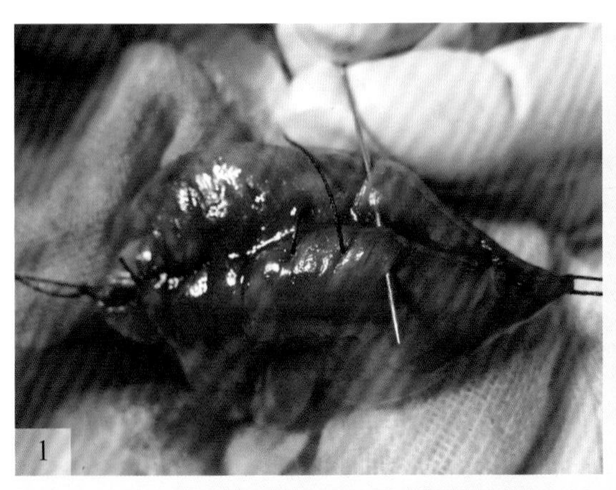

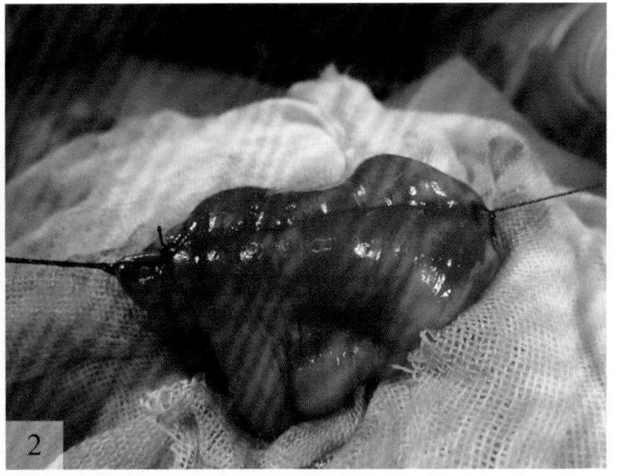

图1-47　连续伦勃特氏缝合法

1—连续缝合创缘两侧的浆膜肌层;2—缝线包埋在创口内

（2）库兴氏缝合法　又称连续水平褥式内翻缝合法，于切口一端开始先做一浆膜肌层间断内翻缝合，再用同一缝线平行于切口做浆膜肌层连续缝合至切口另一端（图1-48）。多用于缝合胃与子宫的浆膜肌层（视频1-19）。

视频1-19

库兴氏缝合

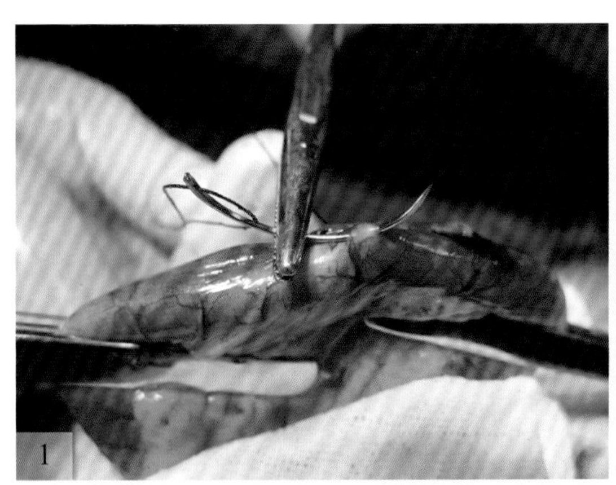

图1-48　库兴氏缝合法

1，2—分别为用弯针和直针做水平褥式浆膜肌层连续缝合

（3）康奈尔氏缝合法　这种缝合法与连续水平褥式内翻缝合相似，仅在缝合时缝针要贯穿全层组织（图1-49）。该方法多用于胃、肠、子宫壁切口的缝合（视频1-20）。

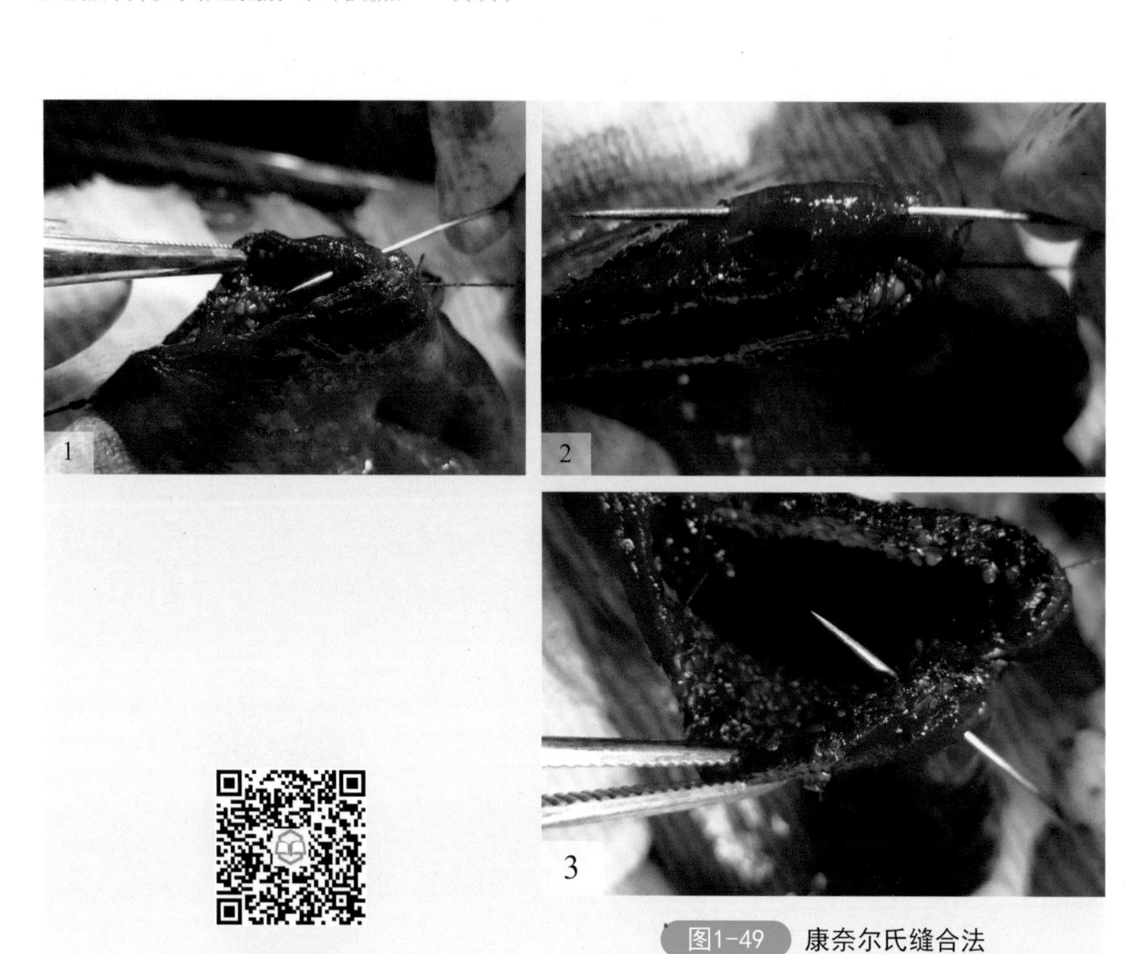

视频1-20
康奈尔氏缝合

图1-49 康奈尔氏缝合法

1—缝针自浆膜层穿入肠腔；2—缝针自黏膜层穿出肠腔；3—再至对侧重复“1”和“2”的操作

（4）荷包缝合法　即作环状的浆膜肌层连续缝合（图1-50）。其主要用于胃肠壁上小范围的内翻缝合，如闭合小的胃肠穿孔；此外，还用于胃肠、膀胱造瘘等固定引流管的缝合（视频1-21）。

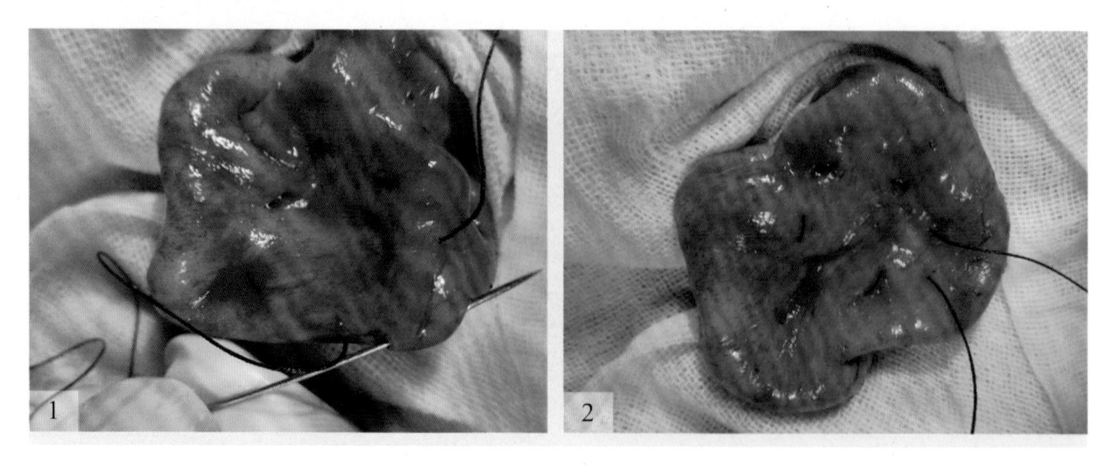

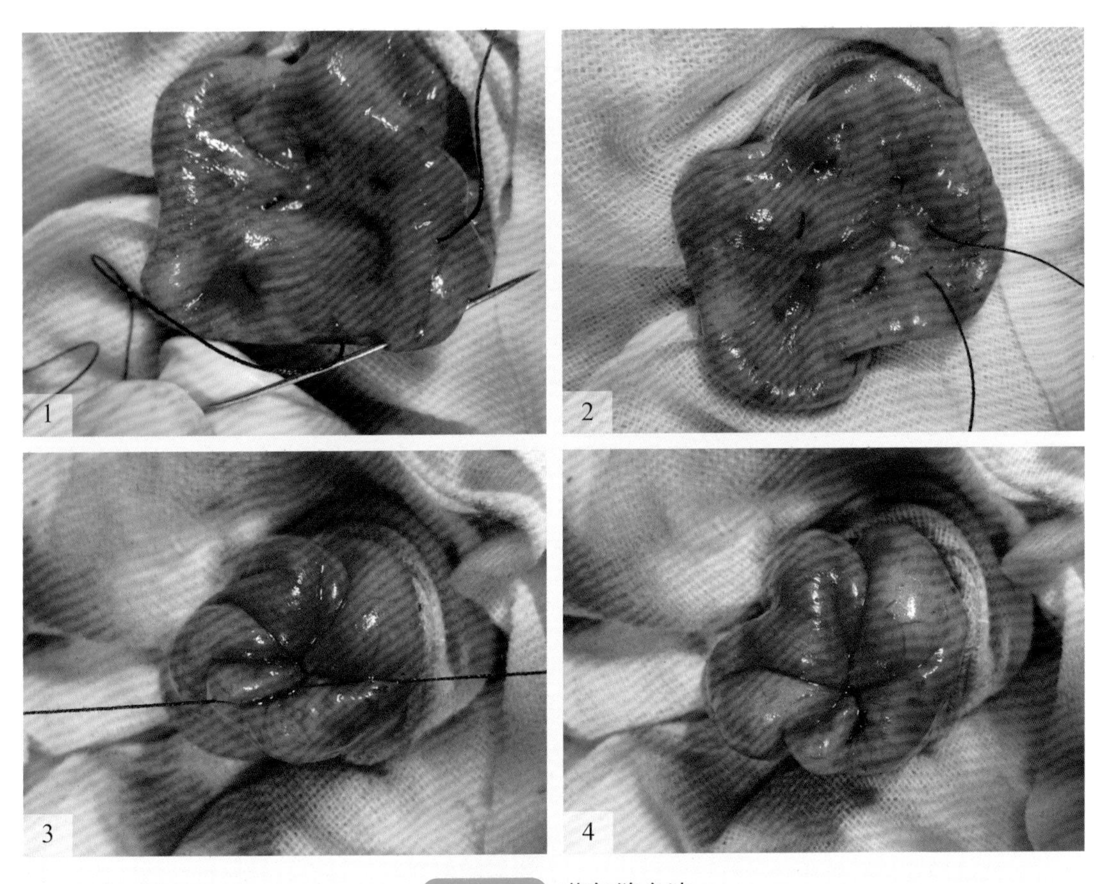

图1-50 荷包缝合法

1，2—针穿至黏膜下层，沿创口做一周缝合;3，4—下压创缘使其内翻，抽紧缝线并打结

3. 减张缝合

（1）间断垂直褥式缝合　例如，针刺入皮肤，距离创缘约8毫米，创缘相互对合，越过切口到对侧距创缘约8毫米处刺出皮肤，然后缝针翻转在同侧距切口约4毫米刺入皮肤，越过切口到相应对侧距切口约4毫米刺出皮肤，与另一端缝线打结（图1-51）。该缝合缝针刺入皮肤时，只刺入真皮下，不进入皮下，靠近切口的两侧进针与出针，刺入点接近切口边缘。该缝合方法比水平褥式缝合具有较强的抗张能力，对创缘的血液供应影响较小。

（2）间断水平褥式缝合　又称纽扣缝合（图1-51）。例如，缝针距创缘2～3毫米处刺入皮肤，创缘相互对合，越过切口到对侧距创缘2～3毫米处刺出皮肤，然后缝线与切口平行向前约8毫米，再刺入皮肤，越过切口到对侧距创缘2～3毫米处刺出皮肤，与另一端缝线打结。该缝合缝针刺入皮肤时，刺在真皮下，不能刺入皮下组织，不出现皮肤外翻（视频1-22）。

视频1-21
荷包缝合

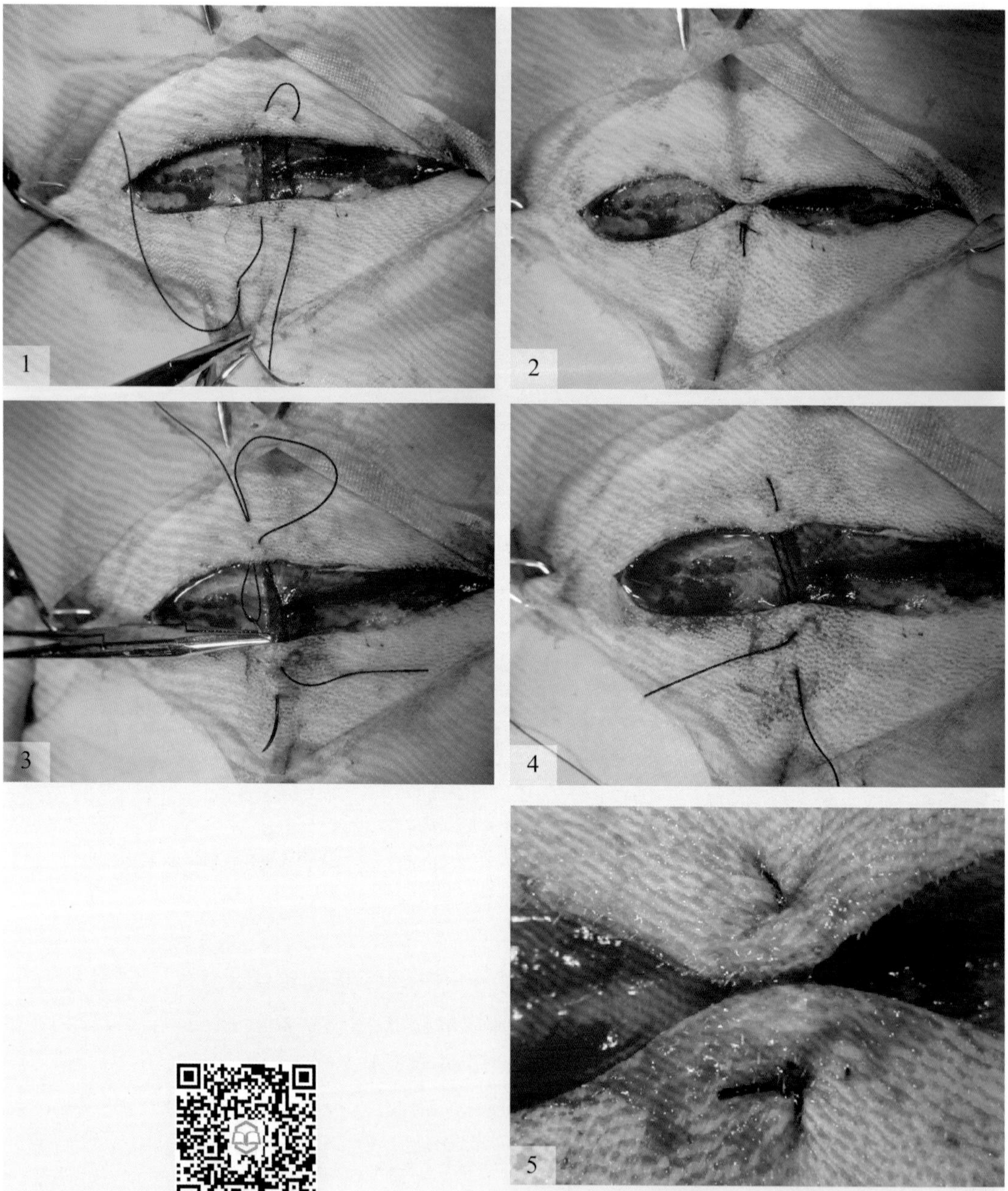

视频1-22
水平褥式缝合

图1-51 减张缝合法
1，2—水平褥式缝合（纽扣缝合）;3 ~ 5—垂直褥式缝合

三、各种软组织的缝合技术

1. 皮肤的缝合

皮肤常采用间断缝合，在创缘侧面打结，打结不能过紧。缝合前创缘必须对合好，缝线要在同一深度将两侧皮下组织拉拢，以免皮下组织内遗留空隙。

2. 皮下组织的缝合

缝合时要使创缘两侧皮下组织相互接触，消除组织空隙。使用可吸收性缝线，打结应埋置在组织内。

3. 筋膜的缝合

筋膜的切口方向与张力线平行，而不能垂直于张力线。所以，筋膜缝合时，要垂直于张力线，使用间断缝合。大量筋膜切除或缺损时，缝合时使用垂直褥式张力缝合法。

4. 肌肉的缝合

肌肉的缝合是将纵行纤维紧密连接，瘢痕组织生成后，不能影响肌肉收缩功能。缝合时，宜用结节缝合。肌肉一般是纵行分离而不切断，张力小的部位、肌肉组织可不缝合。对于横断肌肉，因其张力大，应连同筋膜一起缝合，进行结节缝合或水平褥式缝合。

5. 腹膜的缝合

马、羊的腹膜薄且不耐受缝合，应连同部分肌肉组织一起缝合。牛、犬的腹膜，可以单独缝合。腹膜缝合必须密闭闭合，不能使网膜、肠管或腹水漏出在缝合切口外。

6. 腱的缝合

腱的断端应紧密联结，如果末端间有裂缝被结缔组织填补，将影响腱的功能。腱的缝合要求保留腱鞘或重建。腱的缝合使用白奈尔氏（Bunnell）缝合，缝线放置在腱组织内，保持腱的滑动功能（图1-52）。腱鞘缝合使用非吸收性缝合材料结节缝合，特别是张力大的肢体肌腱，应使用特制的细钢丝做缝合，缝合后固定肢体，至少要固定肢体3周，使缝合的腱组织没有任何张力。

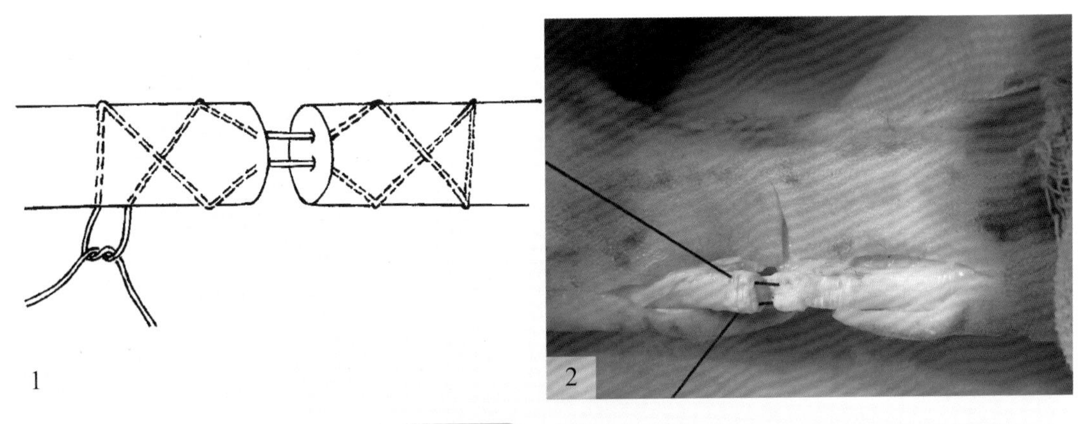

图1-52　腱的缝合方法

1—腱缝合模式图;2—指浅屈肌腱吻合术

7. 空腔器官缝合

根据空腔器官（胃、肠、子宫、膀胱）的生理解剖学和组织学特点，缝合时要求良好的密闭性，防止内容物泄漏；保持空腔器官的正常解剖组织学结构和蠕动收缩功能。缝合后的切口，可用大网膜瓣覆盖。

（1）胃或皱胃的缝合　胃内具有高浓度的酸性内容物和消化酶。第一层做连续水平褥式内翻缝合，第二层采用浆膜肌层间断或连续内翻缝合。

（2）小肠的缝合　小肠血液供应好，肌肉层发达，是低压力管腔，不是蓄水囊。内容物是液态的，细菌含量少。小肠缝合后3～4小时，纤维蛋白覆盖密封在缝线上，产生良好的密闭条件，术后肠内容物泄漏发生率小。由于小肠肠腔较细，缝合时要防止肠腔狭窄。马的小肠缝合可以使用内翻缝合，但是要避免较多组织内翻引起肠腔狭窄。小动物（犬、猫）的小肠缝合使用单层对接缝合，常用压挤缝合法。

（3）大肠的缝合　大肠内容物是固态，细菌含量多。大肠缝合并发症是内容物泄漏和感染。第一层采用全层间断内翻缝合或连续水平褥式内翻缝合，第二层采用浆膜肌层间断垂直褥式内翻缝合。内翻缝合部位血管受到压迫，血流阻断，术后第3天黏膜水肿、坏死，第5天内翻组织脱落。黏膜下层、肌层和浆膜保持接合强度。术后14天左右瘢痕形成，炎症反应消失。

（4）子宫的缝合　首先在子宫切口一端做一针浆膜肌层内翻缝合，浆膜面做斜行刺口，使第一个线结埋置在内翻的组织内，然后用库兴氏缝合法，但缝针穿至黏膜下层，不穿透子宫内膜。连续缝合的最后一个结要埋置在组织内，不使其暴露在子宫浆膜表面。

8. 血管吻合术

血管缝合常见的并发症是出血和血栓形成。操作要轻巧、细致，血管伤口的边缘必须外翻，让内膜接触，外膜不得进入血管腔（图1-53）。缝合处不宜有张力，血管不扭转，缝合处用软组织覆盖。

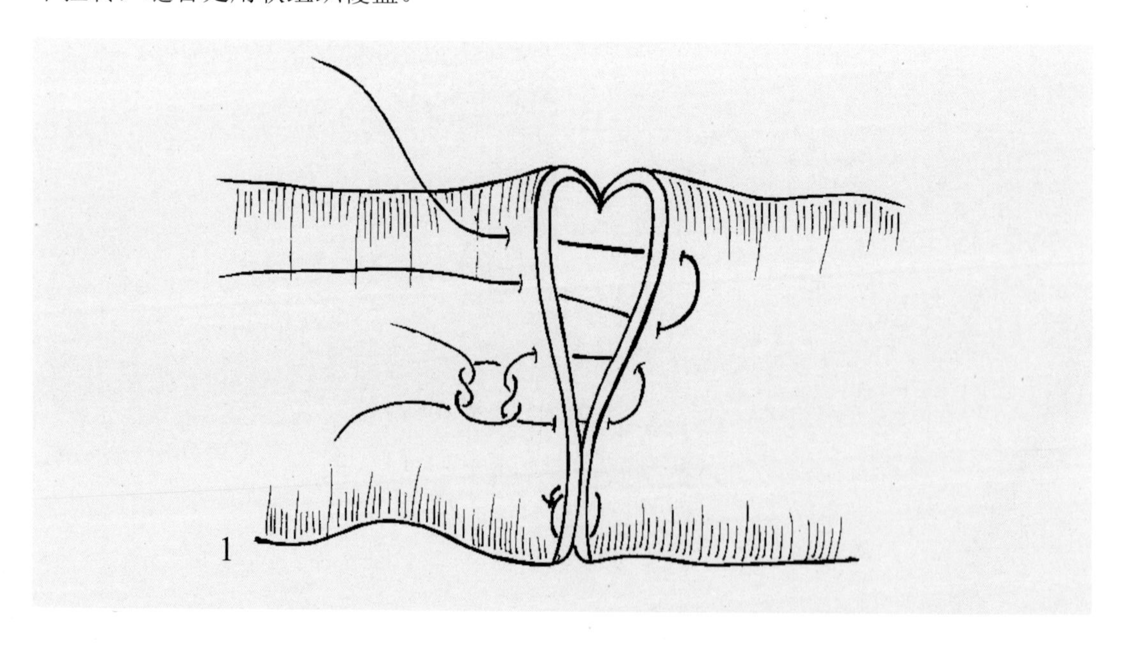

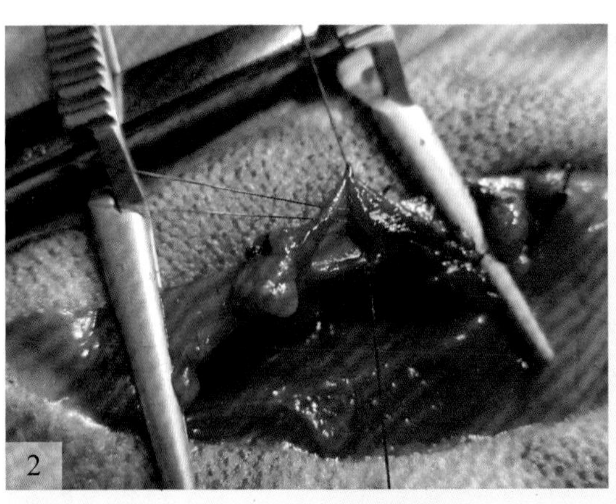
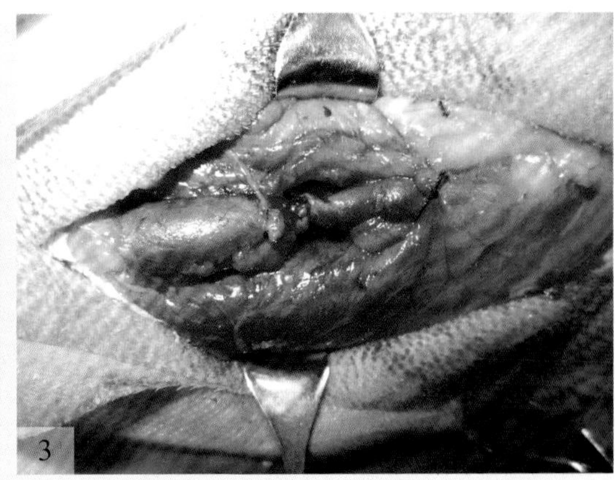

图1-53 血管的外翻缝合（纽扣缝合）法

1—血管吻合模式图;2—用无损伤血管钳钳夹血管两断端，用单丝非可吸收合成缝线吻合血管断端;3—吻合后的血管轻度狭窄

四、拆线法

拆线是指拆除皮肤缝线。拆除的时间一般是在手术后7 ～ 8天进行。凡营养不良、贫血、老龄动物、缝合部位活动性较大、创缘呈紧张状态等，应适当延长拆线时间，但创伤已化脓或创缘已被缝线撕断不起缝合作用时，可根据创伤治疗需要随时拆除部分或全部缝线。拆线方法如下：

用碘酊消毒创口、缝线及创口周围皮肤后，将线结用镊子轻轻提起，剪刀插入线结下，紧贴皮肤将线剪断，然后拉出缝线（图1-54）。拉线方向应向拆线的一侧，动作要轻巧，如强行向对侧硬拉，则可能将伤口拉开。再次用碘酊消毒创口及周围皮肤。拆线后继续护理伤口2~3天（视频1-23）。

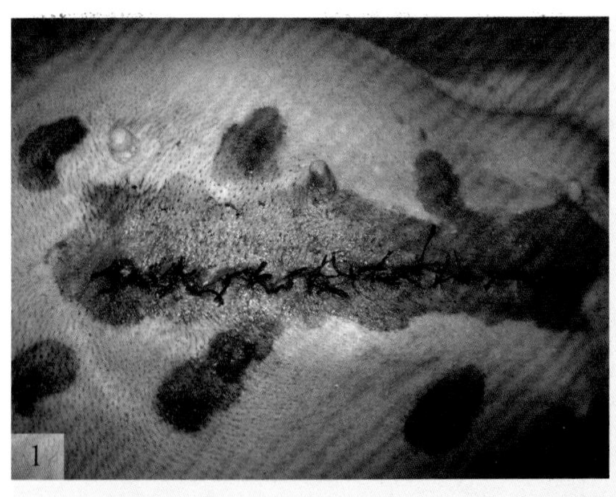
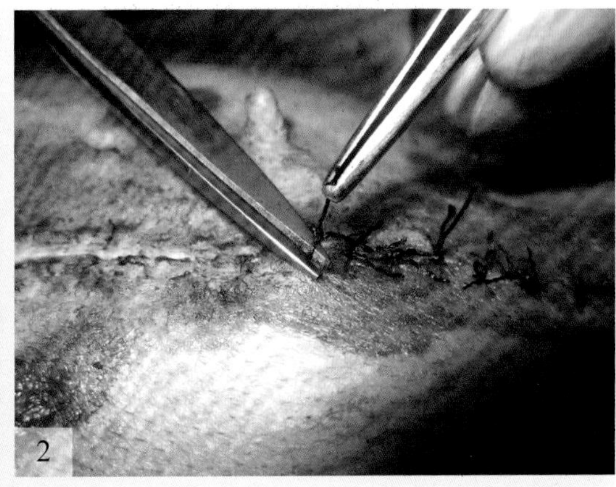

图1-54

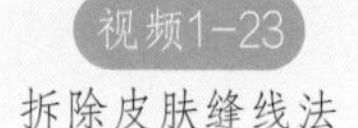

视频1-23
拆除皮肤缝线法

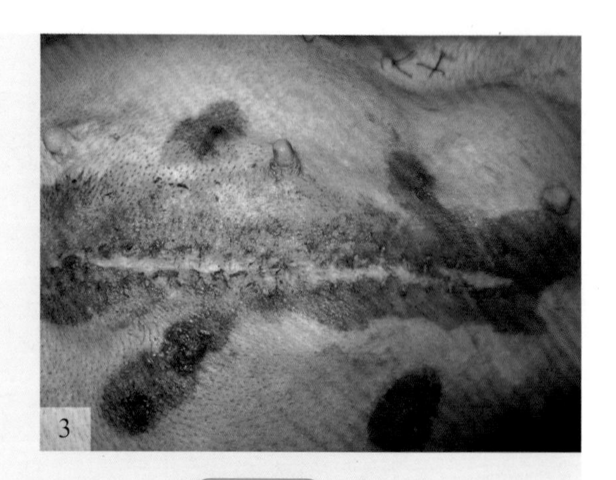

图1-54 拆线法

1—拆除结系绷带，用碘酊或碘伏消毒；2—提起线尾，自被提出的部位剪断缝线；3—再次用碘酊或碘伏消毒

第六节 引流

一、引流的常用方法

1. 纱布条引流

应用灭菌的干纱布条涂布抗菌药软膏，放置在创腔内，排出腔内液体（图1-55）。纱布条在几小时内吸附创液饱和，创液和血凝块凝集在纱布条上，阻止进一步引流，需及时更换纱布条。

2. 胶管引流

应用薄壁乳胶管，管腔内径0.6～2.5厘米。在插入创腔前用剪刀在引流管上剪数个小孔。或使用市售带侧孔引流管。引流管小孔能引流其周围的创液（图1-55）。这种引流管对组织无刺激作用，在组织内不变质，引流能减少术后血液、创液的蓄留。

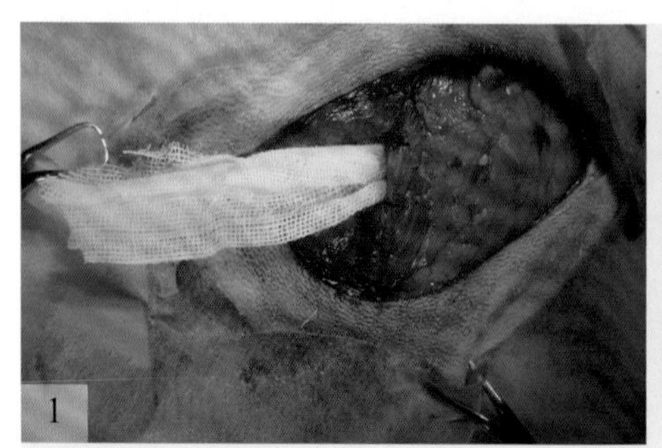

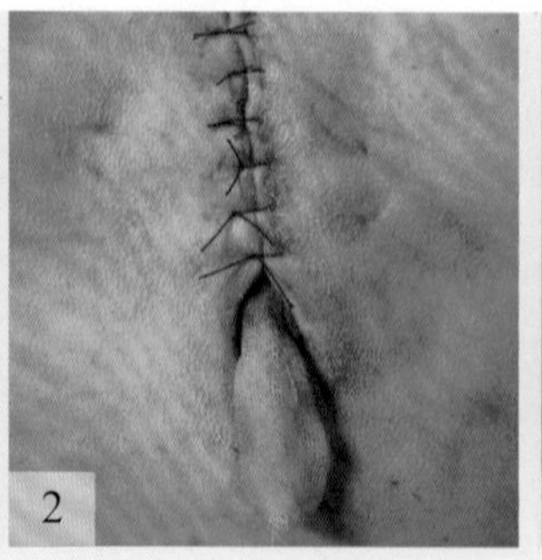

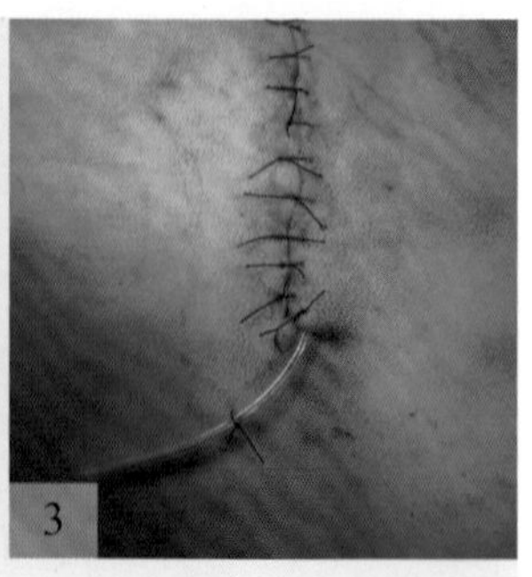

图1-55 引流法

1—放置纱布条做引流；2—引流口处保持松弛；3—胶管引流

二、引流的注意事项

① 放置引流的位置要正确，一般脓腔和体腔内引流，出口尽可能放在低位。引流物不要直接压迫血管、神经和脏器，防止发生出血、麻痹或瘘管等并发症。手术切口内引流，内端应放在创腔的最低位。体腔内引流最好不要经过手术切口引出体外，以免影响刀口愈合。

② 妥善固定引流管，在创内深处引流管的一端由缝线固定，外端缝到皮肤上。在体外固定引流管，防止滑脱、落入体腔或创伤内。

③ 保持引流管畅通，不要压迫、扭曲引流管。防止引流管被血凝块、坏死组织堵塞。

④ 放置引流后要每天检查和记录引流情况，引流取出的时间，除根据不同引流适应证外，主要根据引流流出液体的数量来决定。引流液体减少时，应及时取出引流物。

第七节 保定术

保定的方法依据保定的目的需要分为多种类型，临床上做简易的处理，可实行徒手保定、绷带扎口法、戴项圈或伊丽莎白项圈等；实施复杂的处理或手术操作，可在台面上实行侧卧保定、仰卧保定或俯卧保定等。

一、仰卧保定

在手术台的台面上，动物呈仰卧姿势，背部朝下、腹部朝上，头颈部呈侧位，口角放低。两前肢和两后肢分别向前、向后牵拉固定，充分暴露躯体的腹侧（图1-56）。该方法适于腹侧手术通路或处理。“V”形台面可提高保定效果。犬仰卧保定见视频1-24。

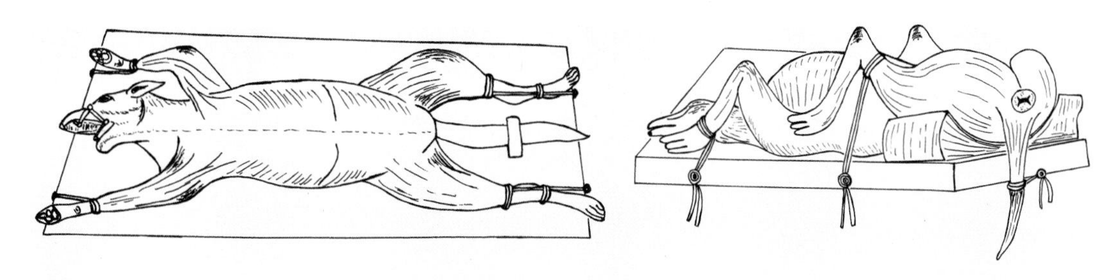

图1-56 仰卧保定

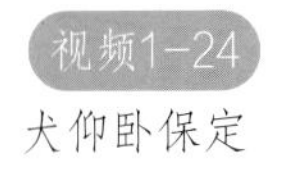

视频1-24

犬仰卧保定

二、俯卧与侧卧保定

侧卧保定包括左侧卧、右侧卧保定，颈部垫高，口角放低。在手术台的台面上，动物呈侧卧姿势，两前肢和两后肢分别捆绑在一起，然后向前、向后牵拉固定肢体（图1-57）。其适于躯体侧面手术通路或处理。俯卧保定是动物四肢位于腹下或体躯的腹侧（图1-58）。犬俯卧保定（背侧手术通路）见视频1-25，犬俯卧保定（会阴部手术通路）见视频1-26，犬侧卧保定见视频1-27。

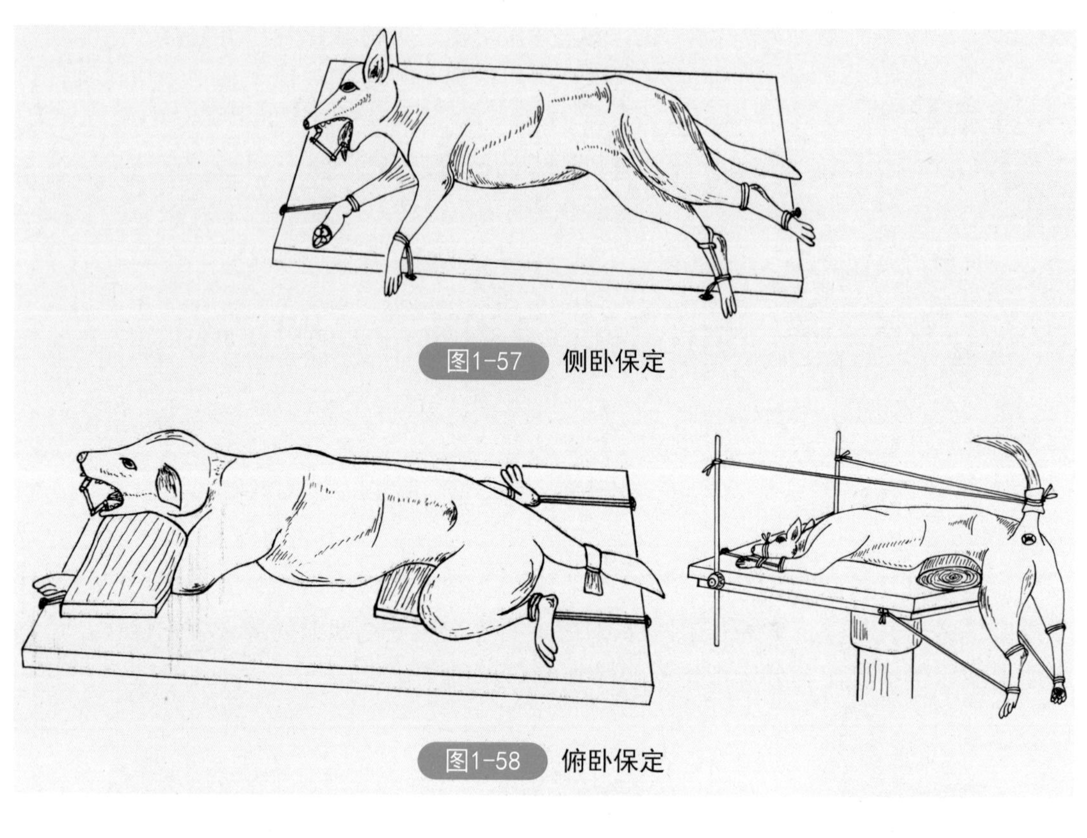

图1-57 侧卧保定

图1-58 俯卧保定

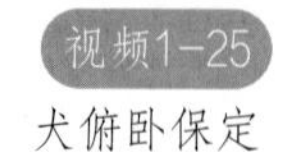

视频1-25
犬俯卧保定
（背侧手术通路）

视频1-26
犬俯卧保定
（会阴部手术通路）

视频1-27
犬侧卧保定

第八节 麻醉

麻醉包括局部麻醉与全身麻醉。局部麻醉是利用某些药物有选择性地暂时阻断神经末梢、神经纤维以及神经干的冲动传导，从而使其分布或支配的相应局部组织暂时丧失痛觉的一种麻醉方法。局部麻醉包括局部浸润麻醉、神经传导麻醉和脊髓麻醉等。全身麻醉是利用某些药物对中枢神经系统产生广泛的抑制作用，从而暂时使机体的意识、感觉、反射和肌肉张力部分或全部丧失。全身麻醉包括非吸入麻醉与吸入麻醉。临床上，为了增强麻醉或止痛效果，减少毒副作用与麻醉危险性，全身麻醉常配合局部麻醉。本节介绍局部浸润麻醉与吸入麻醉的方法。

一、局部浸润麻醉

沿手术切口线皮下及深部组织分层注射，阻滞神经末梢，称局部浸润麻醉。常用药物为0.5%～1%盐酸普鲁卡因或0.25%盐酸利多卡因溶液。其分为直线浸润、菱形浸润、扇形浸润、基部浸润和分层浸润（图1-59、视频1-28）。

直线浸润、菱形浸润和扇形浸润麻醉，是运用5~8厘米长的针头，沿预定线刺入皮下组织并注入局麻药。如果预定切开线比针头长，可从预定切开线的中点刺入针头注入局麻药液。先朝一个方向运针，然后再朝相反的方向运针。对较长的切口，选择一个以上的刺入点，但第二次注射时针头要自被浸润的部位刺入，以减轻对动物的刺激。浸润的范围应足够大，麻醉的效果应确切，但宜尽量应用较稀较少的溶液。基部浸润则是将局麻药液注射到病灶的基部，如修复小型可复性疝、摘除小囊肿或良性肿瘤的局部浸润麻醉。

分层浸润麻醉是用5~8厘米长针头将局麻药液沿手术切开线的皮下组织浸润，然后逐步深入到筋膜、筋膜下、肌层和腹膜外等部位。临床上，直线浸润、菱形浸润、扇形浸润、基部浸润和分层浸润常联合应用，以提高麻醉效果。

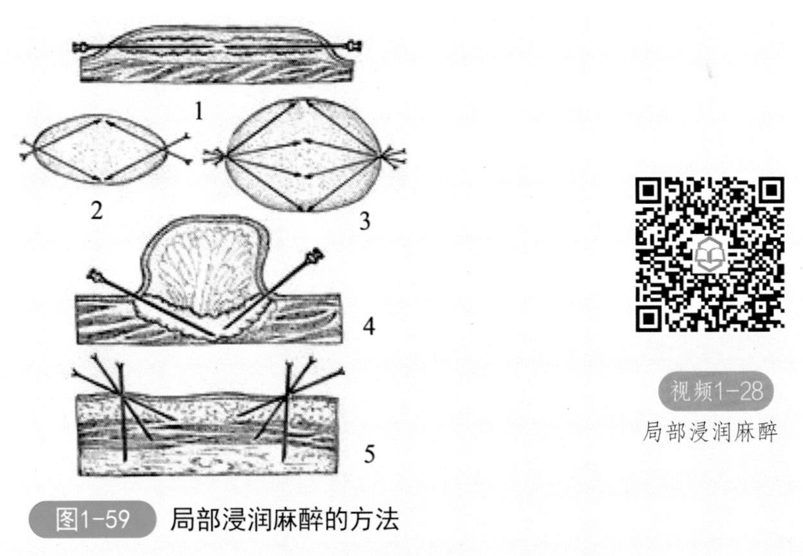

视频1-28
局部浸润麻醉

图1-59 局部浸润麻醉的方法

1—直线浸润;2—菱形浸润;3—扇形浸润;4—基部浸润;5—分层浸润

二、吸入麻醉

吸入麻醉是指气态或挥发性液态的麻醉药物经呼吸道吸入，在肺泡中被吸收入血液循环并作用于中枢神经系统，使中枢神经系统产生全身麻醉效应。吸入麻醉因其良好的可控性和对机体的影响较小，被称为是一种安全的麻醉形式。常用的挥发性麻醉药有安氟醚、异氟醚、七氟醚和地氟醚等，使用的设备为麻醉机或呼吸麻醉机。

先以硫喷妥钠或丙泊酚等药物作诱导（基础）麻醉，然后用安氟醚或异氟醚等挥发性麻醉药作维持麻醉。吸入麻醉药的方式包括面罩法、气管插管法等。一般情况下，开始时以较高的浓度（3%~5%）快速吸入，3~5分钟后以较低的浓度（1.5%~2.5%）维持麻醉。随时观察呼吸、心率、血氧饱和度以及设备运行等情况，以防发生麻醉事故。

气管插管的方法是诱导麻醉后，打开口腔，向口外牵拉舌以暴露喉部。用咽喉镜的臂前端下压会厌软骨，显露喉室开口，将灭菌的气管导管（图1-60）插入气管内，用注射器向充气指示球内注入气体或液体，充满导管套囊以密封气管腔，然后固定气管导管，连接麻醉机或麻醉呼吸机，调节氧气与麻醉气体的流量，连接心电监护仪。充气指示球呈膨胀状态，表明导管套囊也呈充满膨胀状态。犬气管插管法见视频1-29。

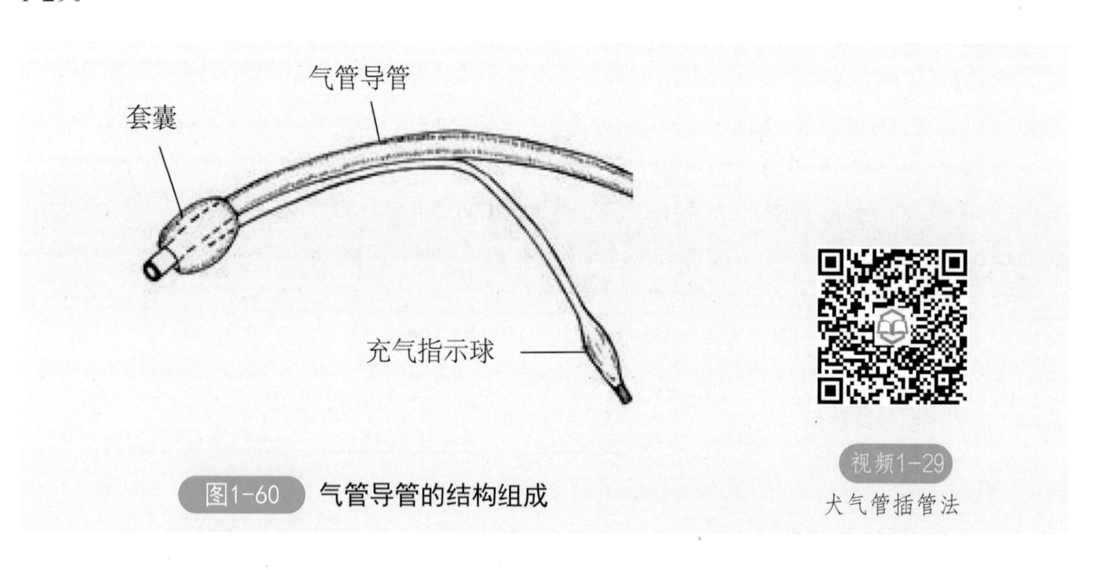

图1-60 气管导管的结构组成

第二章 包扎法与穿刺术

第一节 包扎法

包扎是利用敷料和绷带等材料包扎患部，达到保护创面、压迫止血、吸收创液、防止动物自我损伤、限制患部活动、使创伤保持安静、促进受伤组织器官功能恢复等目的。小动物的包扎方法和原理与家畜相似，本节介绍在小动物临床使用上的特殊包扎方法。

一、头部包扎法

1. 头部“8”字形包扎法

包扎一只或两只耳朵，若将一只耳朵留在外面，可为包扎提供固定点。在头顶部放置填充垫料，将右耳郭放在垫料上，在耳郭上再次放置垫料，将左耳郭放在垫料上。然后，在颈部放置垫料。绷带自头顶中间开始向前缠绕，覆盖左侧颊部耳郭的嘴端，然后绕过下颌腹侧至对侧颊部，向上覆盖右耳郭的嘴端。绷带继续至头顶中部，覆盖左耳郭的尾端，绕过颈腹侧至右耳郭的尾端和头顶部。反复重复包扎2~3次，至包扎充分为止（图2-1）。

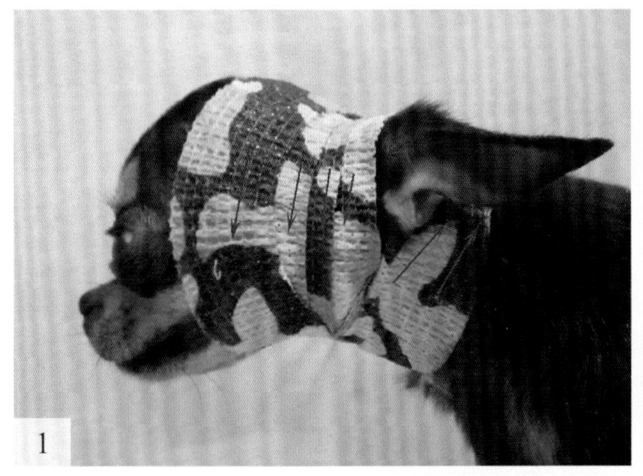

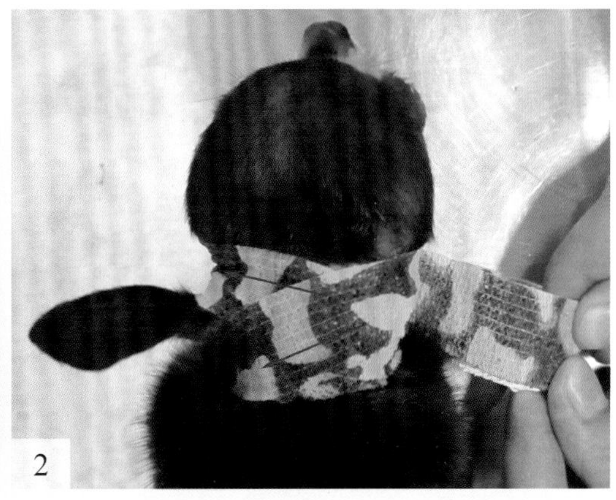

图2-1 头部“8”字形包扎法

1—侧面观；2—背侧观

2. 垂耳包扎法

在患耳背侧放置棉垫，将患耳和棉垫一同向背侧反折，使其贴在头顶部。然后在患耳的腹侧（内侧）放置棉垫，用绷带自耳内侧基部向上覆盖至对侧健耳后方，绷带向下绕过颈腹侧到患耳，再经过健耳前方绕过颈腹侧至患耳。如此反复包扎3~4周（图2-2）。

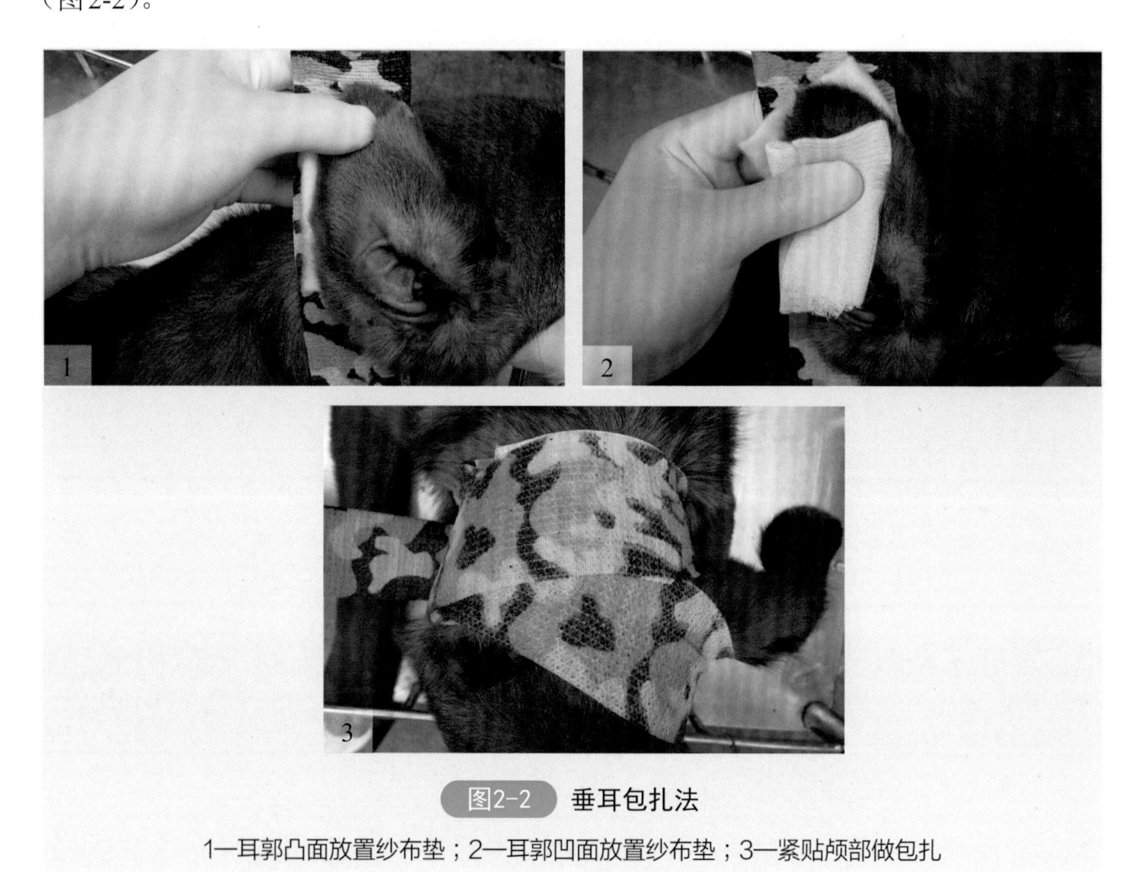

图2-2 垂耳包扎法

1—耳郭凸面放置纱布垫；2—耳郭凹面放置纱布垫；3—紧贴颅部做包扎

3. 竖耳包扎法

竖耳包扎法多用于耳成形术。用纱布或填充料做成圆柱形支撑物填于两耳郭内，然后用数根短胶带条从耳根背侧向内侧缠绕，胶带的两个断端在耳内侧的支撑物上重叠。每根胶带相互重叠至耳尖部。最后用“8”字形包扎法将两耳拉紧竖直（图2-3）。

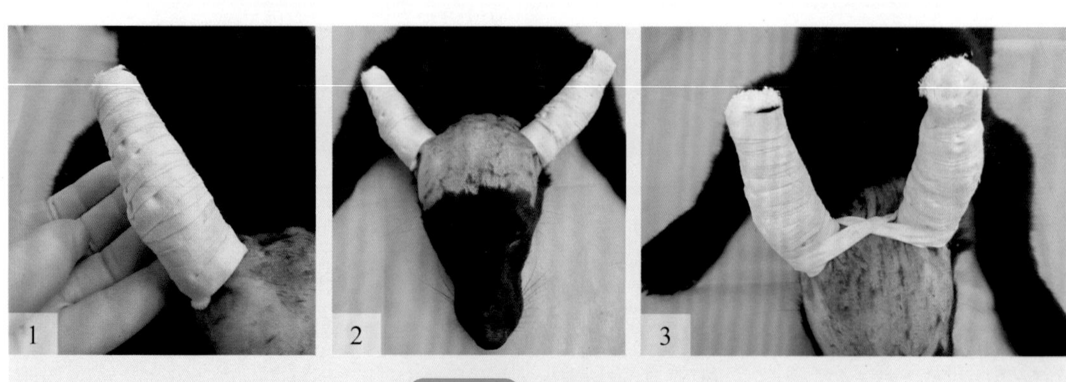

图2-3 竖耳包扎法

1—塔形包扎患耳；2—包扎后两耳侧斜；3—“8”字形缠绕法固定左右耳

二、尾部包扎法

尾部包扎法用于尾部创伤或用于后躯、肛门、会阴部术前、术后固定尾部。绷带自尾根背侧开始直接向后覆盖尾背侧，至尾尖部反折至尾腹侧。绷带上行至尾根部后再返回至尾尖部。自尾尖部开始对尾做螺旋形包扎。接近尾根部时，每侧缠绕将部分尾部被毛包扎在绷带上，以防绷带滑脱（图2-4）。

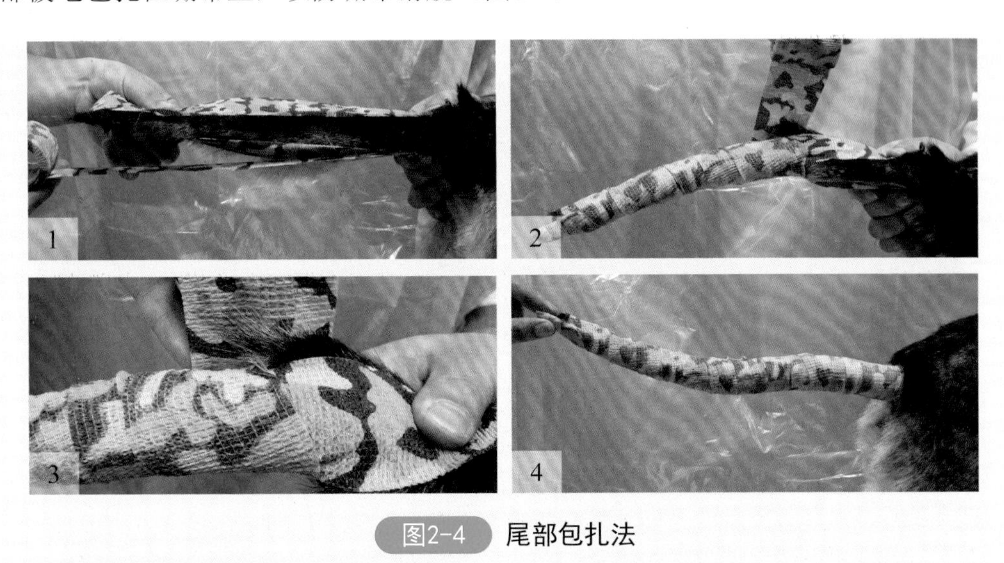

图2-4 尾部包扎法

1—绷带自尾根背侧向后至尾尖反折于尾腹侧，上行至尾根部后再返至尾尖部；2—螺旋形包扎尾部；3—近尾根部，每侧缠绕将部分尾部被毛包扎在绷带内侧；4—包扎好的犬尾

三、犬四肢屈曲悬带

前肢悬带，又称为肩部悬带，用于肩部制动，如肩关节脱位固定，肩胛骨骨折和肩关节手术等的术后护理。提起前肢，自桡尺骨远端开始安置绷带，绷带自肩后部、对侧腋窝缠绕，返回至肘部再向背侧肩前部返回至腕关节，然后再向背侧肩后部、对侧腋窝缠绕，返回肘部外侧。如此反复缠绕，直至达到固定的目的（图2-5）。

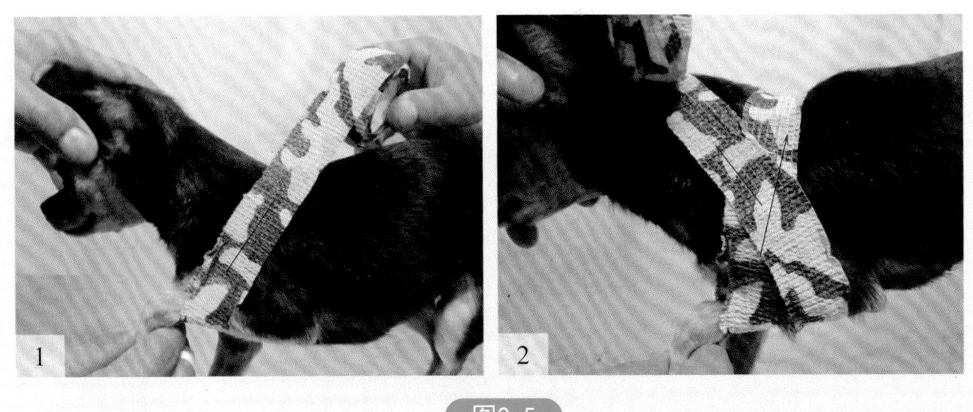

图2-5

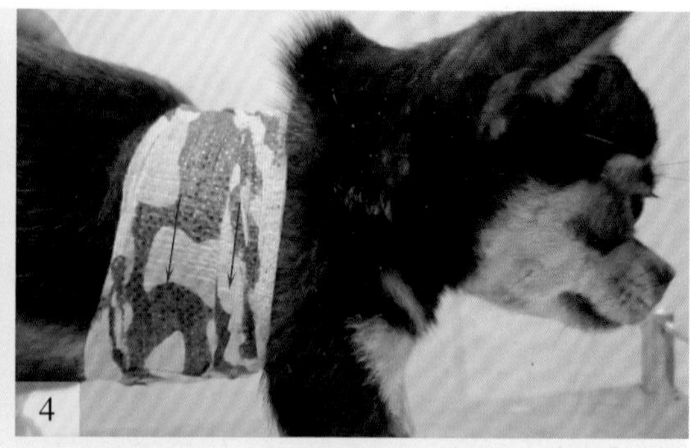

图2-5 犬前肢悬带

1—前肢抬起固定；2，3—前肢抬起固定的健侧；4—前肢抬起固定的患侧

后肢悬带，又称“8”字形包扎，用于固定髋关节，如髋关节脱位整复后的制动。屈曲患肢膝关节和跗关节，用绷带自跖骨中部将后肢提起、屈曲。绷带自小腿和股部内侧绕到股部外侧、小腿外侧与跖部外侧，如此缠绕2~3周，再自股部外侧开始，经股后部、跗关节内侧至跖部外侧。然后，绷带再自股内侧至股外侧，如此缠绕2~3周，后肢被悬吊起来，髋关节得以固定（图2-6）。

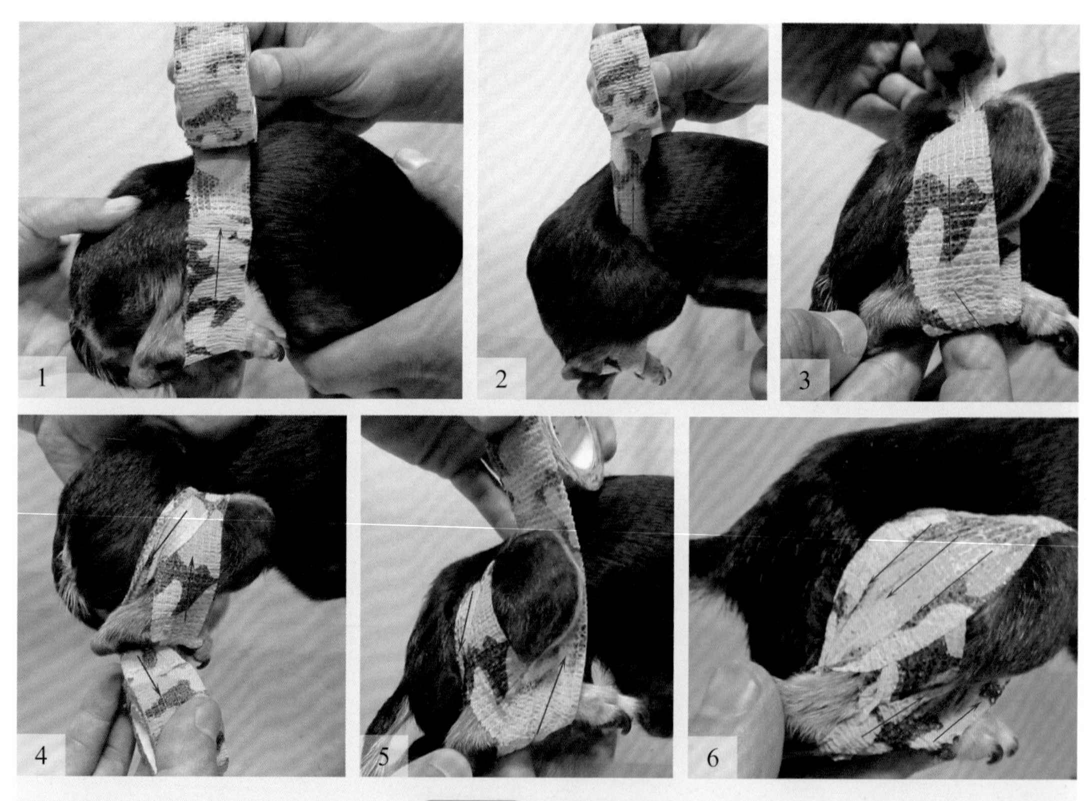

图2-6 犬后肢悬带

1—提起后肢安置绷带；2，3—绷带自腿内侧至外侧缠绕一周；4~6—绷带自跗关节内关节至腿内侧缠绕

四、夹板绷带

夹板绷带是借助于夹板保持患部安静，避免加重损伤、移位和使伤部进一步复杂化的制动绷带，可分为临时夹板绷带和预制夹板绷带。前者通常用于骨折、关节脱位时的紧急救治，后者可作为较长时期的制动。

临时夹板绷带可用胶合板、普通薄木板、竹板或树枝等作为夹板材料，小型动物亦选用压舌板、硬纸壳或竹筷子作为夹板材料。预制夹板绷带用金属丝、薄金属板、木料或塑料板等制成适合四肢解剖形状的各种夹板。无论临时夹板绷带还是预制夹板绷带，皆由衬垫、夹板和各种包扎材料构成。

夹板绷带的包扎方法（图2-7）是先将患部皮肤刷净，包上较厚的脱脂棉、纱布脱脂棉垫或毡片等衬垫，并用蛇形螺旋形包扎法（视频2-1）加以固定，然后再装置夹板。夹板的宽度视需要而定，长度既应包括骨折部上下两个关节，使上下两个关节同时得到固定，又要短于衬垫材料，避免夹板两端损伤皮肤。最后用绷带或细绳加以捆绑固定。折转包扎法见视频2-2，蛇形包扎法见视频2-3，交叉包扎法见视频2-4，铝夹板绷带安装见视频2-5。

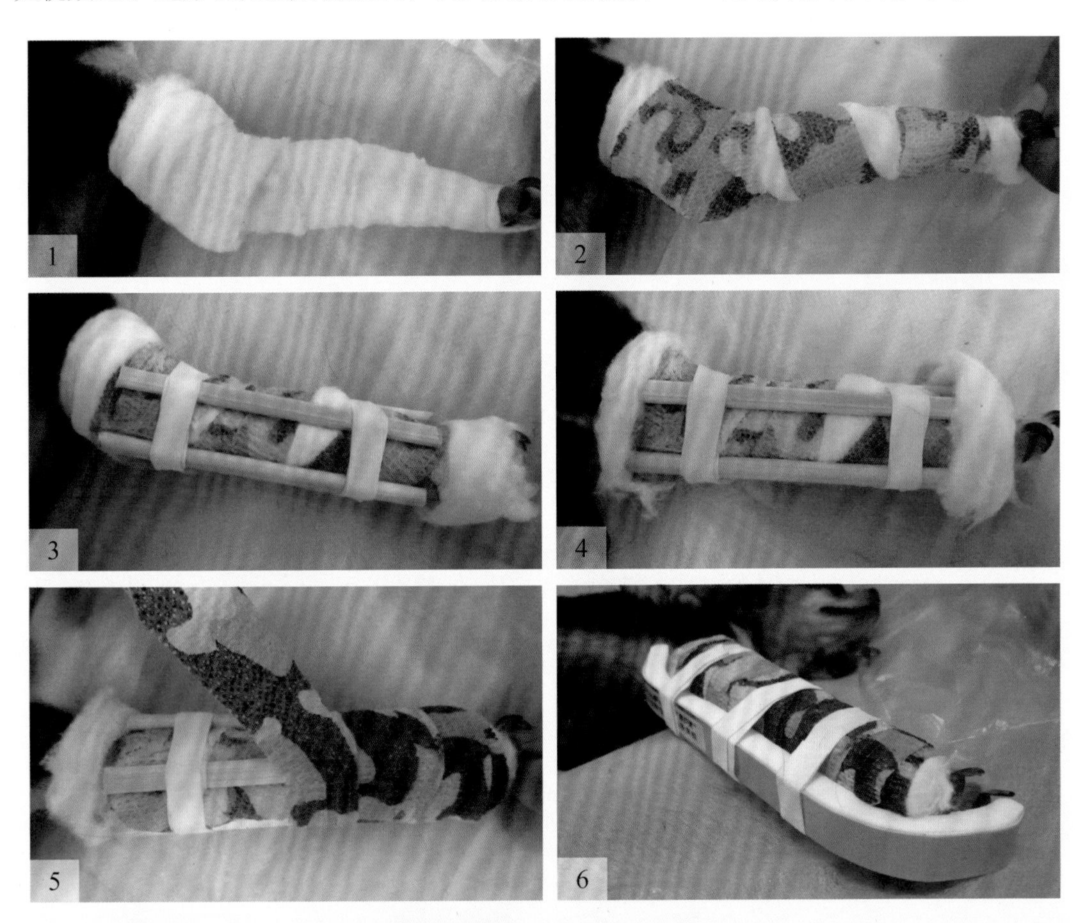

图2-7　夹板绷带的安装

1—缠绕脱脂棉垫；2—蛇形绷带包扎；3—装置夹板；4—将两侧脱脂棉外翻包裹夹板；5—绷带包扎；6—支撑夹板绷带

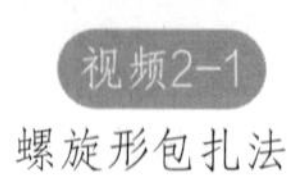

螺旋形包扎法

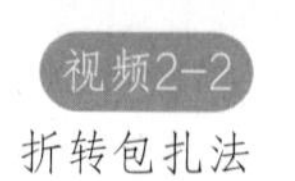

折转包扎法

蛇形包扎法

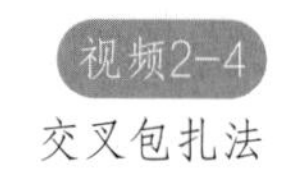

交叉包扎法

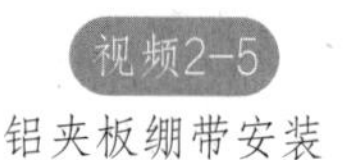

铝夹板绷带安装

五、石膏绷带

石膏绷带是在淀粉液浆制过的大网眼纱布上加上煅制石膏粉制成的，这种绷带用温水浸后质地柔软，可塑制成任何形状敷于伤肢，一般十几分钟后开始硬化，干燥后成为坚固的石膏夹。石膏绷带常用于整复后的骨折、关节脱位的外固定或矫形等。

1. 石膏绷带的安装方法

骨折整复后，消除皮肤上泥灰等污物，涂布滑石粉，然后于肢体上、下端各绕一圈薄纱布棉垫，其范围应超出装置石膏绷带的预定范围。将石膏绷带卷轻轻地横放到盛有30～35℃的温水中，使整个绷带卷被淹没。待不出气泡后，两手握住石膏绷带圈的两端取出，两手掌轻轻对挤，除去多余水分。从病肢的下端先做环形包扎，后做螺旋包扎向上缠绕，直至预定的部位。每缠一圈绷带，在其表面上均匀地涂抹石膏泥，使绷带紧密结合。骨的突起部，应放置棉垫加以保护。石膏绷带上下端不要超过衬垫物，且松紧要适宜。根据伤肢重力和肌肉牵引力的不同，可缠绕6～8层(大型动物)或2～4层(小型动物)。在包扎最后一层时，必须将上、下衬垫向外翻转，包住石膏绷带的边缘，最后表面涂石膏泥［图2-8（A）］。犬、猫石膏绷带从第二、四指(趾)近端开始安装。

当开放性骨折或伴发创伤的其它四肢疾病时，为了观察和处理创伤，常应用有窗石膏绷带。“开窗”的方法是在创口上覆盖灭菌的纱布块，将大于创口的杯子或其它器皿放于纱布上，杯子固定后，绕过杯子按前述方法缠绕石膏绷带，在石膏未硬固之前用刀切割做窗，取下杯子即成窗口，窗口边缘用石膏泥涂抹平。若伤口过大，可采用桥形石膏绷带。其制作方法是用5～6层卷轴石膏绷带缠绕于创伤的上、下部，作为窗孔的基础，待石膏硬化后于无石膏绷带部分的前后左右各放置一条弓形金属板即“桥”，代替一段石膏绷带的支持作用，金属板的两端放置在患部上下方的绷带上，然后再缠绕3～4层卷轴石膏绷带加以固定。

2. 石膏绷带的拆除

石膏绷带拆除的时间，根据不同的病畜和病理过程而定，犬猫3～4周。拆除绷带的工具包括锯、刀、剪和石膏分开器等。若用线锯拆除石膏绷带，在安装石膏绷带时，在衬垫与石膏绷带之间放置带软塑料套管的线锯。待到拆除石膏绷带时，用此事先安置的线锯锯开石膏绷带［图2-8（B）］，然后再用石膏分开器将其分开。

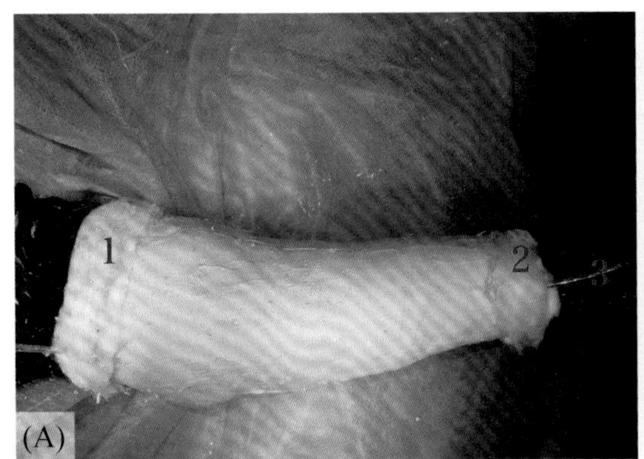

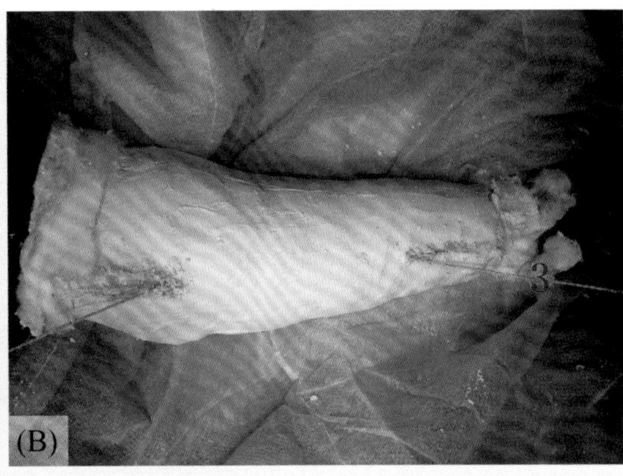

图2-8　石膏绷带的安装与拆除

（A）石膏绷带的安装；（B）石膏绷带的拆除

1，2—外翻的脱脂棉；3—线锯锯开石膏绷带

六、玻璃纤维绷带

玻璃纤维绷带，为一种树脂黏合材料。绷带浸泡在冷水中10～15秒钟就起化学反应，随后在室温条件下几分钟则开始热化和硬固。玻璃纤维绷带主要用于四肢的圆筒铸型，也可以用作夹板。具有重量轻、硬度强、多孔及防水等特性。

安装方法［图2-9（A）］：在皮肤伤口上敷上包扎绷带，整个塑模区域的皮肤表面敷上衬垫或棉垫，特别是关节或隆突部位，以免发生褥疮。在欲安装绷带区域的肢体内外侧各纵向放置一根带软塑料管套管的线锯，打绷带时将软塑料套管与线锯一同固定在绷带内侧。安装玻璃纤维绷带时，术者戴乳胶手套，打开绷带包装袋，将绷带卷浸入21~23℃水中，轻轻挤压3~4次，取出绷带卷，在30~60秒钟内完成绷带安装。

视频2-6

玻璃纤维绷带包扎法

安装后用弹力绷带固定预留线锯的两端，待拆除绷带时用线锯直接锯开硬化的玻璃纤维绷带［图2-9（B）］。玻璃纤维绷带包扎法见视频2-6。

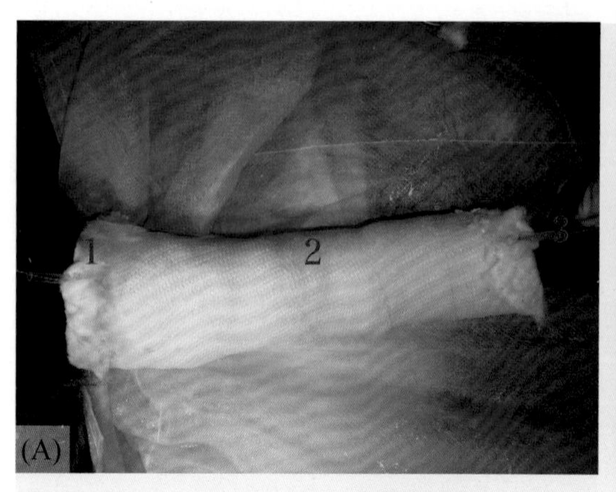

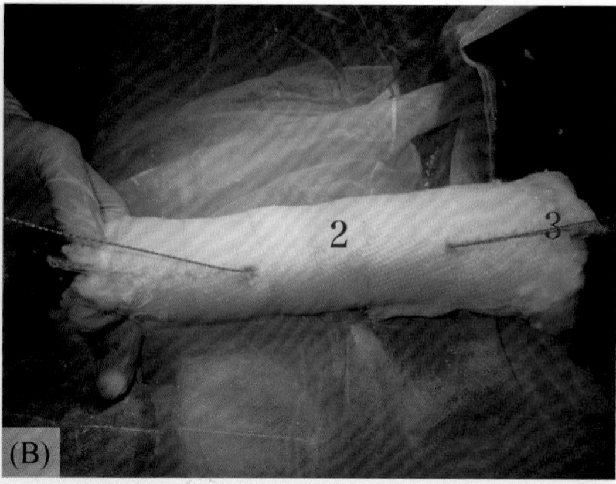

图2-9 玻璃纤维绷带的安装与拆卸

（A）玻璃纤维绷带的安装；（B）玻璃纤维绷带的拆除
1—外翻的脱脂棉；2—玻璃纤维绷带；3—线锯

第二节 穿刺术

一、胸腔穿刺

【适应证】可用于检查胸膜腔内渗出物的性质，以确诊某些疾病。或用于治疗胸部某些疾病，如胸腔积液压迫胸腔脏器，严重的闭合性气胸，由于胸部损伤造成的非进行性血胸。治疗化脓性胸膜炎及污染严重的开放性气胸等疾病时，用于冲洗胸膜腔及注入药液。

【麻醉与保定】全身麻醉或局部麻醉，站立保定。

【穿刺部位】穿刺时，在肋骨前缘进针，以防损伤肋间神经和血管。在第6~7肋间，上、下位置依据胸腔中的液体或气体的量而定，多在肋骨与肋软骨交界处的上方。

【穿刺方法】术部剪毛消毒，左手将皮肤稍向头侧移动，右手持带有胶管的静脉注射针头或穿刺针刺入胸壁（图2-10），针头经过肋间肌时产生一定的阻力，待阻力消失并有渗出液流出即可确定已刺入胸膜腔内。针孔如被堵塞，可先用针芯疏通或用注射器抽吸。抽吸完毕后，钳夹橡皮管迅速拔出穿刺针，用手压迫并轻揉穿刺部位3分钟左右，促使针刺空隙闭合。局部消毒，盖以无菌纱布并用胶带固定。操作期间时刻预防发生气胸。

对化脓性胸膜炎的病畜，先将胸腔内渗出液放出，然后用0.25%盐酸普鲁卡因稀释适量的抗菌药进行胸膜腔内冲洗，直至冲洗液变透明为止。

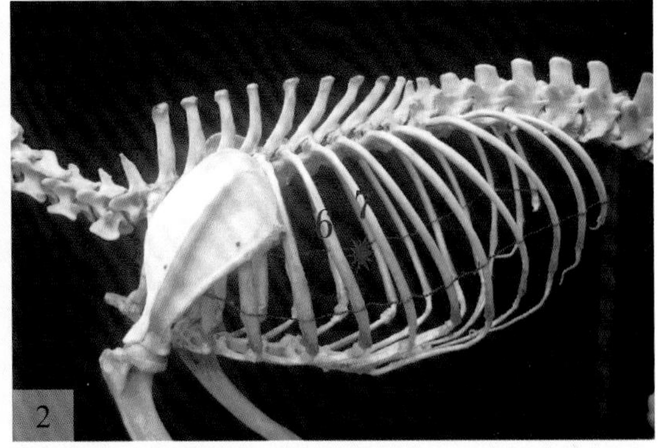

图2-10　胸腔穿刺

1—皮肤向头侧稍移动，持穿刺针刺入；2—穿刺部位为6、7肋间

二、心包穿刺

【适应证】适用于诊断心包积液及检查心包液的性状；用于心包积液的抽出，心包冲洗、用药。

【麻醉与保定】全身麻醉或局部麻醉。侧卧保定或俯卧保定。上方的前肢向前方伸展。呼吸困难的病例，应做气管插管或吸氧。

【穿刺部位】右侧肘突水平线上方，在心搏动最明显处的第4~6肋间进针，针自肋骨前缘刺入胸腔（图2-11）。左侧穿刺时易损伤肺叶。

【穿刺方法】穿刺针经皮肤朝向前上方刺入，针经肋间肌、胸膜、心包壁而刺入心包腔内。针头进入心包腔内，可感到阻力锐减，针头随心脏的搏动而摆动。此时抽出针芯，心包液可经针头向外排出，采集心包液进行检验。若刺入过深，可刺入心肌，此时除针头随心跳而摆动外，且从针孔流出血液。若刺入心室内，可见由针孔向外喷血。在这两种情况下，均需慢慢退针，直至针内有心包液流出为止。操作期间需要时刻预防发生气胸，避免反复刺伤心脏。

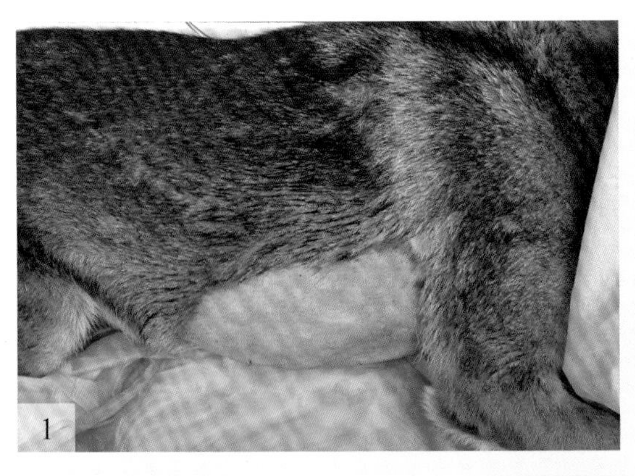

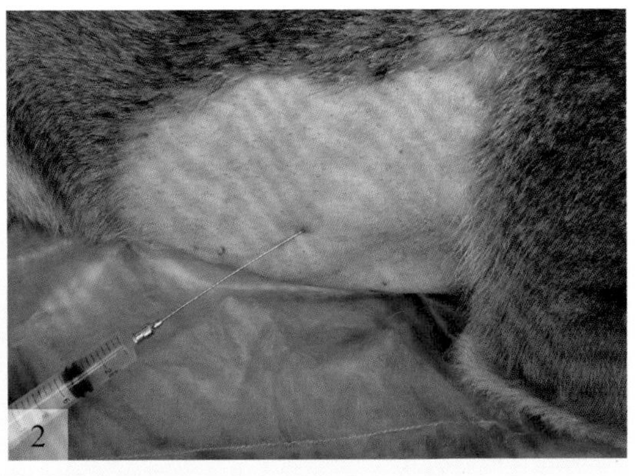

图2-11　心包穿刺

1—穿刺部位术部准备；2—穿刺点位于肘突水平线上方、右侧第7肋骨前缘心搏动明显处

三、腹腔穿刺

【适应证】腹腔穿刺术用于诊断胃肠破裂、肠变位、内脏出血、膀胱破裂及腹膜疾病；根据穿刺液的检查判断是渗出液还是漏出液；经穿刺放出腹水或向腹腔内注入药液治疗某些疾病。

【麻醉与保定】全身麻醉或局部麻醉。侧卧保定或站立保定。

【穿刺部位】在耻骨前缘与脐之间的腹中线左（右）侧3～5厘米处，或在脐后2~3厘米腹中线上。

【穿刺方法】穿刺部剪毛、消毒，用14～20号针头垂直皮肤刺入，当针透过皮肤后，应慢慢向腹腔内推进针头，当针头出现阻力骤然减退时说明针已进入腹腔，腹水经针头流出。用于诊断性穿刺时，当腹水流出后立即用注射器抽吸（图2-12）。如果针头被腹腔中的纤维素凝块堵塞，可适当改变针头方向。用于放出腹水时，使用针体上有2～3个侧孔的针头穿刺，可防止大网膜等堵塞针孔。术后，拔下针头，用碘酊消毒术部。穿刺时进针速度不能快，不能刺入过深。

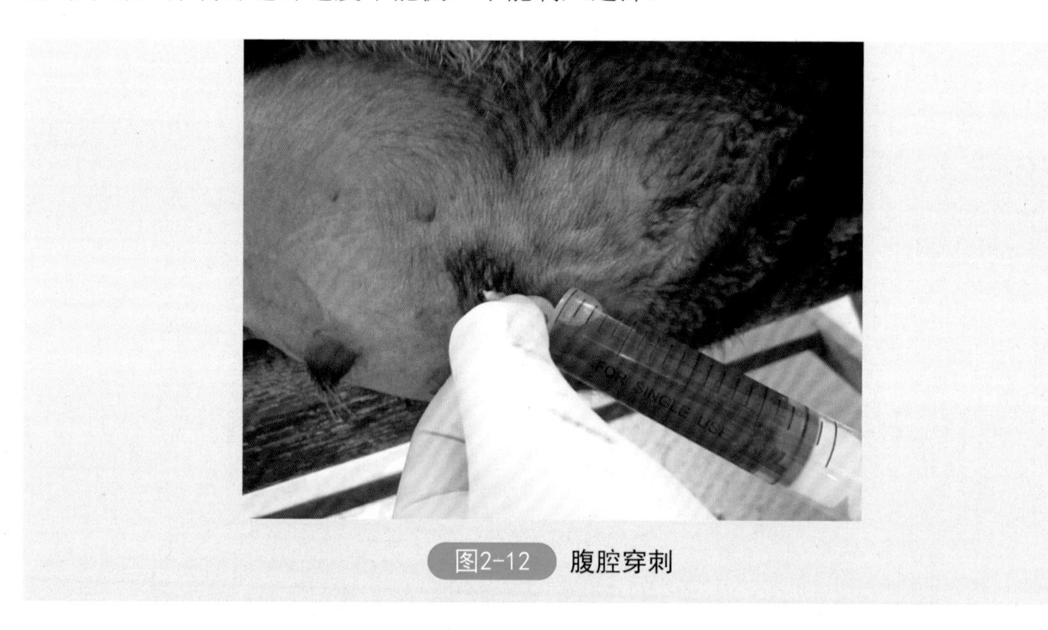

图2-12 腹腔穿刺

四、膀胱穿刺

【适应证】对因尿道阻塞引起的急性尿潴留，经膀胱穿刺可暂时缓解膀胱的内压，防止因内压过大而继发膀胱破裂；在穿刺放尿后及时治疗原发病，预防因膀胱再次膨胀或反复穿刺导致尿液自针刺孔流入腹腔。或用于采集尿液进行尿液检验。

【麻醉与保定】全身麻醉或局部麻醉。仰卧保定或侧卧保定。

【穿刺部位】在耻骨前缘3～5厘米处、腹中线一侧的腹底壁上或左侧倒数1~2乳头之间的后外侧（图2-13）。仰卧保定时在耻骨前缘3～5厘米处腹中线上。

【穿刺方法】术部消毒，用左手隔着腹壁固定膀胱，手持6～12号针头，刺入皮肤，经肌肉、腹膜、膀胱壁刺入膀胱内，尿液即可自针头流出，连接注射器，抽取尿液。

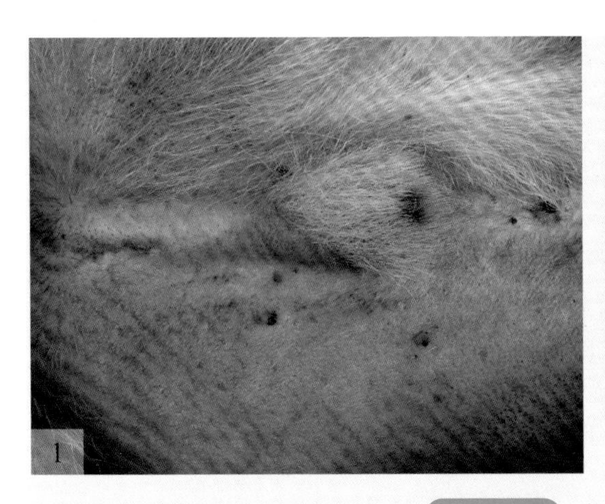

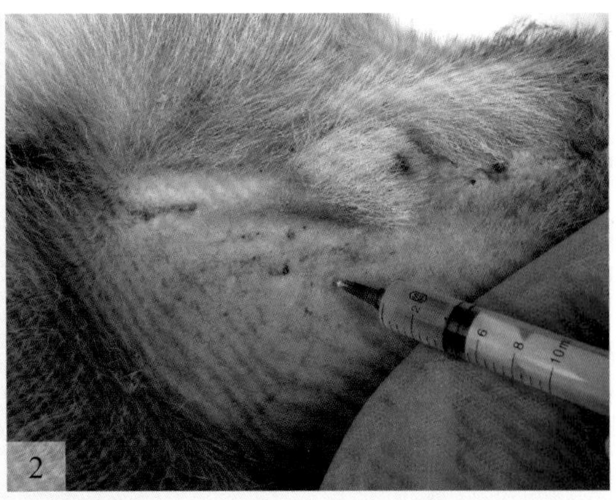

图2-13 犬的膀胱穿刺点

1—穿刺点位于倒数1~2乳头之间的后外侧；2—抽出黄色尿液

五、骨髓穿刺

【适应证】通过骨髓穿刺，抽出骨髓进行检验，可用于梨形虫病、锥虫病或其它借助于骨髓化验进行诊断的血液淋巴系统疾病等。

【麻醉与保定】全身麻醉或局部麻醉。常采用俯卧保定；肱骨或股骨穿刺时，多行侧卧保定。

【穿刺部位】背侧髂骨嵴是最常用的位置，对于小型犬、猫，可在股骨近端采取骨髓样品，但较少用；对于肥胖或肌肉发达的动物，最好选择肱骨近端的前外侧采取肱骨的骨髓样品，这个部位的脂肪、肌肉和实质性皮下组织较少（图2-14）。

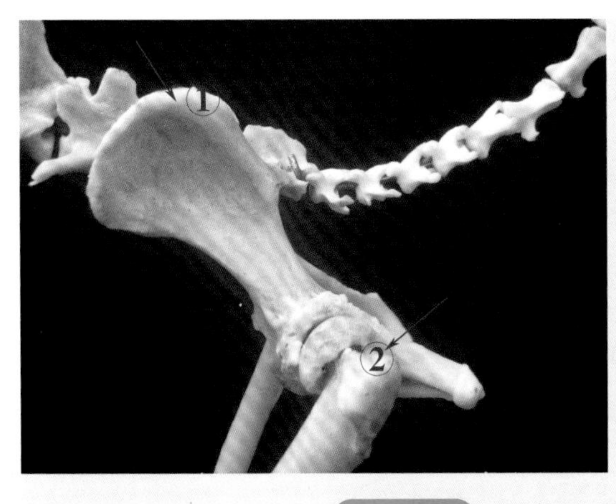

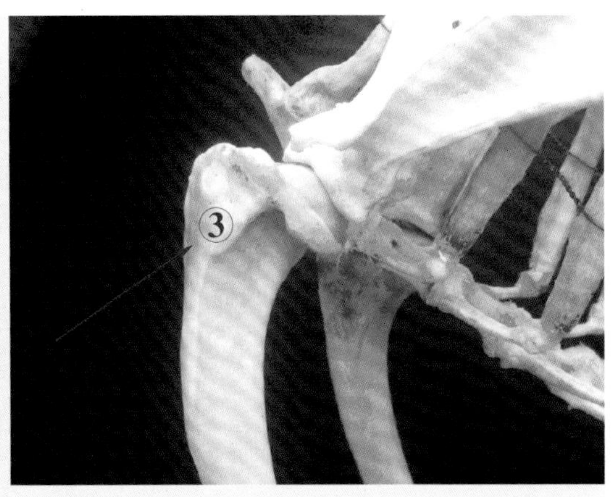

图2-14 骨髓活组织检查的常用穿刺部位

①—髂骨穿刺点；②—股骨穿刺点；③—肱骨穿刺点

【穿刺方法】术部剪毛消毒，术部覆盖无菌创巾，手术人员消毒、戴无菌手套，在针刺部位用手术刀在皮肤上做一2毫米的皮肤切口。插针时要用力均匀、方向稳定。

做胸骨穿刺时，用左手触摸胸骨中央隆起部，将消毒的针头刺入胸骨隆起部皮下，再对准穿刺部快速刺入，通过胸肌直达胸骨内0.5~1厘米。固定穿刺针，接10毫升干燥无菌注射器，徐徐抽吸，即可抽出骨髓液，用于细胞学检查；或用穿刺活检针，获取骨髓组织芯，用于病理组织学检查。

做髂骨穿刺时，在髂骨嵴背侧最宽处进针，沿盆骨凹面直接向腹内侧刺针；如果进针位置偏外侧，易进入骨密质或滑脱穿刺部位。

做肱骨近端穿刺时，进针时向肱骨中内侧刺入。

做股骨穿刺时，注意避开大转子内后方的坐骨神经干，针于大转子的内侧，平行于骨干刺入髓腔，可在该部位得到大量的骨髓。

六、脊髓穿刺

【适应证】脊髓穿刺是针刺入蛛网膜下腔，以获取脑脊髓液，进行脑脊髓液检查，或向蛛网膜下腔注射麻醉药进行脊髓麻醉，或注射造影剂进行脊髓造影等。

【麻醉与保定】全身麻醉。枕部穿刺时俯卧保定，头颈低垂，向腹侧屈曲，充分显露椎间隙，防止头颈上下、左右摆动。腰荐部穿刺时侧卧保定，腰部略向腹侧屈曲，充分显露腰荐间隙。

【穿刺部位】穿刺部位可在枕部和腰荐部（图2-15）。枕部穿刺点位于枕骨隆起正中线与寰椎翼左右角前缘的连线交点上，针头通过椎间隙进入蛛网膜下腔。腰荐部穿刺点在腰荐间隙（百会穴）处，腰荐部背中线与两侧髂骨结节连线的交点处。

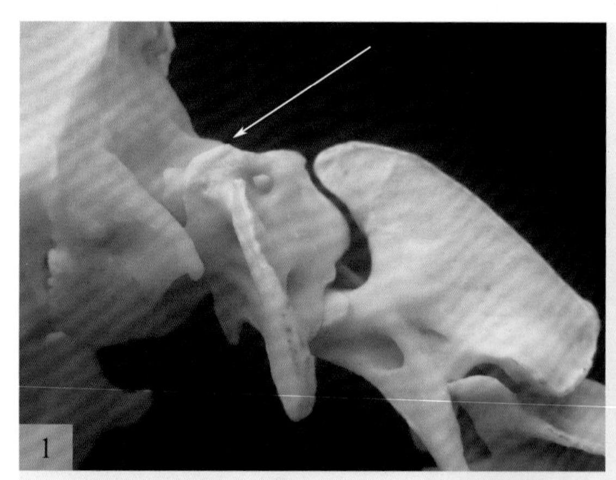

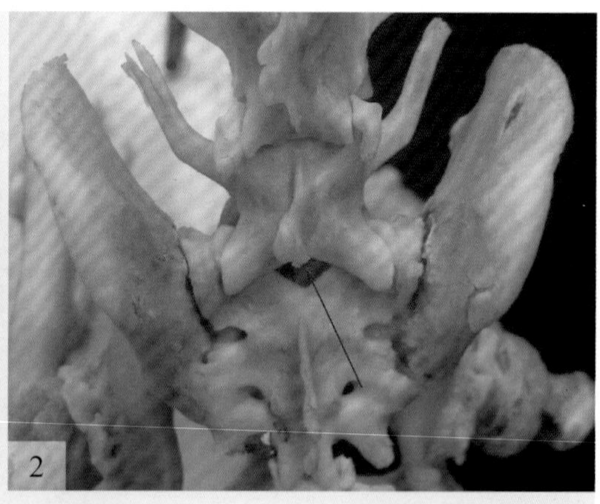

图2-15 脊髓穿刺

1—枕部；2—腰荐部

【穿刺方法】术部剪毛消毒，用0.5%盐酸利多卡因做局部浸润麻醉。用左手拇指和食指固定穿刺点皮肤，右手持穿刺针进针。用10~15厘米长的针头垂直刺入皮下，然后针经项韧带中间缓慢刺入即可感到阻力消失，表明已刺过枕寰部硬膜，再刺入少许（0.2~0.5 厘米）就可进入蛛网膜下腔，拔出针芯，有脑脊液流出。或边进针，边用注射器回抽，当到达蛛网膜下腔时便抽出脑脊液。

腰荐部穿刺时，穿刺针前进有明显的阻力改变，首先遇到的阻力是棘上韧带与棘间韧带，当穿入黄韧带时有阻力，穿过黄韧带时有落空感觉，则指示针尖已至硬膜外间隙，再向深部仔细推进穿过硬膜常会有“噗”的一声，突然落空感更加明显，表明针头已达蛛网膜下腔。如果进针快，则两次落空的感觉可合并成一次。针尖达到蛛网膜下腔，拔出针芯即可见脑脊液流出，如加压于两侧颈静脉，使液体滴出加快，指示蛛网膜下腔畅通无阻。针头将要进入蛛网膜下腔时要缓慢推进，严格控制深度，若发现剧烈骚动，有触电感反应则表示针头刺入脊髓，应立刻退针，调整深度；用作蛛网膜下腔注射的药液，要与体温相近，药液的用量必须准确计算。

第三章　损伤与外科感染手术

第一节　皮肤缺损的缝合技术

多种体表损伤可导致受伤部的皮肤缺损，使伤口对合存在困难或伤口对合后存在较大的张力，影响愈合效果。伤口对合时应使对合后的伤口与局部皮肤张力线一致，使伤口两侧无张力或张力最小，避免在缝合末端形成皮肤皱褶或“狗耳”。剥离伤口邻近的皮肤是很好的减张方法，剥离时，要深达肌膜层，避免损伤皮下神经丛和平行皮肤表层的脉管（图3-1）。在四肢的下部没有肌膜，应剥离到皮下。

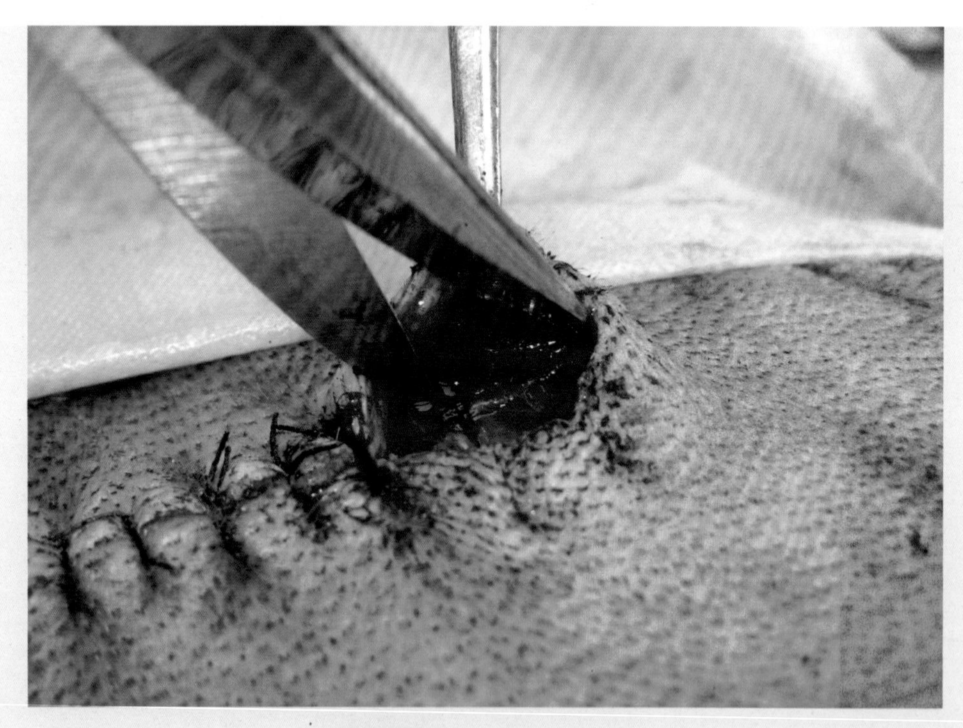

图3-1　邻近皮肤剥离法

月牙形皮肤缺损，一边创缘长于另一边创缘，缝合时从创伤的中间开始，然后等分剩余的部分，短侧的缝合针距少于长侧的针距（图3-2）。

圆形皮肤缺损，缝合时自缺损的中间开始，使伤口方向平行皮肤张力线，缝合至伤口两端时形成两个“狗耳”。然后，切除“狗耳”，在皮肤皱褶处做椭圆形切口，切除多余的皮肤，以线性或曲线方式对合创缘（图3-3）。

方形皮肤缺损，缝合时自缺损的四个角开始向中心推进，最后用纽扣缝合法闭合两端的小三角形缺损，使伤口呈“X”形（图3-4）。

三角形皮肤缺损，缝合时先分离邻近的皮肤，然后自三角形的三个顶点开始向缺损的中间缝合，用纽扣缝合法对合小三角形缺损处，缝合后伤口呈“Y”形（图3-5）。

对不易对合的皮肤缺损可以制作松弛切口，如在张力最大的缺损部位剥离邻近皮肤，然后在被剥离的皮肤处做一简单的线形、“V”形或“Z”形切口（图3-6），或在缺损处的两侧做多个小切口，以缓解缺损处的皮肤张力（图3-7）。

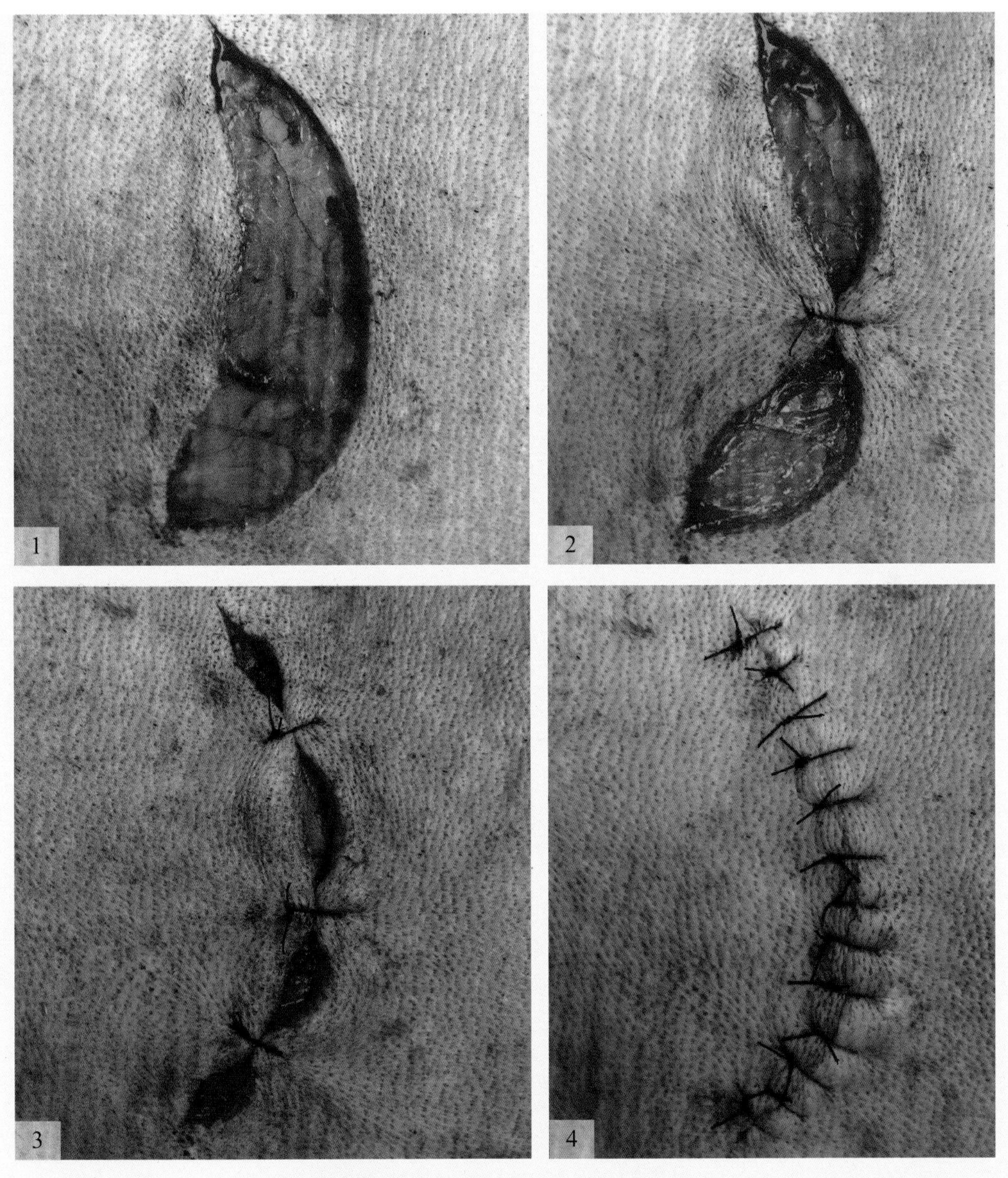

图3-2　月牙形创伤的缝合方法

1—月牙形创伤；2—自创伤的中间开始缝合；3—等分缝合；4—缝合后观

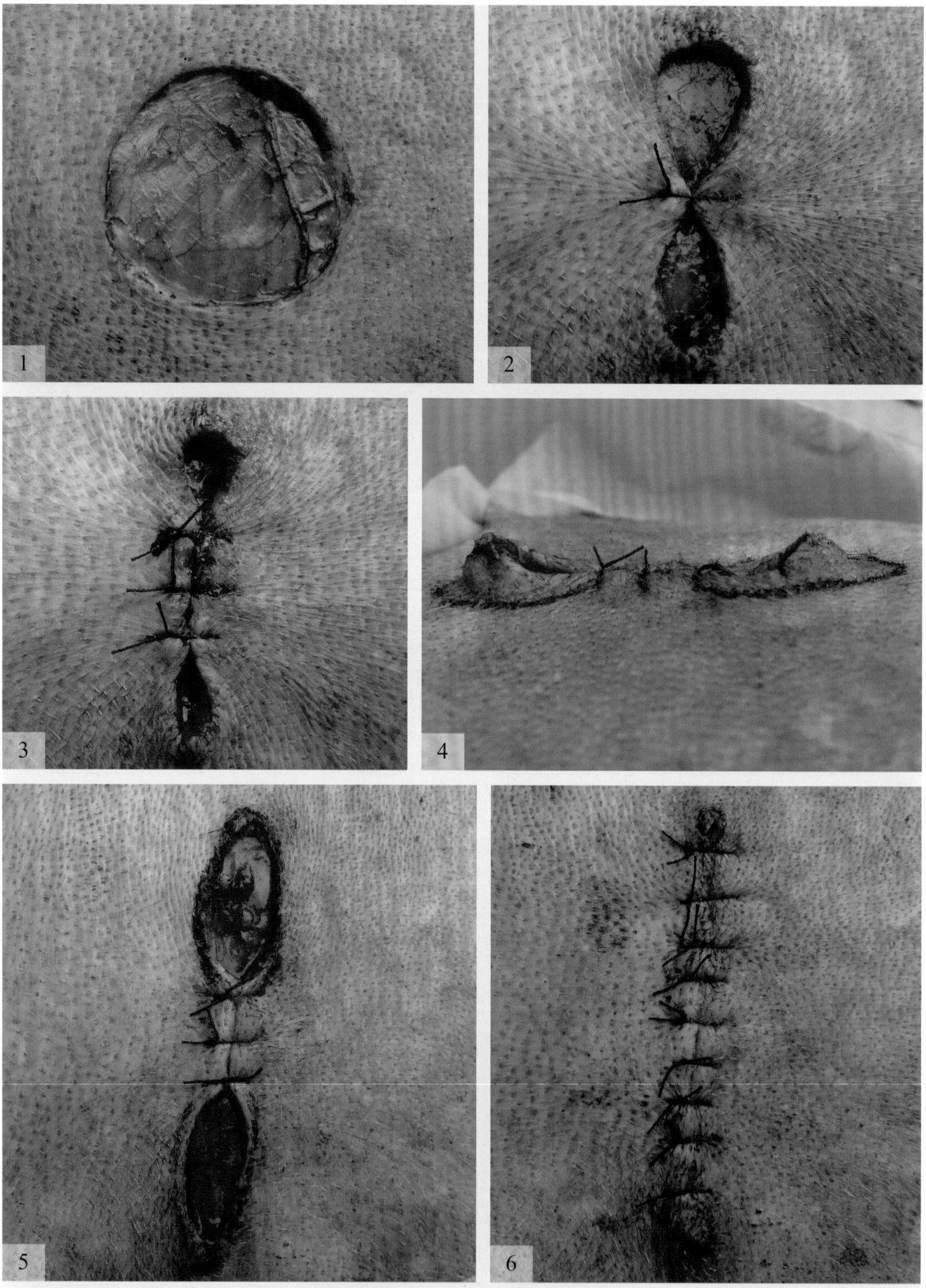

图3-3 圆形创伤的缝合方法

1—圆形创伤；2—自中间向两侧缝合；3，4—缝至伤口两端形成“狗耳”；5—修剪耳形创口；6—闭合创口

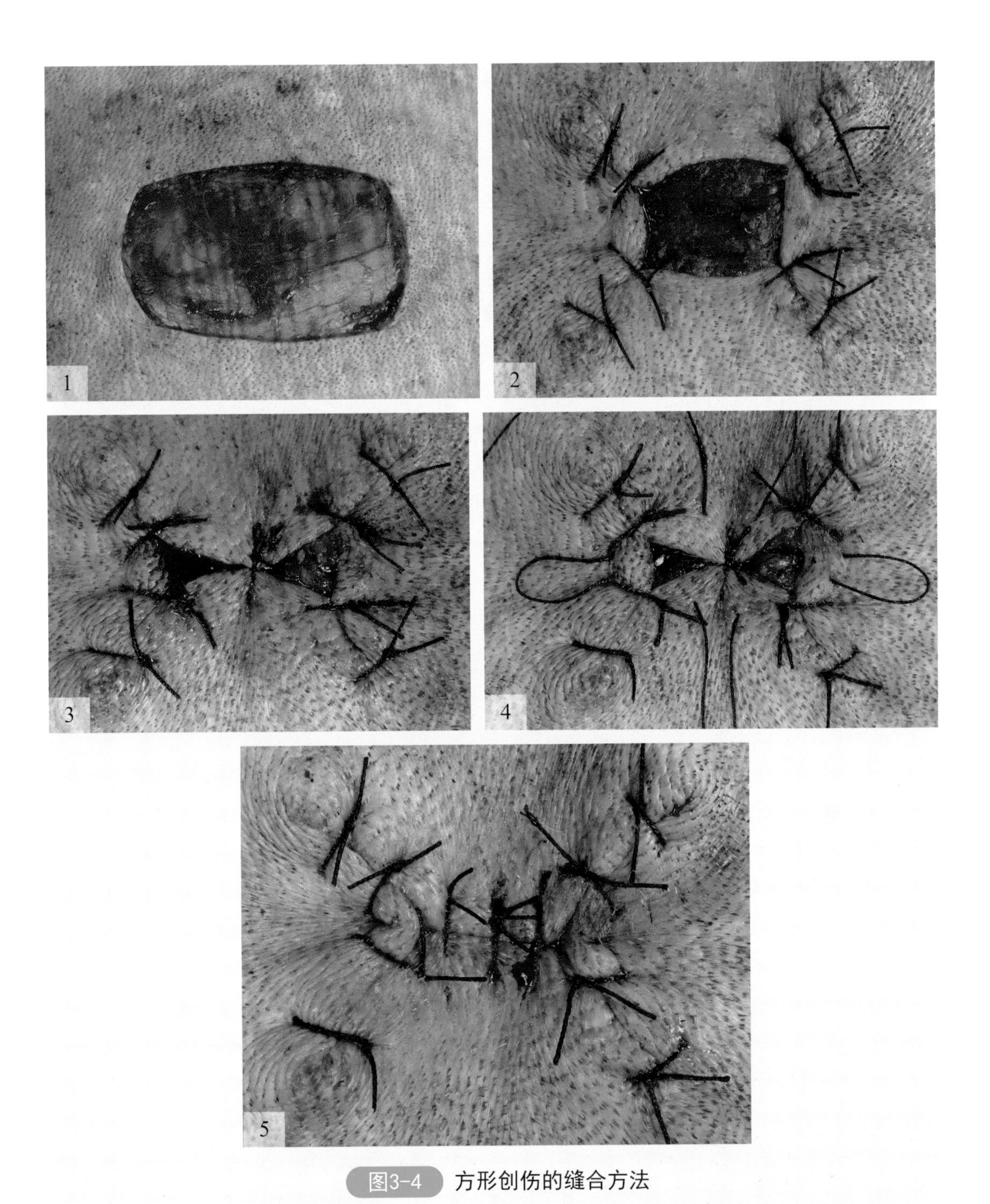

图3-4　方形创伤的缝合方法

1—方形创伤；2—自创伤的四角结节缝合；3—结节缝合中央区；4—纽扣缝合三角区；5—缝合后外观

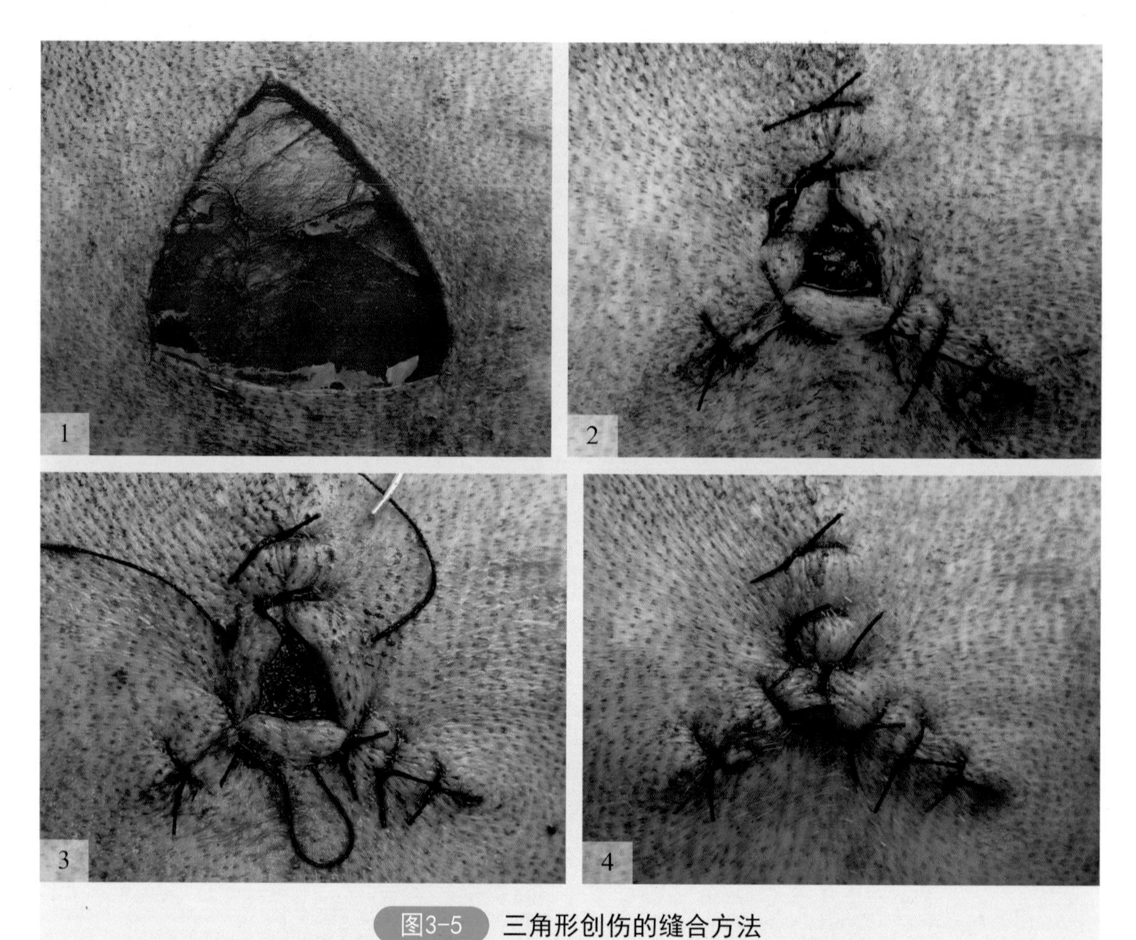

图3-5 三角形创伤的缝合方法

1—三角形皮肤缺损；2—自三个顶点向中央结节缝合；3—纽扣缝合小三角区；4—缝合后外观

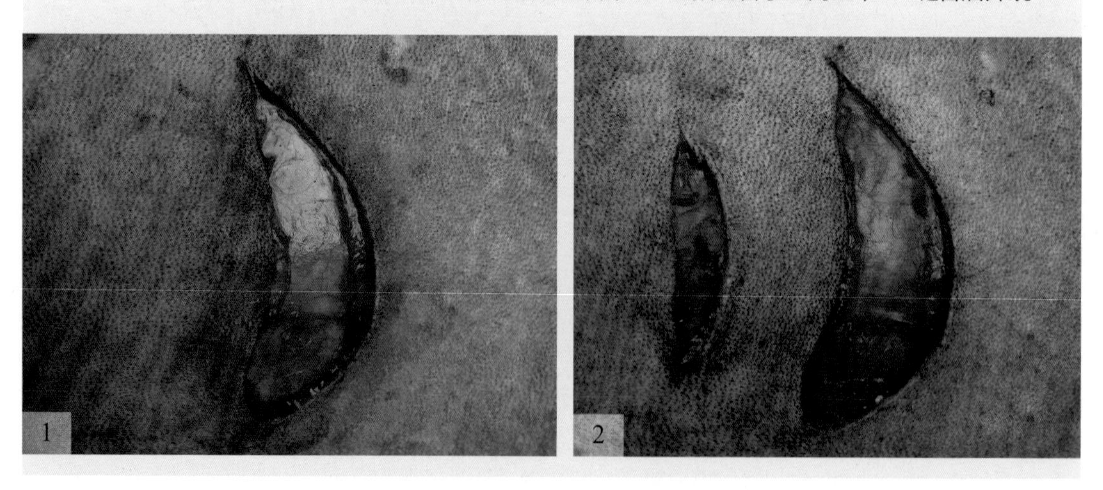

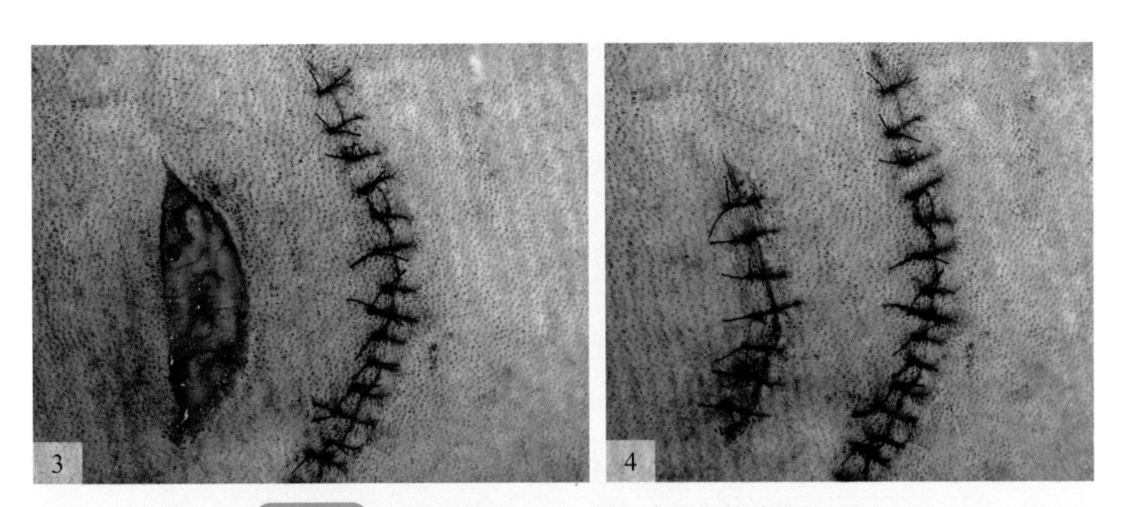

图3-6 制作松弛切口——邻近皮肤做简单线性切口

1—紧张皮肤缺损；2—邻近皮肤制作松弛切口；3—缝合紧张缺损；4—缝合辅助邻近切口

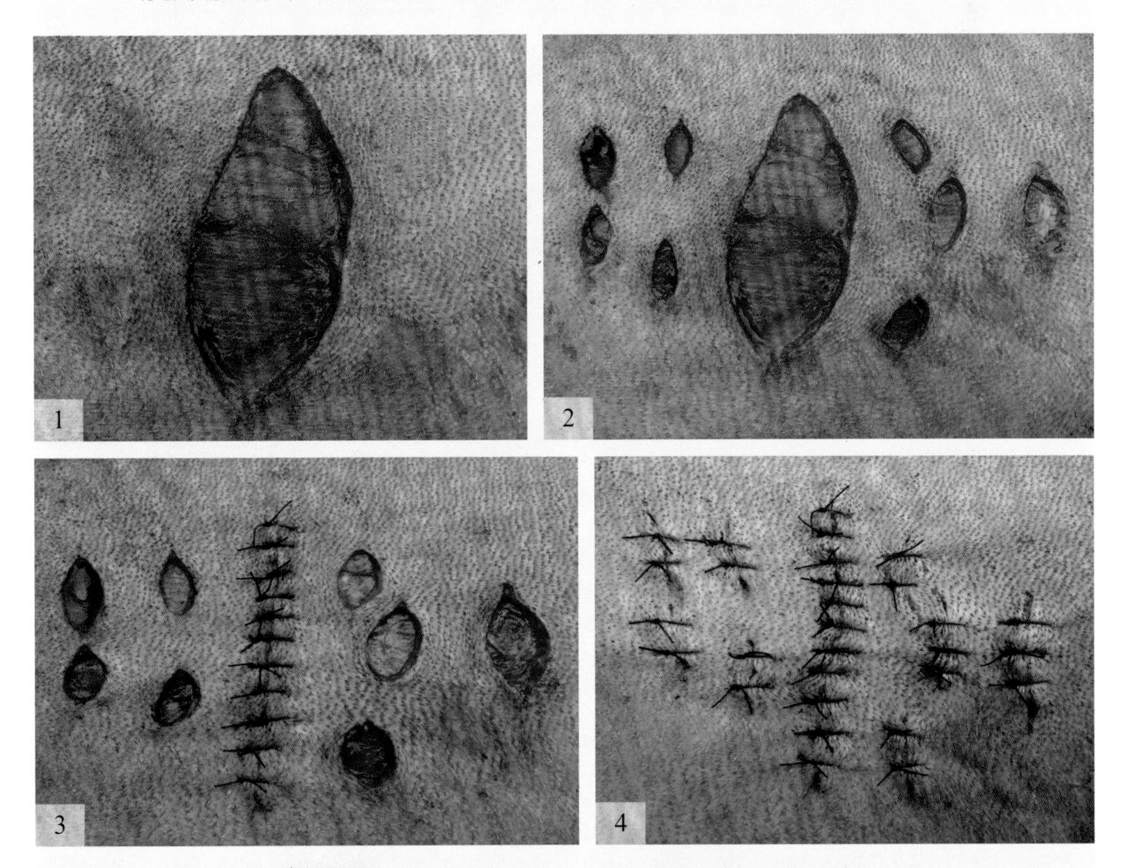

图3-7 制作松弛切口——缺损两侧做多个小切口

1—紧张皮肤缺损；2—切口两侧制作松弛切口；3—缝合紧张缺损；4—缝合辅助小切口

第二节　肝破裂修补术

刚发生的肝破裂，肝组织保持活力，血液供应良好，可施行肝修补术；对发生肝远侧坏死或不易修补的肝破裂病例，应施行肝叶部分切除术，对因肝硬化、坏死和肝肿瘤等导致的肝破裂，需要施行肝叶切除术或肝移植术。

【术前准备】术前禁食24小时，禁水6小时。

【麻醉与保定】全身麻醉，人工辅助呼吸。仰卧保定，背部在胸腹部之间置一枕垫。

【切口定位】脐前腹中线切口，必要时稍向后延长切口（图3-8）。

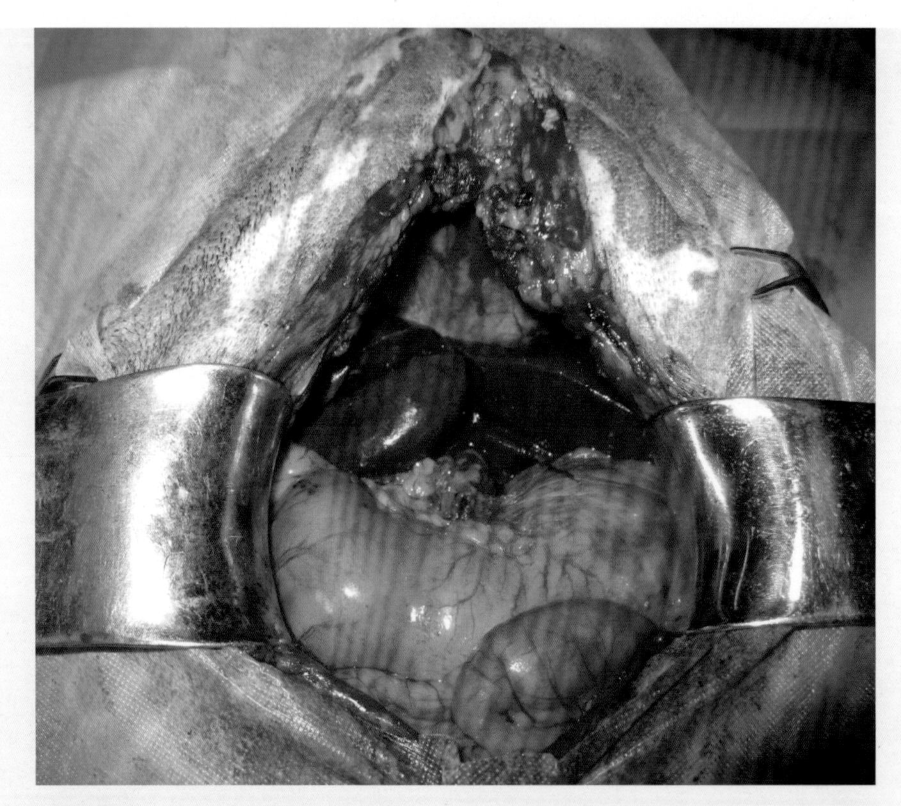

图3-8　脐前腹中线切口，刀口切至剑状软骨后缘，闭合气胸，显露肝脏

【手术方法】

1. 肝破裂修补术

浅表裂创，创面无活动性出血，可用1-0可吸收缝线作结节缝合修补，针距1～1.5厘米。较深的裂创，可作褥式缝合。肝组织小范围缺损，可在创面填塞带蒂大网膜后，再以1-0可吸收缝线作间断缝合，缝线先穿过大网膜，后穿过肝实质。肝组织完全断裂，创面有活动性出血时，应先结扎出血点，将血管从创面钝性分离，结扎。然后以1-0可吸收缝线平行创缘作一排褥式缝合，再在上述褥式缝合的外面，以1-0可吸收缝线作间断缝合，使创口对合（图3-9）。

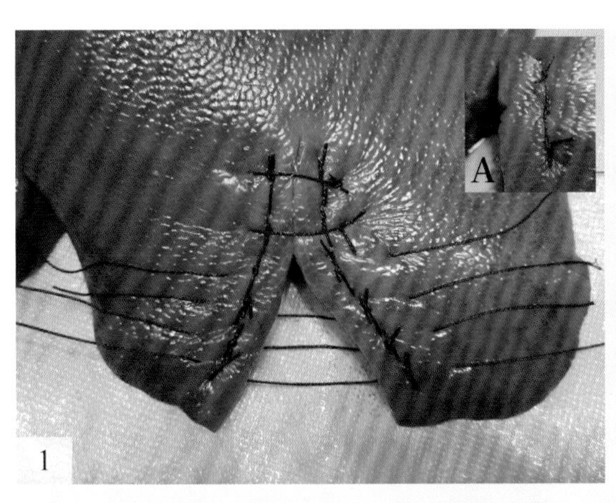

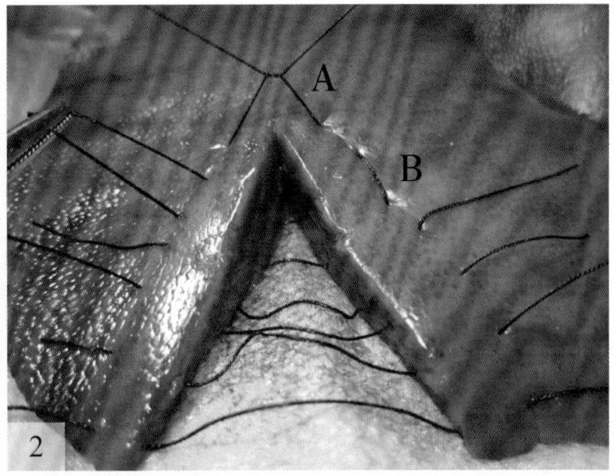

图3-9 肝破裂的修补方法

1—水平褥式交叉间断缝合两侧断面后（A），再间断缝合破裂创口；2—间断（A）或纽扣（B）缝合

2. 肝叶部分切除术

在正常肝组织与病变肝组织之间确定切除线（图3-10），沿此线切开肝被膜，钝性分离肝实质，显露较粗大的脉管与管道系统并予以结扎；切断肝实质，对小出血点进行电凝止血。在靠近边缘部分或对幼龄动物做肝叶部分切除时，沿预定切除线做水平褥式交叉连续缝合（图3-11），以结扎肝脉管与管道系统，在此结扎线的外侧1~2厘米处剪断肝叶（图3-12、图3-13）。肝叶断面用带蒂大网膜包裹，并将带蒂大网膜与肝被膜做结节缝合（图3-14）。

图3-10 犬肝右内叶破裂

（远端有大量结节，确定切开线）

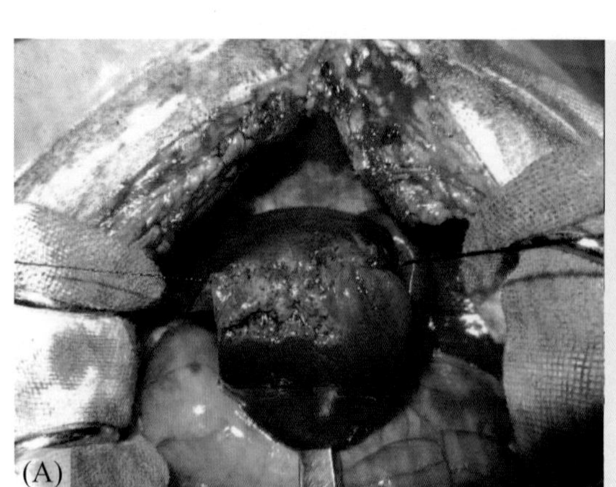

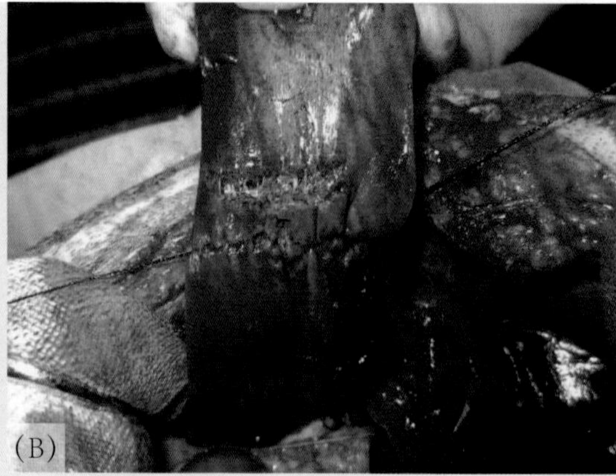

图3-11 在距肝损伤2厘米处水平褥式交叉连续缝合肝组织

（A）壁侧观；（B）脏侧观

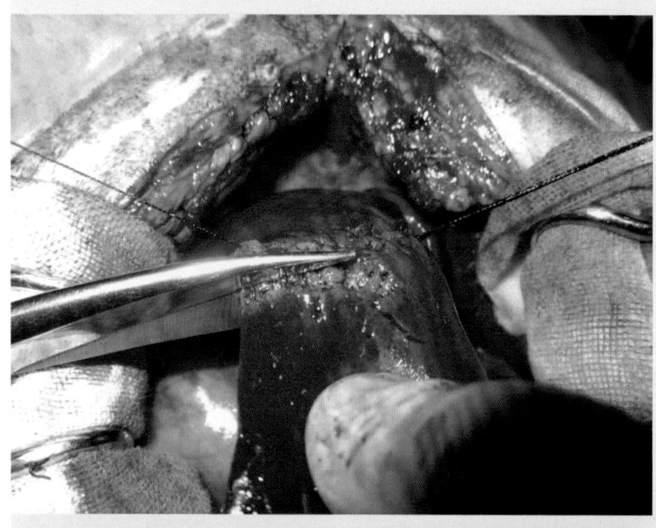

图3-12 沿水平褥式缝合的外侧剪除破裂肝叶

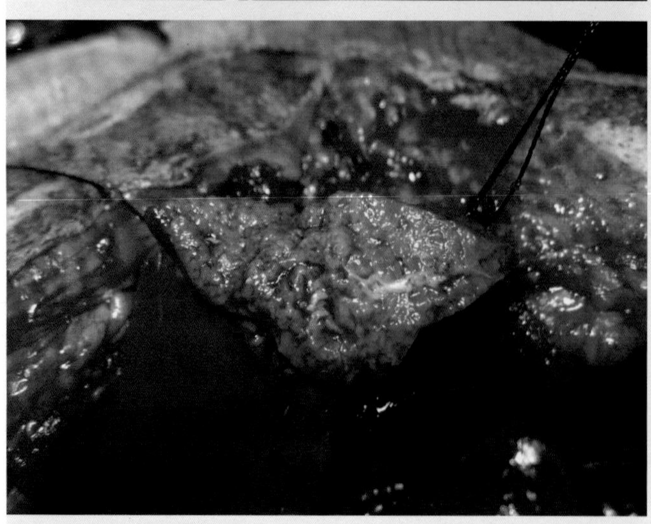

图3-13 肝叶的断面

图3-14 将带蒂大网膜覆盖于肝断面并将其与肝被膜做结节缝合

第三节 脾切除术

【适应证】适用于脾破裂或脾大面积坏死，依具体病情实施脾脏部分或全部切除术。

【解剖特点】犬的脾窄而长，呈淡红色，沿胃大弯左侧附着于大网膜上。胃脾之间的结缔组织称为胃脾韧带。脾前方为胃，后方为左肾，内方为胰左叶。脾动脉、静脉自大网膜进入胃脾韧带。数条脾动脉和脾静脉的分支进入脾门。脾脏每一单元由一根小动脉供给血液（图3-15）。

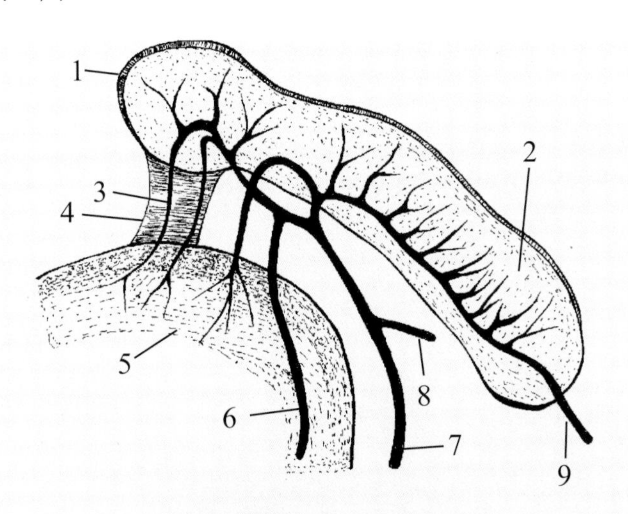

图3-15 脾的血液供应

1—脾头；2—脾尾；3—胃短动脉；4—胃脾韧带；5—胃；6—胃网膜动脉；7—脾动脉；8—至胰腺左叶；9—至大网膜

【麻醉与保定】全身麻醉。仰卧保定，气管插管并行辅助呼吸。

【切口定位】犬在脐前腹中线左侧5厘米处作12 ～ 15厘米长的切口。

【手术方法】包括脾部分切除术和脾全切除术。

1. 脾部分切除术

剖腹后牵拉出脾脏至切口外。确定要切除的部分（图3-16），尽量靠近脾脏处结扎（图3-17）并切断该部分的几根动脉；结扎后接受该动脉供血的脾实质立即显示苍白缺血。用拇指和食指捏挤苍白部分与正常脾组织交界处使两部分分离而形成一宽约2厘米的无实质区，仅保留脾被膜。在此处用止血钳钳夹脾脏（图3-18），在预切除脾组织与止血钳之间，紧贴止血钳切除部分脾脏（图3-19）。然后，在钳侧与健康脾组织之间紧贴止血钳安装无损伤钳，去掉止血钳（图3-20和图3-21），连续往返缝合脾创缘（图3-22）。撤去无损伤钳，检查无出血后常规关闭腹腔。

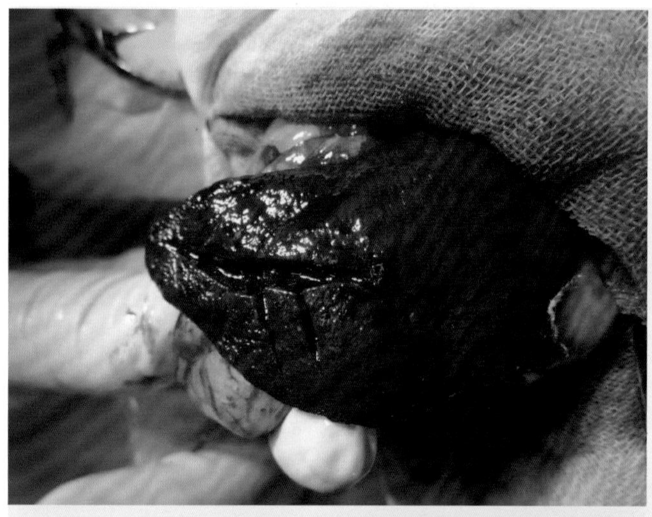

图3-16

脾尾部破裂

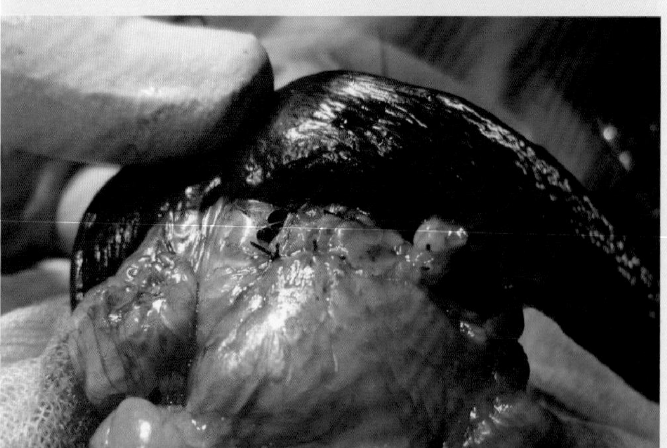

图3-17

在近脾侧双重结扎脾血管

图3-18
用止血钳于健侧钳夹脾脏

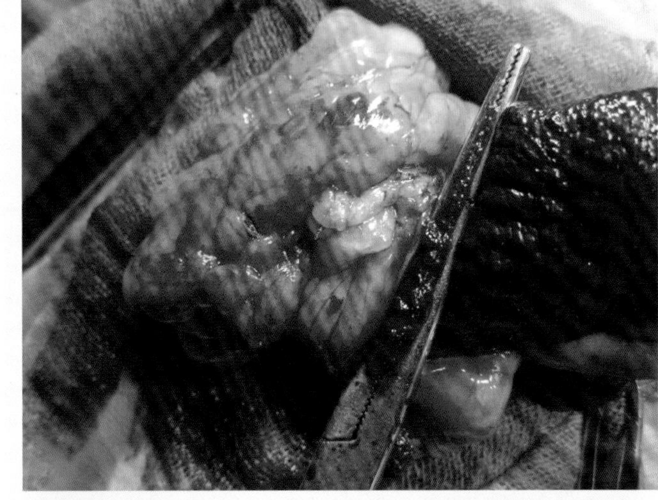

图3-19
脾断面

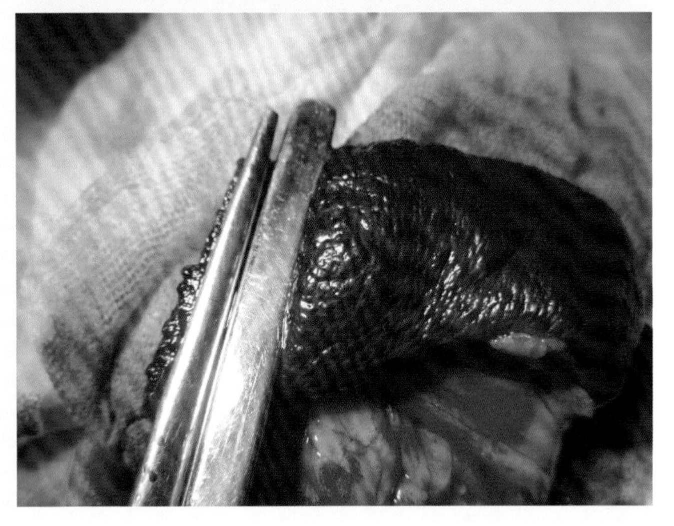

图3-20
于钳与健脾之间紧贴止血钳安置无损伤钳

图3-21
撤去止血钳后暴露脾断端

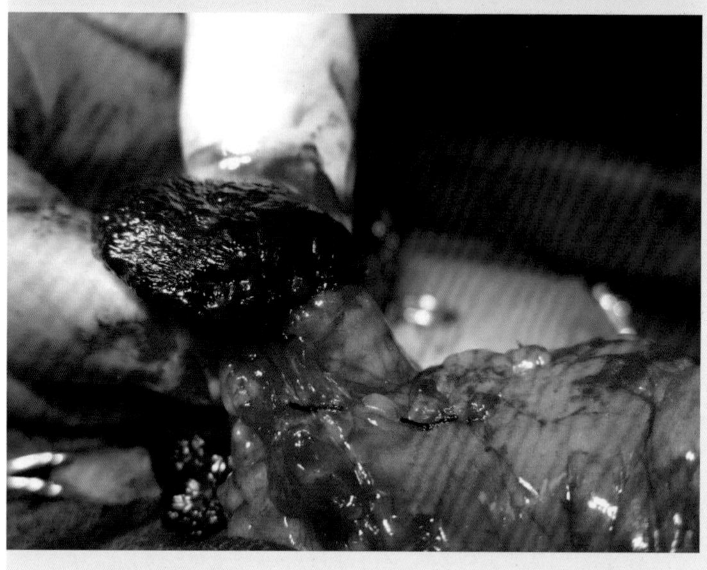

图3-22
连续往返缝合脾创缘

2. 脾全切除术

常规开腹，牵拉脾脏至切口外（图3-23），在胃脾韧带上，脾动脉和脾静脉作双重结扎（图3-24），结扎时尽可能多带些网膜，以防血管断裂。结扎所有进出脾脏的血管后，剪断胃脾韧带和脉管（图3-25）。手术过程中，注意保护胰腺及网膜组织。术后注意观察有无内出血症状。

犬脾摘除术见视频3-1。

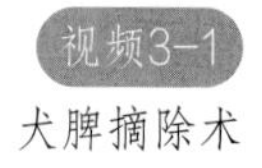

犬脾摘除术

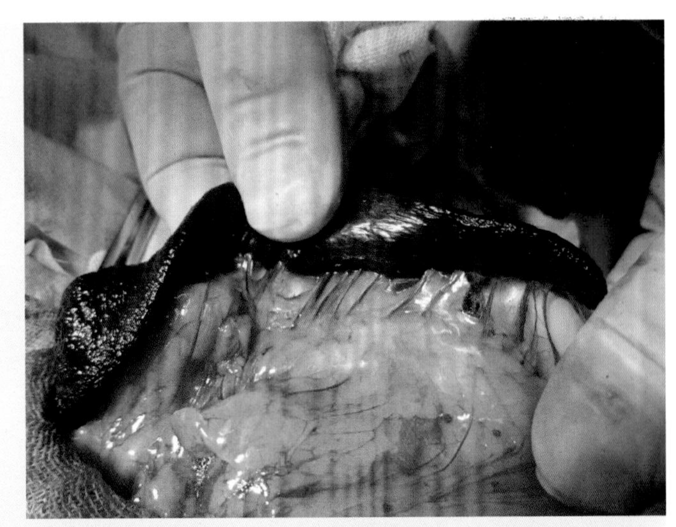

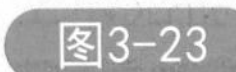

图3-23

将脾牵引至切口外，暴露脾动脉与静脉

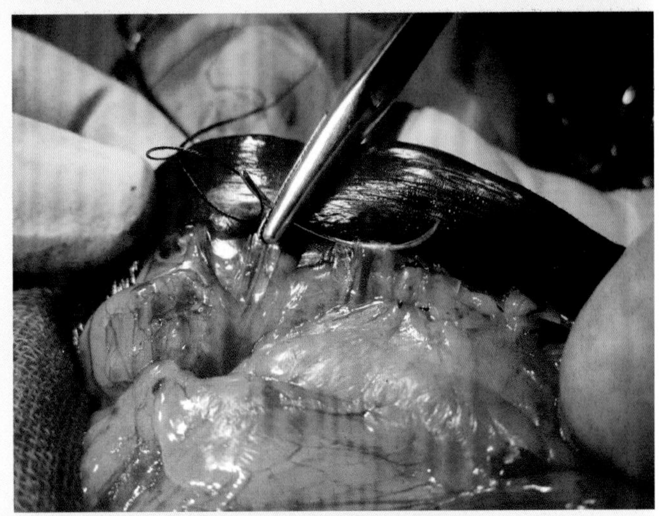

图3-24

双重结扎脾动脉、脾静脉

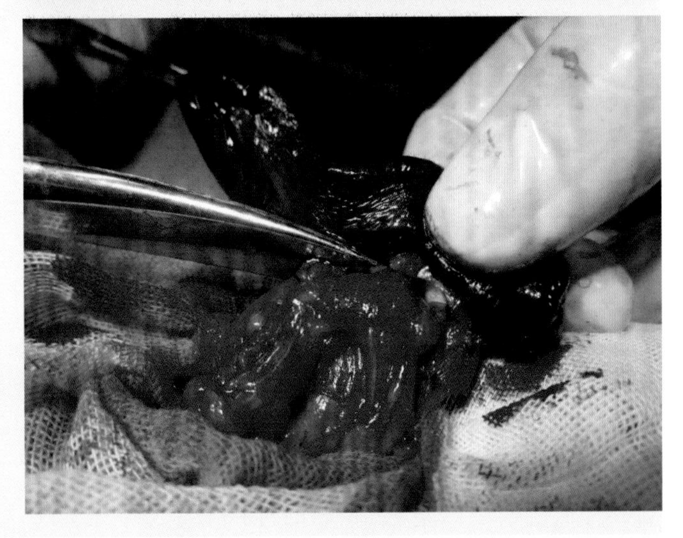

图3-25

剪断胃脾韧带和脉管

第四节　脓皮病治疗

【病因】脓皮病是化脓性致病菌感染皮肤引起的局部化脓性疾病。脓皮病分为原发性的和继发性的两种类型，包括浅层脓皮病与深层脓皮病，或者局部脓皮病与全身性脓皮病。犬脓皮病中凝固酶阳性中间型葡萄球菌是主要的致病菌，金黄色葡萄球菌、表皮葡萄球菌、链球菌、化脓性棒状杆菌、大肠杆菌、铜绿假单胞菌和奇异变形杆菌等也是常引起动物脓皮病的致病菌。过敏、外寄生虫感染、代谢性和内分泌性疾病是浅层脓皮病的主要诱因。再者，皮肤表面的酸碱度、湿度、温度等的改变，也是脓皮病发生的诱因。

【症状与诊断】幼犬的脓皮病以9月龄内的为主，病变主要出现在前后肢内侧的无毛处。成年犬的脓皮病发病部位不确定，以口唇部、眼睑和鼻部为主。因跳蚤或者螨虫感染引起继发性细菌感染的病犬，其病变部位以背部、腹下部为多。在病变处皮肤出现脓疱疹、小脓疱、毛囊炎和脓性分泌物（图3-26～图3-28）。

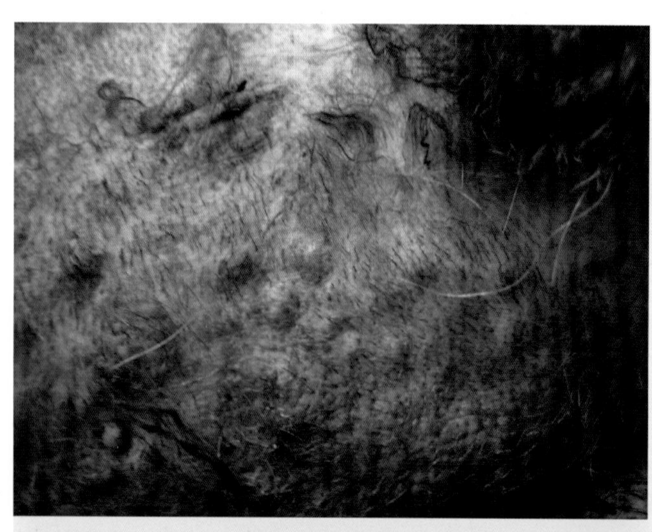

图3-26

八月龄牧羊犬脓皮病

（皮肤粟粒样结节）

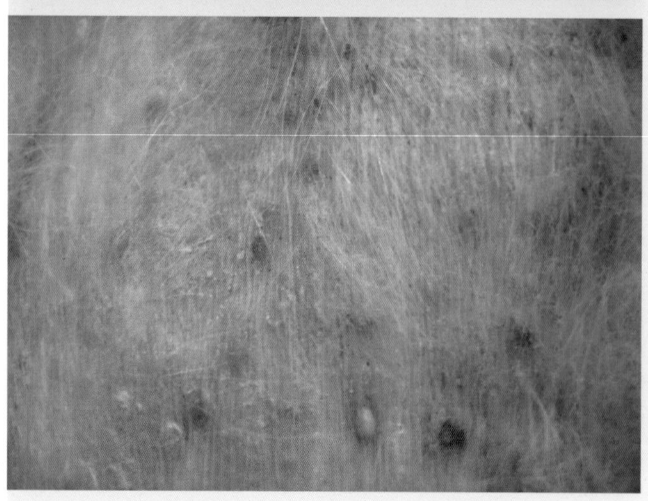

图3-27

五月龄京巴犬腹下脓疱疹

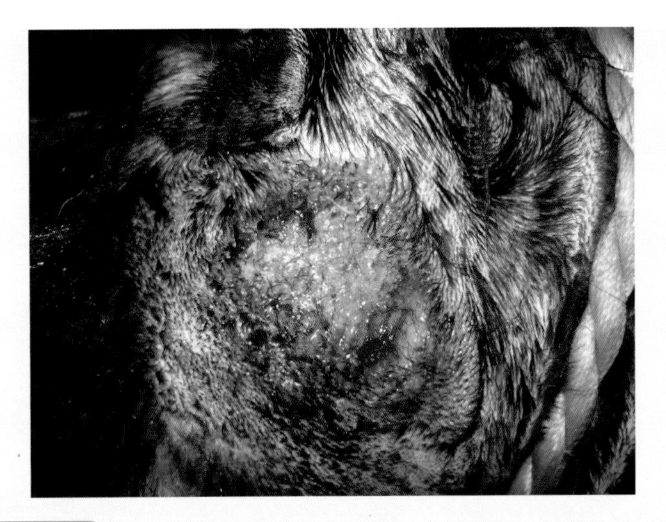

图3-28 十月龄约克夏犬皮肤湿疹（继发感染形成脓皮病）

【治疗】局部用药配合全身用药。对于继发性脓皮病感染的病例，治疗原发病是必须的。全身和局部应用抗菌药时，应当注意抗菌药的使用剂量和次数，红霉素、林可霉素、头孢氨苄、头孢噻呋、甲硝唑、恩诺沙星和马波沙星等药物可以用于治疗。

对于犬的浅层脓皮病，外用洗液可以选择甲硝唑溶液、洗必泰溶液、碘伏溶液等。全身应用抗菌药可以选择头孢氨苄、阿莫西林克拉维酸钾、克林霉素、马波沙星等。

对顽固性病例应当根据药敏试验结果选择敏感抗菌药。

第五节　脓肿手术

脓肿是在任何组织或器官内形成的外有脓肿膜包裹、内有脓汁滞留的局限性脓腔（图3-29）。若在解剖腔内有脓汁蓄积，称为蓄脓，如关节蓄脓、上颌窦蓄脓、子宫蓄脓等。

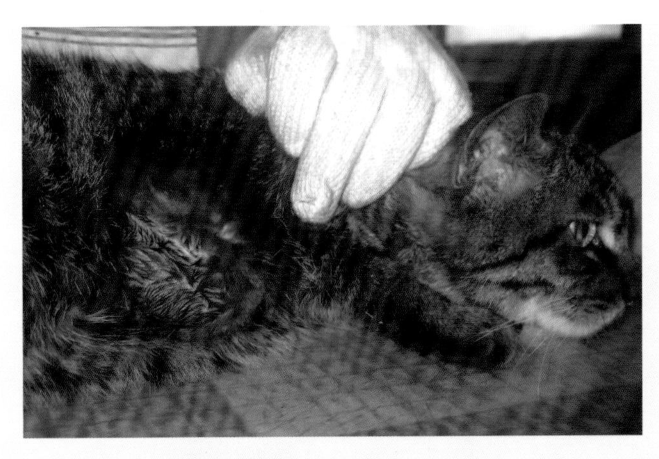

图3-29 猫肘后皮下脓肿

【病因】大多数脓肿是由细菌感染引起，最常继发于急性化脓性感染的后期；细菌侵入的主要途径是皮肤伤口。引起脓肿的致病菌常是金黄色葡萄球菌，其次是化脓性链球菌、大肠杆菌、铜绿假单胞菌和腐败菌等。除感染因素外，静脉内注射各种刺激性化学药品时，如氯化钙、葡萄糖酸钙、高渗盐水等，若将它们误注或漏注到静脉外，也能发生脓肿。也有的是血液或淋巴循环将致病菌由原发病灶转移至某一新的组织或器官内，形成转移性脓肿。

【症状与诊断】浅在急性脓肿，初期局部肿胀，无明显的界线，触诊温热、坚实有疼痛反应，以后肿胀的界线逐渐清晰；后期，在肿胀的中央部开始软化并出现波动，可自溃排脓。浅在慢性脓肿，发生缓慢，虽有明显的肿胀和波动感，但缺乏温热和疼痛反应或反应非常轻微。

深部脓肿，由于被覆较厚的组织，局部增温不易触及，常出现皮肤及皮下结缔组织的炎性水肿，触诊时有疼痛反应并常有指压痕。在压痛和水肿明显处穿刺，可抽出脓汁。

【治疗】当局部肿胀正处于急性炎症细胞浸润阶段，可局部涂擦樟脑软膏或用冷疗法（主要用于非感染性肿胀），以抑制炎症渗出和止痛。当炎症渗出不明显时，可用温热疗法、短波透热疗法、超短波疗法，以促进炎症产物的消散吸收。在局部治疗的同时，可根据病畜的情况配合应用抗菌药并采用对症疗法。当局部炎症产物已无消散吸收的可能时（病程长或治疗的效果不佳），局部可用鱼石脂软膏、鱼石脂樟脑软膏、温热疗法等以促进脓肿的成熟。待局部出现明显的波动时，立即进行手术治疗（脓肿形成后其脓汁常不能自行消散吸收，需要手术治疗）。

手术方法：全身或局部麻醉。保定时患侧在上（图3-30）。切口选择在波动最明显且容易排脓的部位（图3-31），切口长度不超过脓腔范围，切口方向与皮纹方向一致。局部剪毛、消毒。用刀尖刺入脓腔，然后向两端扩大切口。脓腔较大的，可切开两处或多处。切开深部脓肿，需避免损伤大血管和神经干，逐层切开皮肤、皮下组织及筋膜，经钝性分离进入脓腔，并对出血的血管用可吸收缝线进行结扎或钳夹止血。脓肿切开后，脓汁要尽力排尽，但切忌用力压挤、损伤脓肿壁。如果一个切口不能彻底排空脓汁时亦可根据情况作辅助切口。对浅在性脓肿可用防腐液或生理盐水反复清洗脓腔，最后用灭菌纱布轻轻吸出残留在腔内的液体。脓腔内放置抗菌药软膏和引流条。术后包扎伤口，以防污染和损伤。

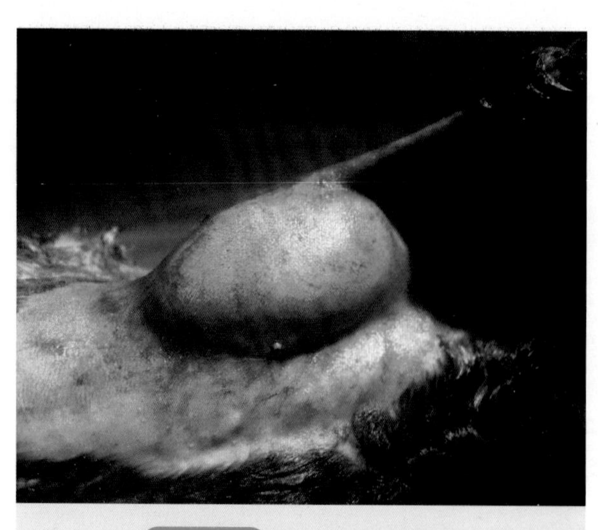

图3-30 脓肿部术前保定

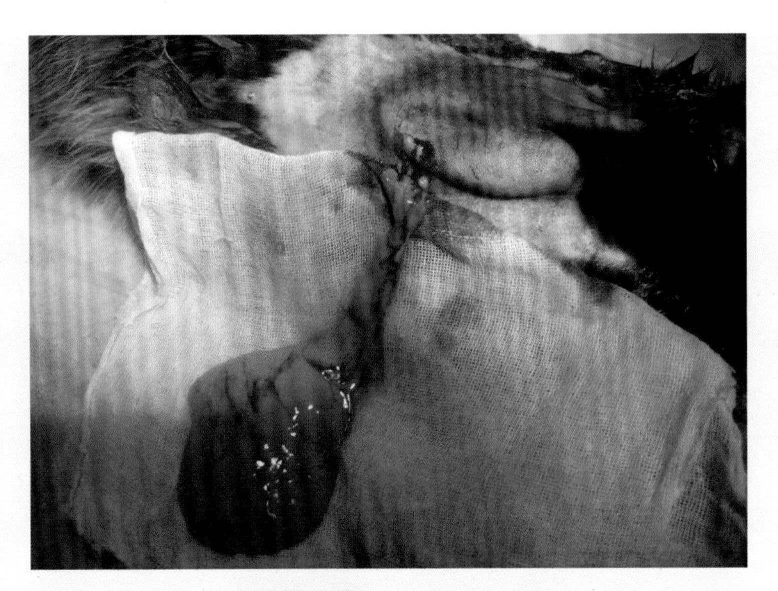

图3-31　切开脓肿排脓

脓肿膜完整的浅在性小脓肿，可实施脓肿完整摘除术（图3-32），应注意勿刺破脓肿膜，预防脓汁污染术部。

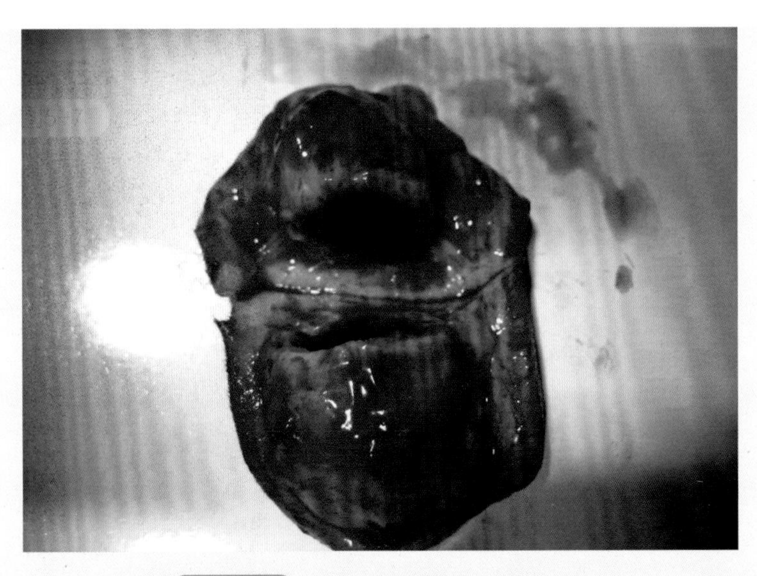

图3-32　完整摘除的浅在性小脓肿

第六节　蜂窝织炎手术

蜂窝织炎是疏松结缔组织发生的急性弥漫性化脓性炎症。

【病因】致病菌主要是溶血性链球菌，其次为金黄色葡萄球菌，亦可为大肠杆菌及厌氧菌等。一般多由皮肤或黏膜的微小创口感染引起（图3-33）；也可因邻近组织的化脓性感染扩散或通过血液循环和淋巴的转移。偶见于刺激性强的化学制剂误注或漏入皮下疏松结缔组织。

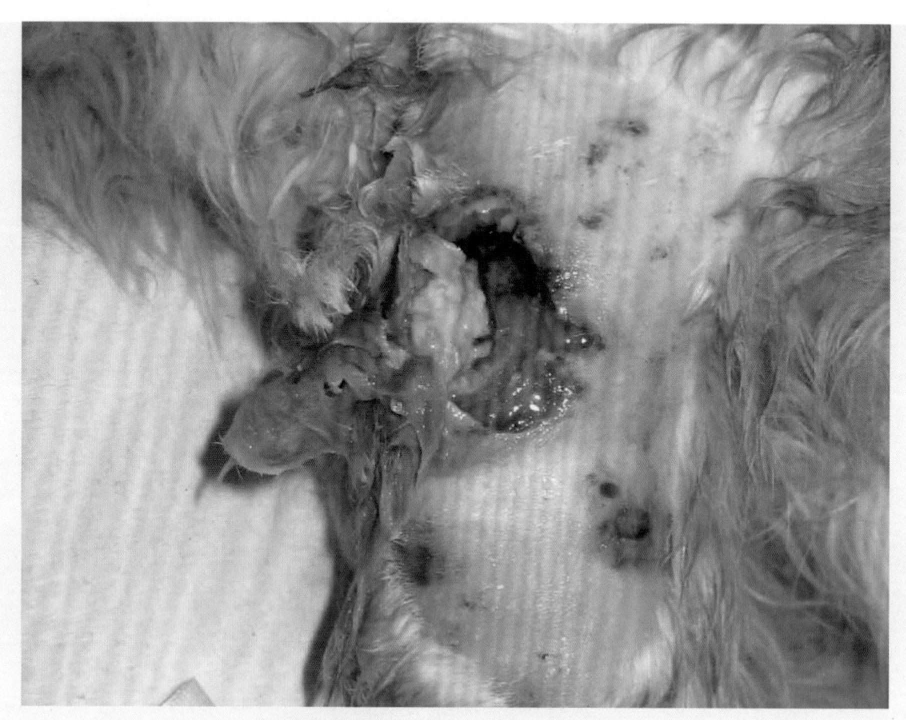

图3-33 猫前臂皮下蜂窝织炎

【症状与诊断】蜂窝织炎时病程发展迅速。局部症状主要表现为大面积肿胀，局部增温，疼痛剧烈和功能障碍。全身症状主要表现为精神沉郁，体温升高，食欲不振并出现各系统的功能紊乱。

皮下蜂窝织炎常发生于四肢（特别是后肢）和颈部，病初局部出现弥漫性渐进性肿胀。触诊时热痛反应非常明显。初期，肿胀呈捏粉状、有指压痕，后期则稍有坚实感。局部皮肤紧张，无可动性。

筋膜下蜂窝织炎常发生于前肢的前臂筋膜下、小腿筋膜下和阔筋膜下的疏松结缔组织中。患部热痛反应剧烈；功能障碍明显；患部组织呈坚实性炎症浸润。

肌间蜂窝织炎常继发于开放性骨折、化脓性骨髓炎、关节炎及腱鞘炎。有些是由于皮下或筋膜下蜂窝织炎蔓延的结果。感染可沿肌间和肌群间大动脉及大神经干的径路蔓延。患部肌肉肿大、肥厚、坚实、界线不清，功能障碍明显，触诊和他动运动时疼痛剧烈；全身症状明显。表层筋膜因组织内压增高而高度紧张，皮肤可动性受限。局部已形成脓肿时，切开后可流出灰色、常带血样的脓汁。化脓性溶解可引起关节周围炎、血栓性血管炎和神经炎。

【治疗】早期较浅表的蜂窝织炎以局部治疗为主，部位深、发展迅速、全身症状明显者应尽早配合全身应用抗菌药。控制局部炎症发展，促进炎症产物消散吸收。最初24～48小时内，当炎症继续扩散、组织尚未出现化脓性溶解时，可用冷敷，涂以醋调制的醋酸铅散。当炎症渗出已基本平息，需促进炎症产物的消散吸收，可用50%硫酸镁湿敷，20%鱼石脂软膏或雄黄散外敷。

蜂窝织炎局部肿胀明显、扩散速度快或形成化脓性坏死，应早期做广泛性切开，切除坏死组织并做好引流。浅在性蜂窝织炎应充分切开皮肤、筋膜、腱膜及肌肉组织等，用纱布条或胶管引流，必要时应做辅助切口（图3-34和图3-35）；四肢应作多处纵切口。可用中性盐类高渗溶液浸湿纱布条作引流，促进消肿。待局部肿胀明显消退、体温恢复正常时，局部创口按化脓创处理。

早期应用抗菌药疗法，对病畜加强饲养管理，特别是多给些富含维生素的食物。

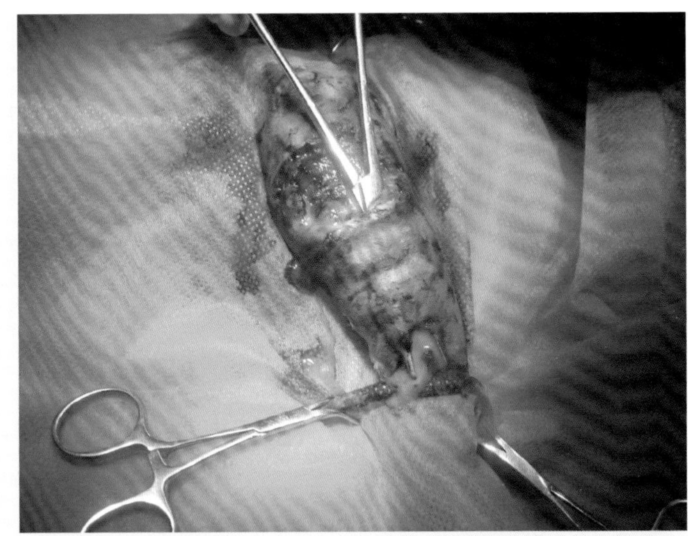

图3-34

在肿胀的下方做辅助切口

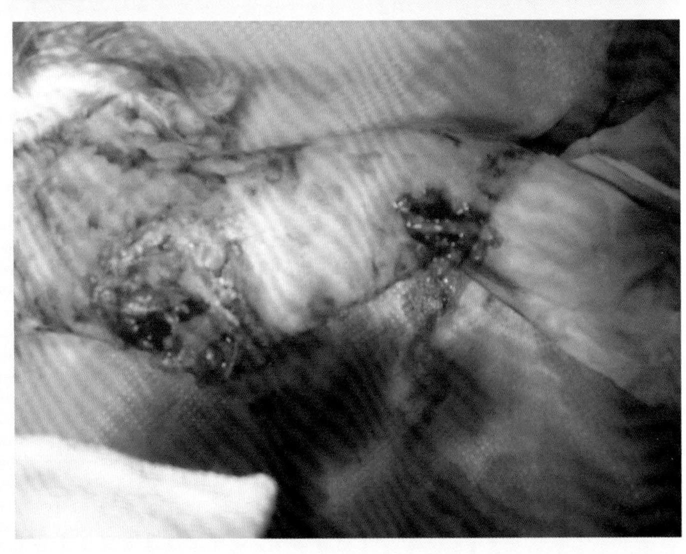

图3-35

胶管引流

第四章　头部疾病手术

第一节　犬耳成形术

【适应证】使垂耳品种的犬耳郭直立，外观更加美观。以2～3月龄时实施为宜，随着年龄的增大，手术的成功率降低。

【麻醉与保定】全身麻醉。俯卧保定。

【手术方法】两耳剃毛、消毒。将下垂的一个耳尖向头顶方向拉紧伸展，根据不同犬种和需要的耳形，用尺子测量出需保留耳郭的长度，并在耳前缘处刺入一大头针作为标记。将下垂的两个耳尖同时向头顶方向拉紧伸展，把两个耳尖合并对齐后用一巾钳固定，然后用剪刀在耳前缘标记处的稍上方剪一小缺口（图4-1），作为装置耳夹的标记点，注意必须在两耳相同的位置剪出小的缺口。外耳道内填塞脱脂棉球，以防止血液流入外耳道（图4-2）。去除耳尖部的巾钳或止血钳，在两耳自标记点（缺口）至耳屏间切迹（耳后缘的下端，耳屏与对耳屏软骨下方耳与头的连接处）之间装上断耳夹或肠钳（图4-3）。肠钳装好后，两耳应保持形态一致。沿肠钳切除耳郭外侧部分（图4-4）。除去肠钳，钝性分离耳郭外侧边缘的皮下组织（图4-5），并彻底止血。耳郭内外两侧皮肤做锁边缝合或连续缝合（图4-6～图4-8），用外侧皮肤覆盖耳郭创面。

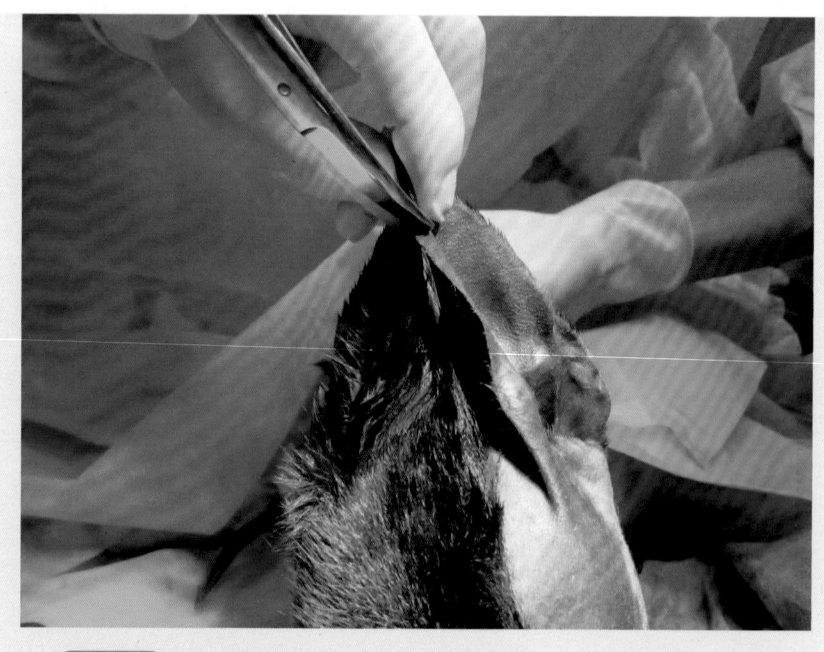

图4-1　两侧耳尖对合固定并在标记高度的上方耳缘剪一缺口

图4-2

外耳道内填塞脱脂棉球

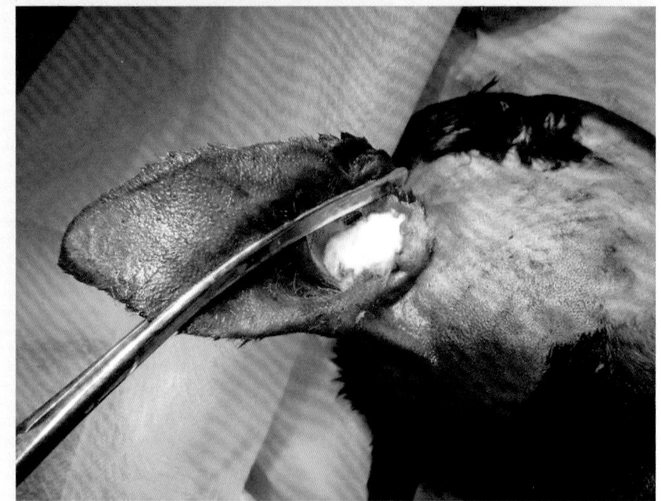

图4-3

从标记缺口到耳屏间切迹
装置肠钳

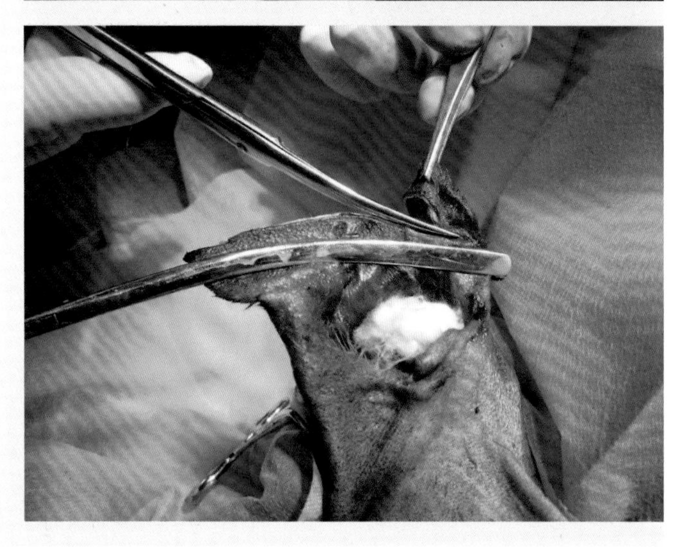

图4-4

从标记处沿肠钳外侧切除
外侧耳郭

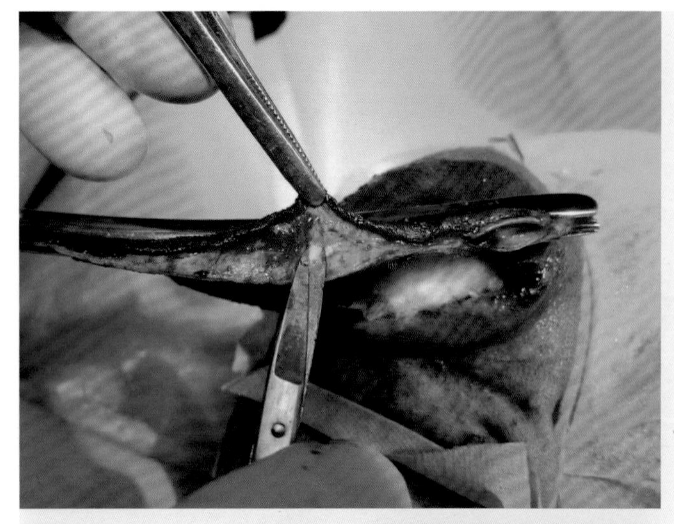

图4-5
钝性分离耳郭外侧皮下组织后形成游离皮瓣

图4-6
锁边缝合皮肤创缘

图4-7
耳成形术后的头外侧观

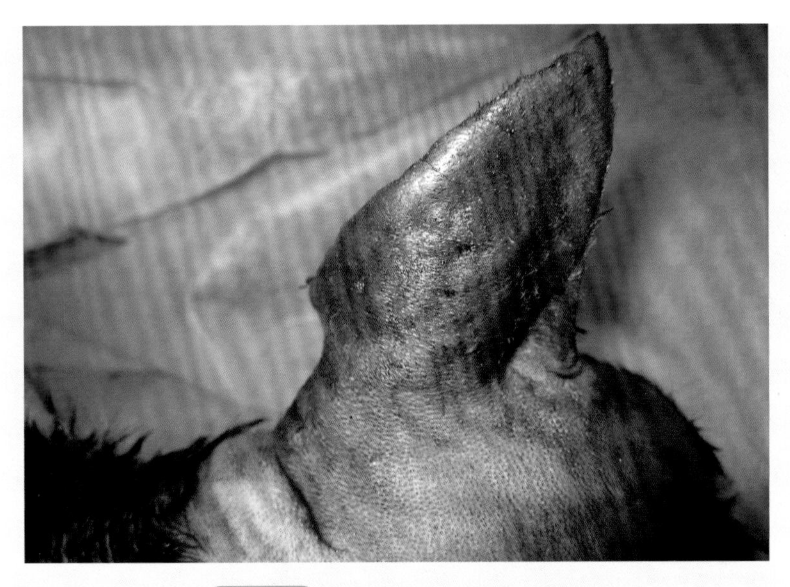

图4-8　耳成形术后的后内侧观

术后将耳郭拉向头顶，绷带包扎或将两耳尖拉向头顶伸展，合并对齐后做结节缝合，再用绷带包扎。5～7日解除绷带，如耳郭仍不能直立，可继续包扎。为防止犬爪抓耳部，可装置颈环或伊丽莎白项圈。

第二节　犬耳矫形术

【适应证】直耳品种的犬，因耳郭形状不正使耳不能直立，向头顶或外侧偏斜。手术目的是使发生偏斜、弯曲的耳郭重新直立。

【麻醉与保定】全身麻醉。俯卧保定。

【切口定位】在耳基部与颅骨连接处的皮肤上做纵向切口。

【手术方法】

（1）耳郭向头顶部倾斜的矫形方法　在耳基部与颅骨连接处的皮肤上做纵向切口，切口距耳后缘约0.6厘米，距耳前缘1.2～1.6厘米（图4-9）；切开分离皮下组织，暴露盾软骨（图4-10）。然后，分离其肌组织附着部，使盾软骨部分游离，向头顶中央稍偏向耳前缘的方向牵引盾软骨，一般将盾软骨向内移12～16毫米（向口侧牵拉），使耳基紧靠头部。用水平褥式缝合，将盾软骨缝到颞肌筋膜上，缝合拉紧的程度以缝合后耳郭位置恢复正常或稍偏向头外侧为宜（图4-11、图4-12）。皮肤切口缘作椭圆形切除，切除量以矫正倾斜为度（图4-13）。在椭圆形切口中部作几个垂直褥式缝合。愈合后因瘢痕组织收缩会使耳向内牵引，矫正缝合时需要掌握缝合的张力。结节缝合剩余的皮肤（图4-14、图4-15）。

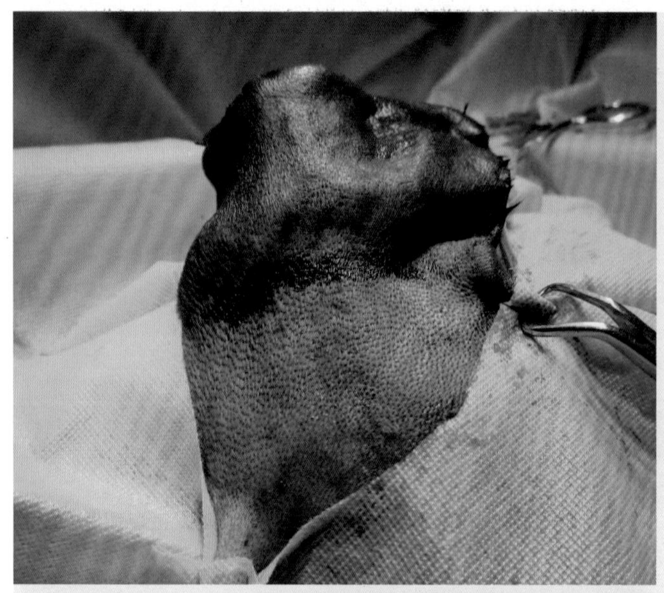

图4-9

在耳基部与颅骨连接处的皮肤上做纵向切口标记

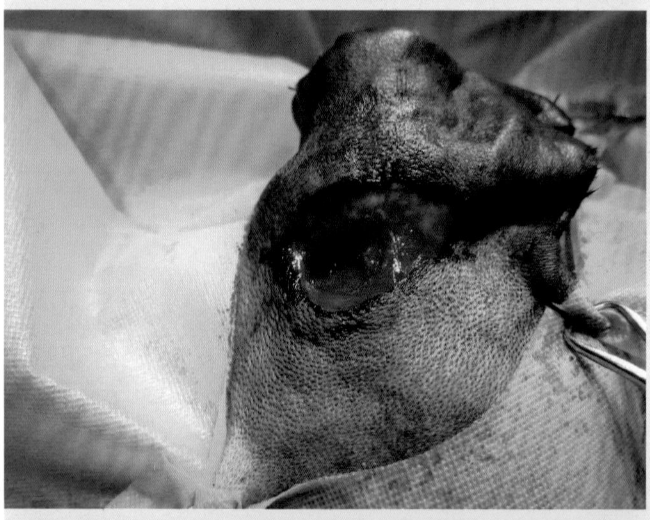

图4-10

切开分离皮下组织并暴露盾软骨

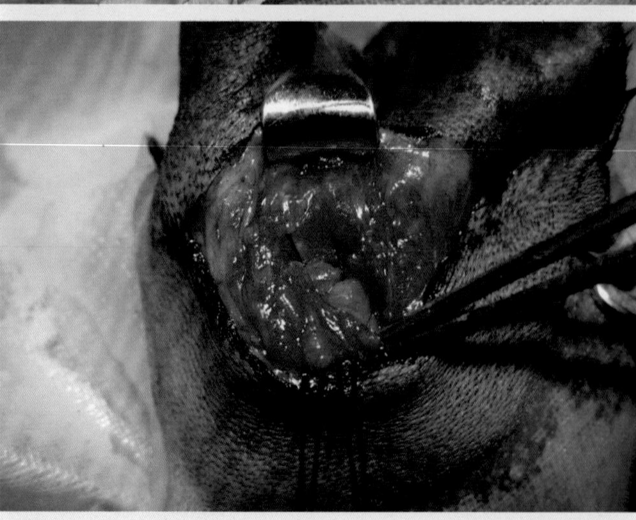

图4-11

用水平褥式缝合将盾软骨缝至颞肌筋膜

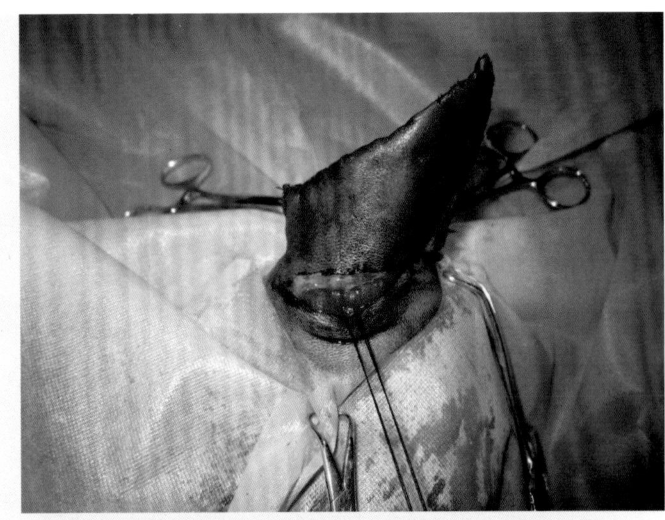

图4-12
拉紧缝线后使耳郭位置恢复正常

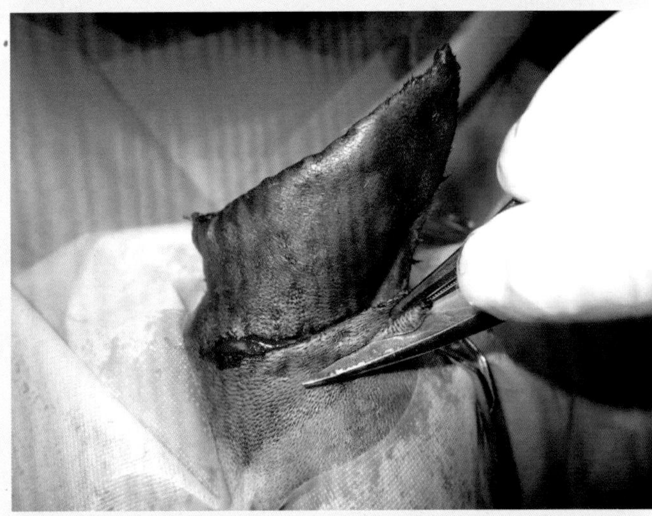

图4-13
修整皮肤创缘并矫正倾斜

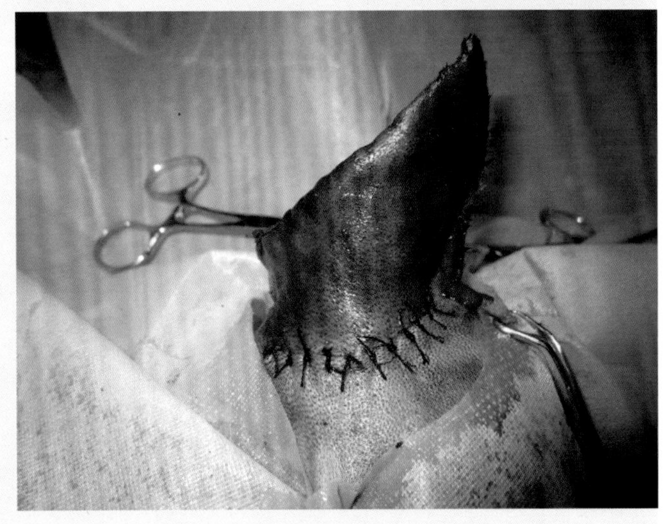

图4-14
结节缝合皮肤

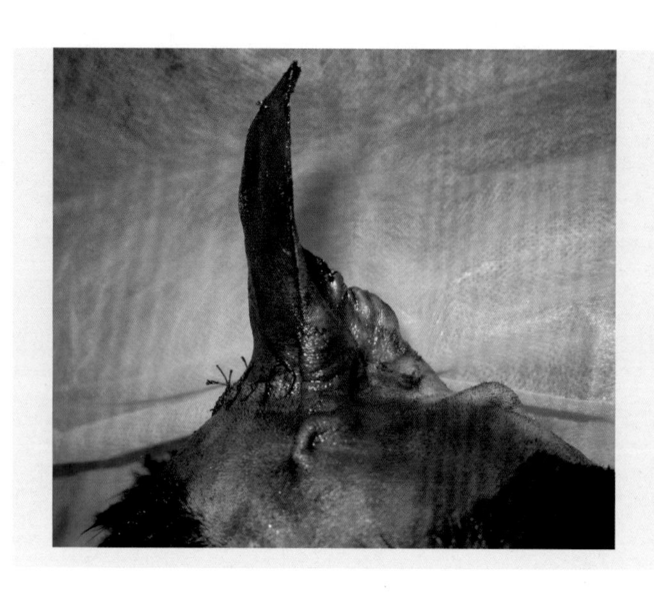

图4-15

矫形后的犬耳（头侧观）

术后将耳郭拉向头顶，将一个圆锥形的纱布棉拭放在耳腹侧，把耳郭卷到棉拭上并从基部包扎，或将两耳尖拉向头顶伸展，合并对齐后做一结节缝合后再用绷带包扎。术后5～7天解除绷带，如耳郭仍不能直立，可继续包扎。为防止犬用爪抓耳部，可装置颈环或伊丽莎白项圈。

（2）耳郭向头外侧弯曲的矫形方法　如果犬尚能很好地控制耳基部，则只需在耳背侧弯曲部位切除一椭圆形皮肤，用垂直褥式或结节缝合闭合皮肤切口。切除椭圆形皮肤的大小要适宜，如果切除得太小，则耳郭仍向头外侧弯曲，但切除得太多，则可能造成耳郭向头顶偏斜。

包扎3～5天后将绷带拆开更换，重新包扎并保留5天以上。如果包扎8～10天耳郭仍不能直立，可于一个月后在原来皮肤切口处重新切除一椭圆形皮肤，并按上述方法闭合切口。

第三节　犬耳血肿的手术疗法

【适应证】适用于耳血肿（图4-16和图4-17）及耳郭损伤。

【解剖特点】外耳道内壁衬有皮肤，分为直外耳道和水平外耳道。直外耳道开口呈漏斗状，由耳郭软骨组成，向下延续呈圆柱形；水平外耳道为骨性组织，较直外耳道短。中耳由鼓室形成，经咽鼓管与咽连通，鼓室内充满空气。鼓膜分隔中耳和外耳。内耳由膜迷路和骨迷路两部分组成，具有听觉和调节平衡的功能。

耳郭内凹外凸，卷曲呈锥形，以软骨作为支架，由耳郭软骨和盾软骨组成。耳郭软骨在其凹面由耳轮、对耳轮、耳屏、对耳屏、舟状窝、耳甲腔等组成（图4-18）。

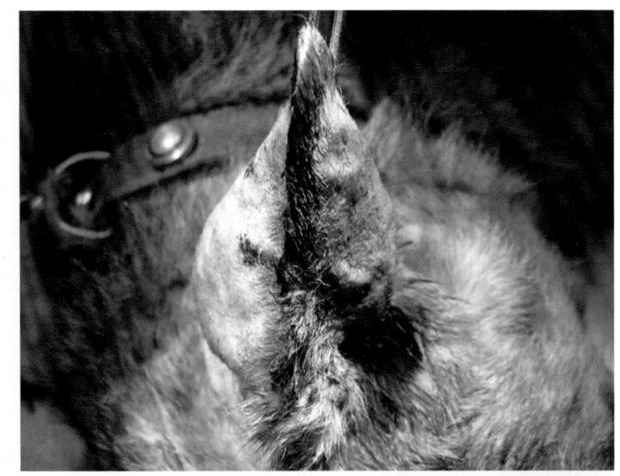

图4-16

德国牧羊犬耳部血肿

图4-17

喜乐蒂牧羊犬左耳血肿

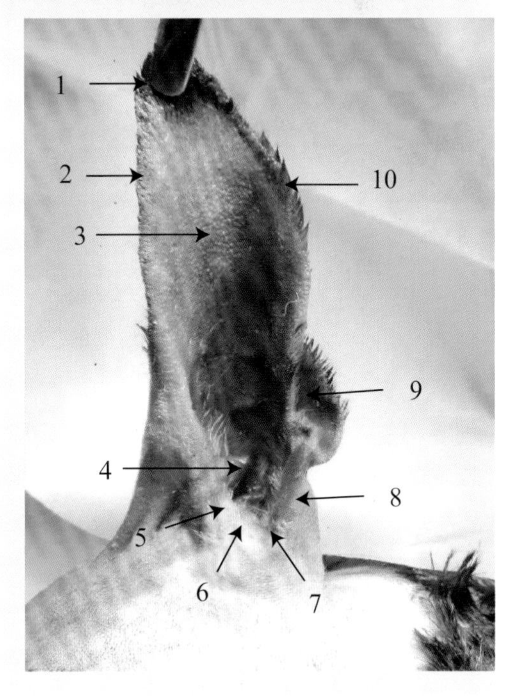

图4-18

犬耳郭软骨结构

1—耳尖；2—耳轮内侧缘；3—舟状（窝）；4—对耳轮；5—耳屏前切迹；6—耳屏；7—耳屏间切迹；8—对耳屏；9—皮缘窝；10—耳轮外侧缘

耳轮为耳郭软骨周缘，舟状窝占据耳郭凹面大部分，对耳轮位于耳郭凹面直外耳道入口的内缘，耳屏构成直外耳道的外缘，与对耳轮相对应，两者被耳屏耳轮切迹隔开，对耳屏位于耳屏的后方；耳甲腔呈漏斗状，构成直外耳道，并与耳屏、对耳屏和对耳轮缘一起组成外耳道口。

盾软骨呈靴筒状，位于耳郭软骨和耳肌的内侧，协助耳郭软骨附着于头部。耳郭背面皮肤较松弛，被毛致密，凹面皮肤紧贴软骨，被毛纤细、疏薄。

外耳血液由耳大动脉供应，它是颈外动脉的分支，在耳基部分内、外支行走于耳背面，并绕过耳轮缘或直接穿过舟状窝供应耳郭内面的血液。耳基部皮肤则由耳前动脉供给，后者是颞浅动脉的分支。静脉与动脉伴行。

耳大神经是第二颈神经的分支，支配耳基部、耳郭背面皮肤。耳后神经和耳颞神经为面神经的分支，支配耳郭内外面皮肤。外耳的感觉神经为迷走神经的耳支。

【麻醉与保定】全身麻醉，配合局部麻醉。侧卧保定，患耳在上。

【切口定位】在耳的凹面，纵向切开。

【手术方法】局部剪毛、消毒。在外耳道内填塞脱脂棉球，防止血液流入外耳道（图4-19）。在耳的凹面做纵向切口，切口从耳郭的一端到另一端，完全暴露血肿及其内容物。清除纤维蛋白凝块，冲洗空腔。对耳郭的皮肤做多处平行血管的纽扣缝合，针自凹面穿至凸面皮下返回再至凹面出针（图4-20）。紧密缝合，不留空腔。不完全缝合耳凹面的切口，在低位留排液口以供渗出液流出（图4-21）。用轻质的绷带包扎耳朵，使耳直立。每天处理伤口；术后10～14天后除去绷带、拆线（图4-22）。

犬耳血肿手术疗法见视频4-1。

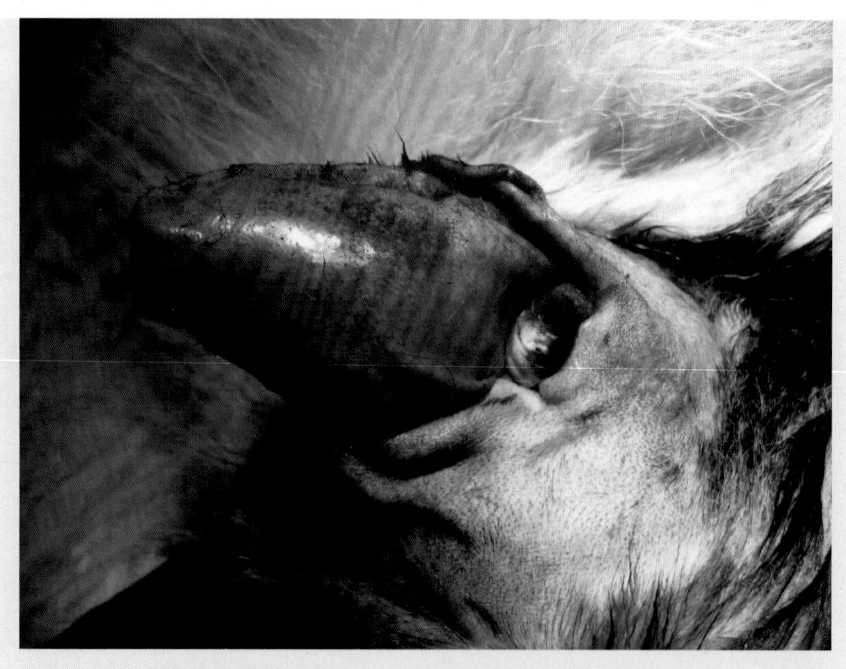

图4-19 术前在外耳道内填塞灭菌脱脂棉球

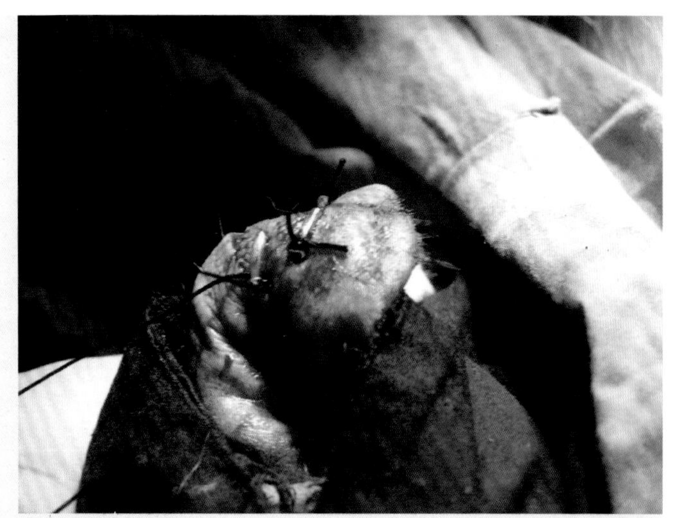

图4-20
耳郭内侧肿胀部平行于血管做纵向切开和纽扣缝合

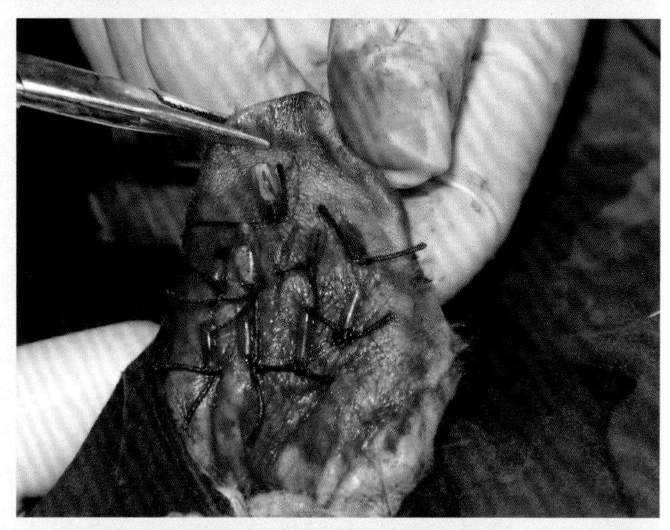

图4-21
纽扣缝合时安置压垫，切口流排液孔

视频4-1
犬耳血肿手术疗法

图4-22 手术治愈的犬耳部血肿

第四节　耳郭及外耳道切除手术

一、耳郭切除术

【适应证】适用于耳郭肿瘤的切除。对耳郭一般性局部病变可施行部分耳郭切除术，大面积或涉及外耳道的肿瘤，通常需要施行全耳郭以及直外耳道或全外耳道切除术。

【麻醉与保定】全身麻醉配合局部麻醉。侧卧保定，患耳在上。

【手术方法】对耳郭凸面中心部分的小肿瘤，剥离软骨与皮肤，然后切除瘤体及病变周围的皮肤。缝合皮肤，或使其开放，二期愈合。对于耳凹面的小肿瘤，肿瘤切除后可做带蒂皮瓣，旋转皮瓣使其移位于皮肤缺损处，皮瓣边缘与皮肤缺损处创缘进行缝合，并闭合供皮区创口。在10～14天后横切皮瓣，皮瓣缘和缺损缘进行缝合；修整皮瓣起始部，闭合创口。

二、直外耳道全切除术

【适应证】适用于外耳道增生性堵塞或外耳道组织肿瘤病例。

【麻醉与保定】全身麻醉配合局部麻醉。侧卧保定，患耳在上。

【切口定位】做两个切口，水平切口平行于耳屏上缘，垂直切口在耳屏上缘的下方，两个切口呈“T”字形（图4-23）。

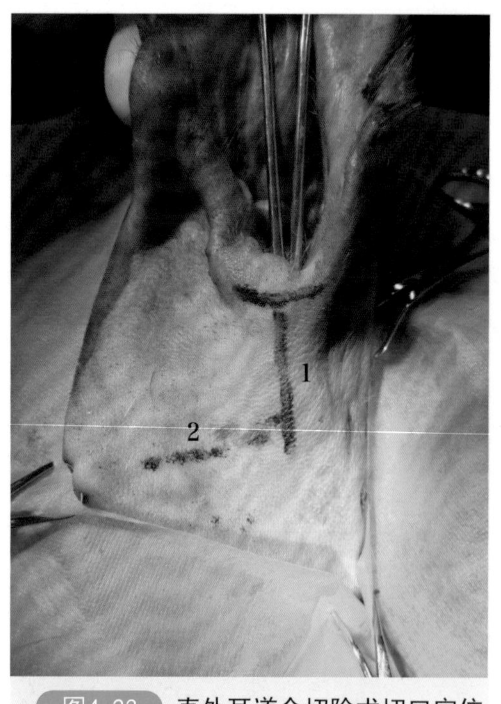

图4-23　直外耳道全切除术切口定位

1—直外耳道；2—水平外耳道

【手术方法】在耳道外侧做“T”形切口（图4-24）。从水平切口中点开始，做垂直切口；然后扩大切口至水平外耳道。牵拉两侧的皮瓣，分离疏松结缔组织，并暴露直外耳道的外侧（图4-25）。在外耳道口周围做耳郭软骨的水平切开。用梅氏弯剪分离直外耳道软骨周围的组织，完全游离直外耳道（图4-26）。在水平外耳道上方1～2厘米处横断直外耳道（图4-27）。在前后两侧分别切开剩余的直外耳道，向背侧和腹侧翻转直外耳道瓣，形成背侧瓣和腹侧瓣（图4-28、图4-29）。向下翻转腹侧瓣，并用可吸收或不可吸收单丝线将其缝合至皮肤创缘上。将背侧瓣的边缘也缝合到相应的皮肤创缘上，形成环形耳道外口。然后缝合“T”形切口（图4-30）。

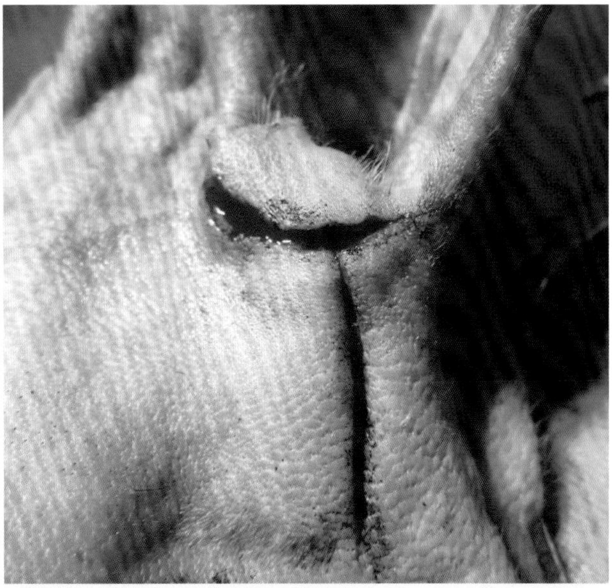

图4-24

在耳道外侧壁做“T”形切口

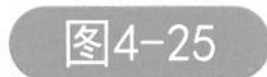

图4-25

分离疏松结缔组织以暴露直外耳道的外侧

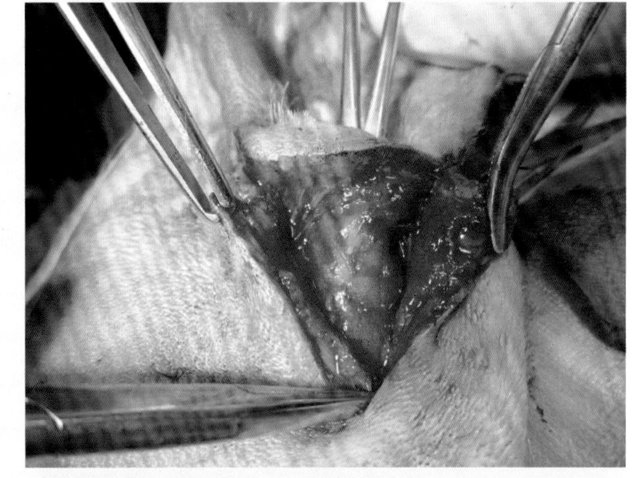

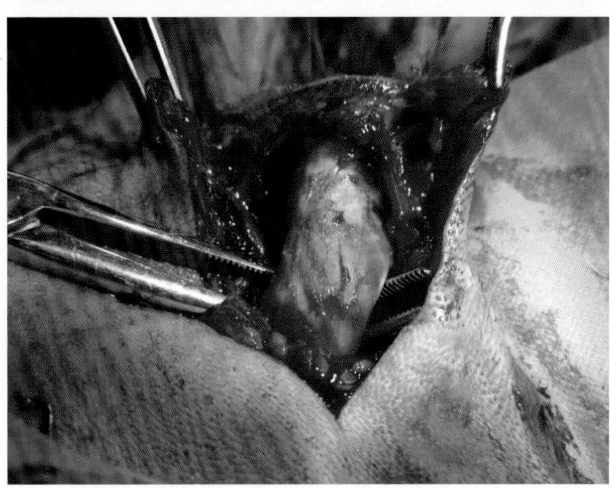

图4-26

游离直外耳道

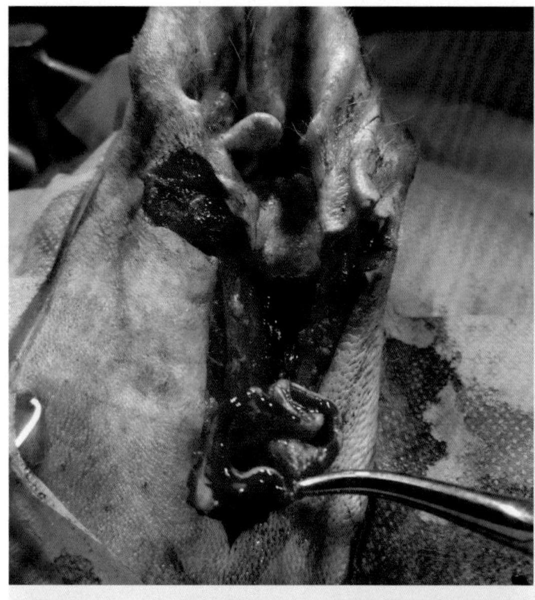

图4-27

横断直外耳道

图4-28

切开剩余的直外耳道壁

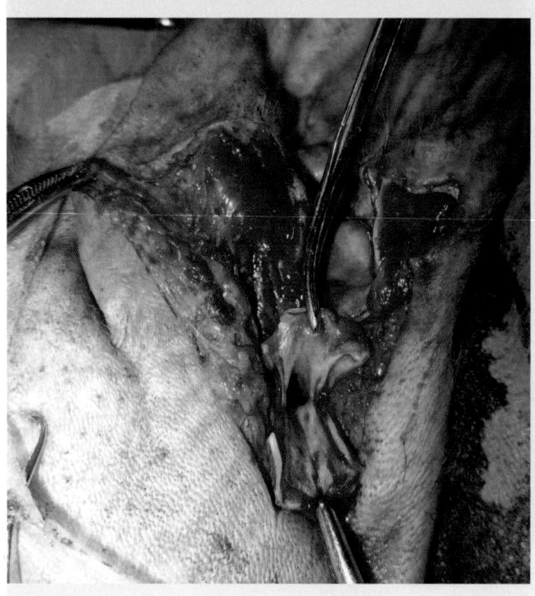

图4-29

向背侧和腹侧翻转直外耳道瓣

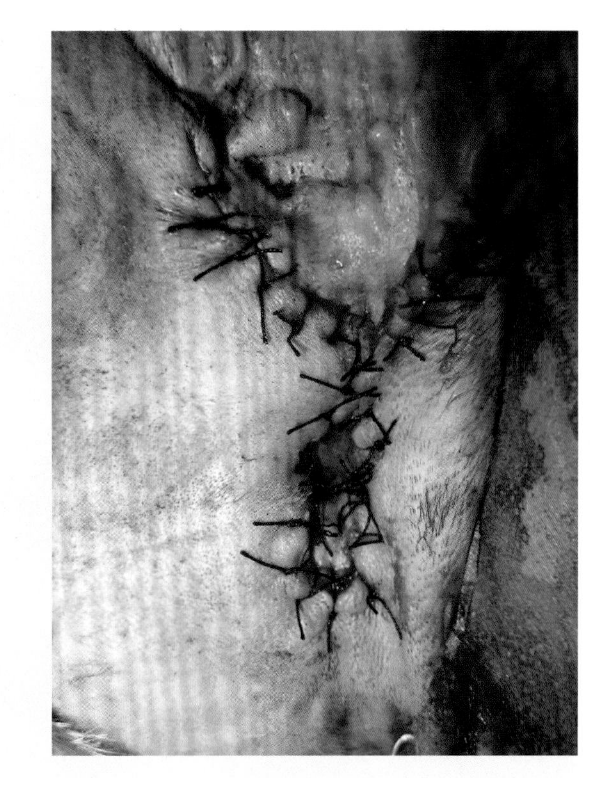

图4-30

外耳道切口创缘与皮肤创缘间断缝合

犬外耳道全切除术的方法同上述直外耳道切除术，也是在耳道外侧做“T”形切口，垂直切口下端刚好在水平外耳道水平。分离疏松结缔组织直到水平外耳道水平，自垂直外耳道和水平外耳道的接合处切除直外耳道，然后用刮匙小心地刮去位于水平外耳道内壁的分泌组织。若有必要，安置烟卷式引流条，然后缝合皮下组织和皮肤。

术后对动物使用伊丽莎白项圈，应用止痛剂。如果术后动物表现焦虑或烦躁不安，可给予足量的止痛剂、镇静剂。

三、直外耳道外侧壁切除术

【适应证】外耳道的壁增生，但没有导致水平外耳道阻塞，如慢性外耳炎，致分泌物排出不畅。

【麻醉与保定】全身麻醉。犬侧卧保定，患耳在上。

【切口定位】直外耳道至水平外耳道的腹侧。局部剪毛、消毒。

【手术方法】用钝头探针或直止血钳探明垂直外耳道方向及范围，从耳屏处沿直外耳道作一“U”形皮肤切口，其长度超过直外耳道深度的一半（图4-31、图4-32），并从腹侧向背侧分离此皮瓣，在耳屏处将皮瓣切除（图4-33、图4-34）。分离皮下组织、部分耳降肌和腮腺背侧顶端，暴露直外耳道软骨（图4-35）。用剪刀按皮肤“U”形切口尺寸由耳屏向下剪开直外耳道外侧壁软骨，直至水平外耳道。将软骨瓣向下转折（图4-36），剪去1/2直外耳道软骨瓣，并将剩余的软骨瓣与“U”形切口下部的皮肤创缘对合，用细丝线将其与皮肤结节缝合（图4-37）。再用细丝线将直外耳道（软骨与皮肤）创缘与同侧“U”形切口皮肤创缘结节缝合（图4-38）。犬直外耳道外侧壁切除术见视频4-2。

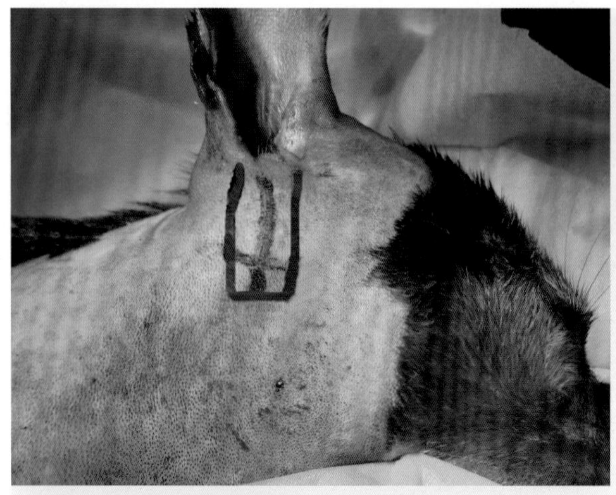

图4-31
探查直外耳道的深度并做手术切口标记

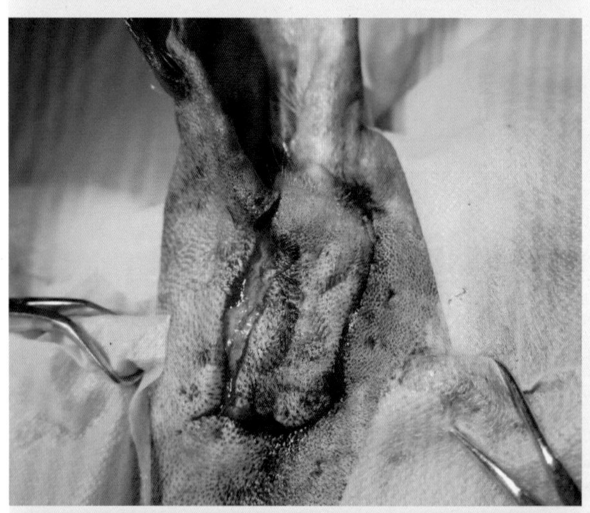

图4-32
沿手术切口标记切开皮肤

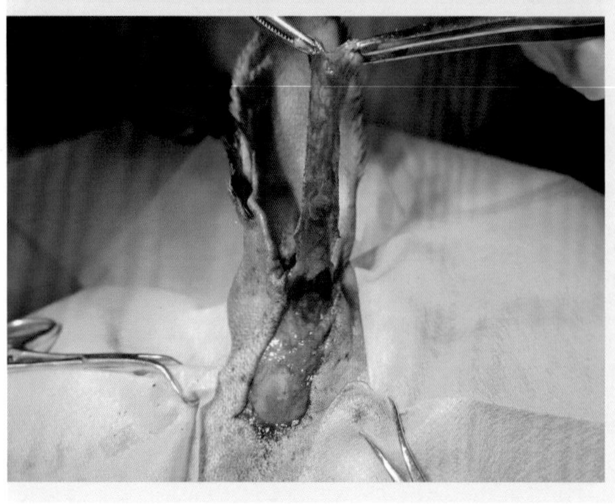

图4-33
分离皮瓣

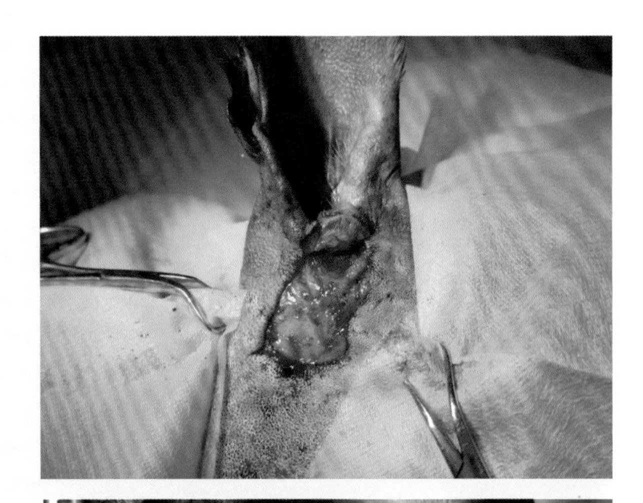

图4-34
在耳屏处将皮瓣切除

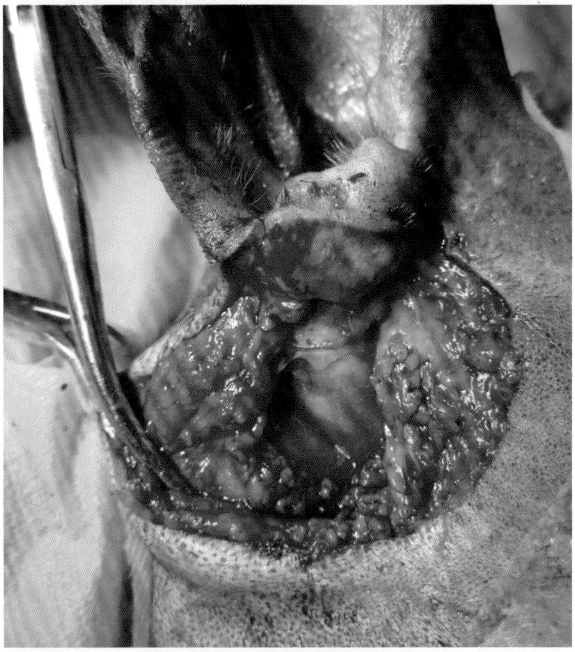

图4-35
分离皮下组织暴露直外耳道软骨

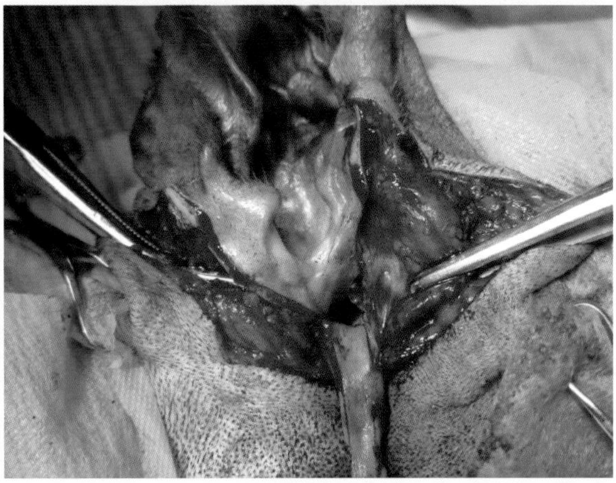

图4-36
切开外耳道的侧壁并下翻直外耳道瓣（显露水平外耳道口）

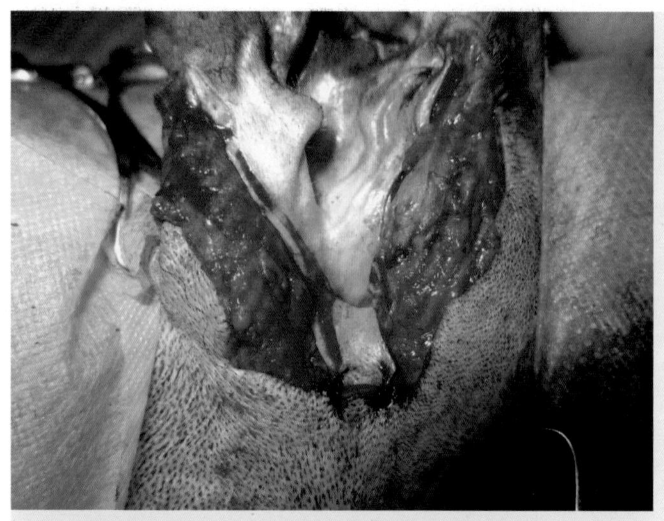

图4-37
剪去部分直外耳道瓣并将直外耳道创缘与皮肤创缘结节缝合

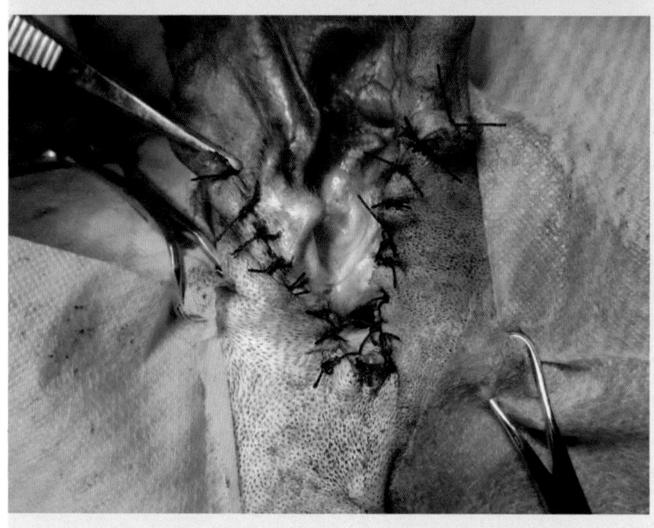

图4-38
直外耳道两侧创缘与皮肤做结节缝合

视频4-2
犬直外耳道外侧壁切除术

术后全身应用抗菌药和止痛剂，局部清洗，除去分泌物，保持引流通畅。安装颈圈或伊丽莎白项圈。术后10～14天拆除缝线。如果术后不能控制外耳炎，应考虑施行外耳道全切除术。

第五节　舌损伤修补术

【适应证】适用于各种原因造成的舌开放性损伤以及舌肿块、坏死灶切除术的伤口闭合。

【麻醉与保定】全身麻醉配合舌神经传导麻醉。动物侧卧或俯卧保定。

【手术方法】对损伤面小的可用1%高锰酸钾液冲洗，然后涂布碘甘油或撒布青黛散。若创口裂开较大，不要轻易将舌剪除，应力争进行舌缝合修补。初发的损伤，用0.1%高锰酸钾液彻底清洗口腔，经口角将舌缓缓引出，用消毒绷带在舌体后方系紧、止血（图4-39），清洗舌创面，修剪挫灭组织（图4-40），做水平纽扣缝合（图4-41），并在创缘对合处以间断缝合做补充（图4-42、图4-43）。对陈旧性严重舌损伤，应首先做适当的修整术，造成新鲜创面，创面做成楔状，清洗消毒后缝合。如果是舌坏死或舌肿瘤，将坏死处或肿瘤切除后做创面修补术。

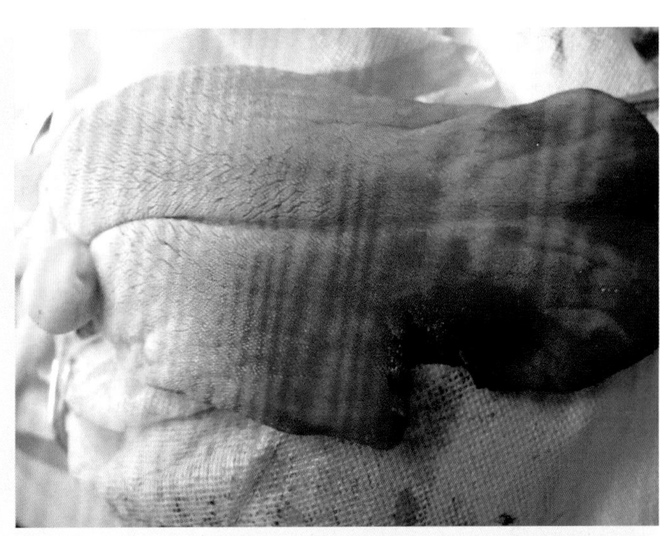

图4-39

将舌牵拉至口角外并在舌体后部系弹力止血带

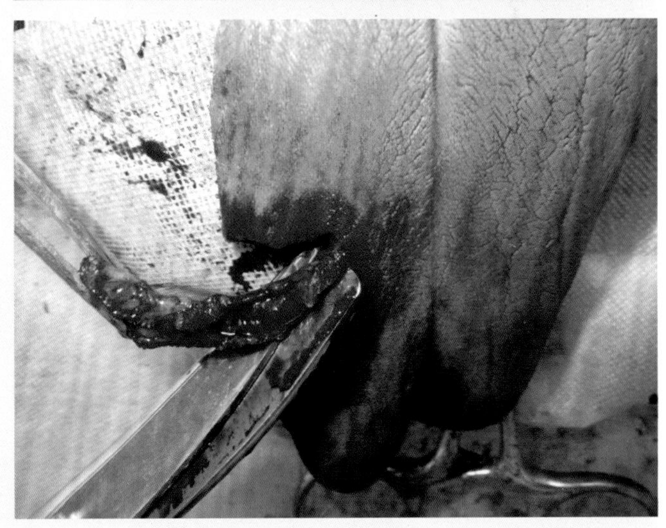

图4-40

修剪创缘与创壁

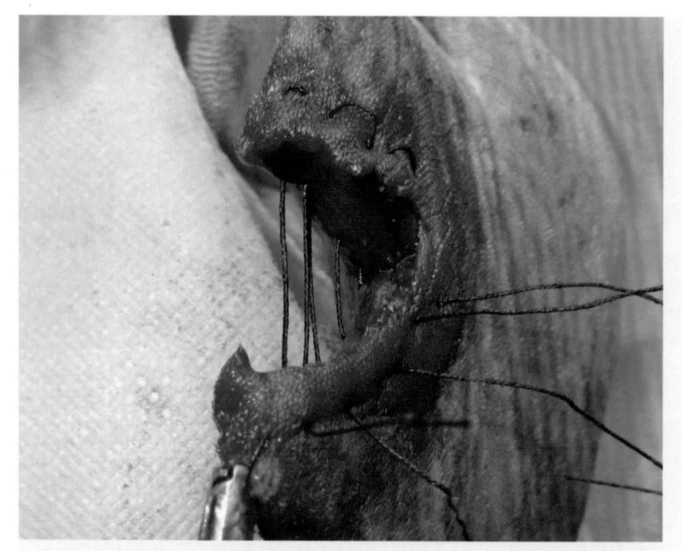

图4-41
水平纽扣缝合舌创面

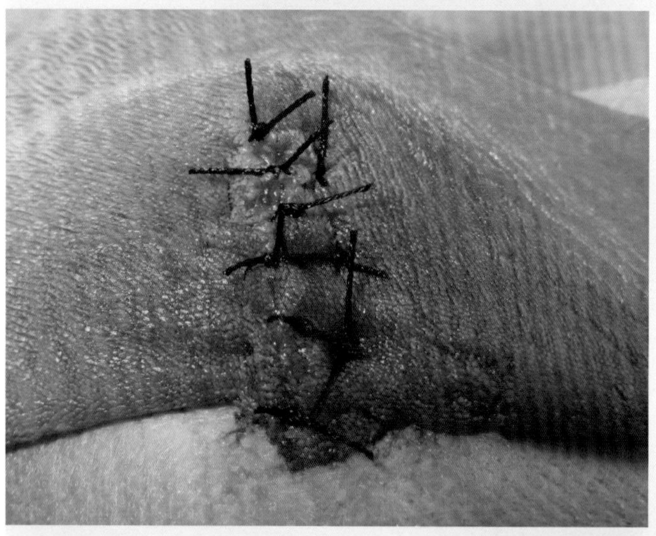

图4-42
间断缝合舌背面创缘

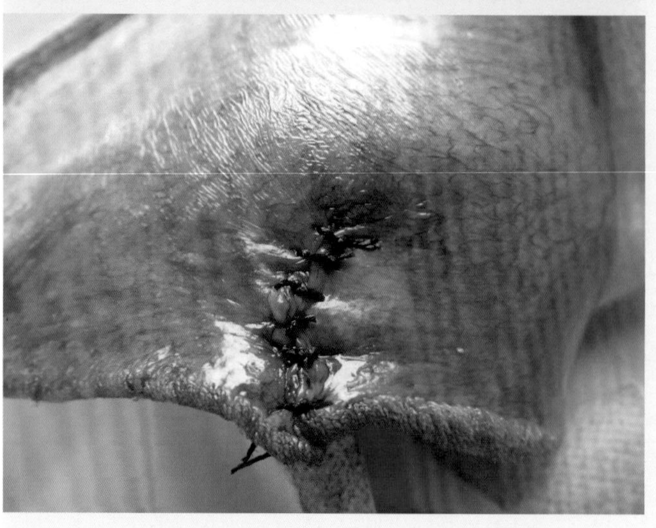

图4-43
间断缝合舌腹面创缘

术后5天内禁止动物采食，可以饮水。5 ～ 7天后可给流质食物。喂饲后用温盐水或1%高锰酸钾溶液冲洗口腔。10 ～ 12天后拆线。

第六节　颌下腺及舌下腺囊肿摘除术

【适应证】适用于治疗舌下腺囊肿、反复发作的颌下腺和舌下腺慢性炎症等（图4-44和图4-45）。

图4-44
喜乐蒂牧羊犬舌下腺囊肿

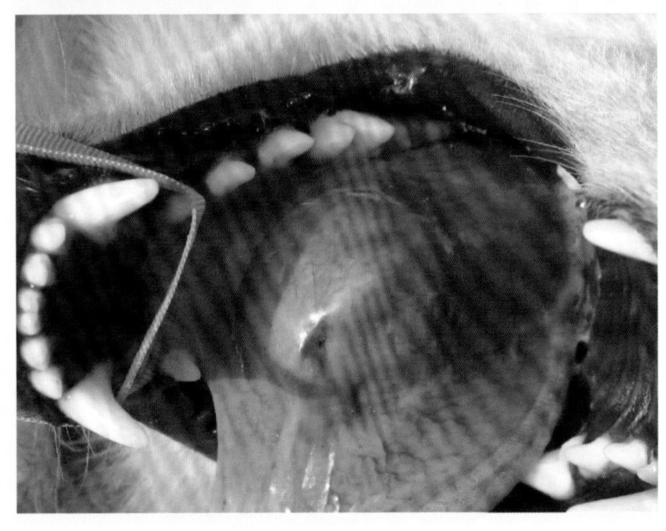

图4-45
阿拉斯加雪橇犬颌下腺及舌下腺囊肿

【解剖特点】颌下腺呈圆形、黄白色，周围有纤维囊包裹，上部有腮腺的腹侧覆盖，其余部分较浅在，位于颌外静脉（舌面静脉）与颌内静脉（上颌静脉）的汇合角处（图4-46）。颌下腺管自腺体的深面离开腺体，沿枕下颌肌及茎突舌骨肌表面前行，开口于舌下肉阜。舌下腺呈粉红色，分前后两部分，前部小，位于下颌舌骨肌与口腔黏膜之间，约有10条短管开口于口腔底黏膜；后部较大，与颌下腺紧密结合，其导管与颌下腺管伴行，共同开口于舌下肉阜。

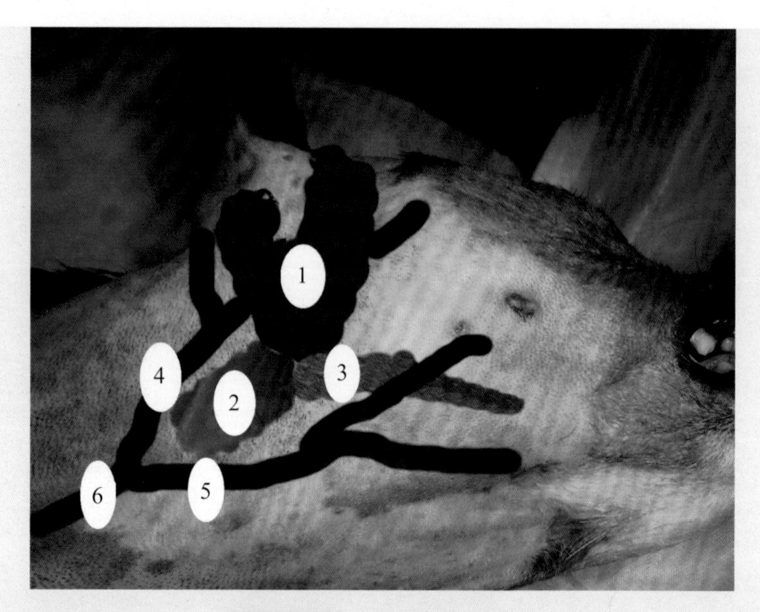

图4-46 犬唾液腺的部位

1—腮腺；2—颌下腺；3—舌下腺；4—上颌静脉；5—舌面静脉；6—颈静脉

【麻醉与保定】全身麻醉。侧卧保定，患侧在上。

【切口定位】在颌外静脉、颌内静脉和咬肌后缘之间形成的三角区内平行下颌骨后缘做弧形切口（图4-47）。

图4-47 皮肤切口定位

【手术方法】对准颌下腺切开皮肤和皮下组织、颈阔肌、脂肪，暴露位于颌外静脉和颌内静脉之间的颌下腺（图4-48）。切开颌下腺及舌下腺的结缔组织囊壁，露出腺体（图4-49），颌下腺下缘的一部分被腮腺覆盖，前缘内侧与舌下腺结合。用组织钳夹住颌下腺后缘并轻轻向头侧牵引，钝性分离颌下腺后缘及其下面的组织，双重结扎腮腺动脉分支和颌下腺动脉并切断（图4-50），分离整个腺体至二腹肌。钝性分离二腹肌和茎突舌骨肌，把腺体经二腹肌腹侧拉向头侧（图4-51、图4-52），再分离覆盖腺导管的下颌舌骨肌，露出围绕腺导管的舌下神经分支。双重结扎腺导管、舌静脉并切断，摘除腺体（图4-53）。经二腹肌下插入引流管，并使其顶端位于腺导管断端，连续缝合颈阔肌及颌下腺、舌下腺的结缔组织囊壁，结节缝合皮下组织和皮肤。

术后第3天拔除引流管，引流孔可不缝合，让其取二期愈合；5～7天内全身应用抗菌药。

犬舌下腺与颌下腺摘除术见视频4-3。

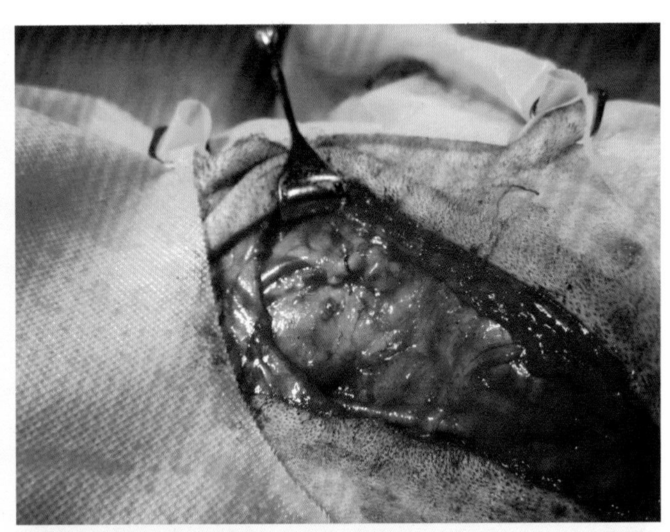

图4-48

暴露颌内静脉和颌外静脉之间的颌下腺

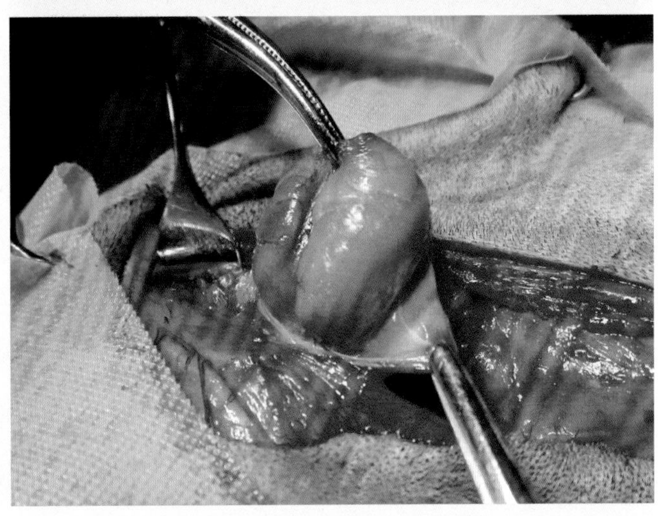

图4-49

分离囊壁以显露颌下腺

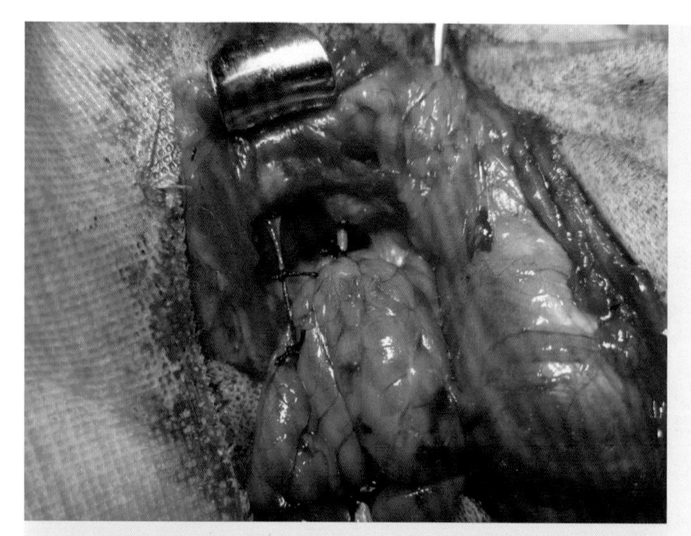

图4-50

双重结扎腮腺动脉分支和颌下腺动脉

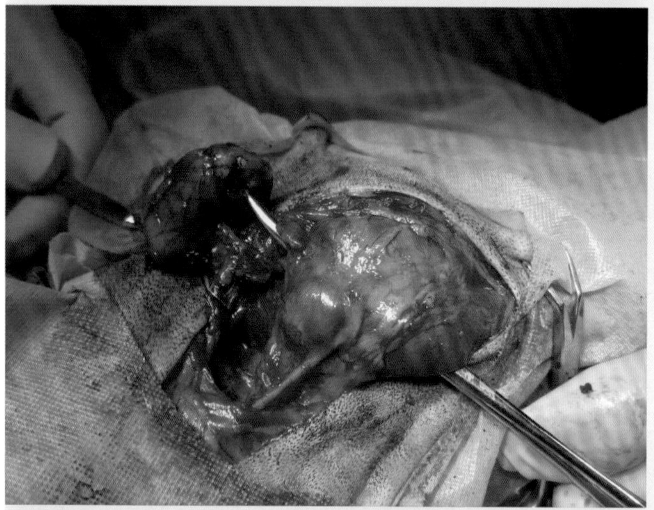

图4-51

通过二腹肌腹侧钳夹牵引颌下腺

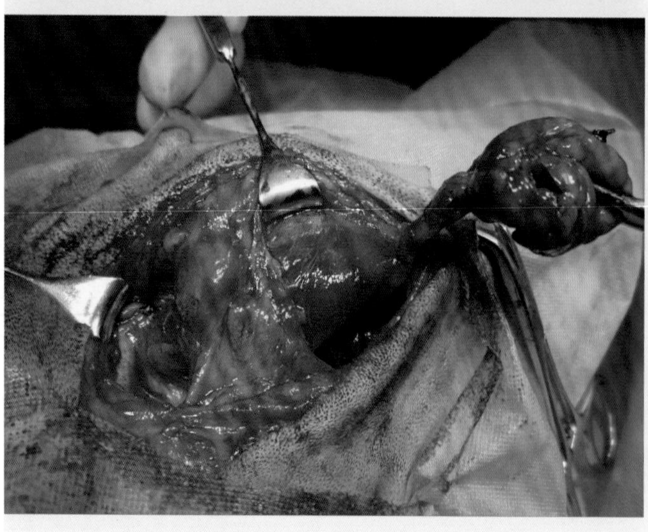

图4-52

将颌下腺经二腹肌腹侧拉向头侧

视频4-3
犬舌下腺与颌下腺摘除术

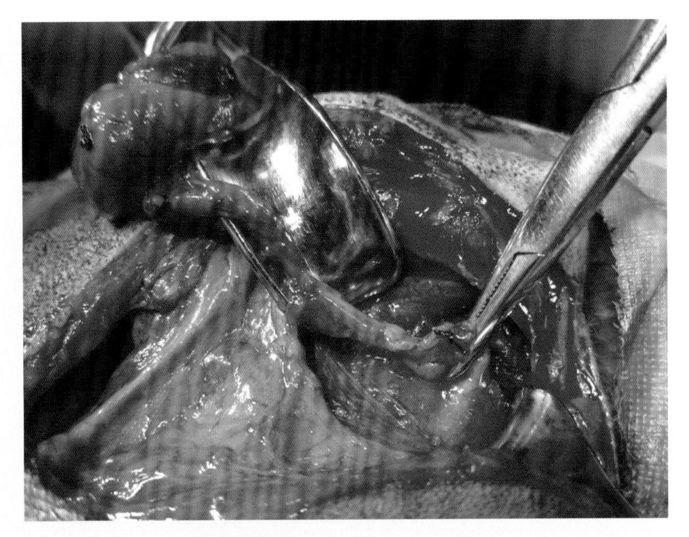

图4-53 双重结扎腺导管

第七节 拔牙术

【适应证】适用于断齿、多生齿、松动齿的拔出以及防止动物咬人等。

【解剖特点】犬上颌有20个永久齿（6个切齿，2个犬齿和12个臼齿），下颌有22个永久齿（6个切齿，2个犬齿和14个臼齿）。猫上颌有16个永久齿（6个切齿，2个犬齿和8个臼齿），下颌有14个永久齿（6个切齿，2个犬齿和6个臼齿）。犬的切齿、犬齿、上下颌第1前臼齿和下颌第3后臼齿均有1个齿根，剩余下颌臼齿和上颌第2、3前臼齿有2个齿根，上颌第4前臼齿和第1、2后臼齿有3个齿根。

【麻醉与保定】动物全身麻醉配合局部浸润麻醉。侧卧保定，颈后及身躯垫高，头放低，用开口器打开口腔。

【手术方法】

（1）单齿根齿的拔除　如拔除切齿，先用牙根起子紧贴齿缘向齿槽方向用力剥离、旋转和撬动等，使牙松动，再用牙钳夹持齿冠拔出。犬齿的齿根粗而长，应先切开外侧齿龈，向两侧剥离，暴露外侧齿槽骨，并用齿凿切除齿槽骨（图4-54）。然后用牙根起子紧贴内侧齿缘用力剥离、撬动，再用牙钳夹持齿冠旋转、牵拉，使牙松动脱离齿槽。清洗齿槽，用可吸收线结节缝合齿龈瓣。如有出血，可填塞脱脂棉球止血。拔犬牙手术见视频4-4。

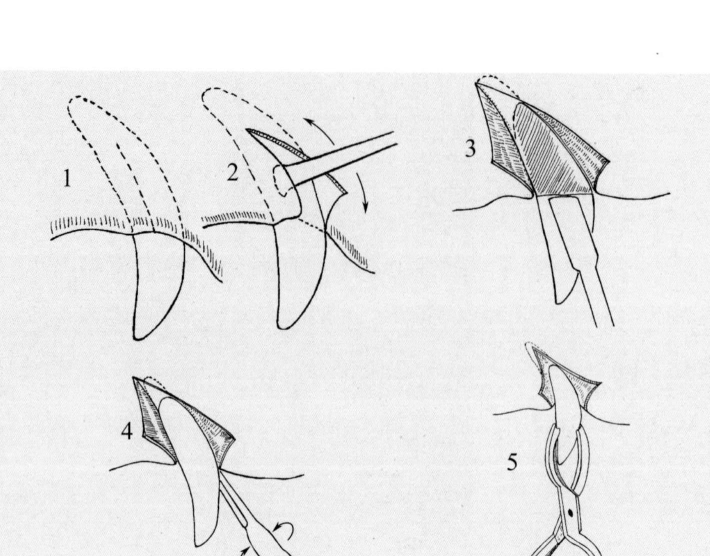

图4-54 单齿根齿拔牙术

1—虚线为齿龈切开线；2—分离齿龈；3—切开外侧齿槽；4—左右撬动，松动牙齿；5—用牙钳拔出牙齿

（2）多齿根齿的拔除。当拔除两个齿根的牙时，可用齿凿（或齿锯）在齿冠处纵向凿开（或锯开）使之成为两半，再按单齿根齿拔除（图4-55）。对于3个齿根的牙，需用齿凿或齿锯在齿冠处纵向分割2～3片，再分别将其拔除。也可先分离齿周围的组织，显露齿叉，牙根起子经齿叉旋转楔入，迫使齿根松动，然后将其拔除。

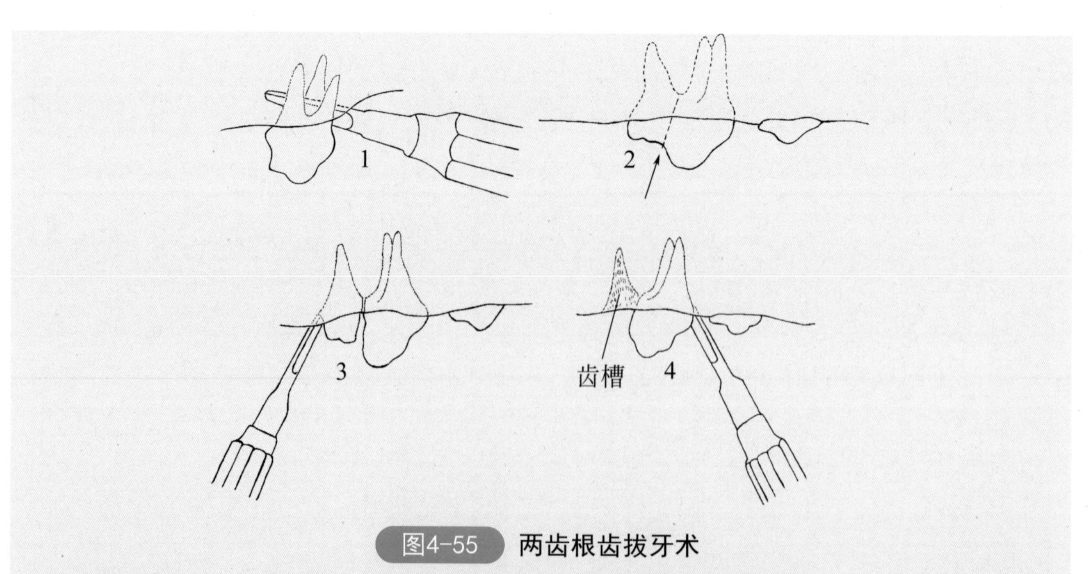

图4-55 两齿根齿拔牙术

1—用牙根起子插入齿根间（齿根叉）；2—虚线为凿开线，将齿槽开成两部分；3，4—分别分离破碎牙齿周围的组织，并将其拔除

术后全身应用抗菌药2～3天。犬猫对拔牙耐受力强，多数病例在术后第2天即可采食。术后21～28天，齿槽有新骨生长将其填充。

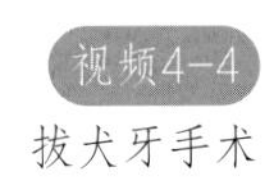

拔犬牙手术

第五章 眼部疾病手术

第一节 眼球摘除术

【适应证】眼球全脱出、全眼球炎、角膜穿孔继发眼内感染无法控制的病例（图5-1、图5-2）。

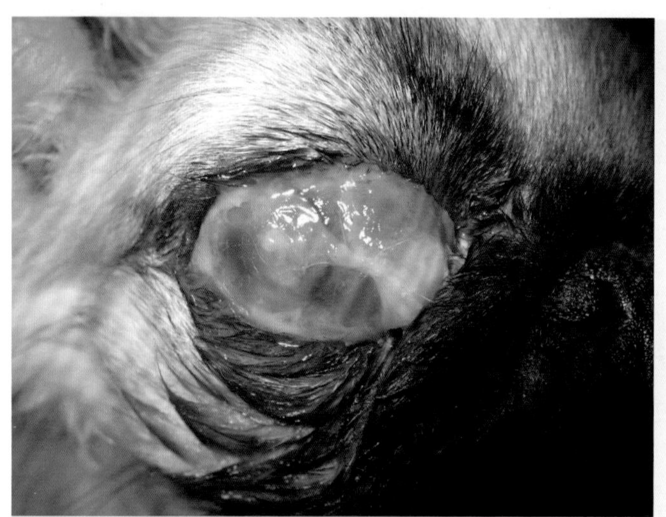

图5-1
巴哥犬右眼球化脓

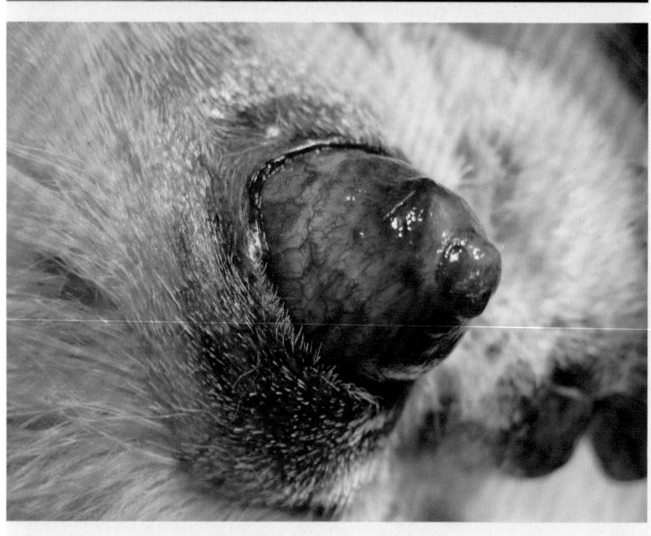

图5-2
京巴犬左眼角膜溃疡并伴有脓性分泌物

【解剖特点】眼球中部有眼肌附着，眼肌包括上直肌、下直肌、内直肌和外直肌以及上、下斜肌和眼球退缩肌；眼球后端借视神经与间脑相连。眼球四条直肌起始于视神经孔周围，包围在眼球退缩肌周围，向前以腱质分别止于巩膜表面。眼球上斜肌起始于筛孔附近，沿内直肌内侧前行，通过滑车而转向外侧，经上直肌腹侧抵于巩膜。眼球退缩肌也起始于视神经孔附近，由上、下、内、外四条肌束组成，呈锥形包裹于眼球后部和视神经周围，止于巩膜表面（图5-3）。

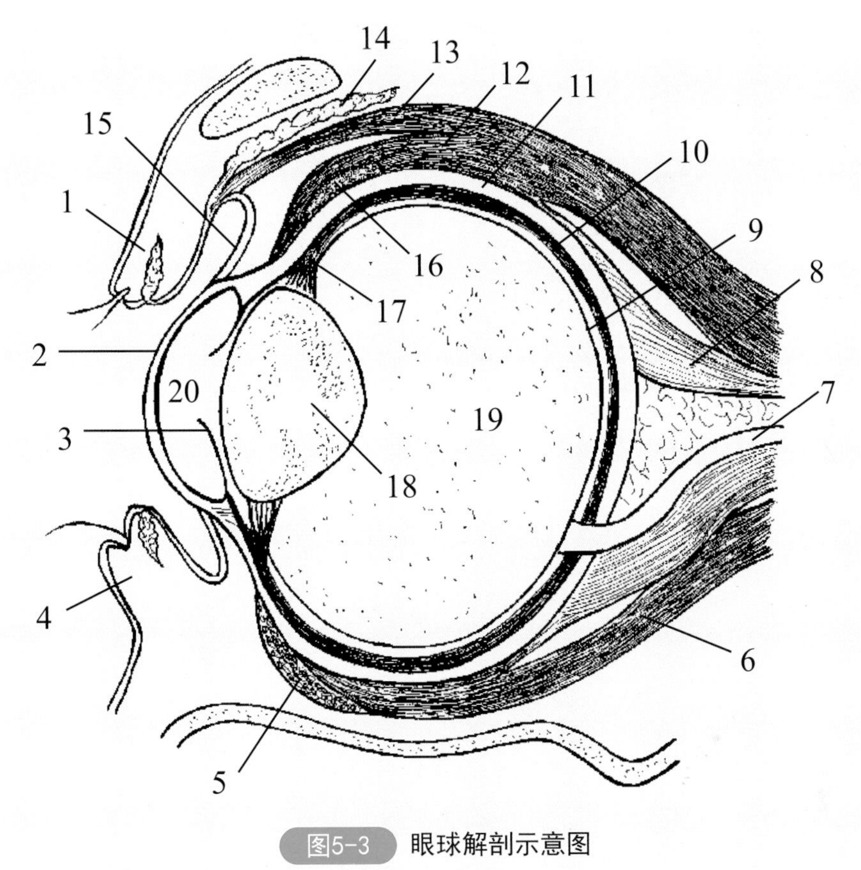

图5-3　眼球解剖示意图

1—上眼睑；2—角膜；3—虹膜；4—下眼睑；5—下斜肌；6—下直肌；7—视神经；8—眼球退缩肌；9—视网膜；10—脉络膜；11—巩膜；12—上直肌；13—上睑提肌；14—泪腺；15—球结膜；16—上斜肌；17—睫状体；18—晶状体；19—玻璃体；20—眼前房

【麻醉与保定】全身麻醉配合局部麻醉。动物患眼在上，侧卧保定。

【手术方法】

（1）经结膜眼球摘除术　用金属开睑器撑开眼睑或用缝线牵引开眼睑，必要时（如小眼球或小睑裂）可切开外眦，以充分暴露眼球。用有齿组织镊夹持角膜缘邻近结膜，在穹隆结膜上做环形切开，将弯剪紧贴巩膜向眼球赤道方向分离（图5-4），分别剪断4条直肌和2条斜肌在巩膜表面上的止端。然后用有齿镊夹持眼球上的直肌残端并向外牵引，用弯剪环形分离眼球深处组织，至眼球可以做旋转运动，然后将眼球继续前提，用弯止血钳钳夹游离的球后组织，在止血钳外侧剪断眼球退缩肌、视神经及其邻近血管等以摘除眼球，结扎球后组织（图5-5）。十字缝合眼直肌和眼球囊。单纯连续缝合球结膜，缝线两端不打结，分别引至内、外眦外（图5-6），眼睑行间断缝合。

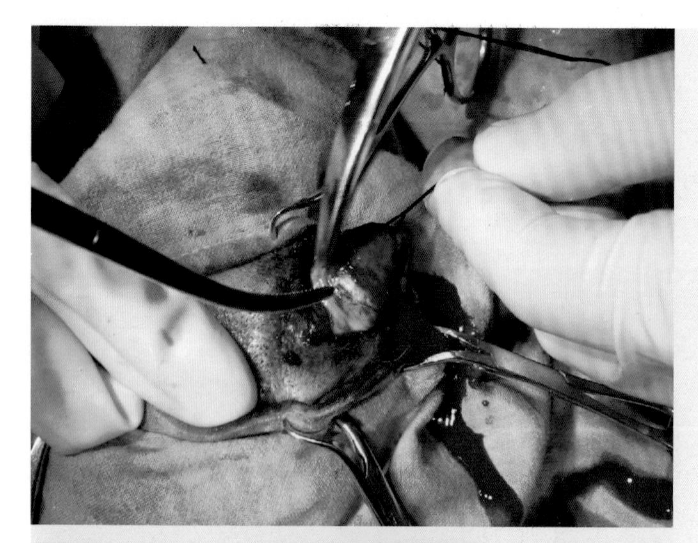

图5-4

穹隆结膜上做环形切开（钝性分离疏松结缔组织，切断眼球周围的肌肉）

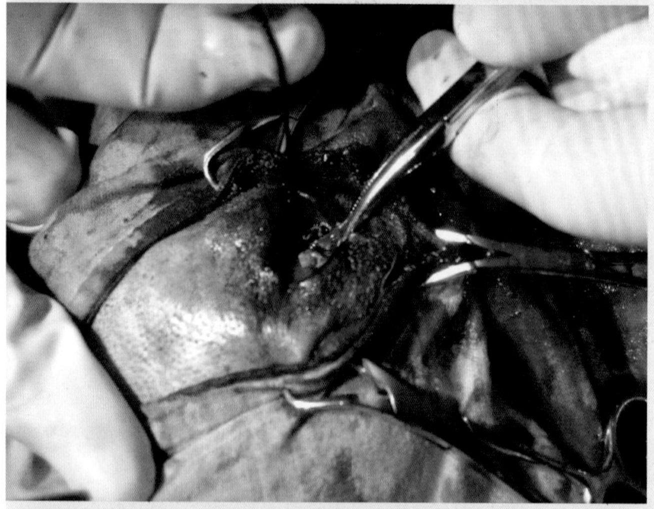

图5-5

结扎球后血管及邻近组织

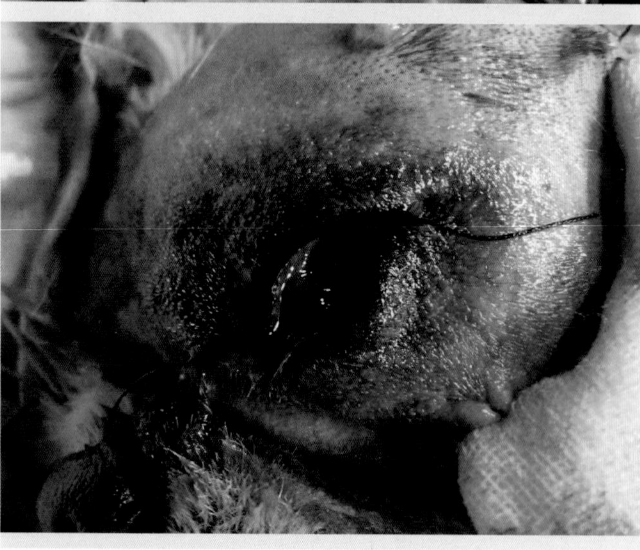

图5-6

连续缝合球结膜（缝线两端不打结，分别引至内、外眦外）

（2）经眼睑眼球摘除术　适用于眼球严重化脓感染或眶内肿瘤已蔓延到眼睑的动物，切除部分眼睑有利于手术创取一期愈合。具体操作如下：上下眼睑常规剪毛、消毒后，将上下睑缘连续缝合，闭合眼睑。在触摸眼眶和感知其范围基础上，在距睑缘1～2厘米处，环绕眼睑缘做一环形切口，依次切开皮肤、眼轮匝肌至睑结膜，但必须保留睑结膜完整。一边向外牵拉眼球，一边用弯剪环形分离球后组织。分离、摘除眼球的方法同“经结膜眼球摘除法”。取出眼球，清创后缝合保留的结膜、肌肉和眼球囊，结节缝合眼睑皮肤。

第二节　眼睑内翻矫正术

【适应证】眼睑内翻是指眼睑缘向眼球方向内卷，多发生于面部皮肤有皱褶的犬。内翻的睫毛刺激角膜、结膜，导致炎症反应（图5-7～图5-9）。

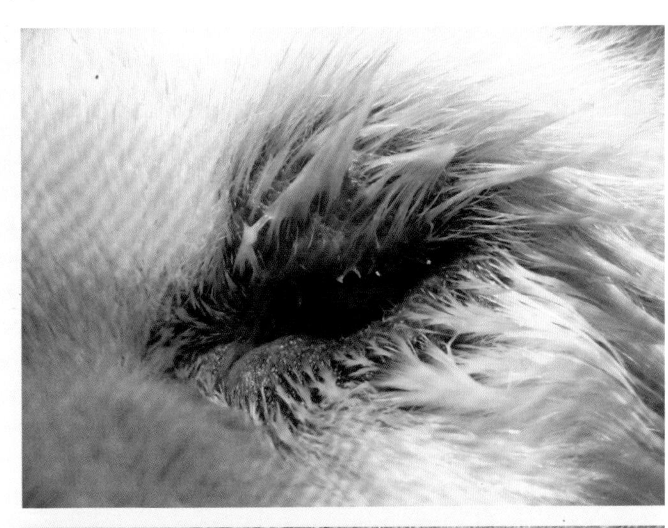

图5-7
眼睑内翻

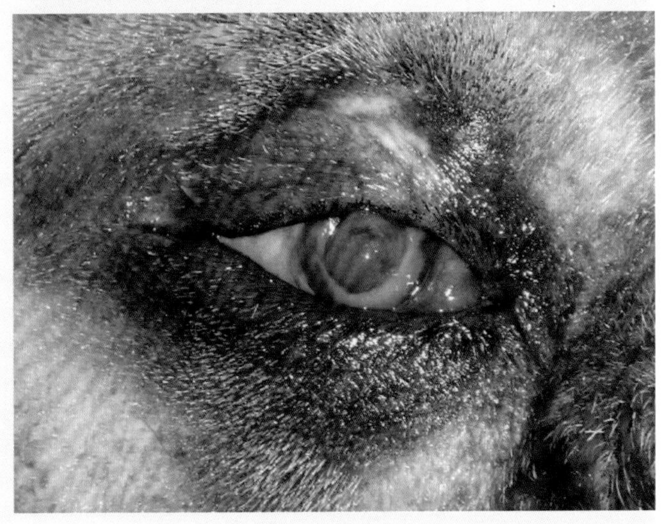

图5-8
眼睑内翻（眼睫毛刺激角膜，形成肉芽肿）

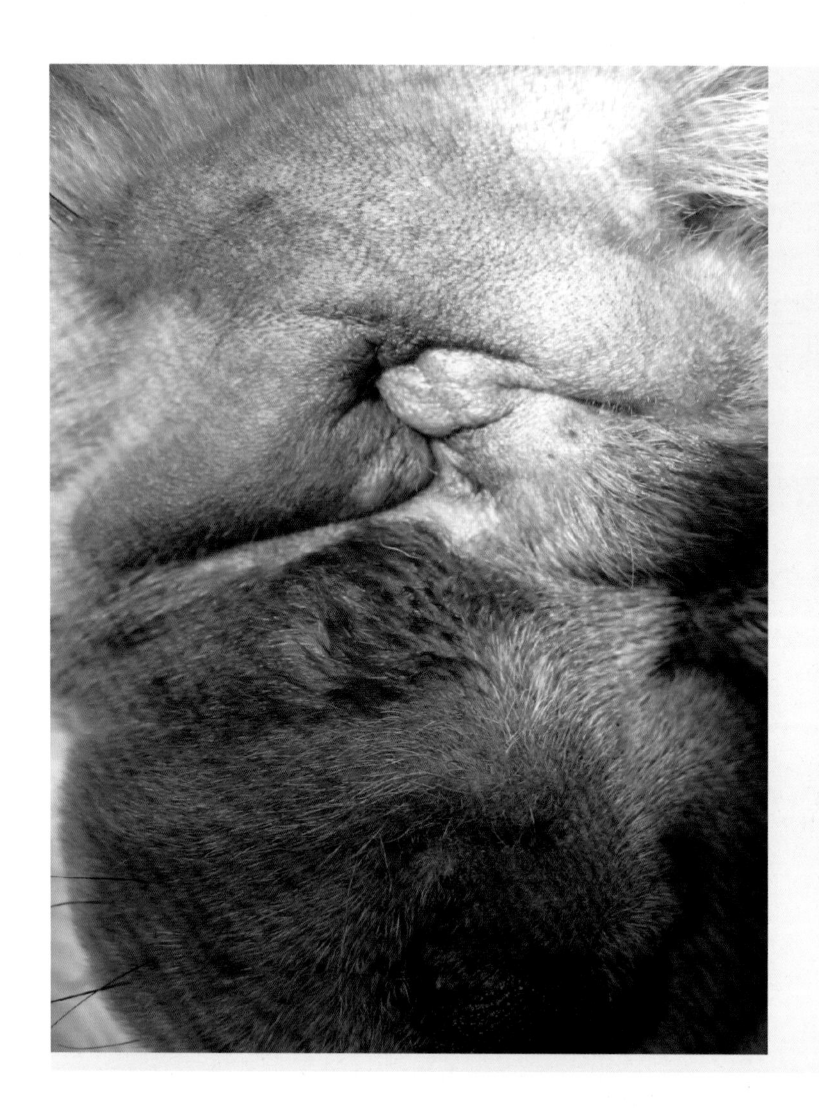

图5-9
松狮犬眼睑内翻和眼睑痉挛

【解剖特点】眼睑从外科角度分前后两层，前面为皮肤、皮下组织和眼轮匝肌，后面为睑板和睑结膜。睑结膜紧贴于眼睑内面，在远离睑缘侧翻折覆盖于巩膜前，成为球结膜。

【麻醉与保定】全身麻醉配合局部浸润麻醉。侧卧保定，患眼在上。

【手术方法】以下眼睑内翻为例。本手术对接近成年或成年的动物效果较好。在距下眼睑缘2～4毫米处用镊子提起皮肤，用1～2把止血钳钳夹皮肤，钳夹的多少以刚好达到矫正为度（图5-10）。用力钳夹30秒钟后松开止血钳，用镊子提起皱起的皮肤，再用手术剪沿皮肤皱褶基部将其剪除（图5-11和图5-12）。剪除皮肤后形成半月形创口，用细丝线作结节缝合（图5-13）。犬眼睑内翻矫正术见视频5-1。

术后使用抗菌眼药水或药膏，每天3～4次。戴伊丽莎白项圈。

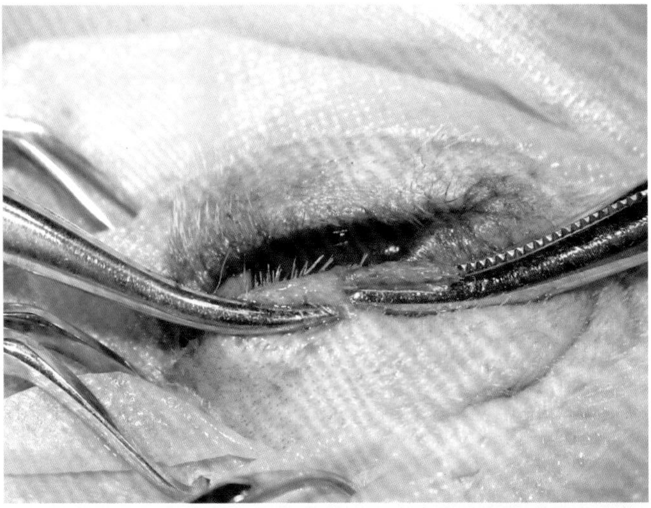

图5-10
止血钳钳夹皮肤形成皮肤皱褶

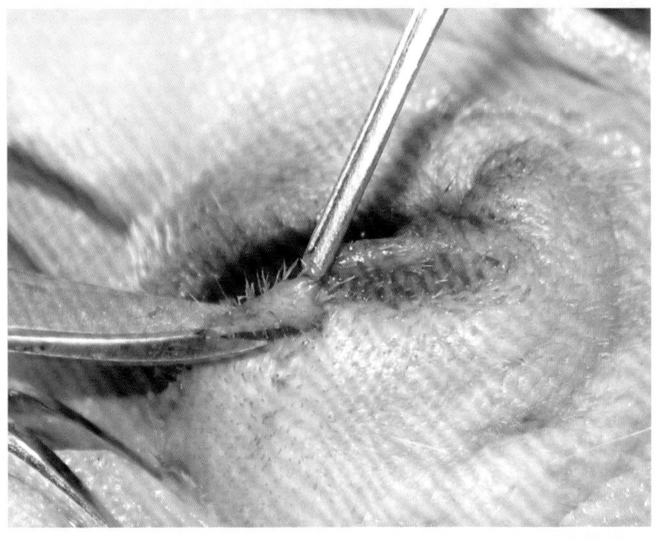

图5-11
剪除皮肤皱褶

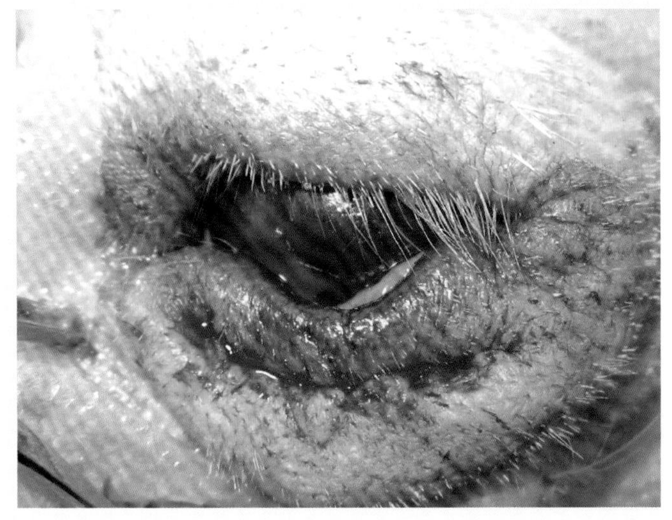

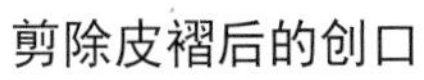

图5-12
剪除皮褶后的创口

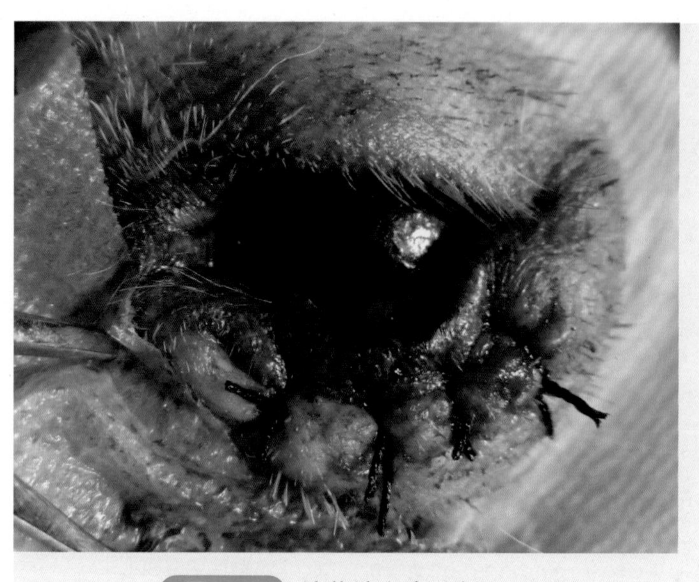

图5-13 结节缝合皮肤创口

视频5-1
犬眼睑内翻矫正术

第三节　眼睑外翻矫正术

【适应证】眼睑外翻是眼睑缘离开眼球向外翻转的异常状态（图5-14）。

图5-14
京巴犬眼睑外翻

【麻醉与保定】全身麻醉配合局部浸润麻醉。动物侧卧保定，患眼在上。

【手术方法】轻度外翻，做圆形皮肤切口；中度外翻做“V”形切开，“Y”形缝合。距外翻眼睑缘2～3毫米处切一“V”形皮肤切口（图5-15），切口深度达皮下层。“V”形底的长度大于外翻眼睑的长度。分离皮下组织，形成三角形皮瓣。然后从下方的尖端开始结节缝合，边缝合边向上推移皮瓣，直到外翻矫正为止。最后缝合三角形皮瓣，使切口线变成“Y”形（图5-16）。圆形切口，自腹侧向背侧边分离边间断缝合。术后使用抗菌眼药水或眼药膏点眼，每天3～4次，维持5～7天，戴项圈。犬眼睑外翻矫正术见视频5-2。

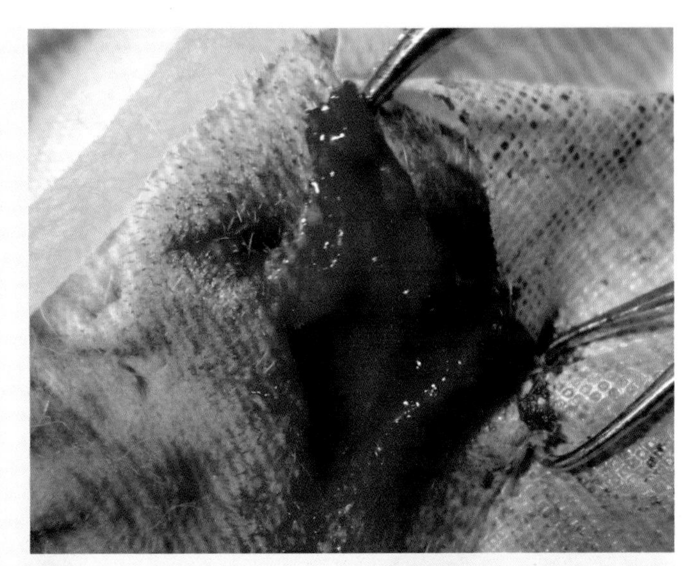

图5-15
“V”形皮肤切口

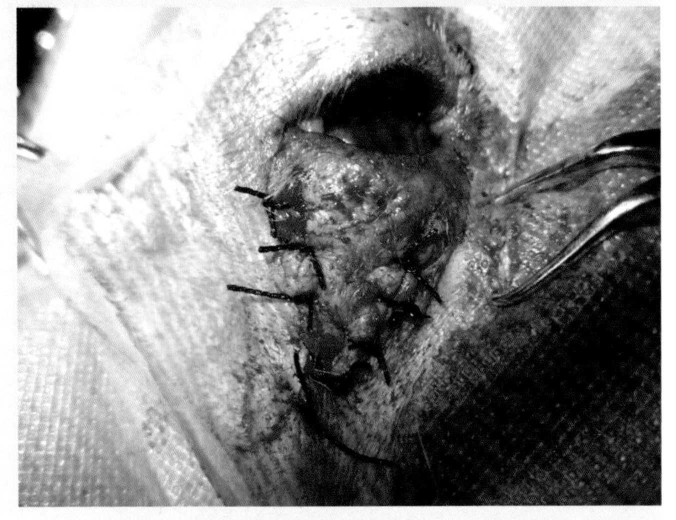

图5-16　缝合后形成“Y”形皮肤创口

视频5-2
犬眼睑外翻矫正术

第四节　角膜损伤手术

【适应证】对严重的角膜损伤，如角膜溃疡、角膜全层透创或角膜穿孔，在用药治疗的同时配合结膜瓣遮盖术、桥形结膜瓣遮盖术或瞬膜遮盖术，可以提高对角膜损伤的疗效。

【解剖特点】角膜由外向内依次分为角膜上皮层、前弹力层、基质层、后弹力层和内皮细胞层。角膜上皮细胞的再生能力最强，损伤后可迅速修复，不留瘢痕。前弹力层是一层均匀一致无结构的透明薄膜，受损伤后不能再生。基质层占角膜厚的90%，由多层交错排列的胶原纤维板构成，在胶原纤维板层中间含有为数不多的基质细胞，其有合成和分泌胶原纤维的作用。基质层发生损伤后，因愈合形成的瘢痕组织中纤维排列紊乱，从而失去透明性。后弹力层是角膜内皮的基底膜，由内皮细胞合成分泌，损伤后能够迅速再生。角膜内皮细胞层是由一层扁平的、有规则镶嵌的六角形细胞构成，具有角膜-房水屏障功能和主动液泵功能，以维持角膜的正常厚度和透明性；内皮细胞层损伤后可以修复。

【麻醉与保定】全身麻醉，或全身镇静配合患眼表面麻醉。动物患眼在上，侧卧保定。

【手术方法】

（1）瞬膜遮盖术　上眼睑外侧皮肤剪毛，常规消毒。用0.1%新洁尔灭溶液清洗结膜囊及眼球表面。缝线两端穿针，用无齿镊夹持瞬膜（第三眼睑）外提，在距瞬膜缘2～3毫米处由瞬膜内侧（球面）进针，于外侧（睑面）出针，再由睑面进针，自球面出针（图5-17）。或在第三眼睑外侧面、“T”形软骨缘的杆部做瞬膜缝合，然后，将线尾两个缝针分别经上眼睑外侧结膜囊穹隆处穿出皮肤，在一根缝线上套上灭菌细胶管，收紧缝线打结，使瞬膜完全遮盖在眼球表面（图5-18、图5-19）。一般需要按此法做两个纽扣状缝合；在收紧缝线前在瞬膜球面涂布抗菌眼膏（视频5-3）。

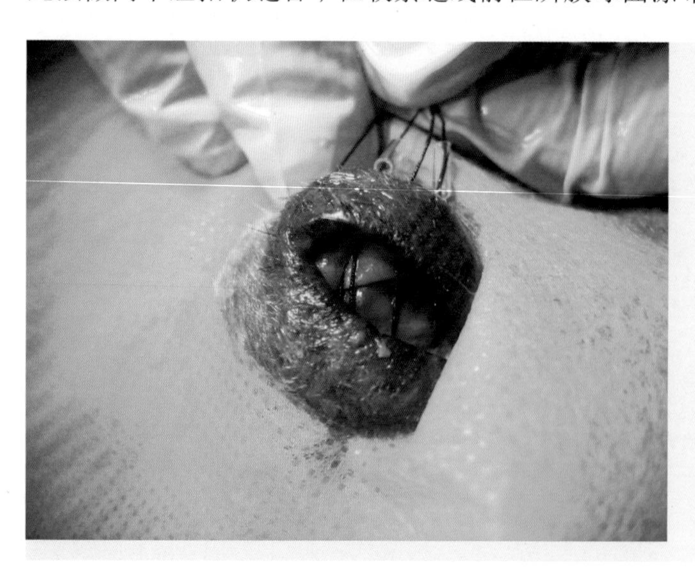

图5-17　瞬膜遮盖术
（距瞬膜缘2～3毫米处做两个纽扣缝合，线尾自上眼睑穹隆部穿出，在皮肤表面安置胶管压垫）

图5-18
收紧缝线使瞬膜完全遮盖角膜

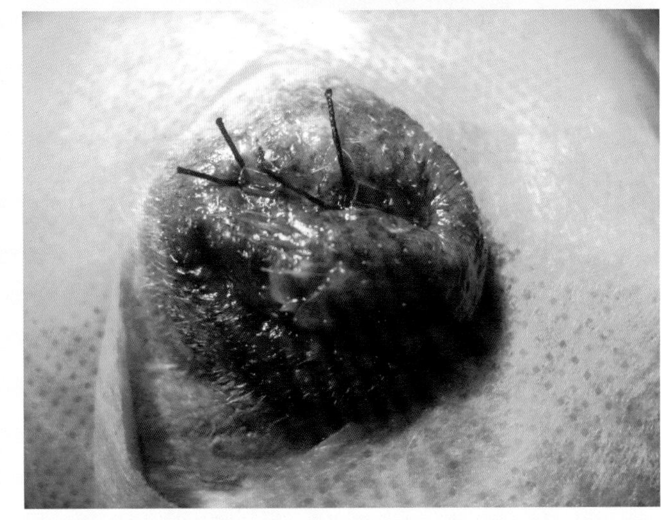

图5-19
打结固定瞬膜

（2）结膜瓣遮盖术　适用于治疗边缘性角膜损伤、角膜溃疡或角膜穿孔的病例。用开睑器撑开上下眼睑（图5-20），洗眼，做上下直肌牵引线固定眼球。在靠近角膜病灶侧的球结膜上做一弧形切口，用钝头手术剪在结膜切口下向穹隆方向分离，使分离的结膜瓣向结膜中央牵拉能够完全覆盖角膜病灶（图5-21、图5-22），然后用带有5-0 ～ 9-0缝线的眼科铲形针将其缝合固定在角膜边缘的浅层巩膜及角膜上，进针深度应达角膜厚度的2/3 ～ 3/4（图5-23）。患眼涂布抗菌眼膏，缝合闭合眼睑，保留7 ～ 10天。

视频5-3
犬瞬膜遮盖术

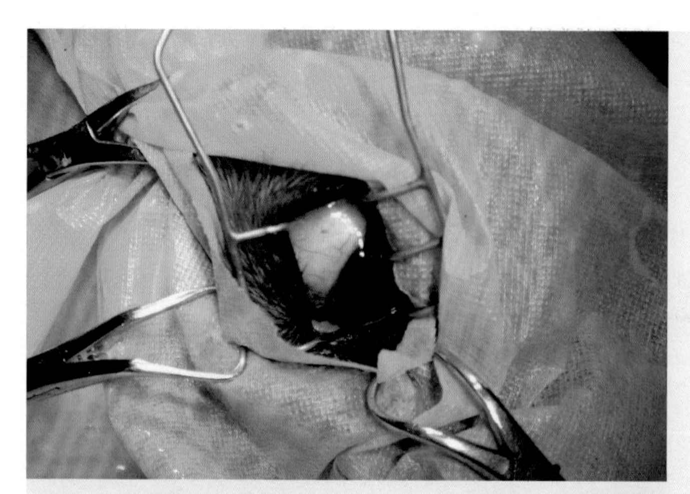

图5-20
装置开睑器以暴露球结膜

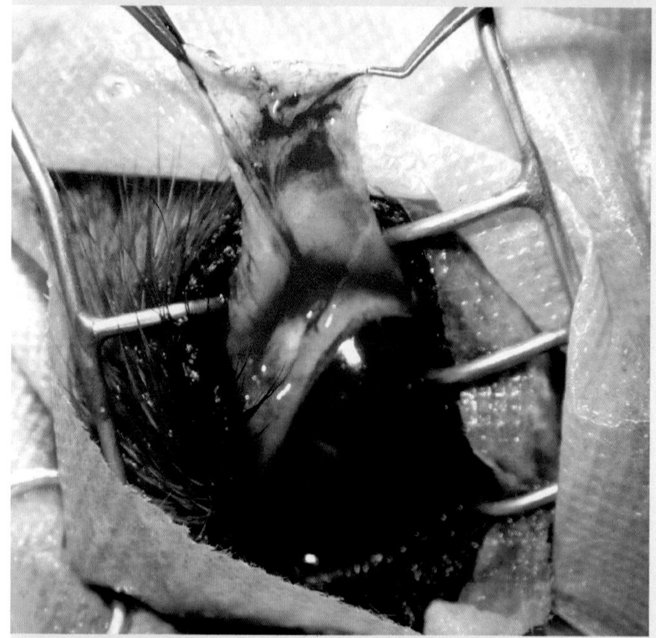

图5-21
球结膜上做一弧形切口和分离结膜瓣

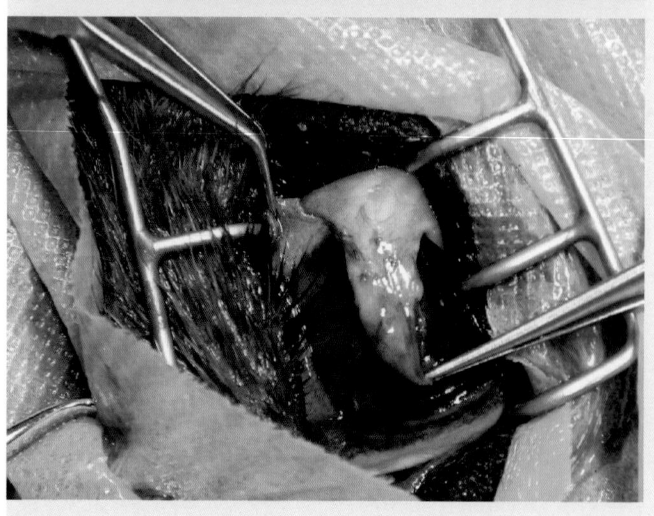

图5-22
分离结膜瓣覆盖整个溃疡面

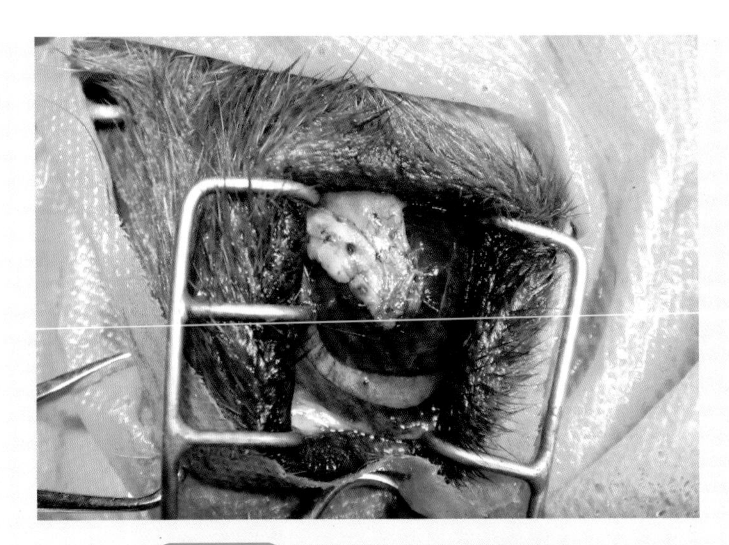

图5-23　结膜瓣与角膜做间断缝合

（3）桥形结膜瓣遮盖术　适用于治疗角膜中央的损伤或溃疡、角膜穿孔缝合后创口不平或有少许缺损的病例。常规开睑和做上下直肌牵引线（图5-24），洗眼。根据覆盖角膜病灶所需结膜瓣的宽度，从角膜缘上方2毫米处做两平行的弧形切口，切口长度接近1/2角膜圆周。分离结膜瓣与下方巩膜的联系，使结膜瓣游离而成为桥形带状（图5-25）。将桥形结膜瓣牵拉至角膜中央覆盖病灶，用带有5-0 ～ 9-0缝线的眼科铲形针将其两端蒂部缝合固定在角膜缘旁的浅层巩膜上（图5-26）。若桥形结膜瓣有所松动，必要时可在角膜病灶两侧各补一针。上方缺损的球结膜通常不必处理，也可施行间断缝合将其固定在邻近的浅层巩膜上。术后患眼涂布抗菌眼膏，缝合闭合眼睑，保留1 ～ 2周。

犬结膜瓣遮盖术见视频5-4。

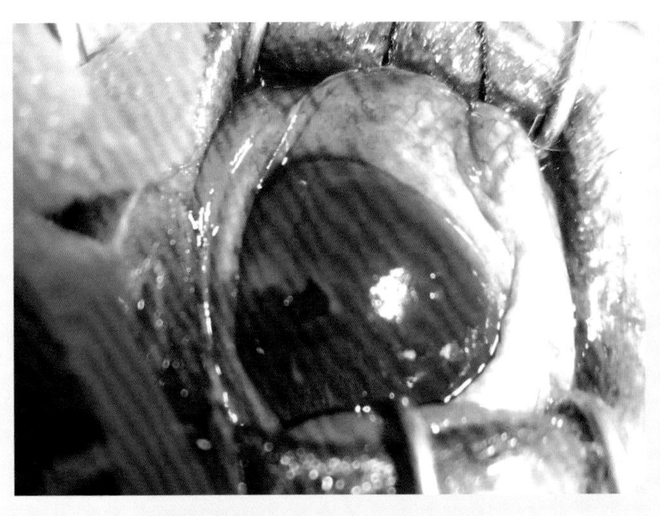

图5-24　常规开睑和做牵引线

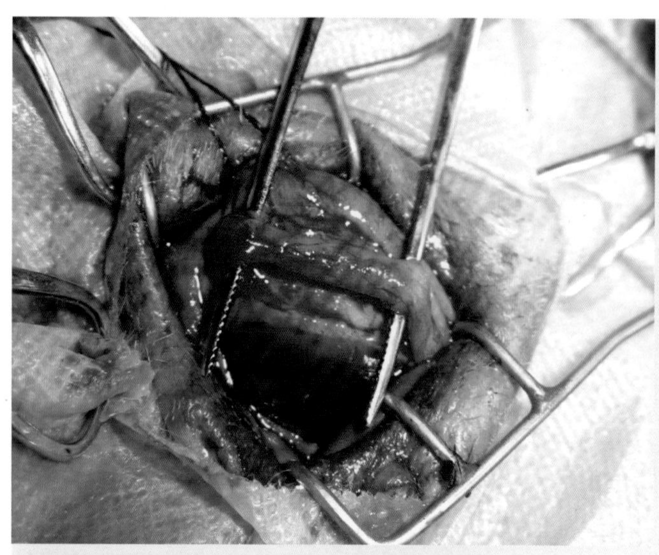

图5-25 分离和游离桥形结膜瓣

图5-26 结膜瓣与角膜做缝合固定

视频5-4 犬结膜瓣遮盖术

第五节 瞬膜腺脱出手术

【适应证】瞬膜（第三眼睑）腺脱出见图5-27、图5-28。脱出物严重充血、肿胀或破溃，应摘除；若轻微充血，可作复位术。

图5-27

可卡犬双侧瞬膜腺脱出

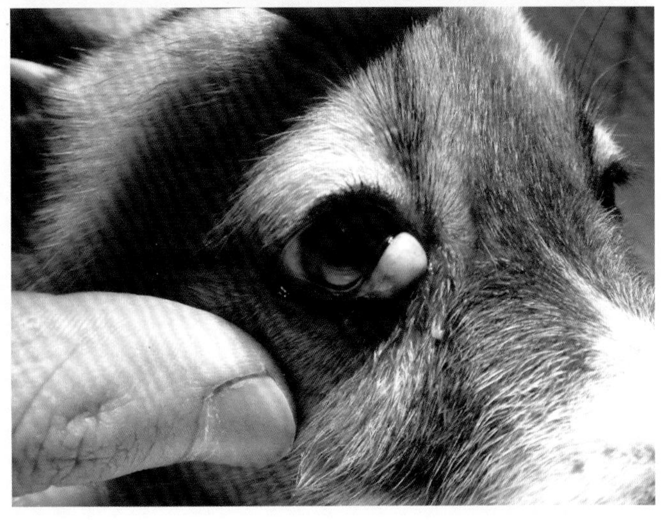

图5-28

右侧瞬膜腺脱出

【解剖特点】瞬膜为一变体的结膜皱褶，位于眼内眦，球面凹，睑面凸。瞬膜腺位于瞬膜前下方，由一扁平“T”形玻璃样软骨支撑，其臂部与瞬膜前缘平行，杆部则包埋在瞬膜腺内。腺体分泌物经多个腺小管到达球结膜，对眼球起润滑、保护作用。

【麻醉与保定】全身麻醉配合球后麻醉。动物侧卧保定，患眼在上。

【手术方法】

（1）瞬膜腺切除术　在瞬膜缘缝置牵引线，向外牵引瞬膜。用弯止血钳夹住脱出物的基部（图5-29），紧贴瞬膜的边缘，用弯剪或手术刀沿止血钳上部将脱出物切除（图5-30）。钳夹几分钟后松钳。松钳时用另一把止血钳或镊子提着瞬膜，观察有无出血。若有出血，用止血钳钳夹出血点几分钟。若不出血，放回即可，涂布抗菌眼药膏（图5-31）。术后用抗菌眼药水点眼，每天6～8次，连用3~4天。

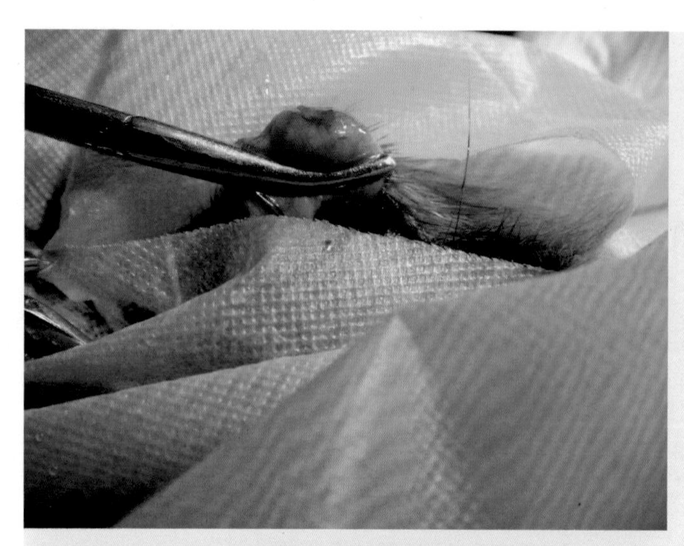

图5-29
用弯止血钳钳夹脱出物的基部

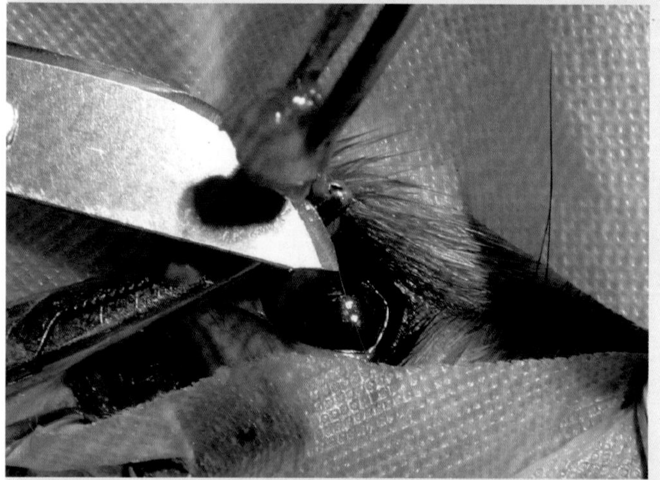

图5-30
用手术刀沿止血钳切除脱出物

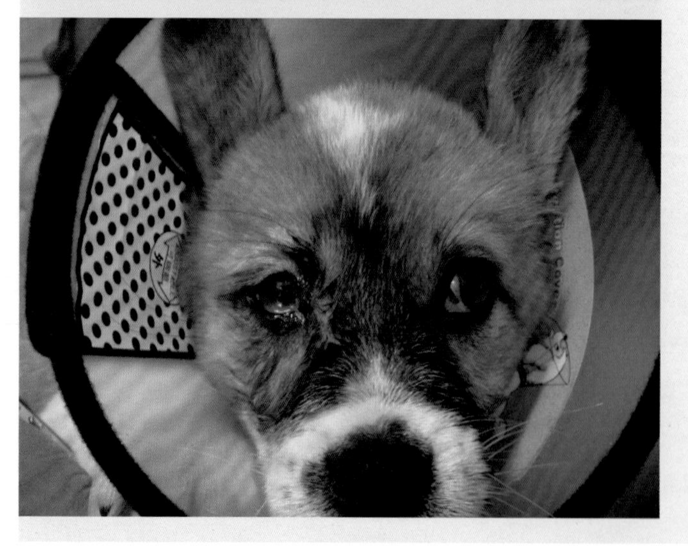

图5-31
患部涂布眼药膏

（2）瞬膜腺复位术 用组织钳夹持瞬膜向鼻侧提起、外翻，在脱出物最上部至结膜穹隆处切开结膜（图5-32），用弯剪在结膜与腺体之间作钝性分离，暴露深部腺体和远端瞬膜缘（图5-33）。将眼球向背侧转动，显露眼内侧球结膜。用人工合成可吸收缝线（4-0）将腺体、球结膜、巩膜浅层作一水平褥式缝合（图5-34）。缝线抽紧打结，腺体则被送回眼球下方。

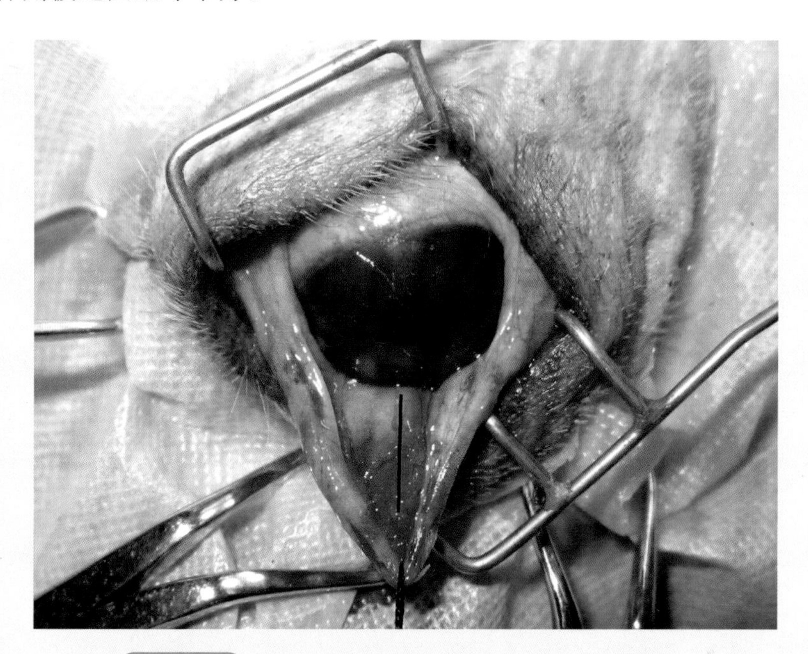

图5-32 牵引瞬膜以暴露预切开部位（黑线处）

图5-33 切开黏膜后自瞬膜内分离腺体

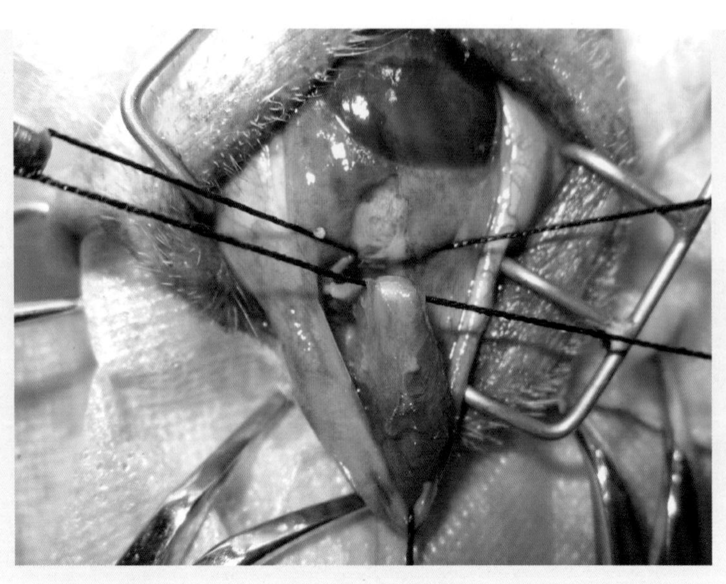

图5-34 腺体被膜与球结膜和巩膜浅层作水平褥式缝合

第六节 白内障手术

【适应证】白内障是指多种眼病和全身性疾病引起晶状体的混浊。晶状体无血管和神经，靠房水供给营养。如果房水质量发生改变或晶状体代谢障碍，晶状体即变混浊（图5-35）。晶状体一旦混浊，便不能吸收（图5-36、图5-37）。白内障手术是将已经混浊的完整晶状体或晶状体核与皮质进行摘除，以恢复患眼的光学通透性。

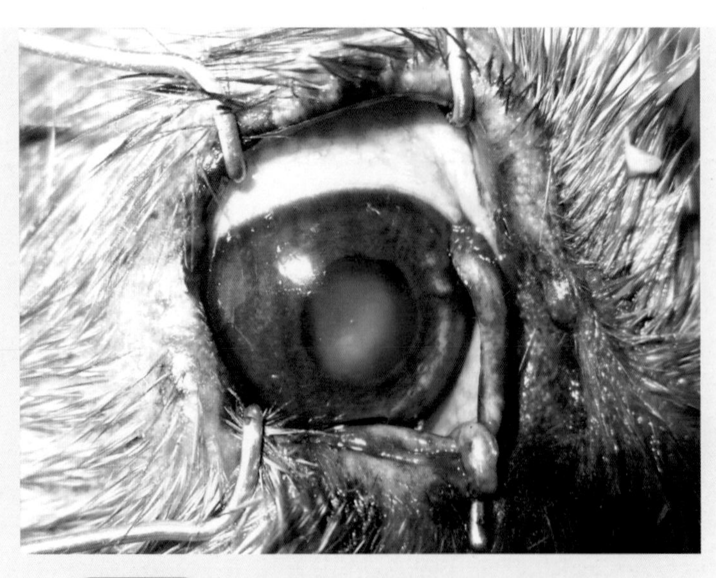

图5-35 白内障患犬（晶状体混浊，视力降低）

图5-36

白内障患犬（晶状体完全混浊，无视力）

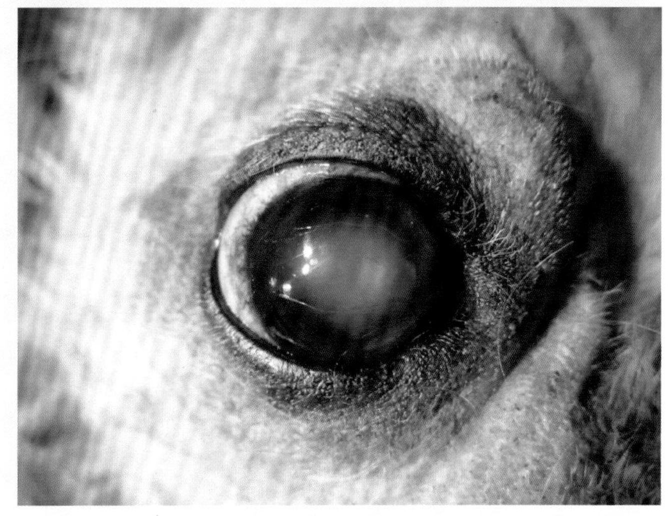

图5-37

京巴犬晶状体混浊

【解剖特点】晶状体位于虹膜、瞳孔之后，经晶状体悬韧带与睫状体相连。晶状体富有弹性，形如双凸透镜。前面与后面交接处称为赤道部，前曲面和后曲面的顶点称为前极和后极。晶状体由晶状体囊和晶状体纤维所组成，晶状体囊是一层透明而具有高度弹性的薄膜，分为前囊和后囊。

【术前准备】术前用1%阿托品滴眼，每天3次，充分散瞳。术前0.5～2小时内静脉注射甘露醇1～2克/千克，降低眼内压；或用纱布垫遮盖眼球后用掌心施压于眼球，每施压20～30秒后放松5～15秒，加压时间一般需持续3～5分钟。

【麻醉与保定】全身麻醉配合表面麻醉、眼轮匝肌麻醉。侧卧保定，患眼在上。

【手术方法】先用金属开睑器撑开眼睑（图5-38），必要时(如小眼球或小睑裂)可切开外眦，以充分暴露眼球。在眼球上方，类似钟表12点钟处的角膜缘后方约10毫米处用镊子紧贴球结膜向下夹住上直肌，使眼球下转，接着在眼科镊后方的上直肌下面穿缝线，向上拉紧并用蚊式止血钳固定于创巾上，以维持眼球下转及固定状态。然后施行下列操作。

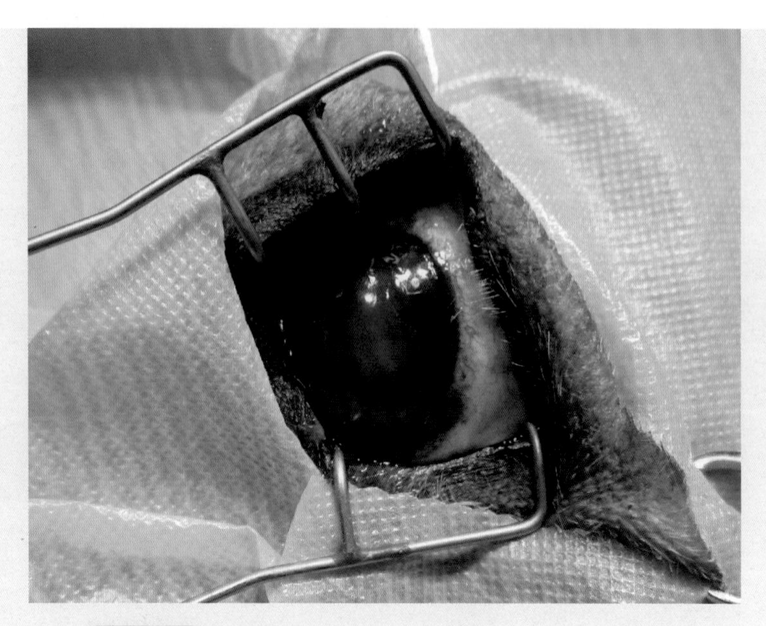

图5-38 开睑器固定眼睑以暴露9～3点处的球结膜

（1）角膜缘切开　先在结膜与角膜附着处做一小切口（图5-39），经此切口潜行分离球结膜与巩膜的联系，沿结膜附着处9～3点方位做以穹隆为基底的结膜瓣（图5-40），再于角膜缘后界或其后方1毫米、10～2点方位做垂直于巩膜面、约1/2巩膜厚度的切开，潜行分离至角膜缘前界或其前0.5～1毫米透明角膜处（图5-41），做三根预置缝合线（图5-42），于中央底部用刀尖与虹膜平行向下刺一小孔，作为截囊针入口。

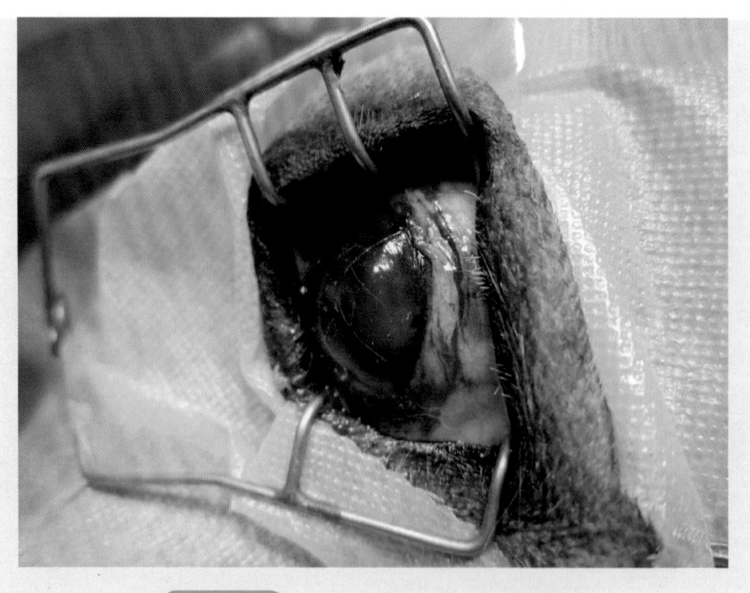

图5-39 于角膜缘后方切开球结膜

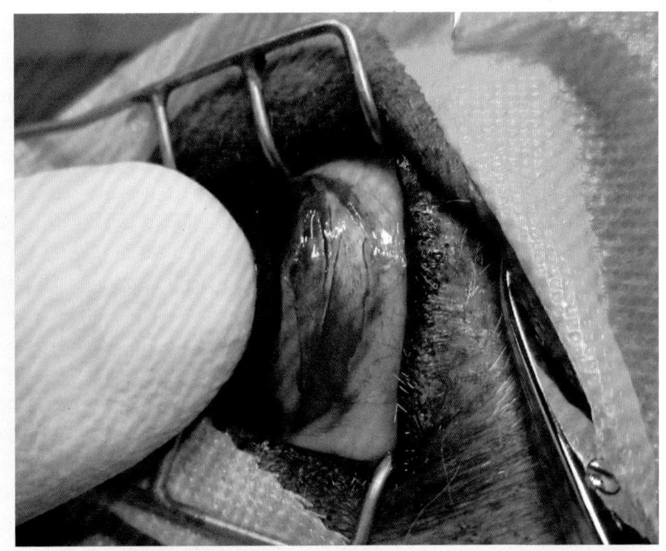

图5-40

沿9～3点范围做以穹隆为基底的结膜瓣

图5-41

于10～2点处切开1/2巩膜厚度后分离至角膜缘

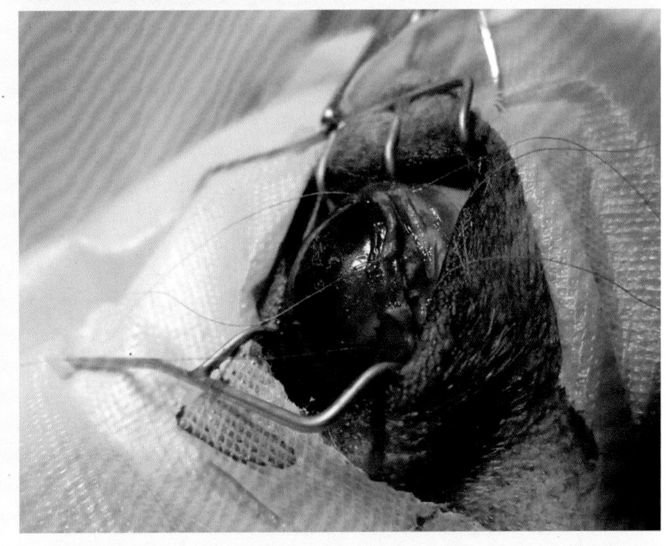

图5-42

做三根预置缝合线

（2）取出晶状体前囊　经上述穿刺孔向前房注入少量消毒空气或黏性剂(如2%甲基纤维素、透明质酸钠)，以保持前房深度。将截囊针小心插入前房，在晶状体前囊做直径适宜的开罐式环形切开（图5-43）；或行点刺法在前囊膜上先做数十个小点状切口，然后用针尖将环形分布互不连接的小切口连通而成大小适宜的前囊孔。

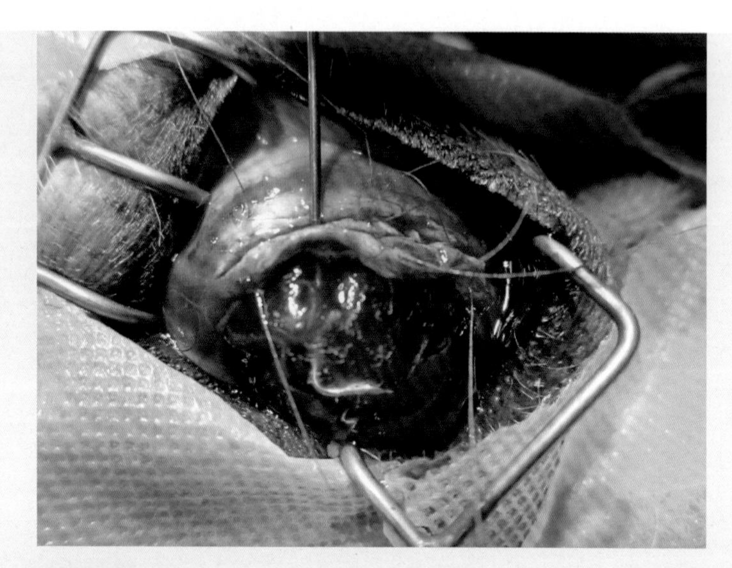

图5-43　截囊针插入前房后在晶状体前囊做开罐式环形切开

（3）取出晶状体核　将上述穿刺孔扩大至10～2点方位，用黏弹剂注入针头轻轻松动晶状体核，然后左手持晶状体匙轻压12点方位的切口后唇，右手持斜视钩于角膜缘6点方位向眼球中心轻压，两手协调合力使晶状体核从角膜缘切口滑出（图5-44、图5-45）。

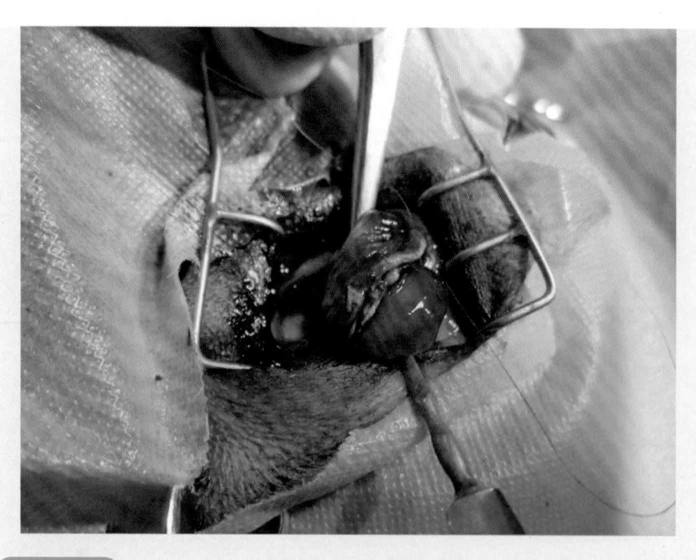

图5-44　用晶状体匙和斜视钩将晶状体核从角膜缘切口滑出

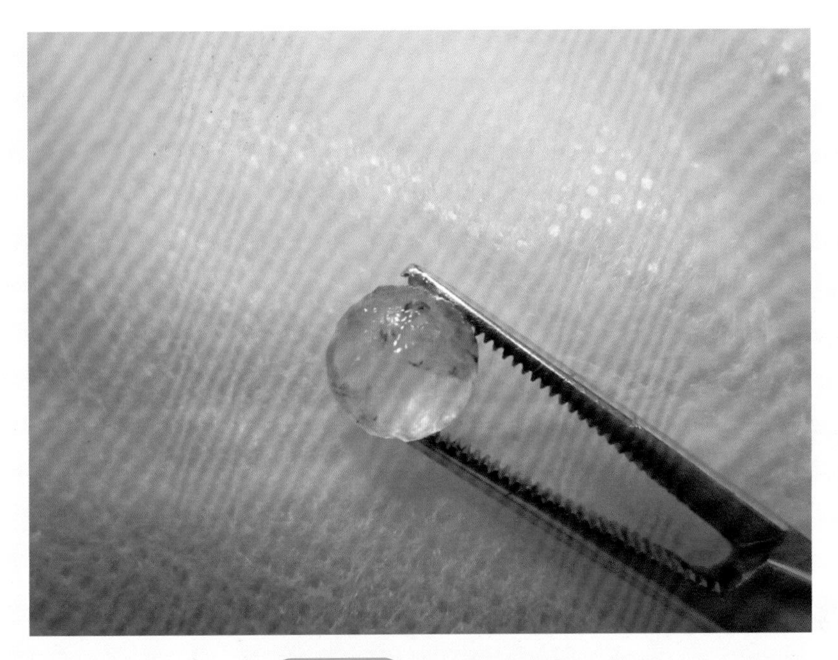

图5-45 摘除的晶状体

（4）取出晶状体皮质　收紧预置缝合线，打结。向前房插入手控同步注吸针头，一边灌注平衡液，一边抽吸皮质（图5-46）。注吸针头应位于虹膜平面上方或侧方，不可向后对着后囊膜注吸，以免后囊膜破裂。

图5-46 部分闭合角膜缘切口后抽吸皮质

（5）闭合角膜缘切口　用上述缝线将角膜缘切口完全闭合（图5-47），注意缝针与创缘呈放射状，间距相等，缝线松紧适宜，线结埋入创缘巩膜侧。最后自切口一角注入生理盐水，恢复前房张力。

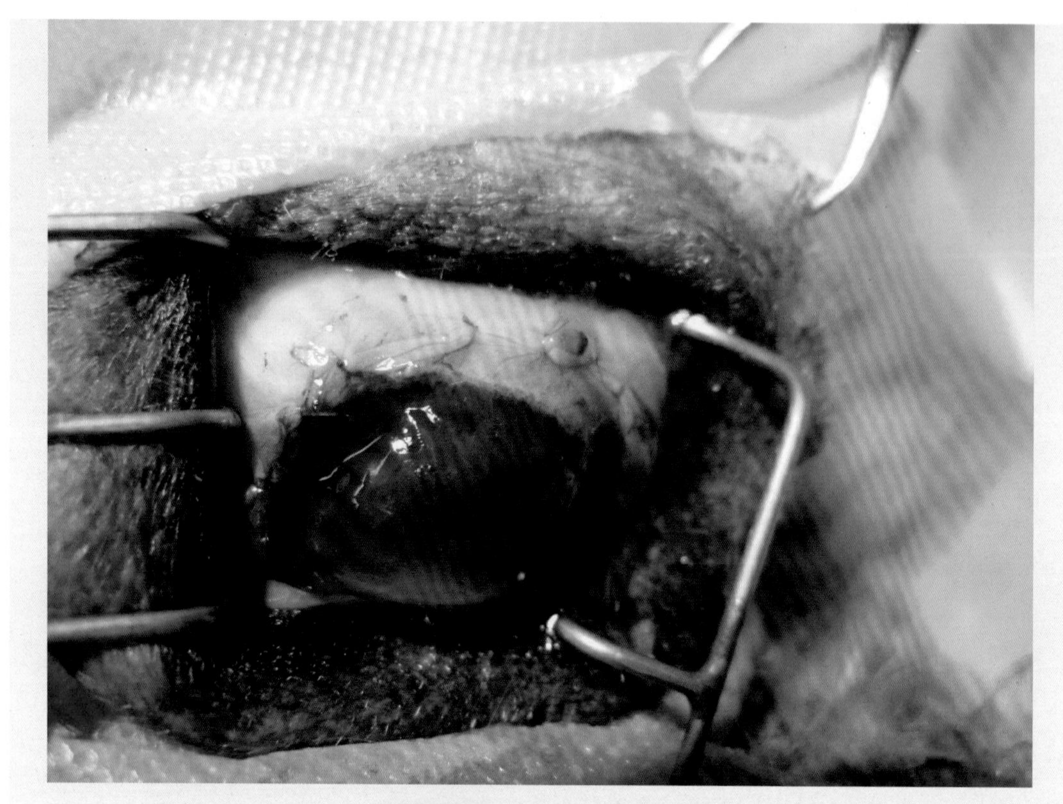

图5-47　闭合角膜缘切口

用庆大霉素和地塞米松的混合液点眼，推移球结膜以覆盖创缘，用5-0可吸收缝线间断缝合结膜创口。患眼涂抗菌眼药膏，眼睑行暂时性缝合，于术后5～7天拆除球结膜缝线。必要时，球结膜下或全身持续应用抗菌药及皮质类固醇。

超声乳化晶状体摘除术，是用超声乳化头将晶状体核粉碎，通过注吸头将囊内物质吸出。手术效果优于手法摘除术（操作方法参照设备说明书）。

第七节　抗青光眼手术

【适应证】青光眼是由于前房角阻塞、眼房液排出受阻而致眼内压增高引起的眼病。该手术是通过开放前房角或建立新的眼外、眼内房水排泄通道而使眼内压降低。

【解剖特点】前房角由角膜和虹膜、虹膜与睫状体的移行部分所组成，为眼房液排出通道。眼房液由睫状体的无色素上皮细胞分泌，经小梁网、巩膜静脉丛和房水静脉，最后经睫状前静脉进入血液循环（图5-48）。当眼房液因正常循环通道被破坏而积聚于眼内时，致眼内压升高。

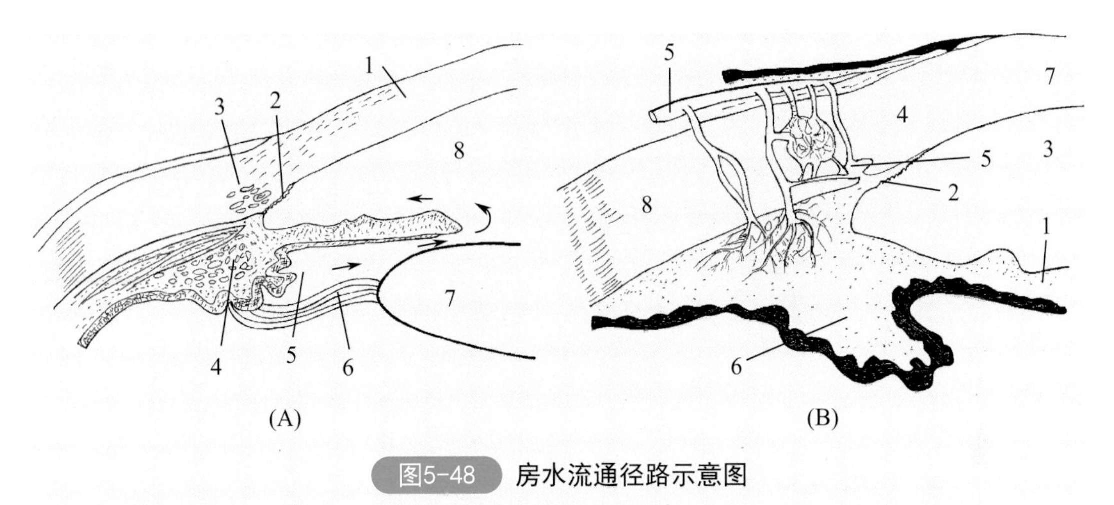

图5-48　房水流通径路示意图

（A）前房角结构：1—角膜；2—小梁网；3—静脉丛；4—睫状体；5—眼后；房6—睫状小带；7—晶状体；8—眼前房

（B）房水流通管道：1—虹膜；2—小梁网；3—眼前房；4—巩膜静脉丛；5—睫状前静脉；6—睫状体；7—角膜；8—巩膜

【麻醉与保定】全身麻醉，配合患眼表面麻醉、眼轮匝肌麻醉。动物患眼在上，侧卧保定。

【手术方法】抗青光眼手术方法很多，应用较多的有解除瞳孔阻滞及开放前房角的虹膜周边切除术、建立新的眼外房水排泄通道的小梁切除术等。

（1）虹膜周边切除术　适用于治疗闭角型青光眼。在虹膜周边开一个小洞，使前房角开放，房水通畅地从后房流入前房。具体操作如下：常规开睑，做上直肌牵引线，使眼球下转（图5-49）。在眼12点方位距角膜缘5～8毫米处，与角膜缘平行剪开球结膜及筋膜8～10毫米长（图5-50），做以角膜缘为基底的结膜瓣（图5-51）。在结膜附着处后方1～1.5毫米处做4～6毫米长的角膜缘半层垂直切口，先在切口中央用5-0缝线预置一针（图5-52），再用刀尖在切口中央切开后半层，并扩大切口使内外层长度相等。因后房压力超过前房，虹膜常可自行脱出（图5-53），否则用无齿虹膜镊伸入前房，夹住虹膜根部轻拉至切口外，并将虹膜剪与角膜缘平行剪除一小块虹膜全层组织（图5-54）。用虹膜恢复器轻轻按压切口处角膜，使虹膜复位，再通过切口注入少量生理盐水，恢复前房张力（图5-55）。结扎角膜缘预置缝线（图5-56），将结膜瓣复位，用5-0缝线连续缝合球结膜创口（图5-57）。

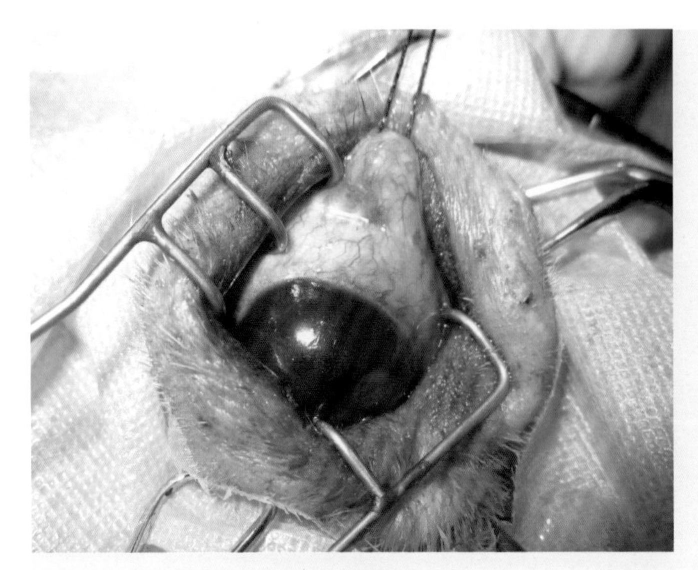

图5-49

做上直肌牵引线

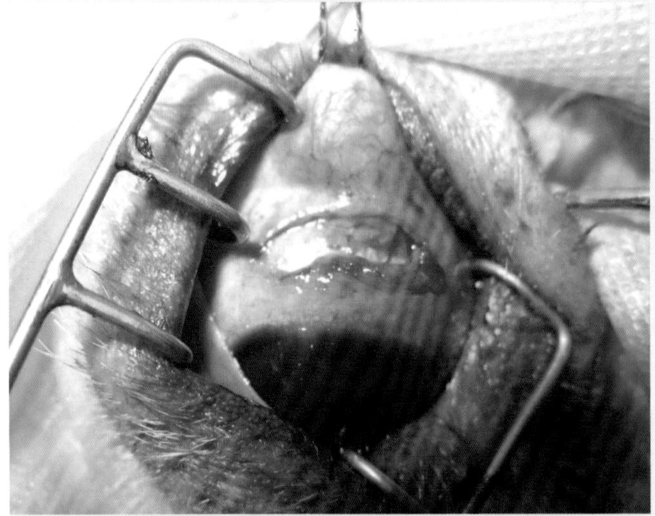

图5-50

平行于角膜缘切开球结膜及筋膜

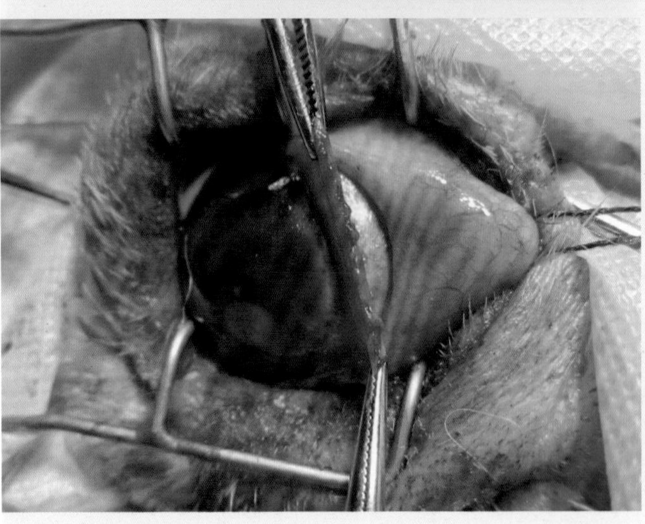

图5-51

分离球结膜至角膜缘和制作结膜瓣

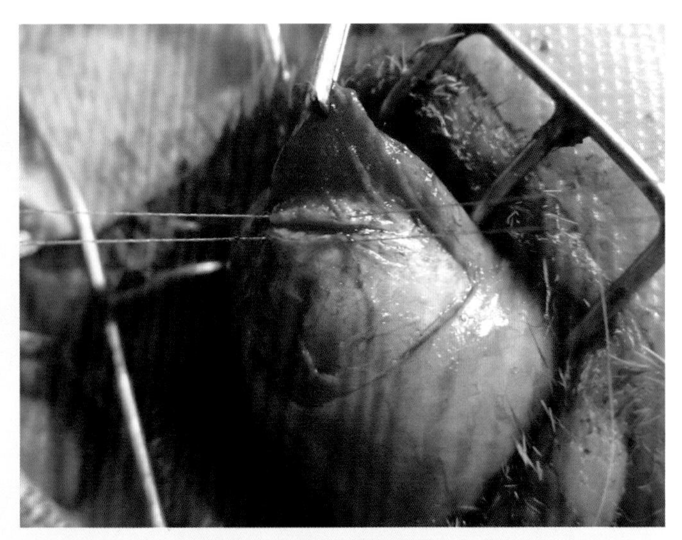

图5-52
做角膜缘半层垂直切口和做预置缝线

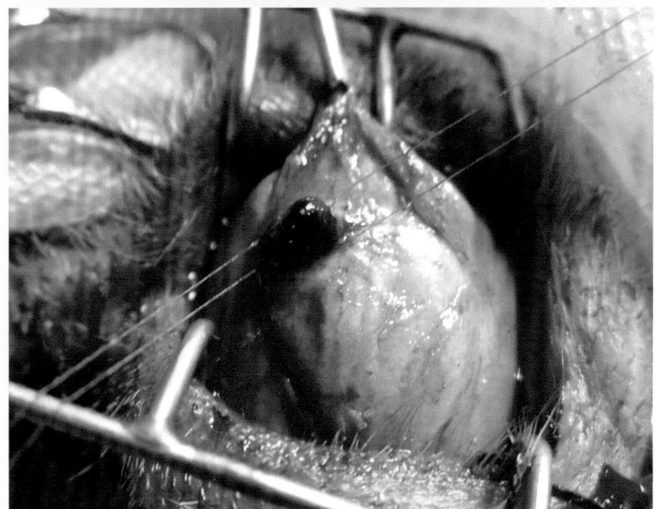

图5-53
暴露虹膜

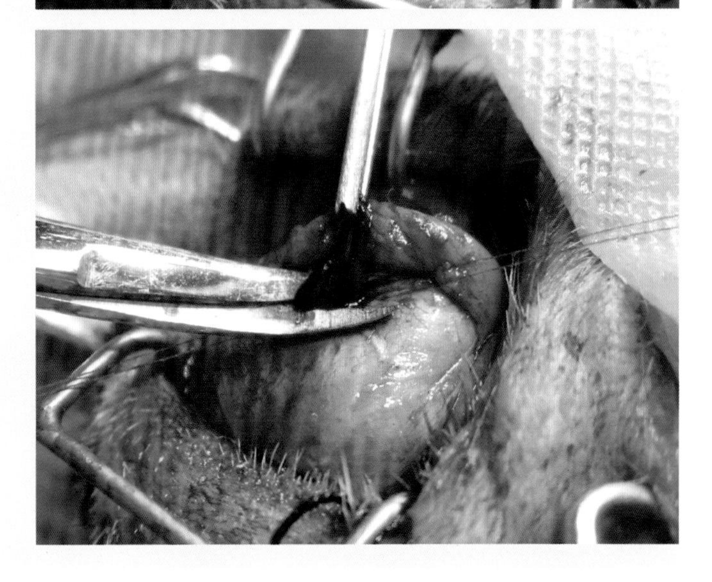

图5-54
剪除部分虹膜全层组织

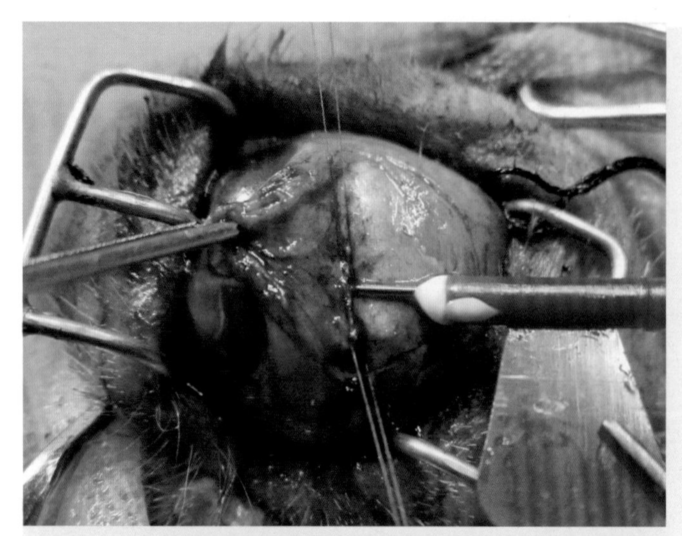

图5-55
通过切口注入生理盐水以恢复前房张力

图5-56
结扎角膜缘预置缝线

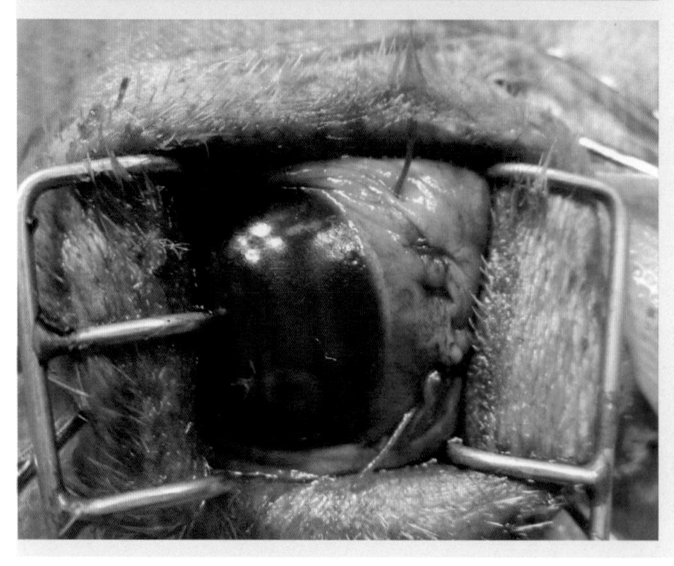

图5-57
连续缝合球结膜创口

（2）小梁切除术 适用于开角型青光眼以及小梁排水功能基本丧失的闭角型青光眼。手术是切除部分巩膜小梁组织，造成一个瘘管，将房水经瘘管引流至眼外，进入球结膜下间隙而逐渐吸收，使眼内压降低。具体操作如下：常规开睑，下转眼球，做如同前述以角膜缘为基底的结膜瓣（图5-58）。在角膜缘后方，做以角膜缘为基底的6毫米×5毫米大小、厚度为1/2巩膜厚度的巩膜瓣（图5-59）。为便于后面缝合巩膜瓣，在巩膜瓣两上角与邻近浅层巩膜间，分别以5-0缝线做预置缝合。掀起巩膜瓣，以角膜缘与角膜交界处后方0.5毫米为前界，切除一条包括巩膜静脉窦和小梁组织在内的深层巩膜，大小约1.5毫米×4 毫米（图5-60和图5-61）。小梁切除后通常可见虹膜在切口处膨出。用无齿虹膜镊夹住虹膜根部轻轻提起，如前述做虹膜周边切除（图5-62）。用虹膜恢复器轻按角膜缘，使虹膜复位。将巩膜瓣预置缝线打结、复位（图5-63），用5-0缝线连续缝合球结膜创口（图5-64）。小梁切除术见视频5-5。

术后球结膜下注射庆大霉素和地塞米松，眼内涂抗菌眼药膏，施行瞬膜遮盖术。

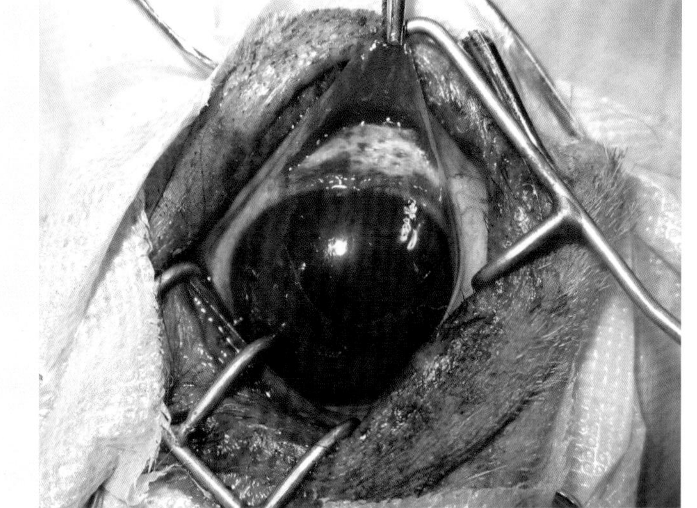

图5-58

分离球结膜

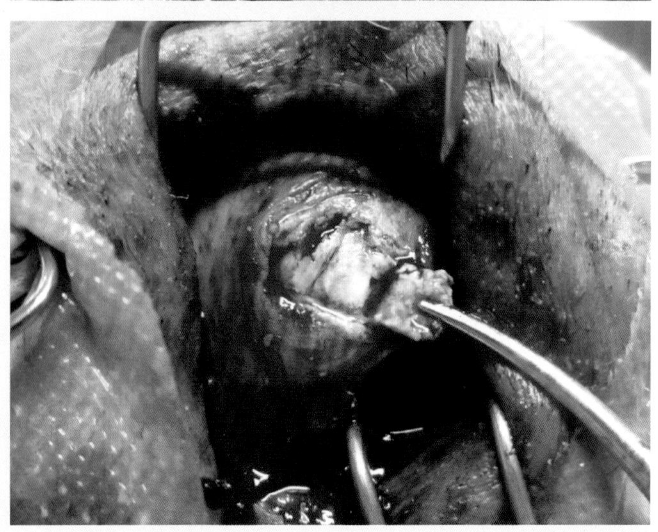

做以角膜缘为基底的浅层巩膜瓣

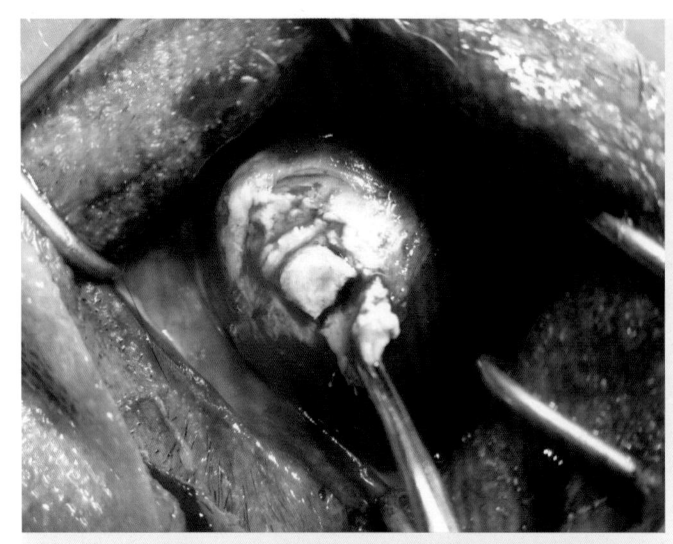

图5-60
作“Π”形深层巩膜分离

图5-61
去除深层巩膜

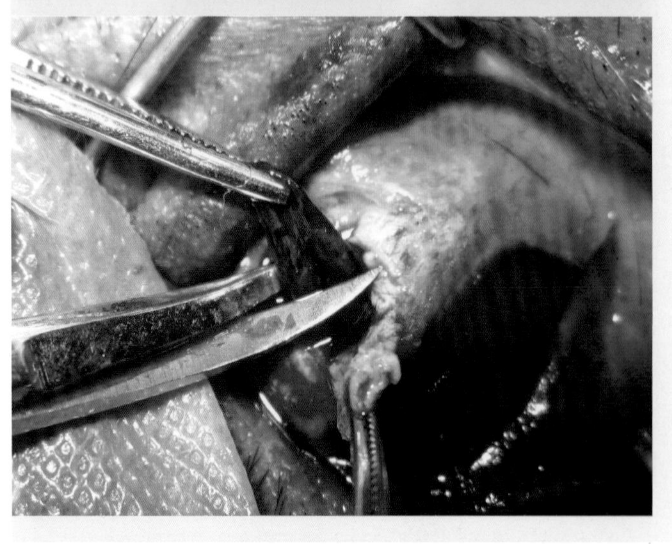

图5-62
切除部分虹膜全层组织

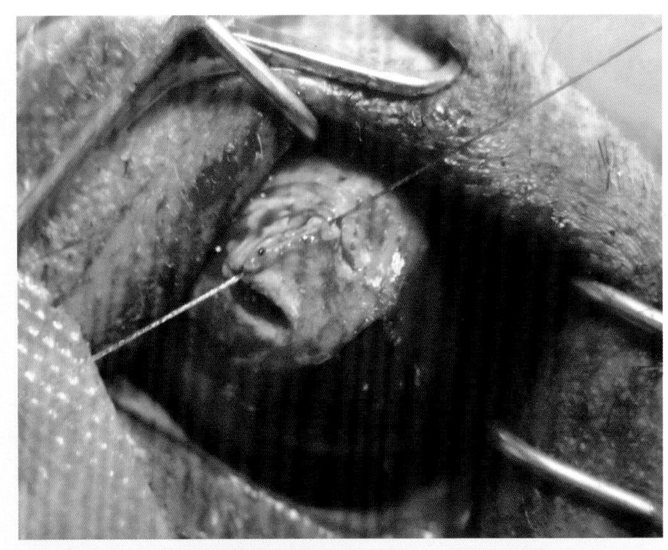

图5-63
巩膜瓣作两针间断缝合

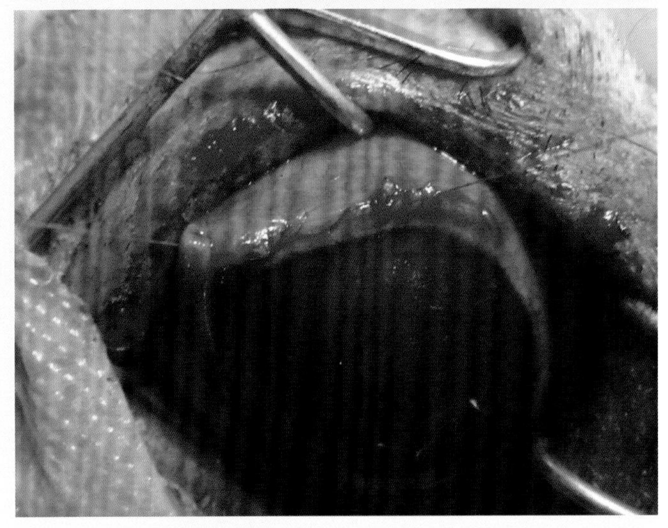

视频5-5
小梁切除术

图5-64　连续缝合球结膜创口

第八节　鼻泪管冲洗术

【适应证】泪道堵塞。

【解剖特点】泪道包括泪点、泪小管、泪囊和鼻泪管。泪点位于上下睑缘较厚部位，距眼内眦2~5毫米处，开口呈斜卵圆形，长0.5~1.0毫米，宽0.2~0.5毫米。泪小管起始于泪点，长4~7毫米，管径0.5~1.0毫米。上下泪小管汇合于泪囊；泪囊位于眼内眦下方，由泪骨和额骨构成的泪囊窝内。鼻泪管自泪囊向前进入上颌泪骨的泪沟内，此处鼻泪管较狭窄，易发生堵塞。然后，鼻泪管前行进入鼻腔，在离外鼻孔1厘米左右处开口于下鼻道腹外侧壁上。

【麻醉与保定】全身麻醉配合表面麻醉。患眼在上，侧卧保定。

【冲洗方法】用4~6号钝头针头或泪道导管经上泪点插入泪小管，缓慢注入生理盐水（图5-65）。若液体自下泪点、鼻腔排出，证明泪道已通畅。若冲洗无效，可用直径适宜的尼龙线或聚乙烯管自泪点插入鼻泪管至鼻道，以疏通鼻泪管。术后用庆大霉素、地塞米松药液点眼。犬鼻泪管冲洗术见视频5-6。

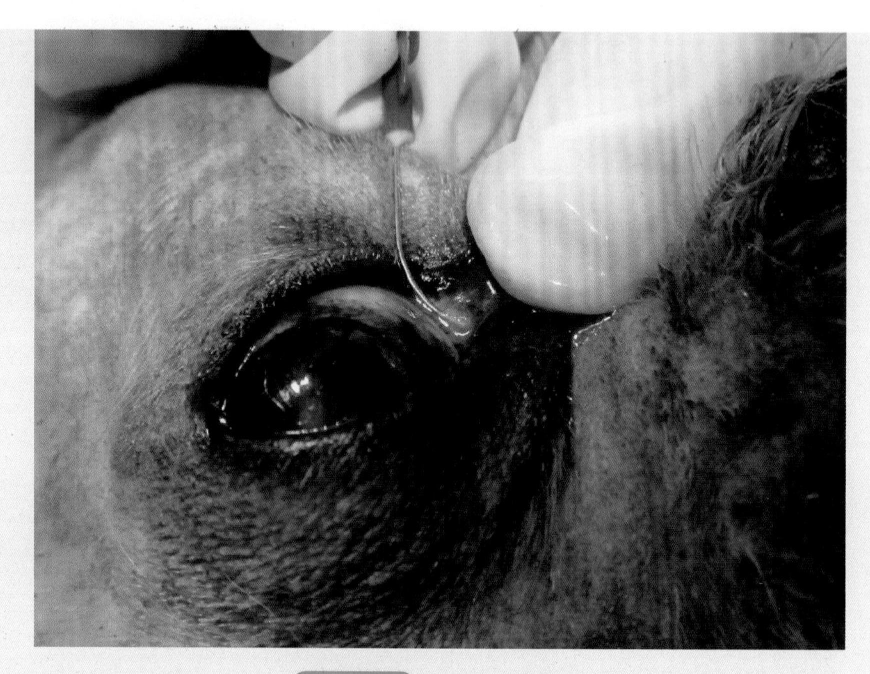

图5-65 上泪小管冲洗

视频5-6

犬鼻泪管冲洗术

第六章　颈部手术

第一节　气管切开术

【适应证】上呼吸道急性炎症水肿、鼻骨骨折、鼻腔肿瘤和异物、双侧喉返神经麻痹或由于某些原因引起气管狭窄等使动物产生完全的上呼吸道闭塞、窒息。在有生命危险时，气管切开常作为紧急治疗手术。

【解剖特点】气管起自喉的环状软骨，沿颈椎腹侧头长肌和颈长肌的下方向后延伸，经胸前口入胸腔。在颈前半部的腹侧，其被覆层较薄，容易从体表摸到；在颈的后半部则被胸头肌等所覆盖（图6-1）。气管呈圆筒状，前后稍压扁，由气管软骨环构成，中部气管的软骨环最宽，向两端变窄；软骨环由气管环间韧带连接。软骨环的外面被覆有与软骨结合的致密结缔组织和脏筋膜。

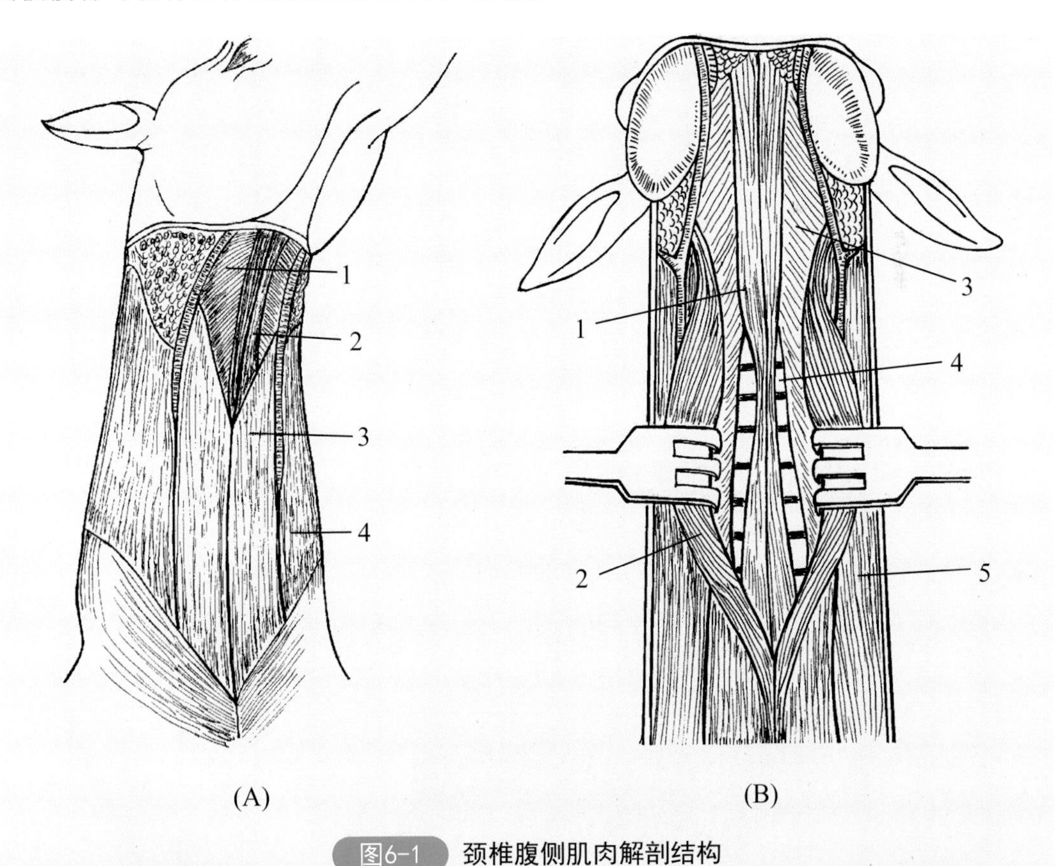

图6-1　颈椎腹侧肌肉解剖结构

（A）腹侧浅层肌肉：1—肩胛舌骨肌；2—胸骨甲状舌骨肌；3—胸头肌；4—臂头肌
（B）腹侧深层肌肉：1—胸骨甲状舌骨肌；2—胸头肌；3—肩胛舌骨肌；4—气管；5—臂头肌

【麻醉与保定】全身镇静配合局部浸润麻醉。仰卧保定。

【切口定位】在颈部上1/3与中1/3交界处，颈腹中线上做切口。

【手术方法】沿颈腹中线做5～7厘米长的皮肤切口，切开浅筋膜，用创钩拉开创口，止血。辨别两侧胸骨舌骨肌之间的白线并将其切开（图6-2），分离肌肉和深层气管筋膜，暴露气管（图6-3）。气管切开法主要有以下两种。

① 在邻近两个气管环上各做一半圆形切口，形成一个近圆形的孔。切软骨环时要用镊子夹住被切除的气管环，以防软骨片落入气管中。然后，将气管导管插入气管内，用线或绷带固定于颈部。皮肤切口上、下角各做1～2个结节缝合。

② 切除1～2个软骨环的一部分，进行气管造口（图6-4）。用间断缝合将气管黏膜与皮肤缝合，形成永久性的气管瘘（图6-5）。

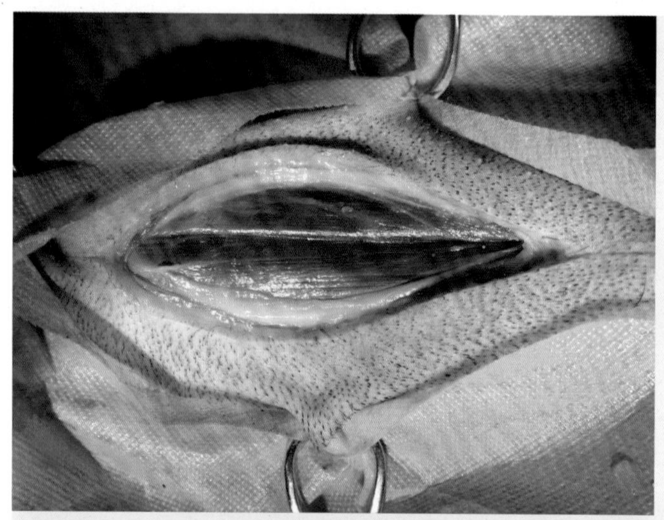

图6-2 切开皮肤后暴露两侧的胸骨舌骨肌

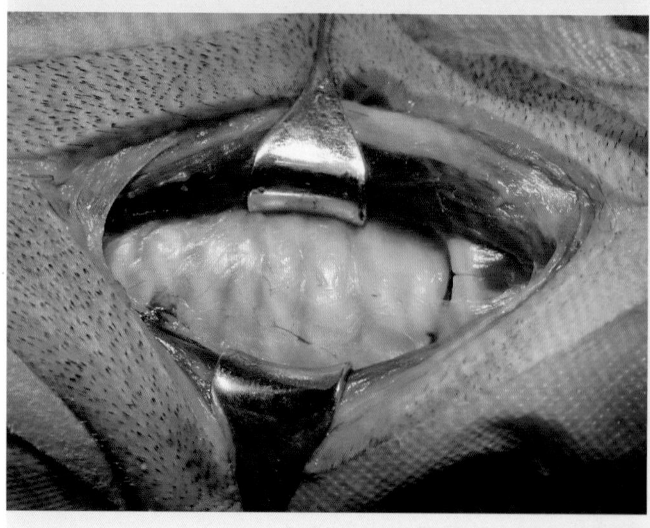

图6-3 分离肌肉和筋膜后暴露气管

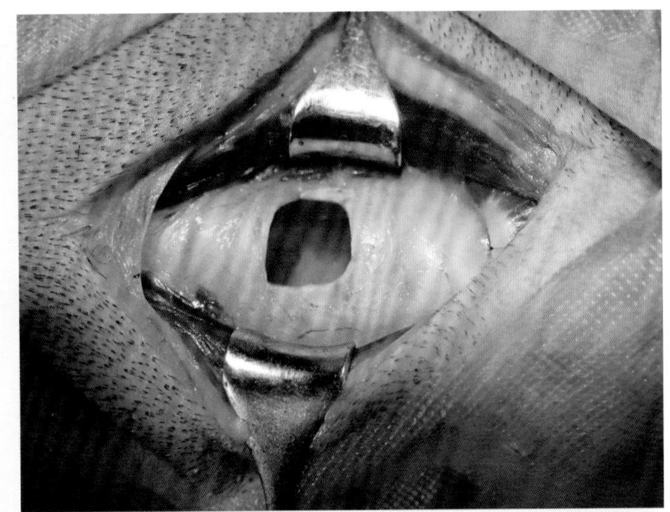

图6-4
邻近气管环切除软骨环，进行气管造口

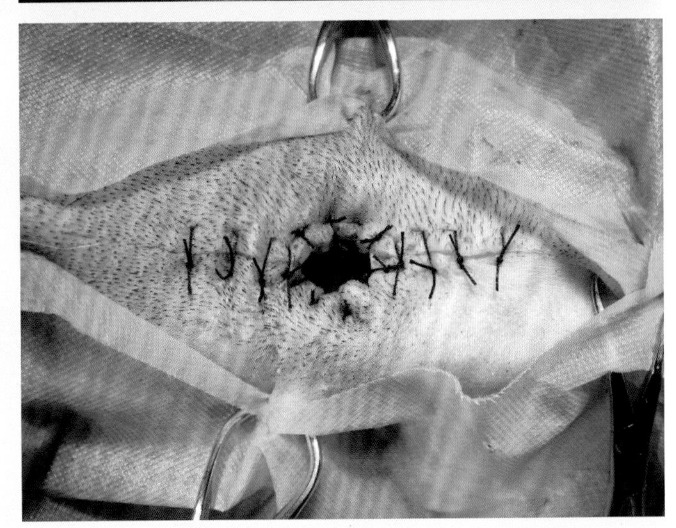

图6-5
间断缝合气管黏膜和皮肤

术后防止动物摩擦术部，并经常检查气管导管情况。每日清洗气管导管，除去附着的分泌物和干涸血痂。

第二节 犬消声术

【适应证】因犬的叫声影响周围住户的休息，可通过手术减小或消除犬吠声。

【解剖特点】声带由声韧带和声带肌、喉黏膜组成，两侧声带之间称声门裂。声带上端起于杓状软骨的最下部（声带突或楔状突），下端止于甲状软骨腹内侧面中部，并在此与对侧声带相遇。喉黏膜有黏液腺，分泌的黏液润滑声带。

【麻醉与保定】全身麻醉配合浸润麻醉。仰卧保定，头颈伸直（图6-6）。

图6-6 仰卧保定并拉直头颈（虚线为切口部位）

【切口定位】在喉及气管前部的腹中线上。

【手术方法】

（1）经腹侧喉室声带切除术　切开皮肤及皮下组织，分离两侧胸骨舌骨肌，暴露气管、环甲韧带和甲状软骨（图6-7）。在环甲韧带中线纵向切开，向前延伸至1/2甲状软骨（图6-8）。牵拉创缘，显露喉室和声带（图6-9）。左手持有齿镊夹住声带基部，向外牵拉，右手持弯手术剪将其剪除（图6-10）。以同样方法剪除另一侧声带。经钳夹或电灼及局部滴肾上腺素充分止血后，清除血凝块及血液。用可吸收缝线结节缝合甲状软骨和环甲韧带，所有缝线不穿透喉黏膜（图6-11）。冲洗消毒后常规闭合皮肤和皮下组织切口（图6-12）。让动物尽早苏醒，苏醒期间头颈部放低。

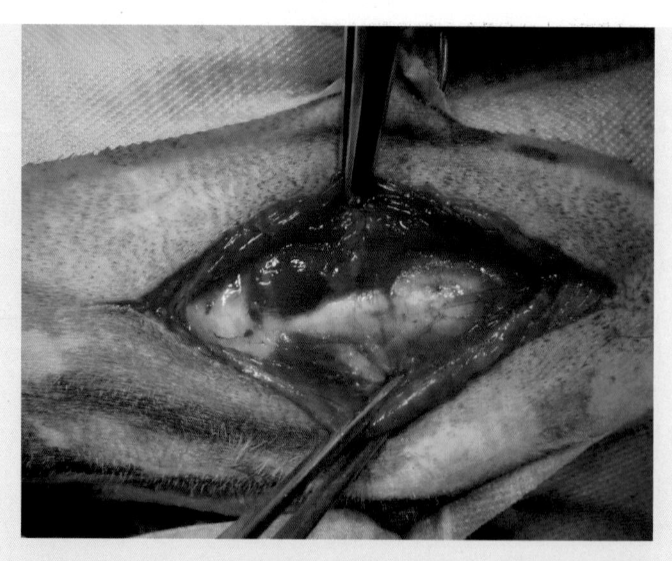

图6-7 切开皮肤后分离皮下组织及两侧胸骨舌骨肌（暴露环甲韧带和甲状软骨）

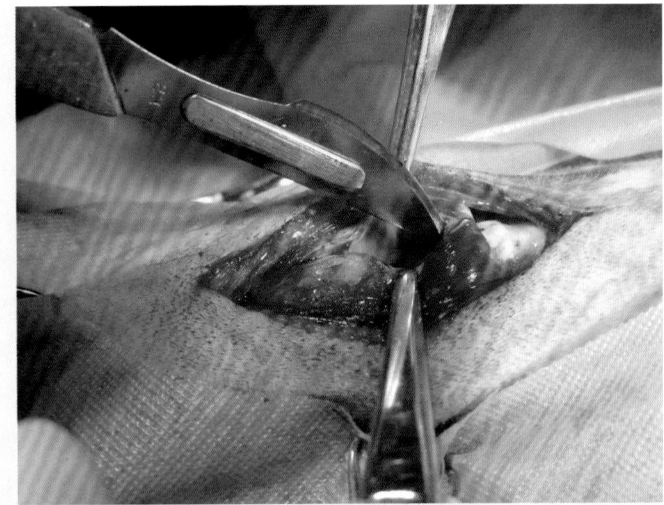

图6-8
自环甲韧带中线纵向切开至1/2甲状软骨

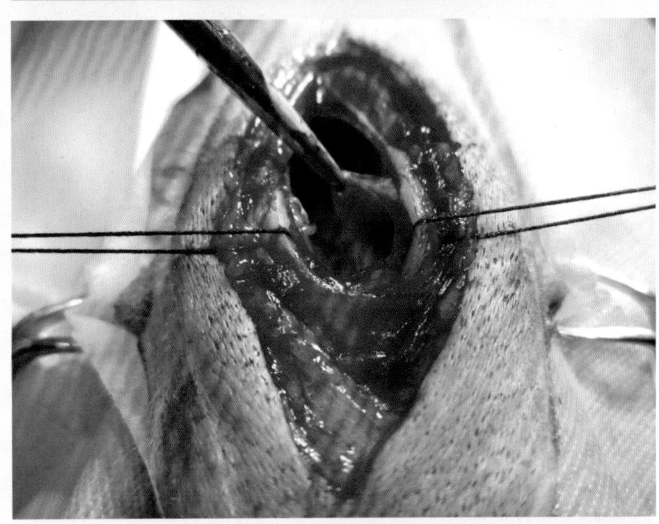

图6-9
牵拉甲状软骨创缘后显露声带

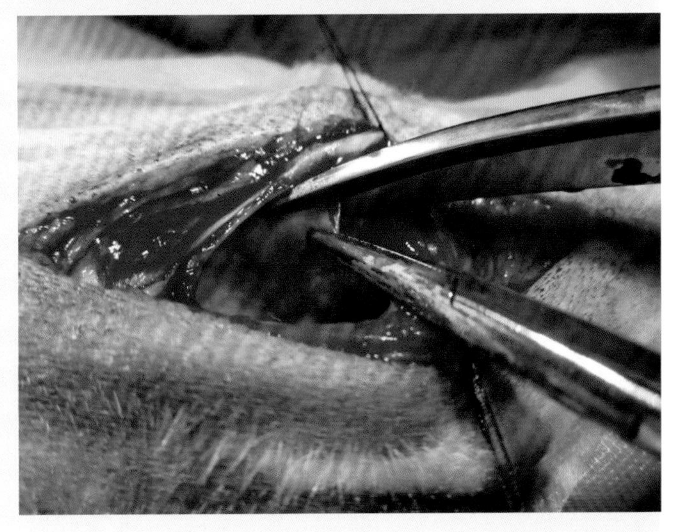

图6-10
用弯手术剪将声带剪除

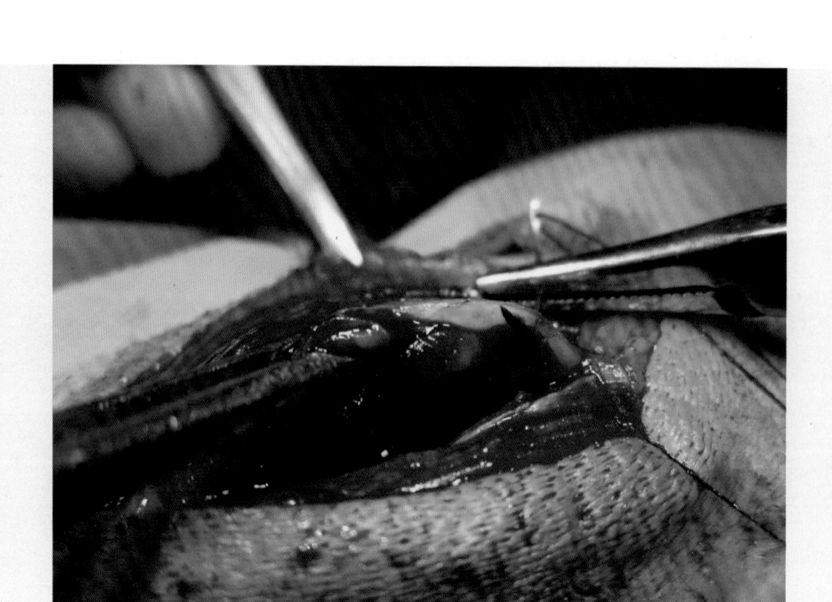

图6-11 结节缝合甲状软骨和环甲韧带

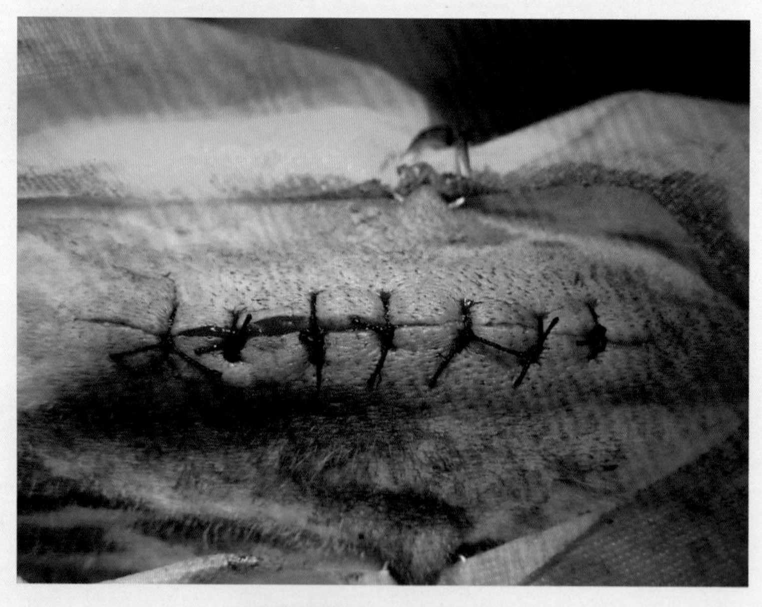

图6-12 间断缝合皮肤

（2）经口腔声带切除术　打开口腔，将舌拉至口腔外，用喉镜镜片压住舌根和会厌软骨尖端，暴露喉室两条呈“V”字形的两侧声带（图6-13）。用长柄鳄鱼式组织钳钳夹声带，从声带背侧向下切除至腹侧（图6-14、图6-15）。手术中的出血可采用钳夹、纱布压迫或电凝的方法止血。术后用抗菌药5～7天，泼尼松龙10～14天。

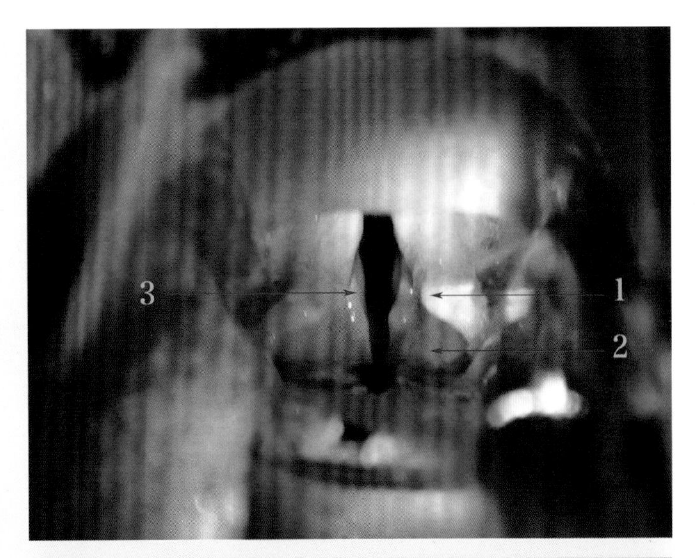

图6-13
打开口腔后暴露声带
1—楔状突；2—杓状会厌襞；
3—声带

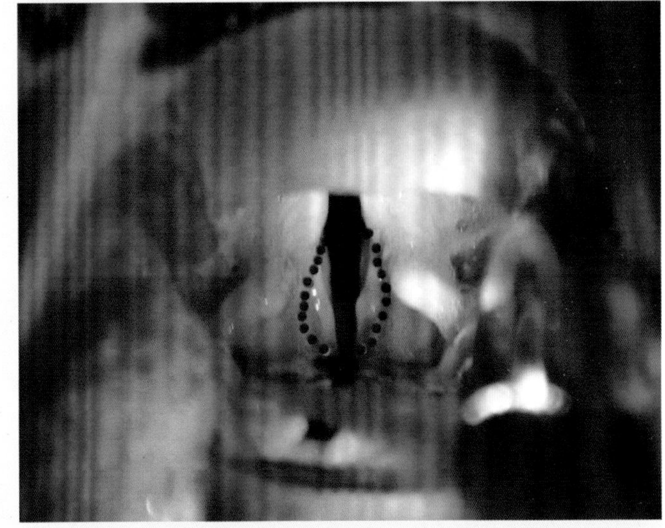

图6-14
声带切除线

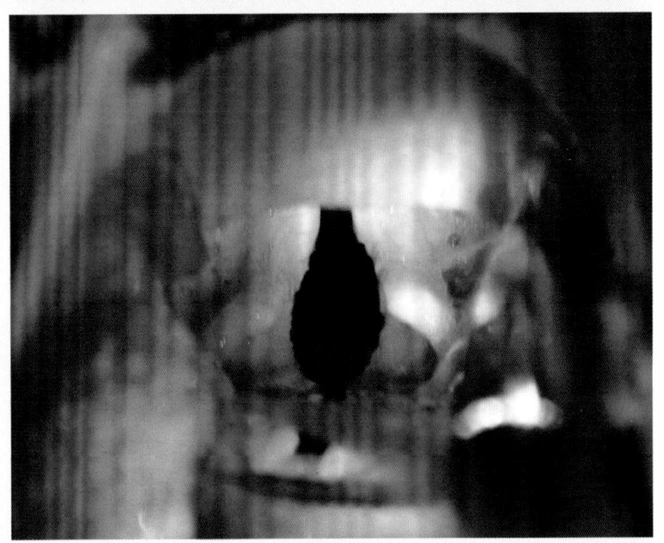

图6-15
用长柄鳄鱼式组织钳切除声带

第三节　甲状腺摘除术

【适应证】甲状腺切除是治疗单纯性甲状腺肿、甲状腺功能亢进、甲状腺囊肿等的有效手段。

【解剖特点】甲状腺呈暗红色，两侧叶呈长椭圆形，位于前5～6气管环的两侧，长3～4厘米，由一带状峡互相联结并松松地贴在气管上，峡与侧叶的后端连接并横向位于气管环表面（图6-16）。小型犬常缺失腺峡。甲状腺的腹外侧由胸骨舌骨肌和胸骨甲状肌覆盖，其背侧面由肩胛舌骨肌覆盖，由颈总动脉分出前甲状腺动脉进入甲状腺前部，在进入甲状腺前有一分支进入前外侧的甲状旁腺；细小的后甲状腺动脉进入甲状腺后部；前甲状腺静脉穿过胸头肌进入颈静脉。

【麻醉保定】全身麻醉配合局部浸润麻醉。仰卧保定。

【切口定位】气管前部的腹中线上，自环状软骨向后做长8～10厘米的切口。

【手术方法】皱襞切开皮肤及皮下组织，分离胸骨甲状舌骨肌，显露甲状腺（图6-17）。在前外侧甲状旁腺附近结扎甲状腺前动脉与静脉，需注意保护前外侧甲状旁腺的血液供应。仔细分离甲状腺与甲状旁腺的联系部位，结扎甲状腺后动脉与静脉（图6-18）。钝性分离腺体周围的组织，摘除甲状腺（图6-19）。或显露甲状腺后，在甲状腺后腹侧切开甲状腺包囊，仔细地自包囊内分离出甲状腺（图6-20）（囊内切除术）。切除未与甲状旁腺相连的包囊组织。

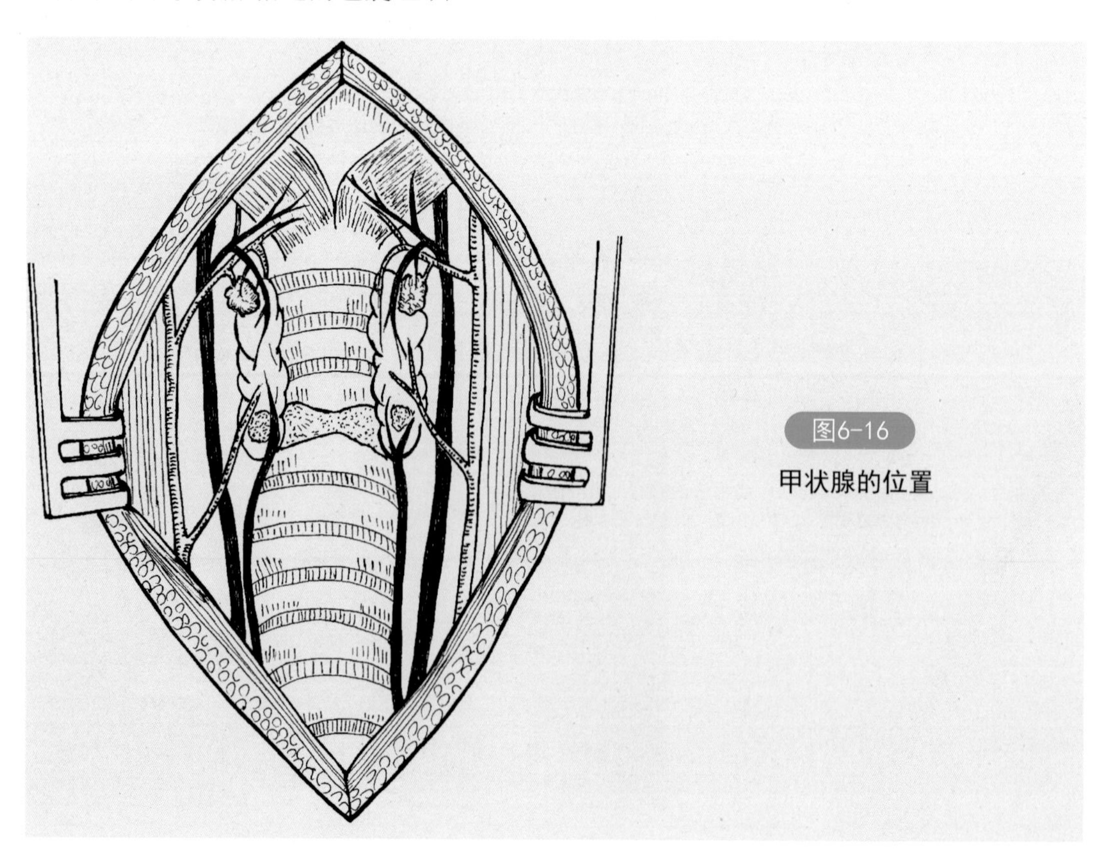

图6-16
甲状腺的位置

图6-17
切开皮肤和分离皮下组织以暴露甲状腺

图6-18
结扎进入甲状腺的脉管

图6-19
切除甲状腺

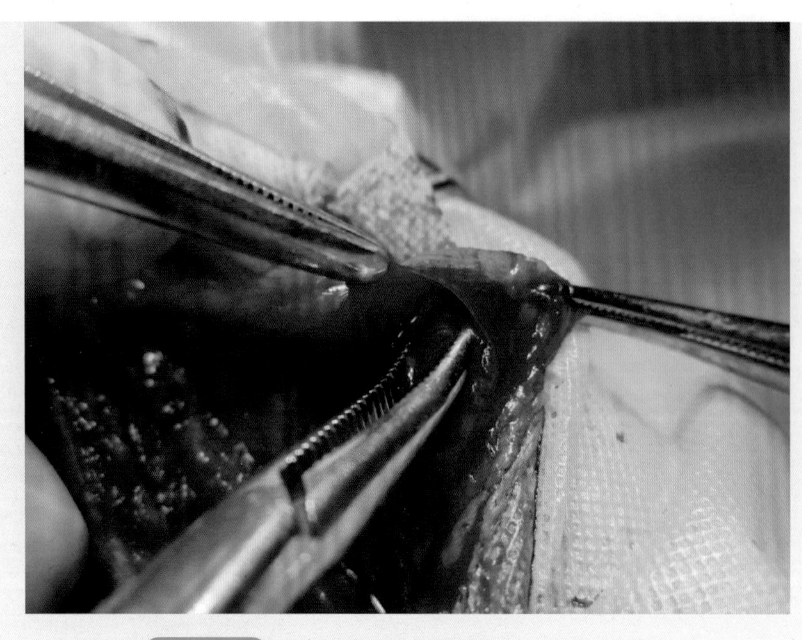

图6-20 切开甲状腺包囊后钝性分离甲状腺

第四节 食管切开术

【适应证】当动物食管发生梗塞用保守疗法难以疏通时，采用食管切开术。另外，也用于食管憩室和食管肿瘤的治疗。

【解剖特点】食管呈淡红色，沿喉和气管的背侧向后行走，约自第4颈椎开始逐渐偏至气管的左侧。在进入胸腔前（第7颈椎水平）转到气管左背侧，在胸腔内第3胸椎水平侧转到气管的背侧，向后横过主动脉弓的右侧和胸主动脉下方的纵隔腔，最后穿过膈食管裂孔进入腹腔。

在颈上1/3处，食管的背侧有喉囊、颈长肌，腹侧为气管，两侧有迷走交感神经干、颈总动脉及喉返神经，再向外侧为肩胛舌骨肌和颈静脉。颈静脉沟的下方为胸头肌，上方为臂头肌。食管壁外层（外膜）为纤维板（白色结缔组织），被深筋膜包围。食管肌层在颈部为横纹肌，自心脏基部转为平滑肌，贲门部增厚为括约肌。黏膜和黏膜下层疏松，黏膜为灰白色，呈纵行皱褶状。

【麻醉与保定】全身麻醉配合局部浸润麻醉。仰卧保定，头颈伸直。

【切口定位】包括颈左侧切口和颈腹侧切口。颈左侧切口包括颈静脉上方切口与颈静脉下方切口（图6-21）。上方切口径路近，下方切口较远；下方切口，创液或若术后感染时不易损伤颈静脉。沿臂头肌下缘0.5 ～ 1.0厘米或胸头肌上缘做长4 ～ 8厘米切口。腹侧切口是在胸头肌与气管之间，沿胸头肌下缘切开。此通路有利于排出创液，但部位较深。

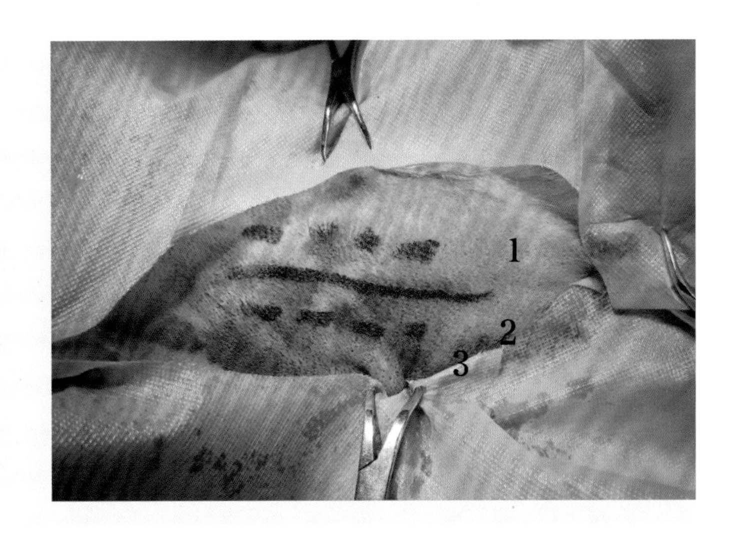

图6-21

食管切开术切口位置

1—上切口；2—颈静脉；
3—下切口

【手术方法】颈左侧切口：切开皮肤、皮肌和筋膜，钝性分离颈静脉和肌间疏松组织，不易分离的用剪刀剪断，但应保护颈静脉周围的筋膜；钝性分离肩胛舌骨肌后剪开深筋膜，至气管的背侧寻找食管。腹侧切口：切开颈腹中线和深筋膜，分离气管和肌膜间的结缔组织，剪开脏筋膜，寻找食管。

钝性分离食管周围的筋膜，游离食管（图6-22）。将食管牵引至切口外，用生理盐水纱布隔离、固定，并在预切口两侧做牵引线（图6-23、图6-24）。若梗塞时间短、食管壁损伤轻，可在梗塞物处切开食管壁；若梗塞时间长、食管壁出现炎症水肿，应在梗塞物下方切开食管壁。切口的大小以刚好取出梗塞物为宜（图6-25）。取出异物后擦净唾液和血液，用酒精棉球擦拭消毒后缝合食管切口。食管做两层缝合，第一层用可吸收线内翻缝合黏膜层（图6-26），冲洗消毒后第二层用可吸收线对纤维膜肌肉层作结节缝合或连续缝合（图6-27）。冲洗后，食管周围的筋膜、肌肉和皮肤分别作间断缝合。若食管坏死，可行管道开放，在创内填浸有防腐液纱布，皮作假缝合。犬颈部食管切开术见视频6-1。

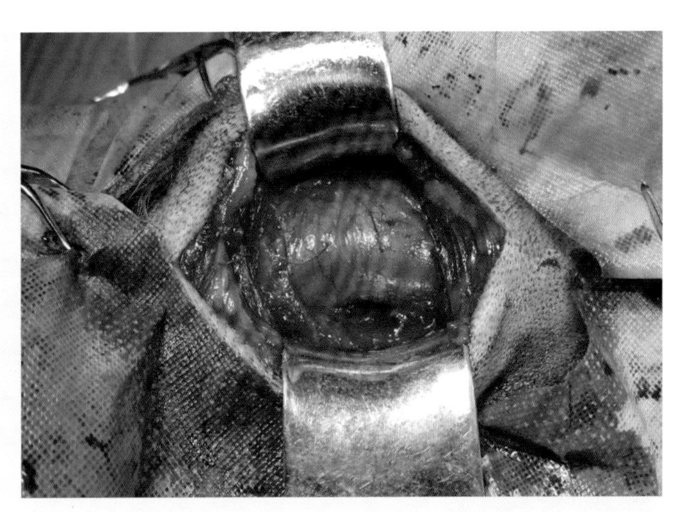

图6-22

钝性分离浅筋膜及肌肉以暴露食管

图6-23
分离食管周围筋膜后将食管牵引至切口外

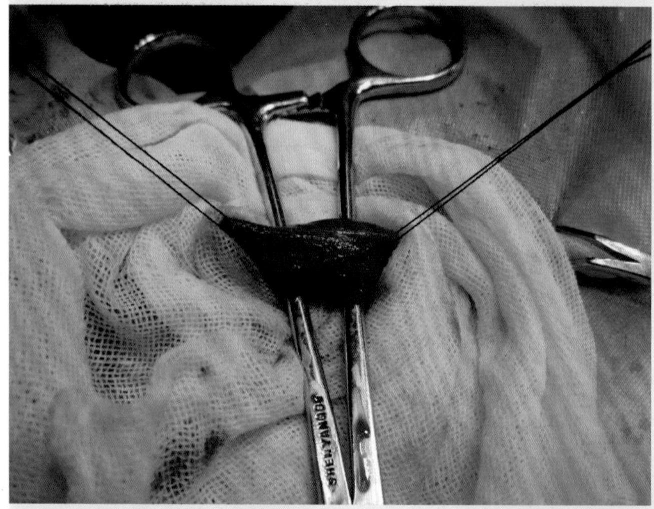

图6-24
用生理盐水纱布隔离食管和在预切口两端做牵引线

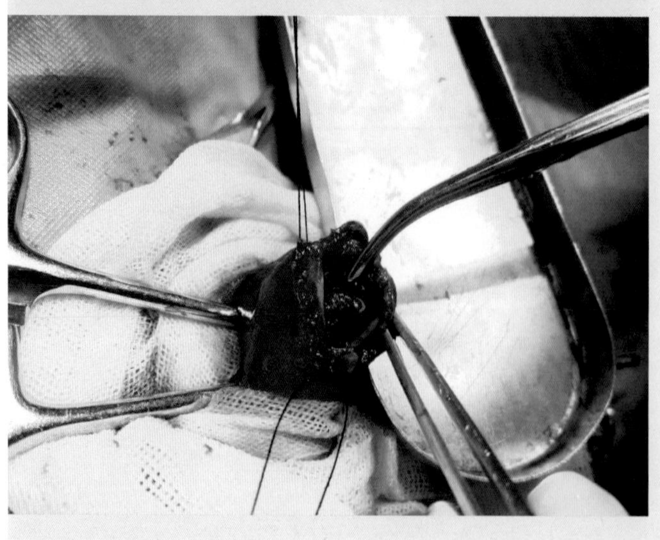

图6-25
切开食管后取出异物

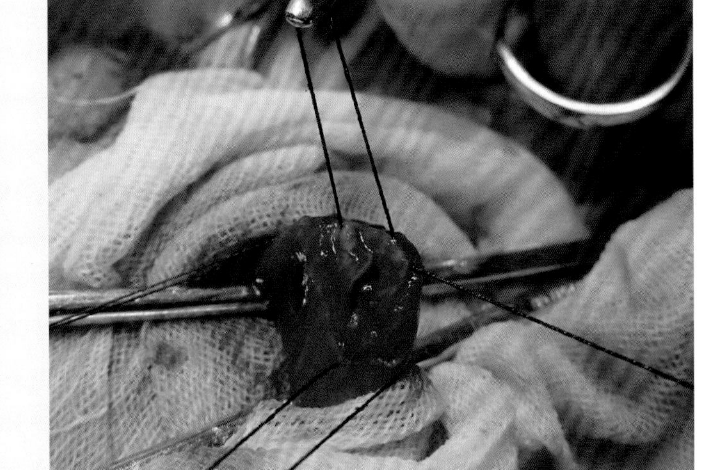

图6-26
食管黏膜层作全层内翻缝合

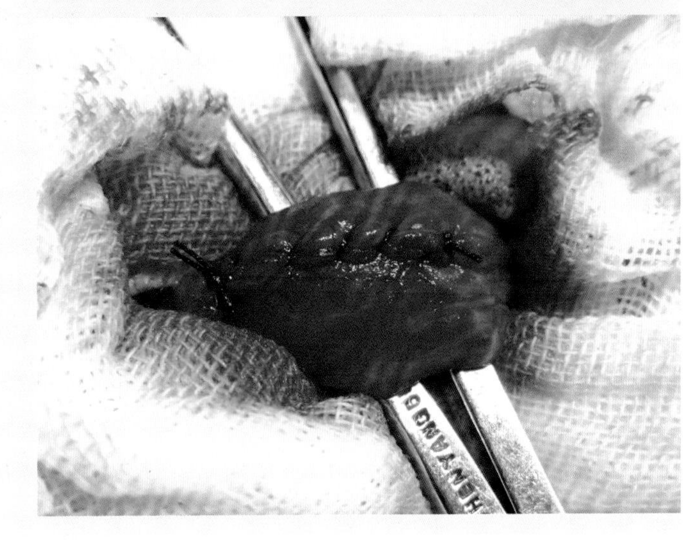

图6-27
食管纤维膜和肌层作连续缝合

视频6-1
犬颈部食管切开术

若梗塞物位于胸腔中段或胸腔前段食管内，需要做开胸术（见第七章内容）。若梗塞物位于贲门附近，可做胃切开术，用长钳经贲门取出异物。

术后1～2天禁食禁水，静脉供给营养；以后喂柔软或流汁食物。全身应用抗菌药5~7天，防治感染。食管切口愈合需10～12天，8~12天拆除皮肤缝线。

第七章　胸部疾病手术

第一节　胸壁透创手术

胸壁透创是指穿透胸膜的胸壁创伤。发生胸壁透创时，胸腔内的脏器往往同时遭受损伤，可继发气胸、血胸、脓胸、胸膜炎、肺炎或心脏损伤等。

【病因】多由尖锐物体（如叉、刀、树枝和木桩）刺入、咬伤、车祸或枪弹射入等造成。

【症状与诊断】创口大的，可见胸腔内面，甚至部分肺脏脱出；创口狭小，可听到空气进出胸腔的嘶嘶声，将手背靠近创口，可感知轻微气流。创缘的状态与致伤物体的种类有关，由锐性器械引起的切创或刺创，创缘整齐清洁，由子弹所引起的火器创有时创口很小，并由于被毛覆盖而难以辨认。另外，铁钩、树枝、木桩等所致的创伤，其创缘不整齐，常被泥土、被毛等污染，极易感染化脓、坏死。创口周围常有皮下气肿。病畜不安、沉郁，一般都有不同程度的呼吸、循环功能紊乱，出现呼吸困难，脉搏动快而弱。

胸部大血管受损，血液积于胸腔内，形成血胸。病畜表现贫血和呼吸困难等症状，常发生死亡。X射线检查，在胸膈三角区呈水平的浓密阴影；胸腔穿刺，胸水带血。胸腔内少量积血可被吸收，但通常易于感染，继发脓胸或肺坏疽。

脓胸是指胸壁透创后胸膜腔发生的严重化脓性感染，常见于胸壁透创后3～5天。病畜体温升高，食欲减退，心率加快，呼吸快而浅表，可视黏膜发绀或黄染，有短、弱的咳嗽。血液检查，可见白细胞总数升高，细胞核左移。慢性经过的病例，可见到营养不良，顽固性贫血，血红蛋白可降低。叩诊胸廓下部呈浊音；听诊时肺泡呼吸音减弱或消失；穿刺时可抽出脓汁。

气胸是指由于胸壁及胸膜破裂，空气经创口进入胸腔所致。气胸可分为3种：①闭合性气胸，胸壁伤口较小，创道因皮肤与肌肉交错、血凝块或软组织填塞而迅速闭合，空气不再进入胸腔。进入胸腔的空气，日后逐渐被吸收，胸腔的负压也日趋恢复。②开放性气胸［图7-1（A）］，胸壁创口较大，空气随呼吸自由出入胸腔。表现为严重的呼吸困难、不安、心跳加快、可视黏膜发绀和休克等症状。两侧性气胸，由于大部或整个肺脏萎缩，患者常因急性窒息而死亡。X射线检查，胸腔充满气体阴影。③张力性气胸［图7-1（B）］，胸壁创口呈活瓣状，吸气时空气进入胸腔，呼气时活瓣关闭，气体不能排出，胸腔内压不断增高。表现为极度呼吸困难，心率快、心音弱，颈静脉怒张，可视黏膜发绀，常出现休克症状。受伤侧气体过多时，患侧胸壁膨隆，叩诊呈鼓音，不易听到呼吸音，常并发皮下或纵隔气肿。

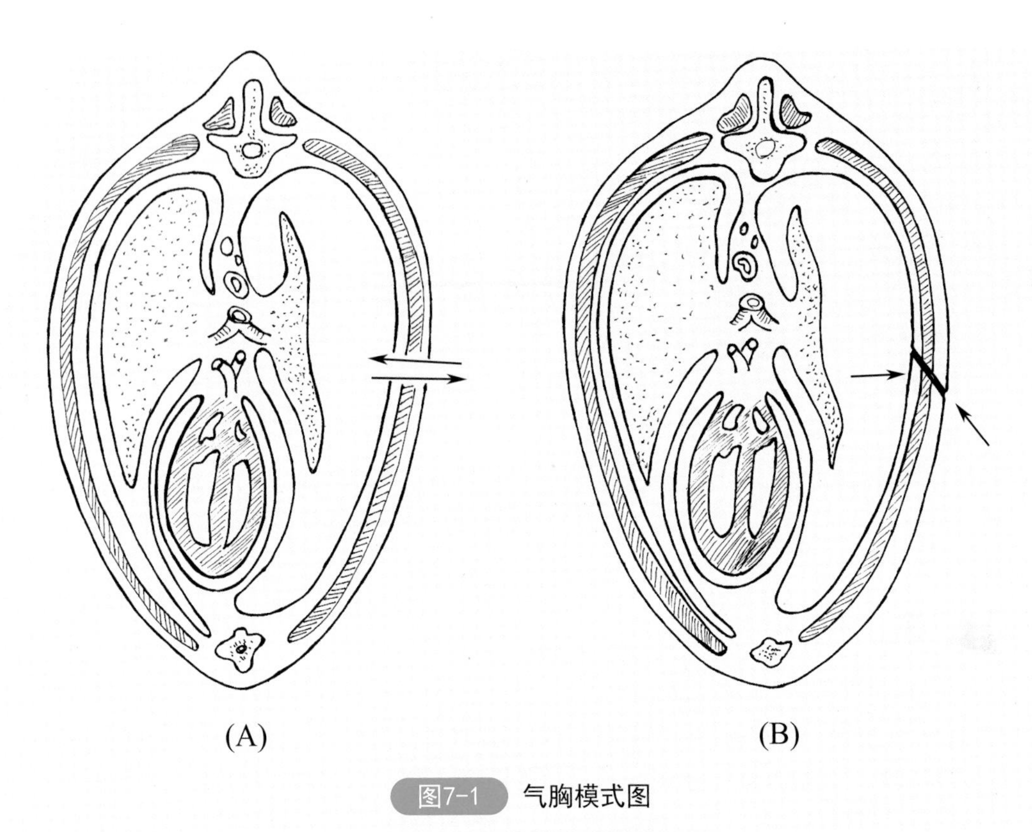

图7-1　气胸模式图

（A）开放性气胸；（B）张力性气胸

【治疗】治疗原则是及时闭合创口，制止内出血，排出胸腔内的积气与积血，恢复胸腔内负压，维持心脏功能，防治休克和感染。

（1）保定与麻醉　患侧在上，侧卧保定。镇静配合肋间神经传导麻醉，对伴有胸腔内脏损伤而需作胸腔手术的病畜，在全身麻醉与侧卧保定后进行正压辅助或控制呼吸。

（2）清创处理　用灭菌大纱布块覆盖创口，闭合气胸。创围剪毛消毒，取下纱布块，以2%盐酸利多卡因溶液对胸膜面进行喷雾。除去异物、破碎的组织及游离的骨片。对出血的血管进行结扎。在手术中如患畜不安、呼吸困难时，应立即用大块纱布盖住创口，待呼吸稍平静后再进行手术。

（3）闭合伤口　从创口上角自上而下对肋间组织和胸膜作一层缝合，边缝合边取出部分敷料，待缝合仅剩最后1～3针时将敷料全部撤离创口，关闭胸腔。胸壁肌肉和筋膜作一层缝合，最后缝合皮肤。

（4）排出积气　在患侧第七、八肋间的胸壁中部（侧卧时）或胸侧壁中1/3与上1/3交界处（站立或俯卧时），用带胶管的针头刺入，接注射器或胸腔抽气器不断抽出胸腔内气体，以恢复胸腔负压。

对急性失血的病畜，迅速彻底止血，肌内注射或静脉内注射止血药，必要时给予输血、补液。对脓胸的病畜，穿刺排出胸腔内的脓液，然后用温生理盐水与抗菌药反复冲洗，最后注入抗菌药液。全身使用足量抗菌药，并根据每天的变化进行对症治疗。

第二节　肋骨切除术

【适应证】肋骨骨折、骨髓炎、肋骨坏死或化脓性骨膜炎病例的治疗手段或作为通向胸腔或腹腔的手术通路。

【解剖特点】胸廓呈圆筒状，入口呈卵圆形，肋骨骨体窄而厚，一般是13对肋骨（9对真肋，4对假肋）。胸骨两侧压扁，8个胸骨片，除老龄犬外胸骨片一般不完全愈合。膈食管裂孔位于第12胸椎腹侧水平的左、右肺间。膈附着于第9肋骨的下部，第10、11肋骨稍偏肋软骨结合部下方1～2厘米处，第12肋骨腹侧端以及最后肋骨中部的内面。

胸壁两侧有皮肤、皮下组织和肌肉覆盖，肋间隙有内、外肋间肌，在肋骨后缘的肌间有血管、神经束。肋骨表面有锯肌，腹侧是胸肌，背侧是背阔肌。胸内动、静脉在胸骨与肋骨结合的背侧前后穿行。

【麻醉与保定】全身麻醉配合局部麻醉。侧卧保定，患侧在上。

【切口定位】在欲切除肋骨的正中部做切口。

【手术方法】沿肋骨中轴直线切开皮肤、筋膜和皮肌，显露肋骨的外侧面。在肋骨中轴纵行切开肋骨骨膜，并在骨膜切口的上、下端作横切口，形成“工”字形骨膜切口（图7-2）。用骨膜剥离器剥离骨膜（图7-3～图7-5）。骨膜分离后，用骨剪或线锯切断肋骨（图7-6、图7-7），断端用咬骨钳去除尖锐的部分或用骨锉锉平（图7-8），拭净骨屑及其它破碎组织。当骨髓炎时，肋骨呈宽而薄的管状，其内充满坏死组织和脓汁，骨膜不易剥离，需细心操作。关闭手术创时，先将骨膜展平，用可吸收缝线做间断缝合，常规缝合肌肉、皮下组织分层和皮肤。

图7-2　沿肋骨中轴做“工”字形骨膜切口

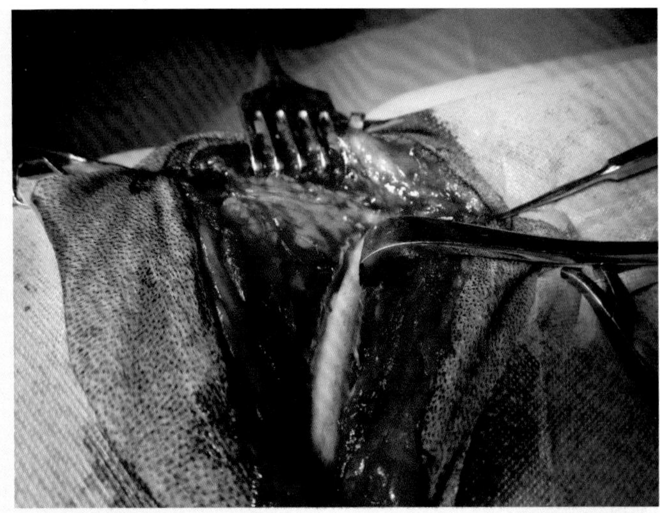

图7-3

剥离肋骨背侧骨膜

图7-4

剥离肋骨腹侧骨膜

图7-5

骨膜剥离后肋骨与骨膜完全分离

图7-6

用骨剪剪断肋骨

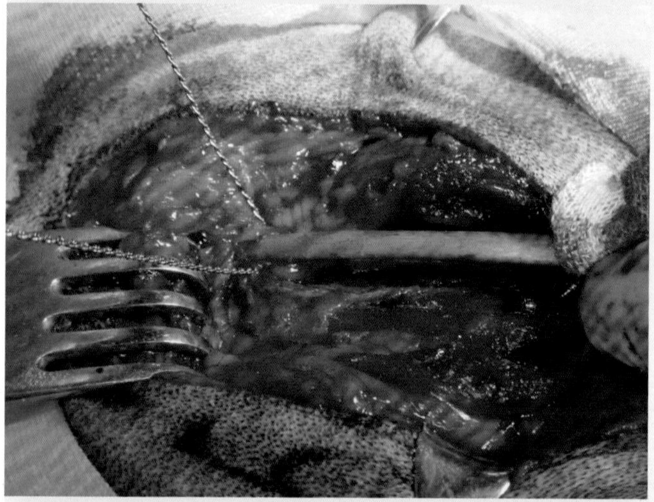

图7-7

用线锯锯断肋骨

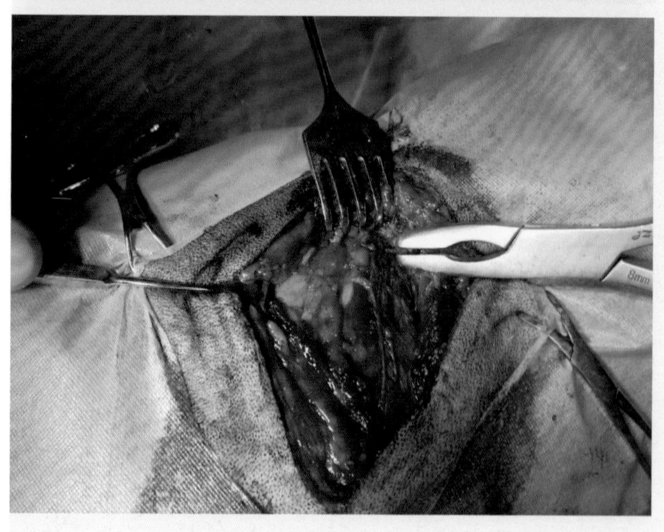

图7-8

用咬骨钳去除断端的尖锐部分

第三节　犬的开胸术与心包切除术

【适应证】适用于膈疝修补手术、右主动脉弓残迹手术、食管憩室手术、胸部食管手术、肺叶切除术等。

【麻醉与保定】全身麻醉，气管内插管，在胸腔切开前进行自发呼吸，开胸后进行正压控制呼吸。右侧卧保定，左前肢向前方伸展，以充分显露左侧胸部手术区。

【切口定位】侧胸切开术，是在肩胛骨后角，向后下方沿肋骨或肋间切开。前胸手术常在第2、3肋间，心脏和肺门区手术常在第4、5肋间，食管后部和膈肌手术常在第7、8肋间，一般性开胸术常在第5、6肋间。头侧胸壁瓣开胸术，可显露2/3的食管和气管、胸纵隔和前胸的大血管，即在腹中线自胸骨柄向后切开至第4或5胸骨节片，然后与肋间切口下端相连接。

【手术方法】沿第4肋间开胸术：切开皮肤，用镊子提起躯干皮肌的肌膜，用手术剪剪开躯干皮肌和皮肌下的疏松结缔组织。在肋骨切口的下端沿肌纤维方向剪开背阔肌，横向分离背阔肌，用两个手指伸入肌层下，向上进行广泛的钝性分离（图7-9），将背阔肌推向切口上角。剪开切口上角后缘的背阔肌，以充分显露第4肋间。剪开背侧的锯肌和其腹侧的胸肌。从切口下角向上剪开肋间肌，显露胸膜。然后，剪开胸膜，暴露胸腔（图7-10）。注意避开切口下方的胸内动脉、静脉。若需要充分显露胸腔，可做胸骨切开术。用灭菌纱布隔离两创缘，装置牵开器，扩开胸部创口，充分显露胸腔。犬侧胸壁开胸术与胸腔抽气引流术见视频7-1。

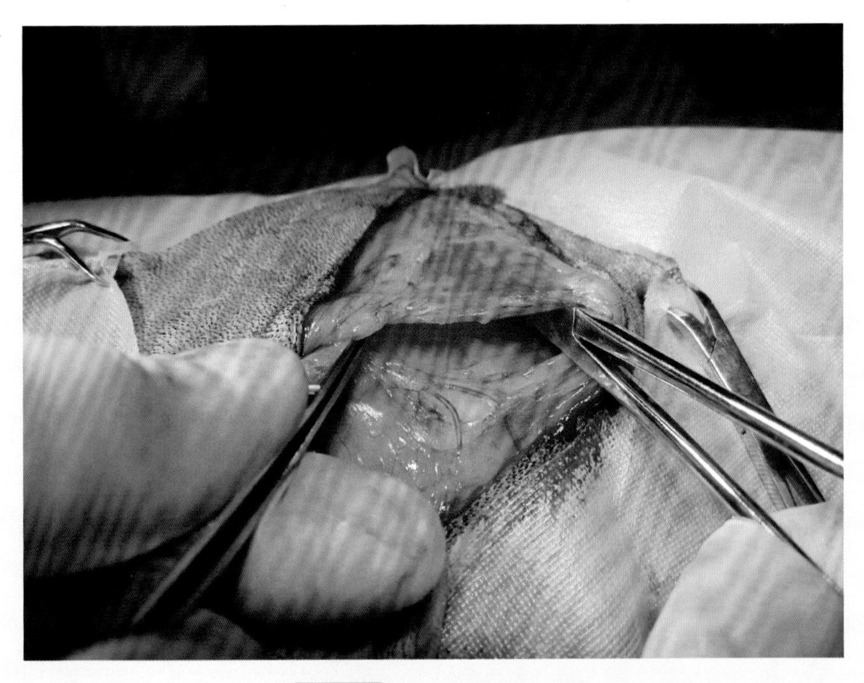

图7-9　钝性分离背阔肌

图7-10
切开骨膜及胸膜后暴露胸腔

手伸入肺叶下，将肺叶向后方推，显露心包与心脏，观察心包的色泽、厚度是否正常，与周围有无粘连；观察心包的大小，有无心包积液；观察心脏、血管的位置，血管有无异常；观察膈神经的走向，做心包切开时勿损伤膈神经。对胸腔检查完毕后，将肺叶复原。

膈神经腹侧心包切除术：左侧卧保定，自右侧第5肋间开胸，暴露心脏右侧，如心包积液过多，可先适量抽取心包积液（图7-11）。然后，在膈神经腹侧心包做牵引线（图7-12），纵向切开心包壁，抽取心包液，并反复冲洗心包腔直至清亮（图7-13、图7-14）。平行膈神经在心基部做横切口，切除右侧心包壁（图7-15），或环绕心基部一周切除整个心包壁，注意保护腔静脉和两侧的膈神经。最后结扎，剪断心包韧带，做好心包残端止血。

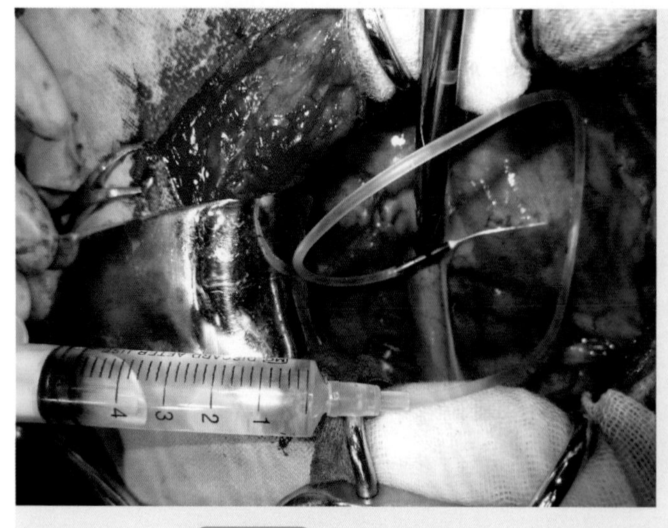

图7-11 抽取心包积液

视频7-1
犬侧胸壁开胸术与胸腔抽气引流术

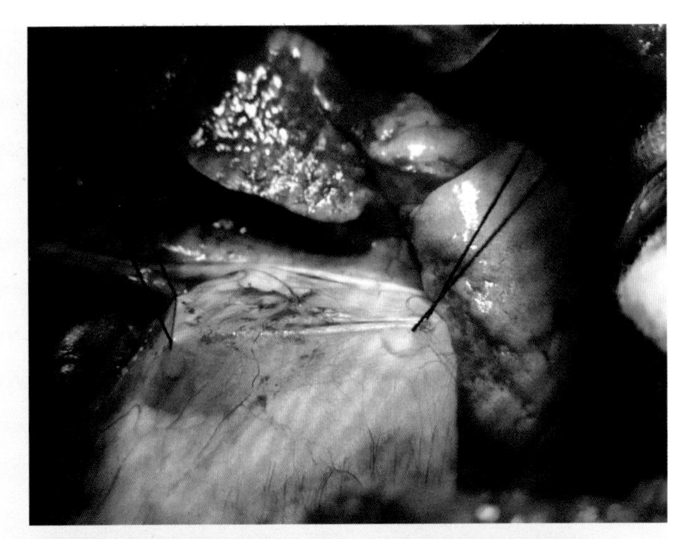

在切口两侧做牵引线

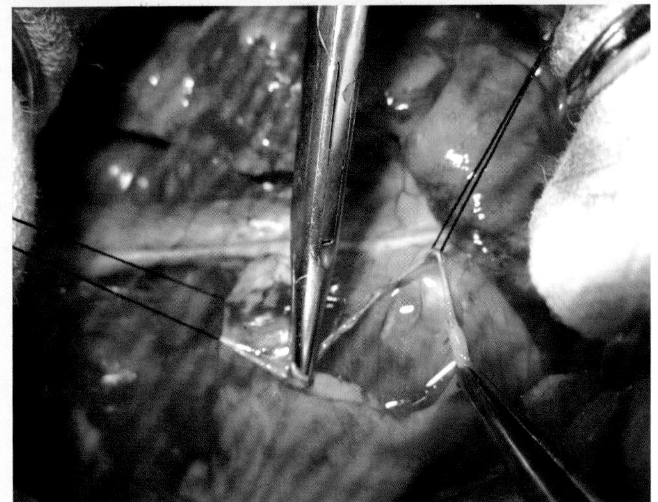

图7-13

剪开心包后暴露心脏及心包内积液

图7-14

抽取心包积液并反复冲洗心包腔

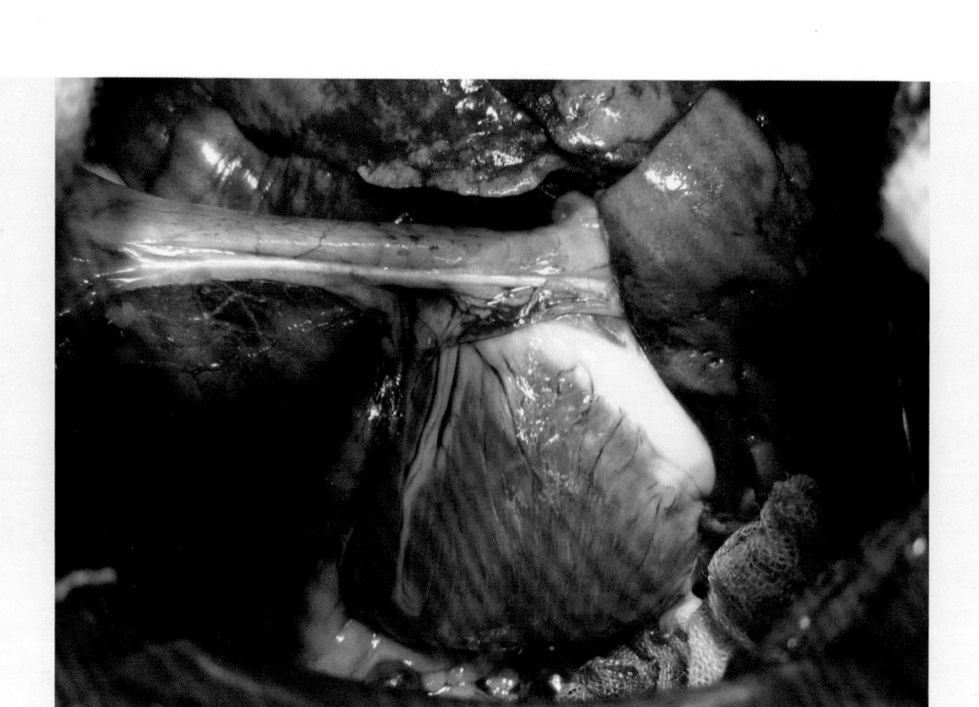

图7-15 切除右侧心包壁

安置抽气管：在肋间切口后缘的第8肋间做一皮肤小切口，用止血钳夹持胸腔排气管引入胸腔内，以便在胸壁切口关闭后用其排空胸腔内的气体（图7-16）。

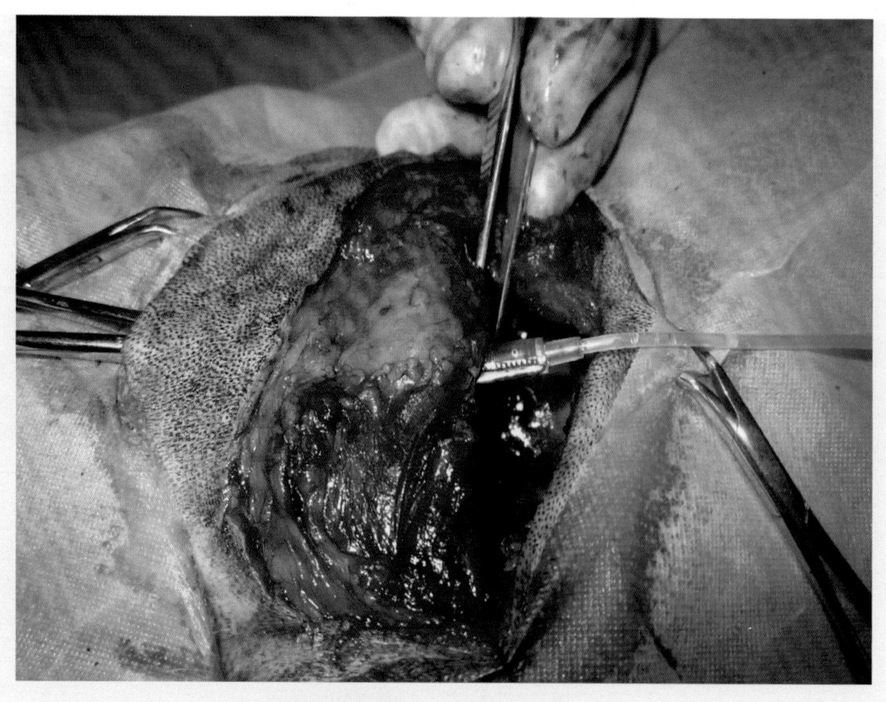

图7-16 放置胸腔排气管

闭合胸壁切口：用弯圆针系尼龙线，对胸膜和肋间肌作两根预置缝线，暂不打结。装置肋骨合拢器，使肋骨合拢，然后拉紧两根预置缝线并打结，继续间断缝合胸膜和肌肉组织。撤除肋骨合拢器，对肌肉及肌膜进行连续缝合。若有胸骨切开，对胸骨节片做间断缝合。

抽出胸腔内气体：胸腔排气管末端连接三通开关和注射器，排空胸腔内气体，恢复胸腔内负压。将背阔肌断端向切口下端拉紧展平，间断缝合背阔肌、躯干皮肌和皮肤（图7-17）。

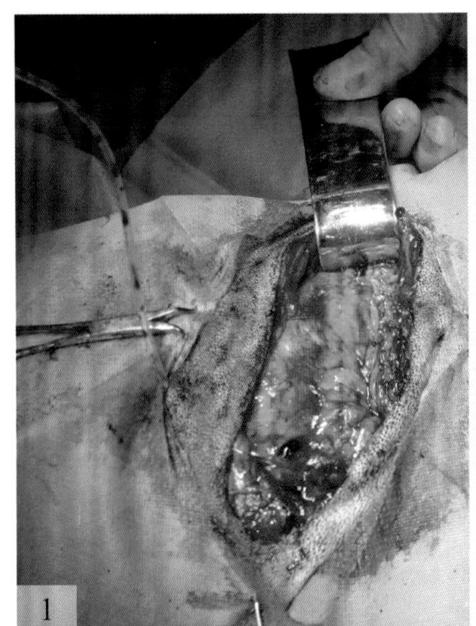
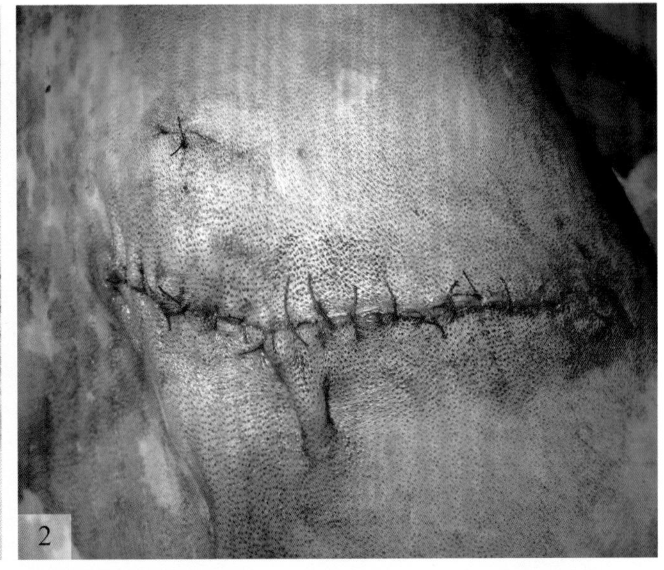

图7-17　关闭胸腔

1—连续缝合肋间肌、骨膜和胸膜，抽取胸腔气体，恢复胸腔负压；2—分别缝合背阔肌及皮肤

第四节　犬肺叶切除术

【适应证】治疗无法进行修补的肺严重创伤、肺叶肿瘤等。

【解剖特点】犬左肺被一深裂分为前、后两叶。前叶又分为前部和后部（图7-18）。右肺包括前、中、后、副4个叶，副叶位于后部纵隔与腔静脉褶之间的间隙。在第4~5肋间，为右肺的心切迹，切迹的顶部为前叶与中叶之间的裂隙。在肺门处，气管分叉为左右主支气管，每个主支气管再分为肺叶支气管；每个肺叶通常有单独的一支肺静脉进入左心房。

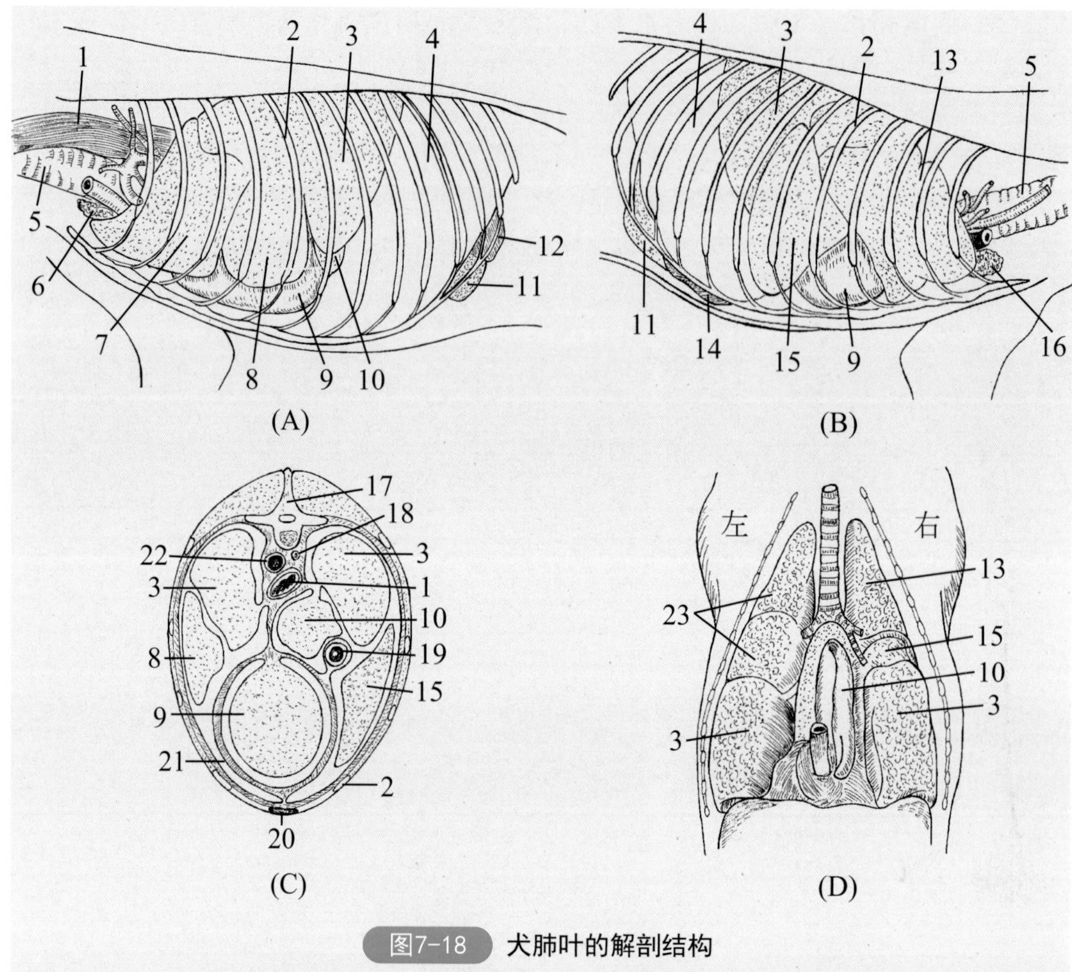

图7-18 犬肺叶的解剖结构

（A）肺左侧观；（B）肺右侧观；（C）肺横断面观；（D）肺背面观

1—食管；2—第五肋骨；3—肺后叶；4—膈肌；5—气管；6—胸腺；7—肺前叶前部；8—肺前叶后部；9—心脏；10—右肺副叶；11—胃；12—脾；13—肺前叶；14—肝；15—肺中叶；16—胸腺；17—第六胸椎；18—奇静脉；19—后腔静脉；20—第五胸骨节段；21—心包壁；22—主动脉；23—前叶（前、后部）

肺动脉分别进入左右两肺，左肺动脉位于左支气管的前方，右肺动脉位于右支气管的腹侧；肺动脉和支气管在肺静脉的背侧。气管、支气管淋巴结位于气管的分叉处和支气管起始部附近。

【术前准备】通过X射线检查，确定病变部位，了解健肺情况；合并感染、分泌物较多者，给予抗感染治疗及控制支气管与气管分泌；改善心脏功能，改善全身营养等。

【麻醉与保定】全身麻醉配合局部麻醉。侧卧保定，手术时进行正压间歇通气。

【切口定位】开胸手术方法参见前述“开胸术”，并截除第5或第6肋骨。

【手术方法】

（1）肺裂的分离　进行肺叶切除时，必须把肺裂完全分开。对于粘连或炎症严重的，常从较易分离的肺裂开始，用刀背或纱布球做钝性分离。

（2）肺动脉、静脉的分离结扎方法　将病变的肺叶牵引至切口，暴露预切除肺叶的动静脉和支气管（图7-19）。先处理动脉，用尖钳提起动脉壁周围的纤维并剪开，露出白色动脉弹力壁层（图7-20）。用小弯钳剥离动脉的前壁，纱布球分离侧壁，弯钳游离后壁。游离的长度以易于结扎为准。在一般结扎的基础上，再在近心端结扎线的远侧做一贯穿结扎或作双重结扎（图7-21）。肺静脉在纤维膜以外剥离、结扎（图7-22）。

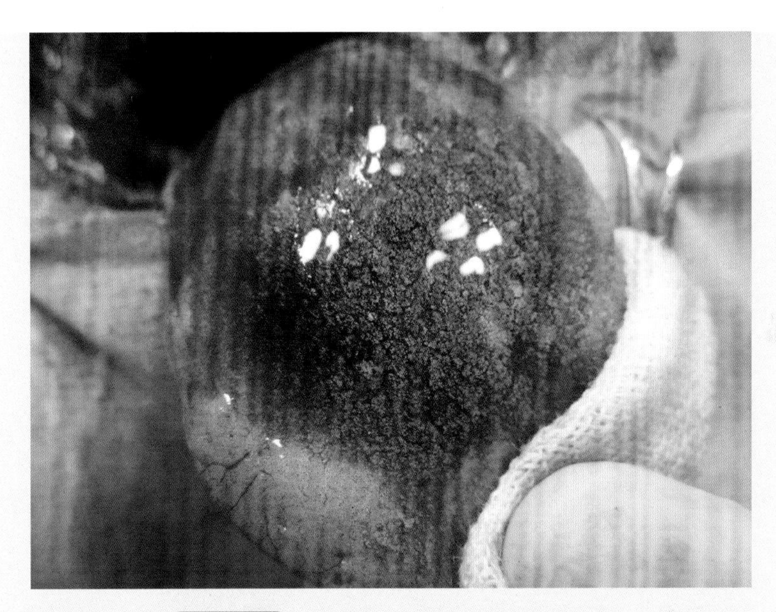

图7-19　将病变的肺中叶牵引出切口

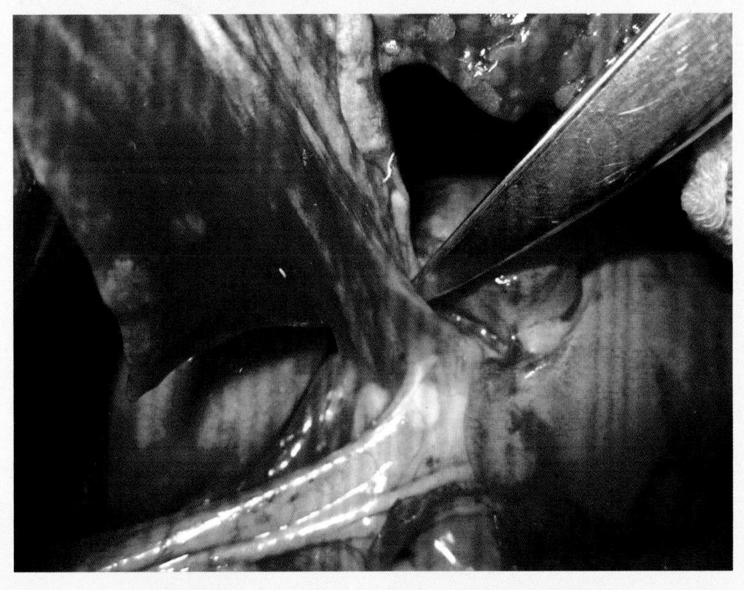

图7-20　分离肺动脉周围组织以暴露动脉

图7-21 双重结扎肺叶动脉近心端并剪断

图7-22 分离肺叶静脉及右肺中叶主支气管后双重结扎静脉

（3）支气管的处理　用剪刀分离支气管周围组织，但不要剥离得过于干净，以免影响血液供应；结扎支气管动脉。已分离好的支气管，先用钳夹住远心端并由呼吸机加压证实；保留支气管0.5～1.0厘米。在支气管预切线的两端事先作一牵引线，周围用生理盐水纱布隔离后，切断支气管（图7-23）。

图7-23 将肺支气管剪断后完整切除右肺中叶和暴露主支气管断端

用不可吸收缝线进行不穿透支气管黏膜的锁边缝合，针距2毫米（图7-24），或用可吸收缝线做连续缝合，缝至一端后再返回缝合至起始端，形成全层“8”字形缝合。缝合支气管后，用生理盐水淹没健侧断端，经呼吸机加压检查无漏气后关闭胸腔。支气管切断和缝合是污染手术，严格隔离术部，及时吸取血液和液体。缝合后转入无菌手术过程。支气管组织愈合能力较差，残端用周围组织（如肺组织、纵隔脂肪等）将其包埋缝合。

术后注意预防胸腔感染，做胸腔引流，引流放液后保证胸腔呈负压，24小时后取出引流导管。

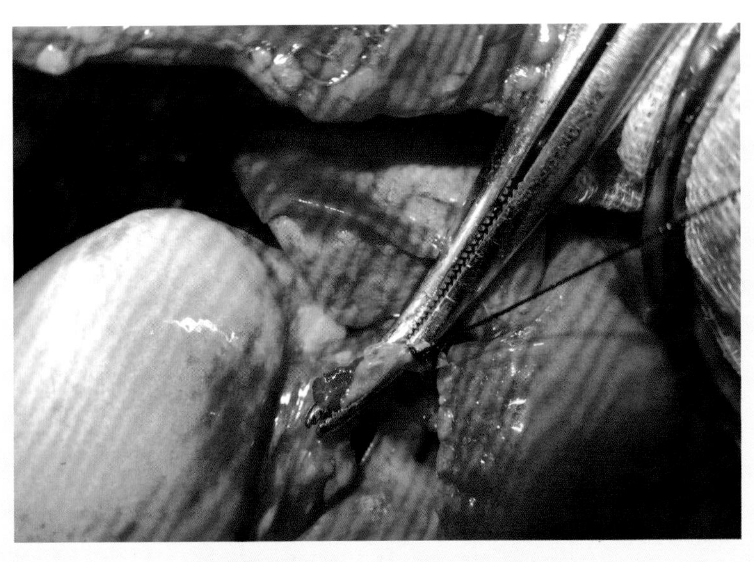

图7-24 锁边缝合支气管断端

第五节　胸部食管切开术

【适应证】主要应用于胸部食管的探查、食管内异物和阻塞的排除，或食管憩室的治疗等。

【解剖特点】胸部食管位于气管背侧，在纵隔背侧向后移行。分布有迷走神经、舌咽神经和交感神经的分支（图7-25）。

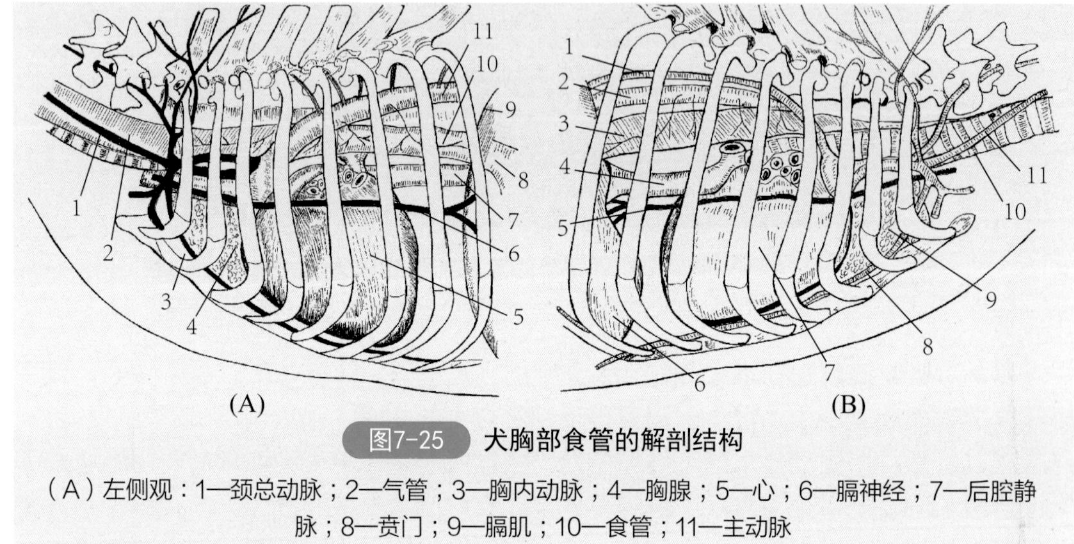

图7-25　犬胸部食管的解剖结构

（A）左侧观：1—颈总动脉；2—气管；3—胸内动脉；4—胸腺；5—心；6—膈神经；7—后腔静脉；8—贲门；9—膈肌；10—食管；11—主动脉

（B）右侧观：1—奇静脉；2—主动脉；3—食管；4—后腔静脉；5—膈神经；6—膈肌；7—心；8—胸内动脉；9—胸腺；10—气管；11—颈总动脉

【麻醉与保定】全身麻醉配合局部麻醉。侧卧保定，手术时进行正压间歇通气。

【切口定位】同上述开胸术。因食管内异物常位于心基部的右侧，选在右侧第4~5肋间切开。后部食管堵塞，依据堵塞部位可选择第6~8肋间切开。

【手术方法】打开胸腔后，用牵开器扩开手术创口（图7-26），用湿纱布隔离肺叶，尽量暴露前部食管，注意保护伴行的迷走神经（图7-27）。

小心分离粘连组织，控制出血，使视野清晰。避开、保护腔静脉、主动脉或肺部的血管。锐性切开纵隔膜，分离食管；保护迷走神经。用无损伤肠钳安置在预切口的头侧和尾侧，纵向切开食管壁；食管切口一般在异物的前方或后方，对堵塞性的物体，切口宜在异物的前方（图7-28、图7-29）。用异物钳或止血钳探查异物，并缓缓地小心取出（图7-30、图7-31），食管黏膜用4-0 ～ 5-0的可吸收缝线连续内翻缝合。缝合从一端开始，线结打在食管腔内，针只穿透黏膜和黏膜下层。缝合后注入灭菌生理盐水做压力试验，检查是否有渗漏，发现渗漏处做间断缝合。清洗消毒后纤维膜和肌层用3-0可吸收缝线单纯间断缝合或单纯连续缝合（图7-32）。食管缝合后，冲洗擦拭干净，放回原来位置，复位迷走神经，用可吸收缝线连续缝合纵隔膜切口（图7-33）。清理、冲洗腹腔。犬胸部食管切开术见视频7-2。

图7-26
打开胸腔后暴露右侧肺叶

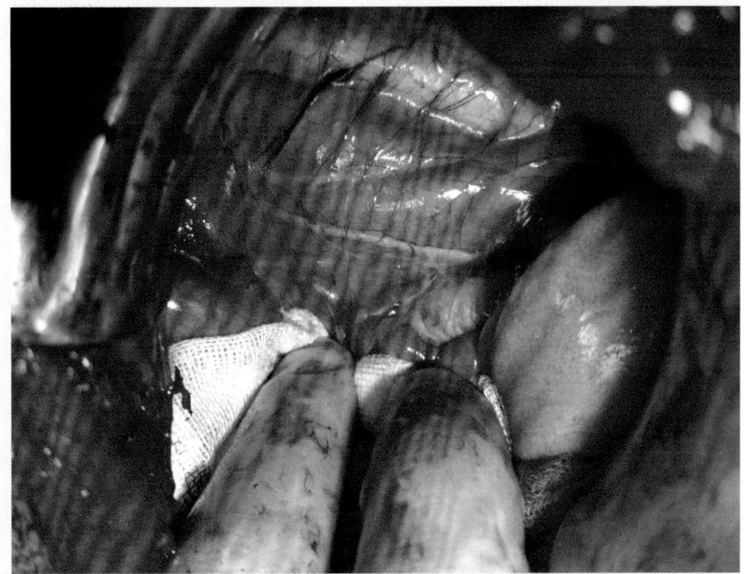

图7-27
湿纱布隔离肺叶（显露食管、迷走神经和主动脉）

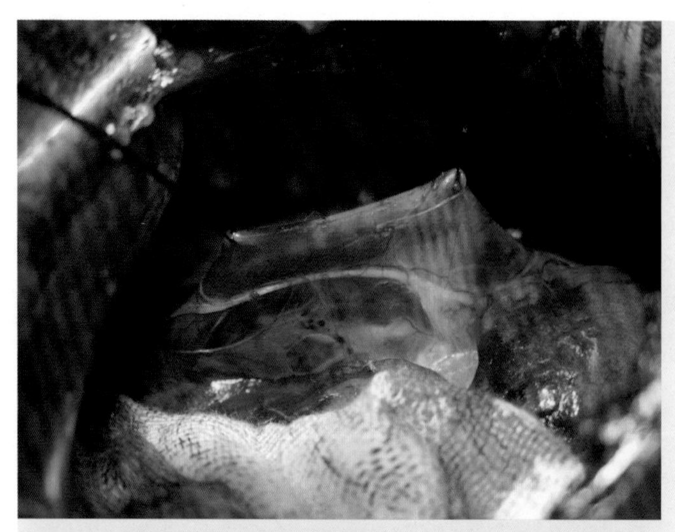

图7-28
分离纵隔膜并于食管阻塞部头侧做牵引线

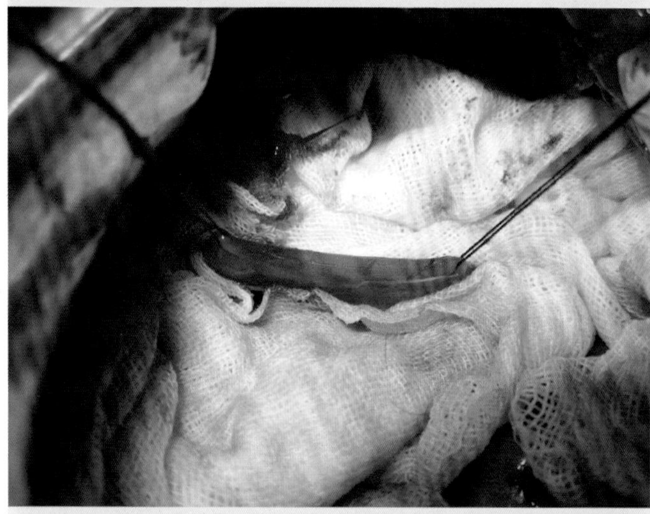

图7-29
纱布隔离食管

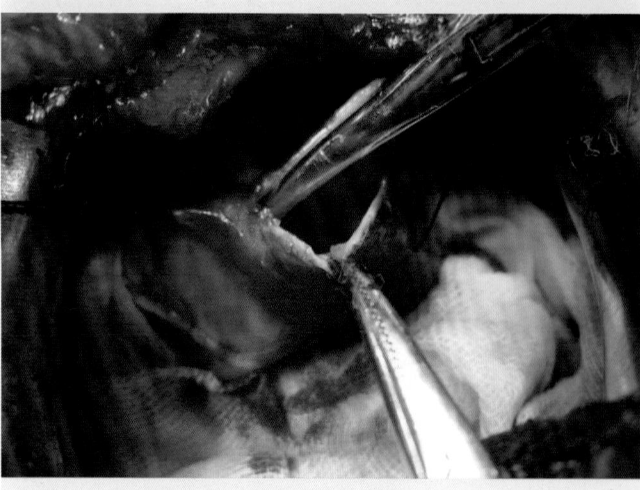

图7-30
切开食管后用止血钳探查并取出阻塞物

图7-31
取出阻塞的鸡骨头

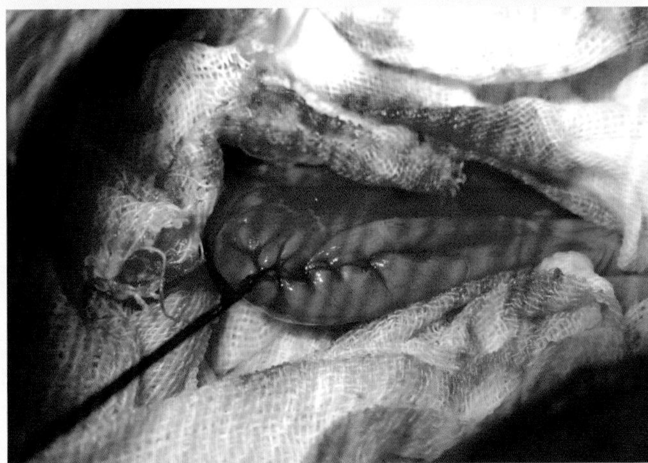

图7-32
缝合食管法
（第一层黏膜和黏膜下层内翻缝合；第二层纤维膜和肌层单纯连续缝合）

图7-33
连续缝合纵隔膜

术后胸腔安置导管引流，在术后第一个24小时进行常规吸引，排出液体和气体。大量应用抗菌药预防或控制感染，术后1～2天不得经口饲喂，其后给流质食物，逐渐变为半流体，直到常规饲喂。

视频7-2
犬胸部食管切开术

第八章　腹疝的手术

腹疝是指腹部的内脏从自然孔道或病理性破裂口脱至皮下或其它解剖腔的一种疾病。其包括先天性腹疝与后天性腹疝，根据疝内容物是否可以自动复位，又分为可复性腹疝与不可复性疝。依据发病部位，临床上又分为脐疝、腹壁疝、腹股沟疝、阴囊疝、会阴疝、膈疝等。

第一节　脐疝修补术

脐疝是指因脐孔过大，有脏器自腹腔脱至脐部皮下。其内容物多为网膜或网膜与肠管。小的脐疝，在动物5～6月龄后常逐渐消失。对长时间不消失的脐疝，需要手术修补脐孔。

【解剖特点】胎儿的脐静脉、脐动脉和脐尿管通过脐管走向胎膜，它们的外面包围着疏松结缔组织。当胎儿出生后脐带被扯断，血管和脐尿管就变空虚不通，四周的结缔组织增生，在较短时间内完全闭塞脐孔。如果断脐不正确，如脐带血管及尿囊管留得太短或发生脐带感染，腹壁脐孔则闭合不全。此时若动物出现强烈努责或用力跳跃等动作，使腹内压增加，肠管容易通过脐孔进入皮下而形成脐疝（图8-1）。

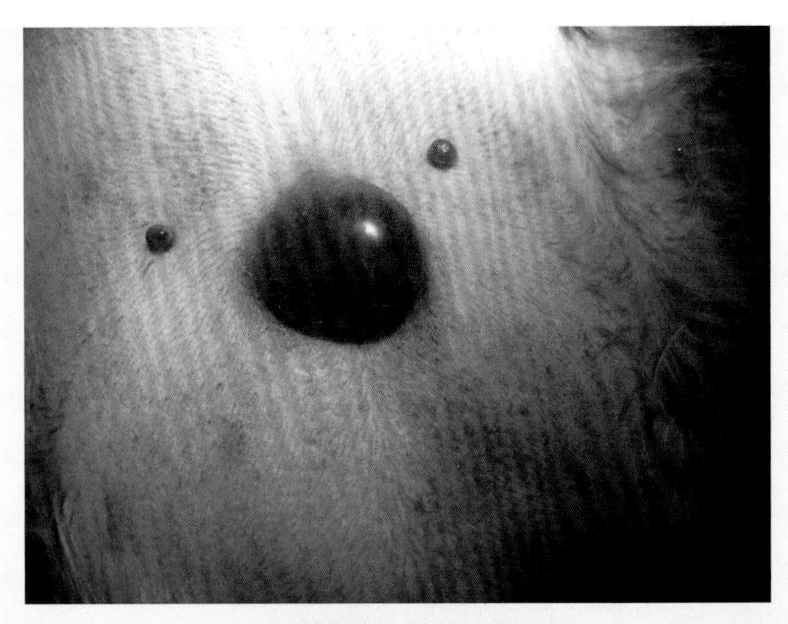

图8-1　京巴犬脐疝

【术前准备】术前禁食12~24小时，停止饮水4~6小时。

【麻醉与保定】全身麻醉或局部浸润麻醉。仰卧保定或前躯半仰卧保定。

【手术方法】切口在疝囊底部，呈梭形。皱襞切开疝囊皮肤，仔细切开疝囊壁，以防伤及疝囊内的脏器（图8-2）。认真检查疝内容物有无粘连和变性、坏死。仔细剥离粘连的肠管，若有肠管坏死，需行部分肠管切除术。若无粘连和坏死，可将疝内容物直接还纳腹腔内（图8-3、图8-4），将腹膜囊推入腹腔，作荷包缝合，然后再闭合疝轮。闭合疝轮时均用不可吸收缝线。若疝轮较小，可用不可吸收缝线直接做纽扣缝合（图8-5、图8-6），缝合完毕，需将疝轮光滑面作轻微切割，形成新鲜创面，补充结节缝合，以便于愈合，修剪疝囊，连续缝合疝囊（图8-7）。如果病程较长，疝轮的边缘变厚变硬，此时一方面需要切割疝轮，形成新鲜创面，进行纽扣缝合；另一方面在闭合疝轮后，需要分离疝囊壁形成左右两个纤维组织瓣，将一侧纤维组织瓣缝在对侧疝轮外缘上，然后将另一侧的组织瓣缝合在对侧组织瓣的表面上。或对疝轮左右侧腹壁肌肉和筋膜作褥式重叠缝合。缝合时先穿好缝线，最后一并逐个拉紧打结。修整皮肤创缘，皮肤作间断缝合和减张缝合（图8-8）。

图8-2

在脐疝基部经梭形切口暴露疝囊

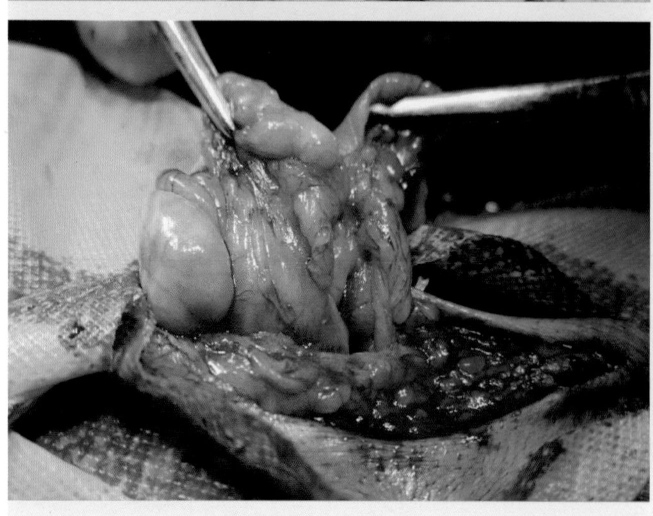

图8-3

切开疝囊以暴露疝内容物

图8-4

将疝内容物还纳腹腔并显露疝轮

图8-5

沿疝轮做三个纽扣缝合

图8-6

收紧缝线打结

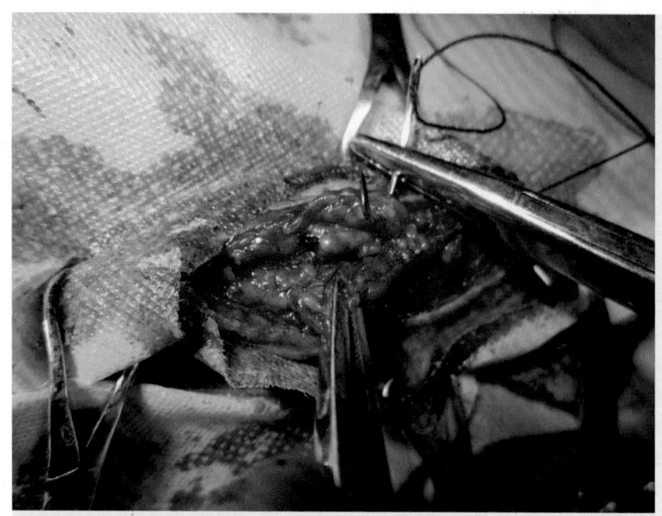

图8-7

疝轮与疝囊的处理方法

（切割疝轮边缘形成新鲜创面后做结节缝合，修剪疝囊后连续缝合疝囊）

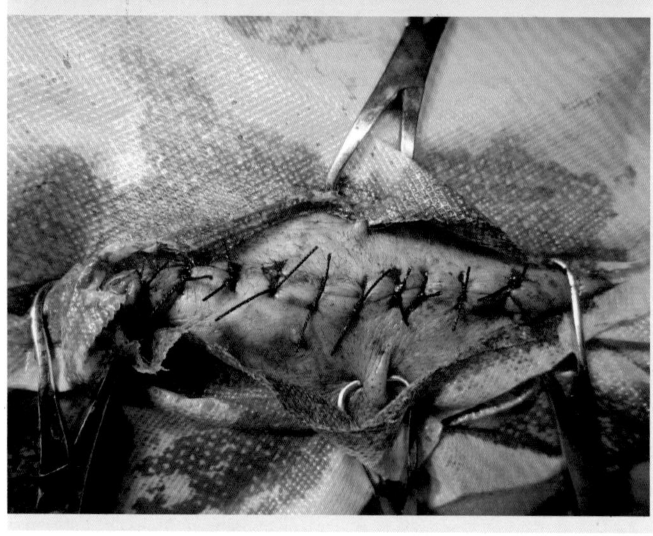

图8-8

间断缝合皮肤

术后不宜喂得过饱，限制剧烈活动，防止腹压增高。术部包扎腹绷带，保持7～10天，可避免复发。连续应用抗菌药5～7天。

第二节　腹壁疝手术

外伤性腹壁疝是由于腹肌或腱膜受到钝性外力的作用发生破裂而形成腹壁疝。该手术适合于保守疗法无效的、疝轮位置低于1/2腹侧壁的或发生疝内容物粘连的病例。

腹壁疝内容物多为小肠，也有网膜、膀胱、怀孕子宫等组织和脏器，并经常与相近的腹膜粘连。

【术前准备】对疝轮较大的病例，要充分禁食，以降低腹内压。手术宜早不宜迟，最好在发病后立即手术。

【麻醉与保定】全身麻醉。侧卧保定，患侧在上。

【切口定位】在初期尚未发生粘连的，可在疝轮附近作切口；如已粘连，在疝囊处作一皮肤梭形切口。

【手术方法】新患腹壁疝，当疝轮小、腹壁张力不大时，若腹膜完整，分离腹膜并对其做束状结扎或荷包缝合；若腹膜已破裂用可吸收缝线缝合腹膜和腹横肌，然后用间断缝合法闭合疝轮，皮肤结节缝合。当疝轮较大、腹壁张力大时，腹膜与腹横肌一起缝合后先用粗丝线做减张缝合，然后对疝轮做连续缝合或纽扣缝合。减张缝合的方法是：缝针先从疝轮一侧皮肤外刺透皮肤、腹肌至疝轮出针，再自对侧疝轮进针，缝针穿过对侧腹肌、皮肤至体外。待所有缝线穿好后逐一收紧，使疝轮两侧靠近（图8-9）；在皮肤切口的左右侧缝线分别两两打结，线结下放置圆枕或大纽扣。在无张力的情况下对疝轮和疝囊做修补缝合；皮肤做结节缝合。

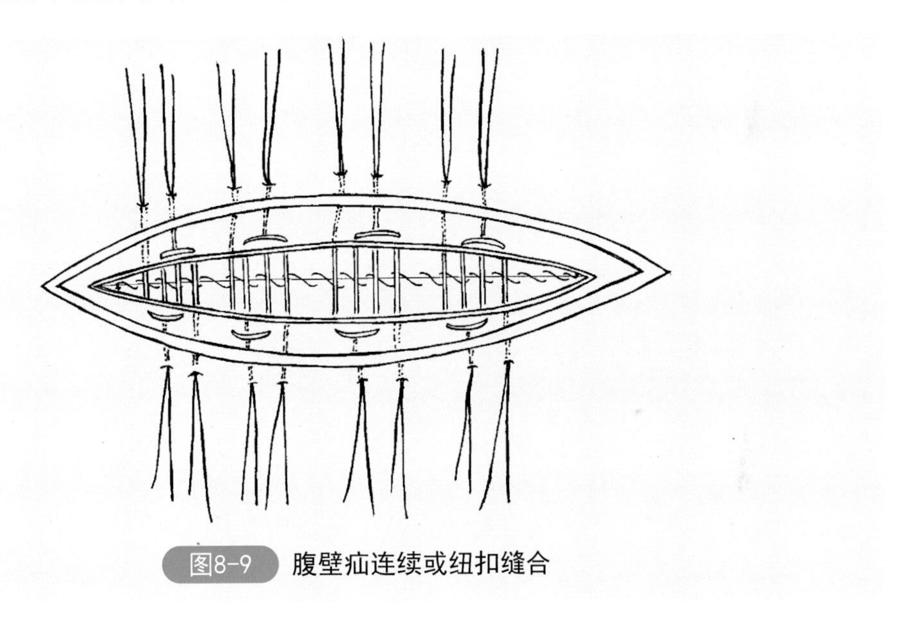

图8-9　腹壁疝连续或纽扣缝合

陈旧性腹壁疝，因疝轮大部分已瘢痕化、肥厚、硬固，需将瘢痕化的结缔组织用外科刀切削成新鲜创面，用纽扣缝合法闭合疝轮；如果疝轮过大，需用邻近的组织制作组织瓣或用人造疝修补网（如金属丝、合成纤维中的聚乙烯和尼龙丝等）修补疝轮。

第三节　腹股沟疝与阴囊疝手术

腹股沟疝是指因腹股沟管内外环扩大使腹腔脏器脱到鞘突（腹股沟管）内。阴囊疝是指因腹股沟管内外环扩大使腹腔脏器进入腹股沟管和阴囊腔内（图8-10、图8-11），也称为腹股沟阴囊疝，其发病与腹股沟管内外环异常扩大有关，腹内压增高，如剧烈挣扎、便秘、分娩、公畜配种等可促进发病。腹股沟疝与阴囊疝有遗传性。临床上常见有腹股沟疝。

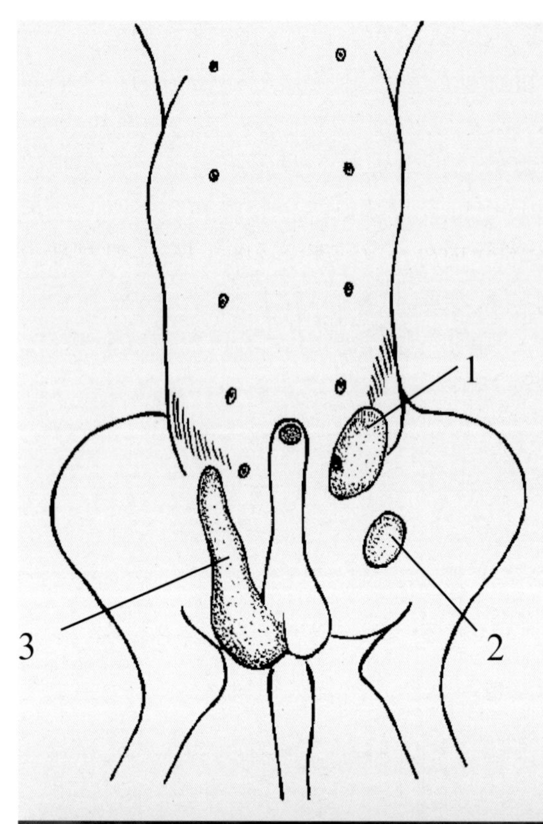

图8-10

犬腹股沟阴囊疝示意图

1—腹股沟疝；2—股疝；3—腹股沟阴囊疝

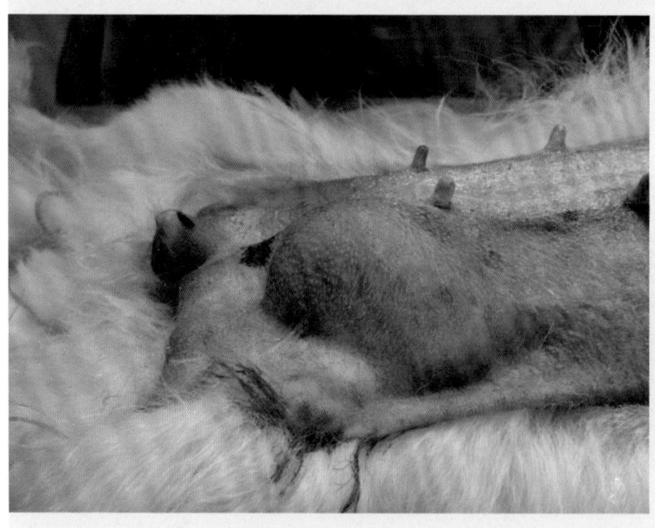

图8-11

八岁京巴犬单侧腹股沟疝

【术前准备】腹股沟阴囊疝常发生嵌闭，动物表现为阴囊肿大、剧烈腹痛，伴有电解质和酸碱平衡紊乱，术前需要镇静止痛、输液、强心和抗休克。一旦确诊，需要马上手术。

【麻醉与保定】全身麻醉配合局部麻醉。仰卧保定。

【手术方法】以腹股沟疝为例。在患侧的乳腺外侧，触摸疝轮（腹股沟管内外环），于疝轮处纵向切开皮肤、皮下组织，钝性分离疝囊周围的疏松组织，暴露疝囊

（图8-12）。用手向腹腔挤压、推送疝内容物，或抓起疝囊捻转迫使内容物通过疝轮返回腹腔（图8-13）。若不易整复，可切开疝囊，在直视下缓慢整复（图8-14）。若网膜、肠管等脏器与疝囊粘连，需小心剥离，对剥离后出血的网膜，需要做结扎止血。若疝轮狭窄，可扩大疝轮（图8-15）。分离鞘膜或腹膜，对较小的疝囊，可紧贴疝囊内缘结扎鞘膜管并切除游离的鞘膜；对较大的疝囊，切除多余的鞘膜，连续缝合鞘膜断端。然后，用不可吸收缝线纽扣闭合腹股沟管内外环（疝轮）（图8-16）。常规闭合皮下组织和皮肤切口（图8-17）。犬腹股沟疝手术见视频8-1。

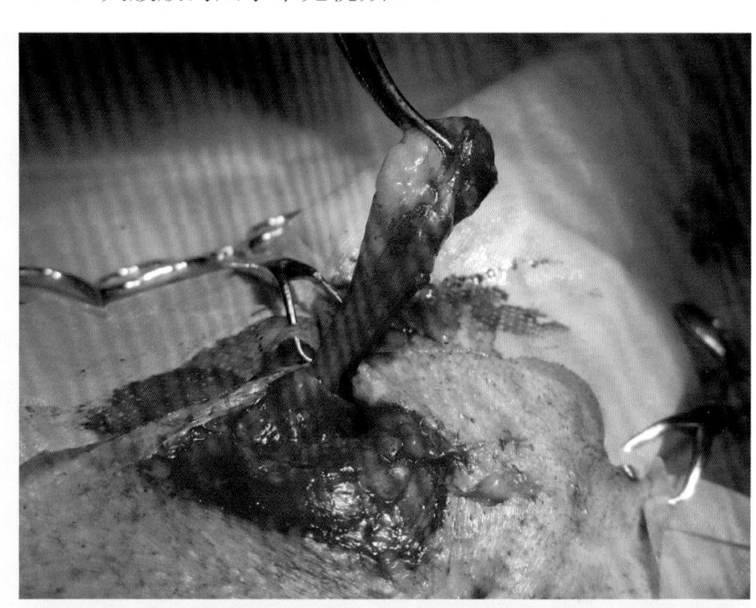

图8-12

钝性分离左侧腹股沟疝囊周围组织

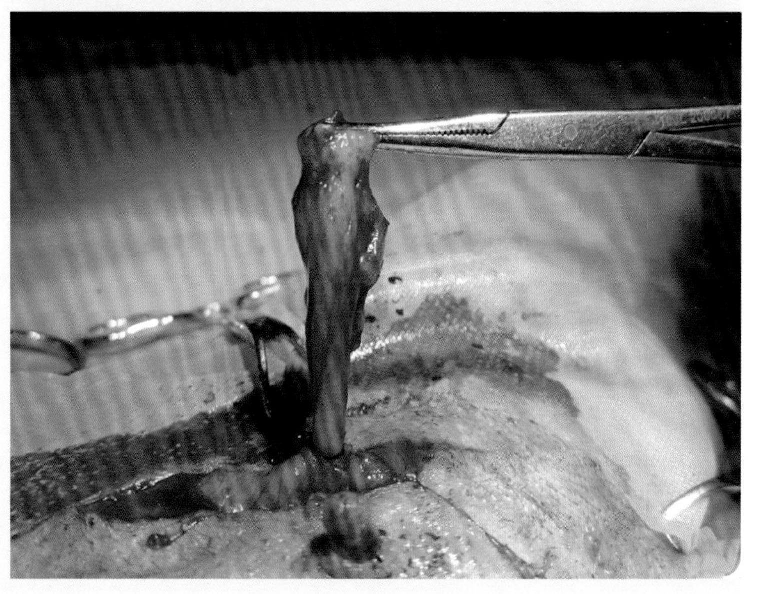
图8-13

将疝内容物（大网膜）还纳腹腔后于疝囊基部做贯穿结扎

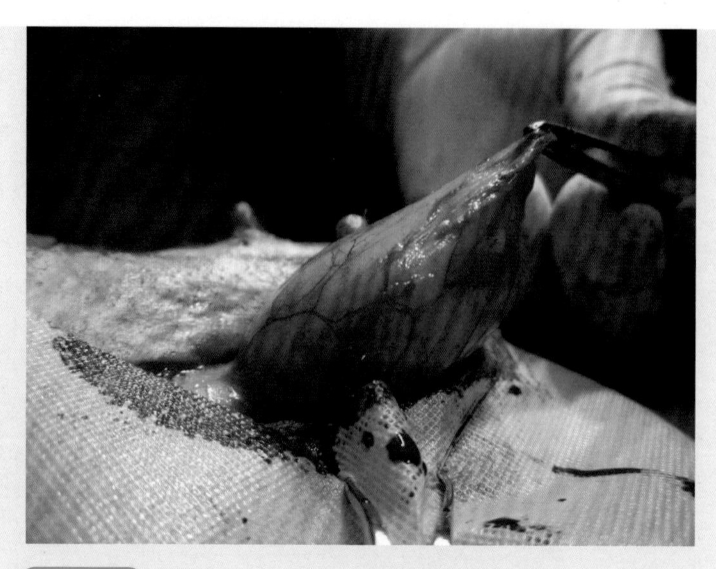

图8-14 切开右侧皮肤后暴露右侧疝囊（内容物为膀胱）

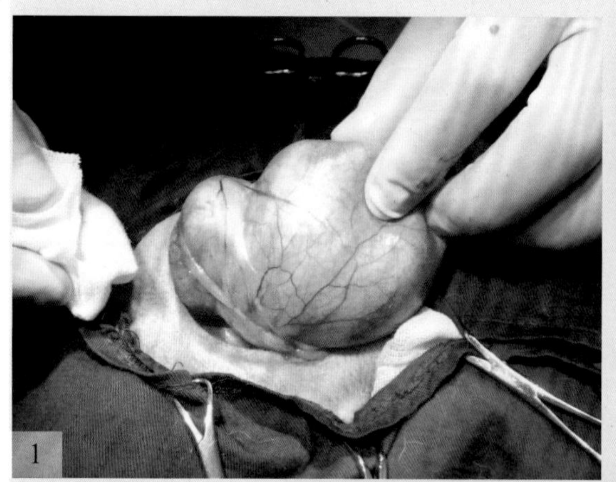

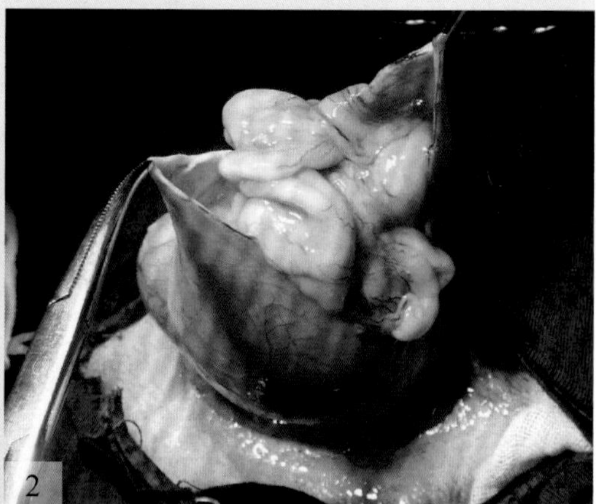

图8-15 八岁京巴犬不可复性疝

1—疝囊紧张，内容物不可还纳；2，3—疝内容物为子宫和大网膜

图8-16
将内容物通过疝轮还纳腹腔后闭合腹股沟管内外环

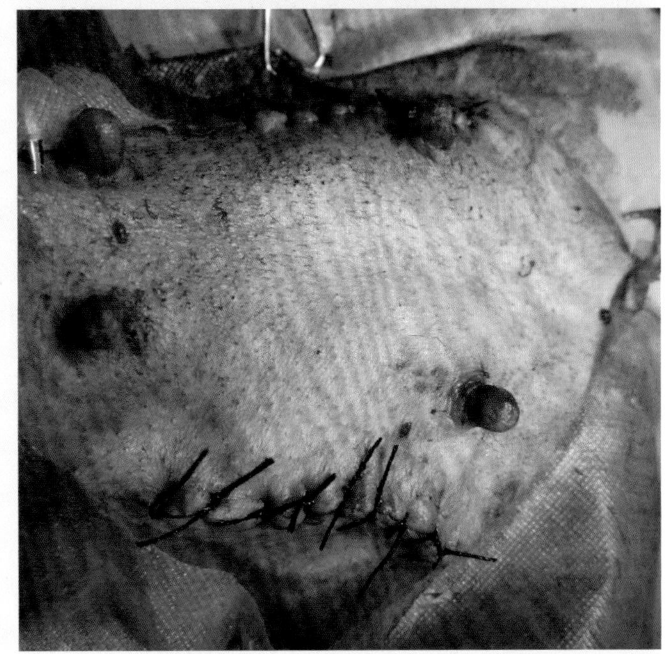

图8-17　常规缝合皮下组织和皮肤

视频8-1
犬腹股沟疝手术

第四节　会阴疝修补术

会阴疝是由于盆膈与尿生殖膈的组织缺陷或破坏，腹腔及盆腔内容物经盆膈和直肠间脱至会阴部皮下（图8-18）。疝内容物常为膀胱、肠管、前列腺或子宫等。

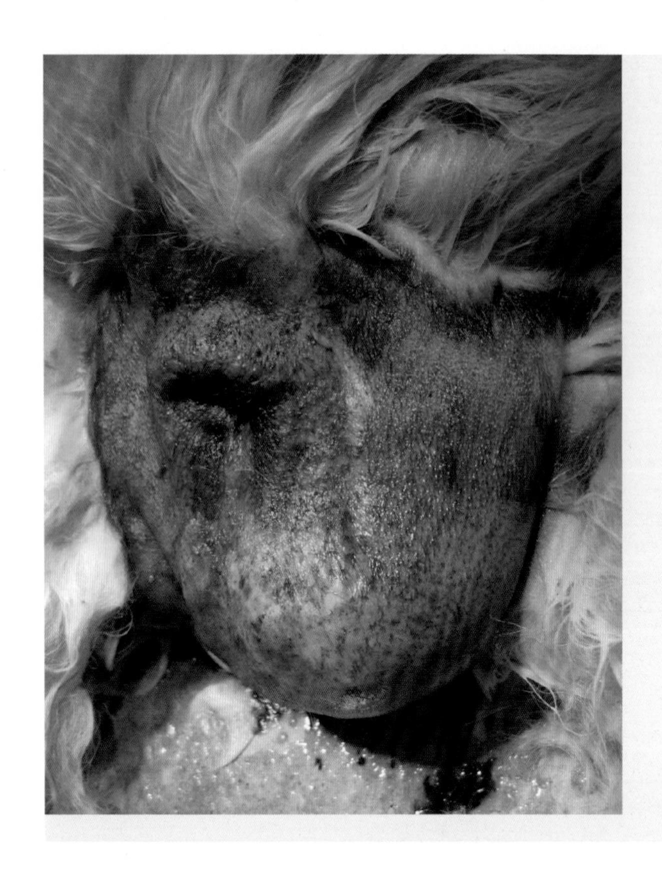

图8-18
犬右侧会阴疝

【解剖特点】盆膈与尿生殖膈由肛提肌、尾骨肌、荐坐韧带、闭孔内肌、肛外括约肌、尿道括约肌和盆膈筋膜等组织组成，形成一管口向后的漏斗形管道，供直肠和肛门通过。会阴疝时，腹腔脏器脱出的通道可以为腹膜的直肠凹陷（雄性）、直肠子宫凹陷（雌性）或直肠周围的疏松结缔组织间隙。

【术前准备】术前禁食12～24小时，温水灌肠，清除直肠内蓄粪，导尿。

【麻醉与保定】全身麻醉。倒立保定或在斜台面上做头颈低于后躯的俯卧保定。

【手术方法】荷包缝合肛门（图8-19），触诊疝内容物及范围（图8-20）。在肛门外侧，自尾根外侧向下至坐骨结节内侧作一弧形切口（图8-21）。钝性分离皮下组织，打开疝囊，避免损伤疝内容物（图8-22、图8-23）。辨清盆腔及腹腔内容物后将疝内容物送回原位（图8-24）。复位困难时，可用夹有纱布球的长钳抵住脏器将其送回原位。为了防止再次脱出，也可用长止血钳夹住疝囊底，沿长轴捻转几圈，然后结扎疝囊颈，残余囊壁留作生物学栓塞。在漏斗状凹陷部可见到直肠壁末端的外括约肌，直肠壁腹侧后方有阴部内动脉、静脉和阴神经，在漏斗状凹陷的背侧是尾骨肌。从尾骨肌到肛门括约肌背侧用不可吸收缝线做2~3针结节或纽扣缝合，暂不打结，然后再由侧面的荐坐韧带到肛门括约肌作2～3针结节或纽扣缝合，一起打结。漏斗状凹陷的腹侧是闭锁肌，由此肌到肛门括约肌作2～3针结节或纽扣缝合（图8-25）。切除多余的皮肤，结节缝合皮肤创口。打结系绷带，经10～12天拆除皮肤缝线。公犬，应同时施行去势术，以减少复发。犬会阴疝手术见视频8-2。

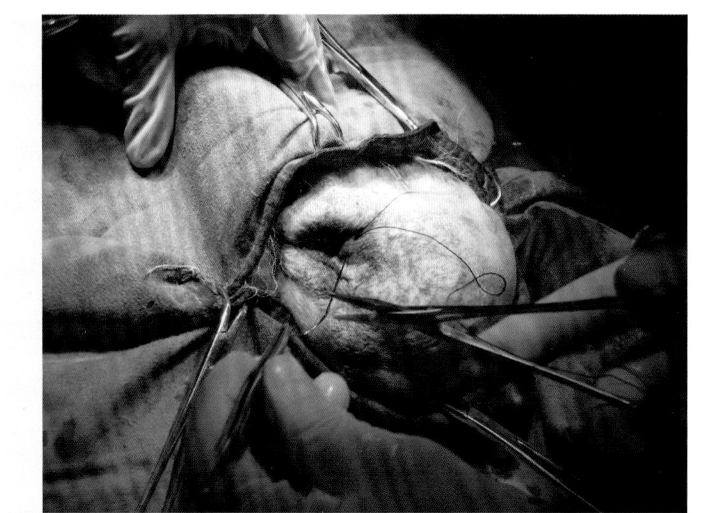

图8-19
荷包缝合肛门

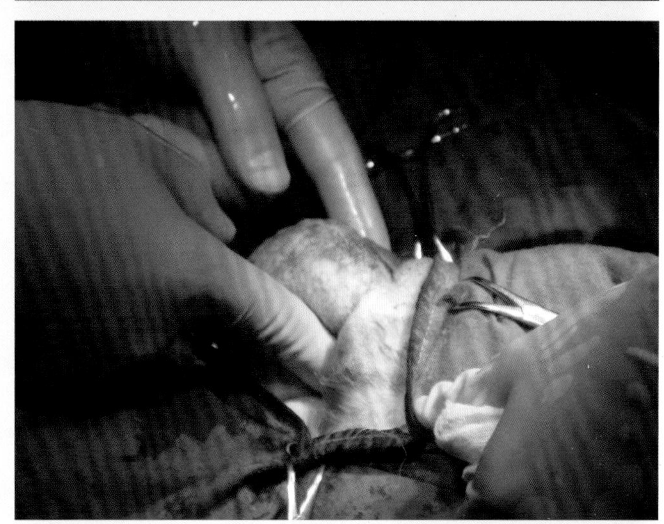

图8-20
探查疝内容物及范围

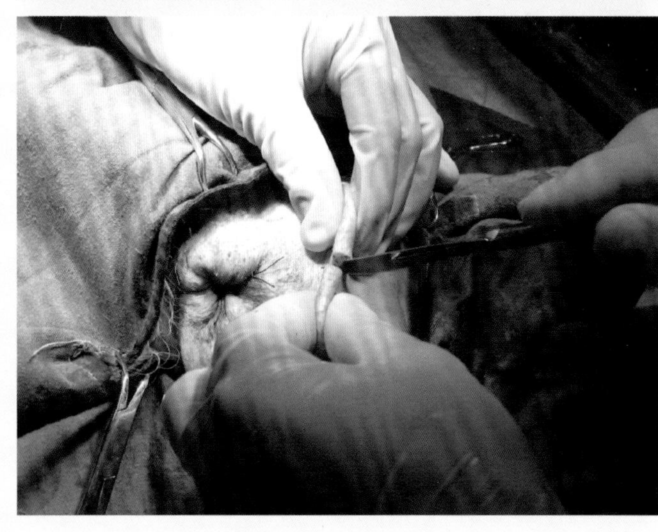

图8-21
自尾根外侧向下至坐骨结节内侧作一弧形切口

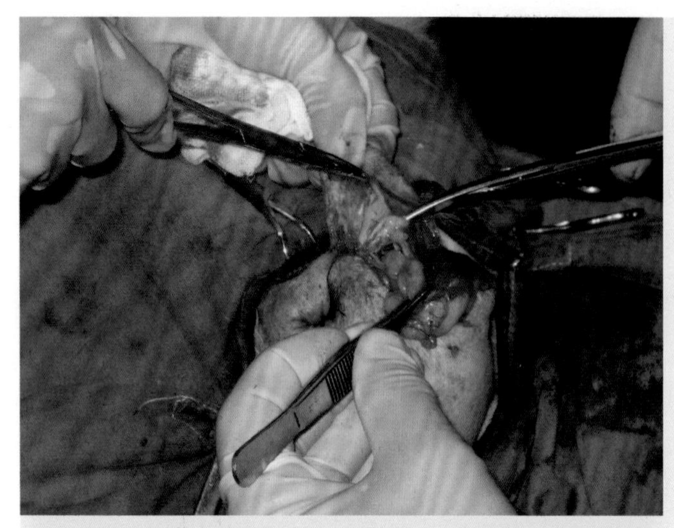

图8-22

钝性分离皮下组织

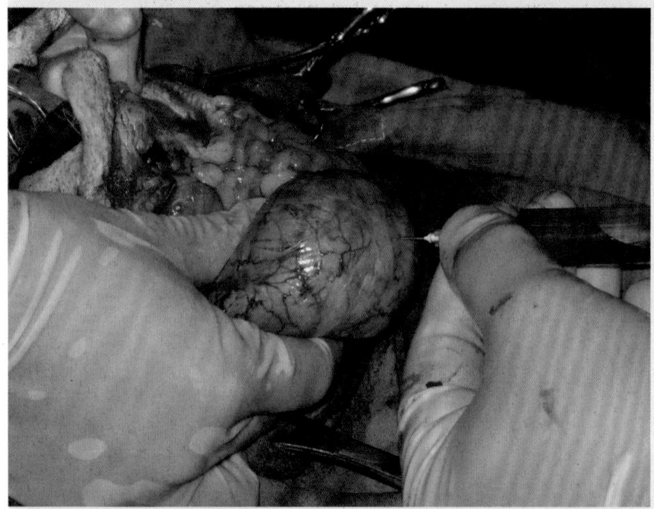

图8-23

切开疝囊显露疝内容物
（膀胱，抽出尿液）

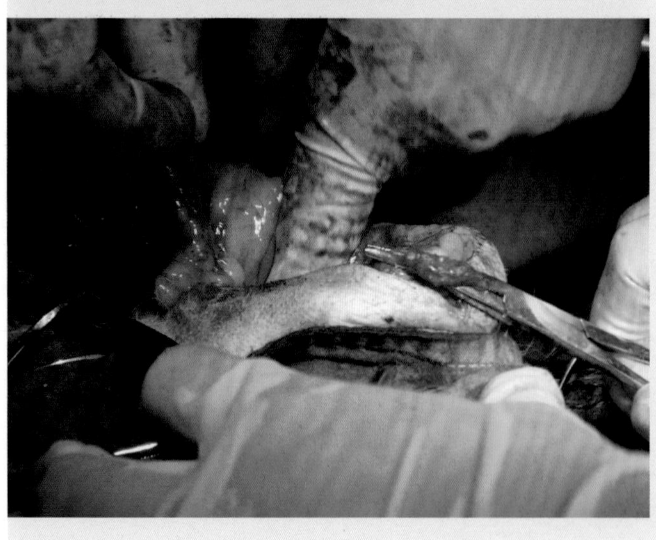

图8-24

将疝内容物还纳腹腔

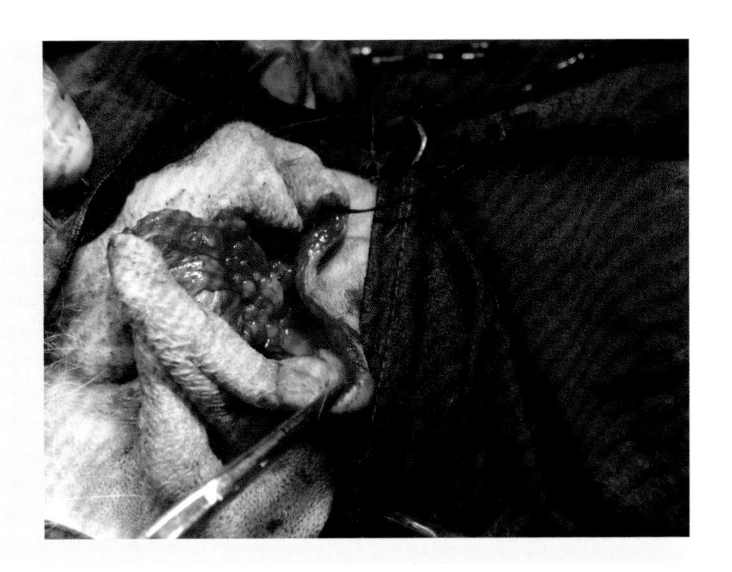

图8-25

用纽扣缝合法闭合疝轮

（尾骨肌与肛门括约肌背侧、荐坐韧带与肛门括约肌、闭锁肌与肛门括约肌分别做纽扣缝合）

视频8-2

犬会阴疝手术

术后保持术部清洁干燥，术部有粪便污染时应随时清除并消毒和换绷带；避免后肢直立和大便干结，避免腹压过大或强烈努责。

第五节　膈疝手术

膈疝是指腹腔脏器自膈肌上的孔隙进入胸腔，包括由于膈肌闭合不全等原因导致的先天性膈疝，或由外伤、强烈振荡、腹内压升高等原因引起膈肌破裂所导致的获得性膈疝（图8-26和图8-27）。

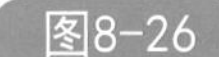

图8-26

膈疝

（膈肌大部分破裂，肝和胃进入胸腔，并伴有肝破裂）

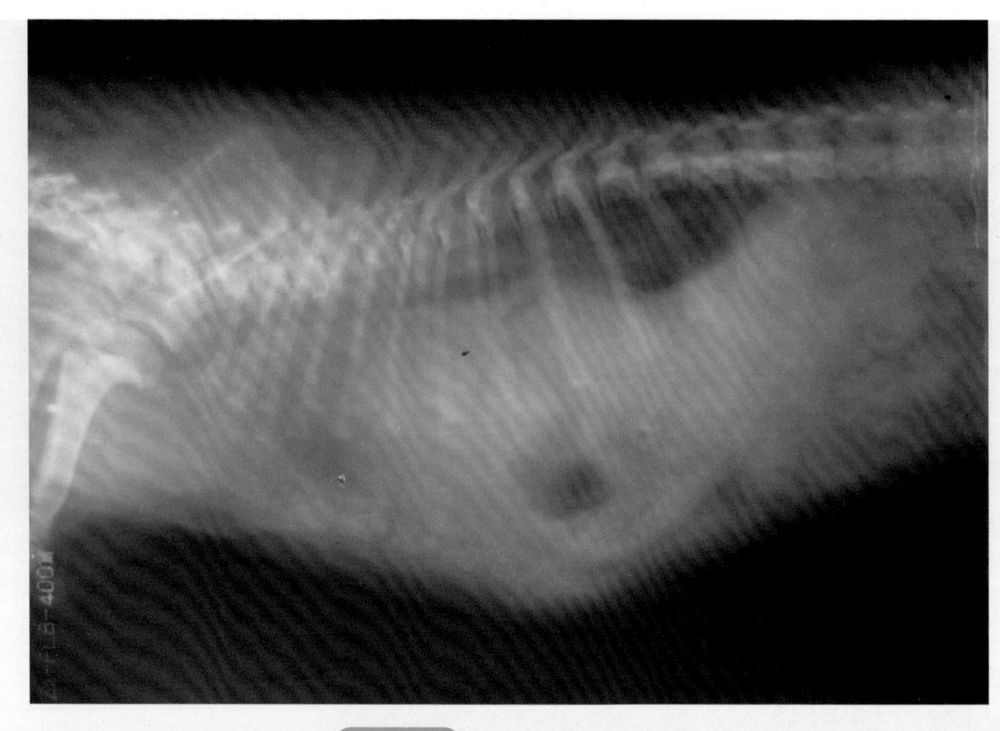

图8-27 胸腔影像密度升高

【解剖特点】膈肌是一扁平肌，附着于腰椎与剑状软骨之间。在体正中纵切面（体中面）上，膈肌是自腰椎向前下方倾斜的凸起，其胸腔面和腹腔面分别被有胸膜和腹膜。膈肌的周边为肌质，中央部为腱质。在左、右膈脚与最后肋骨附着部之间的肌缘，背侧与腰肌、交感神经干和内脏神经腹侧面之间有一裂隙（称为腰肋弓），此处胸腔、腹腔之间只由浆膜和疏松结缔组织隔开，易发生膈疝。在膈上有三个大的裂孔，即食管裂孔、主动脉裂孔和腔静脉裂孔。

【麻醉与保定】全身麻醉，以吸入麻醉、人工辅助或控制呼吸为宜。侧卧保定，患侧在上，或仰卧保定。

【切口定位】膈疝修补手术可用腹腔径路或胸腔径路。腹腔手术通路，是在剑状软骨后方腹中线或中线旁打开腹腔。若需要更充分地暴露膈破裂口，可沿肋弓向一侧延长切口或向前切开胸骨，形成腹腔-胸腔联合通路。

胸腔手术通路，是在肩胛骨中部和肘突分别做两条平行线，这是手术切口的上、下界线，在此范围内作皮肤切口，截除第9肋骨后打开胸腔。

【手术方法】常规打开腹腔或胸腔，用牵开器牵拉开切口，充分显露膈肌破裂口（图8-28）。放出过多的胸腔积液或腹水，仔细检查胸腔或腹腔的脏器。疝内容物多为小肠和网膜，犬肝也常进入胸腔。轻轻还纳或拉出进入胸腔的脏器，随时分离粘连，特别要注意保护肠系膜血管、肝被膜和肠管。

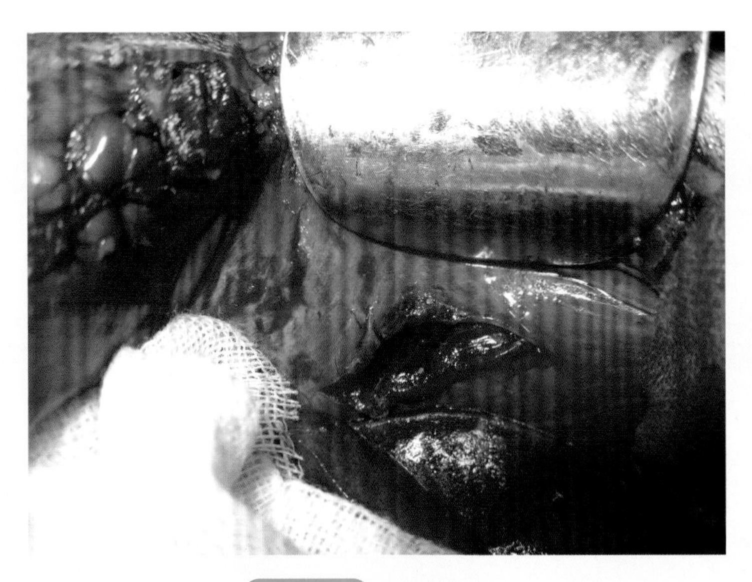

图8-28 膈肌破裂口

肠管进入胸腔常引起嵌闭性膈疝。如果肠管高度臌气、积液，在严密防止污染的情况下进行减压后再行整复。疝轮过小还纳有困难时可扩大疝轮，以便整复。若疝囊处的胸膜、腹膜未破裂，应加以保护，闭合疝轮时用其做生物填充或修补材料。

闭合疝轮多采用重叠缝合法或锁边缝合法（图8-29）。缝合时，先缝合破裂口的最深处。若疝轮大、不易闭合，可用合成纤维片、硅胶片等材料修补膈疝。对于陈旧的破裂口，疝轮已瘢痕化，若不宜切除疝轮，可用附近的腹膜瓣、腹横肌瓣等自身组织覆盖膈肌破裂口并与膈肌做缝合固定。如果是膈肌肋骨附着部撕脱，应将膈肌与肋骨做连续缝合。

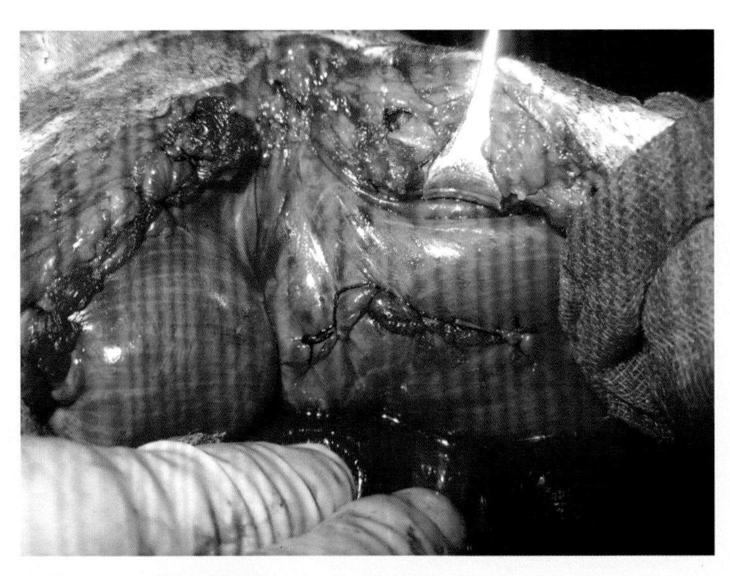

图8-29 用锁边缝合修补膈肌破裂口

若为胸腔手术通路，应放置胸腔引流导管，闭合胸壁切口后抽出胸腔内的气体。若为腹腔手术通路，闭合膈破裂口后检查破裂口处是否漏气，若漏气，对漏气处做结节缝合或纽扣缝合。闭合后，由胸壁处肋间抽出胸腔内的气体。

术后纠正酸碱平衡紊乱，多为酸中毒，可输注生理盐水、碳酸氢钠等加以纠正。应用糖皮质激素、脱水剂、利尿剂等防治肺水肿。术后7~10天，连续应用抗菌药；保持安静，减少运动，避免跳跃。

第九章 胃肠疾病手术

第一节 犬胃切开术

【适应证】胃切开术常用于取出胃内异物、切除胃肿瘤。胃内异物是指动物吞咽下不能消化的东西，例如石块、塑料、金属等。一次性过食较大较多的骨块，导致胃排空障碍。病犬常有持续性或间歇性呕吐，厌食，有时腹痛，体况逐渐下降。异物没有阻塞幽门的病例，可以持续吃东西、饮水，精神良好，一般不呕吐。持续呕吐，可发生低血氯、低血钾、代谢性碱中毒。确诊需用胃镜或X射线检查。

【麻醉与保定】全身麻醉配合局部麻醉。仰卧保定。

【切口定位】脐前腹中线切口（图9-1）。从剑突末端至脐后部作腹中线切口，但不可自剑突旁侧切开。在剑突旁切开时，极易切开膈肌，造成两侧开放性气胸（视频9-1）。

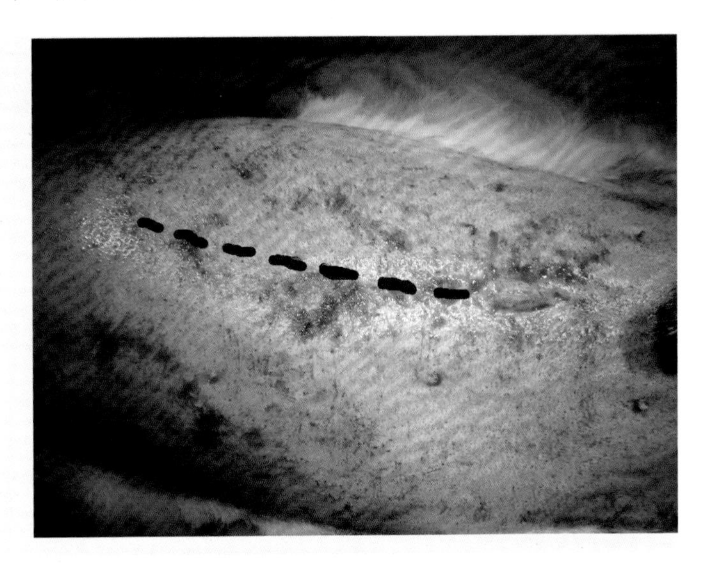

图9-1 脐前腹中线切口

视频9-1 犬脐前腹中线切开术

【手术方法】沿腹中线切开腹壁，显露腹腔，切除镰状韧带（图9-2）。切开胃之前先做腹腔探查，特别要检查肠道内有无异物或肠壁损伤。在胃腹面胃大弯与胃小弯之间的预定切开线两端，用7号丝线通过浆膜肌层缝合两根牵引线（图9-3）。牵拉两根牵引线，使胃壁显露在腹壁切口外。用生理盐水纱布垫填塞在胃和腹壁切口间，以抬高胃壁并使胃壁与腹腔内其它器官隔离。

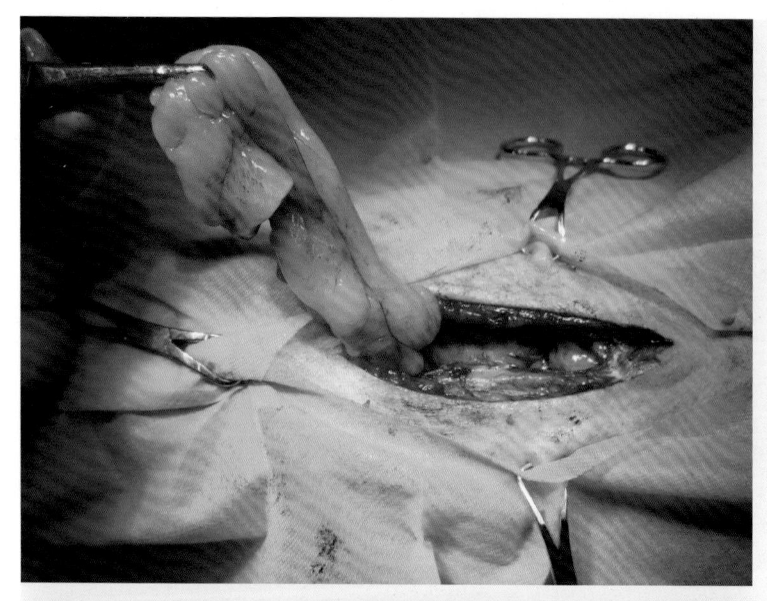

图9-2
打开腹腔后切除镰状韧带

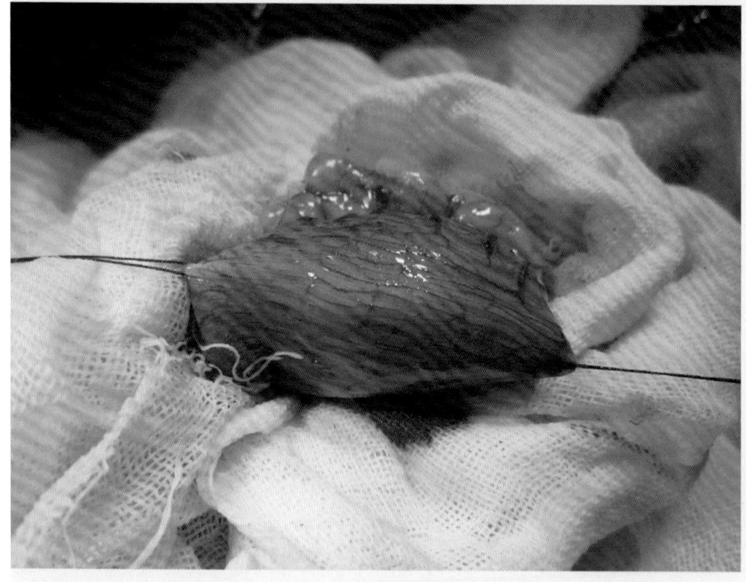

图9-3
预切口两端做浆膜肌层的牵引线

胃的切口位于胃体部，在胃大弯和胃小弯之间的血管稀少区内，纵向或横向切开胃壁。切口要远离幽门，以防内翻的胃壁阻塞幽门。先用手术刀在胃壁上向胃腔内戳一小口（图9-4），然后用手术剪通过胃壁小切口扩大切口（图9-5）。胃壁切开后，用吸引器吸出稀薄的胃内容物，然后清除残留的胃内容物。胃腔检查，包括胃体部、胃底部、幽门、幽门窦及贲门部等，检查有无异物、肿瘤、溃疡、炎症及胃壁是否坏死、穿孔等（图9-6）。

图9-4

手术刀戳透胃壁

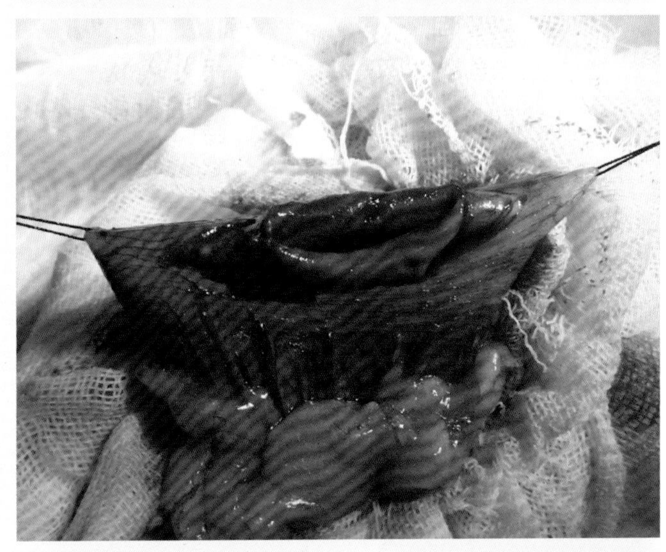

图9-5

手术剪扩大胃壁切口

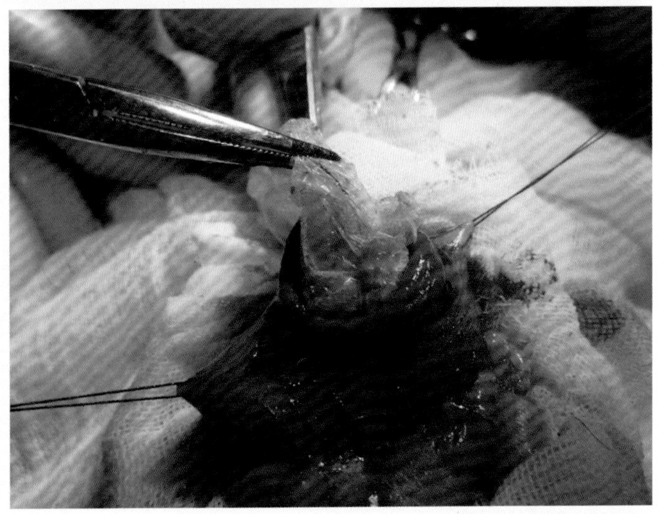

图9-6

探查胃腔并取出胃内异物

胃壁切口的缝合，第一层用2-0～3-0可吸收缝线做胃壁黏膜的全层内翻缝合（图9-7），清除胃壁切口缘的血凝块及污物，冲洗消毒后用可吸收缝线对浆膜层、肌层、黏膜下层进行库兴氏缝合（图9-8）。最后再用伦勃特氏或库兴氏缝合法缝合浆膜肌层（图9-9、图9-10）。犬胃切开术见视频9-2。

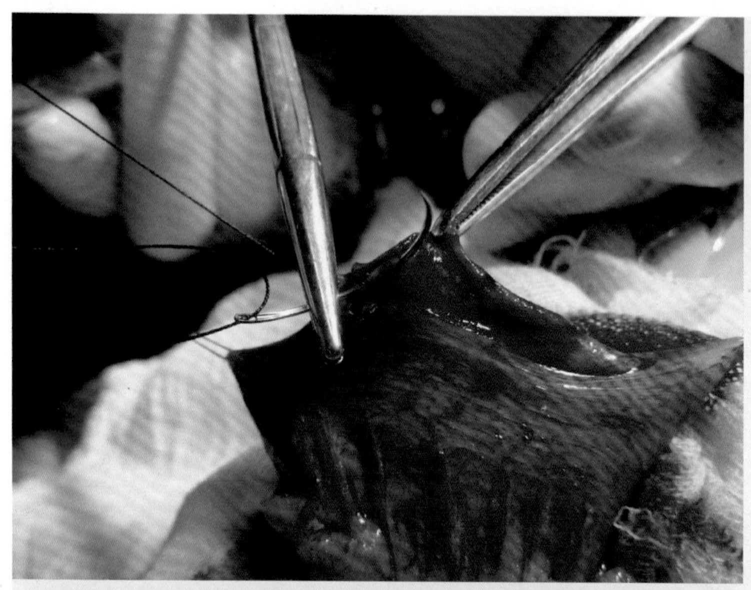

图9-7
胃壁黏膜的全层内翻缝合

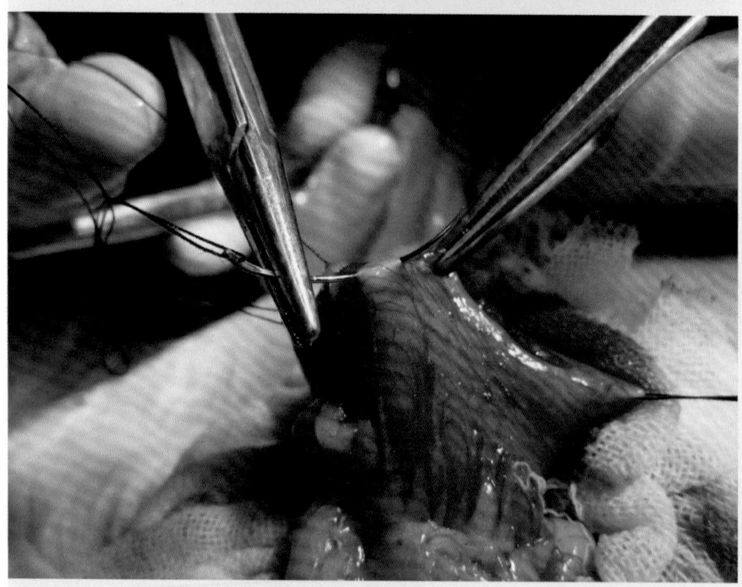

图9-8
第二层用库兴氏缝合法（胃壁浆膜层、肌层和黏膜下层）

视频9-2
犬胃切开术

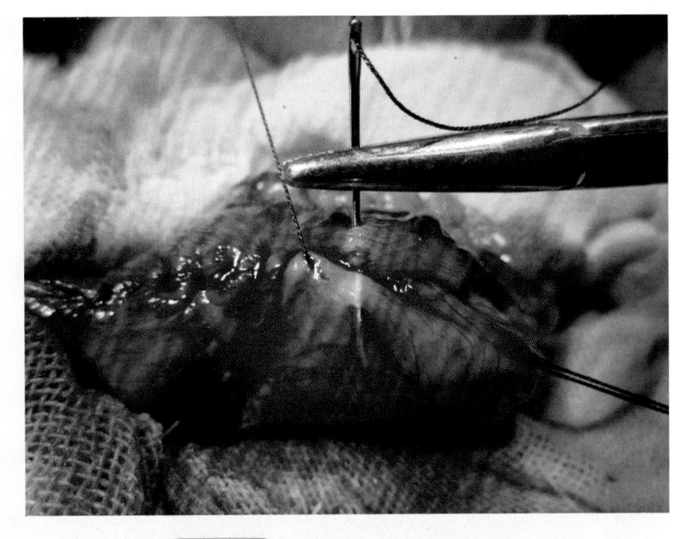

图9-9 胃壁的伦勃特氏缝合

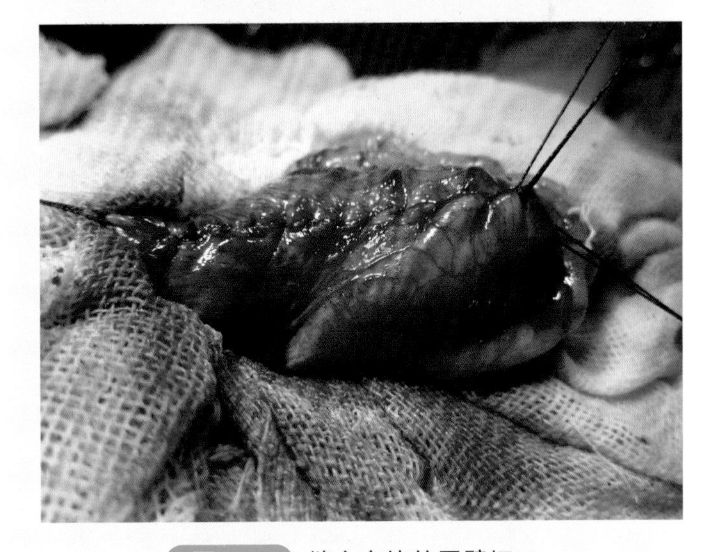

图9-10 缝合完毕的胃壁切口

视频9-3
犬脐前腹中线切口闭合术

拆除胃壁上的牵引线，清理除去隔离的纱布垫，然后用生理盐水对胃壁进行冲洗。若术中胃内容物污染了腹腔，则用生理盐水对腹腔进行灌洗，最后缝合腹壁切口（视频9-3）。

术后24小时内禁饲，12小时后可以饮水。24小时后给予少量肉汤或牛奶，3天后可以给予软的易消化的食物，应少量多次饲喂；如果持续呕吐，可应用氯丙嗪等止吐药，并禁止饮水。

第二节　小肠切开术

【适应证】适用于小肠闭结、肠内异物或蛔虫性肠阻塞等病例（图9-11）。

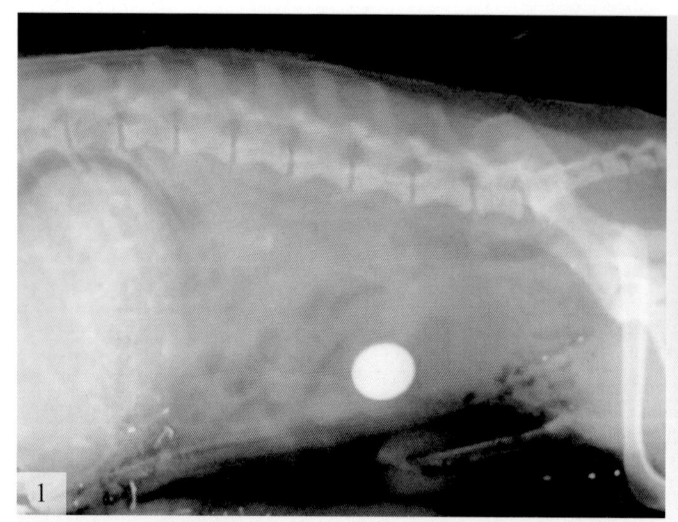

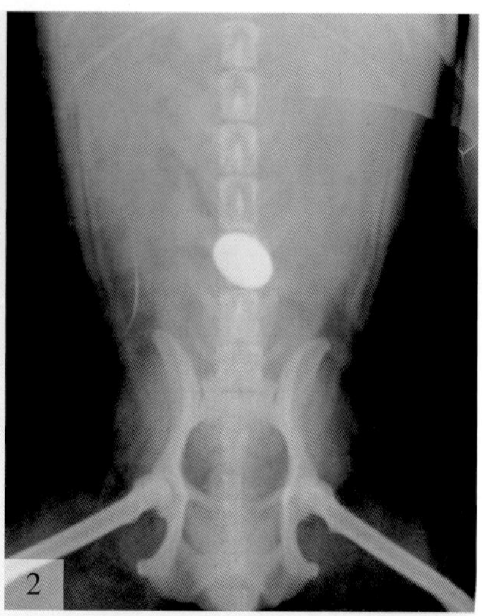

图9-11　吞食异物病犬的X射线影像（腹腔内有高密度的异物影像）

1—右侧位；2—腹背位

【麻醉与保定】全身麻醉配合局部麻醉。仰卧保定。

【切口定位】脐前腹中线切口。

【手术方法】切开腹壁后，将大网膜向前拨动，即可显露小肠（图9-12、图9-13）。将闭结部肠段牵引至腹壁切口外，用生理盐水纱布垫保护隔离（图9-14），用两把肠钳夹闭闭结点两侧肠腔（图9-15）。用手术刀在闭结点处的对肠系膜侧做一纵行切口（图9-16），切口长度以能顺利取出阻塞物为度。清理切口的两侧的异物（图9-17），用酒精棉球消毒切口缘，然后用可吸收缝线进行全层间断或连续内翻缝合（图9-18），第一层缝合完毕，经生理盐水冲洗后转入无菌手术，用伦勃特氏缝合或库兴氏缝合法做第二层缝合（图9-19）。除去肠钳，检查有无渗漏。用生理盐水冲洗肠管，涂以抗菌药油膏后将肠管还纳腹腔内。

犬小肠切开术（肠内异物）见视频9-4。

视频9-4

犬小肠切开术（肠内异物）

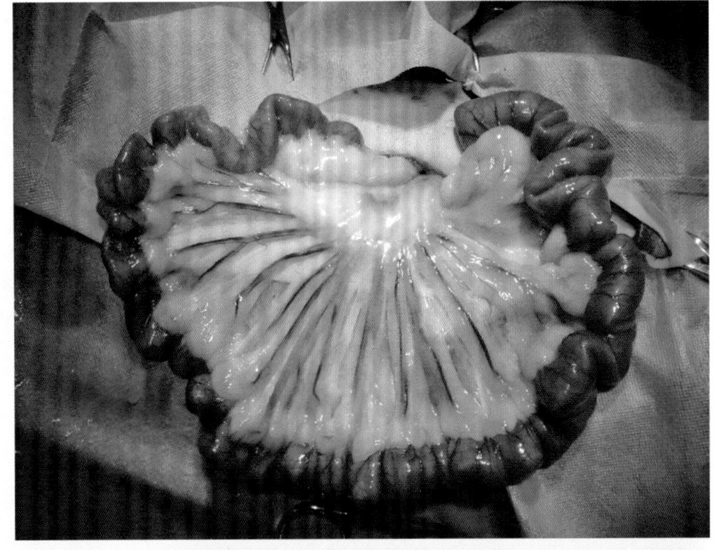

图9-12
吞食缝衣线的病猫小肠段呈裙带样

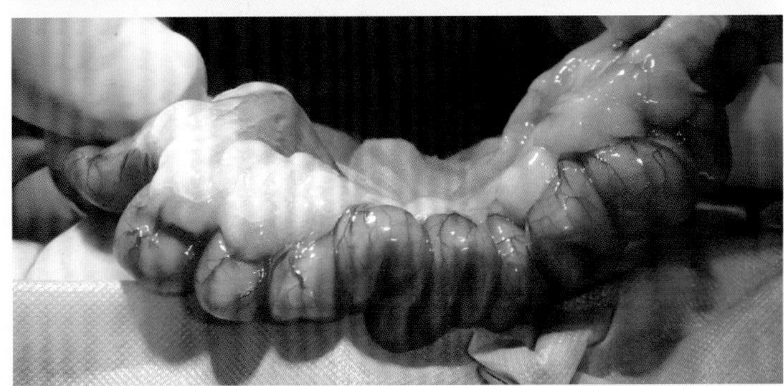

图9-13
缝衣线导致小肠呈裙带样（近观）

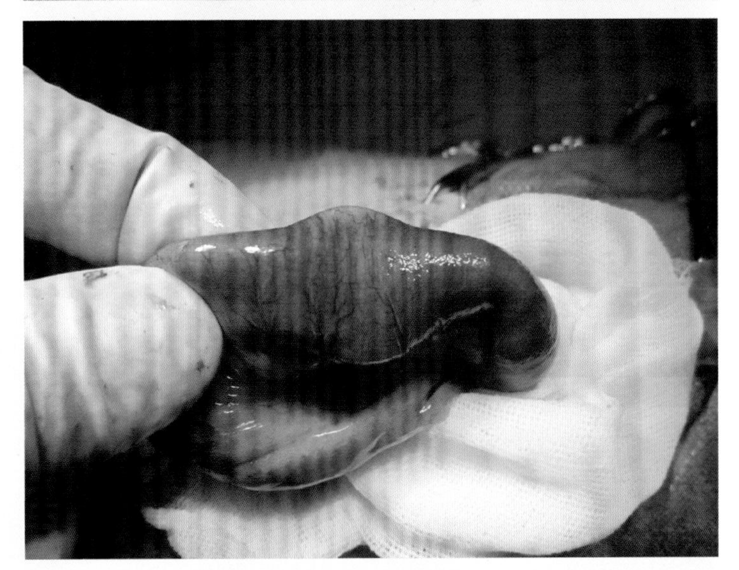

图9-14
将闭结部肠段牵引至切口外并用生理盐水纱布垫隔离术部

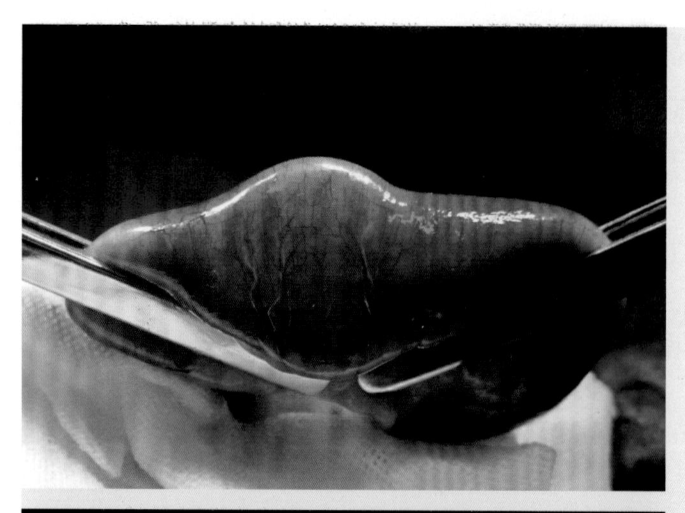

图9-15

用肠钳夹闭闭结点两侧肠腔

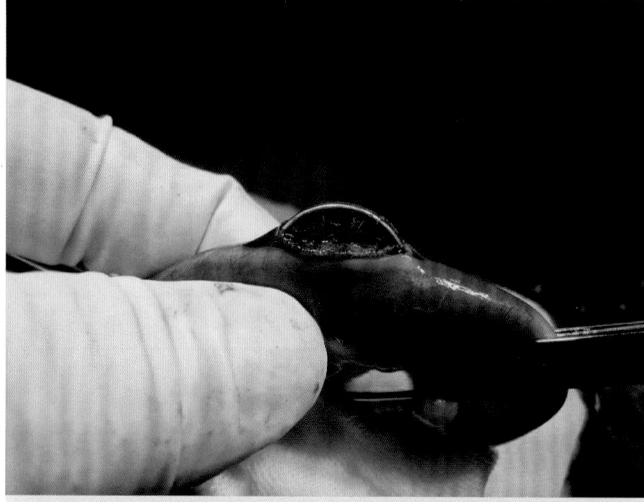

图9-16

在对肠系膜侧肠壁做一纵行切口以暴露肠内异物

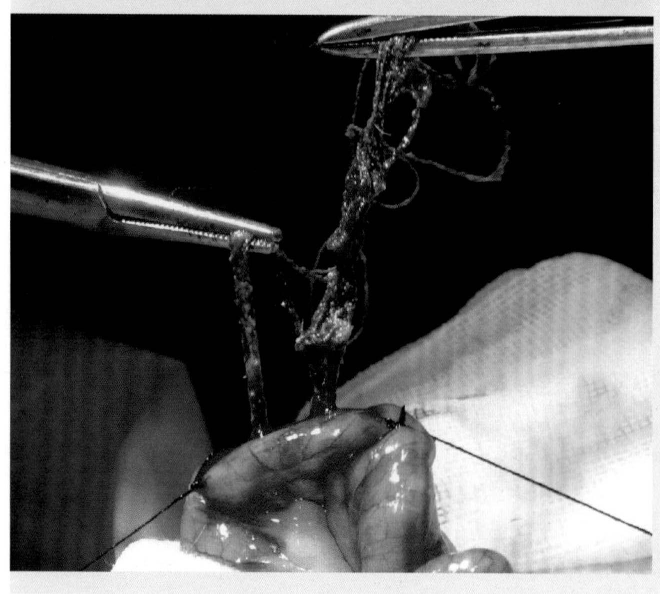

图9-17

猫小肠侧壁切开并取出缝衣线

图9-18 肠壁第一层做康奈尔氏缝合

图9-19 肠壁第二层做库兴氏缝合

小型犬的小肠腔细，肠壁切口经双层缝合后可造成肠腔狭窄，术后易继发肠梗阻。常采用压挤缝合或一层间断内翻缝合。常规闭合腹壁切口。

术后禁食36～48小时，不限制饮水。当出现排便、肠蠕动音恢复正常后方可给予易消化的优质食物。对已出现水、电解质平衡紊乱及酸碱平衡失调的，应进行纠正。若术后48小时仍不排便，出现肠臌胀、肠音弱或呕吐，可应用兴奋胃肠蠕动的药物（如维生素B_1），灌服少量油类泻剂；经治疗仍无效时，则应进行剖腹探查。肠麻痹表现为肠蠕动音减弱、粪便向后运行缓慢、肠臌胀等症状，但精神良好，在术后36小时后症状逐渐减轻，肠臌胀消退，肠蠕动音恢复，不久即可排便。

第三节　大肠切开术

【适应证】犬结肠内粪性闭结或异物，保守疗法无效时可采取大肠切开术。

【麻醉与保定】全身麻醉配合局部麻醉。仰卧保定。

【切口定位】脐后腹中线或腹中线旁切口，必要时可向后延长到耻骨前缘。

【手术方法】沿脐后腹中线切开腹壁（视频9-5），将大网膜和小肠向腹腔前部推移并用生理盐水纱布隔离。在结肠切开前，应仔细检查胃和小肠有无病变存在。将病变结肠牵引至腹壁切口外，用生理盐水纱布隔离（图9-20）。用两把肠钳在拟切开的结肠肠段的两侧夹闭肠管，在肠壁切开线两端系牵引线，并由助手扶持肠钳和固定牵引线（图9-21）。切开肠壁全层，取出肠内闭结粪球或异物（图9-22）。用酒精棉球消毒切口（图9-23）后用可吸收缝线进行间断内翻缝合，线结打在肠腔内，或采用康奈尔氏缝合（图9-24）。用抗菌生理盐水冲洗肠管，第二层用间断伦勃特氏缝合或库兴氏缝合（图9-25），冲洗后，将肠管还纳腹腔内。取出腹腔内的隔离纱布，关闭腹壁切口。犬降结肠切开术（结肠便秘）见视频9-6，犬脐后腹中线切口闭合术见视频9-7。

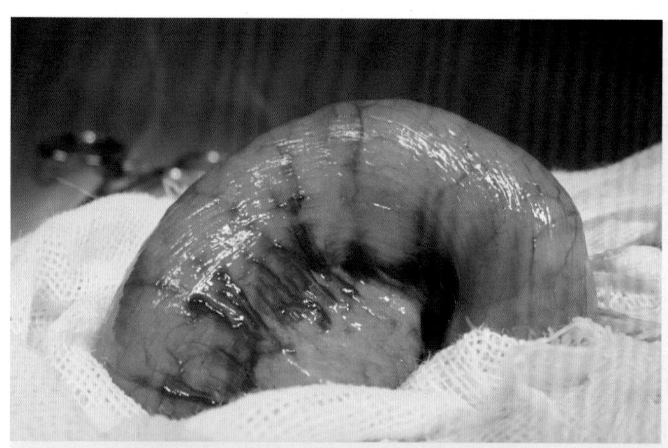

图9-20
病变结肠牵引至切口外并用纱布隔离

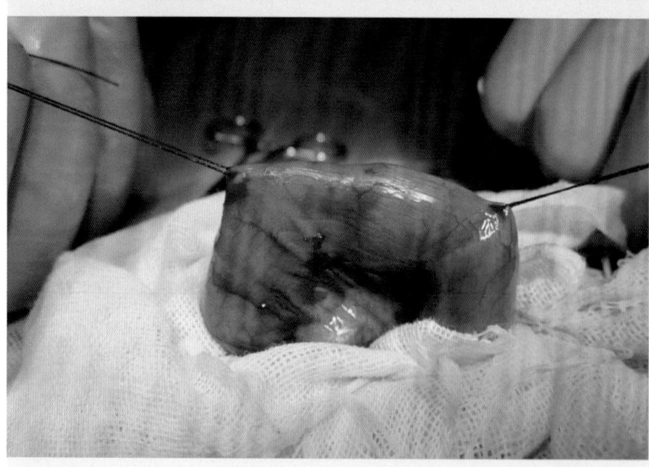

图9-21
肠壁预切口两侧做牵引线

图9-22
取出肠内异物
（骨块）

图9-23
酒精棉球消毒创口

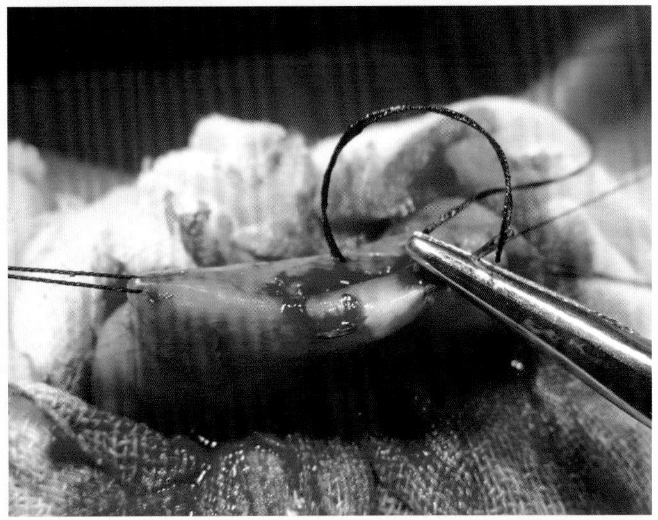

图9-24
肠壁第一层做康奈尔氏
缝合

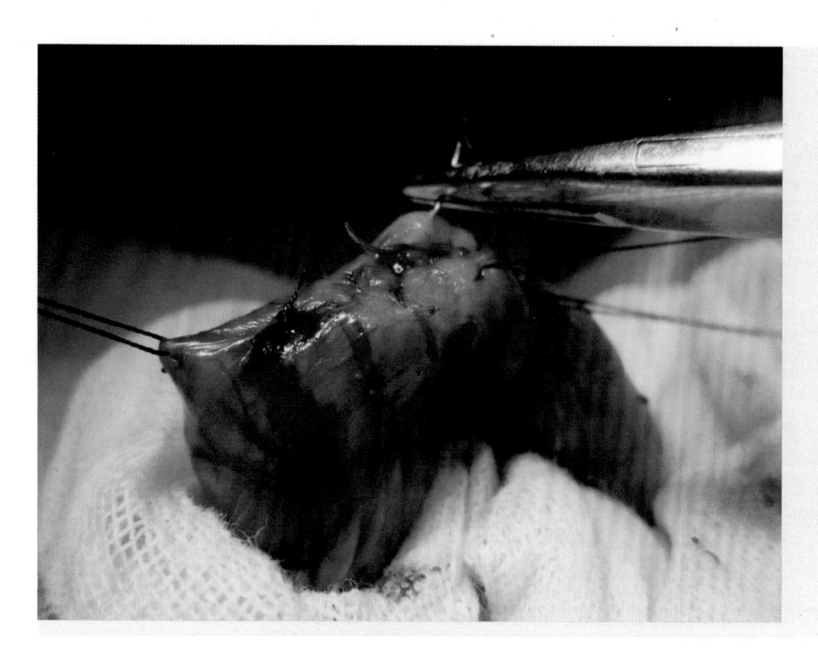

图9-25
肠壁第二层做库兴氏缝合

第四节　肠管部分截除术

【适应证】适用于因各种类型肠变位、肠套叠（图9-26）引起的肠坏死，广泛性肠粘连，不宜修复的广泛性肠损伤或肠瘘，肠肿瘤手术治疗等。

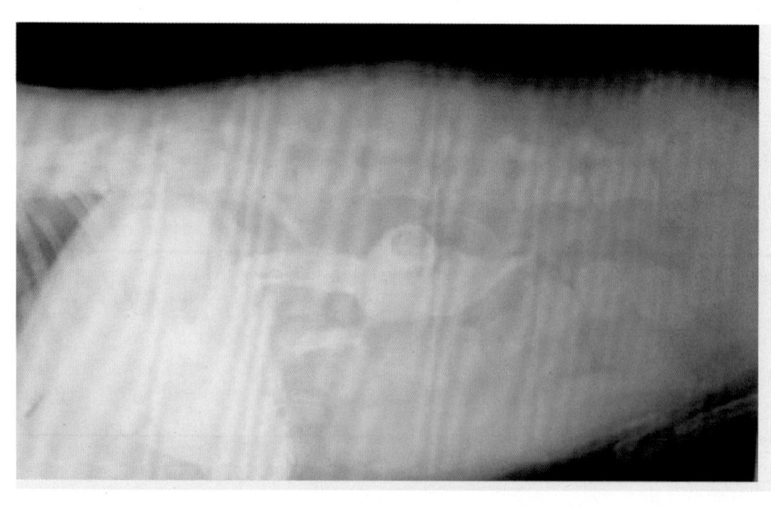

图9-26
肠套叠部位钡餐造影呈杯口状缺损

【术前准备】有肠变位、肠套叠的动物大多伴有严重的水、电解质代谢紊乱和酸碱平衡失调，常发生中毒性休克，为了提高动物对手术的耐受性和手术治愈率，在术前应进行纠正。静脉内注射胶体液（如全血、血浆）和晶体液（如林格液）、地塞米松、抗菌药等药物，进行紧急手术。

在非紧急情况下，术前12~24小时禁食，4 ～ 6小时禁水；口服抗菌药物，以抑制肠道细菌的繁殖。

【麻醉与保定】全身麻醉配合局部麻醉。仰卧保定。

【切口定位】腹中线切口。

【手术方法】腹壁切开后，用生理盐水纱布垫保护切口创缘，术者手经创口伸入腹腔内探查病变肠段，缓慢将病变肠管牵引出腹腔，用纱布进行隔离（图9-27、图9-28）。在下列情况下可判断肠管已经坏死：肠管呈暗紫色、黑红色或灰白色；肠壁薄、变软无弹性，肠管浆膜失去光泽；肠系膜血管搏动消失；肠管失去蠕动能力等。

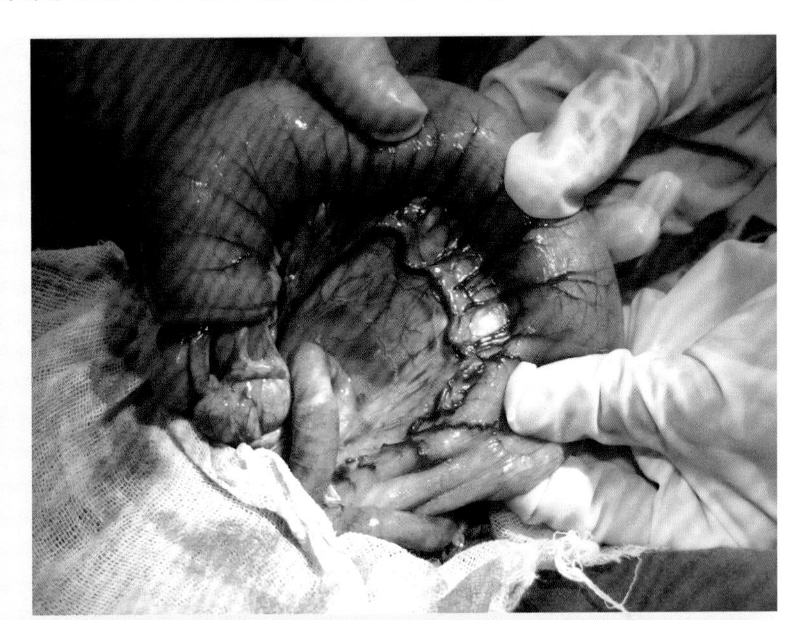

图9-27
空肠-回肠套叠

图9-28
空肠套叠

肠切除线应在病变部位两端5～10厘米的健康肠管上，近端肠管切除范围应大于远端肠管。展开肠系膜，在肠管切除范围对相应肠系膜作“V”形或扇形预定切除线（图9-29），在预定切除线两侧双重结扎肠系膜血管（图9-30），然后在结扎线之间切断血管、肠系膜与肠管（图9-31）。

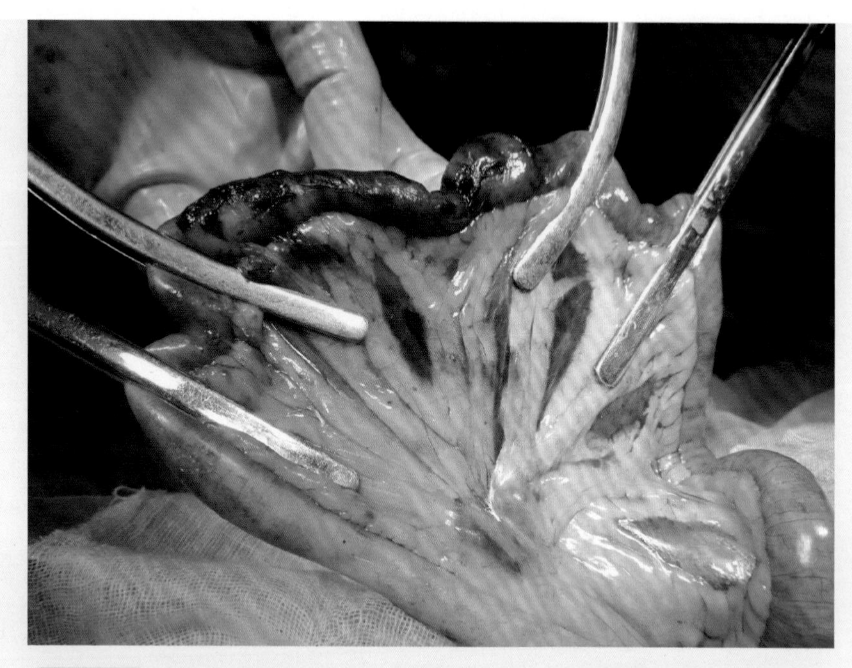

图9-29 整复后的套叠肠管（肠管已坏死，在坏死肠段两侧装肠钳）

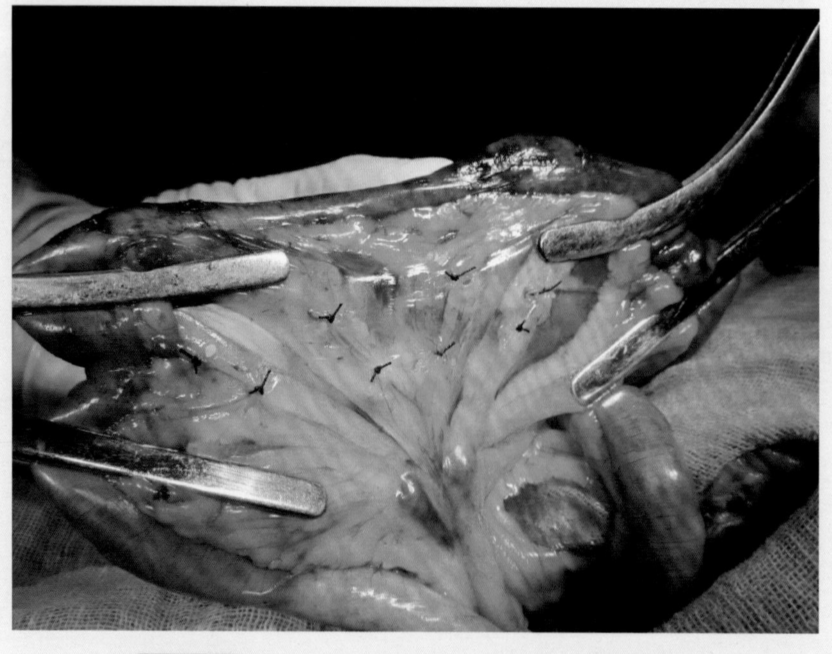

图9-30 在预定切除线两侧双重结扎肠系膜血管

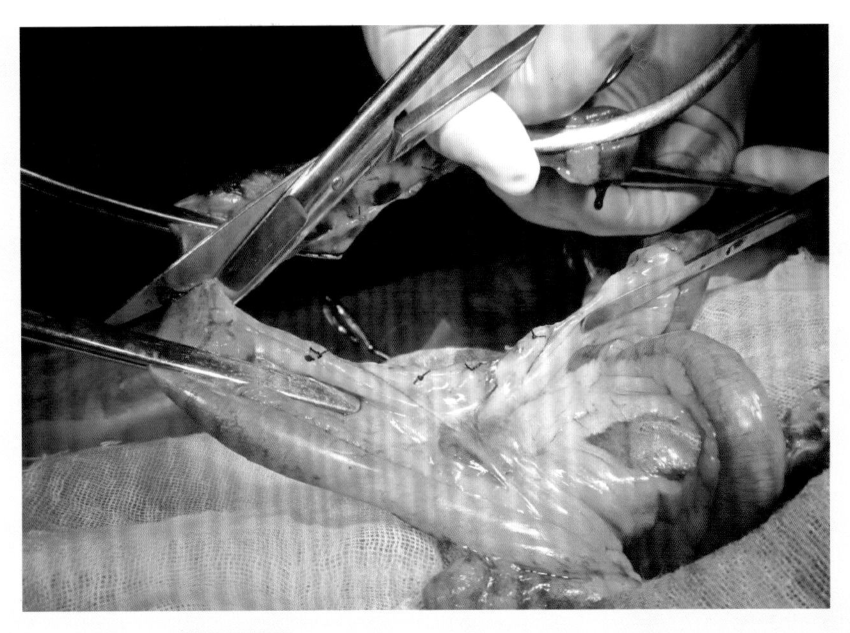

图9-31　在结扎线之间切断肠系膜与肠管

肠管截断后常用断端吻合术。助手持两把肠钳，使两肠断端对齐靠近（图9-32）。在两断端的肠系膜侧和对肠系膜侧距肠断缘0.5～1厘米处用1～2号缝线穿透肠壁浆膜肌层作牵引线，以固定两肠断端便于缝合（图9-33）。用圆针自两肠断端的后壁（在肠腔内）由对肠系膜侧向肠系膜侧作间断全层缝合（图9-34）。然后，用间断全层内翻缝合法缝合前壁，线结打在肠腔内（图9-35～图9-37）。

图9-32　肠断端对齐

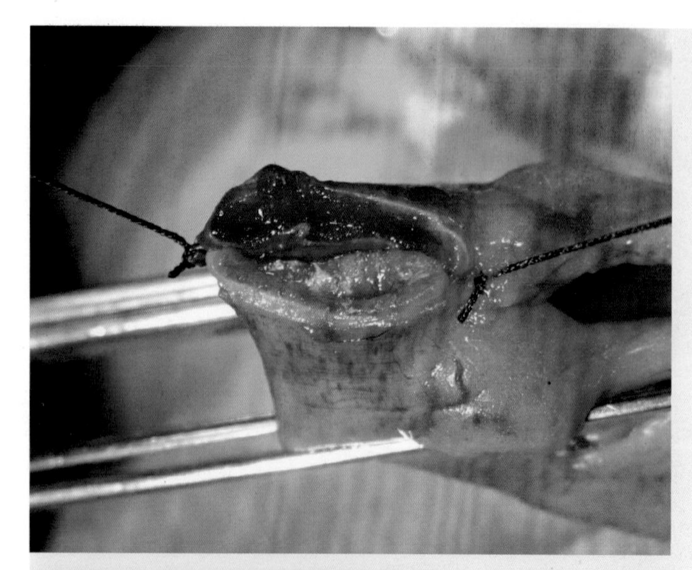

图9-33

分别做肠系膜侧和对肠系膜侧牵引线

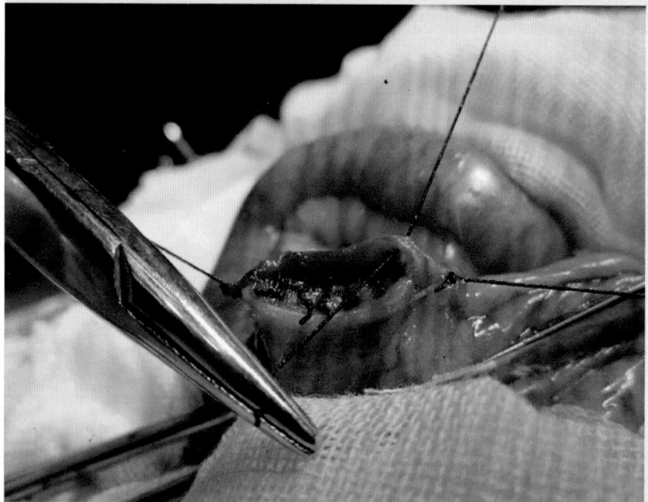

图9-34

肠管后壁做间断全层缝合

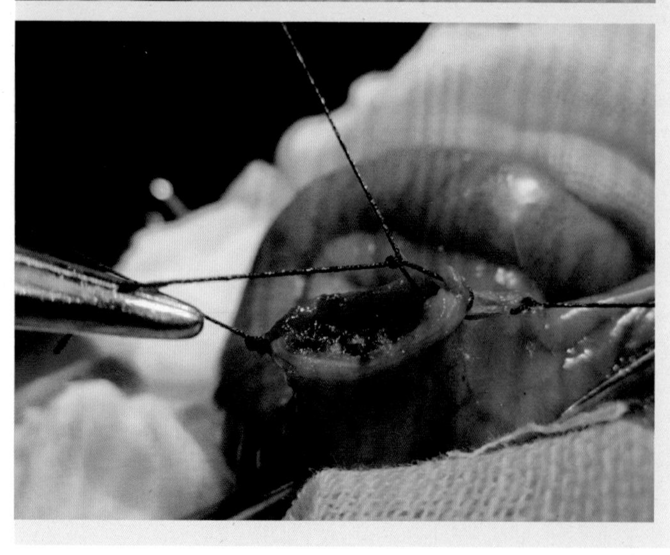

图9-35

肠管后壁转入前壁的缝合

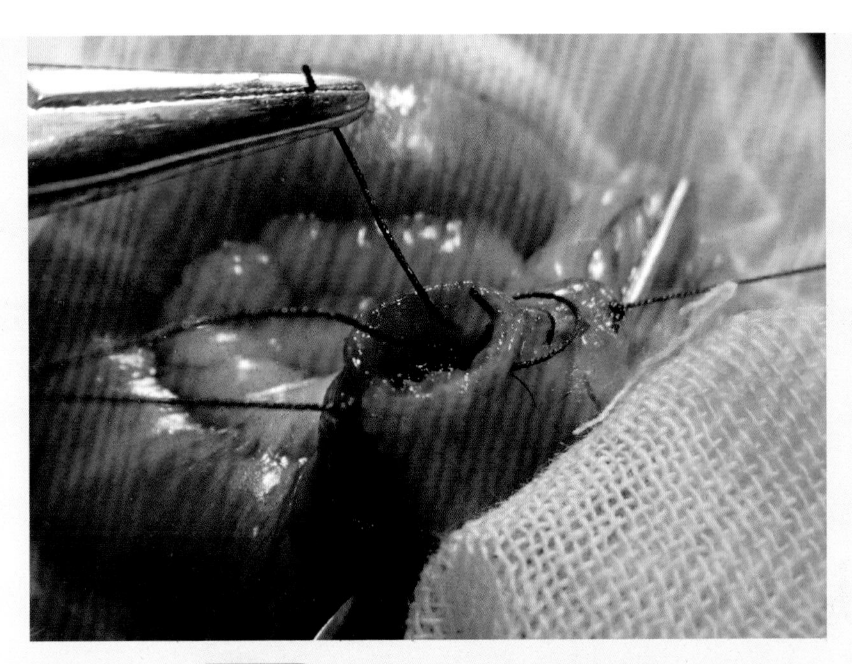

图9-36 肠管前壁做间断全层内翻缝合

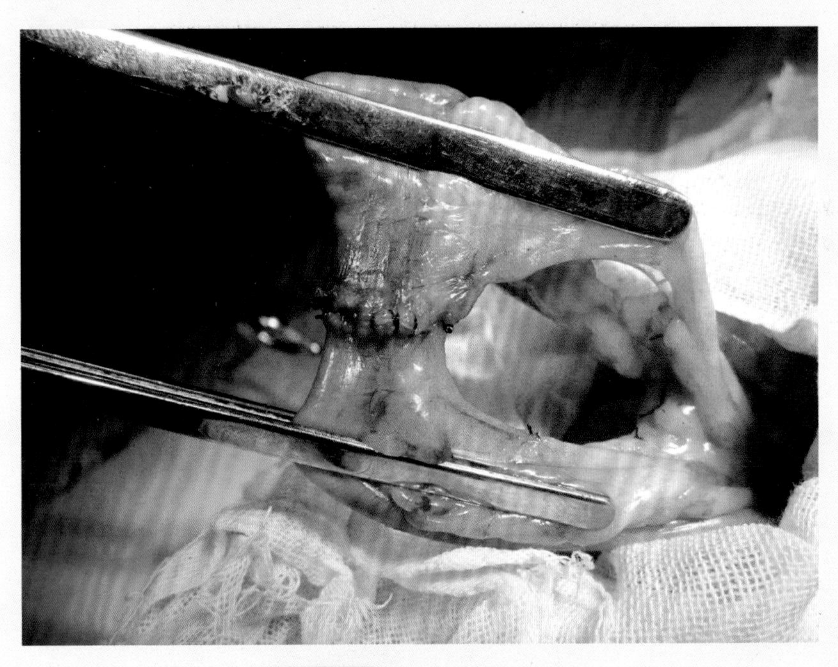

图9-37 第一层缝合完毕

完成第一层缝合后用生理盐水冲洗肠管，转入无菌手术。第二层采用间断伦勃特氏缝合；肠系膜侧和对肠系膜侧的两转折处，可作1~2针补充缝合（图9-38、图9-39）。撤除肠钳，检查吻合口是否符合要求。最后间断缝合肠系膜创口（图9-40、图9-41）。犬小肠部分切除术见视频9-8。

图9-38
第二层做间断伦勃特氏缝合

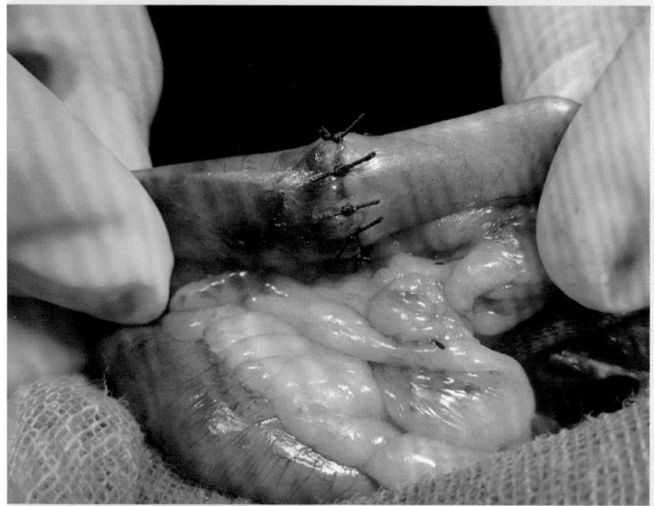

图9-39
第二层缝合完毕

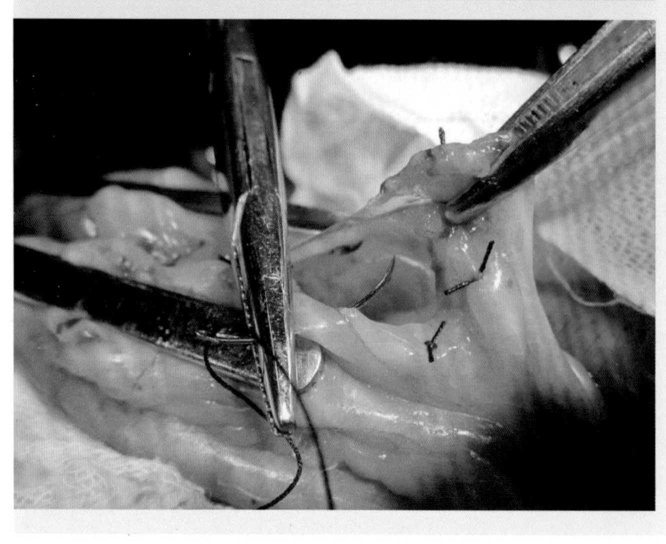

图9-40
间断缝合肠系膜创口

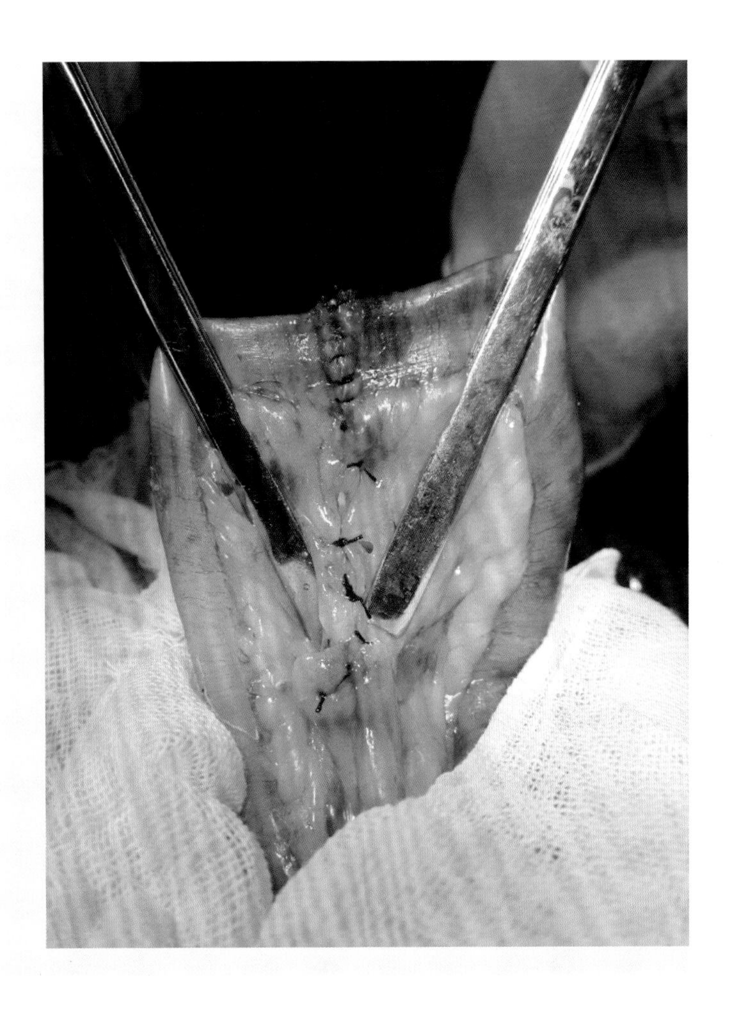

图9-41
肠吻合术缝合完毕

小型动物肠腔细，对细小肠管的断端吻合术，可采用简单间断缝合技术。病变肠管切除后，用可吸收缝线在肠系膜侧的肠壁外、距肠断缘3毫米处的浆膜面进针，通过肠壁全层在肠腔内的黏膜边缘处出针，然后针转到对侧黏膜边缘进针，针呈一定角度通过黏膜层、肌层，在距肠断缘3毫米处的浆膜面出针，然后打结并留长线尾作为牵引线。在对肠系膜侧作同样的牵引线。

自肠系膜侧向对肠系膜侧缝合肠前壁。在距肠断端3毫米处的浆膜面进针，自肠腔的黏膜缘出针，针再转入对侧肠壁的黏膜缘进针，在距肠断端3毫米处的浆膜面出针打结，完成一个简单间断缝合。

打结时切忌黏膜外翻，每一个线结都应使黏膜处于内翻状态。前壁缝合后，再按同样的缝合方法完成肠后壁的缝合。简单间断缝合后，检查缝合处是否遗漏或封闭不严密，可进行补针。最后用大网膜瓣包裹肠吻合处，并用缝线将网膜固定于肠壁上（图9-42）。肠系膜缺损处进行间断缝合。

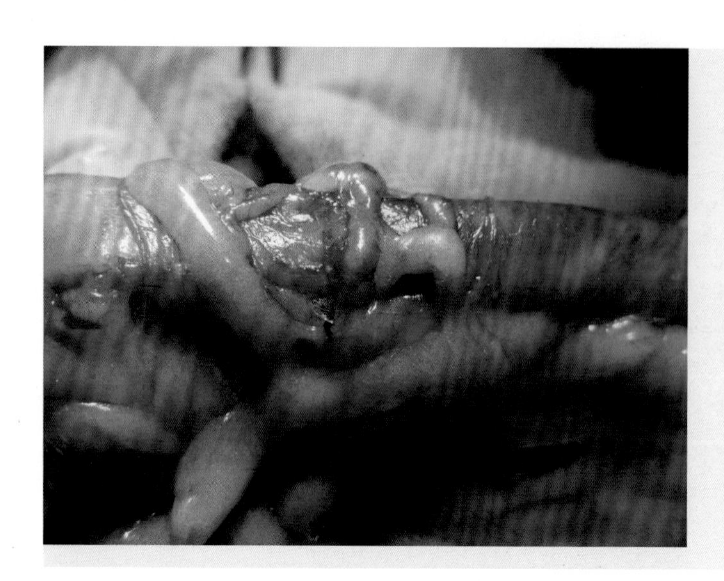

图9-42 用大网膜瓣包裹肠吻合处并做缝合固定

第五节 锁肛造口术

锁肛是指肛门被皮肤所封闭而无肛门孔的先天性畸形（图9-43）。

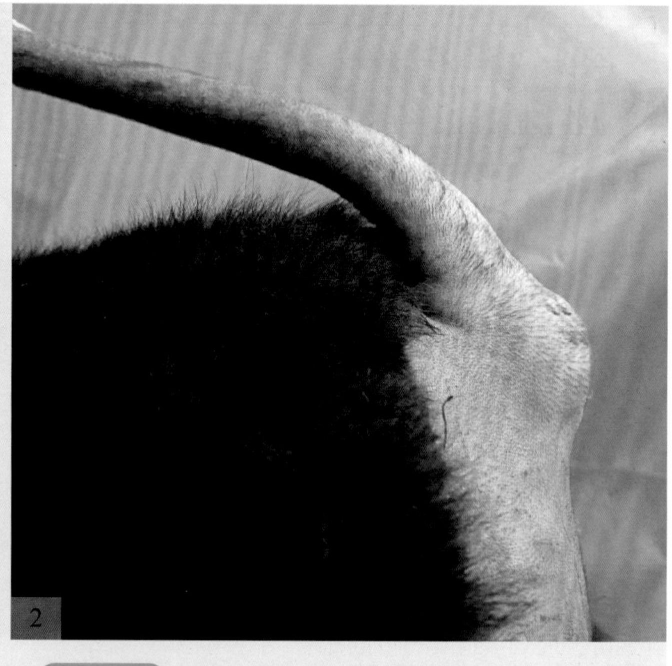

图9-43 锁肛

1—会阴部无肛门口；2—类似正常犬肛门口位置向外凸出

【麻醉与保定】全身麻醉配合局部麻醉。倒立或俯卧保定，前低后高。

【手术方法】在肛门窝或相当于正常肛门的部位，按正常仔畜肛门孔的大小做一圆形皮肤切口（图9-44和图9-45），仔细向骨盆腔方向分离，显露直肠盲端。一边分离，一边向外牵引盲端，使直肠盲端超出肛门口2～3厘米（图9-46）。将直肠壁浆膜肌层与其周围的组织做间断固定缝合（图9-47）。然后，在盲端剪开直肠，形成圆形开口（图9-48）。肠壁肌层与周围的肌肉或皮下组织、黏膜层与皮肤创缘作间断缝合(图9-49)；在切口周围涂以抗菌药软膏。

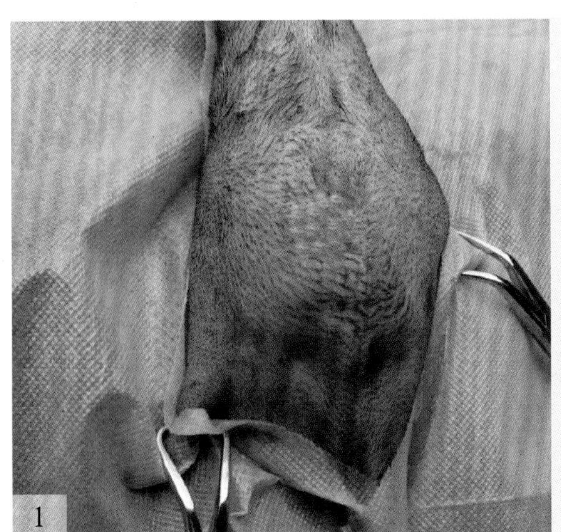

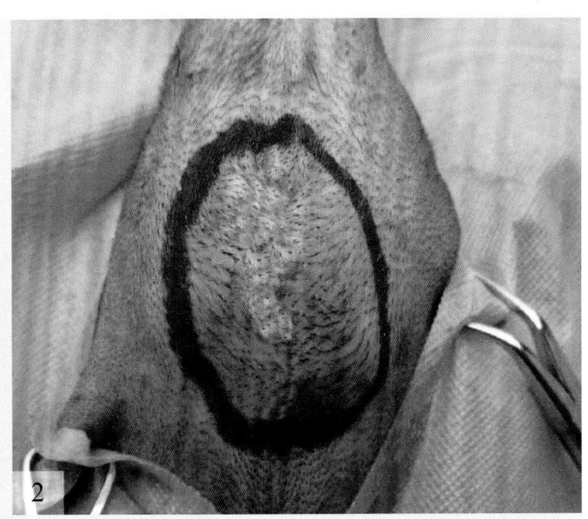

图9-44 术部准备

1—术部消毒、隔离；2—确定皮肤切开线

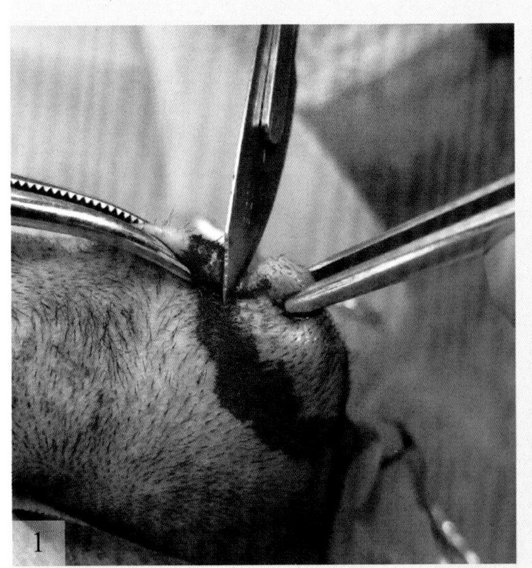

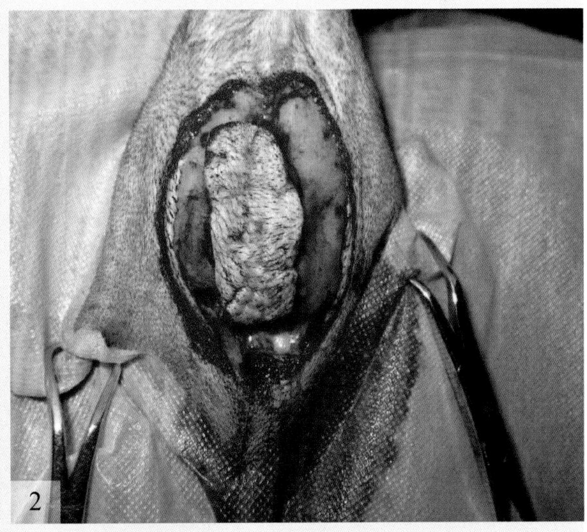

图9-45 做圆形皮瓣

1—皱襞切开皮肤；2—圆形皮瓣

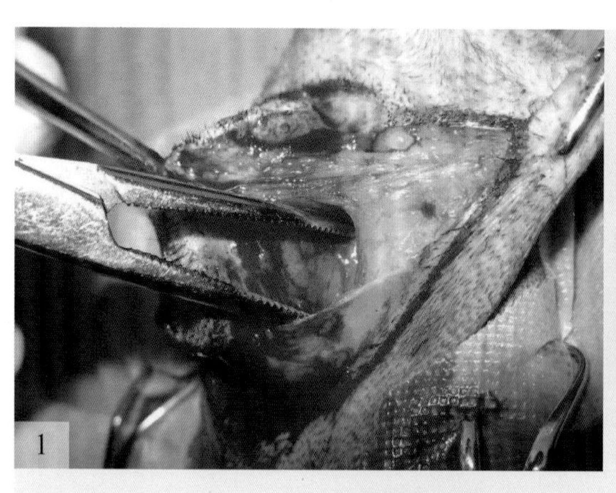

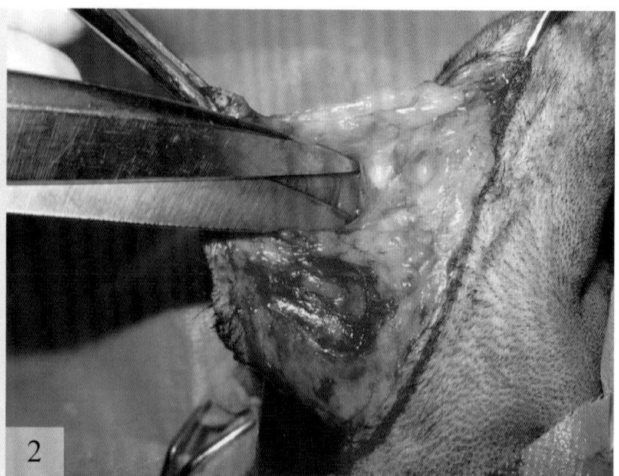

图9-46 分离皮下与直肠周围的组织

1—用止血钳钝性分离；2—用剪刀做钝性分离与锐性分离

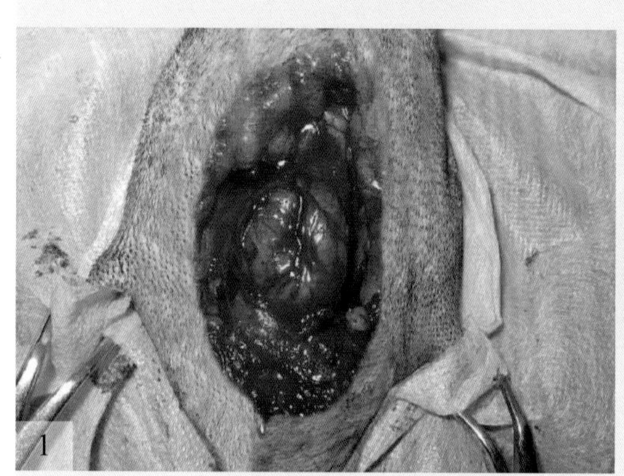

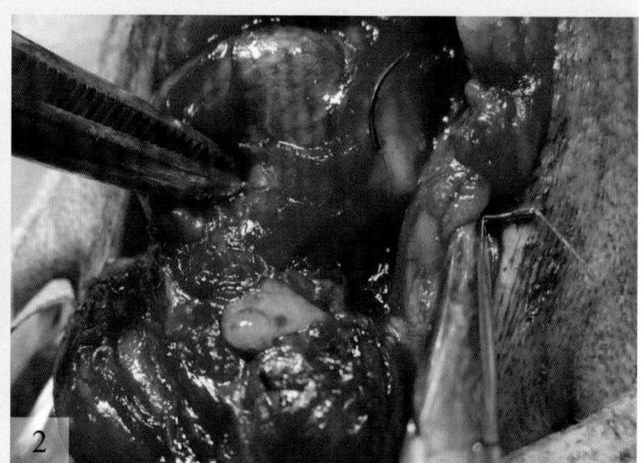

图9-47 显露固定直肠壁并做缝合

1—显露直肠盲端；2—将直肠壁浆膜肌层与其周围的组织做间断固定缝合

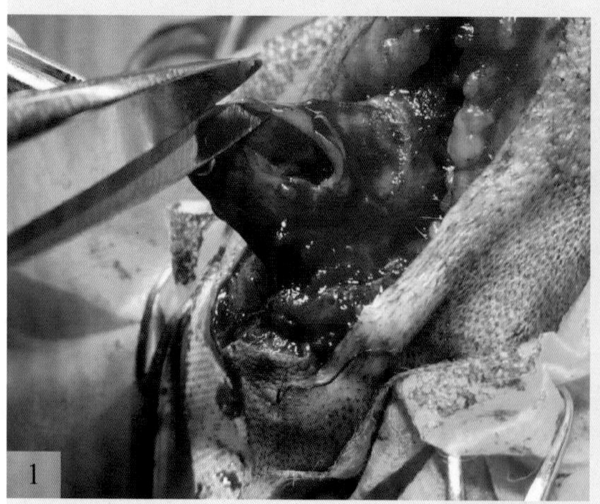

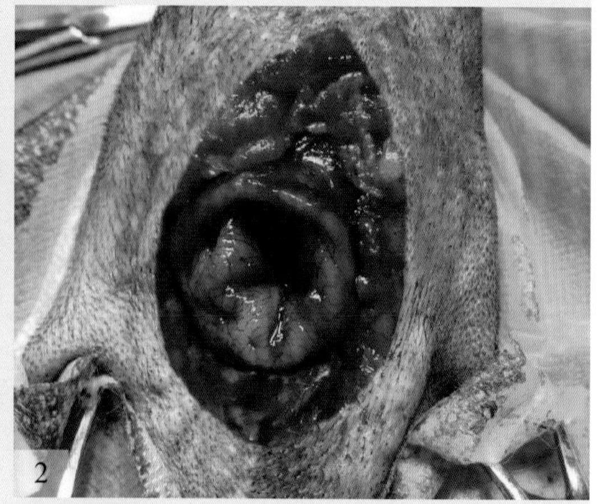

图9-48 剪开直肠盲端

1—提起盲端，剪开直肠壁；2—形成圆形直肠盲端开口

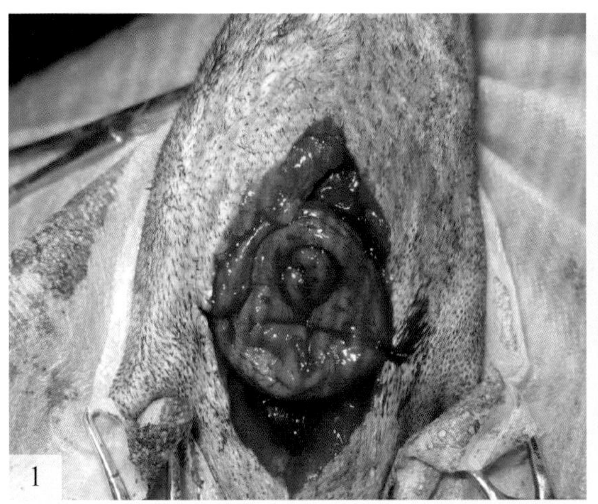

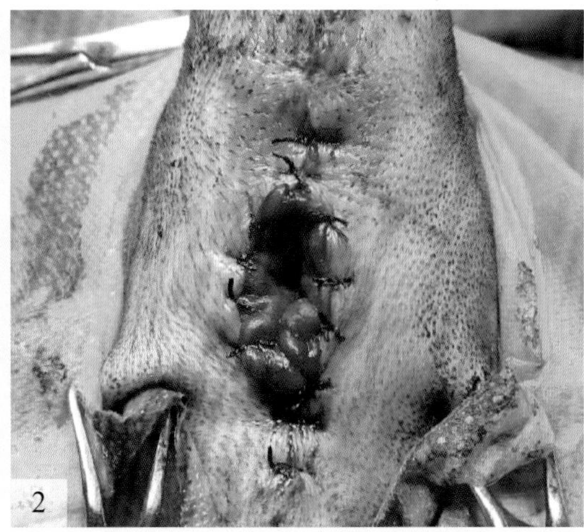

图9-49　人造肛门口

1—直肠壁创缘与皮肤创缘做间断缝合；2—间断缝合肛门口背腹侧的皮肤与皮下组织

对体型小的动物，可以先做结肠造瘘术，0.5~1年后再进行锁肛造孔术。在伤口愈合前，每次排便后用防腐液洗涤会阴部，擦干后涂抗菌药软膏。注意保持排便通畅，防止干粪便或便秘。

第六节　直肠脱垂整复固定术

直肠和肛门脱垂是指直肠末端的黏膜层脱出肛门（脱肛）或直肠一部分甚至大部分向外翻转脱出至肛门外（图9-50～图9-52）。直肠脱垂包括完全性脱出与不完全性脱出两种类型，前者是直肠的各层及其周围组织的脱出，后者仅是直肠黏膜的脱出。

图9-50

犬直肠和降结肠严重脱出（侧面观）

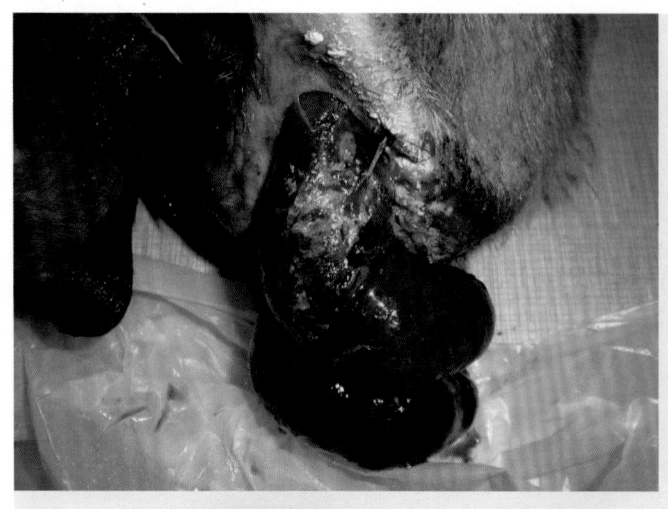
图9-51
直肠和降结肠严重脱出
（尾侧观）

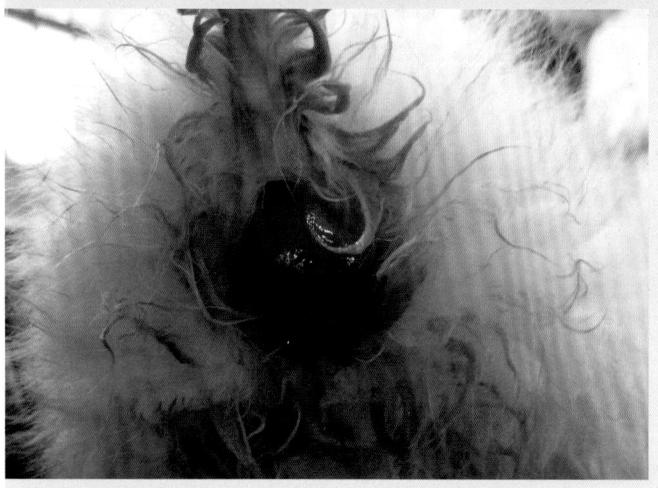
图9-52
直肠轻度脱出

【麻醉与保定】全身麻醉配合局部麻醉。后躯垫高，俯卧保定，两后肢伸出手术台，尾巴朝向动物的后背固定。

【手术方法】发病初期或黏膜性脱垂的病例，先用0.2%温高锰酸钾溶液或1%明矾溶液清洗患部，除去污物或坏死黏膜，然后用手指谨慎地将脱出的肠管还纳复位。整复时从肛门口开始，谨慎地将脱出的肠管向肛门内翻入。若直肠水肿严重不易整复或黏膜干裂、坏死，先用温水洗净患部，以温防风汤（防风、荆芥、薄荷、苦参、黄柏各12.0，花椒3.0，依据制作量确定单位（克或千克），加水适量煎两沸，去渣，候温待用）冲洗患部。然后，用剪刀剪除或用手指剥除干裂坏死的黏膜，再用消毒纱布兜住肠管，撒上适量明矾粉末，排出水肿液，用温生理盐水冲洗后涂布1%碘石蜡油润滑。然后进行整复。

为了防止再次脱出，整复后应固定。在肛门周围距肛门孔1 ～ 3厘米处做一穿至皮下的荷包缝合，收紧缝线并保留适当大小的排便口（图9-53），两线尾打活结，以便根据情况调整肛门口的松紧度，经7 ～ 10天病畜不再努责时拆除缝线。

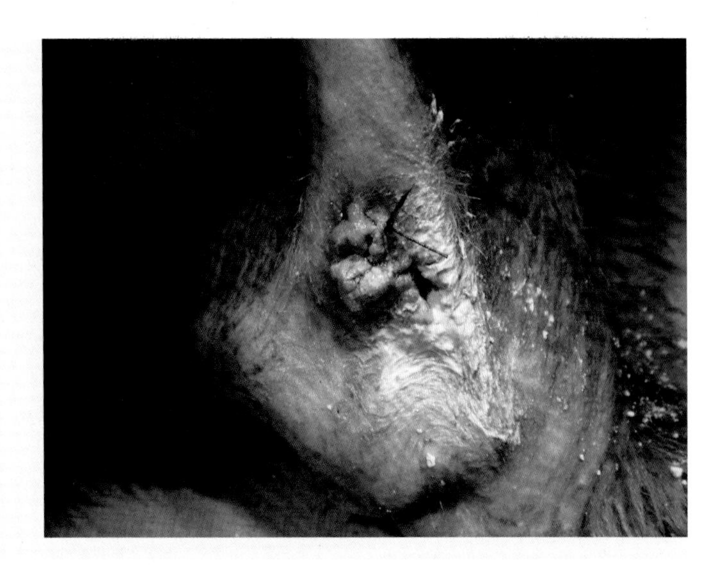

图9-53

肛门周围荷包缝合固定

对脱出过多，整复有困难，脱出的直肠发生坏死、穿孔或有套叠而不能复位的病例，可做直肠部分截除术。在充分清洗消毒脱出肠管的基础上，取两根灭菌的钢针紧贴肛门处交叉刺穿脱出的肠管将其固定，以防在切断肠管时肠管断端缩回。在固定针远心端3~5厘米处将直肠环形横切，充分止血后（应特别注意位于肠管背侧的动脉止血），用可吸收缝线把肠管两层断端的肠壁做结节缝合，针距和边距均为2~3毫米。为了减少出血，可以一边切除一边缝合。缝合结束后用0.2%高锰酸钾溶液充分冲洗、蘸干，涂以碘甘油或抗菌药膏。拆除固定针，小心地将肠管送回，在肛门周围做荷包缝合以防再脱出。

对反复脱出的病例，施行结肠-直肠腹壁固定术。打开腹腔，向前牵引降结肠，将降结肠对肠系膜侧浆膜肌层与左侧腹底壁腹膜和腹直肌内鞘做间断缝合；或将直肠壁浆膜肌层与髂骨内侧腹膜与肌肉做间断缝合（图9-54、图9-55）。

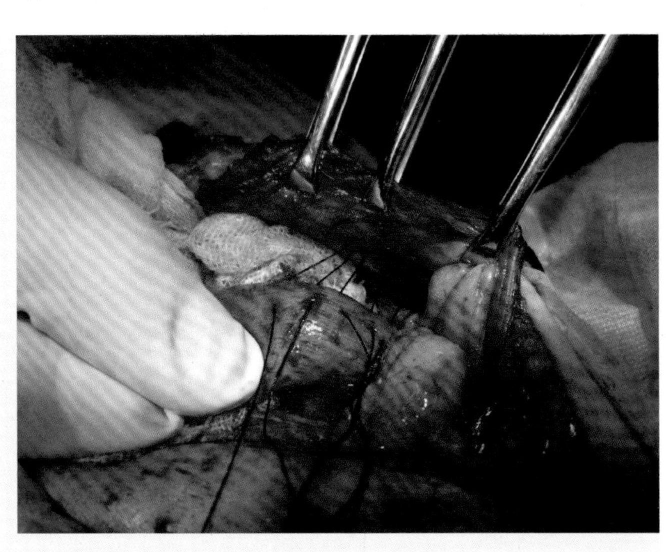

图9-54

结肠-直肠腹壁固定术

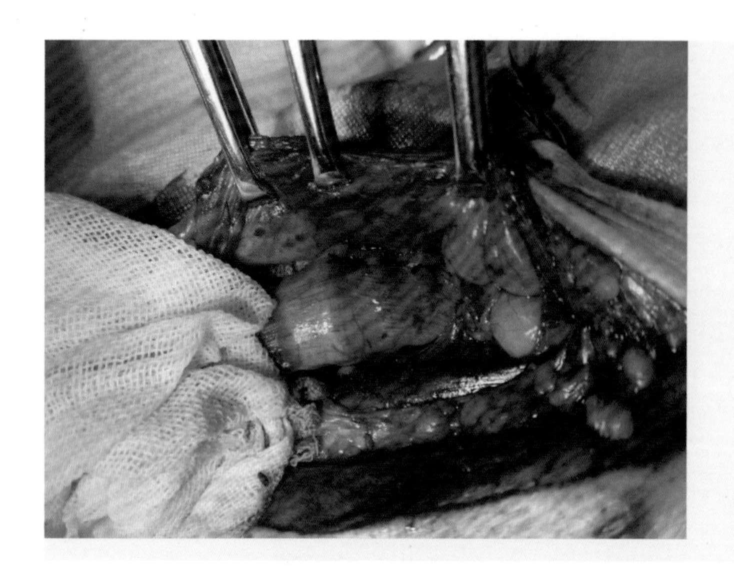

图9-55
收紧缝线打结固定

术后2~3周内饲喂米粥，充分饮水，少卧地。根据病情给予镇痛、消炎等对症疗法。肛门荷包缝合线拆除时间：单纯整复固定3~5天，肠截除术1~2天。

第七节　犬肛门囊摘除术

【适应证】适用于治疗经保守疗法无效的肛门囊炎。肛门囊炎是各种因素导致肛门囊导管阻塞，腺体分泌物蓄积于囊内进而使肛门囊发生炎症病变，包括感染、肿胀、化脓和脓肿形成等（图9-56）。若肛门囊破溃流出脓汁，需等炎症控制后再进行手术。若是单侧肛门囊发炎，为了避免二次手术，应把对侧的肛门囊也切除。

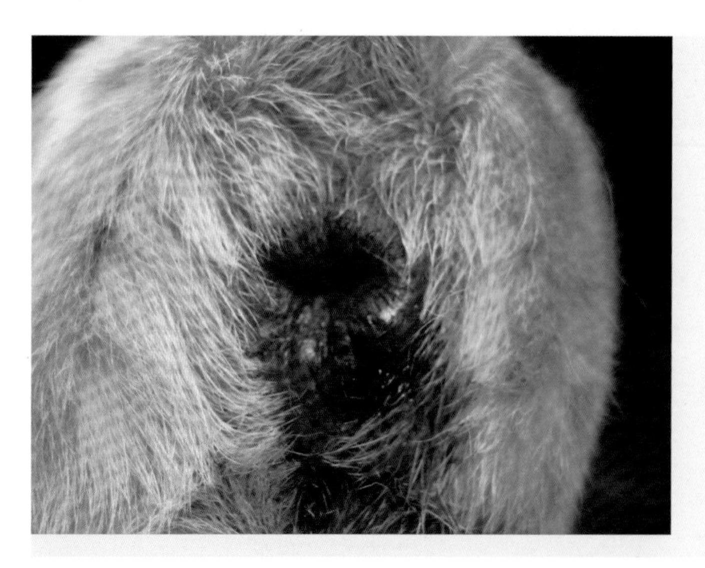

图9-56
德国牧羊犬右侧肛门囊炎

【麻醉与保定】全身麻醉。俯卧保定。

【术前准备】禁食12~24小时，术前取出直肠内的粪便，直肠内塞入棉球，用荷包缝合法闭合肛门口。对肛门囊做一标记，例如向肛门囊内注入染料，或放入钝性探针等指示其界线（图9-57），以保证完全切除或防止损破囊壁。

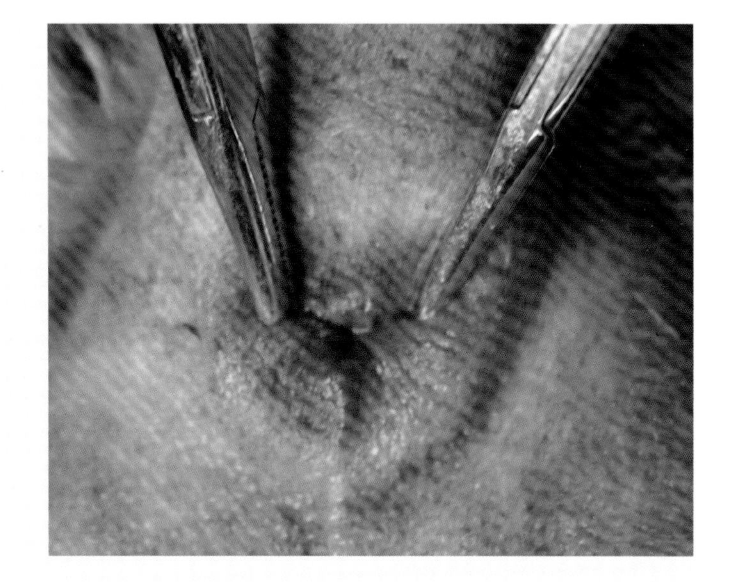

图9-57
探查肛门囊位置

【手术方法】正对肛门囊做皮肤切口。在肛门囊的外表面小心分离肛门外括约肌，避免切断肌纤维、直肠后动静脉和阴部神经的分支。注意不要穿透肛门囊壁，避免污染周边组织；将肛门囊及其导管一同切除（图9-58）。冲洗后局部应用抗菌药，常规缝合皮下组织与皮肤（图9-59），必要时放置引流物，经2～3天后取下引流物。

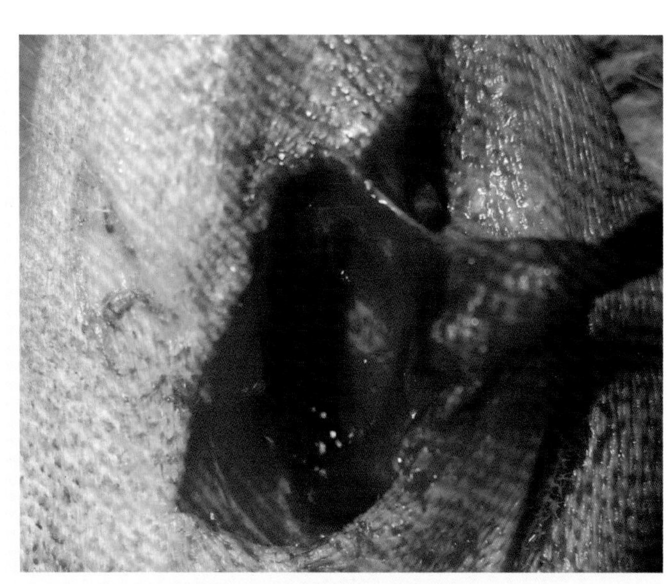

图9-58
肛门囊的外侧做皮肤切口
并摘除肛门囊

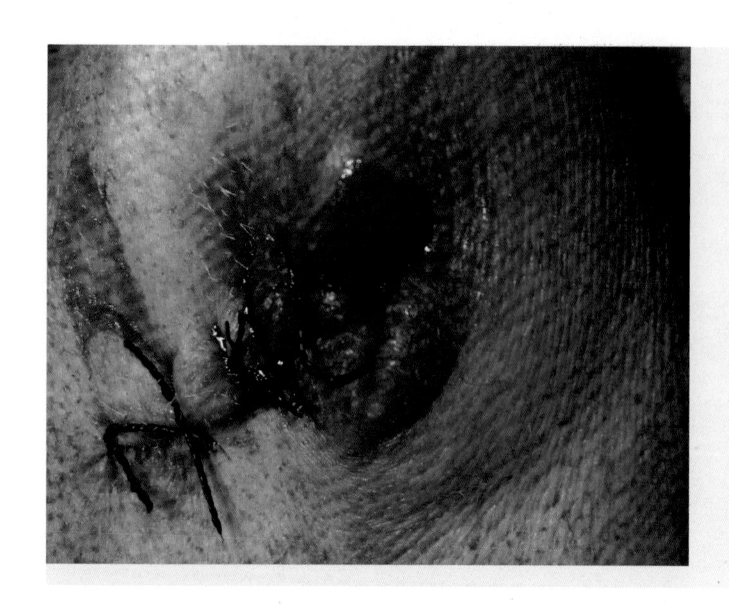

图9-59
间断缝合皮下组织和皮肤

术后按需要用镇痛药，保持肛门周围干净；使用伊丽莎白项圈或类似的工具，阻止动物舔咬术部。连续7天给予抗菌药，局部涂抗菌药软膏，每日两次。术后8~10天拆除皮肤缝线。

第八节　犬肛周瘘手术

肛周瘘是指肛门附近化脓性感染在肛门周围形成的瘘管。瘘管的一端通入肛管，另一端通于皮外。该病多见于长毛垂尾犬，公犬多于母犬（图9-60）。

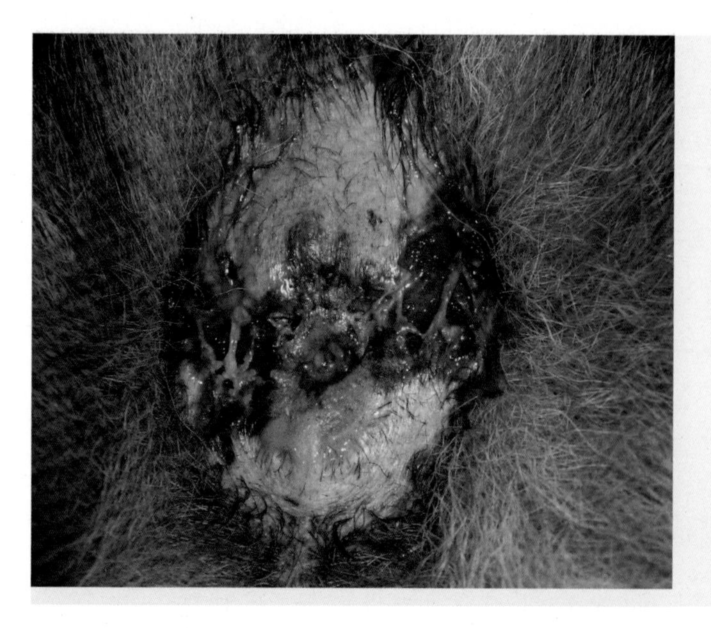

图9-60
犬肛周瘘

【麻醉与保定】全身麻醉。俯卧保定，后躯垫高，两后肢伸出手术台，尾向后上方牵拉保定。

【术前准备】禁食12~24小时，取出直肠内的积粪。术前应确定瘘管内口和范围。可用软质探针从瘘管外口插入，沿管道轻轻向肛管方向探入，用手指伸入肛门内感知探针是否进入，以确定内口。或注入色素，常用5%亚甲蓝溶液，首先在肛管和直肠内放入一块湿纱布，然后将亚甲蓝溶液由外口缓缓注入瘘管，若纱布染成蓝色，表示内口存在。或X射线造影检查，于瘘管内注入30%碘甘油或12.5%碘化钠溶液，可显示瘘管部位及走向。

【手术方法】用探针从外口向内口穿出，在探针引导下切开瘘管并刮除其表面的肉芽组织，压迫止血。剪去两侧多余的皮肤，以防因创缘皮肤生长过快而阻止内部分泌物的排放，创腔用凡士林纱布条引流。保持伤口开放，引流通畅。若伤口较大，可先部分缝合，严禁完全缝合伤口。

术后，口服广谱抗菌药，禁用肾上腺皮质激素类药物，保持局部清洁干燥、直肠空虚，局部应用抗菌药软膏。剃除尾部和会阴部的被毛。

对炎症反应轻微、瘘管少且较细的病例，可施行瘘管切除术，瘘管内口切除后，直肠壁做内翻缝合，创腔内放置油纱布引流条后再对瘘管外口的切口做部分缝合，术后3~5天取出引流条。若瘘管数量多，导致肛门周围大量皮肤缺损，可实施肛门再造手术（图9-61）。

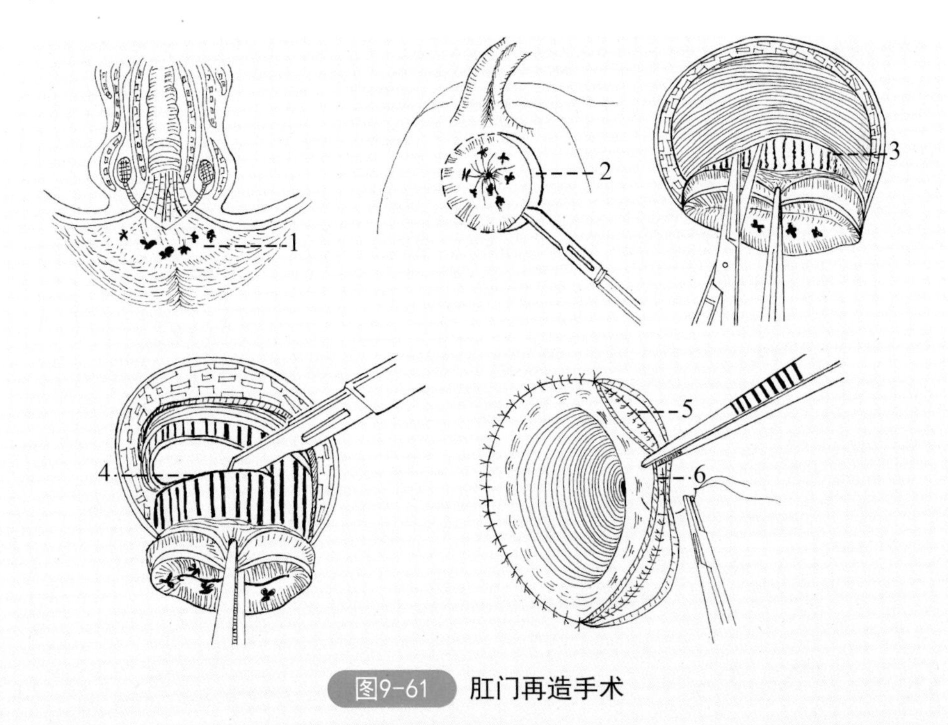

图9-61 肛门再造手术

1—肛门周围的瘘管；2—在肛门周围健康皮肤做环形切开；3—在肛门括约肌与直肠壁之间做分离，游离出健康直肠壁；4—先做直肠壁肌层与四周的间断缝合，然后在健康直肠壁上做直肠切除术；5—直肠肌层与四周的间断缝合；6—直肠黏膜或全层与肛门周围皮肤边缘间断缝合

断尾后会阴部宜保持通风、干燥，有利于瘘管的愈合，提高疗效。在尾根部做椭圆形皮肤切口，分离肛提肌、直肠尾骨肌、尾骨肌和尾椎骨，在第2~3尾椎间做断尾术，并切除多余的皮肤。

第九节　犬幽门切开术

【适应证】用于消除犬顽固性幽门肌痉挛、幽门狭窄和促进胃的排空。

【术前准备】术前禁食24小时以上，麻醉后插入胃管，尽量排空胃内容物。

【麻醉与保定】全身麻醉。仰卧保定。

【切口定位】脐前腹中线切口。

【手术方法】切开腹壁后用生理盐水纱布垫隔离腹壁切口，装置牵开器，充分显露胃、十二指肠和胰腺等脏器。切断胃肝韧带（图9-62），将幽门游离到腹壁切口处。胃肝韧带位于肝与幽门之间，在切断胃肝韧带时应注意识别、保护胆总管。将幽门拉出腹壁切口外，用温生理盐水纱布隔离幽门（图9-63）。可通过幽门肌切开术或幽门壁切开术扩大幽门口的直径。

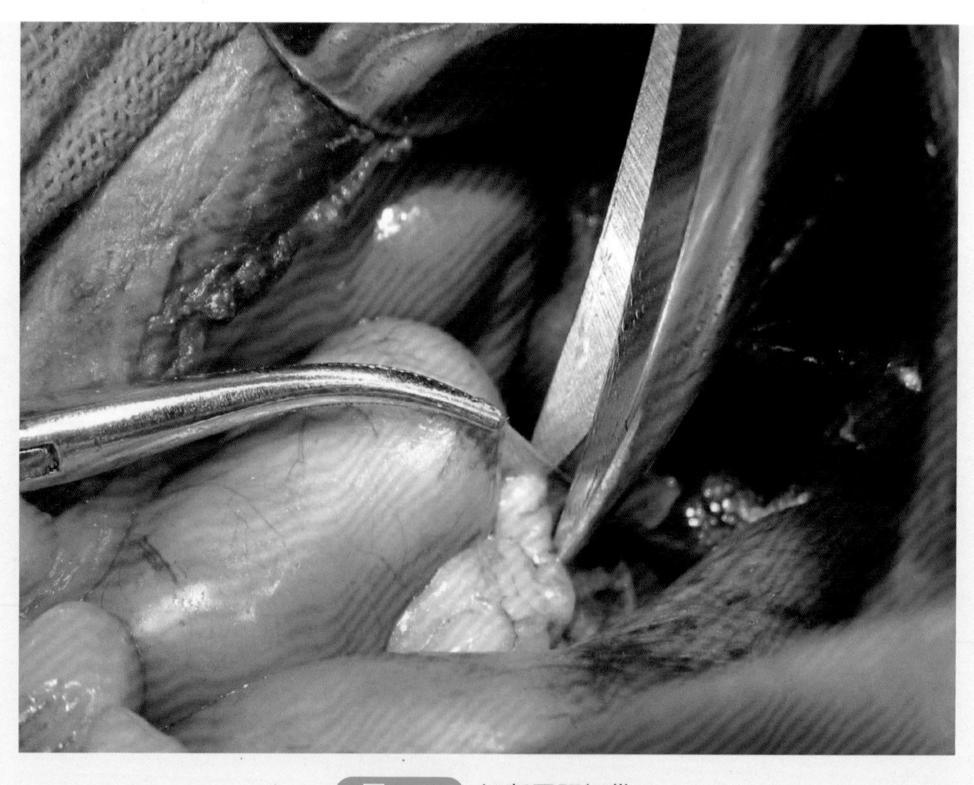

图9-62　切断胃肝韧带

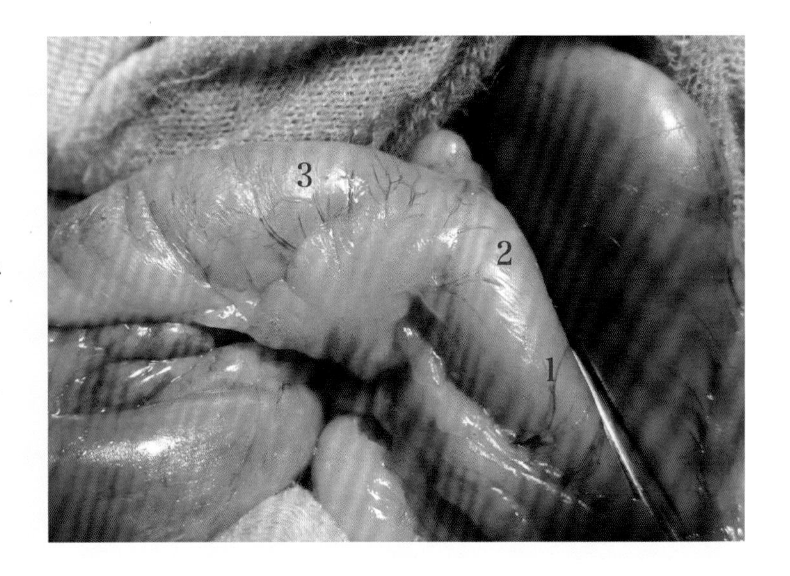

图9-63

将幽门部牵引至切口外并纱布隔离术部

1—幽门窦；2—幽门；3—十二指肠

（1）幽门肌切开术　在幽门窦、幽门和十二指肠近心端作一个足够长的直线切口。切口位于幽门的腹面、幽门前缘与后缘之间的无大血管区内。切口一端为十二指肠边缘，另一端到达胃壁。小心地切开浆膜、纵行肌和环行肌，使黏膜层膨出在切口外（图9-64）；注意避免切透黏膜层。在环行肌完全切开后，可用米氏钳或止血钳进行分离，使黏膜膨出切口外。在幽门的近心端要分离到胃壁的斜行肌和结构正常的胃壁肌纤维，在幽门的远心端应分离到穹隆部。用棉球或纱布球压迫止血1～2分钟。制作网膜瓣覆盖于切口处（图9-65）。若黏膜发生破裂，应进行幽门肌成形术。犬幽门肌切开术见视频9-9。

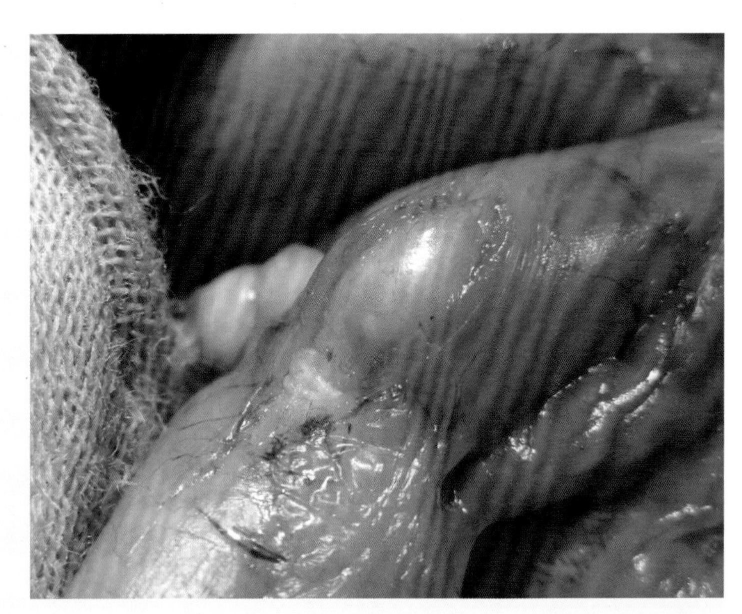

图9-64

切开浆膜及纵行肌和环行肌后黏膜层膨出

图9-65
做网膜瓣覆盖于切口处并进行缝合固定

（2）幽门壁切开术（幽门肌成形术） 纵行切开幽门纵行肌与环行肌后，再切开黏膜层（图9-66）。清除幽门切口内的胃内容物，用弯圆针带3-0 ～ 4-0可吸收缝线在纵向切口的一端胃幽门交界处的浆膜外进针，黏膜层出针，然后针到纵向切口的另一端幽门十二指肠交界处的黏膜层进针，幽门外浆膜层出针，将该缝合线拉紧打结后使幽门部的纵向切口变为横向（图9-67、图9-68），幽门管变短变粗，幽门管内径明显增大。对切口进行全层间断缝合（图9-69）。

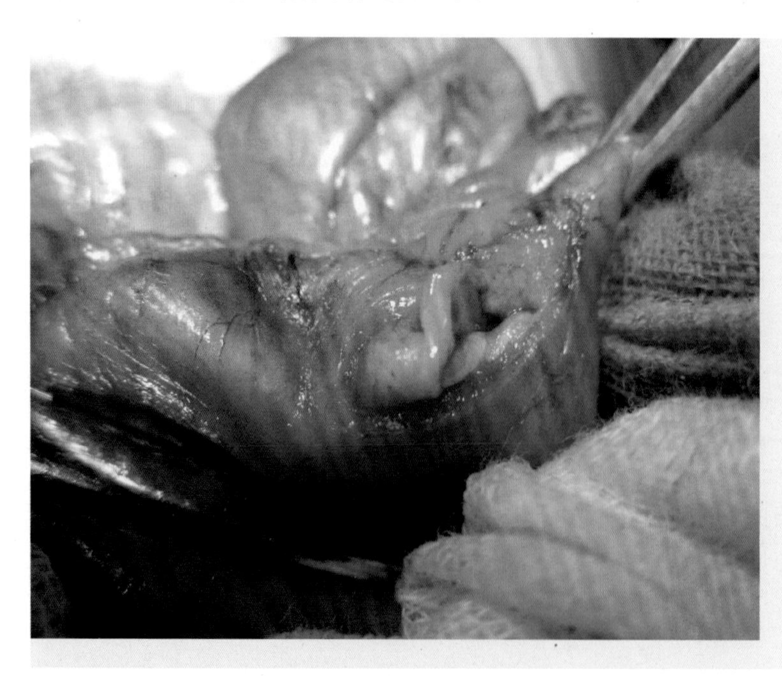

图9-66
纵行切开幽门壁（纵行肌、环行肌和黏膜）

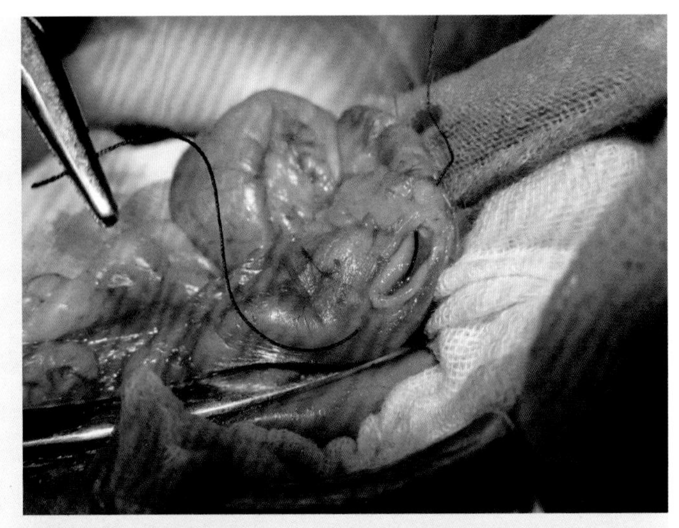

图9-67

对角缝合幽门壁切口

（自纵向切口的近端浆膜进针，穿透全层至纵向切口的远端；再自远端的黏膜层穿透全层于浆膜面出针）

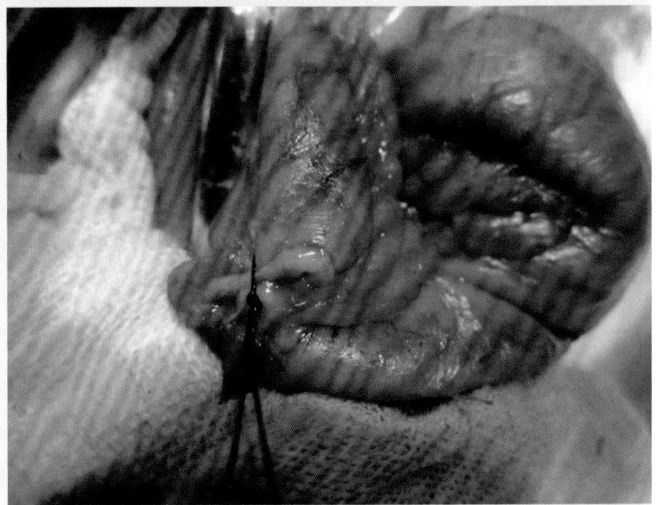

图9-68

打结后使幽门部的纵向切口变为横向切口

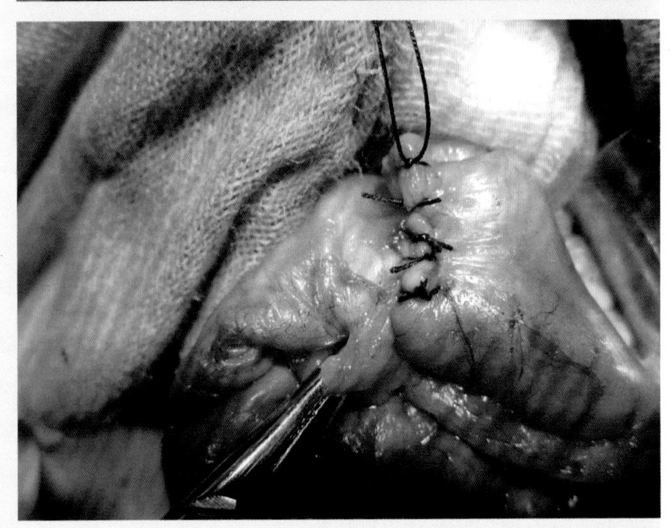

图9-69

全层间断缝合幽门部切口

用生理盐水冲洗幽门部及胃壁，将大网膜覆盖在幽门缝合区的幽门部（图9-70）。拆除胃壁上的牵引固定线，取出隔离纱布，将胃还纳腹腔内。在确认腹腔内没有遗留下异物后闭合腹壁切口。

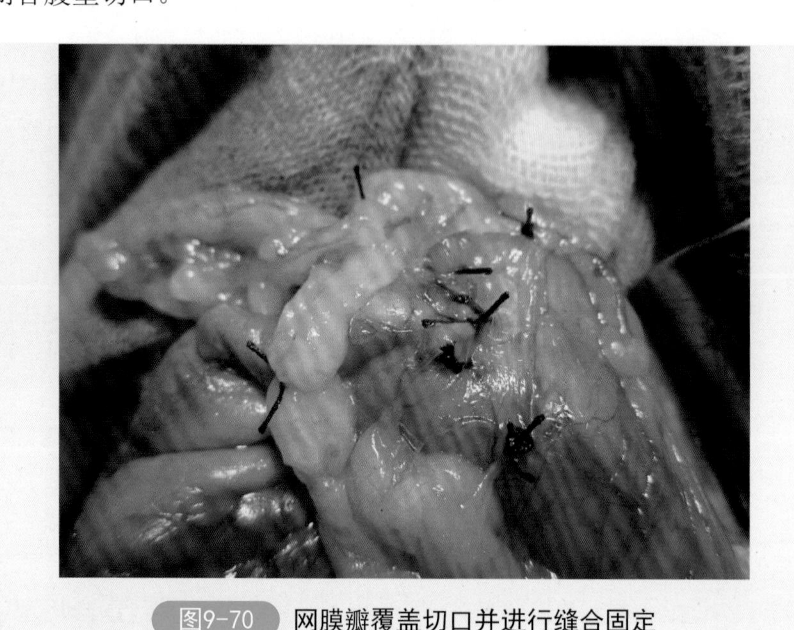

图9-70 网膜瓣覆盖切口并进行缝合固定

幽门肌切开术的犬，术后6小时即可饮糖盐水，24小时后可给少量米汤、肉汤或牛奶，48小时后可恢复其正常的饲喂量。若幽门壁全层被切开，术后应禁食24小时以上，静脉内补液供给能量。有部分犬术后发生呕吐，但多在3～5天内停止。术后5～7天内使用抗菌药，预防切口感染。

第十节　犬胃固定术

【适应证】犬发生胃扩张并沿长轴扭转，导致胃和十二指肠变位，贲门和幽门阻塞，胃内过度积气、积液或积食。病犬突然出现干呕，流涎，烦躁不安，沉郁。腹前部逐渐膨大，腹部叩诊呈鼓音。腹痛，弓背。胃压迫膈肌，呼吸困难，坐立，张口呼吸。有的犬虚弱或虚脱。X射线检查，侧位X射线片见胃内充满大量气体、液体或固体食物；幽门位于胃体的前部，软组织折叠后好像把胃腔分出一个室，胃呈倒“C”形。背腹位X射线片见幽门位于腹中线的左侧，充满气体。该病例胃整复后需要施行胃固定术，以防复发。

【术前准备】对于急性胃扩张、扭转病犬，术前应积极补充血容量和调节酸碱平衡。对已出现休克症状的犬需治疗休克，快速静脉内输液。注射林格液与葡萄糖或含糖盐水，剂量为60～80毫升/千克体重，同时静脉注射氢化可的松和地塞米松各4～10毫克/千克体重。用抗菌药，如头孢噻呋钠或氨苄西林，预防感染。在静脉快速补液的同时，经口插入胃管导出胃内蓄积的气体、液体或食物，以减轻胃内压。若胃管不易插入，腹部叩诊，在鼓音明显处刺入16~18号套管针放气，减压后再行胃插管。呼吸困难的动物，应给予吸氧。

【麻醉与保定】全身麻醉配合局部麻醉。气管插管，保证呼吸道通畅，防止胃内容物逆流误咽。仰卧保定。

【切口定位】自剑突至脐后做脐前腹中线切口。

【手术方法】患病动物经输液治疗和适当减压，病情稳定后应立即手术。

一般情况下，胃幽门部向背侧、头侧和左侧扭转，胃基底部向腹侧、尾侧、右侧扭转。动物仰卧保定时，术者面对腹底部，胃通常是顺时针方向扭转90° ~360° 。打开腹腔后，推开胃表面的大网膜，用口径较大的、带有胶管的针头刺入胃腔，进行减压。

若胃是顺时针扭转，减压后术者站在犬右侧，一只手抓住幽门，另一只手抓住胃大弯做逆时针旋转，在向背侧推移胃底或胃大弯的同时向腹壁切口处牵引幽门。检查胃脾韧带是否扭转，脾整复至正常位置（位于左侧腹腔）。

胃减压复位后如果不用胃固定术，胃扭转复发率高达71%~80%。手术方法是将胃幽门窦固定于犬右侧腹壁，防止胃幽门和十二指肠移位至左边。胃固定术包括胃插管胃固定术、环肋骨胃固定术、唇形肌瓣胃固定术、腰带环式胃固定术等，常用唇形肌瓣胃固定术。

在幽门窦的浆膜肌层和右侧腹壁内侧的腹膜与肌层各做一切口（图9-71、图9-72），用2-0可吸收缝线简单连续缝合胃壁与腹壁的切口创缘，使胃肌层与腹壁肌肉缝合在一起，达到固定胃的目的。首先缝合二者的前侧创缘，然后缝合后侧创缘（图9-73、图9-74）。犬胃唇形缝合固定术见视频9-10。

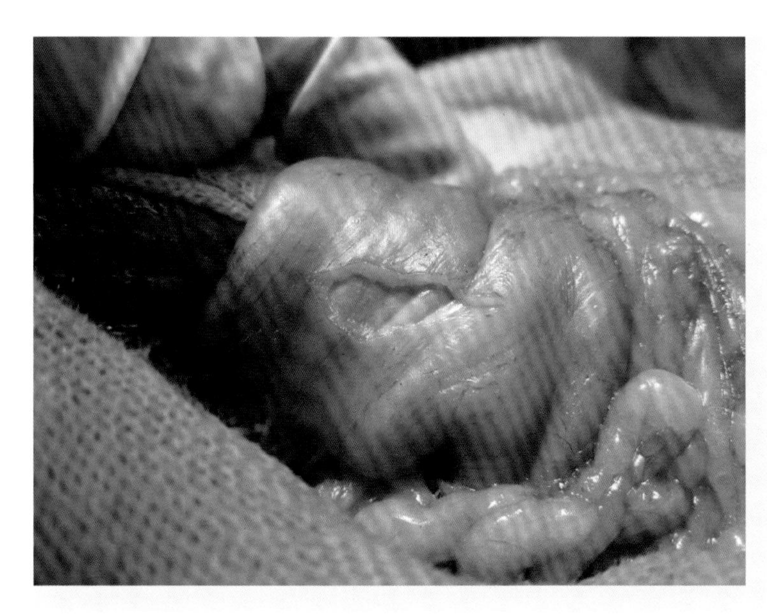

图9-71
幽门窦的浆膜肌层做一唇形切口

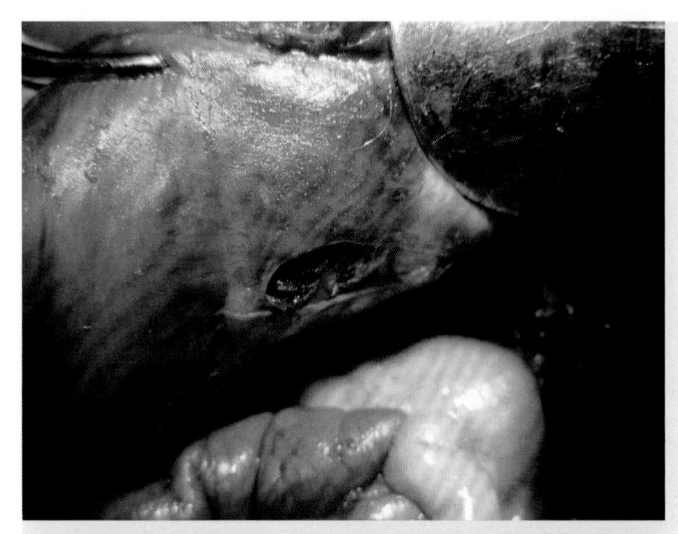

图9-72
右侧腹壁内侧的腹膜与肌层做一唇形切口

图9-73
缝合唇形切口前侧创缘

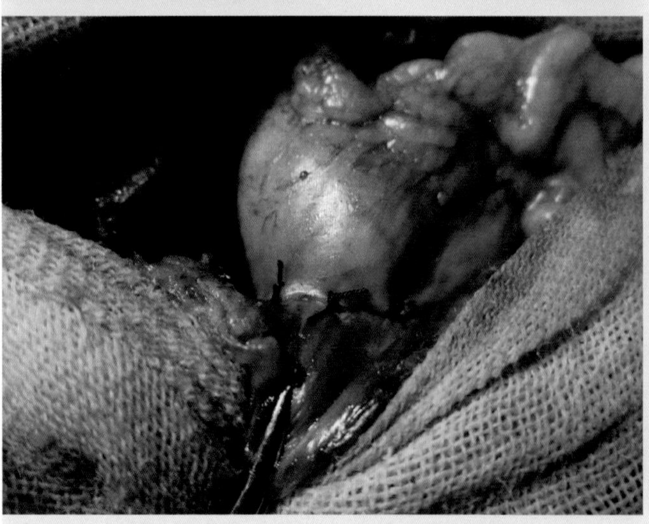

图9-74
缝合唇形切口后侧创缘

术后禁食禁水24~48小时，48小时后若动物不呕吐，可供给少量水和食物。饲喂低蛋白、低脂肪的食物。首次饲喂每4~6小时给予一次少量食物，以后2~3天内进食次数减少，进食量逐渐增加。根据每天所需维持量及因呕吐和腹泻丢失的液体量总和补给等渗液体，同时补充氯化钾。胶体液和晶体液联合应用，以减少晶体液的用量。对有中等或严重胃黏膜损伤的动物，使用抑制胃酸分泌药物，例如雷尼替丁或奥美拉唑等。对持续性术后呕吐或胃排空延缓的动物，用促胃动力药，例如甲氧氯普胺、多潘立酮等。

第十一节 犬胆囊摘除术

【适应证】适用于急性化脓性胆囊炎、坏疽性胆囊炎、梗塞性胆囊炎、反复发作的慢性胆囊炎、胆囊结石或有并发症的胆囊结石等。

【解剖特点】犬肝一般分为6叶，包括左外叶、左内叶、方叶、右内叶、右外叶和尾叶。左外叶最大，左内叶为梭形，右内叶为第二大叶，尾叶横向位于肝主体的右侧与背侧，中部缩细，两端形成两个突，即左侧的乳状突和右侧的尾状突，尾状突上有深的右肾压迹，包裹着右肾的前端。右内叶的脏面有胆囊窝，窝内有胆囊附着；方叶狭窄，是胆囊窝的左界。

肝细胞分泌胆汁进入胆小管，通过小叶内胆管汇入小叶间胆管，再汇合到肝管出肝；左右肝管汇入胆囊管和胆总管（图9-75）。胆囊管连接胆囊；胆总管穿行于降十二指肠壁，与胰腺管一同开口于十二指肠大乳头。

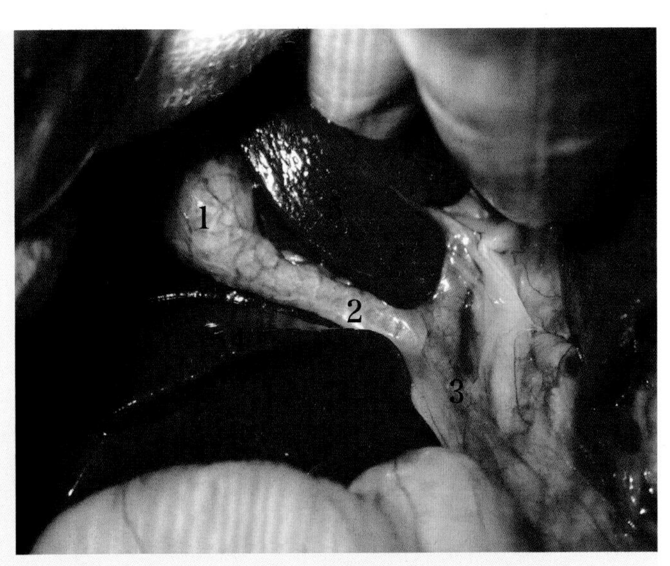

图9-75

犬肝与胆管的解剖结构

1—胆囊；2—胆囊管；3—胆管；4—右内叶；5—方叶

【术前准备】术前禁食18～24小时，禁水6小时。

【麻醉与保定】全身麻醉配合局部麻醉。仰卧保定。

【切口定位】脐前腹中线切口，切口从剑状软骨向后延伸，长8～10厘米。必要时，可超过脐孔。

【手术方法】用一方头拉钩牵开肋弓与肝脏，将十二指肠、横结肠、小肠及大网膜用纱布垫包裹后用深部拉钩牵开，分别用弯血管钳夹住胆囊底部与颈部，向肝侧牵引，显露胆囊与肝十二指肠韧带。如胆囊周围粘连，应先分离粘连；如胆囊张力过大，可进行穿刺减压。

剪开胆囊三角区腹膜，钝性分离，显露胆囊管与胆总管，在胆囊颈与胆囊管后上方分离并显露胆囊动脉，用两把止血钳钳夹并切断胆囊动脉，近心端做双重结扎。由于胆囊动脉变异较多，为防止误伤肝总管与肝右动脉，胆囊动脉的结扎点应尽量靠近胆囊颈部。

用直角血管钳分离胆囊管，穿过丝线并结扎，以防止胆囊剥离过程中将结石挤入胆总管，胆囊管暂不切断（图9-76）。沿胆囊的底部及两侧，向胆囊颈方向将胆囊从胆囊床上逐步游离，胆囊与胆囊床间多为疏松结缔组织，可用剪刀或电刀锐性分离，其间所有血管与胆管分支均应结扎或电凝；在胆囊颈部与胆囊管上下方均有与肝及十二指肠相连的疏松组织，称为胆囊系膜，将此系膜钳夹切断后胆囊即完全游离（图9-77、图9-78）。距胆总管0.3～0.5厘米处对胆囊管做近心端的双重结扎，剪断胆囊管（图9-79、图9-80）。胆囊床彻底止血后做间断缝合。常规关闭腹腔。

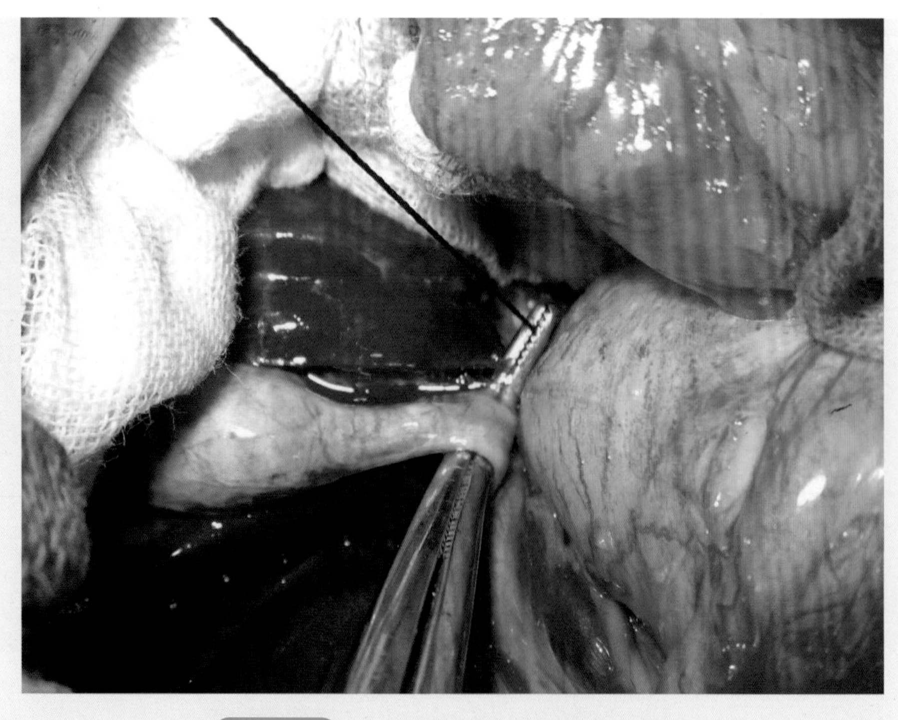

图9-76 直角血管钳分离胆囊管并结扎

图9-77

将胆囊从胆囊床分离

图9-78

完全游离的胆囊

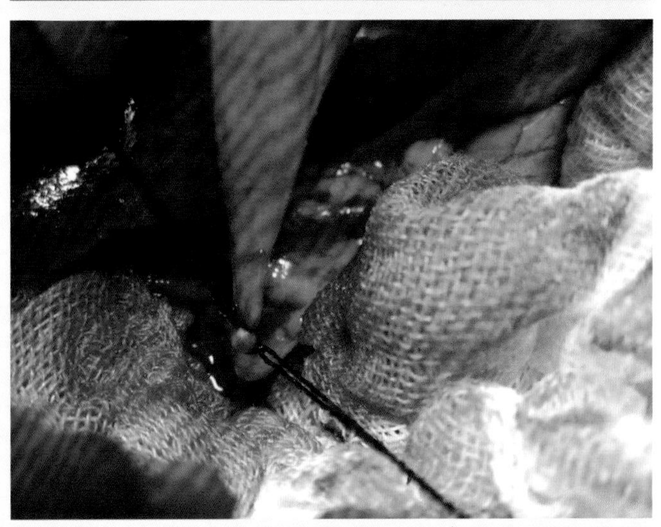

图9-79

双重结扎胆囊管近心端

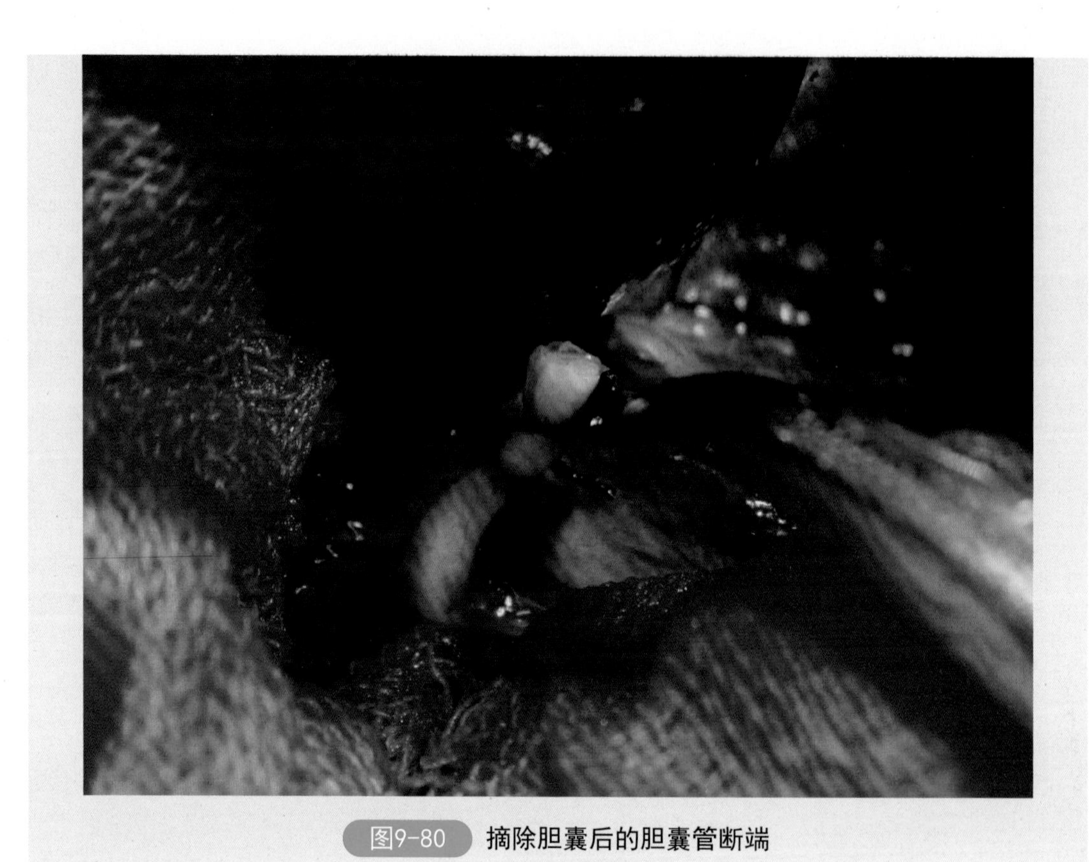

图9-80 摘除胆囊后的胆囊管断端

第十章　泌尿器官疾病手术

第一节　尿道切开术

【适应证】尿道结石或异物。

【解剖特点】雄性尿道包括骨盆部和阴茎部（图10-1、图10-2）。在前列腺部的骨盆尿道背侧壁，有向尿道腔内突出的尿道嵴，尿道嵴的中部有圆丘状的精阜，精阜两侧有左右输精管的开口；在尿道嵴的两侧有许多前列腺管的开口。

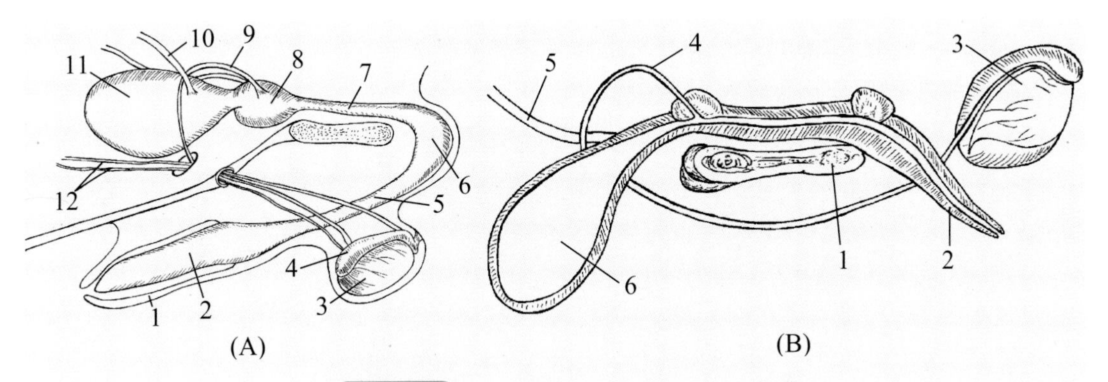

图10-1　公畜尿道与生殖器官的组成

（A）犬的尿道与生殖器官：1—包皮；2—阴茎头部；3—睾丸；4—附睾；5—阴茎体；6—阴茎脚；7—骨盆部尿道；8—前列腺；9—输精管；10—输尿管；11—膀胱；12—睾丸动、静脉
（B）猫的尿道与生殖器官：1—坐骨；2—阴茎；3—睾丸；4—输精管；5—输尿管；6—膀胱

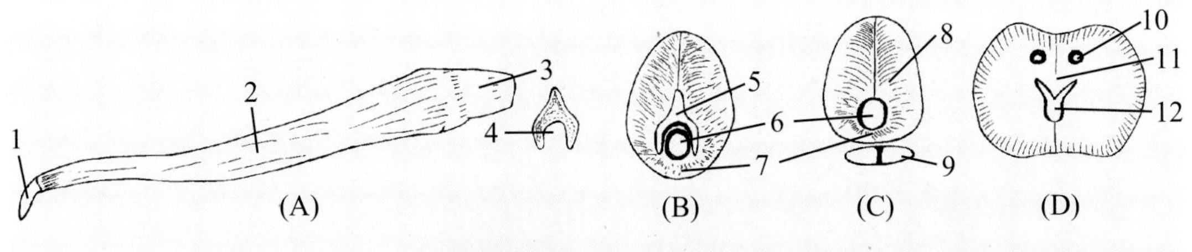

图10-2　犬阴茎横断面

（A）阴茎骨；（B）阴茎骨后部横断面；（C）阴茎骨后方横断面；（D）前列腺处横断面
1—尖部；2—体部；3—基部；4—尿道沟；5—阴茎骨后部；6—尿道；7—尿道海绵体；8—阴茎海绵体；9—阴茎退缩肌；10—输精管；11—尿道嵴；12—尿道

阴茎根分为左右两个阴茎脚，由阴茎海绵体组成，起自两侧的坐骨结节，在阴茎正中线融合。阴茎球位于坐骨弓处两阴茎脚之间，分左右两叶，是尿道海绵体背侧的膨大，其腹侧有球海绵体肌覆盖，球海绵体肌沿阴茎体前行，与阴茎退缩肌一起附着于白膜。阴茎退缩肌起自荐骨腹侧面及第1、2尾椎腹侧，与肛门括约肌融合，沿阴茎的腹侧面前行，止于阴茎头。

阴茎海绵体位于阴茎的背侧，由正中隔分为左右两部分，每一部分由纤维性白膜包裹；白膜分出许多侧索伸入海绵体内，将海绵体分为许多小室，并起到支架的作用；阴茎海绵体腹侧为尿道和尿道海绵体；尿道海绵体围绕尿道呈管状；海绵体腔直接与阴茎血管相通。

犬的阴茎内有阴茎骨，几乎全部位于阴茎头内。后部膨大、粗糙，附着于阴茎海绵体白膜的远端。阴茎骨的基部和腹侧面有尿道沟，包裹尿道海绵体和尿道的背侧与两侧；阴茎骨的前端是纤维性软骨，其腹侧有尿道的开口。阴茎头的近侧有头球，围绕在阴茎骨的近端，为可以膨胀的血管组织。阴茎头部的血管不与尿道海绵体相通。

阴部内动脉进入阴茎根成为球动脉，闭孔动脉分支为阴茎深动脉，进入阴茎脚海绵体内；阴部外动脉分出阴茎背动脉并有分支穿透白膜进入海绵体；但阴茎头海绵体的血液来自包皮阴茎支。阴茎神经来自阴部神经和交感神经骨盆丛。阴部神经分支到阴茎背侧，称为阴茎背神经。

包皮为腹壁皮肤延伸形成的皮肤鞘，折转覆盖在阴茎头上。内层平滑，在深部的内层再向前折转覆盖在阴茎头表面，折转处称为包皮穹隆。在阴囊前部，包皮包围阴茎，其皮肤结构与阴囊皮肤相似。

【麻醉与保定】全身麻醉配合阴茎背神经传导麻醉。仰卧保定。

【切口定位】尿道阻塞部的腹中线处。

【手术方法】先行尿道插管，导管直达阻塞部。在阻塞部腹中线处正对结石做长3～5厘米的切口（图10-3）。切开皮肤、皮下组织，向两侧分离阴茎退缩肌，切开尿道海绵体，用小药匙或手术镊取出尿道内的结石并插入远端的导尿管（图10-4、图10-5）。冲洗切口后，将导尿管继续向后插入膀胱（图10-6），放出膀胱积尿。以导尿管为支架，缝合尿道。尿道海绵体与尿道切口，用可吸收缝线做不穿透黏膜的缝合（图10-7），充分止血后涂布生物黏合剂。皮肤和皮下组织间断缝合（图10-8）。尿道损伤严重的，可以行开放疗法。犬尿道切开术见视频10-1。

术后保留导尿管1～2天，输液，联合应用抗炎、抗菌和利尿药物。

视频10-1
犬尿道切开术

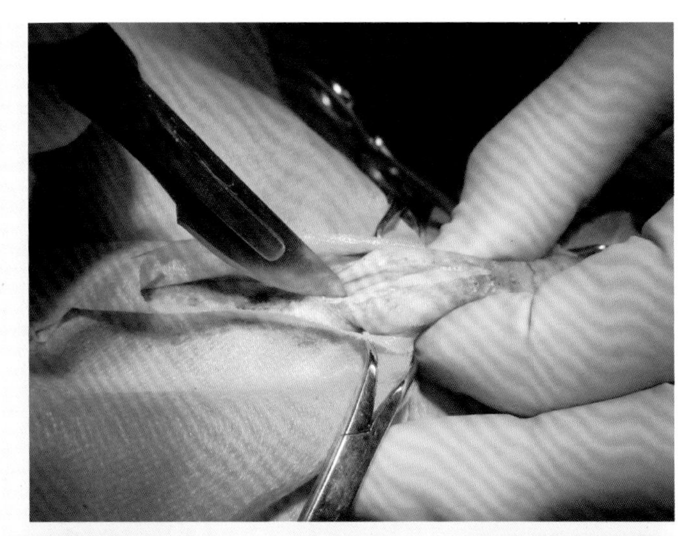

图10-3

正对结石作4厘米长的皮肤切口

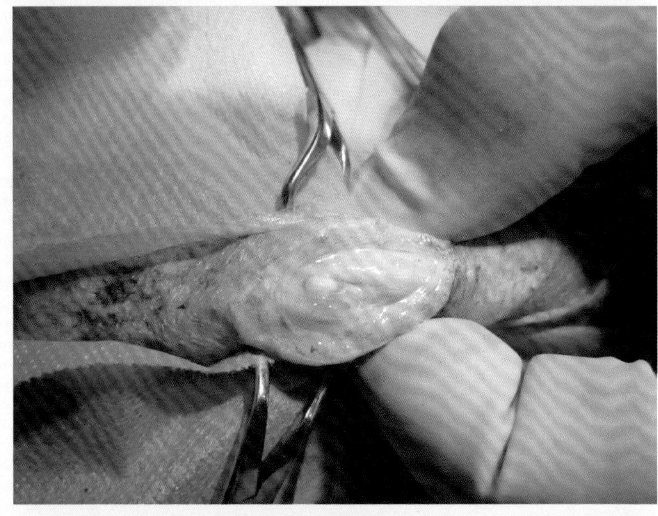

图10-4

切开尿道后暴露结石

图10-5

取出结石后插入远端的导尿管

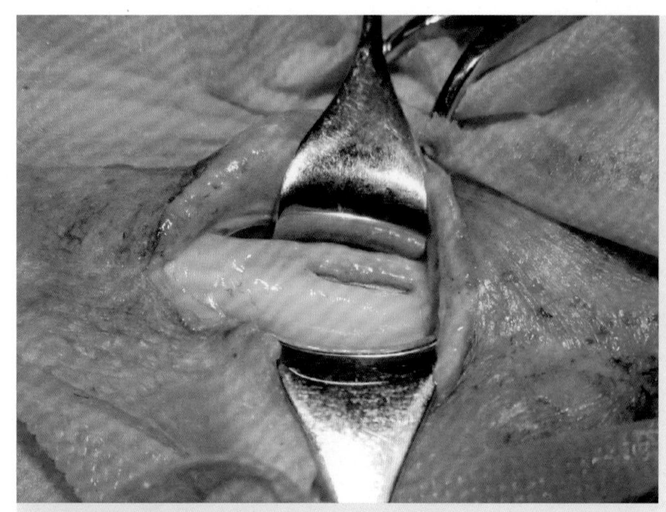

图10-6
将导尿管插入近端尿道至膀胱内

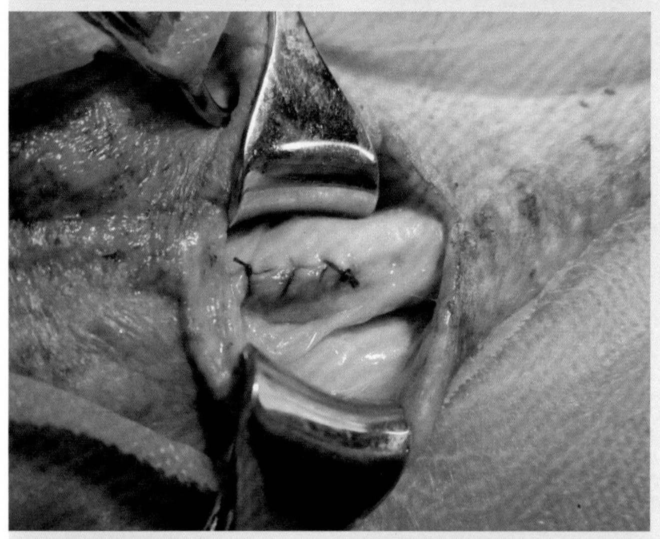

图10-7
尿道做不穿透黏膜的连续缝合

图10-8
间断缝合皮肤和皮下组织

第二节 尿道造口术

【适应证】某些病理原因造成公犬、公猫的尿道闭塞，排尿困难。

【麻醉与保定】全身麻醉配合局部麻醉。仰卧保定。

【切口定位】腹中线切口，在阴茎骨和阴囊之间的尿道部切开；或实行阴囊切除与去势术并切除阴囊，然后在阴囊部（公犬）或阴囊后背侧（公猫）做尿道切开。

【手术方法】以犬尿道造口为例。将无菌导管插入尿道直至阴囊部，在阴茎骨后方和阴囊之间，正对尿道做皮肤和皮下组织切开；或自阴囊前方做环绕阴囊的环形皮肤切口，分离皮下组织至腹股沟管外口处，双重结扎、剪断精索和总鞘膜，继续分离以摘除阴囊和睾丸。向外侧牵拉阴茎退缩肌，暴露尿道。用手术刀在导管上方的尿道腔上做长3～4厘米的切口，尿道切口长度是尿道管腔直径的6～8倍。用可吸收缝线将尿道黏膜创缘与皮肤创缘做间断缝合（图10-9）。自尿道造口处的一端开始，向前向后分别间断缝合皮肤与皮下组织（图10-10、图10-11），并通过尿道造口留置导尿管（图10-12）。犬尿道造口术见视频10-2。

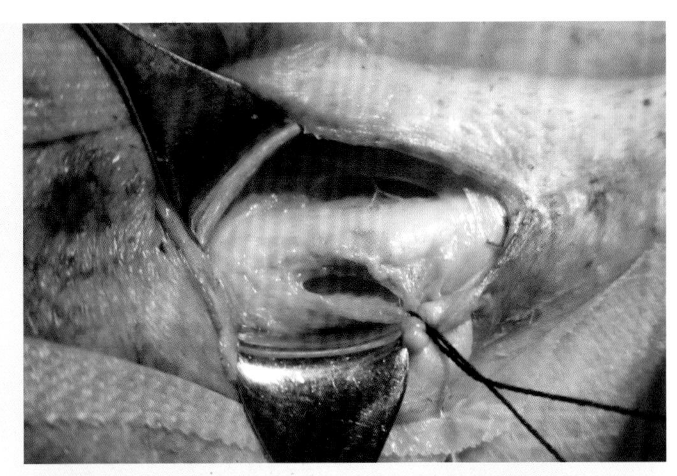

图10-9

尿道黏膜创缘与皮肤创缘做间断缝合

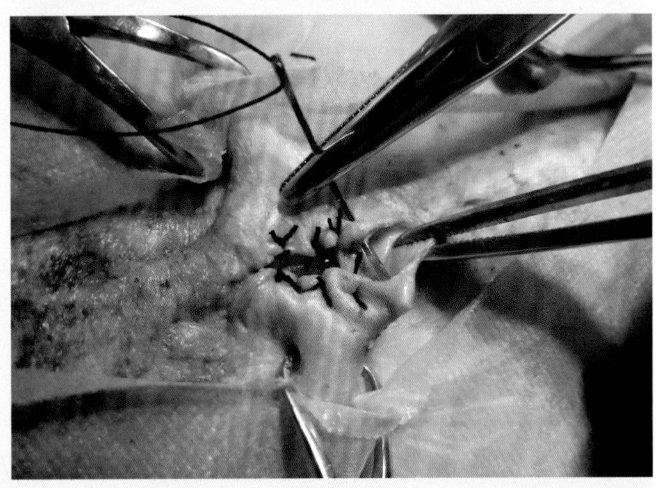

图10-10

间断缝合造口两端的皮肤与皮下组织

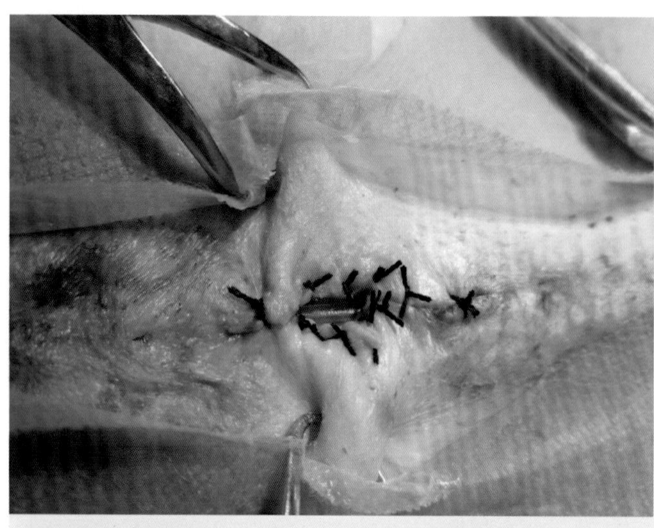

图10-11
尿道造口缝合完毕

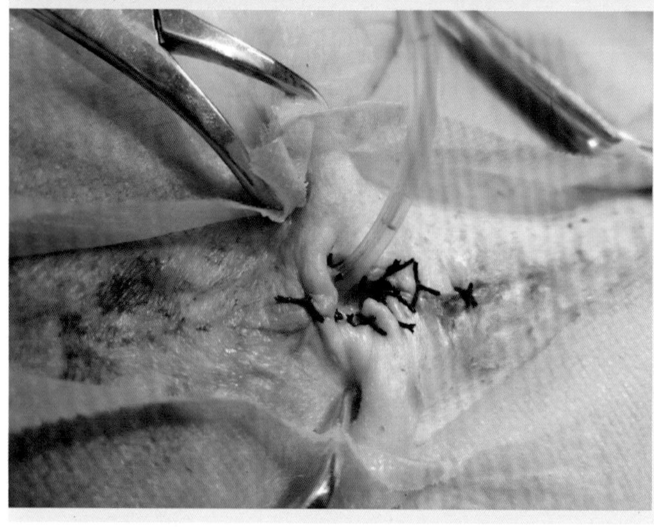

图10-12
留置导尿管

视频10-2
犬尿道造口术

术后应用抗菌药治疗，预防感染；止痛，佩戴伊丽莎白项圈；监视是否出现术后出血，若有出血，指压术部止血，全身应用止血药。

第三节　阴茎截断术

【适应证】阴茎远端的新生物、冻伤、深的创伤和阴茎部分坏死等（图10-13）。

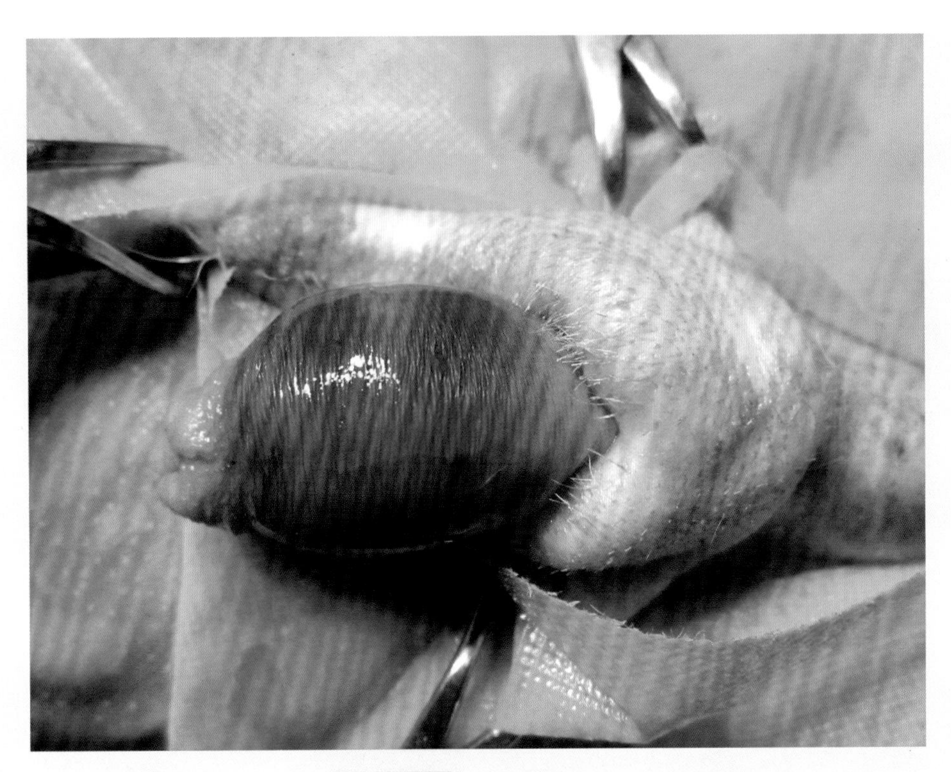

图10-13　阴茎部分坏死

【术前准备】术前插入尿道导管，有利于尿道的检查。

【麻醉与保定】全身麻醉和仰卧保定。

【手术方法】

（1）阴茎部分切除术　术部包括包皮腔常规准备。尿道插管，将阴茎自包皮腔内尽量拉出，后推包皮并在后部用橡胶带环绕阴茎扎紧（图10-14）。若阴茎不能充分显露，可在其腹中线处切开包皮。在阴茎的两侧靠近阴茎骨做阴茎切开（图10-15），显露阴茎骨尿道沟内的尿道并向远端分离尿道（图10-16、图10-17）。抽出尿道插管，距阴茎切断线0.5~1.0厘米处横断尿道，用骨剪剪断阴茎骨，用咬骨钳修整到阴茎切断线处（图10-18～图10-20）。结扎阴茎背动脉与静脉（图10-21），松开橡胶带，观察出血点并对其结扎；剪断背侧的海绵体和白膜（图10-22、图10-23），然后对背侧海绵体组织与白膜做间断缝合。在游离尿道背侧正中做纵向切开（图10-24），插入导尿管（图10-25），尿道黏膜与阴茎腹侧的黏膜做间断缝合（图10-26）。阴茎背侧的黏膜自身做间断缝合（图10-27）。阴茎部分截除后，包皮鞘相对较长，可做包皮鞘缩短术。在包皮鞘腹侧做一长方形的全层切口（图10-28），切除部分包皮鞘（图10-29、图10-30）。然后，两端的黏膜层间断缝合，线结打在包皮鞘内（图10-31、图10-32），间断缝合皮下组织和皮肤（图10-33、图10-34）。

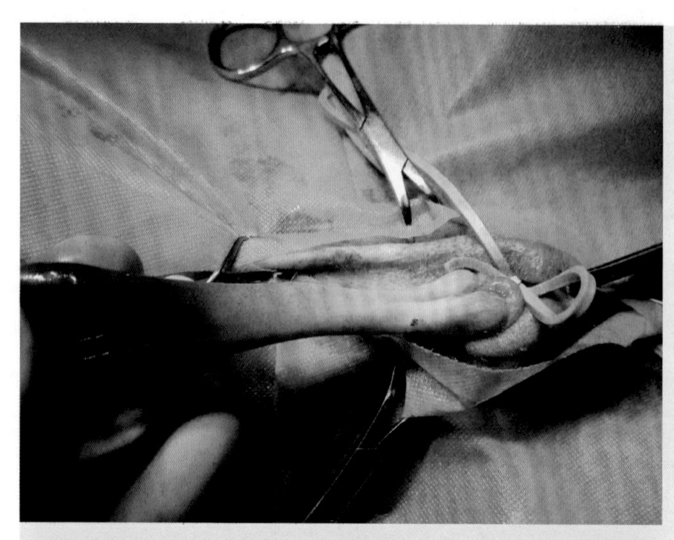

图10-14
橡胶带扎紧阴茎骨根部

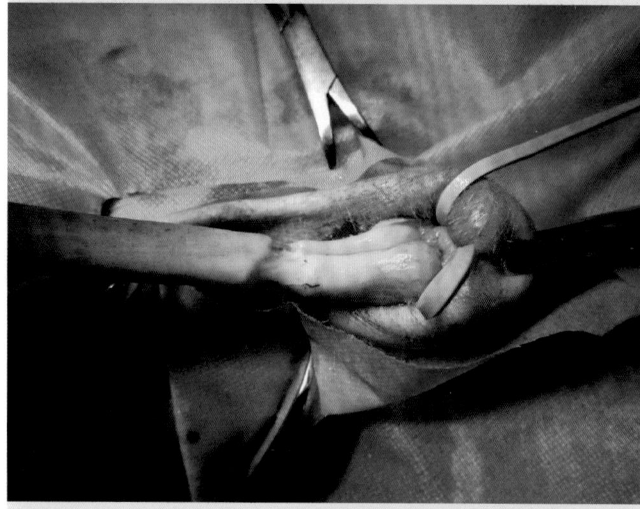

图10-15
环形一周切开阴茎

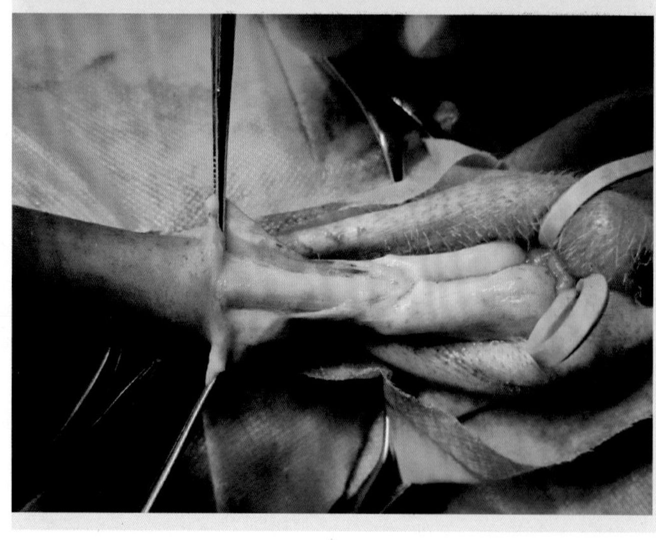

图10-16
暴露尿道

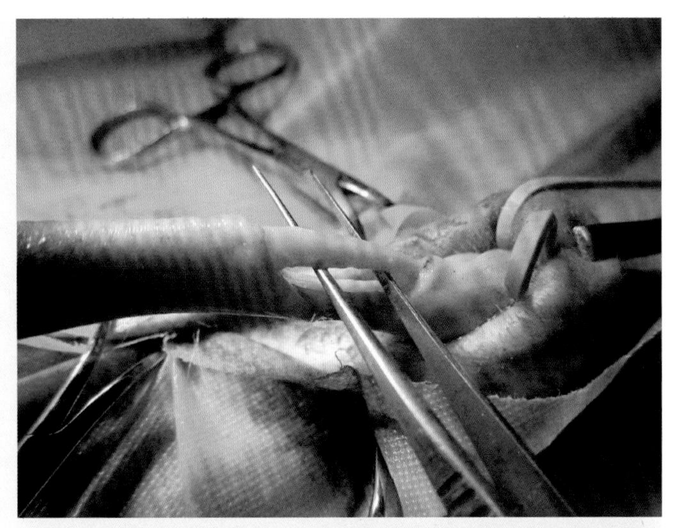

图10-17
游离尿道后显露背侧阴茎骨

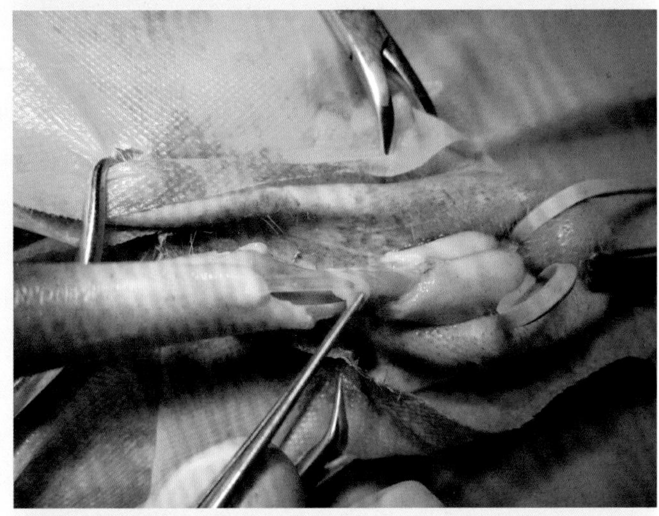

图10-18
在远心端切断尿道

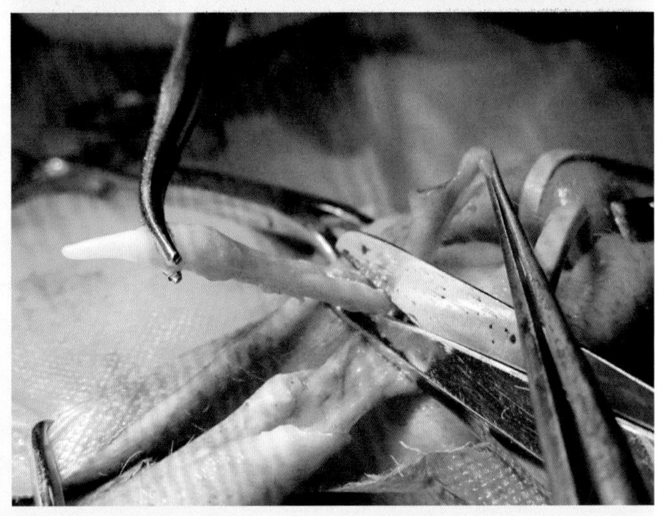

图10-19
在近心端剪断阴茎骨

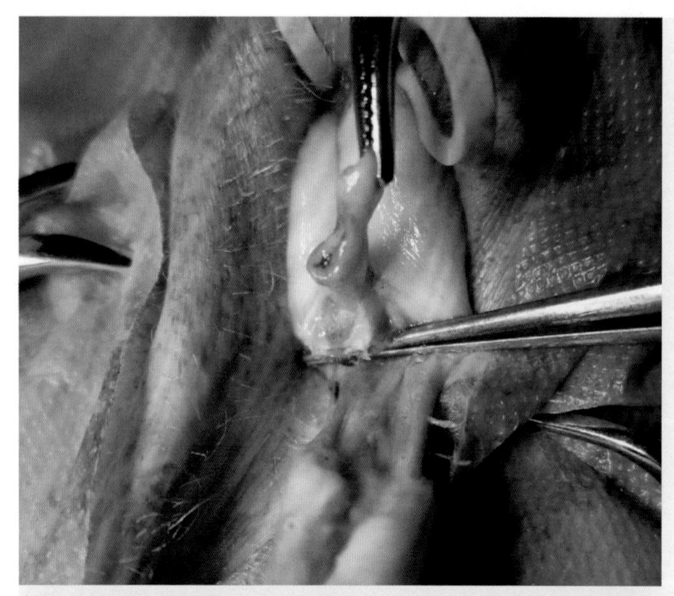

图10-20

显露阴茎骨断端和尿道断端

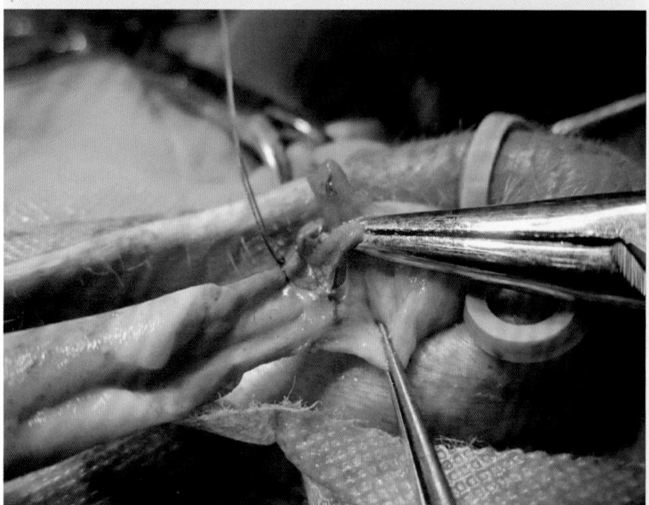

图10-21

分别结扎阴茎背动脉与静脉

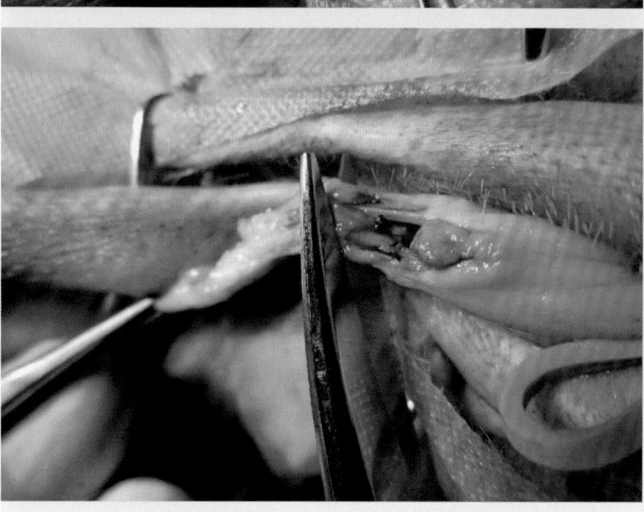

图10-22

剪断背侧的勃起组织和白膜

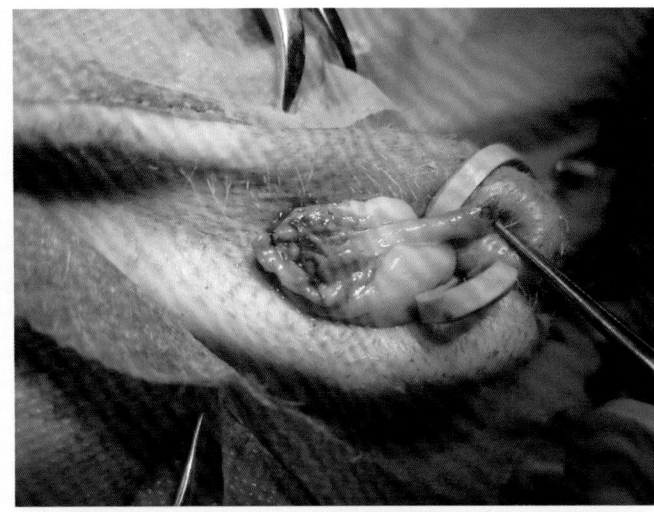

显露阴茎断端

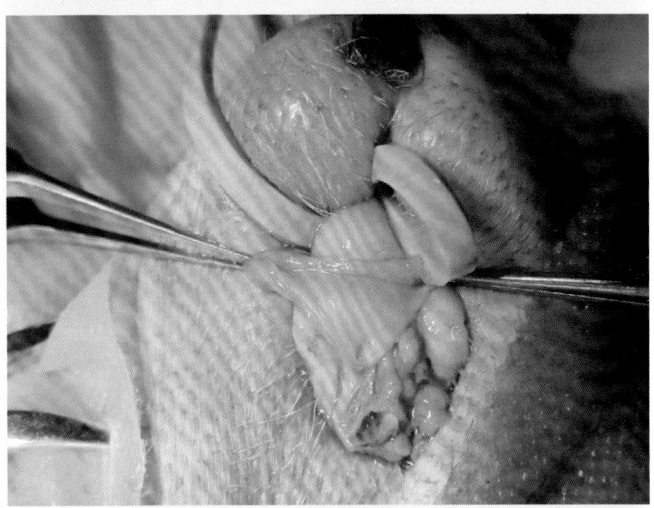

图10-24

纵向切开游离尿道的背侧壁并向腹侧翻转尿道黏膜

图10-25

插入导尿管

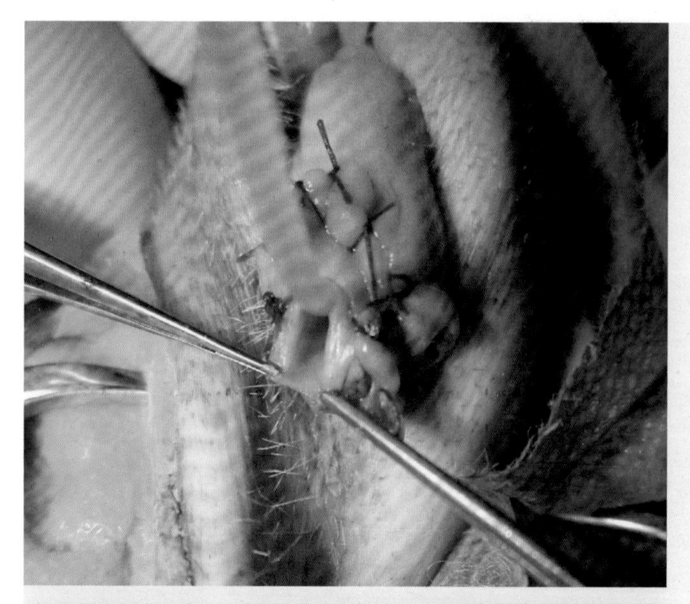

图10-26

尿道黏膜与阴茎腹侧的黏膜做间断缝合

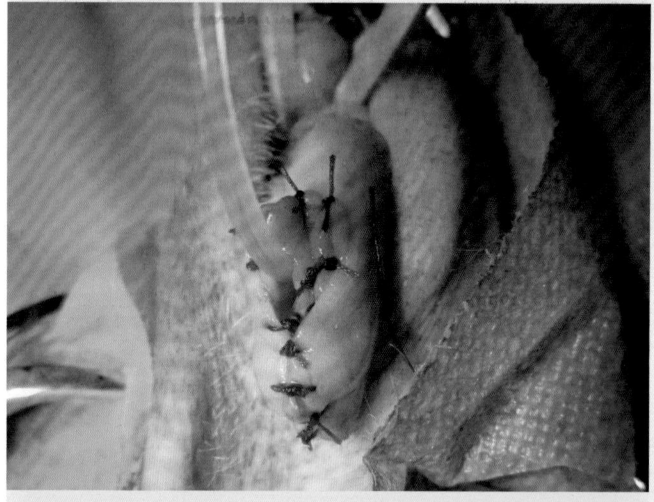

图10-27

阴茎背侧的黏膜自身做间断缝合

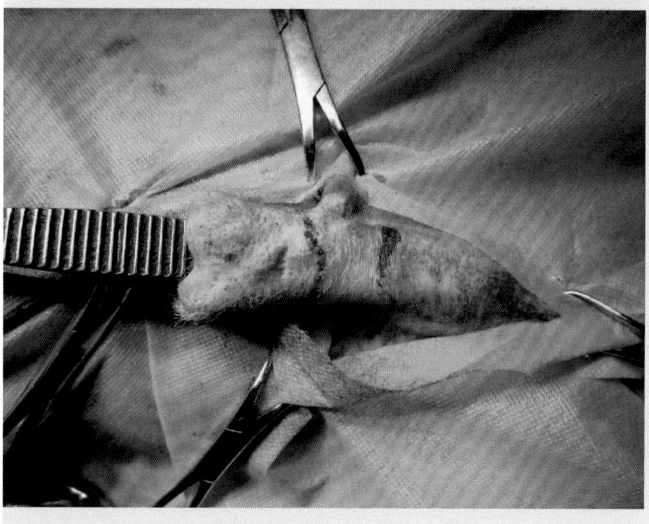

图10-28

包皮鞘缩短术切口

图10-29
切除部分包皮鞘

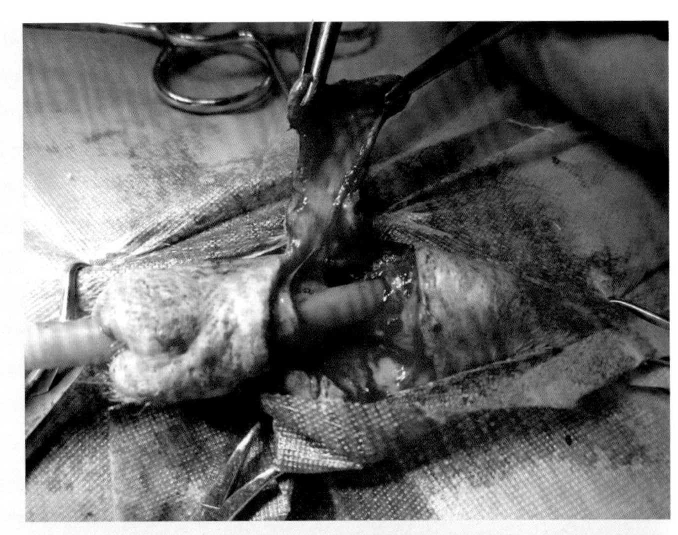

图10-30
显露包皮鞘两断端

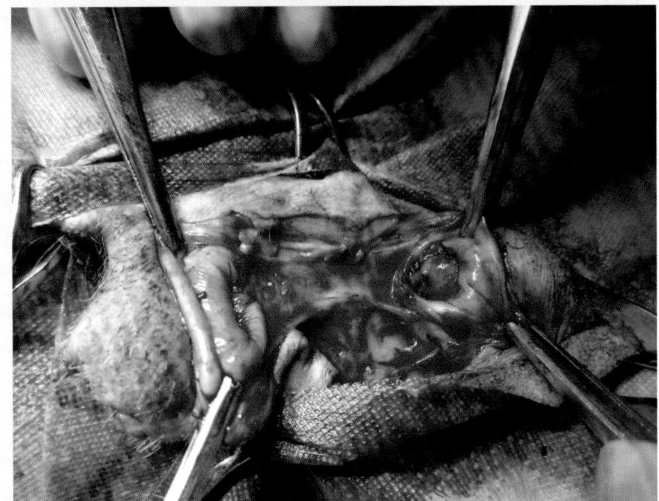

图10-31
间断缝合包皮鞘后壁

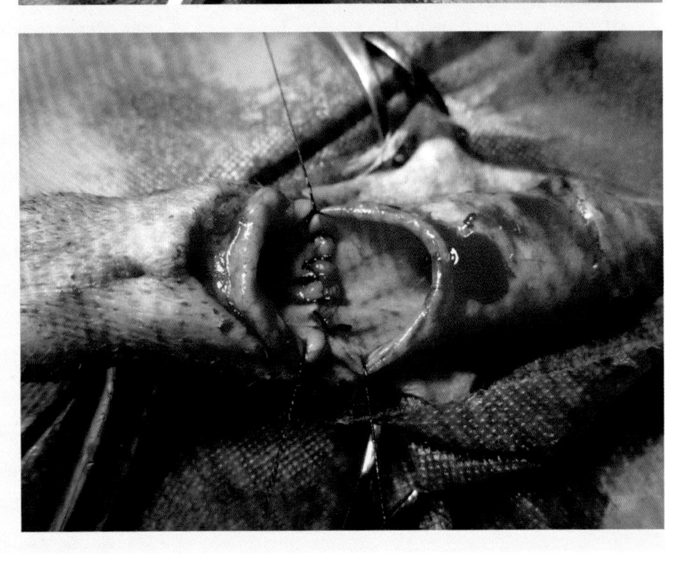

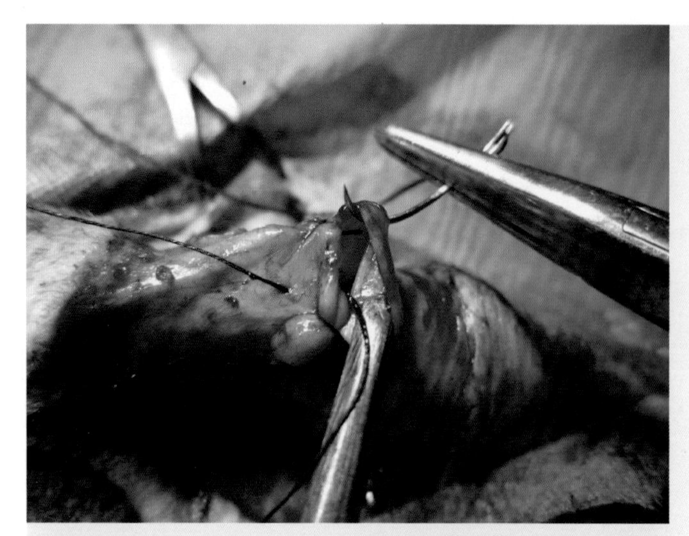

图10-32
间断内翻缝合包皮鞘前壁

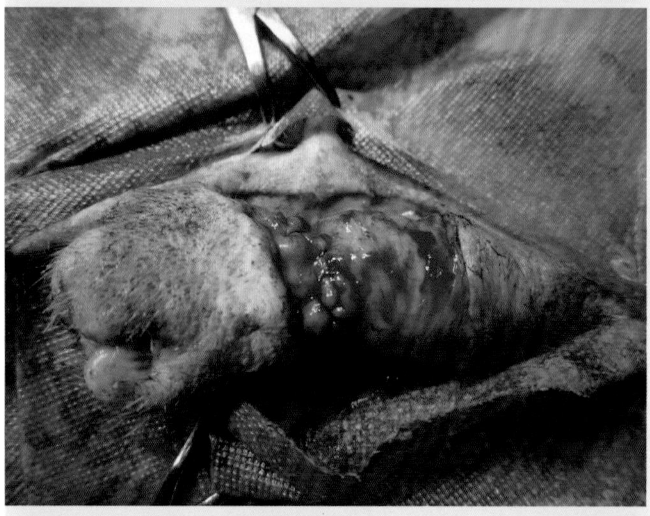

图10-33
吻合的包皮鞘（腹侧观）

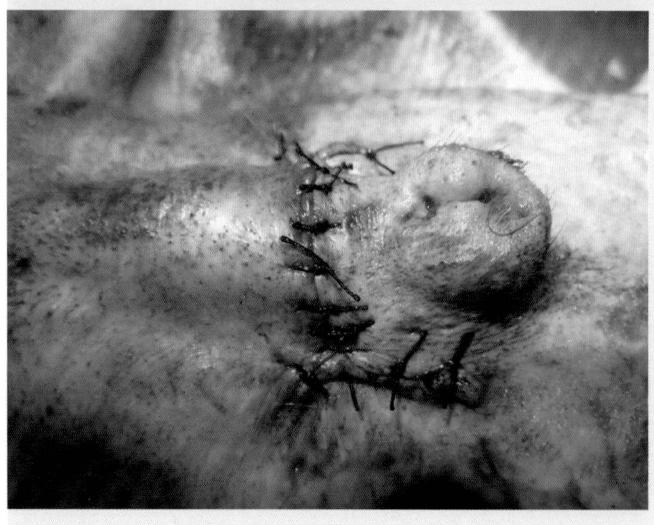

图10-34
闭合包皮切口

（2）阴茎次全切除术　环绕包皮、阴茎和阴囊周围做一个椭圆形切口（图10-35），由前向后将阴茎从体壁上分离下来（图10-36），并切除游离的皮肤。在阴茎预切除线后部与尿道造口之间双重环状结扎阴茎，分离阴茎退缩肌（图10-37）。于预造口处切开尿道，暴露导尿管（图10-38）。从造口前方双重结扎阴茎远端，截断阴茎（图10-39）。在造口后方切开总鞘膜，摘除睾丸；切除阴囊中隔，摘除阴囊（图10-40）。

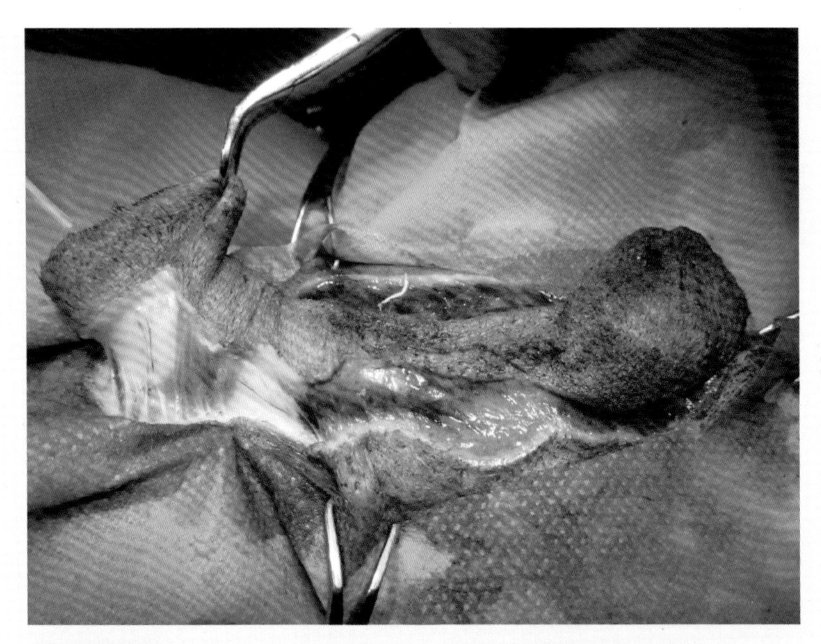

图10-35　皮肤切口（环绕包皮、阴茎和阴囊周围做椭圆形切口）

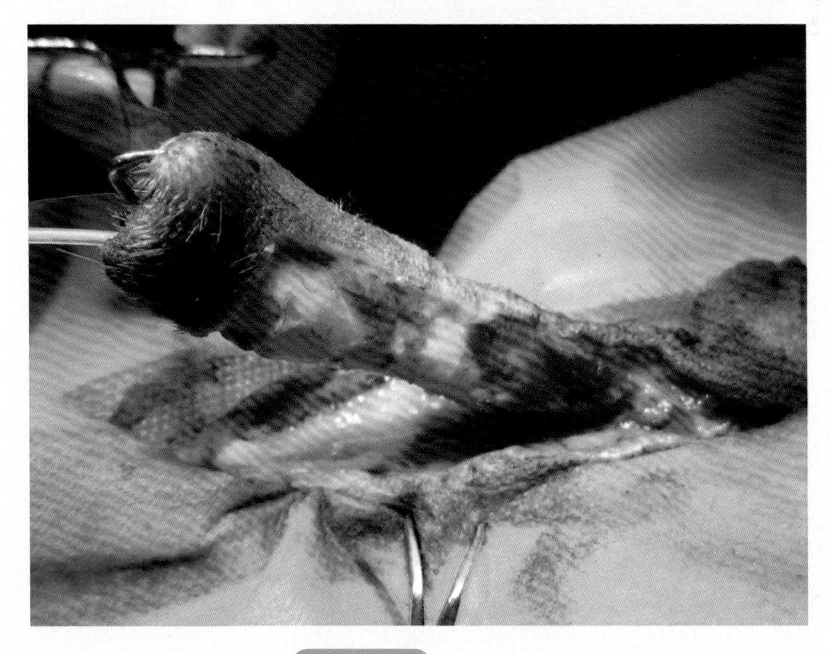

图10-36　分离阴茎

图10-37
在阴茎预切除线后部与尿道造口之间环扎阴茎并分离阴茎退缩肌

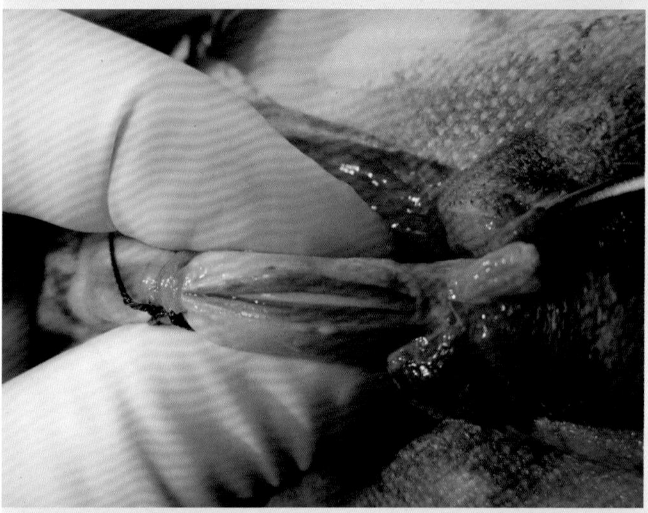

图10-38
横断阴茎退缩肌并切开尿道

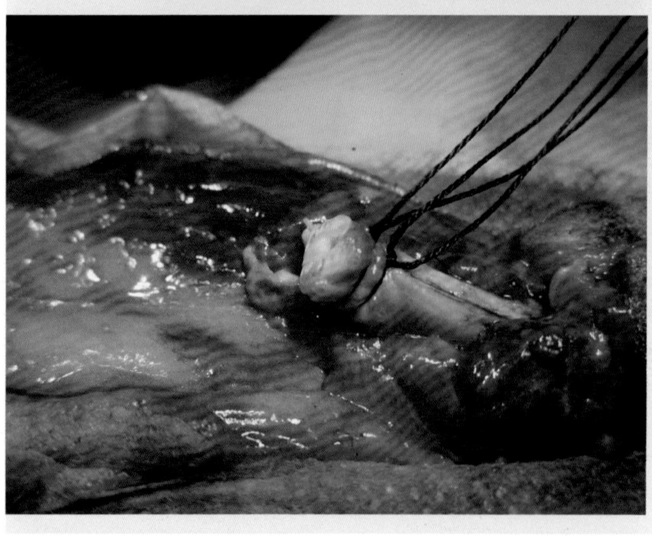

图10-39
截断阴茎

图10-40

横断阴茎及摘除睾丸后的切口

然后，将尿道黏膜层与皮肤创缘做简单间断缝合（图10-41），于尿道造口的前后端分别向前向后缝合皮下组织和皮肤（图10-42），留置导尿管（图10-43）。

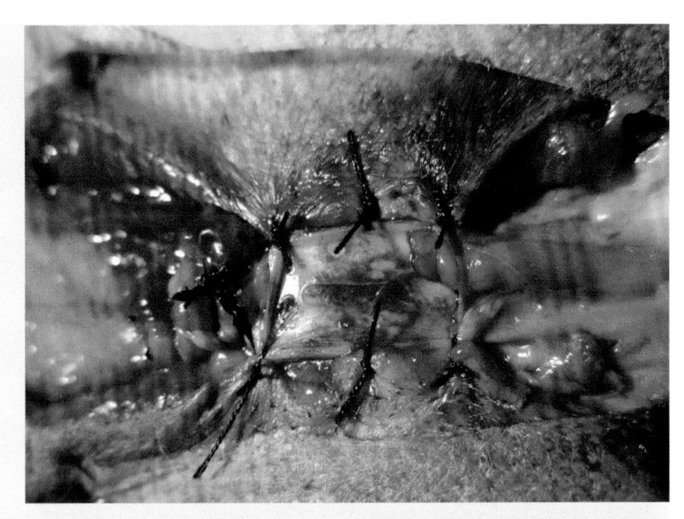

图10-41

尿道黏膜层与皮肤创缘简单间断缝合

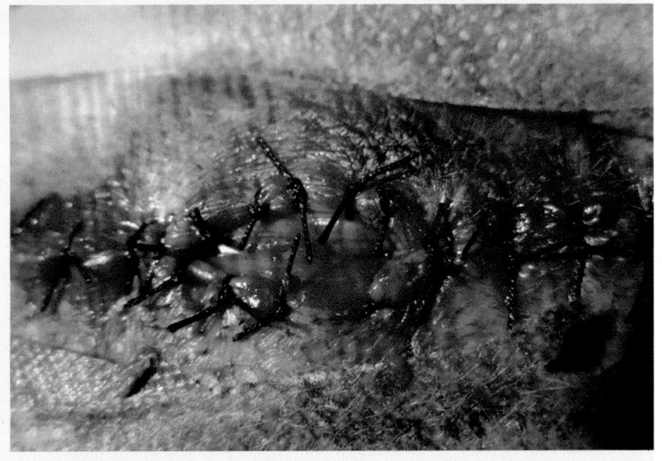

图10-42

缝合尿道造口的前后端皮下组织和皮肤

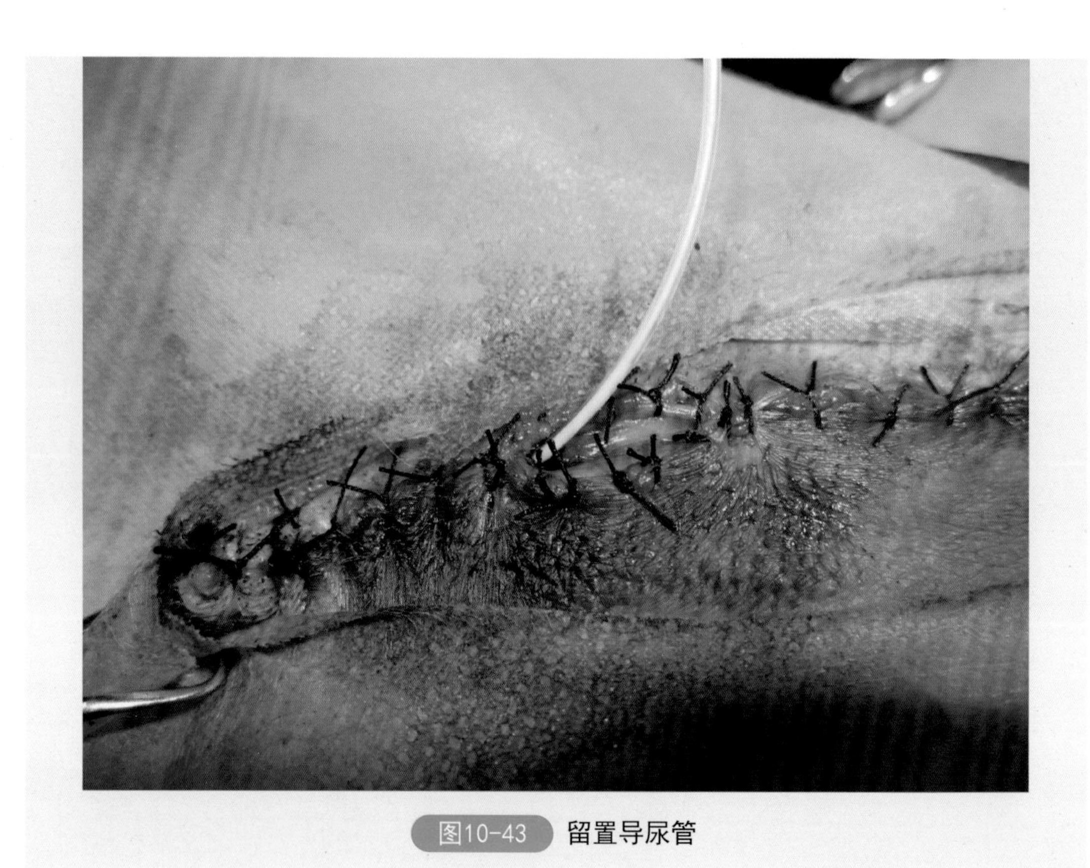

图10-43 留置导尿管

术后护理：术后5~7天，局部和全身应用抗菌药。戴伊丽莎白项圈。应用镇静剂，避免保留睾丸的犬与其它犬在一起，减少阴茎勃起的机会；对阴茎频繁勃起且不做种用的动物，宜施行去势术。

第四节　犬前列腺手术

【解剖特点】前列腺是公犬唯一的副性腺，呈球状，为分支的管泡状腺体，位于尿生殖道骨盆部的前部，膀胱颈尿道结合部的背面，完全包围着膀胱颈和尿道起始部（图10-44）。前列腺常位于盆腔入口处，4岁以下的犬，前列腺通常位于耻骨边缘的骨盆腔内；在青春期后和成年，犬的前列腺逐渐增大，可伸至腹腔；其背侧扁平，腹侧和两侧呈圆隆状，外表被覆厚的纤维性肌组织包囊（前列腺囊），腹外侧的表面包裹着脂肪垫；膀胱肌纤维向后延伸，被覆其背侧面。背中部沟的纵隔自包囊腹侧部伸达尿道，将前列腺腹侧部分为左右两叶。腺体的腹侧有纵行浅沟，尿道穿过前列腺中央。

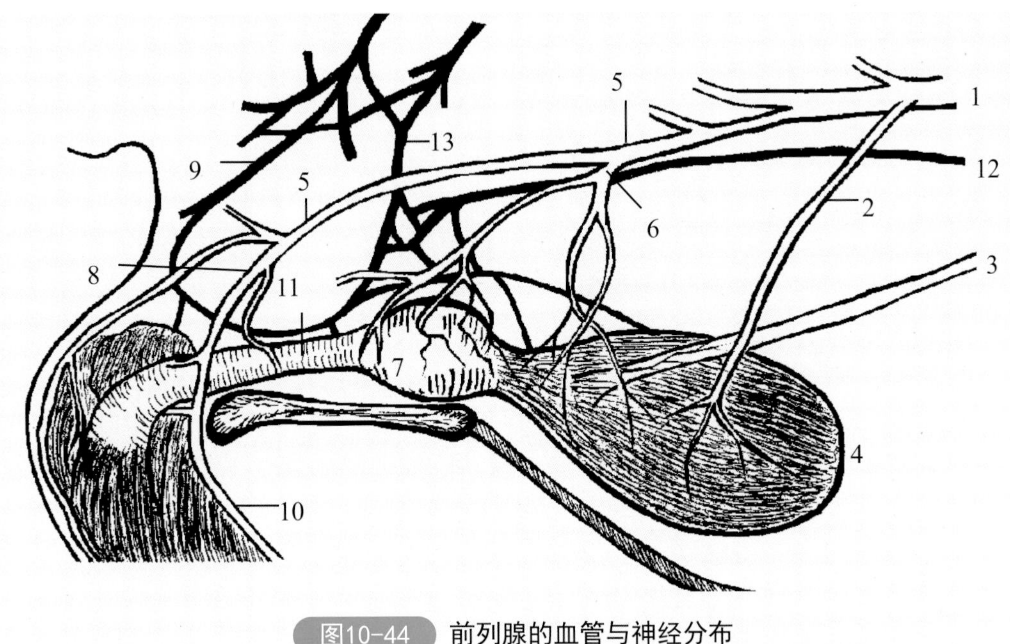

图10-44 前列腺的血管与神经分布

1—腹主动脉；2—脐动脉；3—输尿管；4—膀胱；5—阴部内动脉；6—前列腺动脉；7—前列腺；8—阴茎动脉；9—阴部神经；10—阴茎背动脉；11—尿道；12—腹下神经；13—盆神经

前列腺分泌物经数根小导管进入尿道的前列腺部。输精管经前列腺的前背侧表面进入后腹面，再经后腹面进入精阜处的尿道。射精时，前列腺排出大量分泌物(精清)。

从横断面观察，血管和神经(骨盆神经和腹下神经)位于前列腺的外侧，在2点和10点钟的位置进入前列腺。前列腺动脉从髂内动脉分出，并供给输精管、尿道、膀胱、输尿管和直肠的中部与后部。腹下神经(交感神经)、骨盆神经的延续部分与骨盆神经分支(副交感神经)、阴部神经与脉管并行，对排尿频率和连续性有调节作用。阴部神经分支沿尿道腹侧的表面延伸到膀胱颈，支配尿道括约肌外的骨骼肌。

【麻醉与保定】全身麻醉。仰卧保定。尿道插管，导管插至膀胱内。用0.05%洗必泰或0.1%碘伏反复冲洗包皮腔。包皮部应在术部准备的范围内。

【切口定位】前列腺手术通路常采用脐后腹中线切口。在包皮旁2~3厘米处切开皮肤、皮下组织，然后向中线分离显露腹白线，在腹白线上打开腹腔。前列腺手术常配合做去势术。

【手术方法】

(1) 前列腺引流技术　当前列腺实质内有液体积聚，如前列腺脓肿、前列腺囊肿，可以做前列腺引流治疗。大部分引流方法是在前列腺每一叶的腹侧或侧面做贯穿性切口，吸取所有的脓性物质。显露前列腺后向前牵拉膀胱以充分显露前列腺。用湿纱布垫仔细隔离被感染的前列腺，前列腺周围脂肪的切口尽可能小，以减少污染的面积。抬高动物的前腹部，以限制漏出液向前扩散。插入尿道导管，用于确定尿道的位置。用止血钳捣碎每一个小脓肿，形成一个大的脓腔；捣碎或疏松所有的纤维性、坏死性前列腺实质并将其取出。用止血钳穿过前列腺部尿道的背侧与腹侧，使前列腺左右两叶的腔相通。然后，用抗菌生理盐水彻底冲洗。安装引流物，冲洗腹腔并吸出腹腔内的液体。如果渗漏严重或已有腹膜炎，应做腹腔引流。

① 机械性引流：在前列腺或前列腺周围区域放置的吸取性引流物，经同侧的腹壁、包皮的侧面做切口引至体外。自前列腺囊腹侧分离脂肪垫，用穿刺针刺入囊肿内抽尽其内容物。在前列腺两侧的腹面分别切开前列腺实质，打开囊肿腔，用止血钳破坏囊肿内相互连接的纤维束和独立的小腔室，使其形成一共同腔洞。吸出腔内的液体并进行冲洗、吸液，清除坏死组织。在前列腺两侧叶的腹侧面，放置1~4个吸取引流管，也可在前列腺的外周再放引流管，以持续排液引流。引流管的末端自腹部切口（包皮的外侧）旁2~3厘米处引至体外。将引流管缝合固定在腹壁皮肤上，以防脱落。用网膜和前列腺周围的脂肪包被前列腺的术部与引流物。常规关腹（图10-45）。

引流持续的时间，取决于引流液的数量和性质，但一般在术后1~3周内取出引流管。

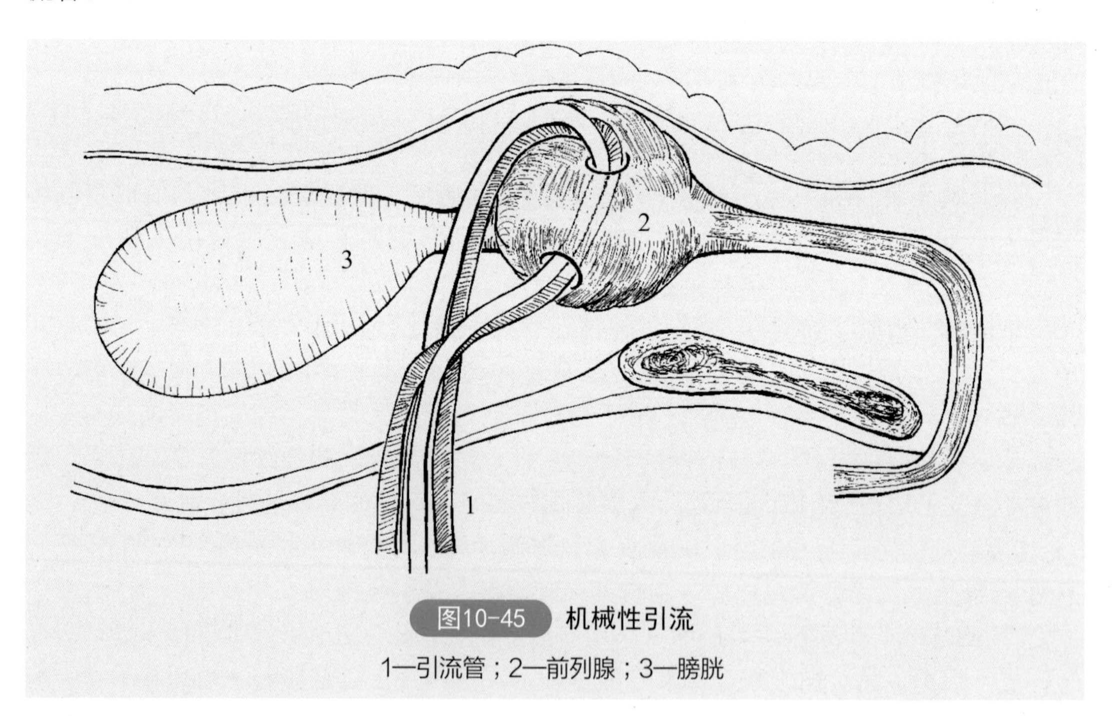

图10-45 机械性引流

1—引流管；2—前列腺；3—膀胱

② 网膜引流：若为前列腺脓肿，在前列腺的两侧做囊切开术，用止血钳逐步破碎前列腺实质内独立成室的小腔洞，在尿道的周围形成通道，并通过触摸导尿管来辨认前列腺部尿道。用止血钳牵引网膜瓣游离端，由一侧囊切口围绕尿道背侧至对侧切口，再由对侧切口绕过尿道腹侧，自原囊切口穿出前列腺，使网膜缠绕尿道一周。然后，在网膜出口处，网膜的游离端与网膜做纽扣缝合。对不完全切除脓肿或囊肿的引流，网膜置于囊肿或脓肿的残腔内并做固定缝合。常规关腹（图10-46）。

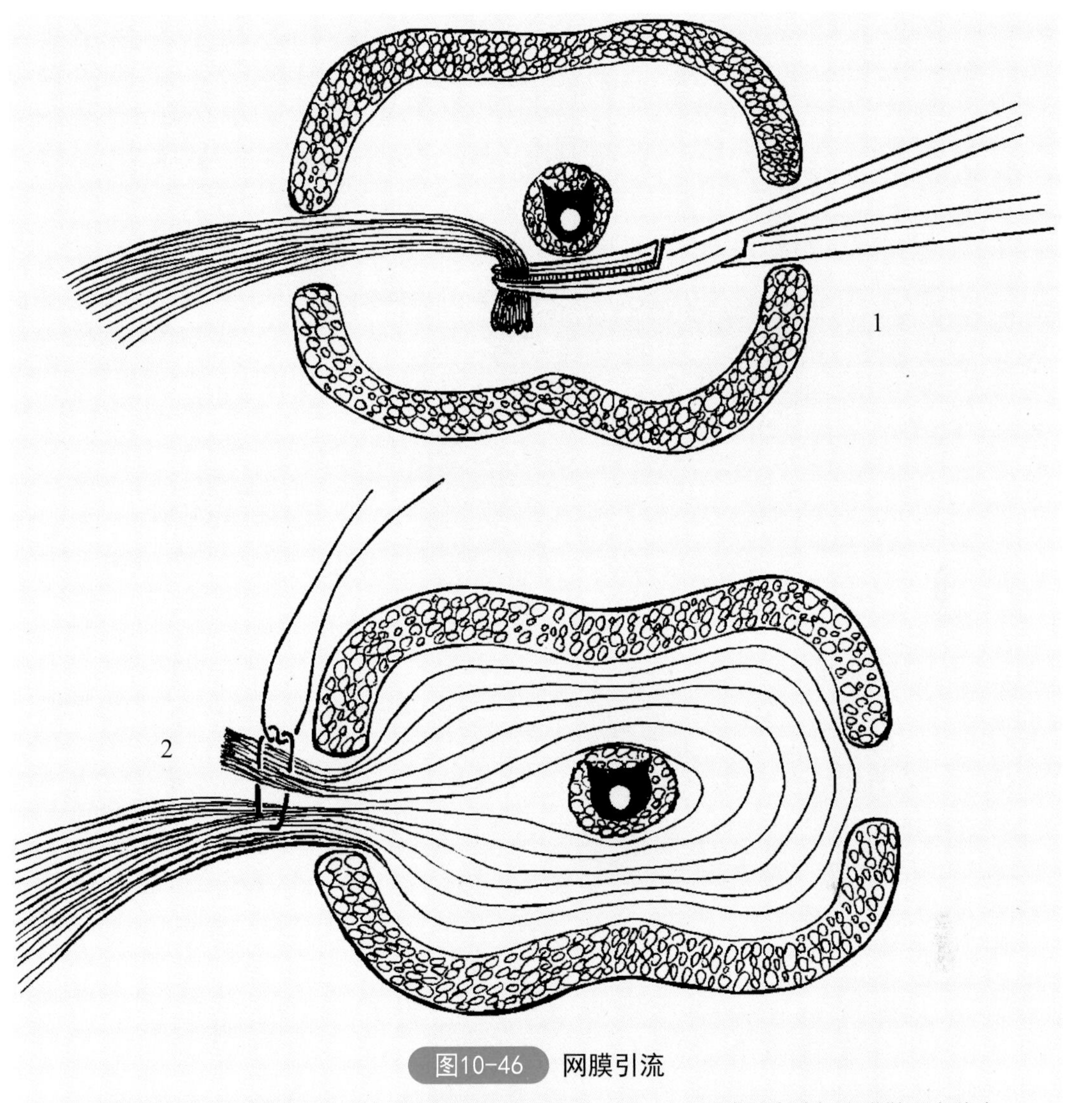

图10-46　网膜引流

1—自前列腺左右侧切口用止血钳引导网膜缠绕尿道一周；2—网膜游离端与网膜做固定缝合

（2）前列腺切除术

① 前列腺全切除术：由于前列腺全切除术易导致尿失禁，较少使用。主要适用于没有发生转移的前列腺肿瘤的治疗和前列腺严重损伤或慢性前列腺疾病用其它疗法无效的病例。

包皮旁切口，打开腹腔，向前牵引膀胱（图10-47～图10-49），从前列腺囊腹侧正中直接分离前列腺周围的脂肪，注意不要损伤前列腺背部支配膀胱与尿道的血管与神经（图10-50）。紧贴前列腺结扎前列腺短动脉与静脉，结扎、切断输精管（图10-51）。在膀胱颈和前列腺之间，尽量向后分离、翻转前列腺组织。在膜性尿道与前列腺之间尽量向前分离、翻转前列腺组织。然后，在前部横断尿道，尽量多保留膀胱颈（图10-52）。在后部膜性尿道纤维性外膜上做牵引线（图10-53），紧贴前列腺后缘横断膜性尿道，取出前列腺，尿道导管插入膀胱内（图10-54）。使用一次性圆形缝合针和4-0~6-0人工合成单丝可吸收缝线，对膀胱颈与膜性尿道做间断缝合（图10-55）。尽量减少缝线在尿道腔的暴露量。先在类似于钟表的12点和6点的位置上缝置2条预置线，暂不打结。然后自背侧做缝合，缝线间距约2毫米，边距1.5~2毫米；穿好缝针后一起拉紧缝线打结（图10-56），间断缝合前列腺周围的脂肪囊（图10-57）。常规缝合腹壁切口（图10-58）。术后5~7天拔出膀胱插管，7天后拔出尿道插管。

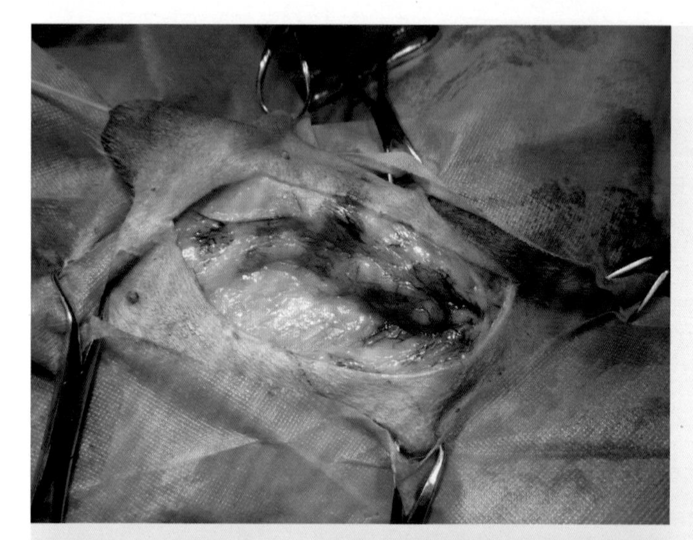

图10-47

包皮旁2～3厘米处切开皮肤及皮下组织

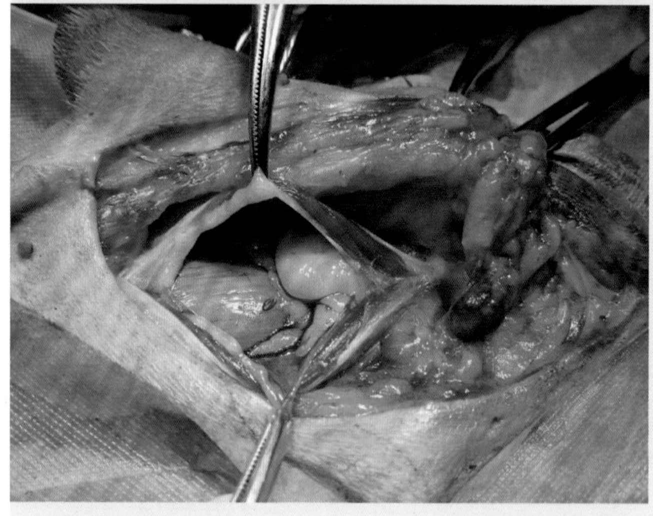

图10-48

打开腹腔后显露膀胱和前列腺

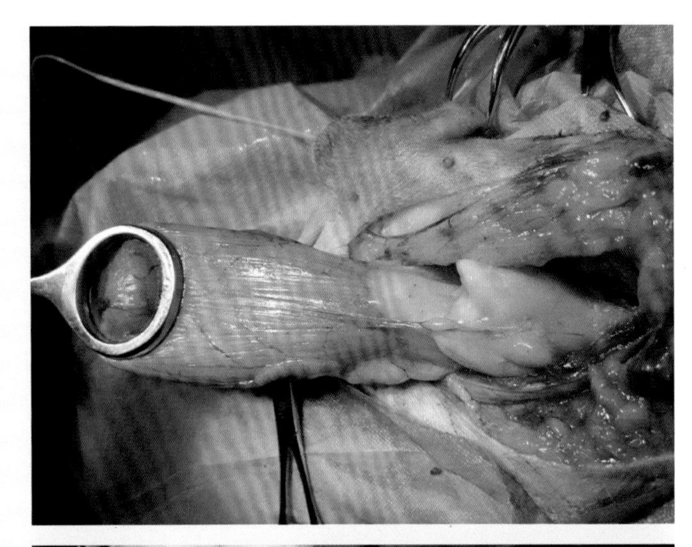

图10-49
将膀胱向头侧牵引

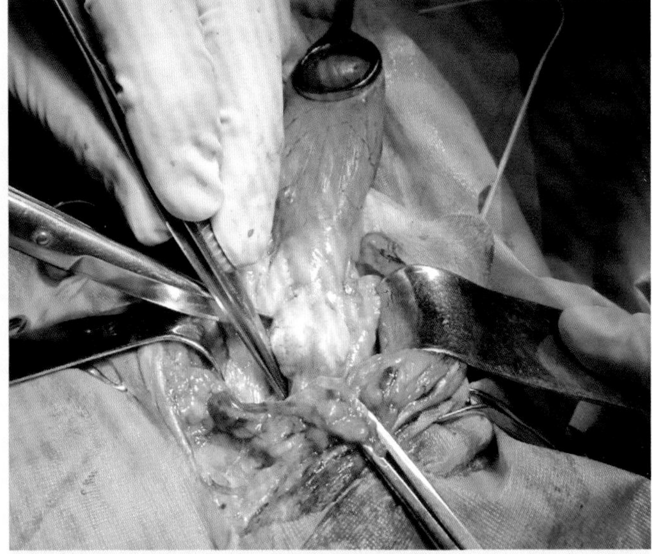

图10-50
前列腺囊腹侧正中分离前列腺周围脂肪

图10-51
结扎前列腺短动静脉及输精管

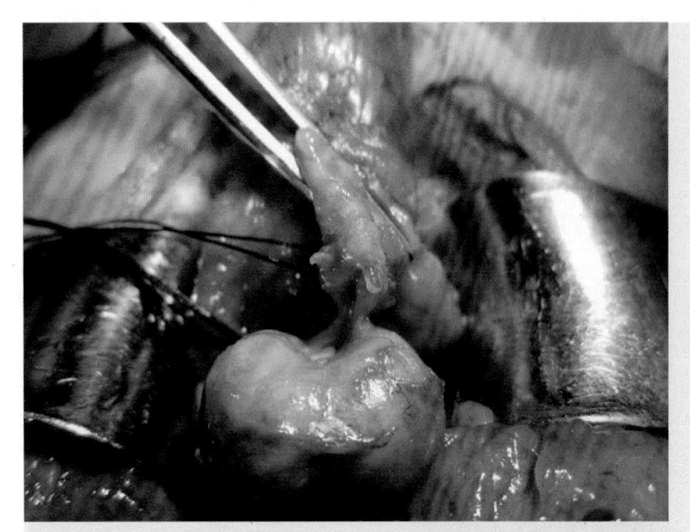

图10-52
膀胱颈与前列腺之间横断尿道

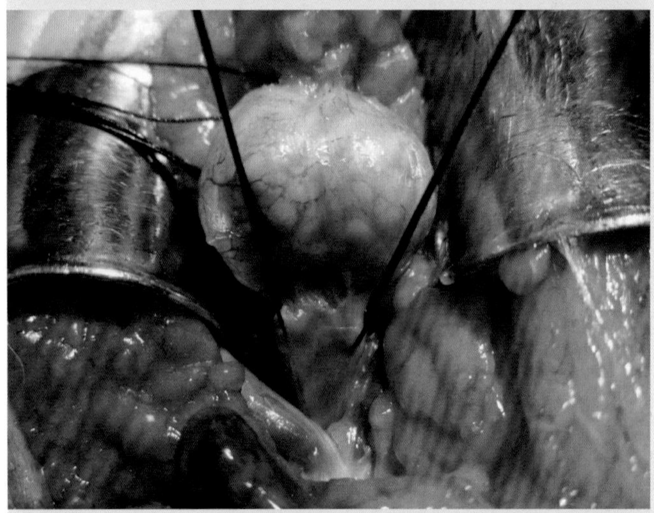

图10-53
前列腺后部的膜性尿道纤维性外膜上做牵引线

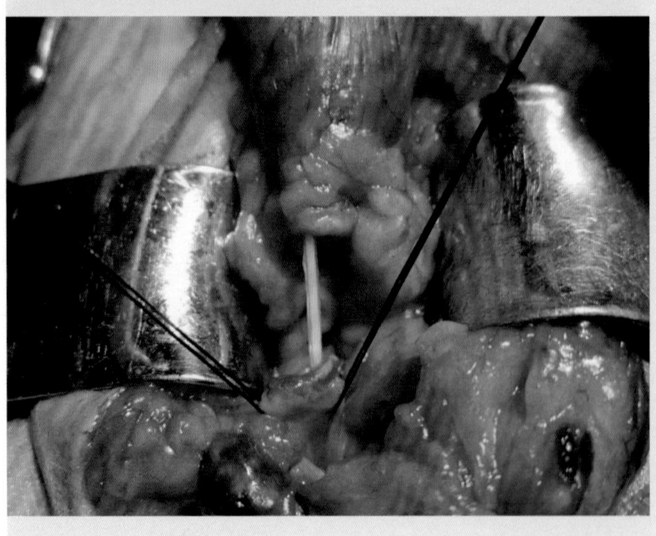

图10-54
在前列腺后缘横断尿道以切除前列腺并将导尿管插入膀胱

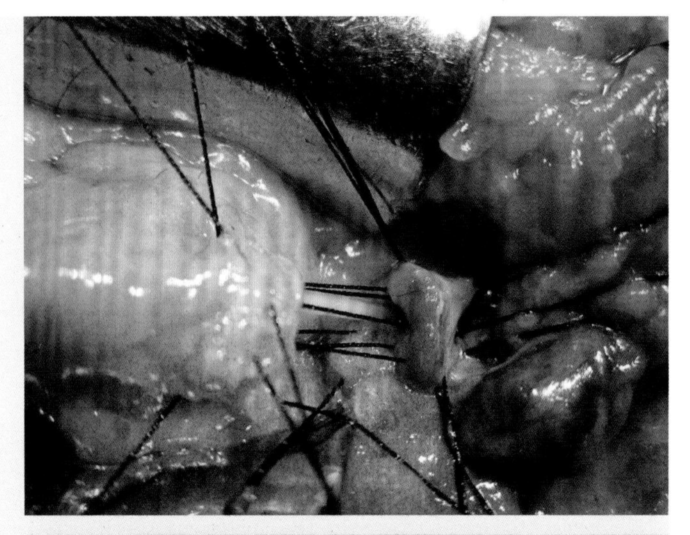

图10-55

做不穿透黏膜的预置间断缝合

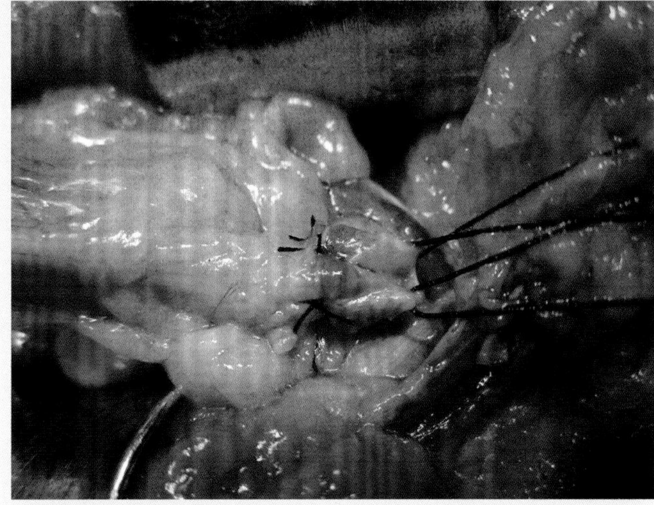

图10-56

收紧缝线打结以闭合尿道断端

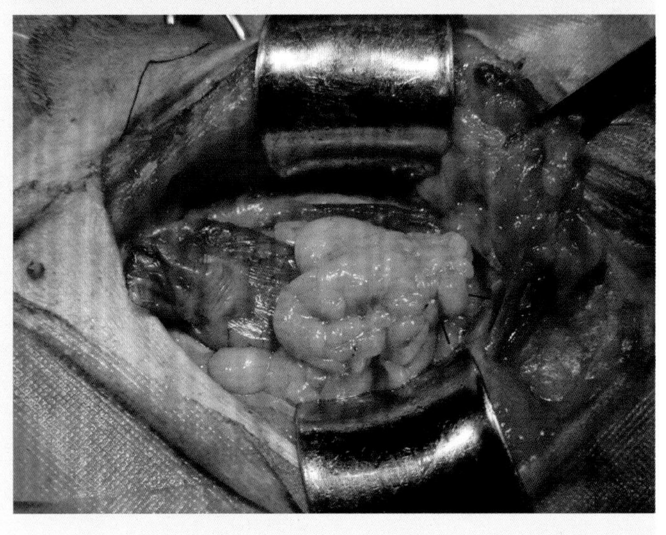

图10-57

间断缝合前列腺周围脂肪囊

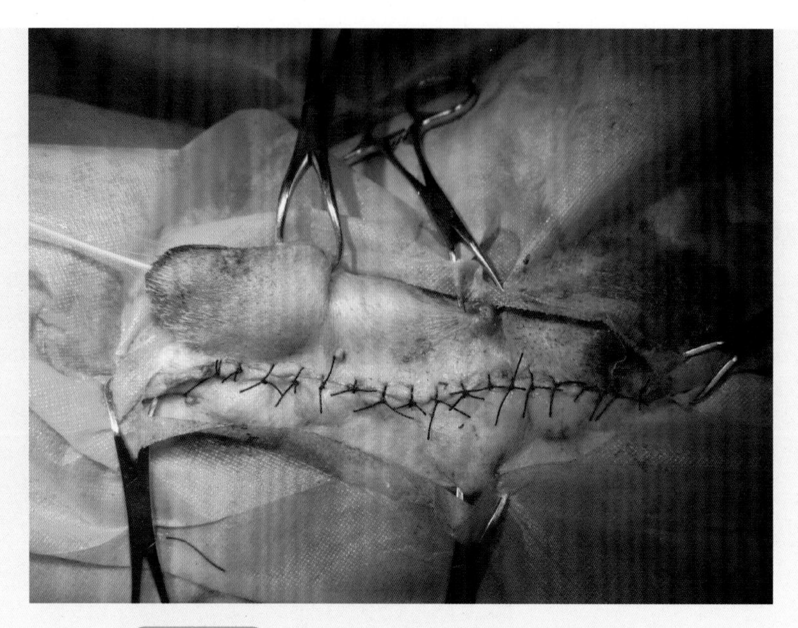

图10-58 常规缝合腹壁和皮肤并留置导尿管

② 前列腺部分切除术或次全切除术：有饲养价值的动物，发生良性前列腺增生但不宜做去势或去势后也治疗无效，或发生前列腺脓肿或囊肿经手术引流后病情稳定的犬，可行前列腺部分切除术。手术径路和暴露方法如上述前列腺全切除术。在前列腺腹侧做切口，用器械捣碎实质内的纤维间隔和前列腺实质并取出破碎的前列腺组织。若确定前列腺部尿道发生破裂、渗漏，需要做修补，尿道插管保留至痊愈。修整、切除多余的前列腺囊腹侧壁，缝合囊壁，以包埋残留的前列腺组织和尿道，表面覆盖网膜做引流或保护。第一层简单间断缝合，第二层内翻缝合。也可用超声乳化仪代替器械捣碎前列腺实质，边乳化、边抽出前列腺组织（图10-59）。

术后，使用伊丽莎白项圈。监测动物疼痛、出血和感染情况。使用粪便软化剂、抗菌药治疗。

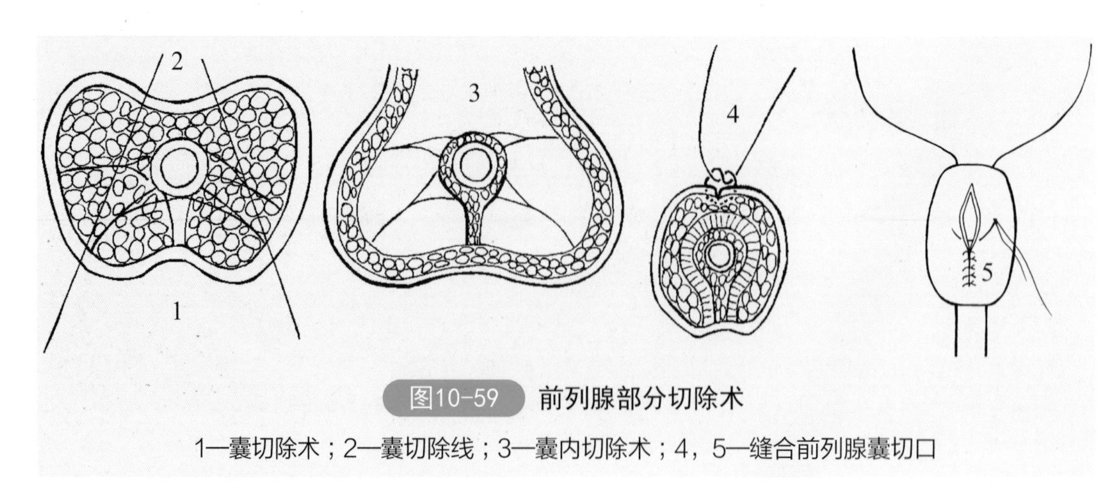

图10-59 前列腺部分切除术

1—囊切除术；2—囊切除线；3—囊内切除术；4，5—缝合前列腺囊切口

第五节　犬肾切除术

【适应证】肾肿瘤、严重创伤导致的不可制止的出血或漏尿、药物治疗无效的肾盂肾炎、肾盂积水和无法进行手术修复的输尿管异常（如撕脱、管道狭窄或破裂等）。

【解剖特点】犬肾位于腰椎下腹膜外，每个肾的前端背侧面和腹侧面均由腹膜覆盖。肾由腹膜外纤维结缔组织和肾膜固定在脂肪中。左肾靠后，位于2~4腰椎下，有较大的活动性，胃充满时使左肾后移；右肾靠前，位于1~3腰椎下，活动性较小，前部与肝的右叶相邻，前1/3由肝尾状突覆盖。肾门是血管、神经和输尿管进出肾的通道。有13%的犬，左肾的肾动脉为两支，右肾动脉都是一支。

输尿管后行于腰椎下腹膜褶内，开口于膀胱颈的背侧，其在肾内的膨大部为肾盂。肾实质的外围部为皮质，呈小颗粒状，主要为肾小体和肾曲小管。肾实质的近中心部为髓质，含有大量条纹状的收集管，在皮质与髓质交界处有肾血管的弓形支（图10-60）。

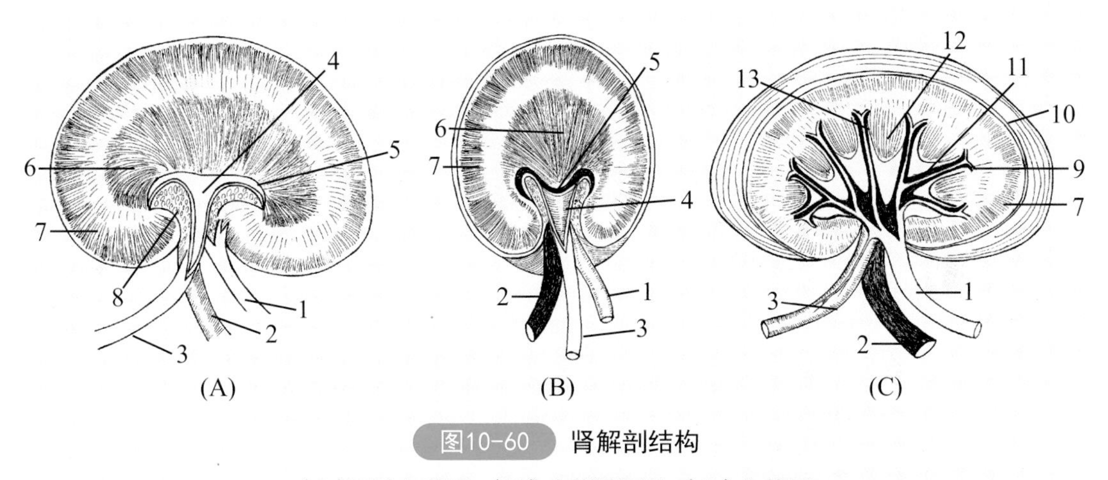

图10-60　肾解剖结构

（A）正中矢状面；（B）中部横断面；（C）矢状面

1—肾动脉；2—肾静脉；3—输尿管；4—肾盂；5—肾嵴；6—肾髓质；7—肾皮质；8—肾窦脂肪；9—弓形动、静脉；10—肾包膜；11—肾盂隐窝；12—肾椎体；13—叶间动、静脉

【麻醉与保定】全身麻醉。仰卧保定，腹中线切开；侧卧保定，腰旁切口。

【切口定位】脐前腹中线切口，必要时向后延长至脐后腹中线。或自最后肋骨后缘沿腰椎横突腹侧向后做腰旁切口（图10-61）。

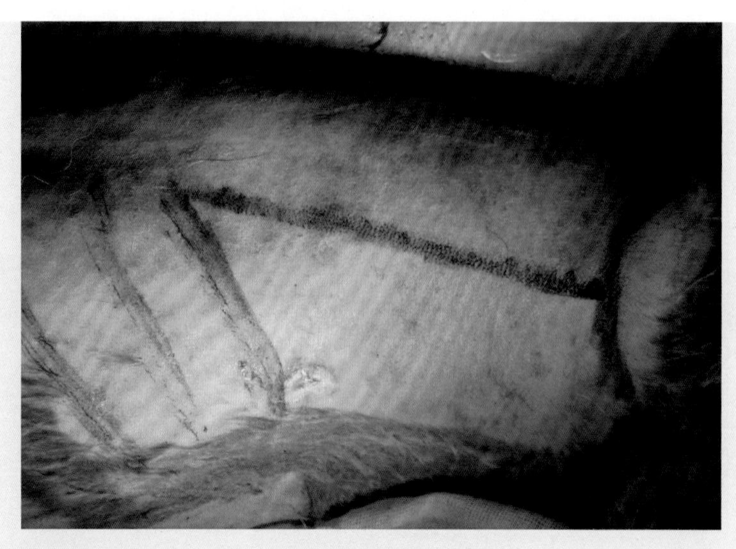

图10-61 自最后肋骨后缘沿腰椎横突腹侧向后切开皮肤（侧卧保定）

【手术方法】腹中线切口显露肾脏，将结肠移向右侧，在降结肠系膜后方显露左肾。将十二指肠近端移向左侧，在十二指肠系膜后方显露右肾。用镊子提起腹膜和肾后筋膜并用剪刀剪断，用手指和纱布自肾剥下筋膜。腹中线切口，较难显露和分离右肾。

腰旁切口时，切开皮肤及皮下组织，分离结扎血管后横断腹壁肌层直达腹膜外疏松结缔组织（图10-62、图10-63），钝性分离结缔组织，切开肾脏脂肪囊，显露肾脏（图10-64）。将肾脏牵引至切口外（图10-65），分离肾门部，显露肾动脉、肾静脉和输尿管。

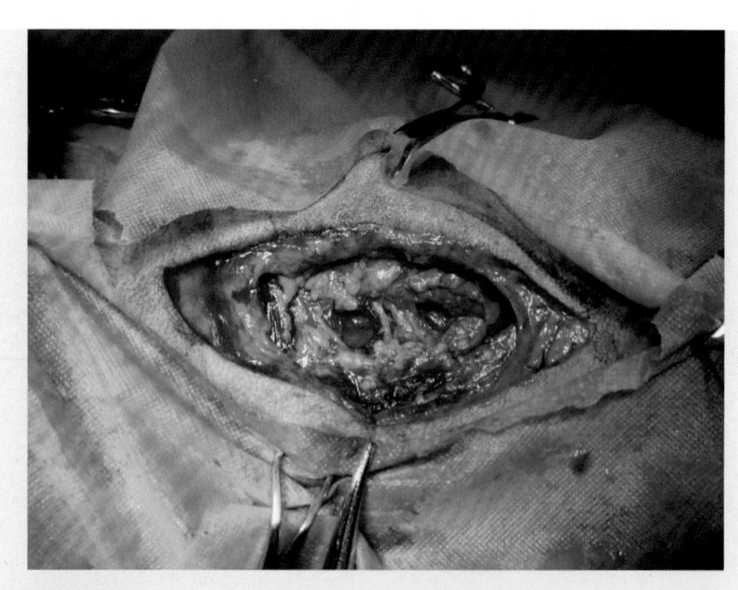

图10-62 腰椎横突腹侧切口，切开皮肤、肌肉，分离腰旁血管

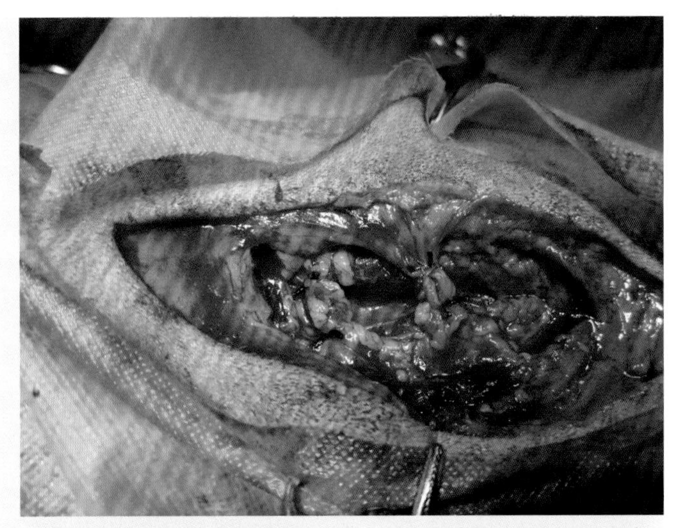

图10-63
分别双重结扎腰旁血管和横断腹壁肌层

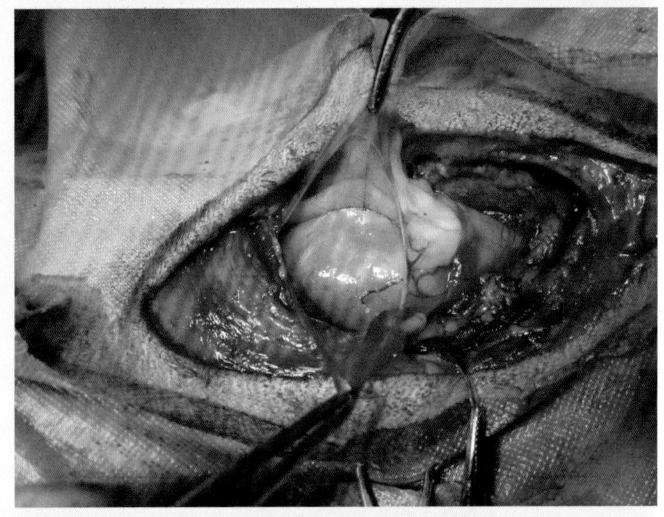

图10-64
切开腹膜外间隙及脂肪囊后显露肾脏

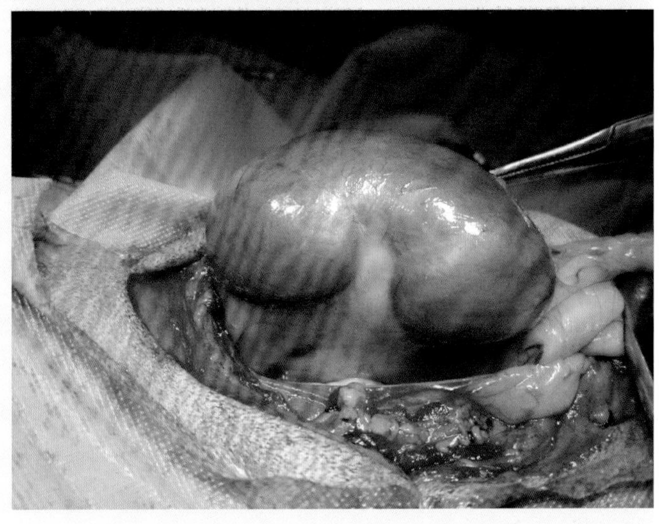

图10-65
将肾脏牵引至切口外

在直视条件下，以食指、中指夹持肾脏，首先分离肾动脉，贯穿结扎肾动脉，近心端双重结扎，远心端做一次结扎（图10-66）；如果是肾肿瘤，应首先结扎肾静脉。分离肾静脉，近心端和远心端各做一次结扎。充分分离输尿管直到膀胱部，紧贴膀胱壁结扎输尿管，防止形成尿盲管。摘除肾脏（图10-67），常规闭合腹壁切口（图10-68和图10-69）。犬肾切除术见视频10-3。

图10-66 分离结扎肾动脉和输尿管

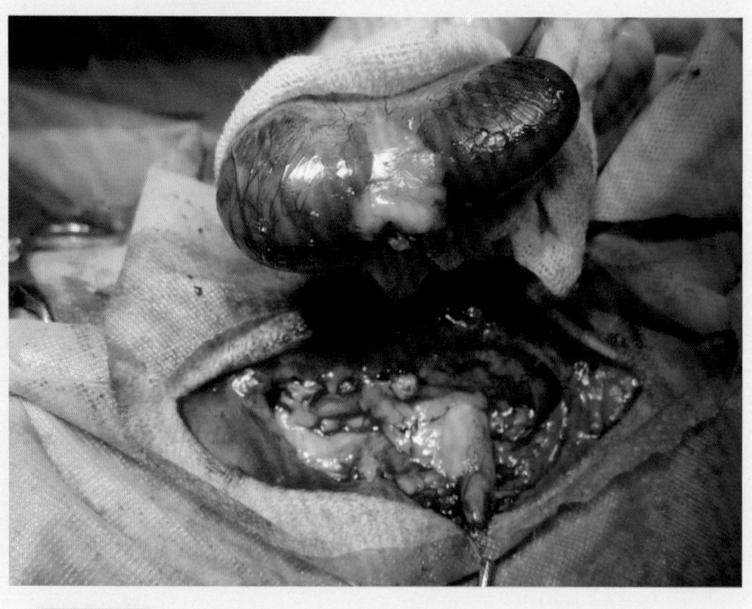

图10-67 摘除肾脏（分别剪断肾动脉、肾静脉及输尿管）

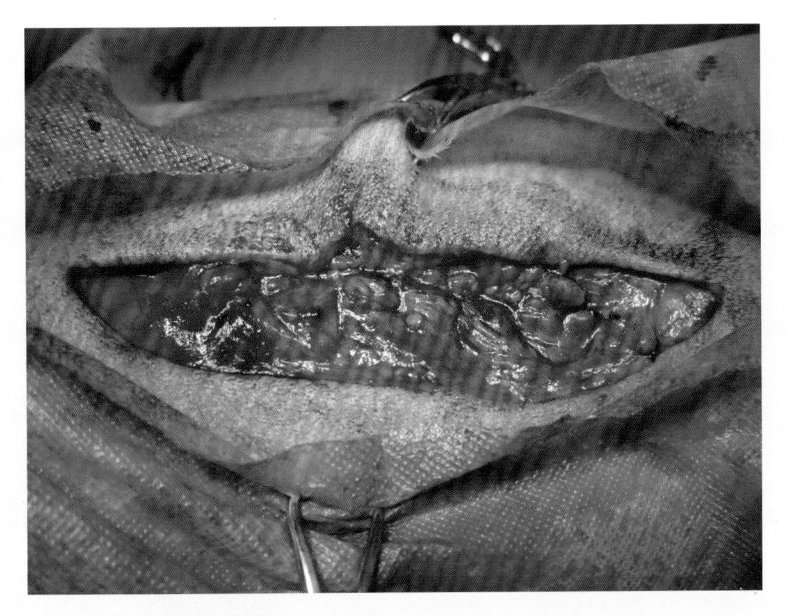

图10-68　连续缝合腹膜外间隙及肌肉组织

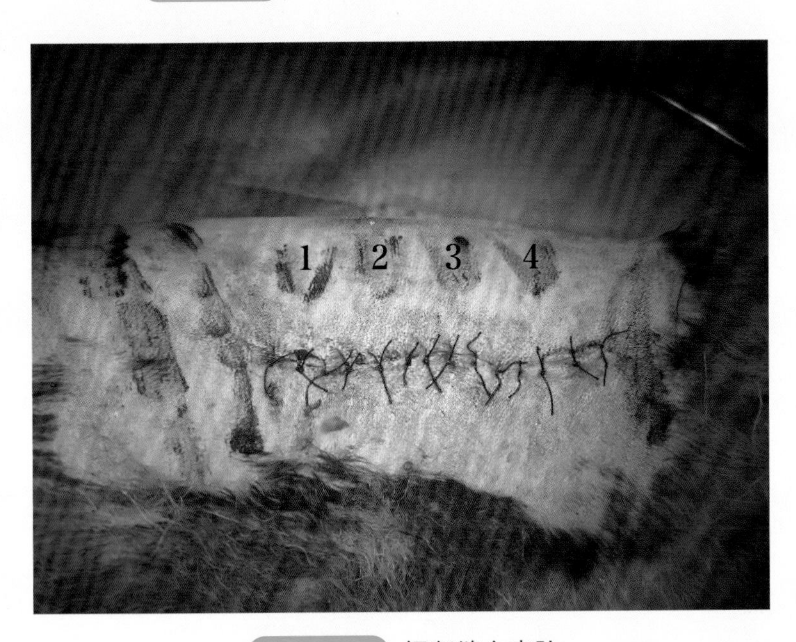

图10-69　间断缝合皮肤

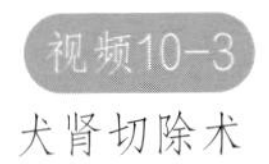

视频10-3
犬肾切除术

第六节　犬肾切开术

【适应证】用于肾结石、肾盂结石、肾盂肿瘤等病例。

【麻醉与保定】全身麻醉。仰卧保定，腹中线切开；侧卧保定，腰旁切口。

【切口定位】脐前腹中线切口（图10-70），必要时向后延长至脐后腹中线。或自最后肋骨后缘沿腰椎横突腹侧向后做腰旁切口。

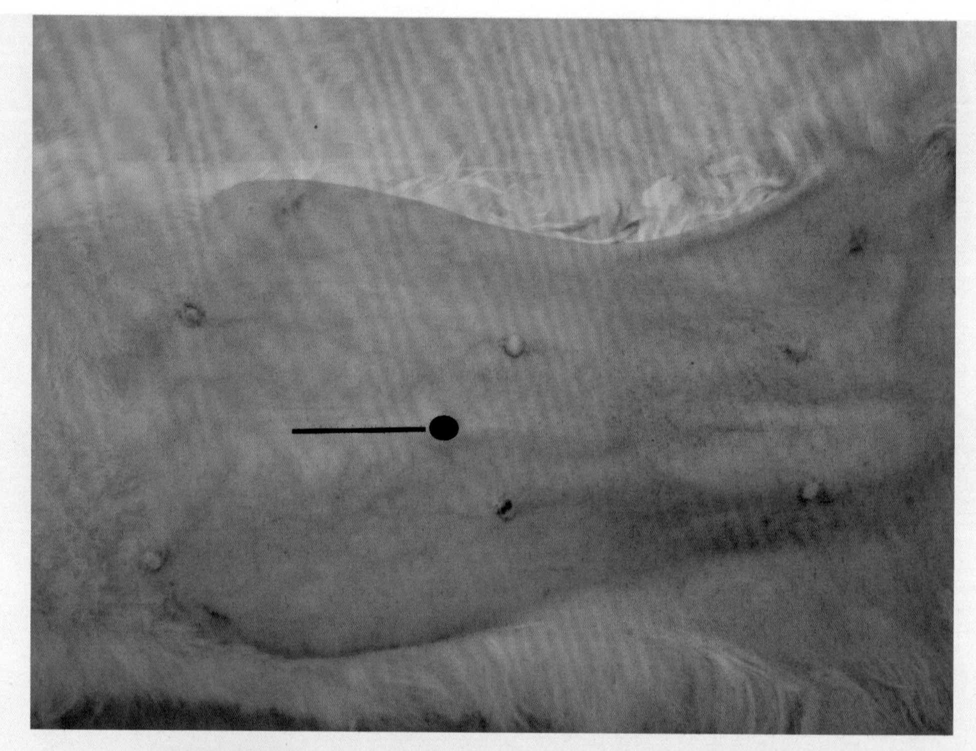

图10-70　黑线为脐前腹中线切口的位置（仰卧保定）

【手术方法】常规开腹，切除镰状韧带（图10-71）。将肾脏及脂肪囊向切口处牵引，并用纱布隔离（图10-72）。分离脂肪囊，显露肾脏（图10-73）。分别分离肾动脉、肾静脉和输尿管，使用血管钳暂时阻断肾动脉和肾静脉或用左手指夹住肾动脉、肾静脉和输尿管；用手术刀从肾凸面纵轴正中矢状面切开皮质和髓质，至肾盂（图10-74）；冲洗肾盂，取出结石，输尿管插管冲洗结石至膀胱内（图10-75、图10-76）；松开血管钳或手指，对合左右侧肾切面，压迫片刻达暂时黏合；连续缝合肾包膜。或对皮质作褥式缝合（图10-77），分别连续缝合肾包膜和肾脂肪囊（图10-78、图10-79）。将肾脏还纳腹腔（图10-80），逐层缝合腹壁切口。每次仅可做一侧肾切开术。犬肾切开术见视频10-4。

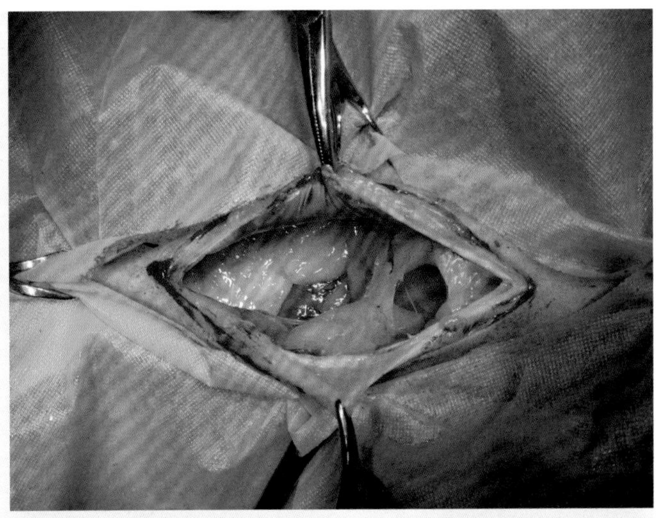

图10-71

常规开腹后切除镰状韧带

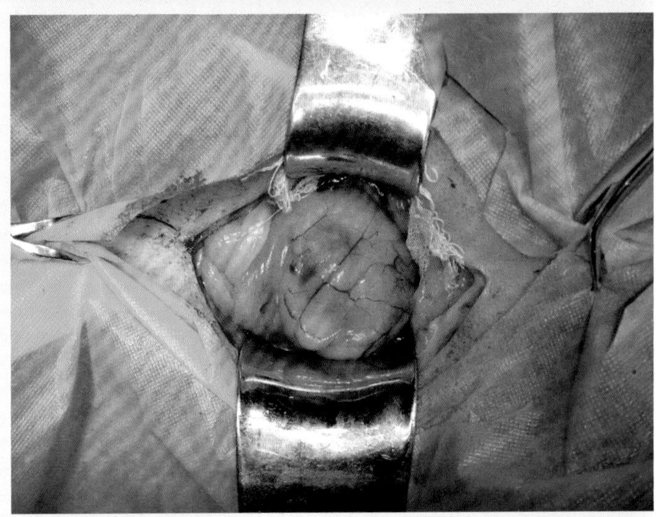

图10-72

暴露肾脏及其脂肪囊并用纱布进行隔离

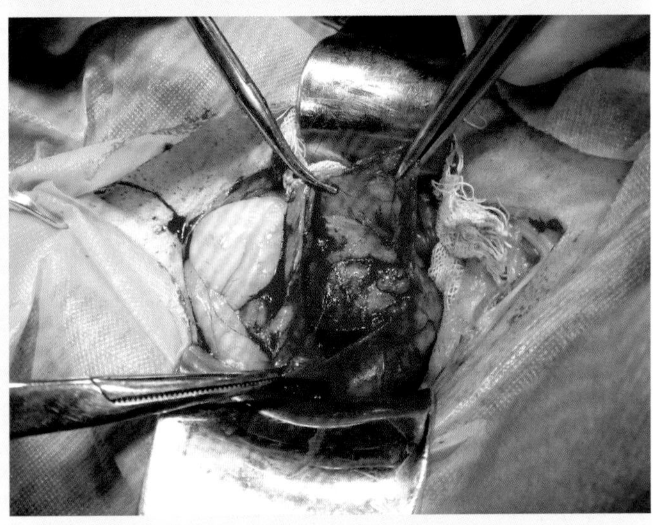

图10-73

分离肾脂肪囊后显露肾脏

图10-74
从正中矢状面切开肾后显露肾盂

图10-75
用镊子取出结石

图10-76
用胶管冲洗肾盂

图10-77

褥式缝合肾皮质

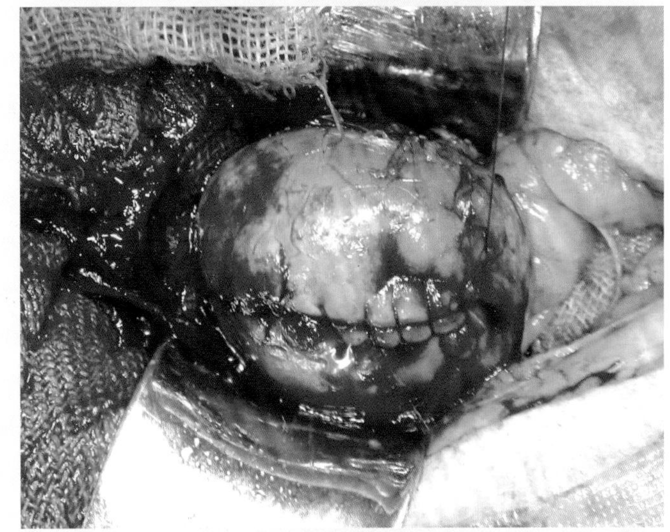

图10-78

连续缝合肾包膜及部分皮质

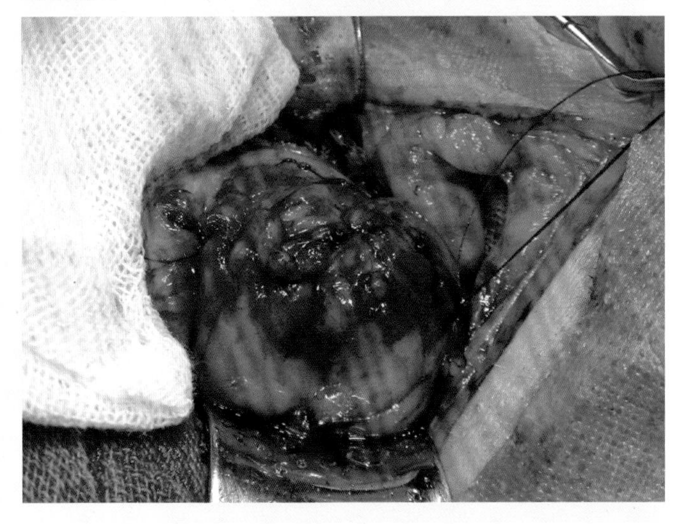

图10-79

连续缝合肾脂肪囊

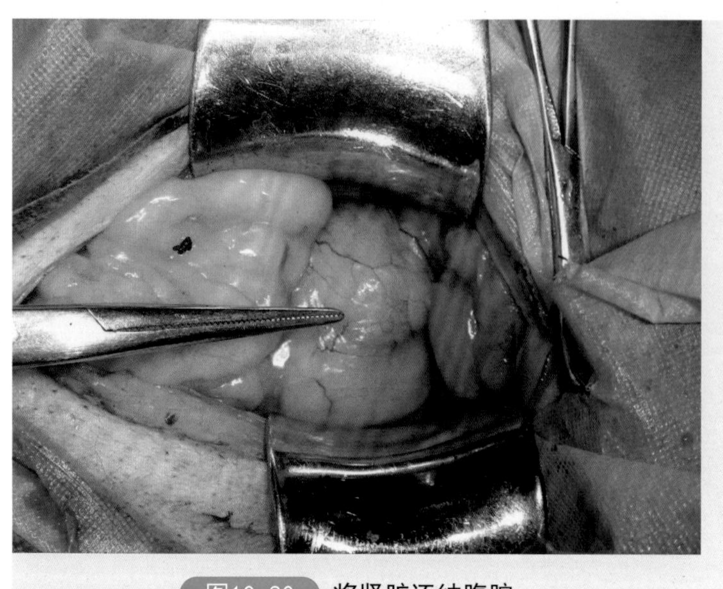

图10-80 将肾脏还纳腹腔

视频10-4
犬肾切开术

术后应用止血药，输液，利尿，抗炎和抗菌。如果为两侧肾结石，患犬有严重氮质血症，待手术肾的功能恢复后再做另一侧肾切开。

第七节 膀胱切开术

【适应证】用于膀胱结石、膀胱肿瘤及膀胱破裂修补等。

【解剖特点】膀胱空虚时，膀胱位于骨盆腔内。膀胱的前部为顶、中部为体、后部为颈，膀胱颈连接尿道。在膀胱颈部，由两侧的输尿管入口处和尿道口形成膀胱三角区；底部和体部有腹膜覆盖，颈部周围为疏松结缔组织。膀胱壁由黏膜层、黏膜下层、肌层和浆膜组成。膀胱的两侧经膀胱侧韧带与骨盆侧壁相连，腹侧经膀胱正中韧带与腹底壁和脐相连，侧韧带的游离缘为索状，称为膀胱圆韧带，是胎儿期脐动脉的遗迹。膀胱颈与尿道连接处无括约肌，为膀胱肌。膀胱肌为横纹肌，围绕骨盆部尿道，受阴部神经支配。尿道平滑肌具有括约肌的作用，由交感神经支配。

膀胱的血液供应来自膀胱前、后动脉，它们分别是脐动脉和泌尿生殖动脉的分支；交感神经来自腹下神经，副交感神经来自骨盆神经。

【麻醉与保定】全身麻醉配合局部浸润麻醉。仰卧保定。

【切口定位】母犬在耻骨前方至脐孔的腹中线切开（脐后腹中线）。公犬在脐后阴茎一侧2～3厘米切开皮肤及皮下组织，将阴茎向对侧牵拉，显露腹白线，在腹白线切开显露腹腔。

【手术方法】显露膀胱，抽取膀胱积尿，将膀胱引至切口处向后翻转，暴露膀胱背侧（图10-81、图10-82）。纱布隔离膀胱与腹壁切口，在膀胱背侧无大血管区预置切口两侧做牵引线（图10-83），切开膀胱壁（图10-84）。用药匙取出结石及泥沙，自尿道插管反向冲洗，将尿道内结石冲至膀胱，清洗膀胱腔（图10-85、图10-86）。缝合膀胱切口，用可吸收缝线外翻缝合膀胱黏膜层（图10-87），或用库兴氏缝合法做浆膜肌层和黏膜下层的缝合，针不穿透黏膜层；冲洗消毒后施行间断或连续伦勃特氏缝合（图10-88）。犬膀胱切开术（膀胱结石）见视频10-5。

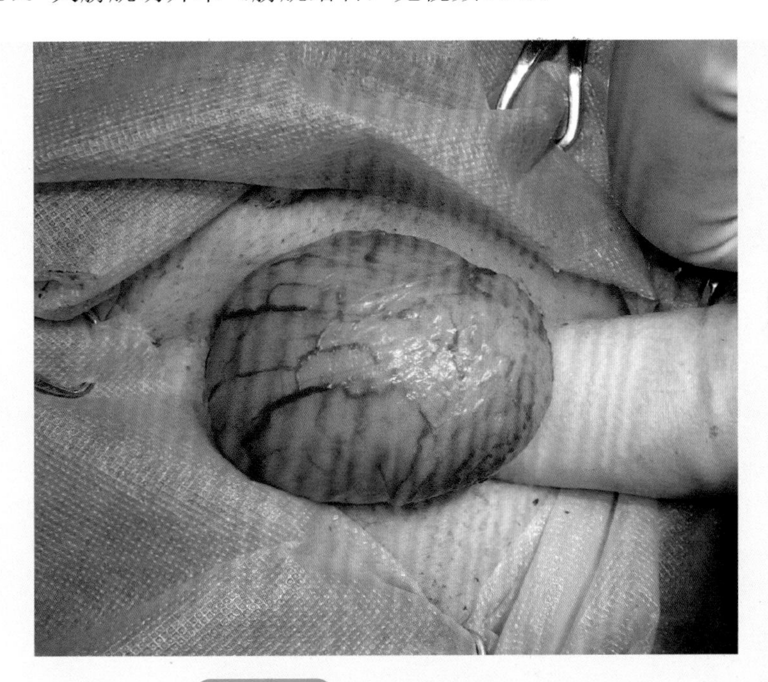

图10-81　将膀胱牵引至切口外

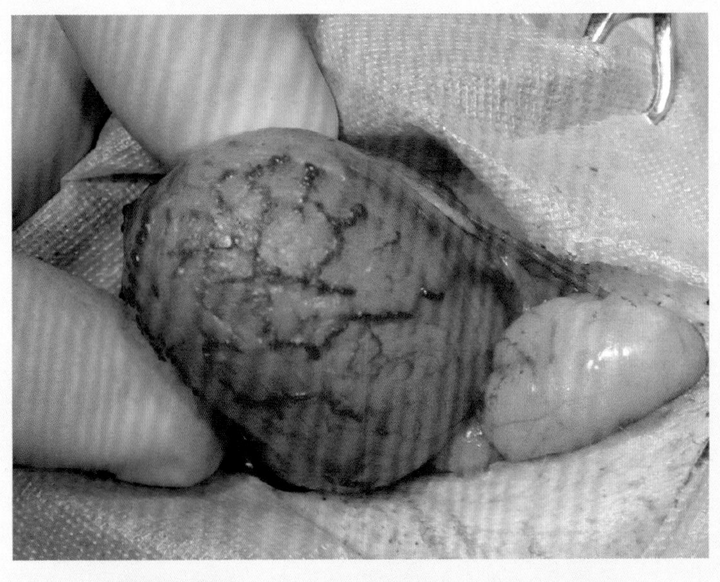

图10-82　向尾侧翻转膀胱以暴露膀胱背侧

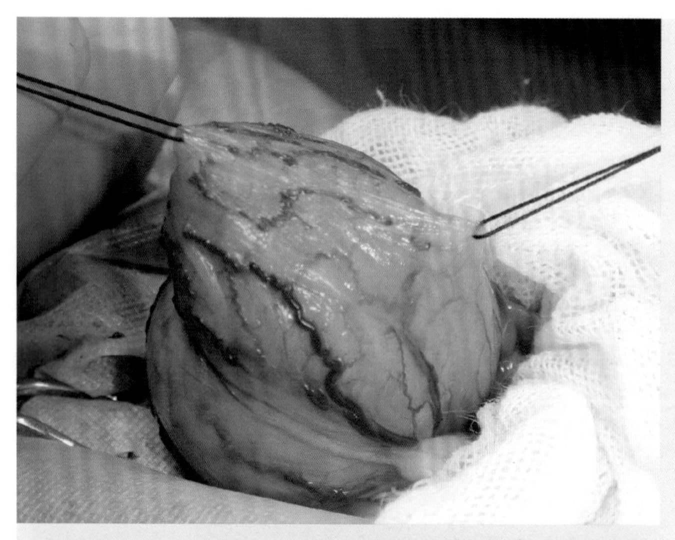

图10-83
预切口两端做穿透浆膜肌层的牵引线

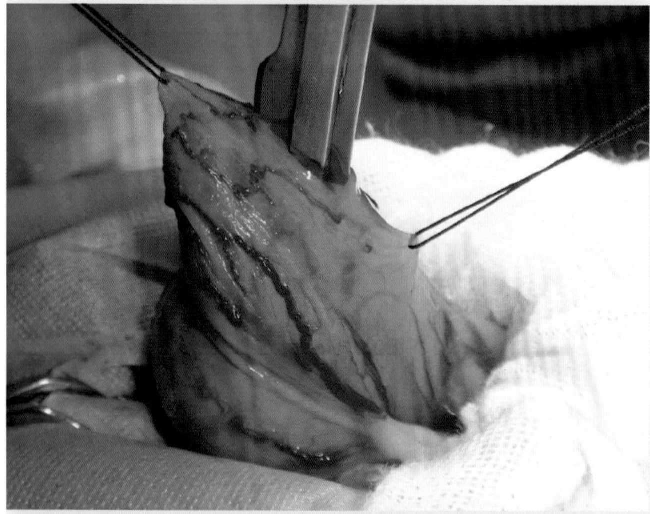

图10-84
切开膀胱壁

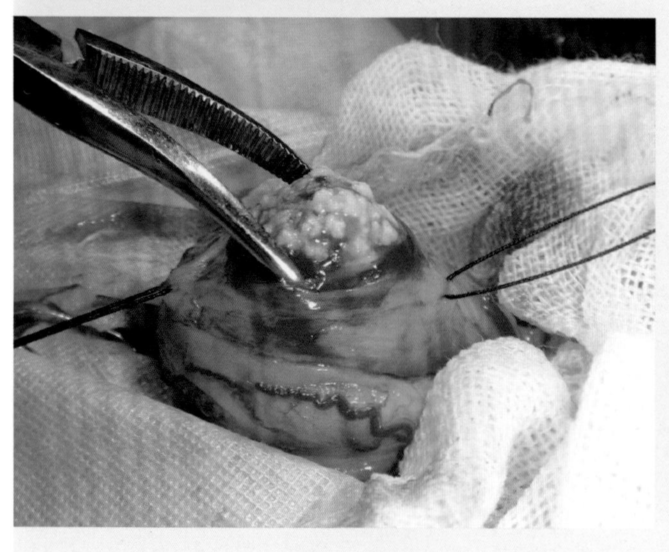

图10-85
取出结石

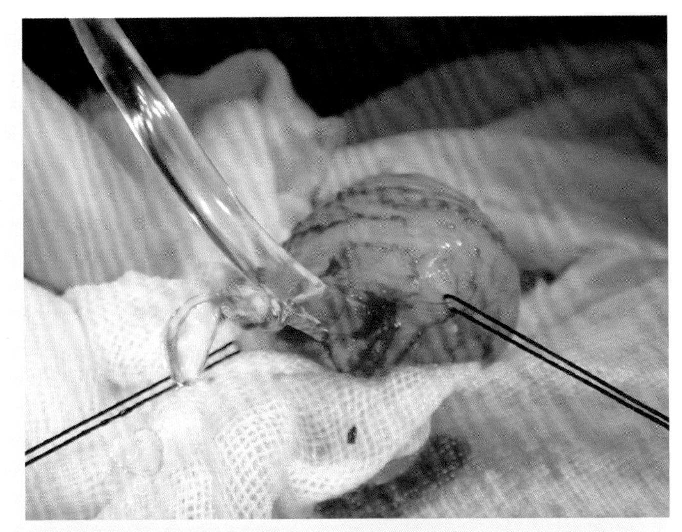

图10-86 用生理盐水冲洗膀胱直至冲洗液变清亮

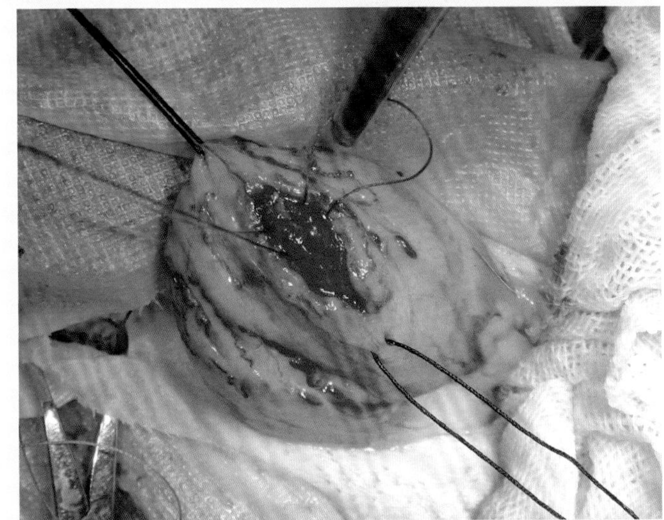

图10-87 外翻缝合膀胱黏膜层

视频10-5 犬膀胱切开术（膀胱结石）

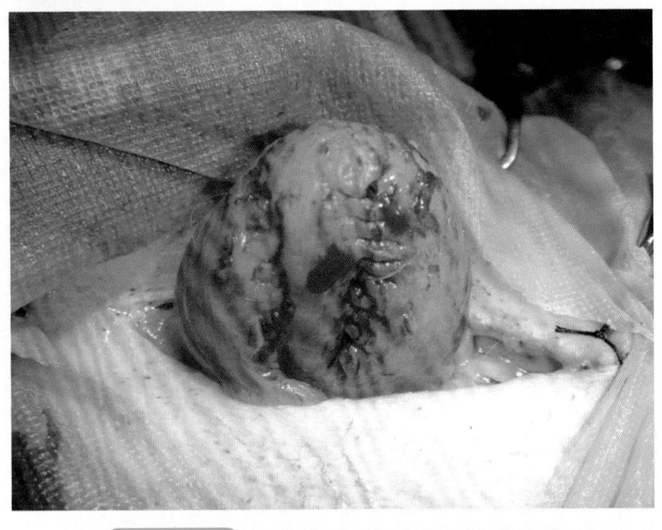

图10-88 连续伦勃特氏缝合浆膜肌层

自耻骨前缘开始常规闭合腹腔，腹膜及腹白线一同缝合，皮下组织和皮肤分别缝合。术后输液、利尿和抗菌治疗。

第八节　包皮鞘切开术

【适应证】包皮口狭窄致嵌顿包茎，阴茎头不能缩回（图10-89）或阴茎不能伸出包皮口的病例（图10-90）。

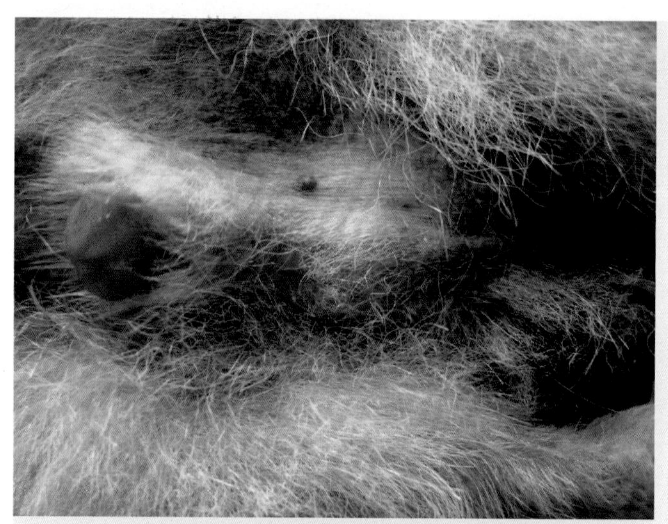

图10-89
嵌顿包茎病犬阴茎头无法缩回

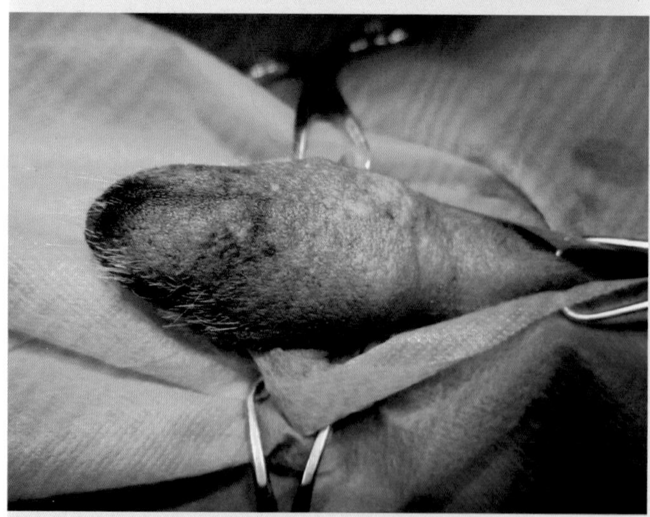

图10-90
犬阴茎无法伸出包皮口

【术前准备】动物阴茎及其周围皮肤剃毛消毒，包皮腔和阴茎头用0.1%洗必泰或0.5%碘伏消毒。用温生理盐水冲洗突出的水肿阴茎，为缓解水肿可使用高渗溶液，也可使用皮质类固醇和利尿剂以缓解水肿。

【麻醉与保定】全身麻醉。仰卧保定。

【手术方法】根据包茎程度在包皮口背侧做三角形包皮小切口，切除少许包皮，或做直切口（图10-91）。然后，挤出或缩回阴茎，验证切口的大小是否合适（图10-92）。然后，将同侧创缘的包皮黏膜与皮肤做结节缝合（图10-93）。如有新生物时，应同时切除。犬包皮鞘切开术见视频10-6。

图10-91　在包皮口背侧做包皮直切口

图10-92　检查切口的大小是否合适

图10-93 包皮黏膜与皮肤做结节缝合

视频10-6
犬包皮鞘切开术

若包皮过长且口狭窄，切开包皮口不能足以解决包茎，可施行包皮口环形切除术。事先测量预切除的长度，以防因切除过多导致包皮过短，出现阴茎永久性脱出或暴露。环形切除包皮口后，对其黏膜与皮肤做间断缝合。动物若不作种用，可以同时进行去势术。

术后给予镇静和镇痛药。有阴茎头包皮炎者，可做温敷和涂布抗菌药皮质激素软膏。要戴伊丽莎白项圈。

第十一章　生殖器官疾病手术

第一节　去势术

【适应证】使性情恶劣的公畜变得温顺，易于管理；淘汰不良种畜。另外，当公畜发生睾丸炎、睾丸肿瘤、睾丸创伤和鞘膜积水等疾病用其它方法治疗无效，需要做该手术。有时作为治疗某些疾病的辅助措施，如前列腺肥大、尿道造口、会阴疝、阴茎坏死或阴囊疝等。

【解剖特点】阴囊包括阴囊颈、阴囊体和阴囊底，阴囊壁由皮肤、肉膜、提睾肌和鞘膜组成，囊内含有睾丸、附睾和精索（图11-1）。阴囊表面正中线为阴囊缝际，将阴囊分成左右两半。肉膜位于皮肤内面，由少量弹性纤维和平滑肌构成；沿阴囊缝际形成一隔膜（阴囊中隔）；肉膜下筋膜在阴囊底部的纤维与鞘膜密接，构成阴囊韧带（胎儿期睾丸引带的遗迹）。

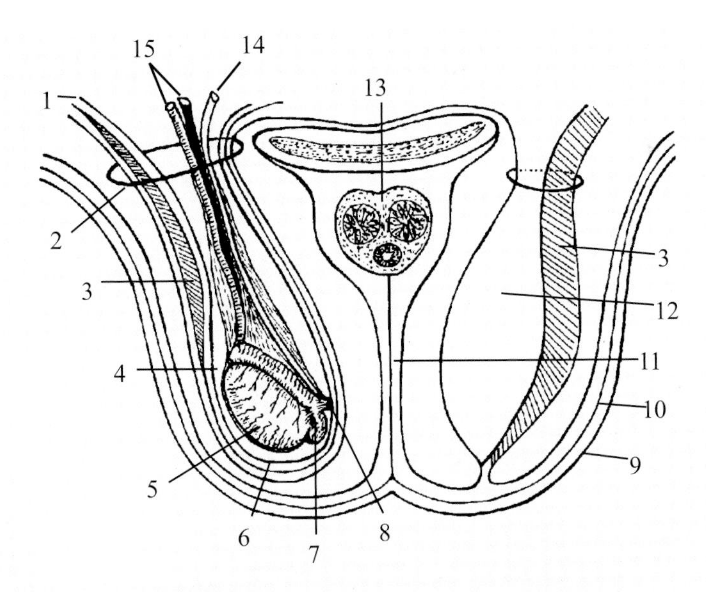

图11-1　睾丸与阴囊的解剖结构模式图

1—腹膜；2—腹股沟管；3—提睾肌；4—鞘膜腔；5—睾丸；6—总鞘膜；7—附睾尾韧带；8—睾丸韧带；9—皮肤；10—肉膜；11—阴囊中隔；12—鞘膜囊；13—阴茎；14—输精管；15—睾丸动脉与静脉

总鞘膜是由腹横筋膜与紧贴于其内的腹膜壁层延伸至阴囊内形成，灰白色，坚韧有弹性，在阴囊壁的内面；在内环处总鞘膜与腹膜壁层相连。在腹股沟管的后壁，总鞘膜反转包被精索，呈皱褶状，称为睾丸系膜或固有鞘膜。固有鞘膜包被在精索、睾丸和附睾上；在附睾后缘鞘膜的加厚部分称为附睾尾韧带，使睾丸固定在鞘膜上。鞘膜腔经鞘膜管的内口与腹腔相通，鞘膜管内有精索通过。精索为一索状组织，呈扁平的圆锥形，由血管、神经、输精管、淋巴管和提睾肌等组成。

【术前准备】术前检查公畜的全身情况，应注意体温、脉搏和呼吸是否正常，有无全身症状，局部有无影响去势效果的病理变化。在传染病流行时，应暂缓去势。

检查两侧睾丸是否降入阴囊内，有无隐睾、阴囊疝；睾丸、精索与总鞘膜是否发生粘连。术前12小时禁饲，不限制饮水。

【麻醉与保定】全身麻醉。犬仰卧保定，两后肢向后外方伸展固定，充分暴露会阴部（图11-2）。公猫俯卧保定，两后肢向腹前方伸展，尾向背部提举固定，充分显露肛门下方的阴囊（图11-3）。

【手术方法】

（1）公犬去势术　在阴囊基部前方切开皮肤和皮下组织5～6厘米（图11-4）。一手从阴囊后方向前挤压睾丸至阴囊前方腹中线切口处（图11-5）。切开皮肤、一侧阴囊壁和总鞘膜，将睾丸从鞘膜切口轻轻挤出（图11-6）。左手抓住睾丸，右手用止血钳夹持附睾尾韧带并将其从附睾后部撕下或剪下，钝性分离睾丸系膜并向腹腔方向推移，充分暴露精索（图11-7、图11-8）。先用三把止血钳从精索近心端依次钳夹精索（图11-9）。用3-0或4-0缝线在第一把止血钳（近心端）旁结扎精索，当第一结扣接近打紧时松去第一把止血钳并将线结滑至止血钳在精索上的压痕处，迅速打紧此结扣（图11-10）。然后，在第二把止血钳钳夹处再做一结扎，在结扎线与第三把止血钳之间切断精索（图11-11），用镊子夹住精索残端，剪除结扎线线尾，确认无出血时松开镊子，将精索还回鞘膜腔内。在同一皮肤切口内，用同样的方法切除另一侧睾丸。此外，也可采用睾丸动静脉和输精管相互打结（图11-12、图11-13）或精索与输精管共同自体打结（图11-14～图11-17）。常规缝合阴囊壁和腹壁切口（图11-18～图11-20）。术后戴伊丽莎白项圈，应用3~5天抗菌药。犬去势术见视频11-1。

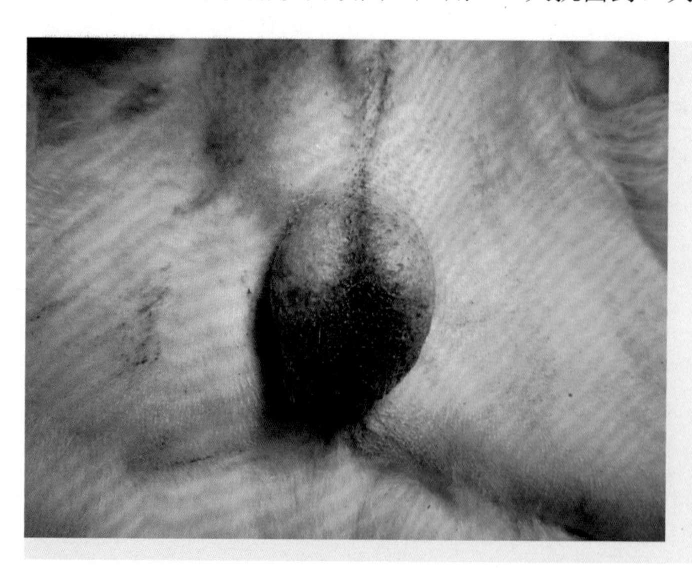

图11-2
犬仰卧保定

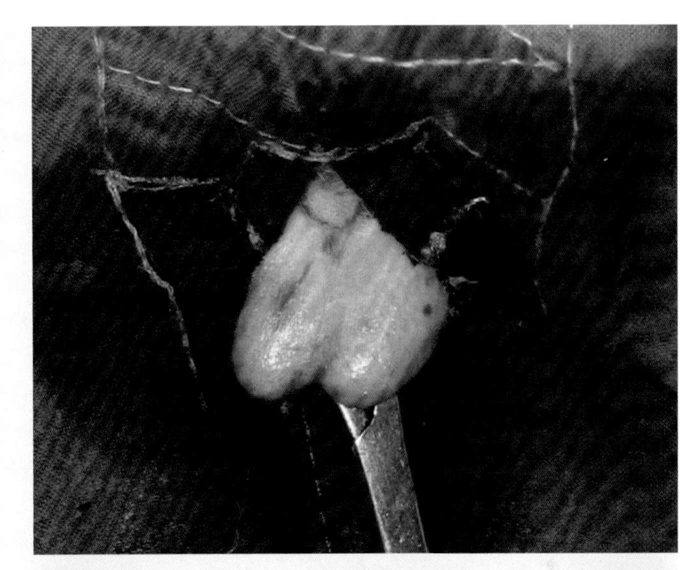

图11-3

公猫俯卧保定与隔离阴囊

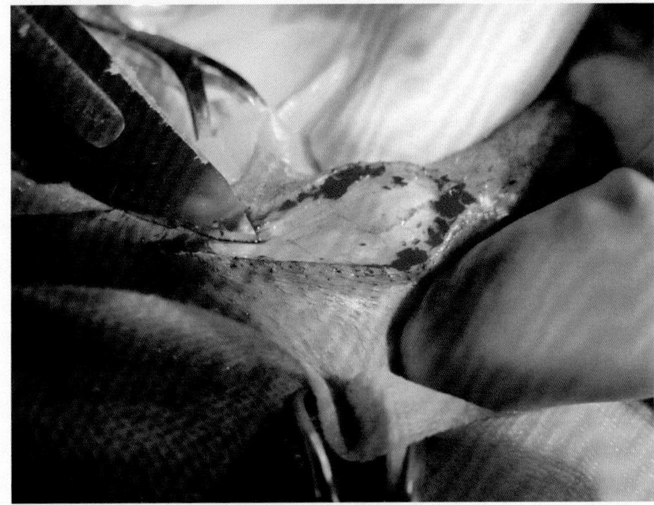

图11-4

阴囊基部前方切开皮肤和皮下组织

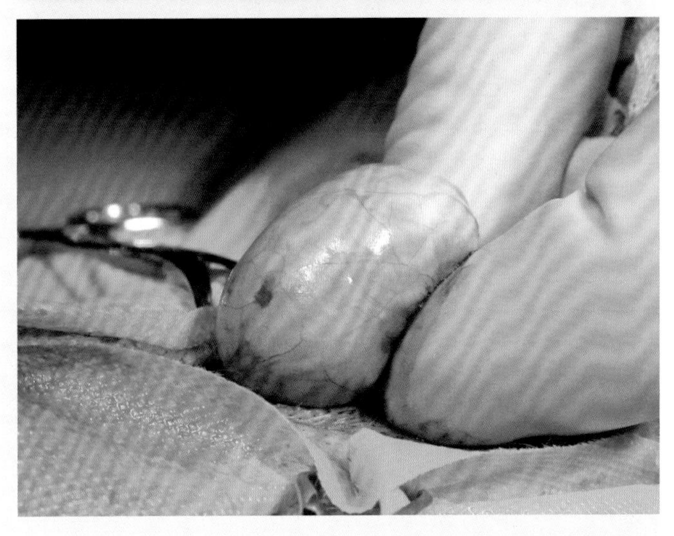

图11-5

将睾丸挤压至切口处

图11-6
切开总鞘膜后将睾丸从鞘膜切口挤出

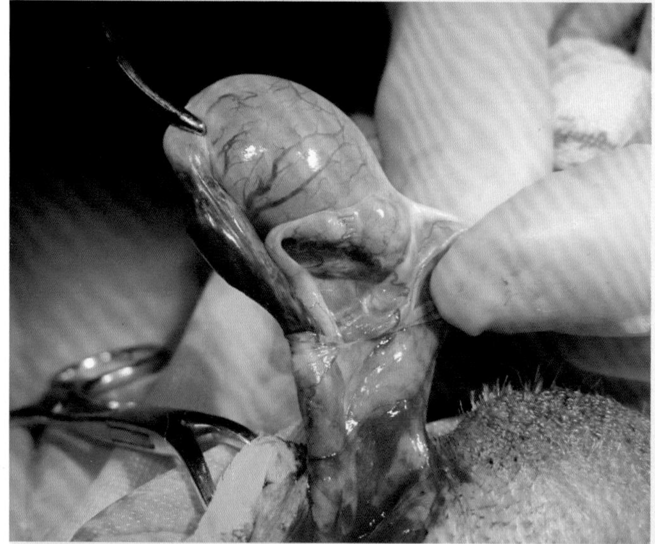

图11-7
暴露睾丸（显露附睾、精索和附睾尾韧带）

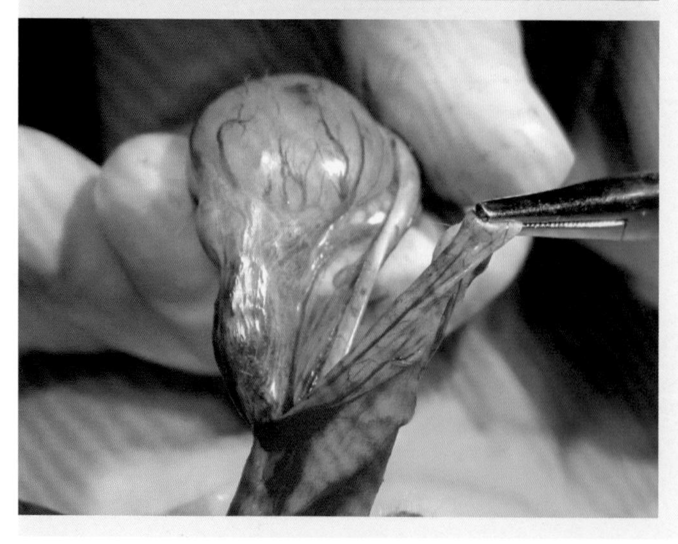

图11-8
钝性撕下附睾尾韧带

图11-9

从精索近心端依次夹持三把止血钳

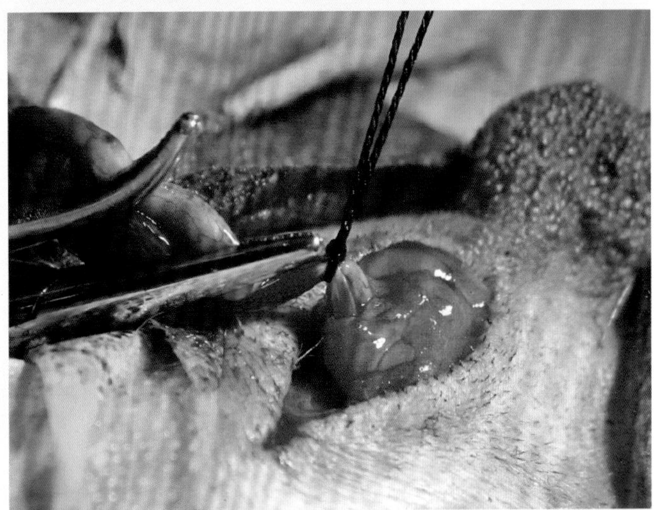

图11-10

在第一把止血钳的钳压痕处结扎精索

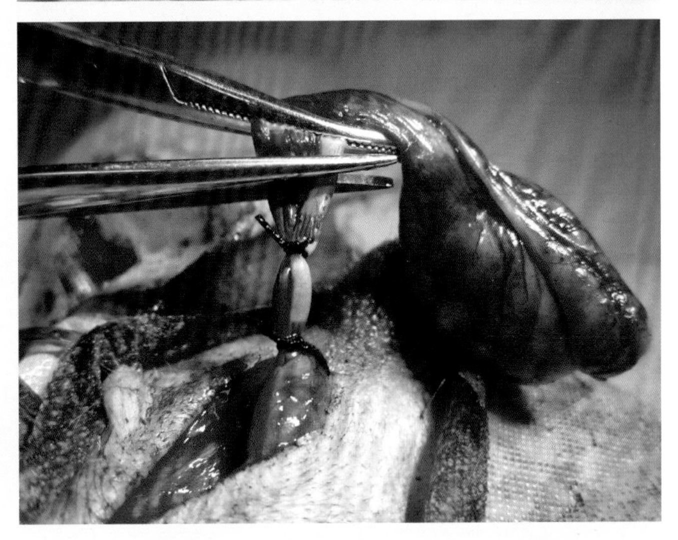

图11-11

在第二把止血钳的钳压痕处再次结扎精索并在结扎线与第三把止血钳之间切断精索

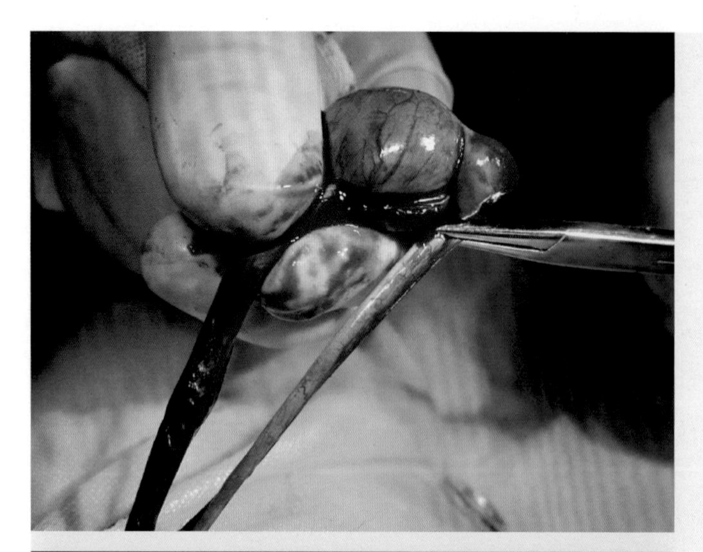

图11-12

钝性撕下输精管

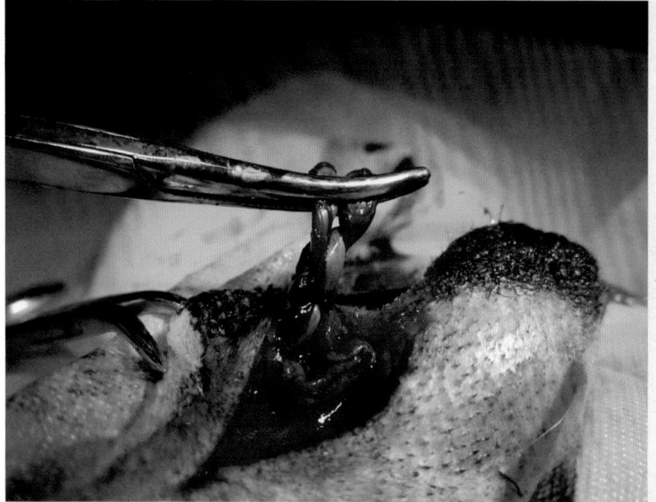

图11-13

将输精管与睾丸动静脉打结

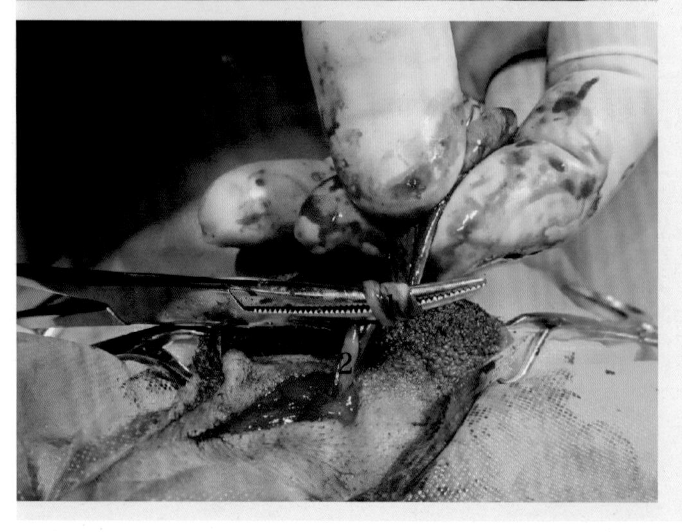

图11-14

将精索绕止血钳一周

1—精索中段；2—精索近心端；3—精索睾丸端

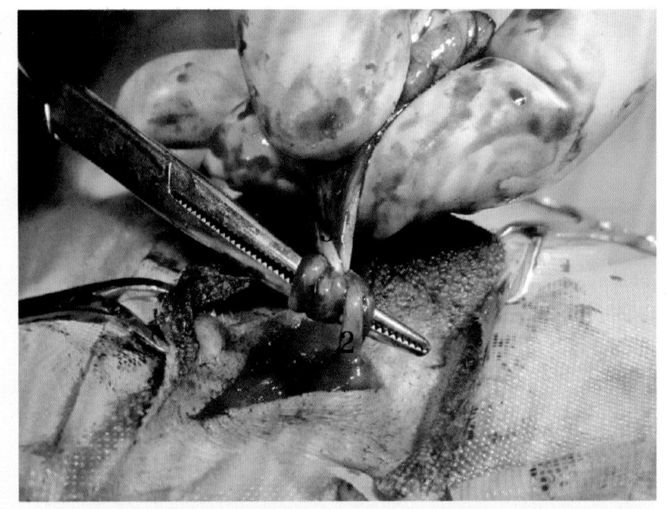

图11-15

将止血钳自精索外侧绕过精索至精索内侧

1—精索中段；2—精索近心端；3—精索睾丸端

图11-16

钳夹精索的睾丸端

1—精索中段；2—精索近心端；3—精索睾丸端

图11-17

沿止血钳剪断精索并将绕在止血钳上的精索顺势推向近心端

1—精索中段；2—精索近心端；3—精索睾丸端

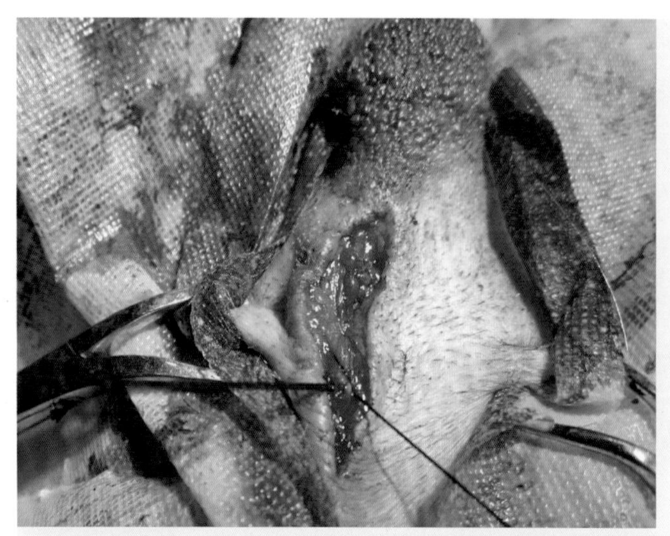

图11-18 连续缝合皮下组织

图11-19 皮肤做皮内缝合

图11-20 皮内缝合的皮肤切口

视频11-1 犬去势术

（2）公猫去势术　将两侧睾丸同时用手推挤到阴囊底部。用手指固定一侧睾丸，使阴囊皮肤紧张。于阴囊缝际处做长3～4厘米的皮肤切口，向一侧切开阴囊壁，显露睾丸（图11-21）。一手抓住睾丸，一手用剪刀剪断阴囊韧带，分离精索。结扎精索和切除睾丸的方法与公犬去势术类似。自同一个皮肤切口切开两侧的阴囊壁。阴囊壁切口常规缝合。也可行阴囊切口开放，但需要做好术后护理，易发生术后感染。公猫去势术见视频11-2。

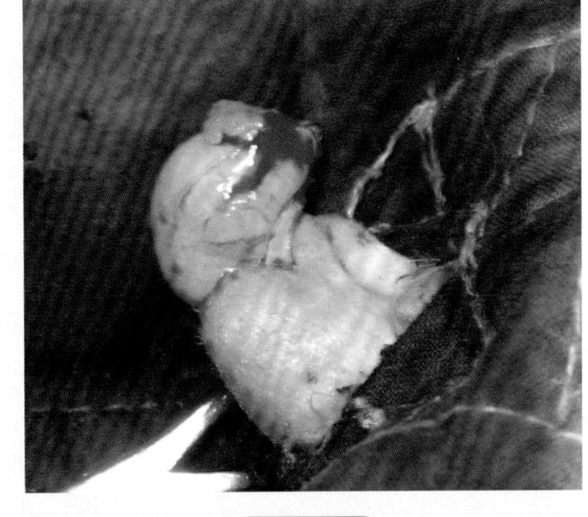

图11-21

阴囊缝际处做一切口（切开一侧的阴囊壁，显露睾丸）

视频11-2

公猫去势术

第二节　卵巢、子宫摘除术

【适应证】雌性犬、猫绝育术，在5～6月龄是手术适宜期；在发情期、怀孕期不宜进行手术。卵巢囊肿与肿瘤、雌激素过剩症、糖尿病、乳腺增生与肿瘤等疾病药物治疗效果不良者，可做卵巢切除术。另外，其还适于治疗卵巢子宫疾病，如子宫蓄脓或子宫炎经药物治疗无效、子宫扭转、子宫脱垂、子宫复旧不全、子宫肿瘤、子宫破裂、伴有子宫壁坏死的难产或阴道增生脱出等病例。

【解剖特点】犬卵巢位于第三或第四腰椎下方，同侧肾的后方，呈细长形或桑葚样（图11-22）。犬的卵巢完全由卵巢囊覆盖，而猫的卵巢仅部分被卵巢囊覆盖。卵巢的子宫端通过卵巢固有韧带附着于子宫角；卵巢的附着缘与卵巢系膜相连，系膜包括卵巢悬韧带、脉管、神经、脂肪和结缔组织。卵巢悬韧带从卵巢和输卵管系膜的腹侧向前向背侧行走，抵止最后两个肋骨的中1/3和下1/3的交界处；卵巢通过悬韧带附着于最后两根肋骨内侧的筋膜上。固有韧带是悬韧带的向后延续。

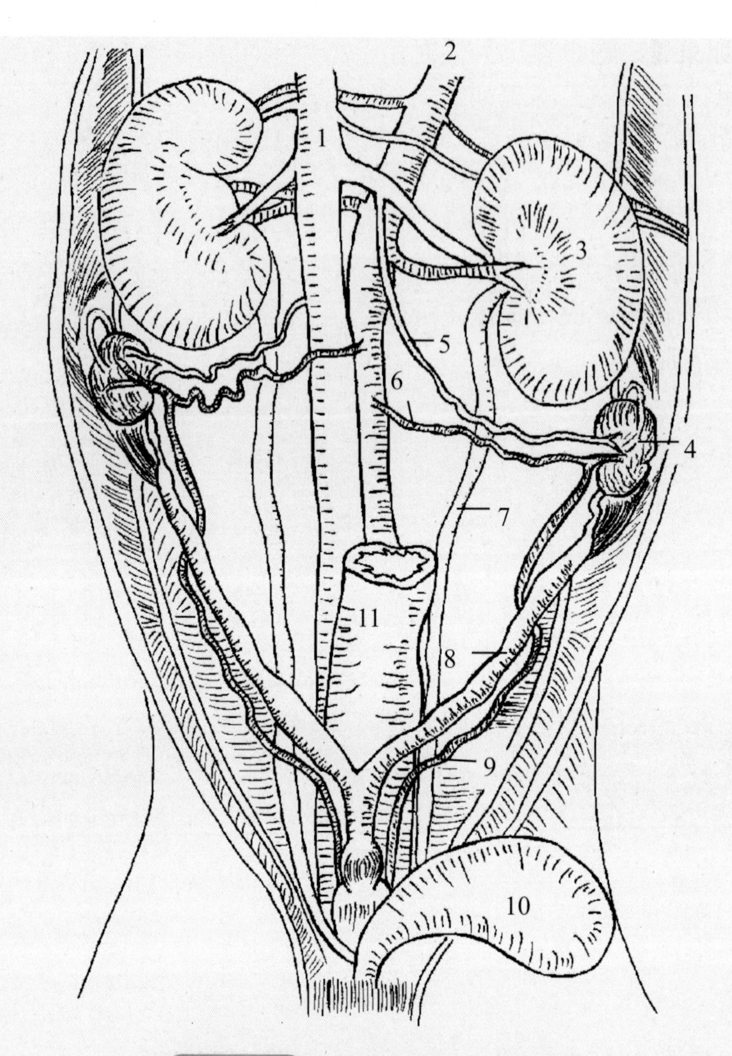

图11-22 子宫卵巢的解剖示意图

1—后腔静脉；2—腹主动脉；3—左肾；4—左卵巢；5—左卵巢静脉；6—左卵巢动脉；7—左输尿管；8—左子宫角；9—左子宫动脉与静脉；10—膀胱；11—直肠

犬和猫的子宫体短，子宫角细长。在非怀孕的犬、猫，子宫几乎是向前伸直的。怀孕后子宫变粗，怀孕1个月后子宫位于腹腔底部，子宫角中部变弯曲向前下方沉降，抵达肋弓的内侧。

子宫阔韧带是把卵巢、输卵管和子宫附着于腰下外侧壁的脏层腹膜褶，悬吊除阴道后部之外的所有内生殖器官，可区分为相连续的3部分。①子宫系膜，来自骨盆腔外侧壁和腰下部腹腔外侧壁，至阴道前半部、子宫颈、子宫体和子宫角等部位的外侧部；②卵巢系膜为子宫阔韧带的前部，自腰下部腹腔外侧壁至卵巢和卵巢韧带；③输卵管系膜附着于卵巢系膜，并与卵巢系膜一起组成卵巢囊。

卵巢动脉起自肾动脉至髂外动脉间的中点，在接近卵巢系膜处分为两支或多支，分布于卵巢、卵巢囊、输卵管和子宫角；其近段与输尿管并行，结扎血管时易误将输尿管结扎；至子宫角的一支，在子宫系膜内与子宫动脉吻合。左卵巢静脉回流入左肾静脉，右卵巢静脉回流入后腔静脉。子宫动脉起自阴部内动脉，在子宫阔韧带一侧与子宫体、子宫角并行，分布于子宫颈、子宫体，向前延伸与卵巢动脉的子宫支吻合；子宫静脉向后回流入髂内静脉。

【切口定位】脐后腹中线切口（图11-23）。犬在脐后腹部的前1/3切开，切口靠脐孔，胸深的动物往往需要切开脐孔（图11-24）；猫在前1/3与中1/3交界处做切开。但对剖宫产、子宫蓄脓病例，切口需向后延长，以便于切除子宫体。

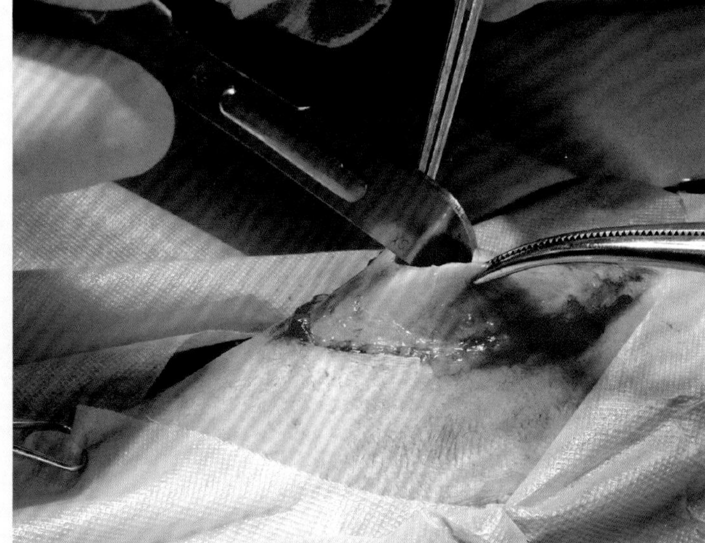

图11-23

脐后腹中线切开腹壁

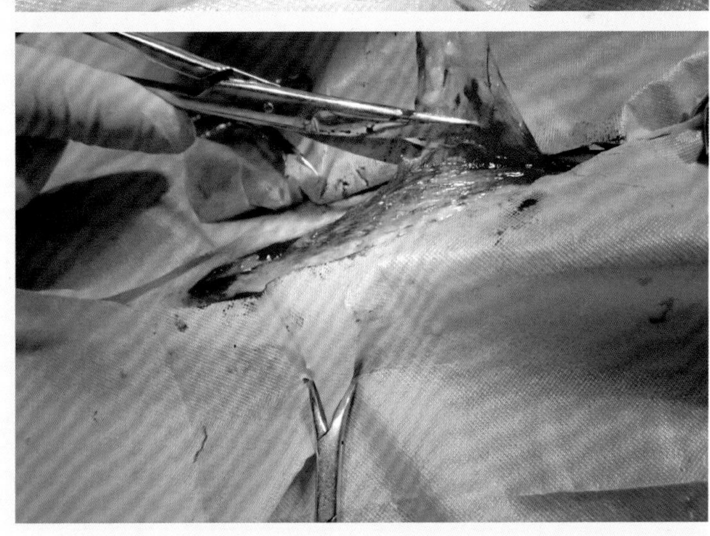

图11-24

切开深胸犬的脐孔并切除部分镰状韧带

【手术方法】沿腹中线切开皮肤、皮下组织、腹白线和腹膜，显露腹腔。用小创钩将肠管拉向一侧。当膀胱积尿时，可用手指压迫膀胱使其排空，必要时可进行导尿和膀胱穿刺。术者用牵引钩或手指沿左侧腹壁伸至左肾后方，钩取左侧子宫角（图

11-25）；或在骨盆前口膀胱与结肠之间找到子宫体与子宫角，沿子宫体向前找到一侧子宫角并牵引至创口处，顺子宫角提起输卵管和卵巢，钝性分离或子宫切断卵巢悬韧带，将卵巢提至腹壁切口外（图11-26）。在靠近卵巢血管后方的卵巢系膜或子宫阔韧带上开一小孔，用止血钳穿过小孔夹住卵巢系膜及血管（图11-27、图11-28）。在止血钳的肾侧引线、结扎。结扎时，在松开止血钳的瞬间拉紧第一个线结并完成打结，使线结打在钳夹压痕处。然后，在线结的卵巢侧0.5~1厘米处安置第二把止血钳，重复上述操作，对卵巢系膜及血管做双重结扎（图11-29、图11-30）。在近卵巢侧安置第三把止血钳并在止血钳与结扎线之间剪断卵巢系膜和血管，观察断端有无出血（图11-31）。沿子宫角牵引出对侧卵巢，用同样的方法剪断对侧卵巢系膜与脉管。

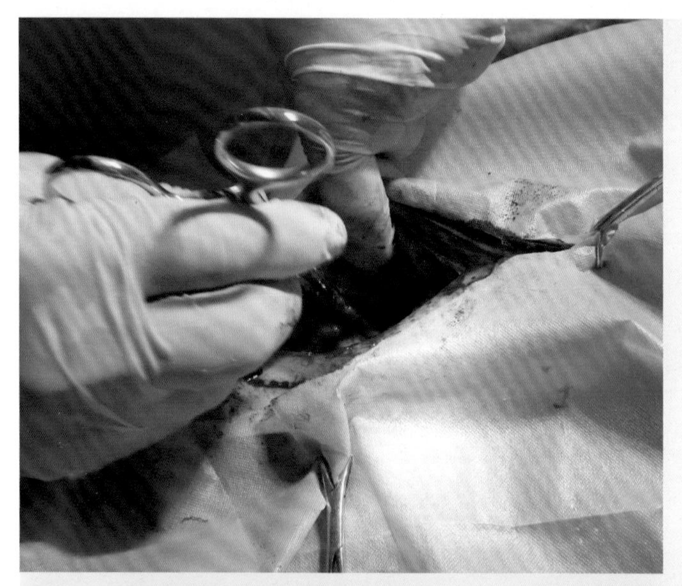

图11-25
钩取子宫角

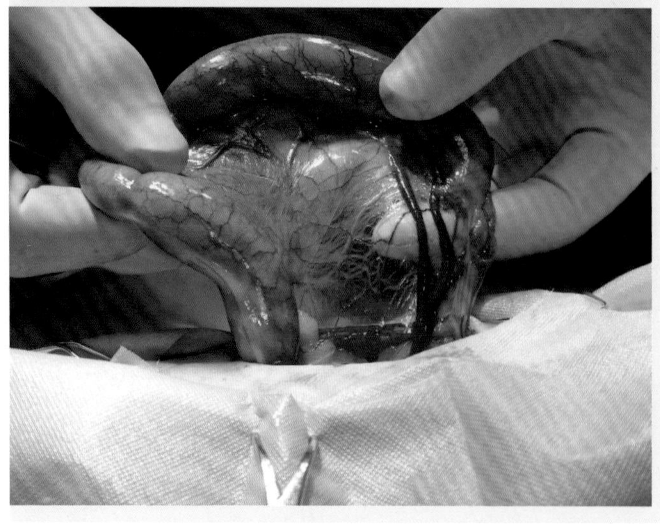

图11-26
沿子宫角导出卵巢

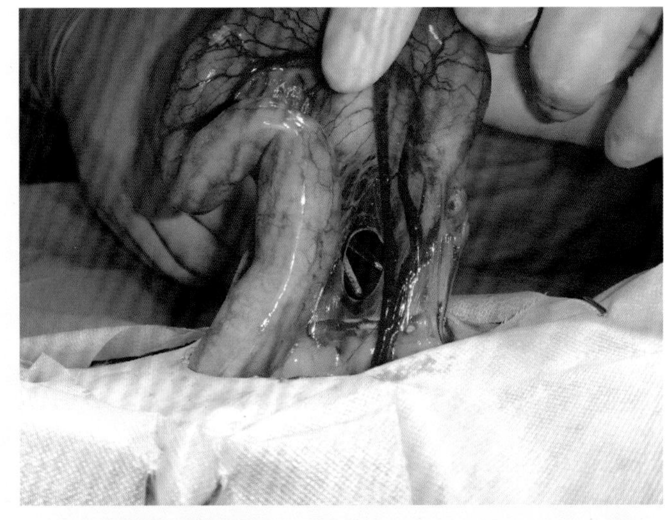

图11-27
靠近卵巢血管的子宫阔韧带上开一小口

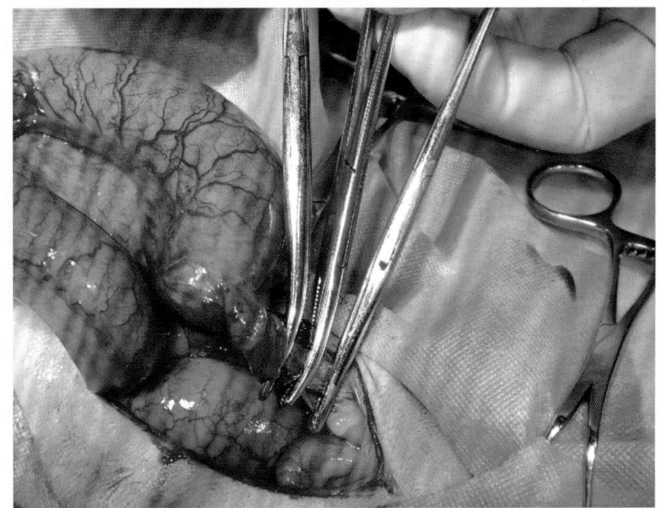

图11-28
止血钳穿过小孔钳夹卵巢系膜及血管

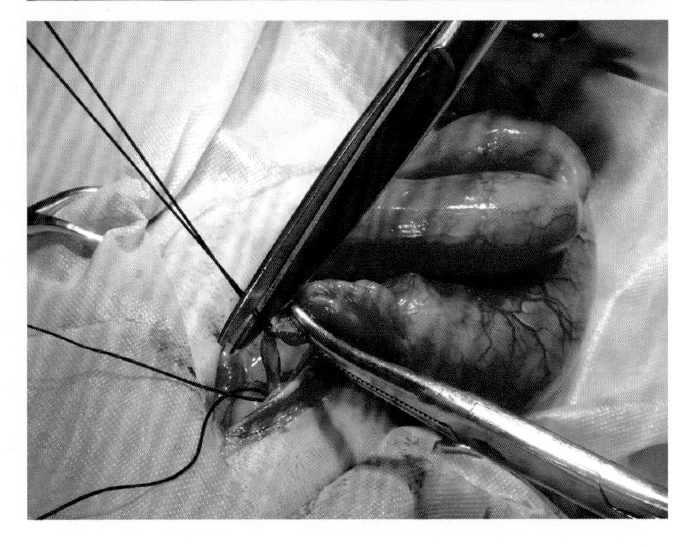

图11-29
依次松掉止血钳并结扎卵巢系膜及血管

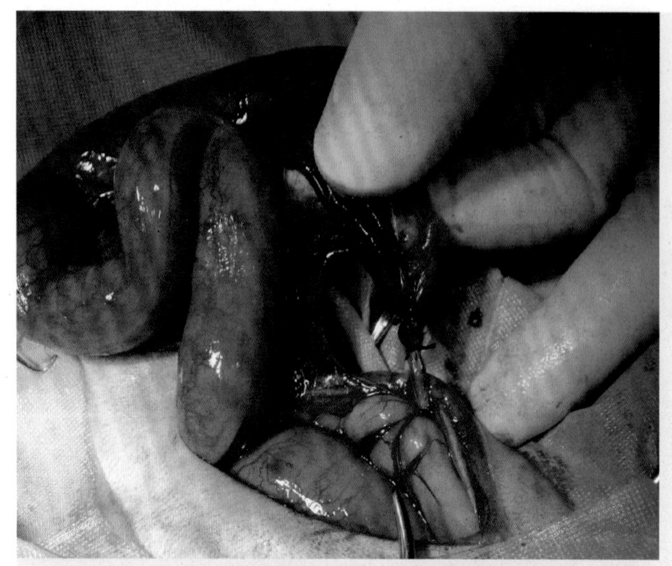

图11-30
双重结扎后的卵巢系膜

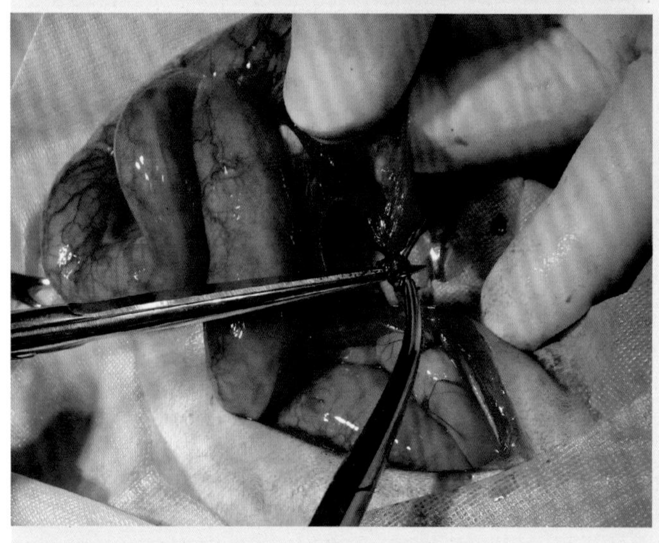

图11-31
剪断卵巢系膜和血管

结扎、剪断子宫阔韧带（图11-32）。如果动物发情、妊娠或肥胖，子宫阔韧带内的血管较粗大，需要仔细操作。牵引子宫体，充分显露子宫颈（图11-33），双重结扎子宫颈后方的左右侧子宫动、静脉并切断。然后，在子宫体上先后安置两把止血钳，第一把止血钳夹在尽量靠近子宫颈处，并在该止血钳与子宫颈之间的子宫体上做一贯穿结扎，缝针仅穿透浆膜肌层，线结打在钳痕处。在线结与第二把止血钳之间剪断子宫体，除去子宫和卵巢（图11-34、图11-35）。观察断端有无出血（图11-36）。如果是年幼的犬、猫，可把子宫血管和子宫体一同做双重结扎，不需单独结扎子宫动、静脉。若有子宫蓄脓或子宫炎，应在子宫颈处做钳夹、结扎，或在阴道的宫颈端横断阴道，将子宫与子宫颈一同切除，阴道断端做内翻缝合。常规闭合腹壁切口。

对子宫无异常的母猫，也可单纯摘除卵巢，保留子宫。

犬卵巢子宫切除术见视频11-3。

图11-32

结扎子宫阔韧带后将其剪断

图11-33

显露子宫动静脉和子宫颈

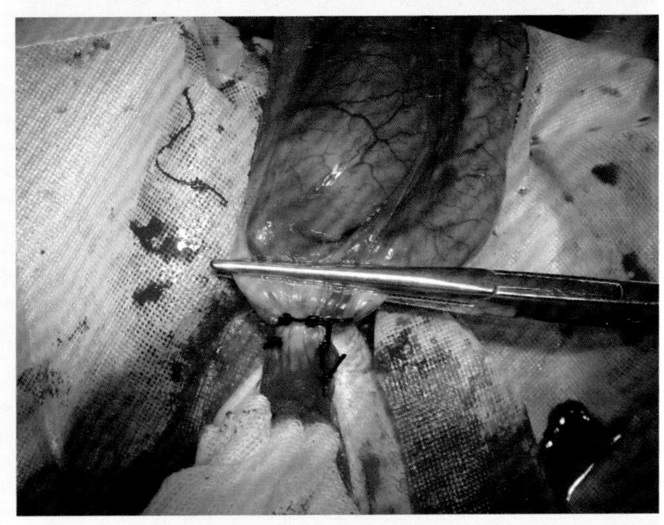

图11-34

双重结扎子宫动静脉后束状结扎子宫体和子宫脉管

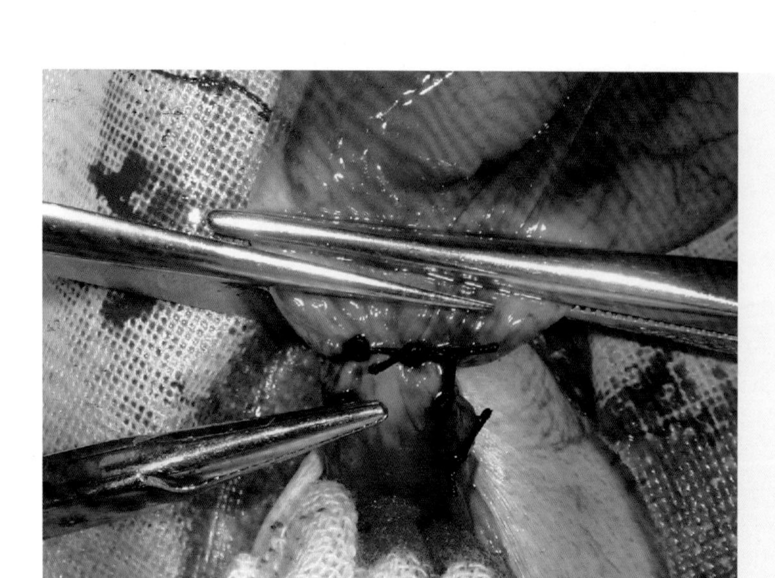

图11-35 剪断子宫体

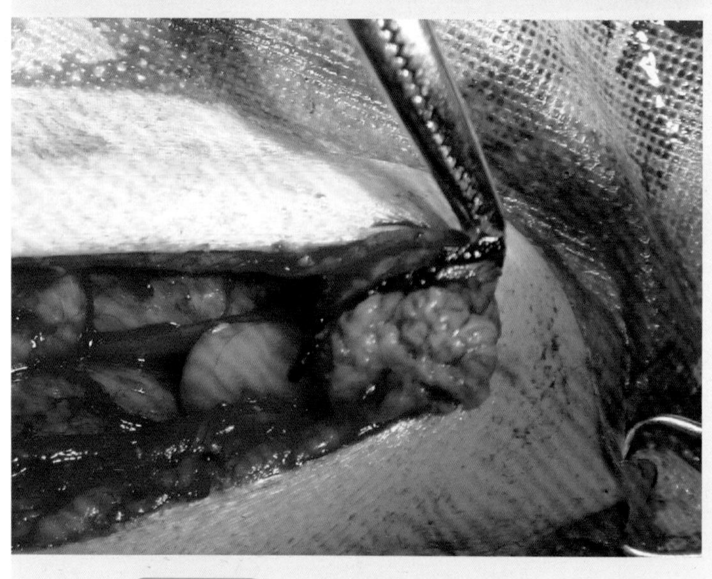

图11-36 观察子宫断端有无出血

视频11-3 犬卵巢子宫切除术

第三节 阴道脱出与阴道水肿增生手术

【适应证】用于中度以上的阴道脱出（图11-37）或阴道黏膜水肿增生（图11-38）。

阴道脱出

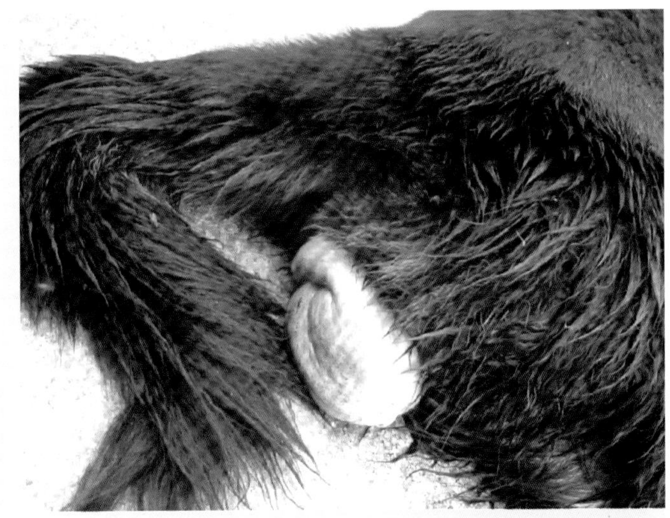

图11-38
阴道增生

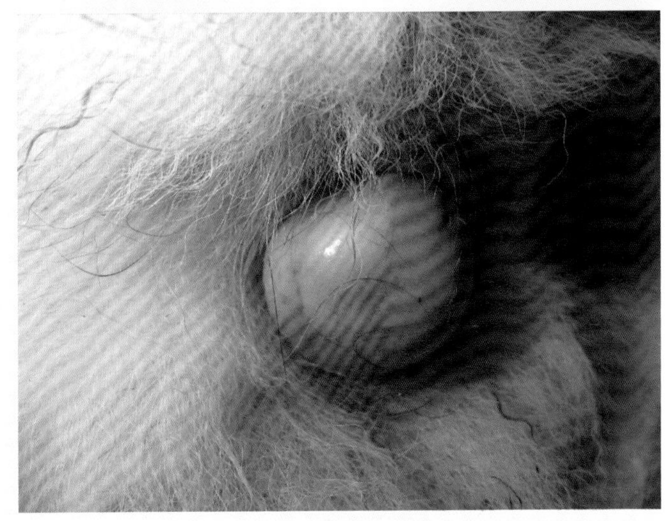

【解剖特点】犬的阴道较长，其背侧为直肠，腹侧为膀胱和尿道；前端接子宫颈，后端接尿生殖前庭（简称前庭）；阴道与前庭之间以阴瓣（处女膜）为界。阴道的最前方为阴道穹隆，沿子宫颈的腹侧缘延伸至子宫颈的前方。尿道口是阴道和前庭的分界。阴道壁前端有腹膜覆盖，其余部分由骨盆内的疏松结缔组织包裹。肌肉层主要由内层环状肌和外层纵行肌构成，向前与子宫肌相连。

前庭前部的底壁有突出的尿道结节，结节上有尿道开口。前庭的肌层包括一环状肌和两侧的前庭缩肌。在前庭底壁的黏膜深层有两个长形的勃起组织，即前庭球，是与雄性动物尿道球相类似的器官，紧连阴蒂体的近端，不易分辨。在前庭后部的底壁有一阴蒂窝（阴蒂凹），易与尿道口相混淆。阴唇较厚，两侧阴唇分别在阴门裂的背侧和腹侧相汇合，形成阴唇背联合和阴唇腹联合。阴门上角与肛门之间的区域称为会阴（图11-39）。

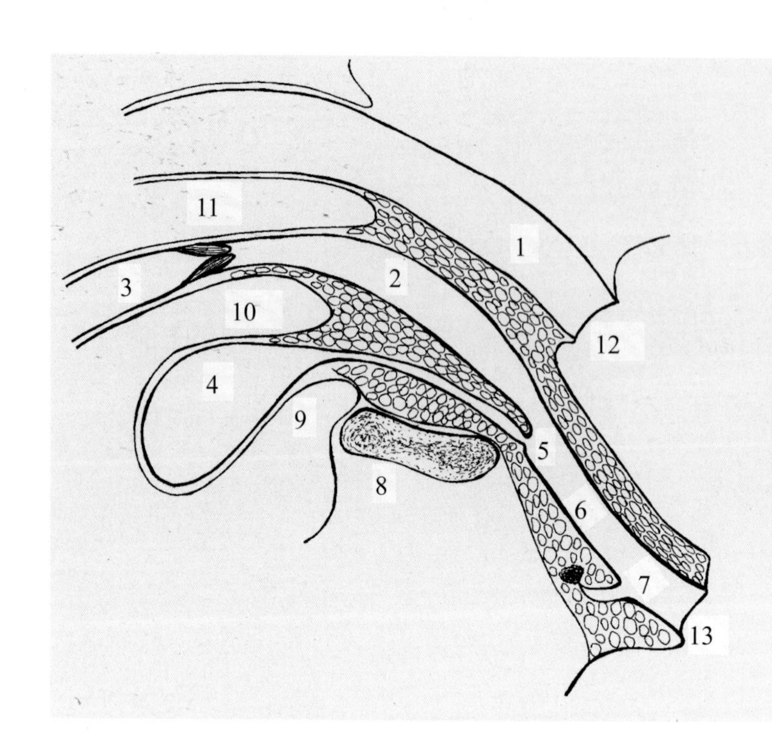

图11-39

犬的阴道与前庭

1—直肠；2—阴道；3—子宫体；4—膀胱；5—尿道口；6—前庭；7—阴蒂窝；8—骨盆联合；9—耻骨膀胱凹陷；10—膀胱生殖凹陷；11—直肠生殖凹陷；12—肛门；13—阴门

阴部内动脉在荐骨前端分出阴道动脉，有分支至膀胱、尿道和子宫后继续后行，再次分出直肠中动脉后进入阴道壁。阴部内动脉在荐骨末端附近又分出会阴腹侧动脉、阴蒂动脉和前庭球动脉。同名静脉与动脉并行。支配内生殖器的神经有交感神经和副交感神经；交感神经主要来源于肠系膜后神经节及子宫卵巢神经丛，副交感神经来源于骨盆神经。外生殖器的神经主要是阴部神经和直肠神经（图11-40）。

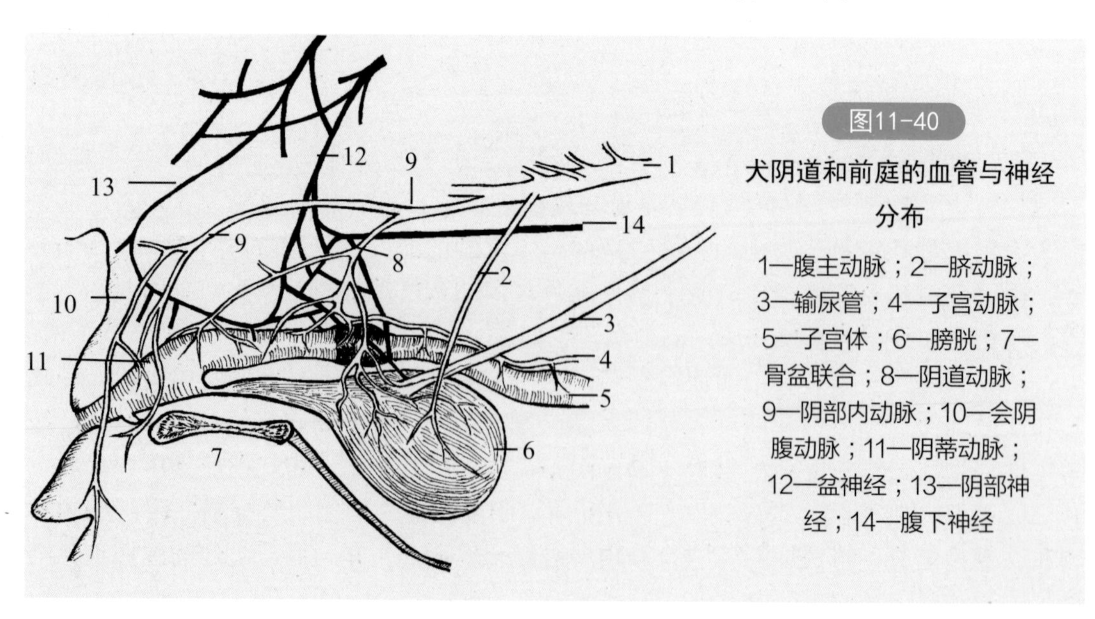

图11-40

犬阴道和前庭的血管与神经分布

1—腹主动脉；2—脐动脉；3—输尿管；4—子宫动脉；5—子宫体；6—膀胱；7—骨盆联合；8—阴道动脉；9—阴部内动脉；10—会阴腹动脉；11—阴蒂动脉；12—盆神经；13—阴部神经；14—腹下神经

【术前准备】脱出部的黏膜用温生理盐水或水进行冲洗，洗去残渣和坏死组织；脱出组织和阴道内及阴道前庭的脱出物涂布抗菌药与类固醇软膏；戴伊丽莎白项圈等器具防止动物在术前自我损伤。插入导尿管。

【麻醉与保定】全身麻醉配合荐尾或尾椎间隙硬膜外麻醉。俯卧或侧卧保定，前低后高。

【手术方法】

（1）阴道脱出手术　阴道脱出是指妊娠末期或产后动物的阴道壁脱出至阴门外。用温防腐消毒液(如0.1%高锰酸钾、0.05%新洁尔灭等)清洗脱出的阴道黏膜，充分洗净污物，除去坏死组织，伤口大时要进行缝合，并涂以抗菌药油膏。若黏膜水肿严重，可先用毛巾浸以2%明矾水或50%葡萄糖水进行冷敷，并适当压迫15～30分钟；或同时针刺、挤压水肿的黏膜，使水肿减轻，黏膜发皱。

先用消毒纱布将脱出的阴道托起，在病畜不努责时用手将脱出的阴道向阴门内推送。待全部推入阴门后，再用手指或导管将阴道推回原位。推回后手指在阴道内放置一段时间，使恢复的阴道适应片刻。整复困难的，可行阴门背联合切开术。具体操作如下：术部隔离，于背侧阴道壁正中两侧安置肠钳（图11-41、图11-42），从阴门背联合到肛门括约肌远端做一阴门背中线切口，依次切开阴门背联合处的皮肤和皮下组织，剪开背侧阴道壁黏膜，暴露腹侧阴道壁（图11-43、图11-44），进行阴道脱出整复。将阴道恢复后，依次连续内翻缝合背侧阴道黏膜，连续缝合阴道壁深层组织，间断缝合皮肤和皮下组织，以闭合阴门背联合切口（图11-45～图11-47）。整复后，须对阴道进行缝合固定，用粗缝线在阴门上做1～2针间断纽扣缝合（图11-48～图11-52）。阴门下1/3不缝合，以免妨碍排尿。数天后病畜不再努责时拆除缝线。对顽固性脱出者，可剖腹后在腹腔内将子宫体和子宫阔韧带与腹壁缝合固定。

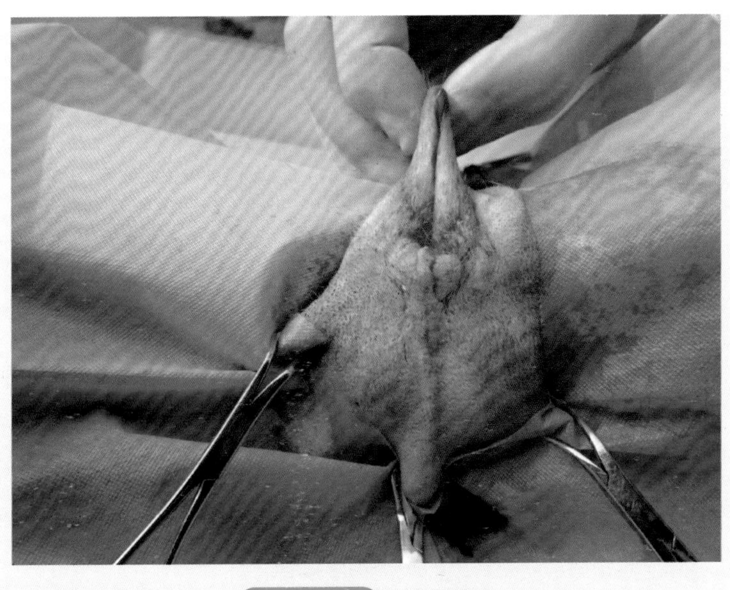

图11-41　术部准备

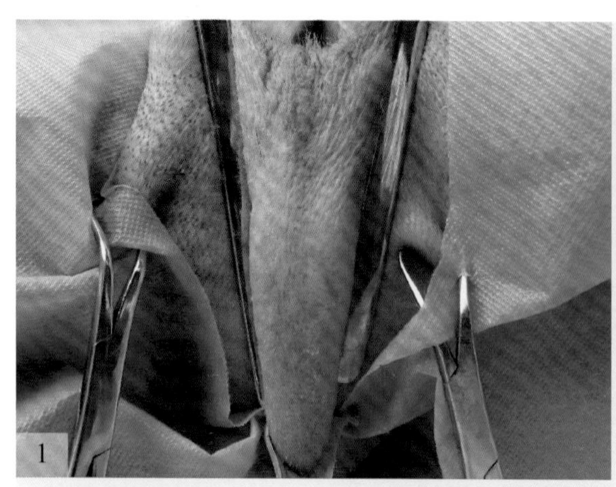

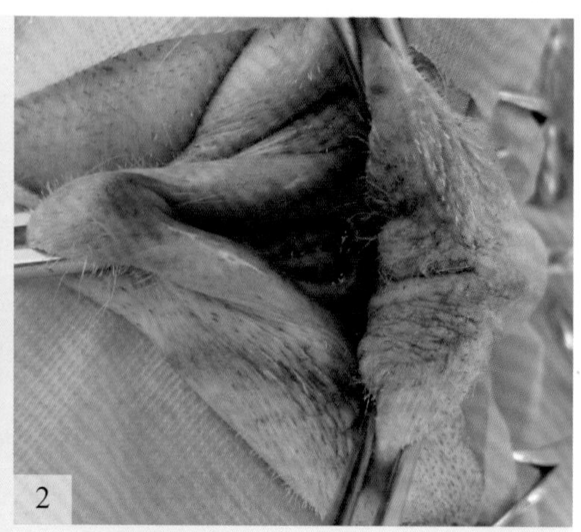

图11-42 背侧阴道壁两侧安置肠钳

1—背侧观；2—后方观

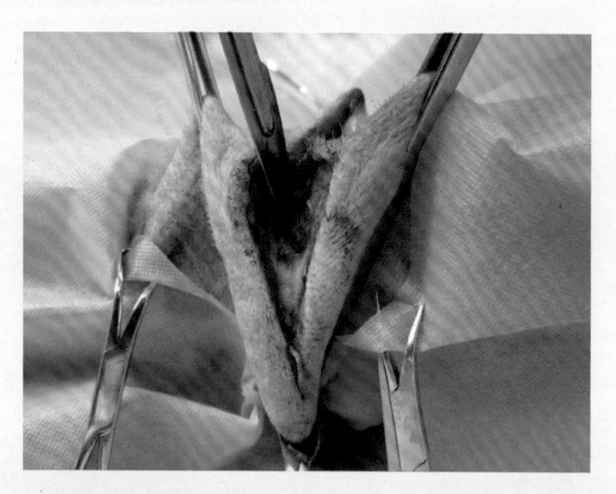

图11-43 切开阴门背联合的皮肤与皮下组织

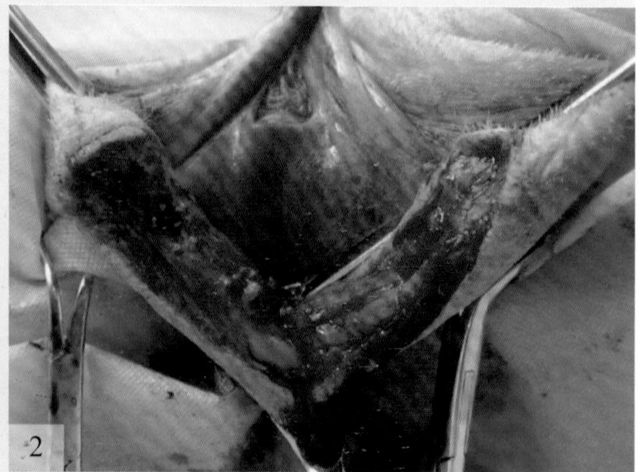

图11-44 剪开背侧阴道壁的黏膜

1—剪开阴道壁黏膜；2—显露腹侧阴道壁

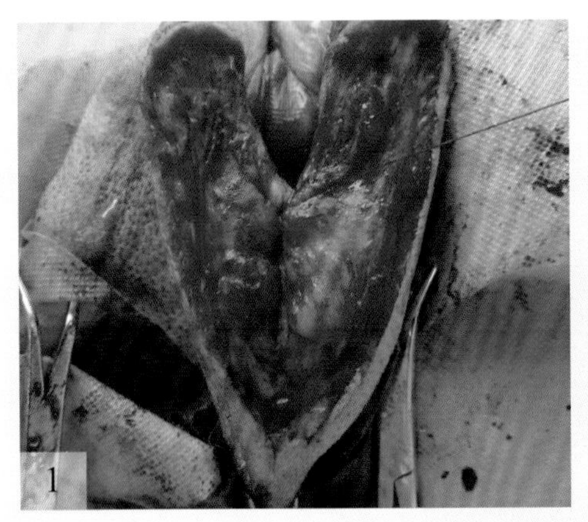
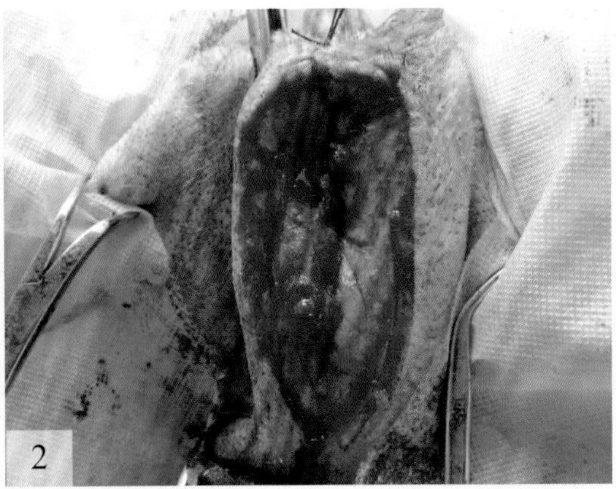

图11-45 闭合黏膜切口

1—连续内翻缝合阴道黏膜；2—缝线至阴门边缘打结

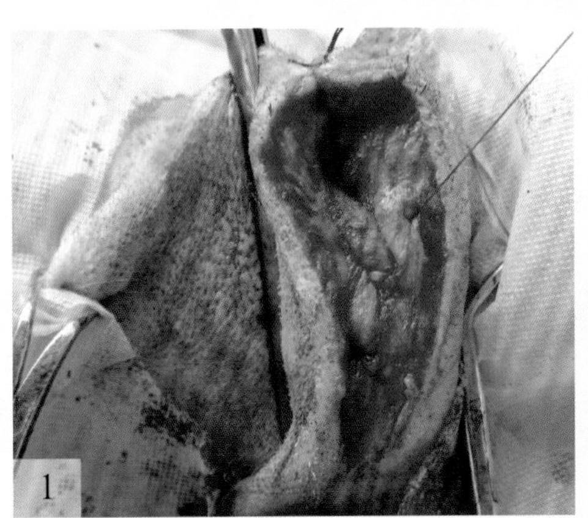

图11-46 缝合阴道壁深层组织

1—连续缝合阴道壁深层组织；2—深层组织对合良好

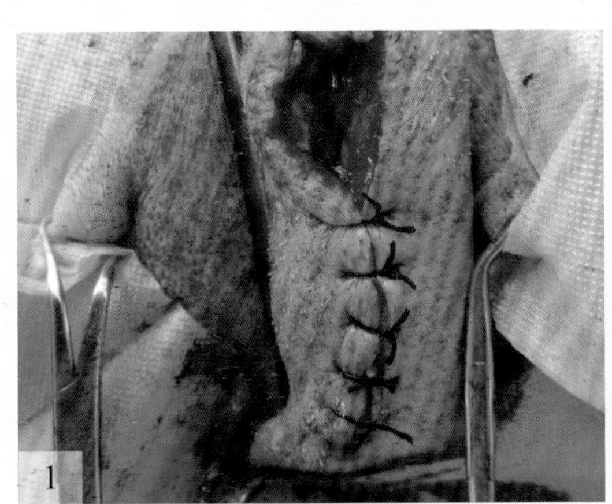
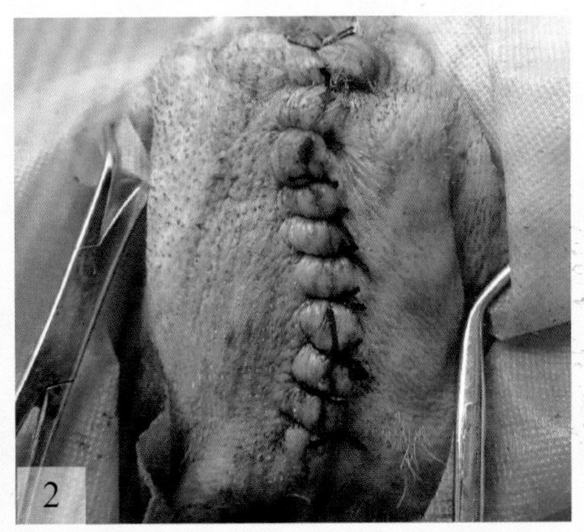

图11-47 闭合皮肤切口

1—间断缝合皮肤与皮下组织；2—闭合的阴门背联合切口

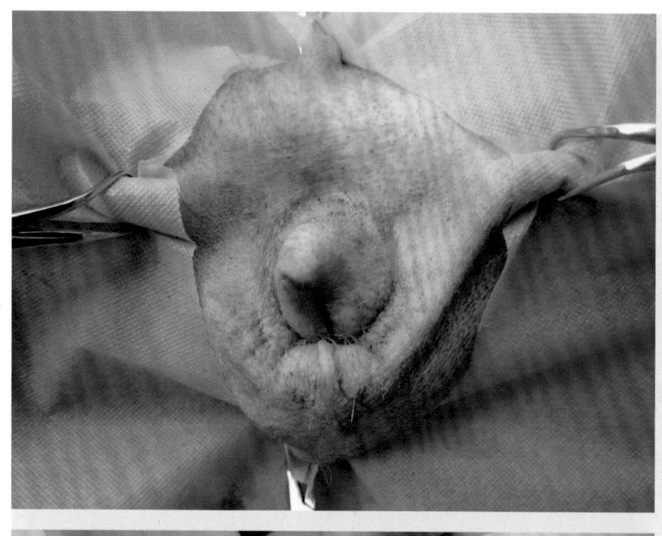

图11-48

术部准备

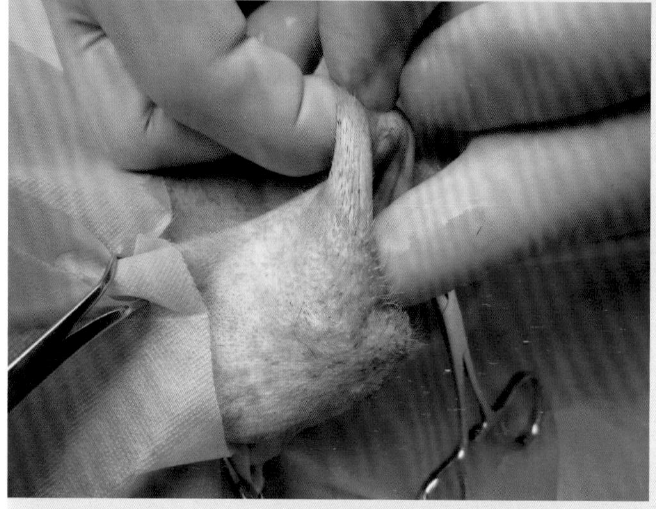

图11-49

探测固定进针点

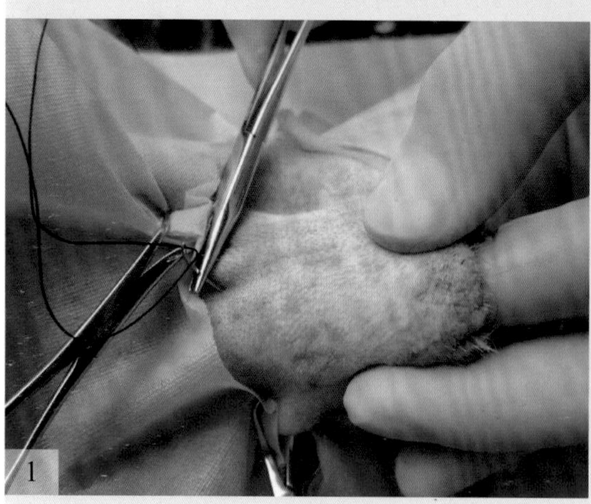

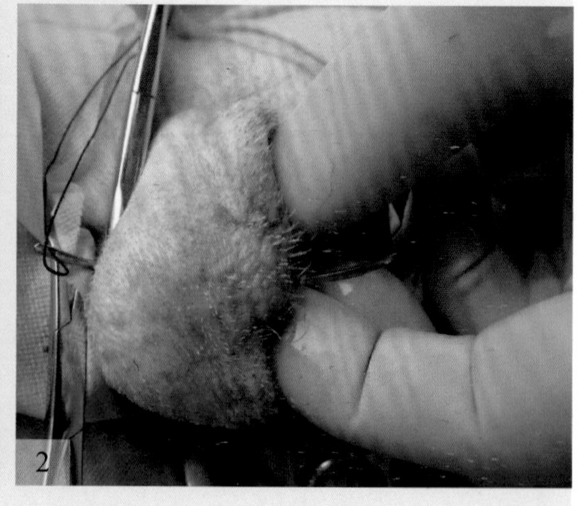

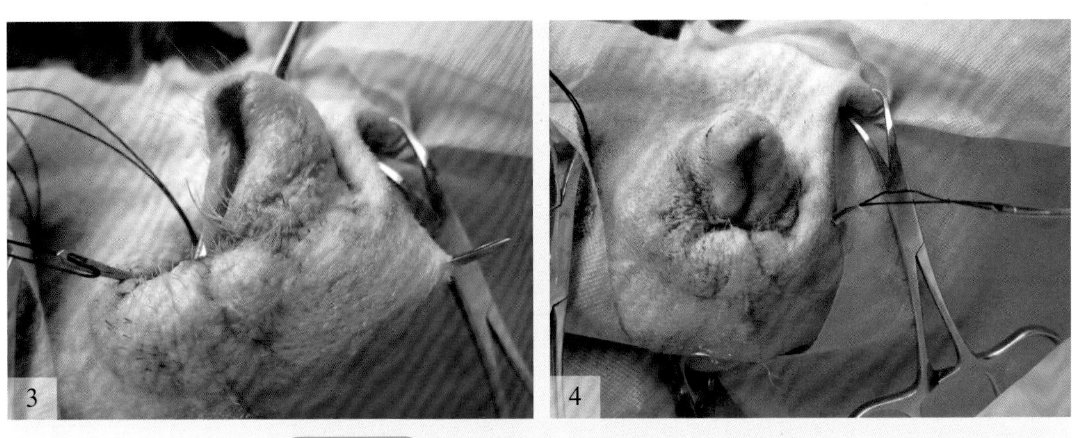

图11-50 紧贴骨盆外口部缝合固定阴道壁

1—自体外进针；2—针自阴道黏膜穿出；3—针自阴道黏膜穿入；4—针自皮肤穿出，并安置皮肤压垫

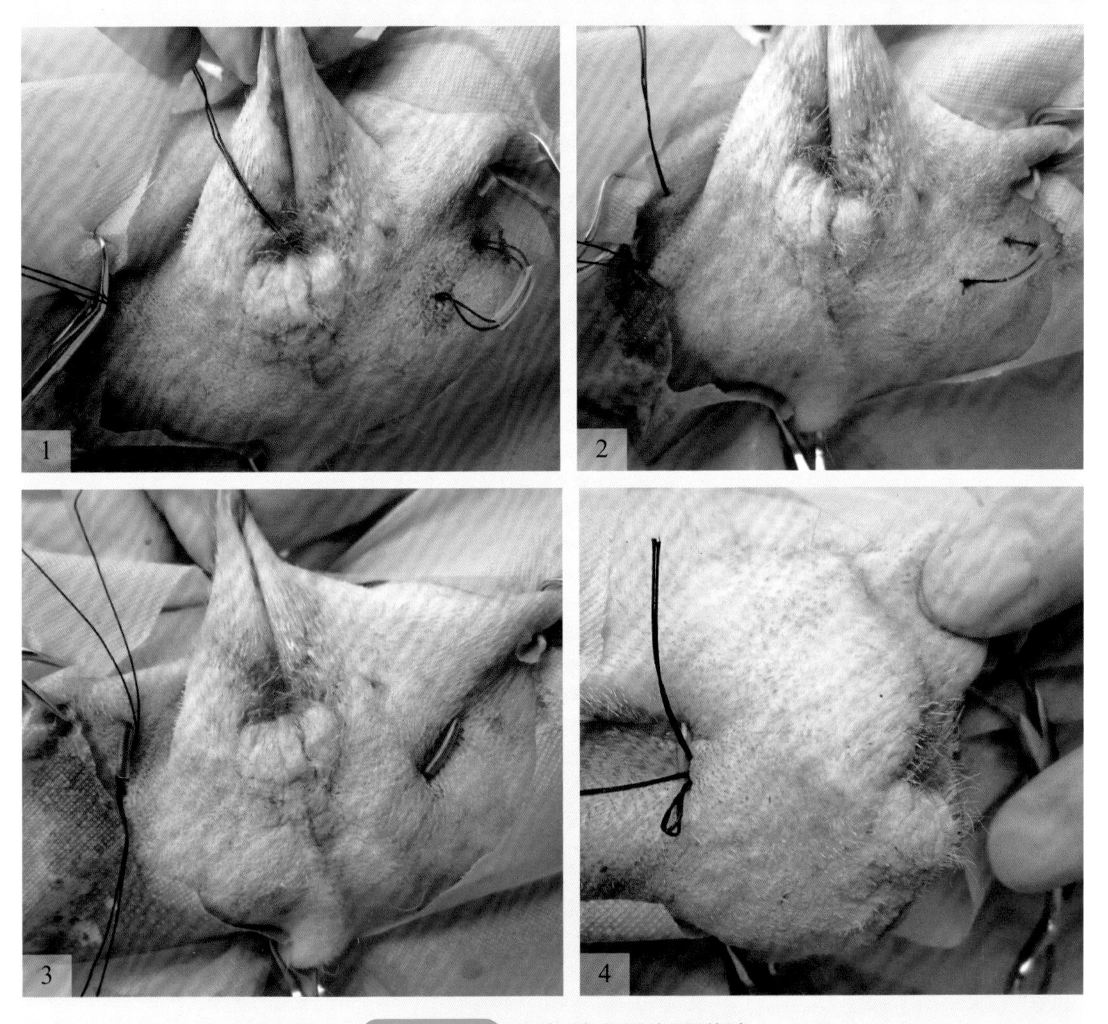

图11-51 纽扣缝合固定阴道壁

1，2—针反向穿回原进针侧；3—安置皮肤压垫并打结；4—纽扣缝合打活结

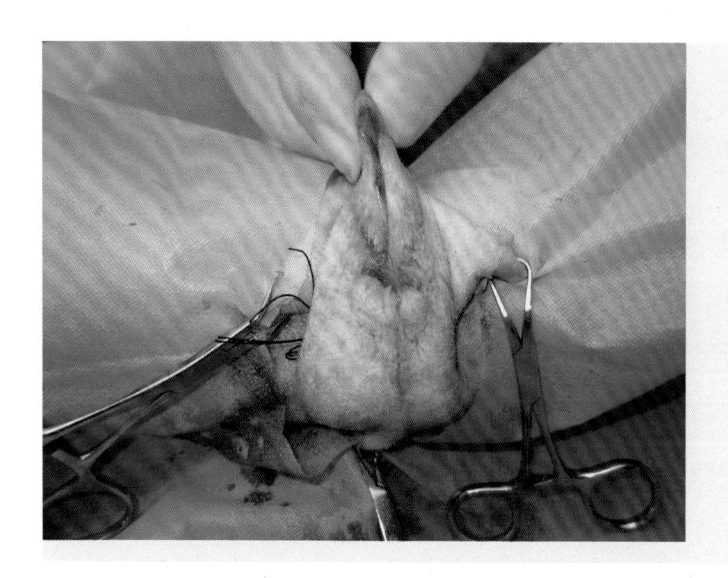

图11-52
完成阴道壁固定缝合

（2）犬阴道水肿增生手术　犬阴道水肿增生是指发情期母犬阴道壁过度水肿、增生导致的阴道腔狭窄或阴道壁脱出。对脱出的组织可进行手术切除。手术方法是：插入导尿管（图11-53）。施行阴门背联合切开术，显露阴道、前庭及水肿增生物。然后，提起肿块，显露肿块基部和尿道外口，自增生物前部至其腹面尿道外口前部做阴道黏膜的弧形切开（图11-54），由前向后仔细分离黏膜下组织，将增生物全部切除（图11-55、图11-56）。分离时，应边触摸导尿管边分离，避免损伤尿道。用可吸收缝线连续或结节缝合阴道腹侧壁切口（图11-57）。最后，按照阴门背联合切开术的方法闭合阴道背侧切口。该病在下次发情时可能再次发生，卵巢子宫切除术能防止复发。犬阴道水肿增生脱出手术见视频11-4。

术后使用伊丽莎白项圈，防止自我损伤；5～7天检查阴道脱出部的恢复情况。

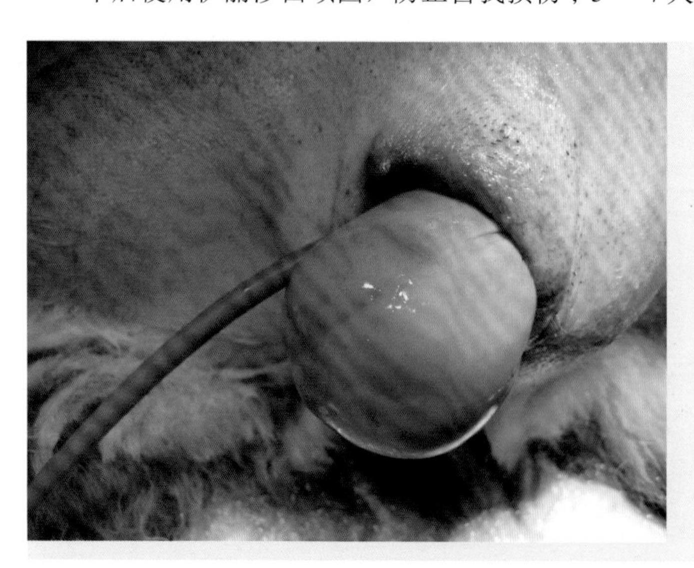

图11-53
插入导尿管

图11-54

阴道增生基部做阴道黏膜切开

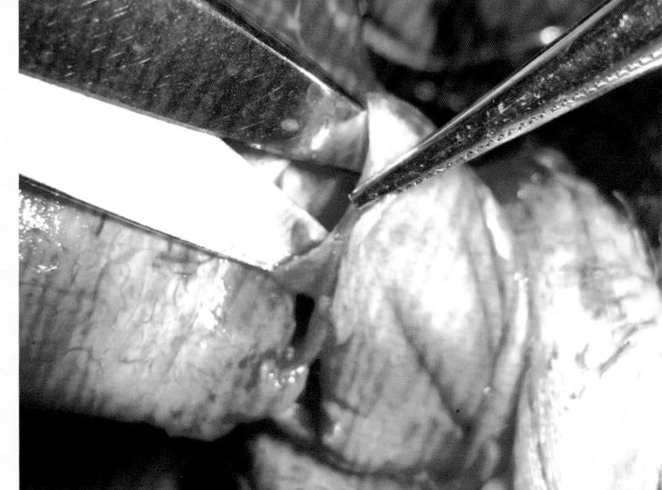

图11-55

钝性分离黏膜下组织

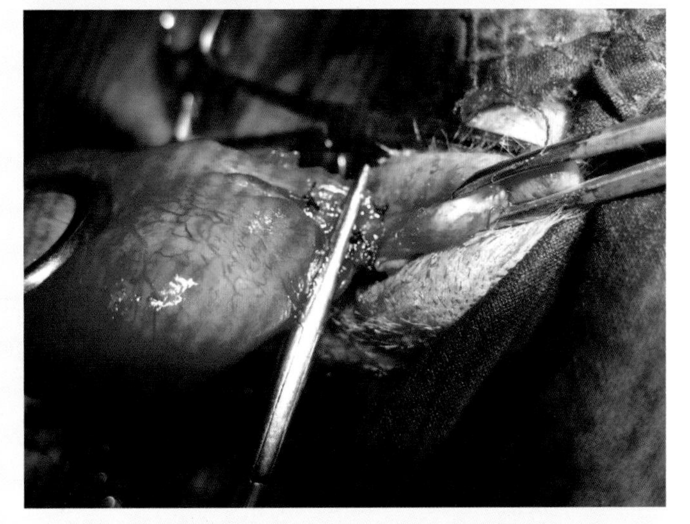

图11-56

结扎血管后将增生物切除

图11-57 结节缝合阴道黏膜

视频11-4
犬阴道水肿增生脱出手术

第四节　犬猫剖宫产术

剖宫产术是分娩发生困难时，用外科手术的方法切开腹壁和子宫壁取出胎儿的操作过程。60%~80%的难产病例最后都需要施行剖宫产术。

【适应证】原发性或继发性子宫收缩无力，药物治疗或辅助分娩无效者；产道软组织或盆腔异常，胎儿不易通过者；胎儿体型过大（图11-58）、胎儿畸形、胎儿过多、胎儿在子宫内死亡腐败等致胎儿无法通过产道者；胎向、胎势和胎位异常，手法不能矫正拉出者；子宫扭转、子宫破裂；有难产病史，以防再次发生难产者；获取健康、无特定病原体的仔畜等。

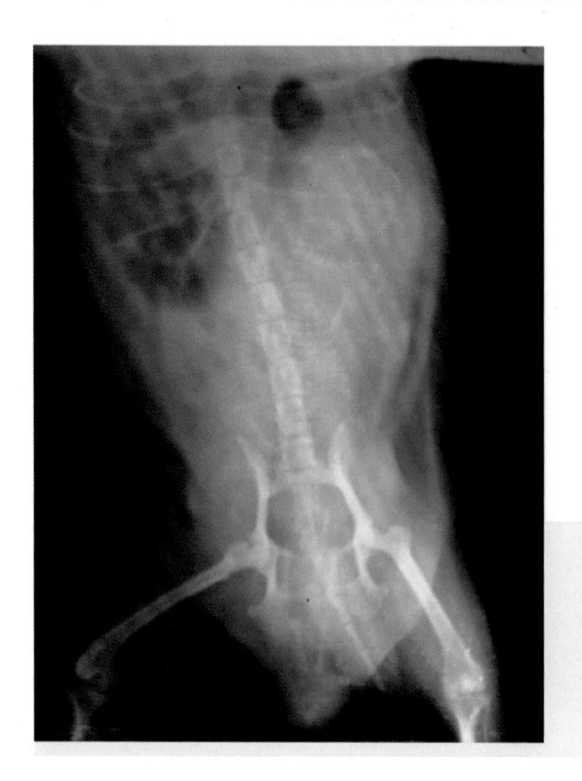

图11-58 产前检查（单胎，倒生，胎儿过大）

【术前准备】检查全身情况，以评价能否耐受手术。补液，应用抗菌药、强心剂和止血剂。

【麻醉与保定】全身麻醉配合局部麻醉。若病情严重，经治疗后以止痛与局部麻醉为主，减少全身麻醉的风险。仰卧保定。

【切口定位】脐后腹中线切口（图11-59）。从脐部向后延伸至耻骨前缘，可根据胎儿大小，确定切口长度。也可做腹侧壁切口，切口方向与腹内斜肌的方向一致。

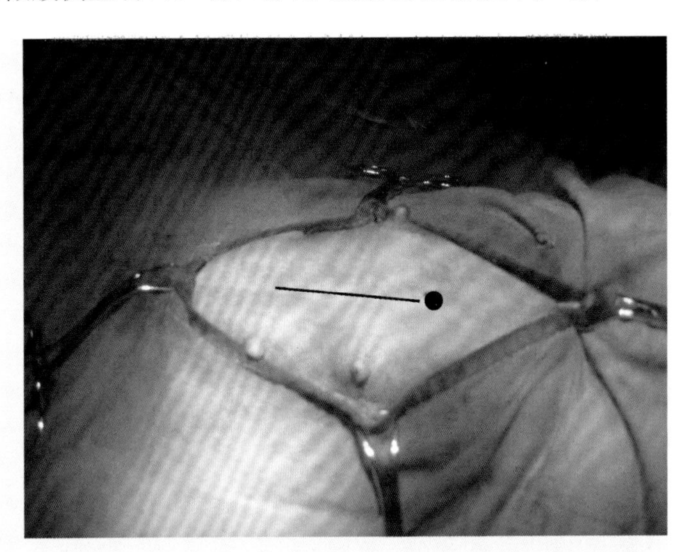

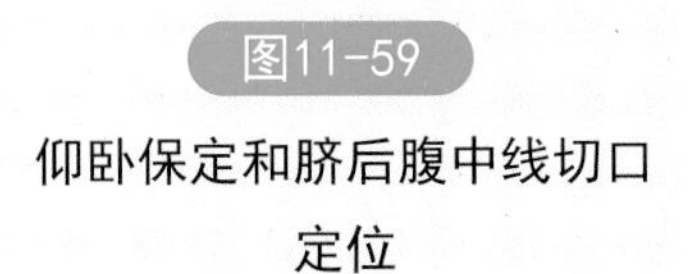

图11-59

仰卧保定和脐后腹中线切口定位

【手术方法】以脐后腹中线切口为例。在腹中线依次切开皮肤、腹白线和腹膜。在切开腹白线前提起腹直肌外鞘，以防切开时损伤子宫壁。从腹腔内先取出一侧子宫角的阴道端或子宫体，用大纱布垫在创缘周围将子宫与切口隔离（图11-60）。

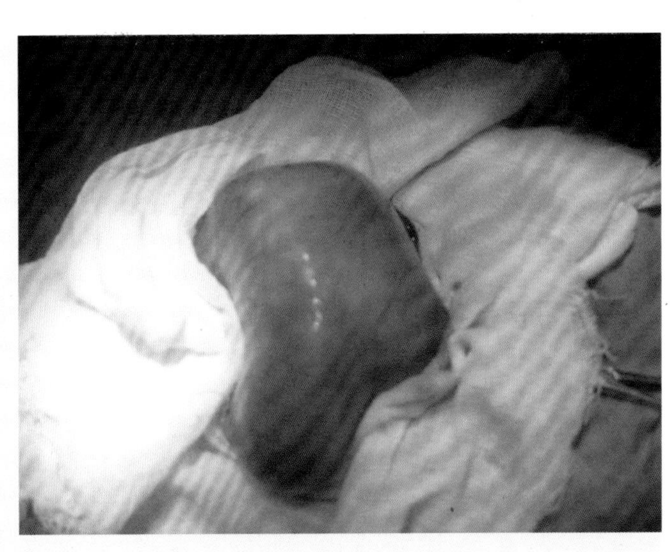

图11-60

将子宫牵引出腹腔并用纱布隔离

取出子宫后，在子宫体腹侧中线或子宫角与子宫体交界处纵向切开子宫壁（图11-61）。首先取出子宫体内的胎儿，再将子宫角内的胎儿轻轻地挤向切口处。胎儿靠近切口时，术者抓住它前置器官向外牵引（图11-62）。应迅速将取出的胎儿羊膜撕破，并用止血钳夹住脐带，在离胎儿腹壁3～4厘米处断脐。

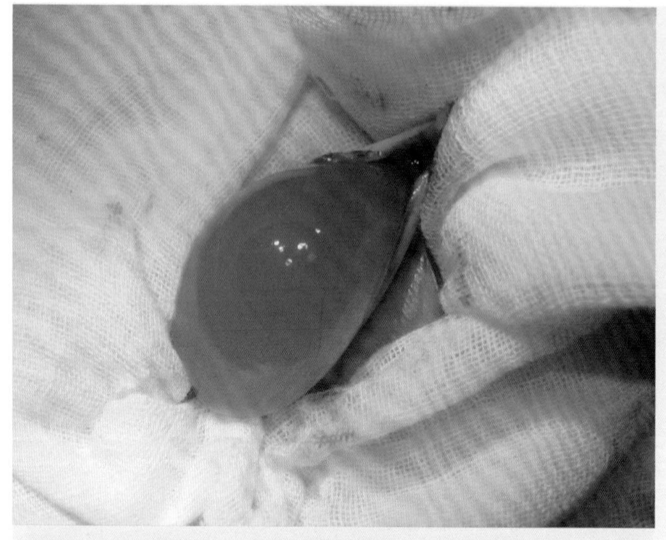

图11-61
在子宫体和子宫角交界处纵向切开子宫壁后胎膜脱出

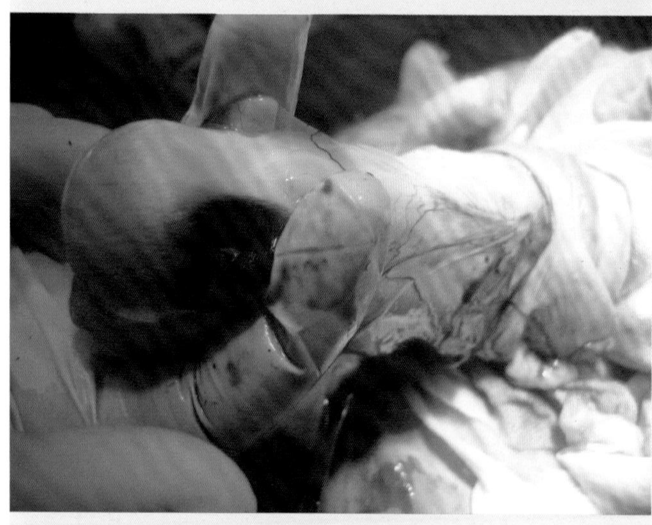

图11-62
取出子宫内胎儿

助手轻轻抽吸鼻孔和鼻咽，或将头向下，轻轻摇晃新生仔畜，以清除其口、鼻腔内的黏液，用纱布擦掉幼仔体表的胎水。如没有呼吸，应轻轻按摩胸腔做人工呼吸直到出现自主呼吸为止。

每取出一个胎儿，应轻轻牵拉留下的脐带断端，取出胎盘。胎盘通常随新生仔畜一起排出，如果胎盘不能自主分离，应轻柔地从子宫壁上剥离，取出胎盘（图11-63）。取尽一侧子宫角内的胎儿后，经同一切口再取出另一侧子宫角内的胎儿。操作过程中严禁胎水和子宫内容物进入腹腔。

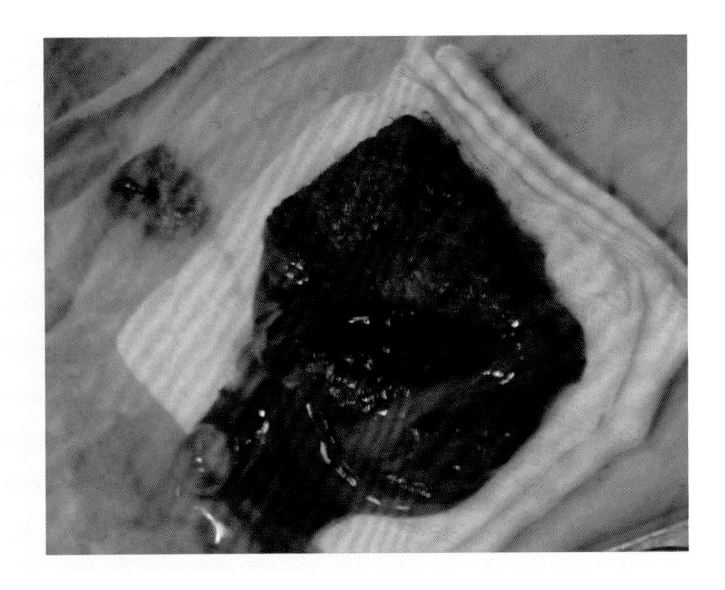

图11-63
取出胎盘

在闭合子宫切口前，自卵巢向后检查子宫内和骨盆腔内是否还有胎儿和胎盘。如果子宫内膜出血严重，使用催产素并压迫子宫壁。冲洗子宫外表面，除去组织碎片和血块，子宫腔内放置适量抗菌药。采用水平或垂直褥式连续浆膜肌层内翻缝合法闭合子宫壁切口，缝线仅穿至黏膜下层，尽可能少包埋子宫壁（图11-64）。子宫壁缝合完毕，用温生理盐水冲洗子宫，将其还纳腹腔内，用网膜覆盖子宫壁切口（图11-65）。如果发生污染或子宫内容物溢出，需做腹腔冲洗。常规闭合腹壁切口。犬剖宫产手术见视频11-5。

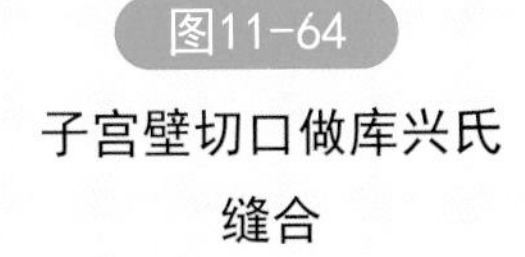

图11-64
子宫壁切口做库兴氏缝合

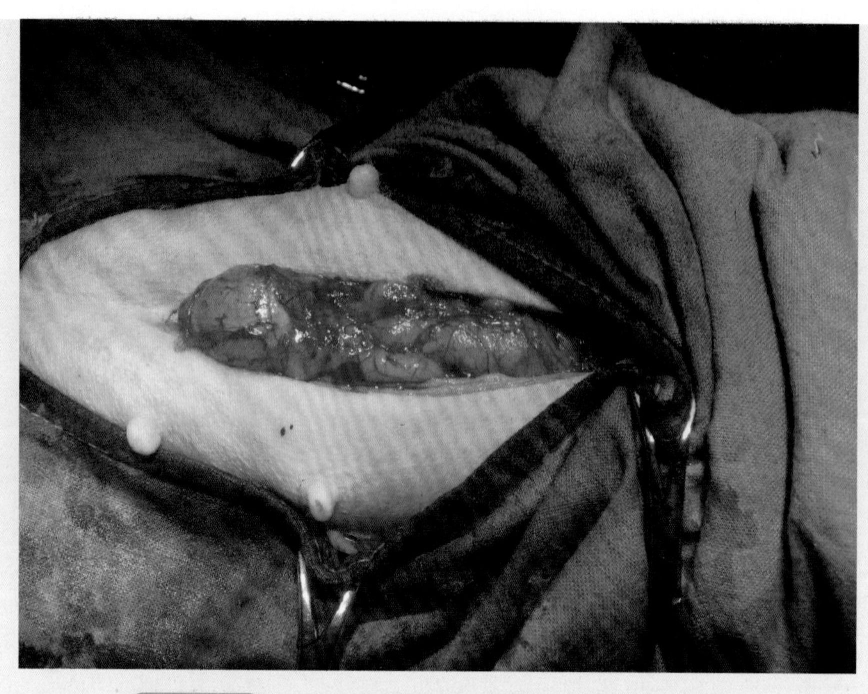

图11-65 将子宫还纳腹腔后用网膜覆盖子宫壁切口

视频11-5
犬剖宫产手术

若剖宫产与卵巢子宫切除术或子宫切除术同时进行，术中需加快输液。在子宫切开取出新生仔畜后，再进行卵巢子宫切除术或子宫切除术。或首先分离卵巢蒂，然后从子宫角到子宫颈前部结扎切断子宫阔韧带；把胎儿从阴道或子宫颈口推回子宫腔；分别双重钳夹卵巢系膜和子宫颈前端，在两把钳之间快速切断卵巢系膜和子宫体，取出卵巢和子宫并将其交给助手；助手切开子宫，取出胎儿。然后，双重结扎卵巢动静脉与子宫动静脉，缝合或结扎子宫体断端。从钳夹子宫到取出胎儿的时间应在60秒内。若胎儿死亡，则不能切开子宫，应在封闭的情况下进行卵巢子宫切除术，避免子宫内容物污染腹腔。

术后应纠正水和电解质失衡，补糖、补钙和注射催产素，促进子宫收缩复旧；全身应用抗菌药5~7天；给予易消化、富含营养的食物。动物饲养在安静、干燥和温暖的房间。术后10～12天拆线。

第五节 犬乳腺摘除术

【适应证】用于犬乳腺肿瘤（图11-66和图11-67）、乳腺坏死（图11-68）或坏疽。

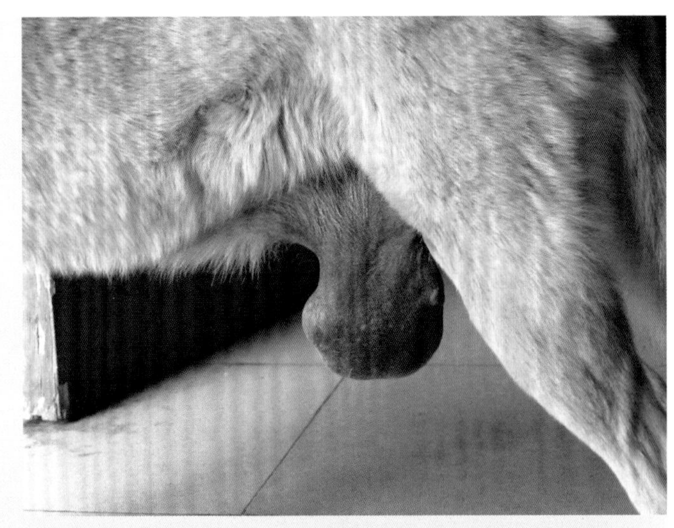

图11-66

三岁杂交犬左侧第五乳腺肿瘤

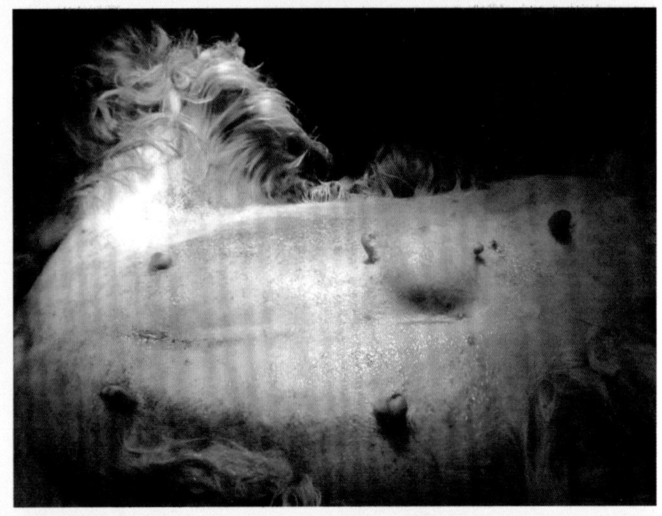

图11-67

八岁京巴犬右侧第四乳腺肿瘤

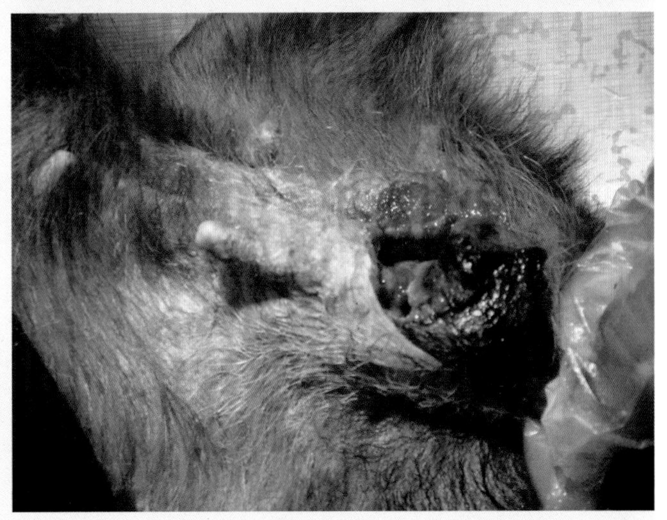

图11-68

犬左侧第三乳腺坏死

【解剖特点】犬乳房位于胸、腹部的腹侧皮下，其两条链状乳腺从胸前向后延伸至外阴部。犬正常每侧有5个乳腺，也有的4～6个不等。从前向后分别称胸前（第一）、胸后（第二）、腹前（第三）、腹后（第四）及腹股沟（第五）乳腺。胸部乳腺与胸肌连接紧密，腹部和腹股沟部的乳腺则连接疏松而悬垂，尤其发情期或泌乳期更显著。腺体组织位于皮肤与皮肌、乳腺悬韧带之间。

第一和第二乳腺血液来自胸内动脉的胸骨分支和肋间及胸外动脉的分支，第三乳腺主要由腹壁前浅动脉（来自腹壁前动脉）和胸内动脉分支，后者与腹壁后浅动脉分支（由阴部外动脉分出）相吻合，并供给第四、五乳腺血液。前腹壁深动脉、腹外侧壁动脉、阴唇动脉及旋髂深动脉等也参与腹部和腹股沟乳腺的血液供应。静脉一般伴随同名动脉而行。第一、第二乳腺静脉血回流主要进入腹壁前浅静脉和胸内静脉，第三、四、五乳腺静脉主要汇入腹壁后浅静脉。小的静脉有时越过腹中线至对侧乳腺。

腋淋巴结位于胸肌下，接受第一、二乳腺淋巴的回流。腹股沟浅淋巴结位于腹股沟外环附近，接受第四、五乳腺淋巴的回流。第三乳腺淋巴最常引流入腋淋巴结，但也可向后引流，如仅有4对乳腺时，第二、第三乳腺间常无淋巴联系。

【麻醉与保定】全身麻醉配合局部浸润麻醉。仰卧保定。

【切口定位】距发病乳腺周围至少1厘米处做环形皮肤切口。

【手术方法】乳腺切除术的方法取决于患病乳腺的部位及其淋巴流向。应将病变乳腺和与其相连的淋巴结一同切除。对于单个、区域或同侧乳腺的切除，在所涉及乳腺周围作椭圆形皮肤切口。切口外侧缘是乳腺组织的外侧，内侧缘是腹中线。第一乳腺切除术，其皮肤切口可向前延伸至腋部；最后部乳腺切除术，皮肤切口可向后延至阴唇水平。对于两侧乳腺全切除者，仍是以椭圆形切开两侧乳腺的皮肤，但胸前部应作“Y”形皮肤切口，以免在缝合胸壁部切口时产生过大的张力。

皮肤切开后，先分离、结扎大血管，再作深层分离。分离时，尤其注意腹壁后浅动、静脉（图11-69）。第一、第二乳腺与胸肌筋膜紧密相连，需仔细分离使其游离。其它乳腺与腹壁筋膜连接疏松，易钝性分离（图11-70）。若肿瘤已侵蚀体壁肌肉和筋膜，须将其一同切除。如胸部乳腺肿块未增大或未侵蚀周围组织，腋淋巴结一般不予切除，因该淋巴结位置深，靠近臂神经丛。腹股沟浅淋巴结紧靠腹股沟乳腺，通常连同腹股沟脂肪一起切除。犬乳腺肿瘤手术见视频11-6。

犬乳腺肿瘤手术

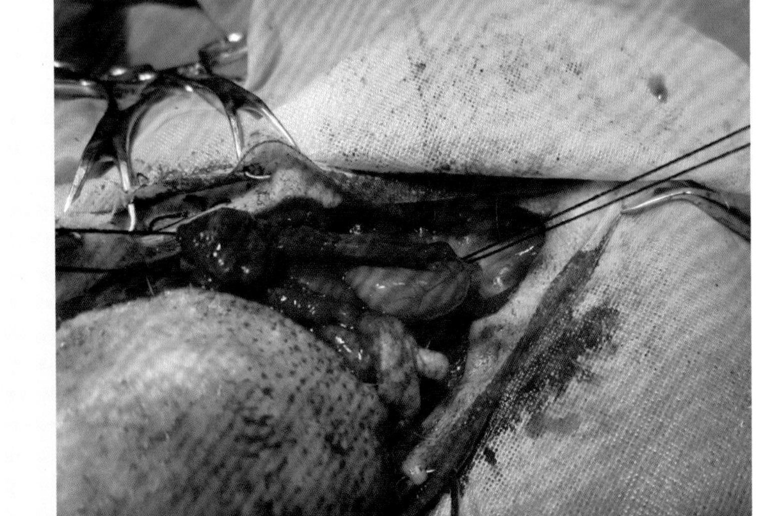

图11-69
结扎腹壁后浅动脉与静脉

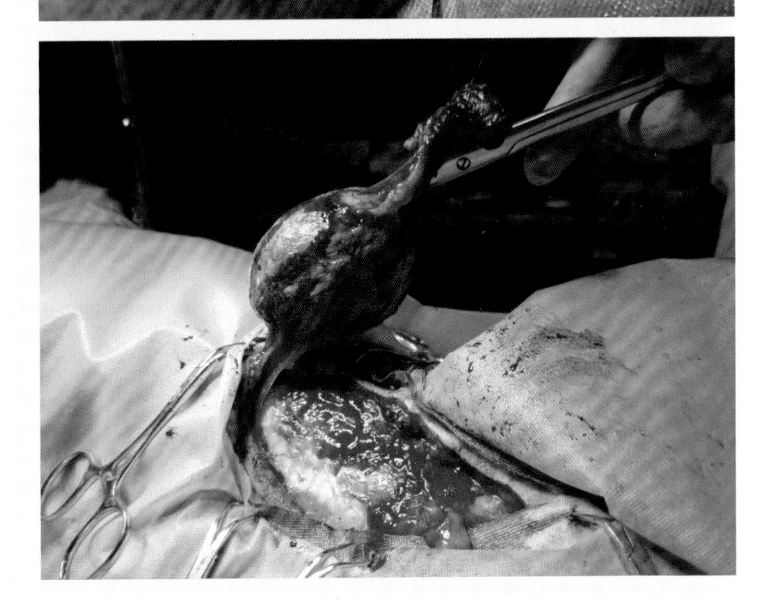

图11-70
钝性分离乳腺和腹壁筋膜

缝皮前，应认真检查皮肤内侧缘，确保皮肤上无残留乳腺组织。皮肤缝合是该手术最困难的部分，尤其对切除双侧乳腺的。大的皮肤缺损缝合需先作水平褥式减张缝合，使皮肤创缘靠拢并保持一致的张力和压力分布。然后，做第二道结节缝合以闭合创缘。如皮肤结节缝合恰当，可减少因褥式缝合引起的皮肤张力。如有过多的无效腔，特别在腹股沟部易出现血清肿，需在手术部位安置引流管。

术后戴伊丽莎白项圈，使用腹绷带2～3天，压迫术部，消除无效腔，防止血清肿或血肿，并保护引流管。应用3～5天抗菌药，控制感染；2～3天后拔除引流管，并于术后4～5天拆除褥式缝线，以减轻局部刺激和瘢痕形成；10～12天拆除皮肤缝线。

第六节　隐睾病手术

隐睾病是指出生后正常时间里睾丸不能降到阴囊内，一侧或两侧阴囊内缺少睾丸。正常情况下，睾丸在出生后7～8月龄应进入阴囊内。未降入阴囊内的睾丸可位于正常下降径路的任何地方，多数位于腹腔内，少数在腹股沟内。

【病因】隐睾病的病因还不是十分清楚。一般认为有明显的遗传倾向性，也可能受激素水平和机械性刺激因素的影响。隐睾可以或不能产生精子，但可持续产生雄激素；单侧隐睾动物一般仍有生殖能力。隐睾的精原细胞瘤和滋养细胞肿瘤的发病率较高。

【症状与诊断】一侧隐睾时，阴囊不对称，无睾丸侧的阴囊小，触摸时阴囊内只有一个睾丸（图11-71）；两侧隐睾时，其阴囊小，阴囊内无睾丸。如果睾丸在皮下，在阴茎旁或腹股沟区可摸到比正常体积小但形状正常的异位睾丸。剖腹探查术或腹腔镜检查可用于腹部隐睾的确诊。

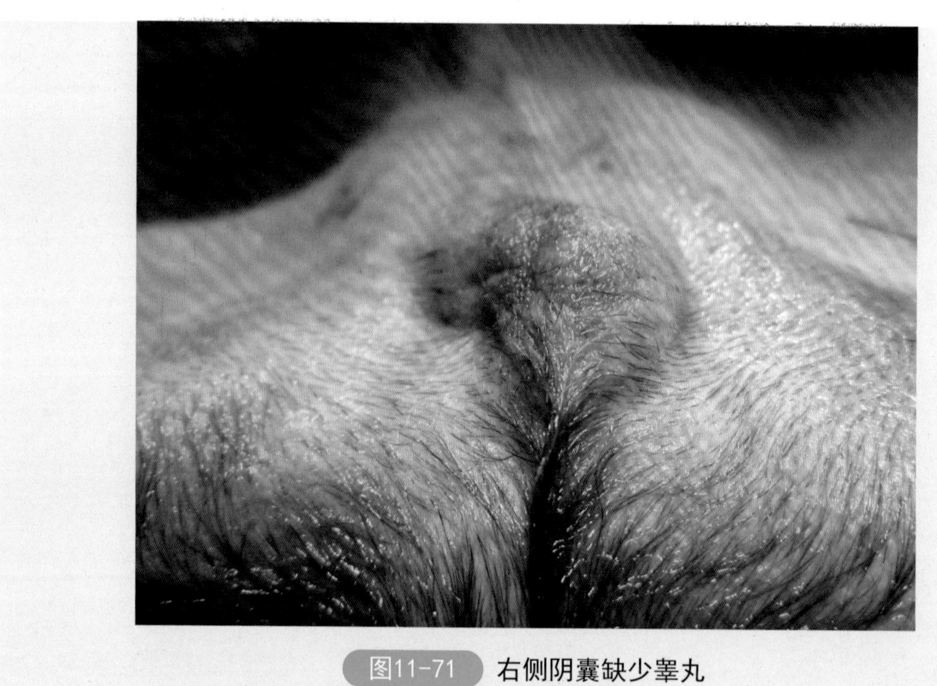

图11-71　右侧阴囊缺少睾丸

【手术方法】一般动物可以不治疗，但隐睾易发生肿瘤。因此，建议做去势术，这既可消除发生肿瘤的可能性，又可避免乱排尿和生殖行为。

（1）皮下隐睾切除术　仰卧保定，在腹股沟环和阴囊间触摸睾丸。腹股沟脂肪垫较厚时，需仔细辨别是否有睾丸。在隐睾处常规术部准备，切开皮肤，分离出隐睾与总鞘膜（图11-72），双重结扎总鞘膜和精索，切除睾丸（图11-73～图11-75），缝合皮下组织和皮肤。

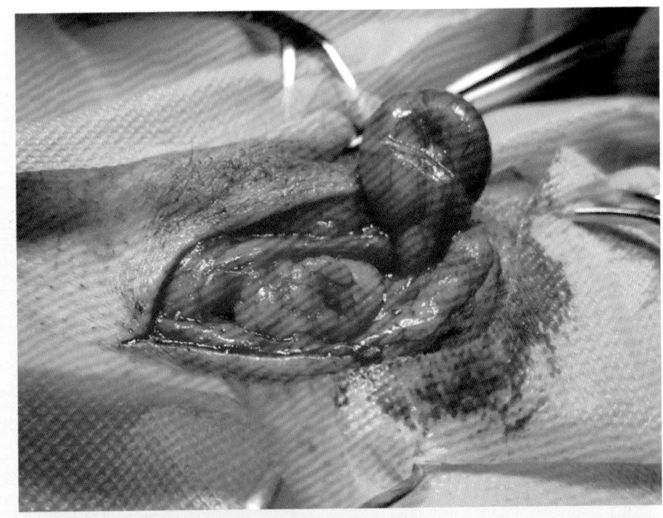

图11-72
切开皮肤和皮下组织暴露隐睾

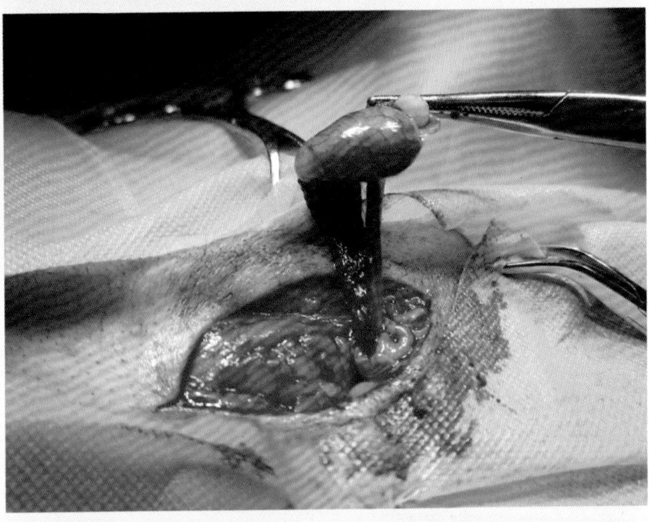

图11-73
切开总鞘膜后暴露睾丸

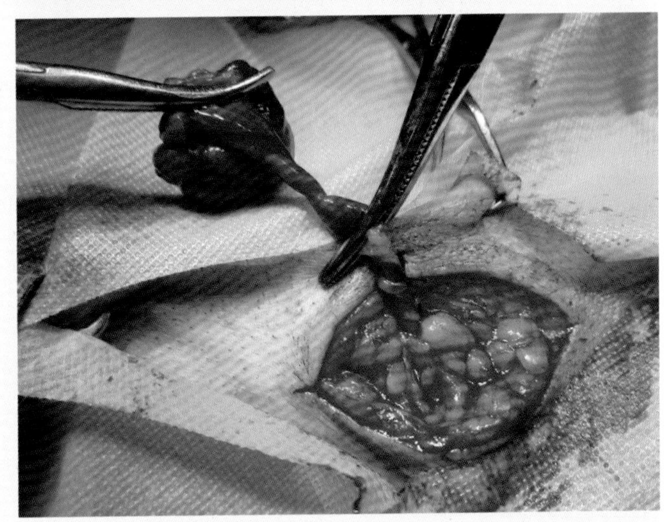

图11-74
双重结扎精索

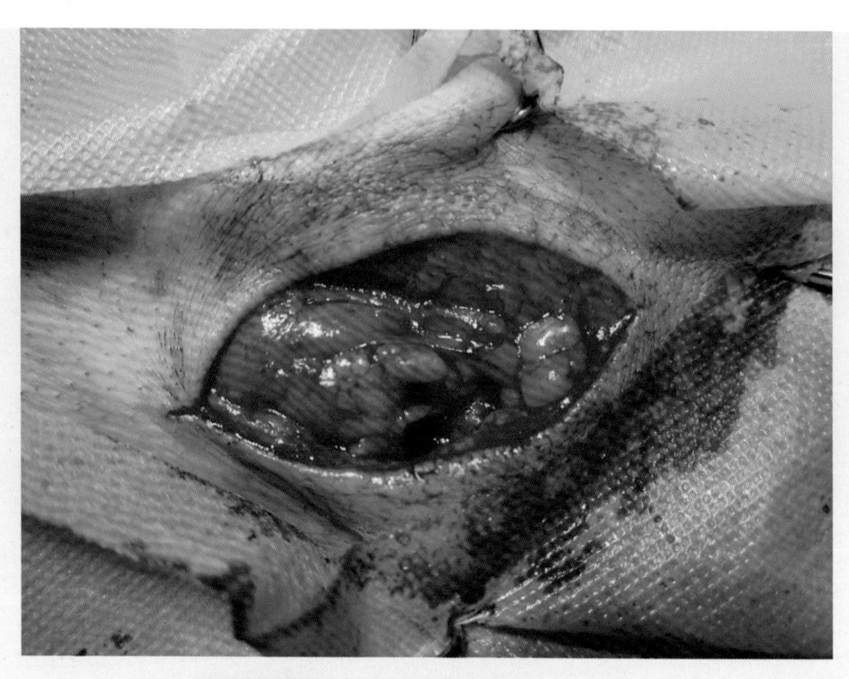

图11-75 切除睾丸后闭合总鞘膜切口

（2）腹腔隐睾摘除术　常做仰卧保定，在倒数第1～2对乳头间作长4～5厘米的脐后腹中线切口。在腹股沟内环处、膀胱背侧和肾后方等部位探查隐睾。或在膀胱颈的背部找到输精管，沿输精管找到睾丸。如果输精管进入腹股沟环，睾丸不能在腹腔切除，需要在腹股沟做切口。剪断睾丸韧带，双重结扎睾丸的动、静脉和输精管，除去睾丸。常规关闭腹腔。腹腔隐睾的切除术，也可在腹腔镜的引导下施行。

第十二章　骨折手术

第一节　整复与内固定

一、骨折的整复

骨折整复是使移位的骨折段重新对位，重建骨的支架作用。时间越早越好，力求做到一次整复正确。复位时需要无痛和局部肌肉松弛。一般应在侧卧保定下，根据病畜的种类、损伤的部位和性质，选用全身麻醉、局部浸润麻醉或神经阻滞麻醉，必要时同时使用肌肉松弛剂。

1. 闭合复位

整复前使病肢保持伸直状态。轻度移位时，可由助手将病肢远端适当牵引后，术者对骨折部托压、挤按，使断端对齐、对正；若骨折部肌肉强大、断端重叠而整复困难时，可在骨折线两侧各系一绳向两侧牵引。

按“欲合先离，离而复合”的原则，先轻后重，沿着肢体纵轴作对抗牵引，然后使骨折的远侧端凑合到近侧端，矫正成角、旋转、侧方移位等畸形，力求达到骨折前的正常状态。复位是否正确，可以根据肢体外形、抚摸骨折部轮廓、在相同的肢势下按解剖位置与对侧健肢对比，判断移位是否已得到矫正。有条件的，最好用X射线判定。在兽医临床中，粉碎骨折和肢体上部的骨折，在较多的情况下只能达到功能复位，即矫正重叠、成角、旋转，有的病例骨折端对位即使不足1/2，只要两肢长短基本相等，肢轴姿势端正，角度无明显改变，大多数病畜可实现一般功能的恢复。

2. 开放复位

开放复位适合粉碎性骨折或需要做内固定的骨折复位。基本原则是，要求术者熟知病部的局部解剖，操作时要尽量减少软组织损伤（如骨膜的剥离、软组织和骨的分离、血管和神经损伤等）。按照规程稳步操作，严防组织感染。整复操作包括利用某些器械发挥杠杆作用，如骨刀、拉钩柄或刀柄等，借以增加整复的力量；利用抓骨钳直接夹持骨片，使其复位；将力直接加在骨片上，向相反方向牵拉和矫正、转动，使骨片复位等。重叠骨折的整复较为困难，特别是受伤若干天后肌肉发生挛缩，或组织出现增生，需要有良好的肌肉松弛或做组织分离后方能整复。

二、骨折内固定

1. 髓内针固定

髓内针用于骨折治疗，既可单独应用，又可与其它方法结合应用。常用于长骨干骨折，如肱骨、股骨、胫骨、尺骨和某些小骨的骨折。髓内针的优点是抗成角应力作用较强，能够抗弯曲负荷，与其它埋植物相比（如夹骨板、外固定器），圆形的髓内针能够平衡来自各个方向的弯曲负荷。缺点是抗轴压力、扭转应力及对骨折处的固定效果差。髓内针只能借助针和骨骼间的摩擦力来抵抗旋转负荷和轴向压力。通常情况下，这种摩擦力不能阻止骨折处的旋转和轴的断裂。

当单独应用髓内针固定技术达不到稳定骨片的要求时，需要配合其它固定技术，防止骨片转动和短缩。常用的辅助技术有：环形结扎和半环形结扎，插入骨螺钉，同时应用两个或多个髓内针等。

开放性插针的方式有两种，一是在开放复位后从骨折断端先逆行插入，当针自骨的一端穿出后再将针改为顺行插入，自对侧骨折断面插入骨质内［图12-1（A）］；另一种则是仍从骨的一端把针插入，直接穿过骨折线至对侧骨质内［图12-1（B）］。

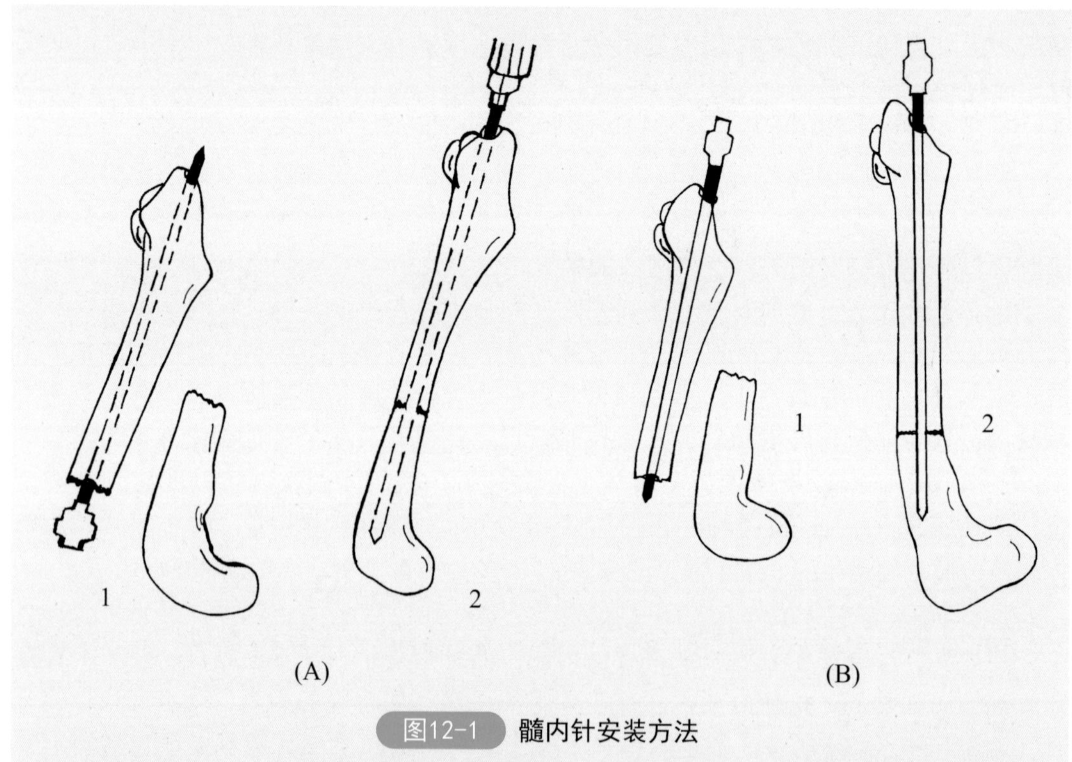

图12-1 髓内针安装方法

（A）逆向穿针法：1—先向近心端钻孔，针出骨髓腔；2—退出钻头，自近心端向远心端钻孔并置入髓内针

（B）正向穿针法：1—钻头自近心端向远心端钻孔，针出骨折断端；2—退出钻头，自近心端向远心端置入髓内针，直接穿过骨折线至远端骨质内

2. 骨螺钉固定

骨螺钉可用于固定接骨板和骨碎片，分为皮质骨螺钉和松质骨螺钉两种［图12-2（A）、图12-2（B）］。松质骨螺钉的螺纹较深，螺纹距离较宽，多用于骺端或干骺端骨折［图12-2（C）、图12-2（D）］；在靠近螺帽的1/3～2/3长度缺螺纹，该部直径为螺

柱直径，当固定骨折时骨螺钉的螺纹越过骨折线后再继续拧紧，则可产生良好的牵拉力。在骨干的复杂骨折，骨螺钉能用于骨片整复和辅助固定。

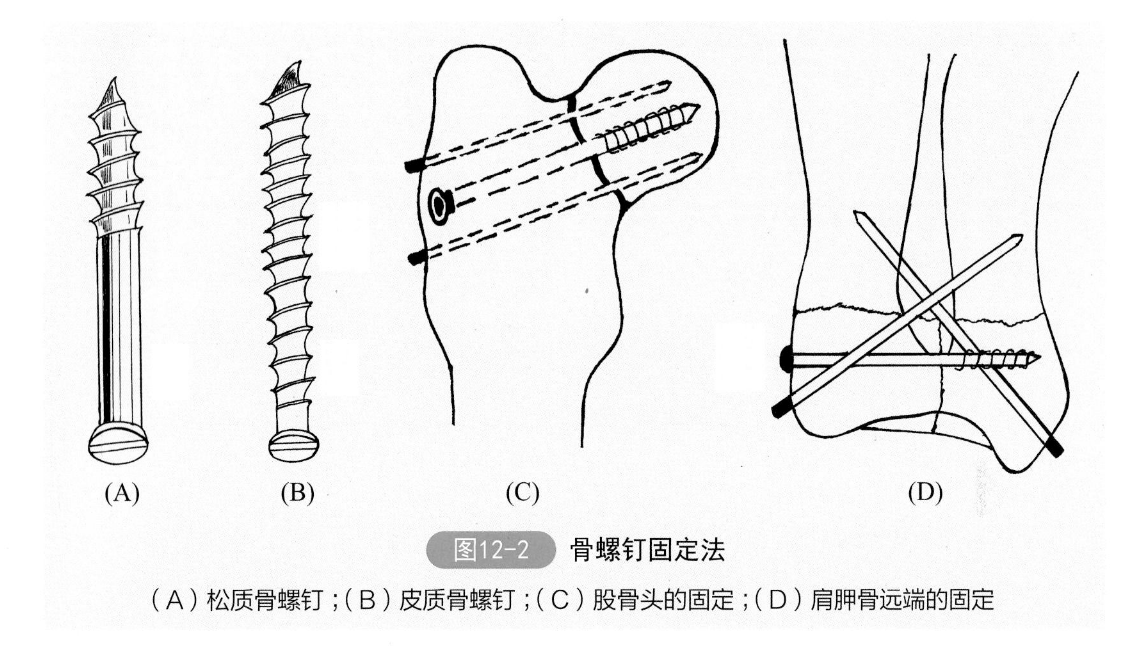

图12-2 骨螺钉固定法

（A）松质骨螺钉；（B）皮质骨螺钉；（C）股骨头的固定；（D）肩胛骨远端的固定

皮质骨螺钉的螺纹密而浅，多用于骨干骨折。为了加强骨螺钉的固定作用，先用骨钻打孔，旋出螺纹，再装螺钉固定。当骨干斜形骨折固定时，骨螺钉的插入方向应在皮质垂直线和骨折面的垂直线的夹角中间。为了使皮质骨螺钉发挥应有的加压固定作用，可在近侧骨的皮质用与螺纹直径一致的钻头钻孔（滑动孔），而远侧皮质的孔用与螺钉柱直径（螺纹孔）一致的钻头，这样在骨间能产生较好的压力作用。

3. 不锈钢丝固定

钢丝常用于环扎术和半环扎术，与其它内固定联用，可补充骨折轴向支持、扭转支持和弯曲支持。环扎线是围绕骨周围缠绕的矫形钢丝；半环扎线是在预先打孔的骨骼上缠绕的矫形钢丝，可预防骨折碎片移位。钢丝与克氏针联合使用，有降低骨折部张力的作用，称为张力钢丝。环扎钢丝多用于长斜骨折、螺旋骨折及粉碎性骨折的固定，不用于短的斜骨折或横骨折。

环扎时，应有足够的强度，但力又不能过大，以防将骨片压碎；注意血液循环，保持和软组织的连接。如果长骨折片需要多个环形结扎，环与环之间应保持1 ～ 1.5厘米距离，过密将影响骨活力。

对肘突、大转子和跟骨结节等部位的骨折，配合髓内针（克氏针）使用。先切开软组织，将骨折片复位，在肘突、跟骨结节或大转子的后内角和后外角分别将针插入，针朝向前下皮质，以固定骨折片。若针尖达不到远侧皮质，只到骨髓腔内，则其作用降低。插进针后，在远端骨折片的近端，用骨钻作一横孔，穿不锈钢丝，与髓内针剩余端作“8”字形缠绕和扭紧（图12-3）。

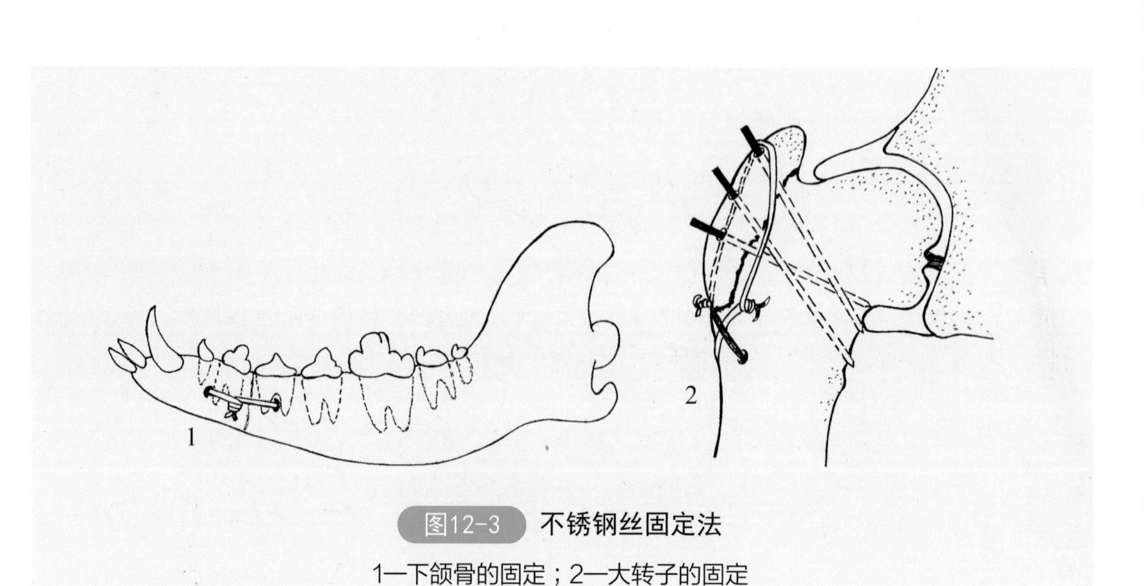

图12-3 不锈钢丝固定法

1—下颌骨的固定；2—大转子的固定

4．接骨板固定

接骨板与骨螺钉固定是骨折固定中常用的方法，可用于任何长骨骨折。其优点是安装后术后疼痛较轻，肢体功能恢复较快。骨螺钉可对骨折处产生压迫，这样可以增加骨断端之间的摩擦并且可抵抗对骨折处的负重。如果负重过大，必须依靠接骨板帮助。接骨板能有效地承受轴向负重、弯曲负重与骨折处的扭转力（图12-4）。接骨时两侧骨断端应适度对接，接触过紧或留有间隙，都得不到正常的骨愈合过程，会出现断端坏死或增殖大量假骨，延迟骨愈合。

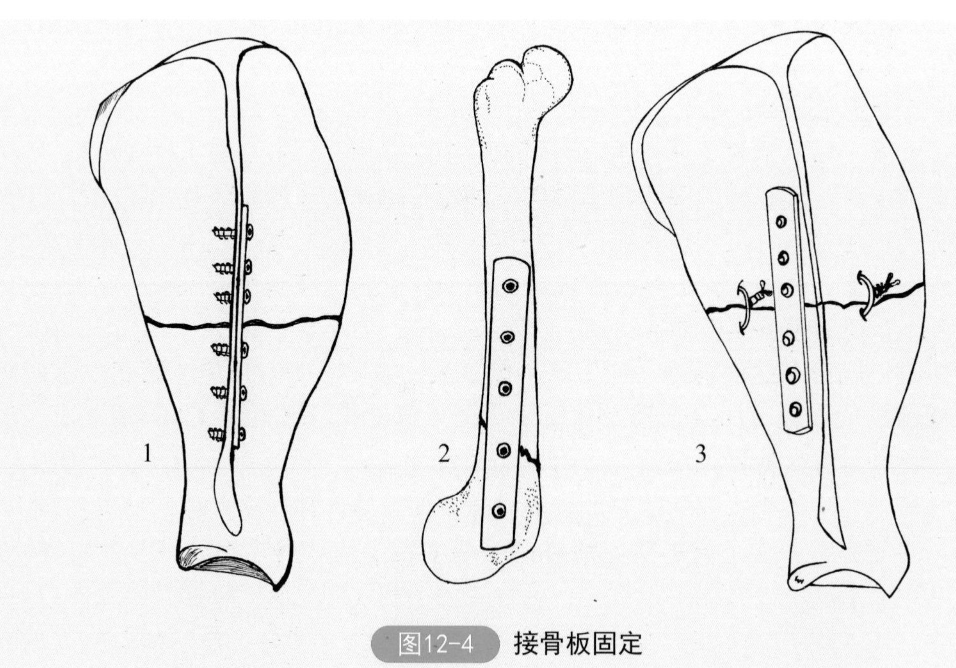

图12-4 接骨板固定

1—肩胛冈的固定；2—股骨远端的固定；3—配合不锈钢丝固定肩胛骨

第二节　骨盆骨折内固定术

【适应证】适用于髂骨、坐骨和耻骨的骨折及髋臼骨折。

【解剖特点】髂骨前半部宽阔，称为髂骨翼；后部狭窄，称为髂骨体；髂骨翼前缘呈弓形，称为髂骨嵴。髂骨翼外侧面有臀中肌附着，可以通过触摸髂骨背侧嵴确定其位置，这个区域的骨片很薄，骨折后不能很好地承受接骨材料；髂骨体有丰富的皮质骨，容易做固定。坐骨神经位于髂骨体内侧，沿着其背侧纵向延伸。

坐骨由前端的坐骨支、中间的坐骨体和后部的坐骨结节组成。坐骨结节是坐骨的后外侧缘，包括内侧角与外侧角；两侧的坐骨后缘构成坐骨弓；髂骨背侧缘向后的延续部和坐骨前背侧组成坐骨棘，是髋臼背侧的圆形隆起。髂骨体和坐骨棘是臀深肌的起点，坐骨腹外侧面是孖肌、内收肌、闭孔外肌和股方肌起点。

耻骨构成闭孔的前缘，耻骨体位于闭孔的前方，其前支伸向髂骨，参与形成髋臼，后支在骨盆联合中部与坐骨支融合。耻骨的腹侧面是股薄肌、内收肌和闭孔外肌的起始部；耻骨和坐骨的背侧面有闭孔内肌附着。

髋关节是由股骨头和髋臼构成的球窝关节，关节内有股骨头圆韧带。关节囊的纤维起源于髋臼外侧边缘，包裹在股骨颈部。坐骨神经位于髋臼的背内侧，在操作过程中避免伤到坐骨神经。

【术前准备】正位和侧位X射线检查评估骨盆损伤程度，并进行相关实验室检查，以评估麻醉和外科手术的风险。检查有无膀胱、尿道、前列腺和直肠的损伤，坐骨神经或腰荐神经丛的感觉与运动神经有无损伤。对有大出血症状的，及时止血和补血。对髂骨、耻骨、坐骨等多处骨折，可以先整复固定主要负重骨，如髂骨、髋臼；有条件的，可以一同再处理其它部位骨折。

【麻醉与保定】全身麻醉配合局部麻醉。髂骨和坐骨骨折，侧卧保定；耻骨骨折，仰卧保定。

【切口定位】

① 髂骨体骨折：在靠近髂骨体的位置做切口，自髂骨嵴前外侧向后延伸至大转子后方1～2厘米，切口中部在髂骨翼下1/3处［图12-5（A）］。

② 坐骨骨折：在靠近大转子后缘的位置做切开［图12-5（B）］。

③ 耻骨骨折：脐后腹中线切口，向后至耻骨前支（沿腹中线一直暴露至耻骨骨折处）。雄性犬，在阴茎鞘的一侧切开皮肤。

④ 髋臼骨折：切开大转子的髋关节前背侧手术通路。以大转子前缘背侧为中心做皮肤切口。自髂骨后1/3的背侧缘向大转子背后缘切开（3～4厘米），再向后下方做弧形切开（3~4厘米），至股骨前缘股骨的近1/3与中1/3交界处。

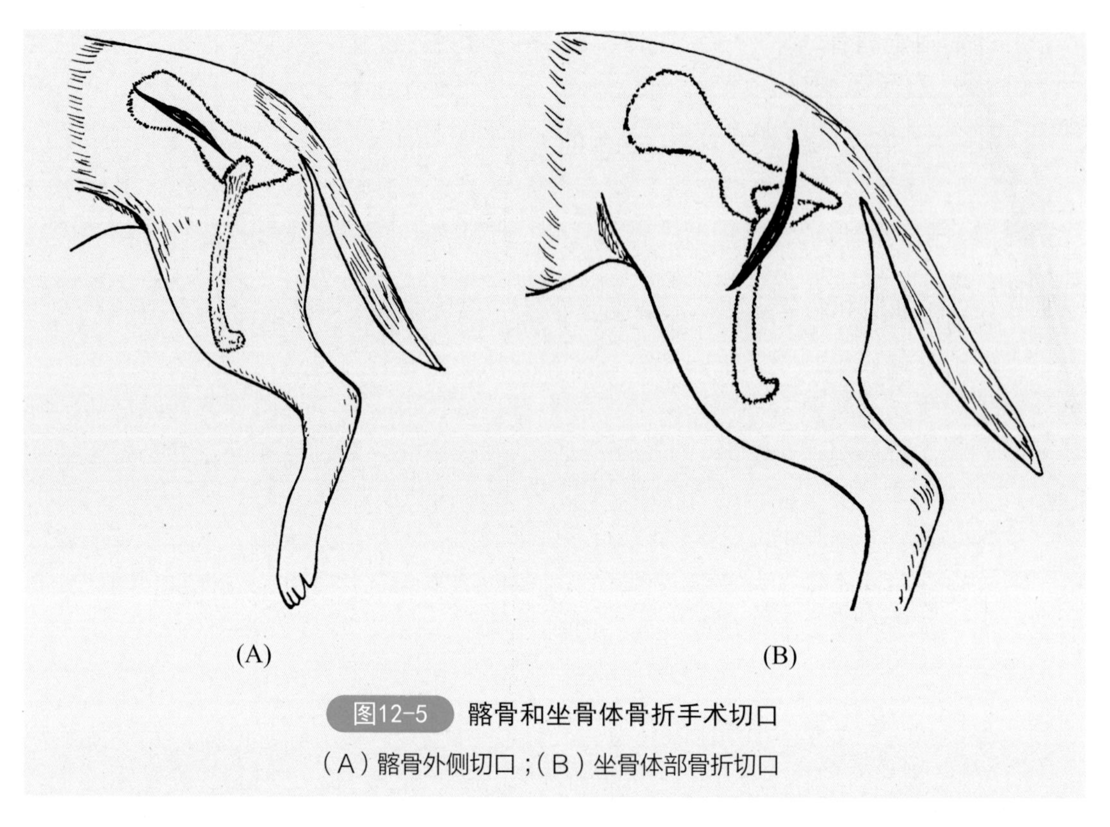

图12-5 髂骨和坐骨体骨折手术切口

（A）髂骨外侧切口；（B）坐骨体部骨折切口

【手术方法】

（1）髂骨体骨折的固定和手术通路　切开皮下组织以及臀部的脂肪组织，直到臀中肌和阔筋膜长头之间的肌中隔。继续分离，分离阔筋膜张肌与臀中肌前端、阔筋膜张肌与臀浅肌的后端。锐性分离臀中肌和阔筋膜张肌的长头。触诊臀中肌的腹侧缘，在臀中肌的腹侧缘做一切口。分离并结扎髂腰静脉，从髂骨外侧面牵引臀深肌和臀中肌。可从髂骨翼前端切开臀中肌的根部，以扩大暴露范围并且方便整复（图12-6）。

图12-6 锐性切断臀中肌并分离显露髂骨断端

接骨板固定髂骨（图12-7、图12-8），用持骨钳夹住髂骨碎片的远端背侧缘并向后牵引以整复骨折。在处理碎片的过程中，注意不要伤到坐骨神经。用对侧髂骨的腹背位X射线片作为安置接骨板的参照，预先将接骨板屈曲到适合的形状。用持骨钳整复骨片，先将接骨板固定在远端骨片上，以便整复髂骨近端骨片。用骨钳钳夹接骨板的前端使其覆盖在髂骨近端的骨折碎片上，然后用骨螺钉固定于近端骨片上。对近端骨片至少安置3颗骨螺钉，远端骨片2颗。闭合切口时，缝合阔筋膜张肌的近端和臀中肌筋膜、臀浅肌和阔筋膜张肌的远端；常规缝合臀部脂肪组织、皮下组织和皮肤。

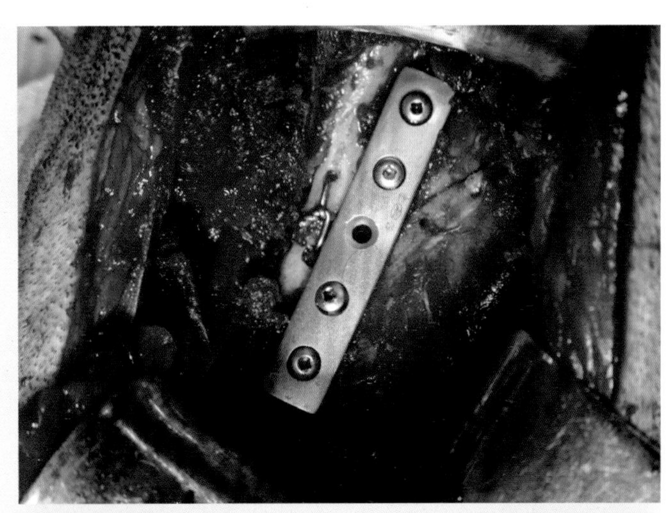

图12-7

分别用钢丝和钢板固定断端

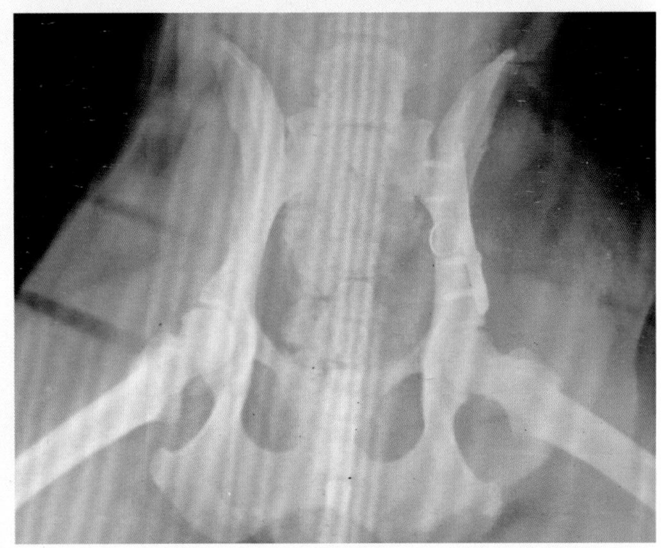

图12-8

髂骨骨折固定后的X射线影像

（2）坐骨骨折的固定和手术通路　切开皮肤，分离并牵引股二头肌，以暴露坐骨神经和外旋肌。切开并向后牵引外旋肌，暴露坐骨体。用小型接骨板和骨螺钉或者张力钢丝来整复固定骨片（图12-9）。

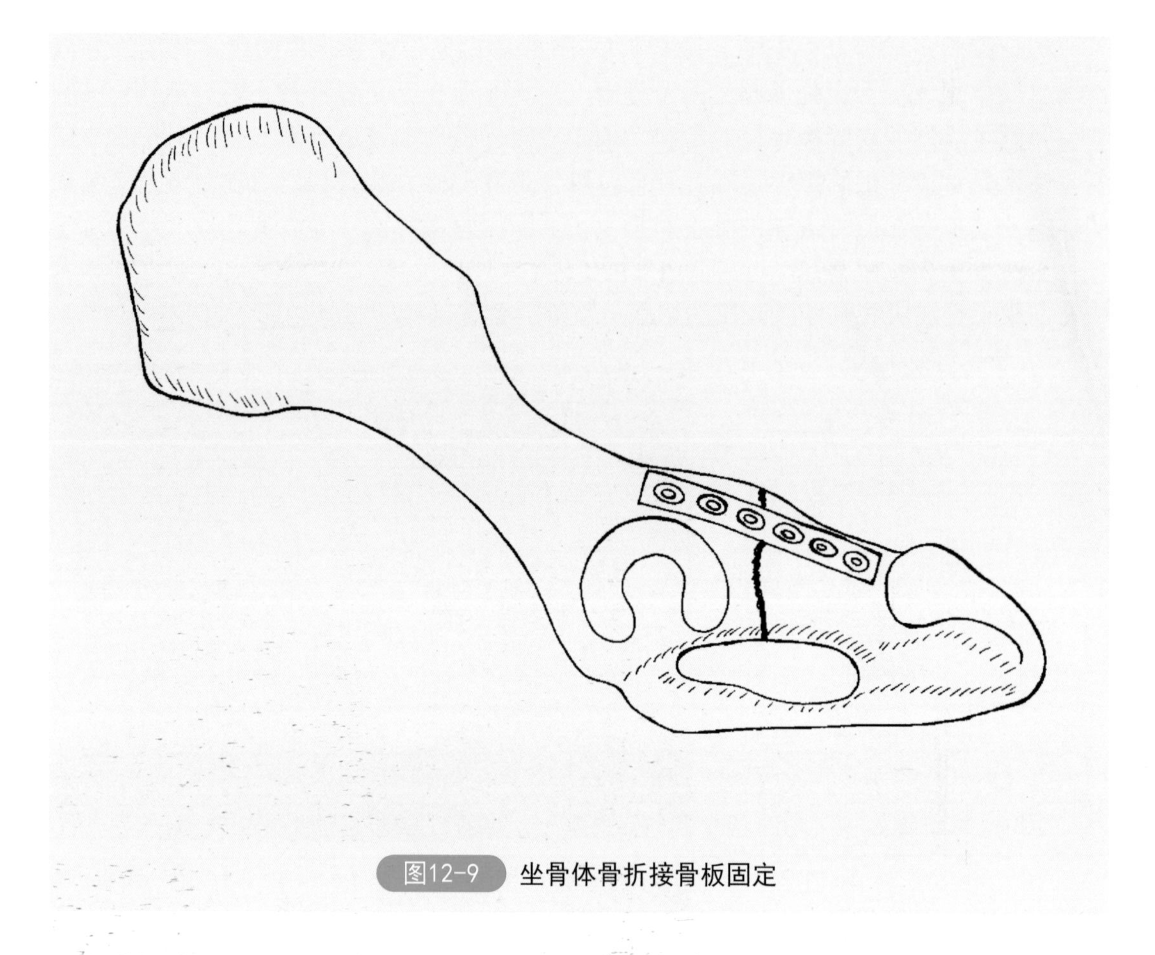

图12-9 坐骨体骨折接骨板固定

（3）耻骨骨折的固定和手术通路　沿腹中线切开皮肤，再沿腹中线至耻骨边缘，切开耻骨联合上的组织。用骨膜剥离器从耻骨处将内收肌群分离。在需要安置矫形钢丝侧邻近骨片处钻孔并整复骨片，放置并拉紧钢丝以固定骨片。

（4）髋臼骨折的固定和手术通路　依次切开皮肤、股二头肌前缘的浅层阔筋膜，向后牵拉股二头肌，切开阔筋膜的深层，沿臀浅肌前缘切断阔筋膜张肌在大转子的附着部。切断臀浅肌在第三转子处的附着部（骨端的腱留得长一些，便于缝合），向近端反转臀浅肌，向后牵引股二头肌，见到坐骨神经的走向。用骨凿或线锯自大转子的外侧切断大转子，切开线接近臀浅肌在第三转子处的附着点，切面（或骨凿长轴）与股骨长轴呈45°，使骨切面与股骨颈在同一平面。保留臀深肌和臀中肌的附着点，移开大转子。用骨膜剥离器从关节囊处分离、翻转臀肌和大转子，可见孖肌和闭孔内肌肌腱的附着处。在两肌肉附着点之间、近转子窝处缝预置缝线，在接近转子窝处切断此两肌肉附着点。使用骨膜剥离器从髋臼的后外侧分离、提起孖肌，用缝线向近端和后方牵引肌肉。后部骨片常向前内侧移位（图12-10）。

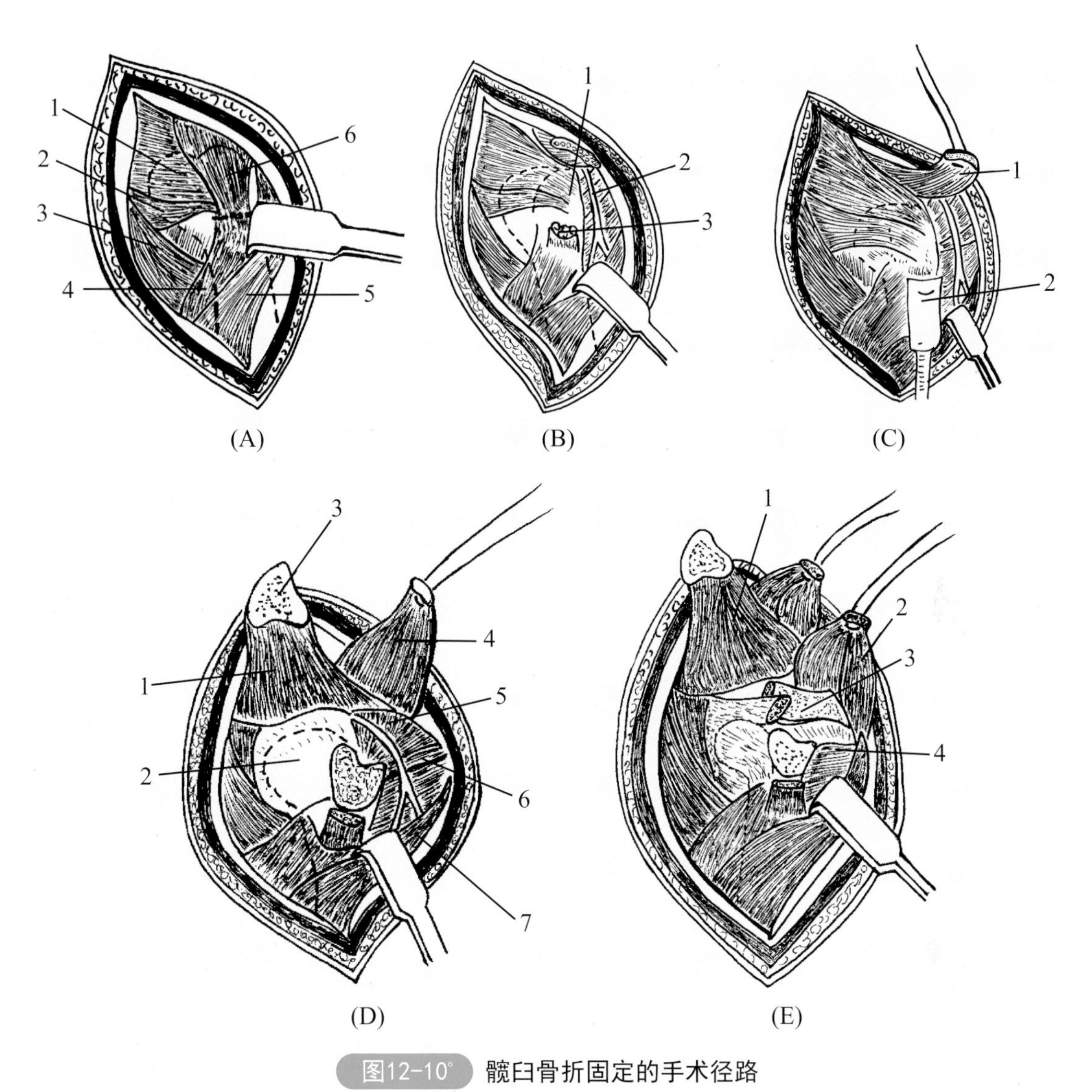

图12-10° 髋臼骨折固定的手术径路

(A)：1—臀中肌；2—臀深肌；3—阔筋膜张肌；4—股外侧肌；5—股二头肌；6—臀浅肌及切断线

(B)：1—大转子；2—坐骨神经；3—臀浅肌腱断面

(C)：1—臀浅肌；2—切割大转子

(D)：1—臀中肌；2—髋关节囊；3—大转子；4—臀浅肌；5—孖肌与闭孔内肌；6—闭孔外肌；7—股二头肌

(E)：1—牵引的臀中肌；2—牵引的孖肌与闭孔内肌；3—移位的髋臼后部；4—闭孔外肌腱

整复时，可用持骨钳夹持后部骨片向后外侧牵拉，整复骨断端，并注意关节面对齐。将接骨板置于髋臼背侧缘，后端骨片至少用2颗骨螺钉固定，前端骨片用3颗骨螺钉固定（图12-11）。在整复固定后将孖肌和闭孔内肌腱缝合至附着点处，缝合关节囊。用两根钢针和张力钢丝固定大转子，间断缝合臀浅肌附着部，连续缝合阔筋膜张肌附着部。常规缝合皮下组织和皮肤切口。

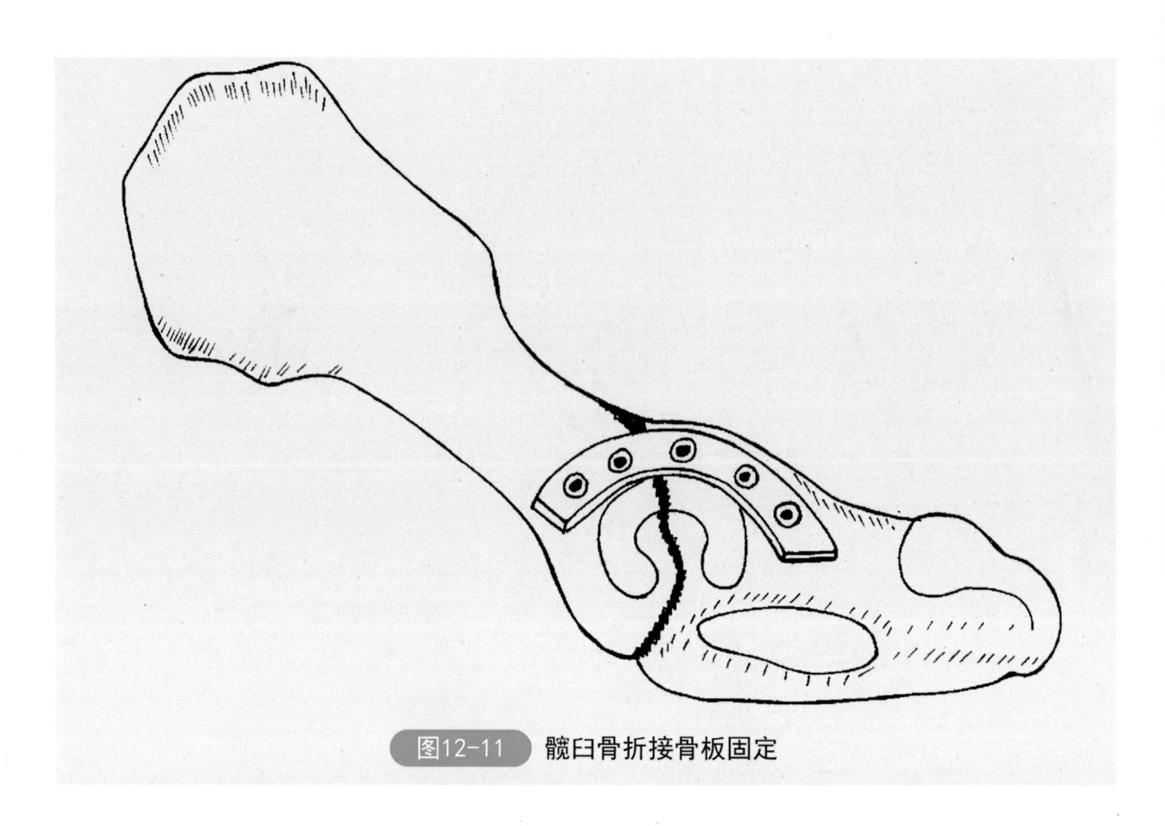

图12-11 髋臼骨折接骨板固定

术后应用镇痛药，两周内限制运动，随后牵遛运动至骨愈合。术后X射线检查骨折整复固定效果，6周后再次进行X射线检查，观察愈合情况。

第三节　股骨骨折内固定术

股骨骨折的治疗一般采用髓内针、不锈钢丝或接骨板作内固定，对小型动物的临床效果比较好，但对大型动物的效果差。股骨头、股骨颈骨折，当其它疗法无效时，可采用股骨头切除术，使其形成假关节，虽然遗留永久性跛行，但可解除动物的疼痛。

一、股骨干骨折内固定术

【适应证】适用于股骨骨干中部和远端骨折的治疗。

【解剖特点】股骨干稍微向前隆突，其近端的内侧为股骨头，头上的凹陷是圆韧带附着点；股骨头与股骨近端内侧之间为股骨颈；近端外侧与股骨头相对的大隆起是大转子，有臀中肌和臀深肌附着；大转子基部的小粗糙面是第三转子，为臀浅肌的止点；大转子内侧凹陷（转子窝）有孖肌、闭孔内外肌附着；近侧的平滑面有股四头肌附着，髌骨是股四头肌腱的止点，髌骨通过髌骨韧带与胫骨嵴相连。

股骨骨髓腔的直径沿其长轴发生改变，近端骨髓腔比远端狭窄（峡部），位于骨近1/3处，恰巧是第三转子的远端。选择髓内针时，需考虑峡部骨髓腔的直径。股骨的弧度也决定髓内针的尺寸。犬的股骨从近端向远端逐渐弯曲，大多数股骨在远1/3处弯曲程度最大。

【麻醉与保定】全身麻醉配合局部浸润麻醉或硬膜外神经传导麻醉。患肢在上，侧卧或半仰卧保定，患肢游离不固定，另三肢分别做固定。

【切口定位】手术通路在股部前外侧，自大转子与股骨外髁之间，沿股骨外轮廓的弯曲和平行股二头肌的前缘切开（图12-12）。由于骨折断端移位和局部肿胀，组织轮廓不清，可在组织轮廓相对较清的近端或远端骨片处开始切开，逐渐分离至骨折处。单纯用髓内针或髓内针与环扎钢丝做固定时切口较小，安装接骨板或粉碎性骨折时切口需要长些，以充分显露股骨干。

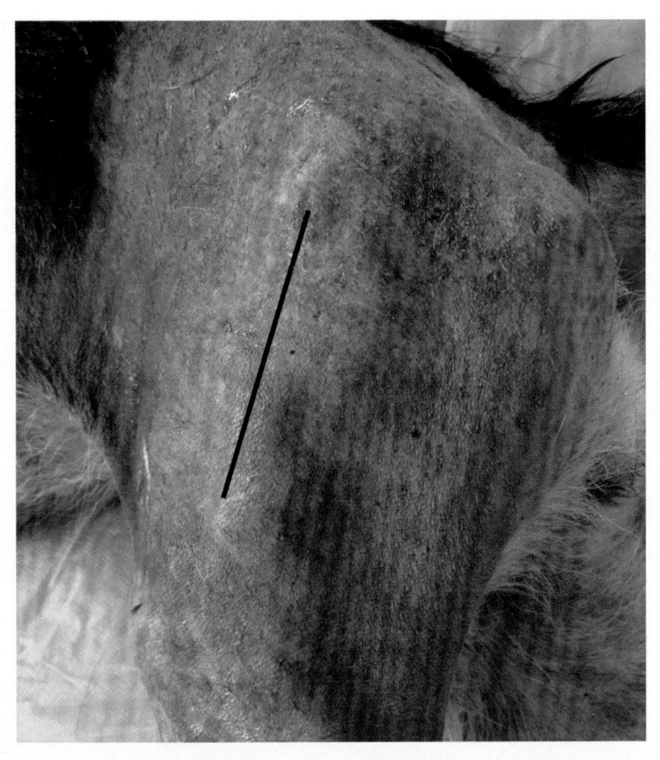

图12-12 在大转子与股骨外髁之间切开

【手术方法】沿股二头肌前缘切开阔筋膜，先切开2～3毫米，然后向两侧扩延。向后方牵拉股二头肌，切开股外侧肌筋膜隔，从股骨表面分离股外侧肌，向前方牵拉阔筋膜和股外侧肌，使股骨干或骨折处得以暴露（图12-13）。先对患部进行检查和清理，除去凝血块、挫灭组织（图12-14）。对粉碎性骨折，需要对合每一个骨碎片，用不锈钢丝或骨螺钉加以固定，重建股骨的轮廓（图12-15～图12-17）；对骨缺损严重的，可做自体骨移植。利用骨钳将骨断端复位，再用骨钳或巾钳把整复的骨碎片暂时固定。

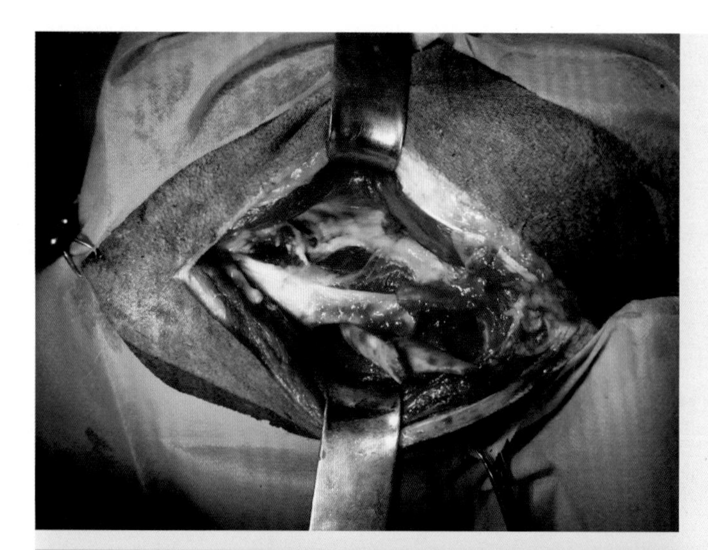

图12-13
沿股二头肌的前缘切开后显露骨折部

图12-14
清理患部和整理骨碎片

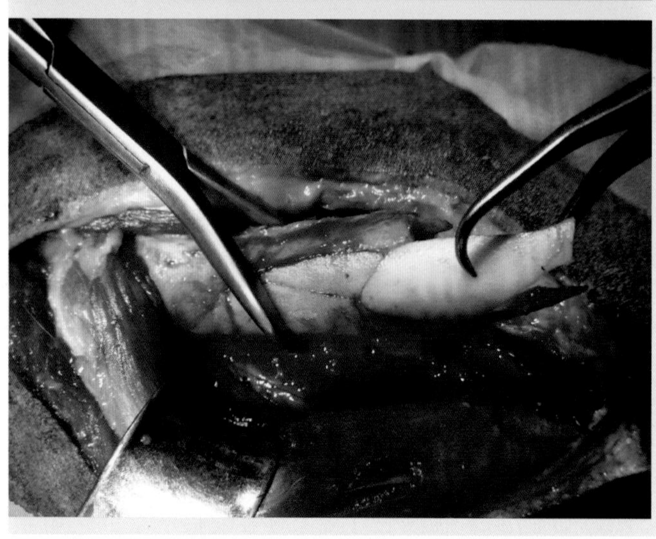

图12-15
复位骨碎片并用骨钳固定

图12-16 钢丝缝合固定骨碎片

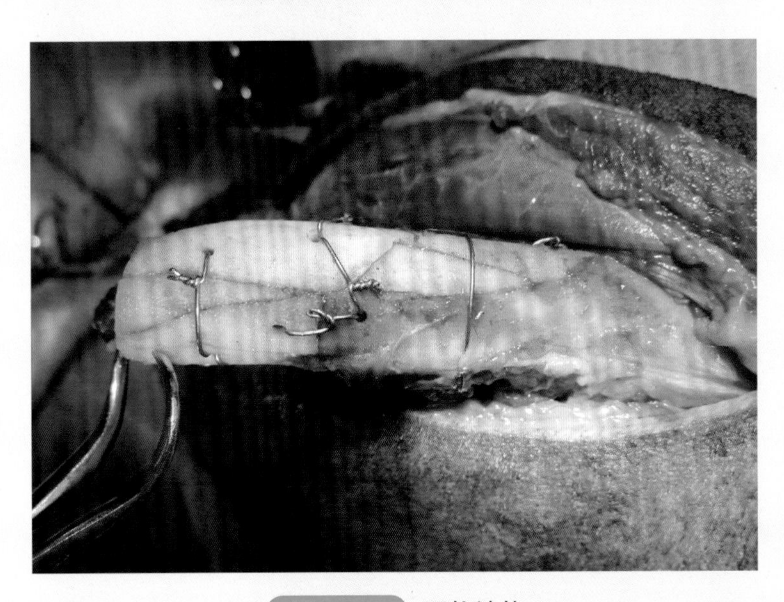

图12-17 环状结扎

髓内针内固定术：髓内针可采取正向或逆向的方式安置于股骨内。正向安置方法是在大转子的顶端内后侧做一皮肤小切口，骨钻从此孔将髓内针引入，沿大转子的内侧进入股骨大转子窝，针的方向是沿着后侧皮质向下伸延，其尖端从近端骨折的断端露出后，将近端骨与远端骨整复对合并用手或抓骨钳固定，髓内针自近端骨断面插入远端骨的近端，针尖一直达到远端骨的骨松质内。逆向安置方法是髓内针先在近端骨断面逆行插入，自股骨近端的大转子窝穿出体外，然后对合股骨断面，使髓内针的另一端自近端骨断面顺行插入远端骨断面，一直至远端骨的骨松质内（图12-18～图12-20）。

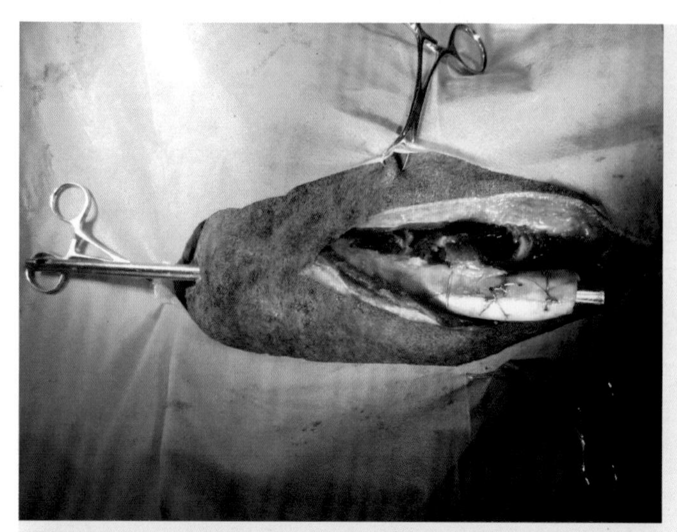

图12-18
自大转子的顶端内后侧将髓内针引入骨髓腔至骨折断端

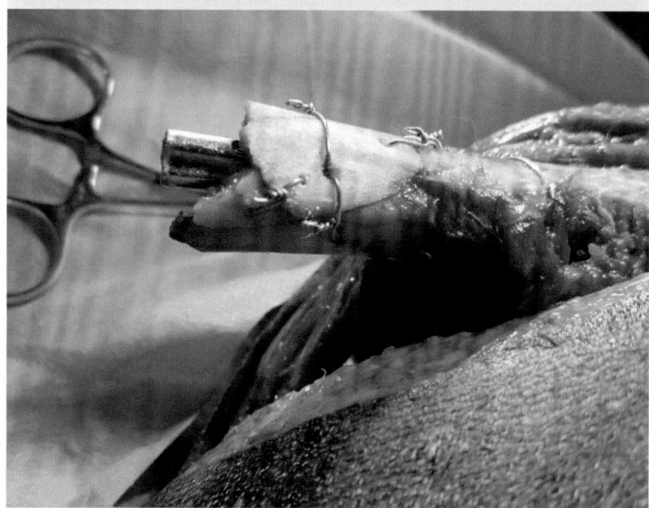

图12-19
引入的髓内针至骨折断端处

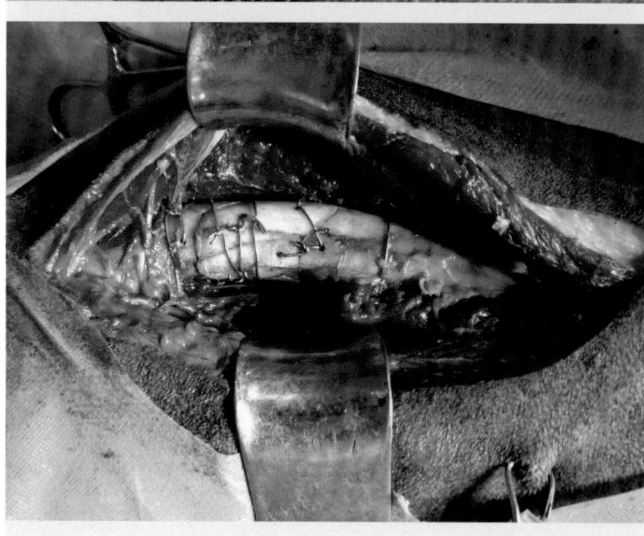

图12-20
将骨折的近端和远端复位后将髓内针插入远端骨

接骨板和骨螺钉固定：显露骨折部后，清除血凝块（图12-21）。先将骨折断端整复到正常解剖位置（图12-22）并用骨螺钉或环扎钢丝固定，再装接骨板（图12-23、图12-24）。装接骨板时不要剥离骨膜，因为这样更有利于骨愈合。

图12-21

显露骨折部位和清除血凝块

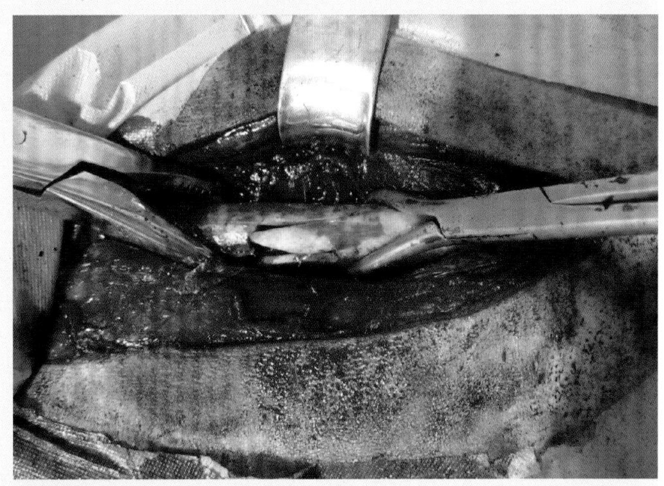

图12-22

利用骨钳进行断端复位

图12-23

钢丝和接骨板固定骨折断端

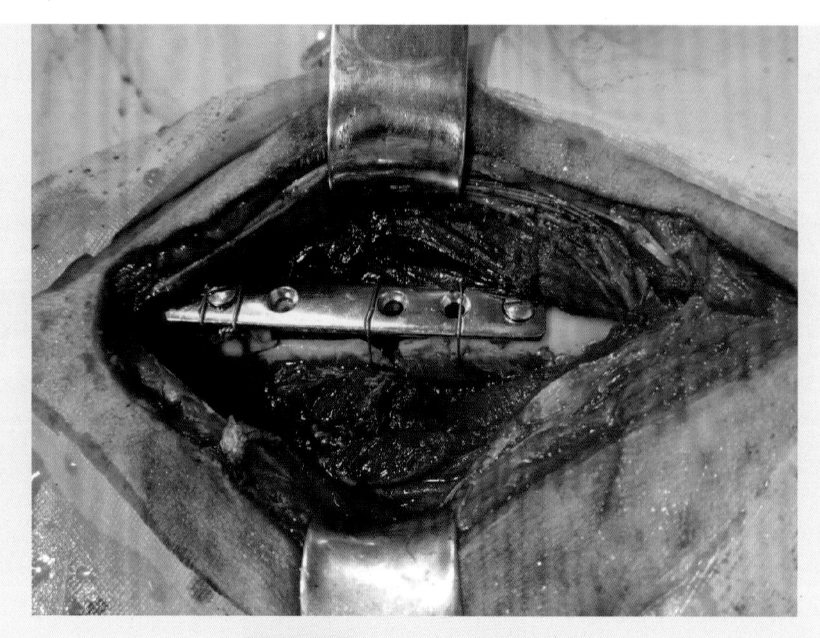

图12-24 固定完毕的骨折部

接骨完毕，清理创口后用可吸收缝线将股二头肌的前缘与股外侧肌的后缘做间断缝合（图12-25）。筋膜、皮下组织和皮肤常规缝合（图12-26、图12-27）。

犬股骨干骨折手术见视频12-1。

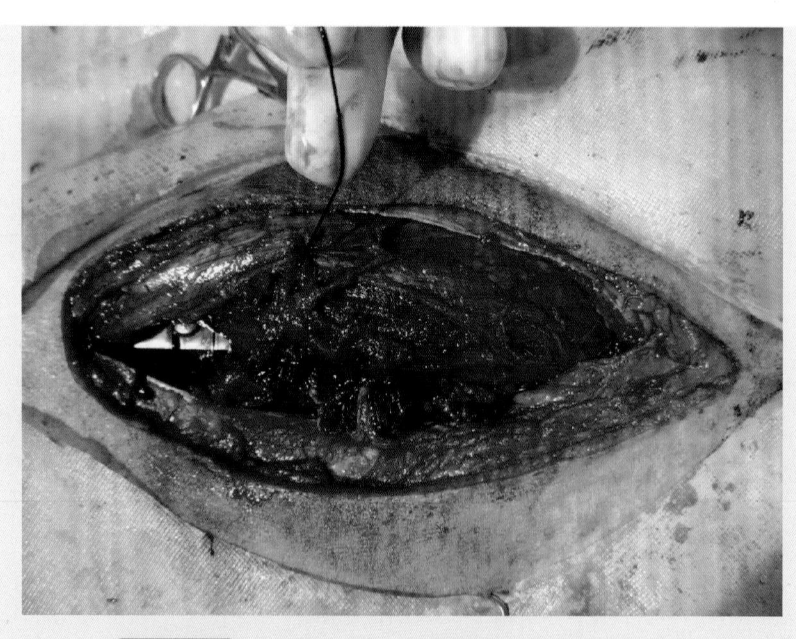

图12-25 缝合股二头肌的前缘与股外侧肌的后缘

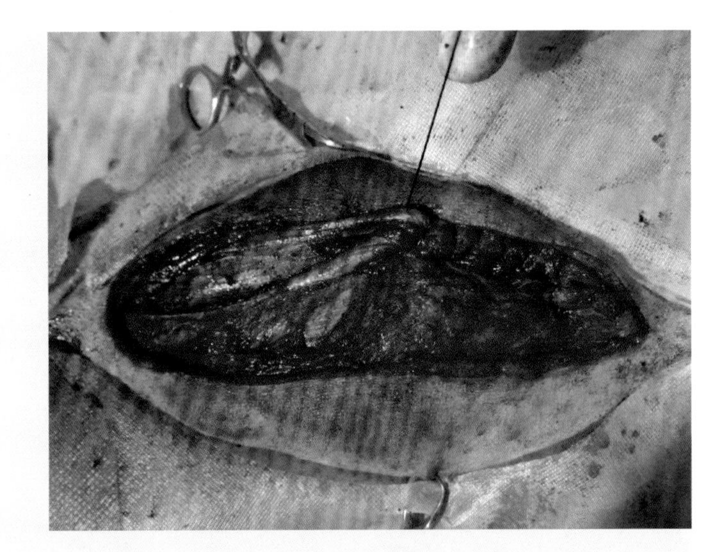

图12-26
缝合阔筋膜张肌

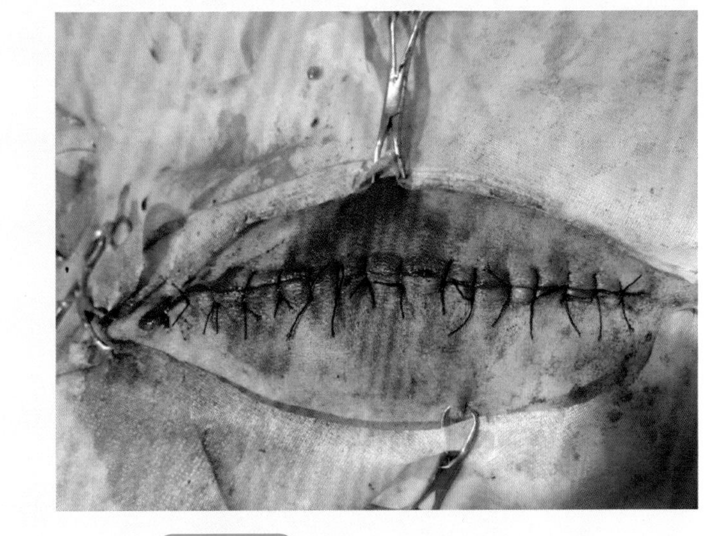

视频12-1
犬股骨干骨折手术

图12-27 间断缝合皮肤与皮下组织

二、股骨近端骨折内固定术

股骨颈单一骨折面（两个骨折碎片）的骨折，最好使用加压骨螺钉或钢丝与钢针固定。如果是不可修复的粉碎性骨折，或近端骨片太小不易固定，可选择全髋关节置换术或股骨头与股骨颈切除术。

采用髋关节前背侧手术通路。自近大转子前上方（近臀中部）向大转子前缘弧形切开，然后再向下、向股骨近端前缘延长切口至股骨近1/3处。切开皮下组织、股二头肌前缘与阔筋膜张肌浅头结合部，继续在股二头肌深缘和臀浅肌的边缘切开阔筋膜张肌深头，向前牵拉阔筋膜张肌，向后牵拉股二头肌和臀浅肌，向前上方牵拉臀中肌显露臀深肌的附着腱。将骨膜剥离器放在臀深肌腱下方，自关节囊处做分离，在离大转子附着点1~2厘米处切开臀深肌肌腱，切口长度为腱宽度的1/3~1/2。如果关节囊撕裂，暴露股骨颈骨折面，通过股外侧肌附着点自髋臼边缘向外切开关节囊。如果关节囊完整，在股骨颈近端做一平行于股骨颈长轴的切口，继续向外侧切开股外侧肌在股骨近端前面的起始点。该切口的近心端恰好在臀深肌腱的切缘下。向远端翻开股外侧肌，显露髋关节（图12-28）。如果术野不足，整复骨碎片比较困难，应切下大转子，以充分显露骨折部位。

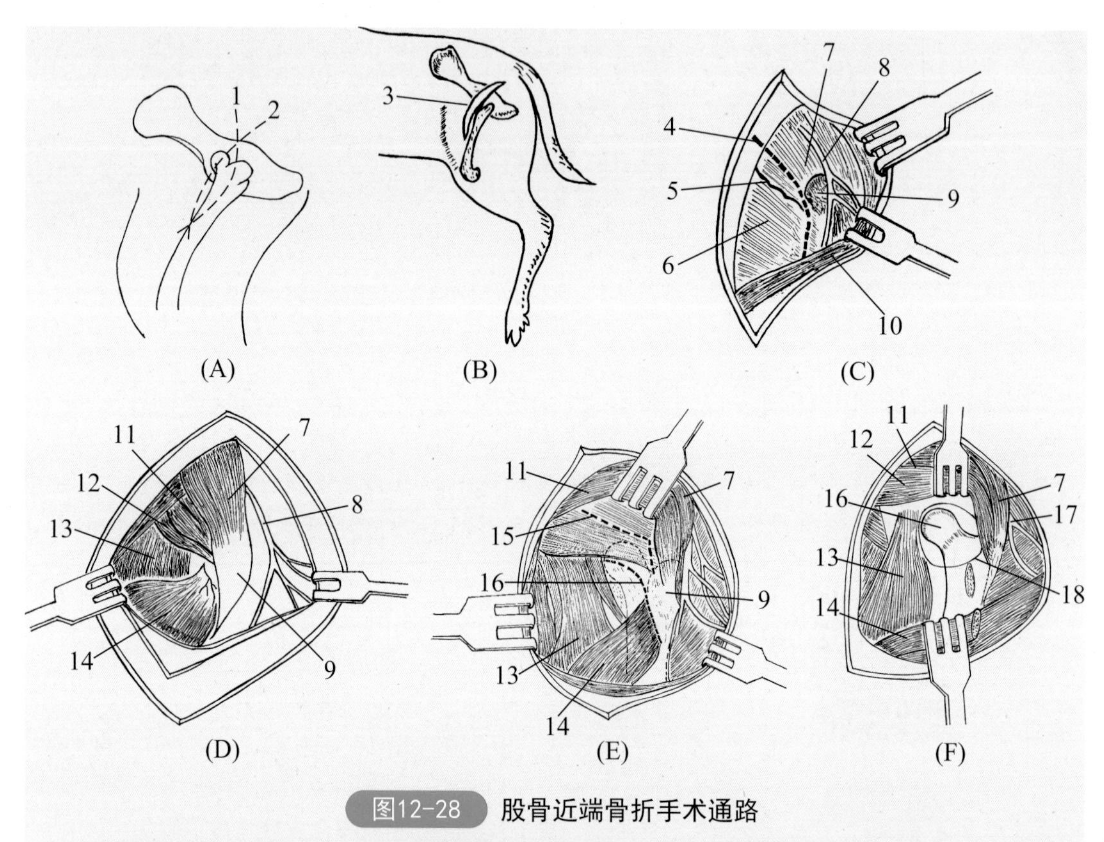

图12-28 股骨近端骨折手术通路

（A）髋关节外侧手术通路；（B）股骨大转子处手术通路；（C）切开皮肤；（D）显露臀肌；（E）显露关节囊；（F）显露股骨头

1—股骨头切除术、股骨颈骨折整复术、髋关节脱位整复术的皮肤切口；2—髋关节置换术皮肤切口；3—股骨大转子和转子下骨折整复术皮肤切口；4—肌间切口线；5—股外侧静脉、动脉；6—阔筋膜张肌；7—臀浅肌；8—坐骨神经及脉管；9—大转子；10—股二头肌；11—臀中肌；12—臀深肌；13—股直肌；14—股外侧肌；15—臀深肌切开线；16—关节囊切开线；17—坐骨神经；18—关节囊

整复股骨颈骨折的方法：先向远心端牵拉股骨颈使其位于髋臼前方，与髋臼在同一水平；旋转股骨，纠正其异常的前倾；然后向后滑动股骨颈的骨折面，使其与股骨骨骺断面相对合。整复后，根据股骨近端骨折的不同情况，分别采取适宜的固定方法（图12-29）。常可用松质骨螺钉配合克氏针加以固定，克氏针位于股骨颈的腹侧与背侧，中间用骨螺钉。最后缝合关节囊。

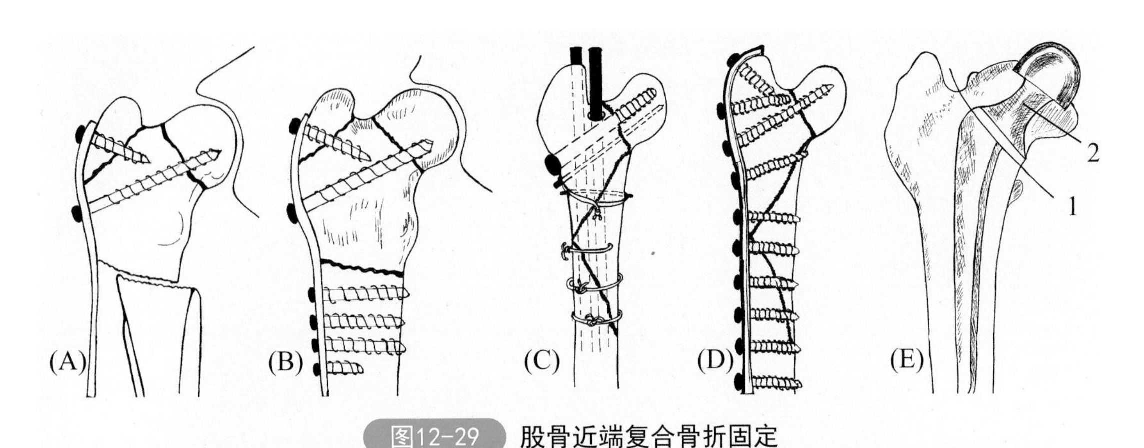

图12-29 股骨近端复合骨折固定

（A）（B）先固定股骨头和大转子，然后再固定远侧骨折；（C）髓内针固定股骨干；（D）接骨板固定；（E）置换股骨头（1—股骨颈切断线；2—人工股骨头）

三、股骨远端骨折内固定术

做膝关节的前外侧切口（图12-30）。触摸股骨干的远端，以此作为切口的中点，向上、向下切开皮肤6~10厘米，分离皮下组织、阔筋膜和髌骨韧带。在髌骨旁做远端阔筋膜和关节囊切开术。通过阔筋膜肌间隔，在股外侧肌后缘做一切口，向内侧牵拉股四头肌、髌骨、髌骨韧带，暴露股骨髁的关节面。为整复股骨骨折的远端，可用匙形牵开器向前向后翘起股骨髁。

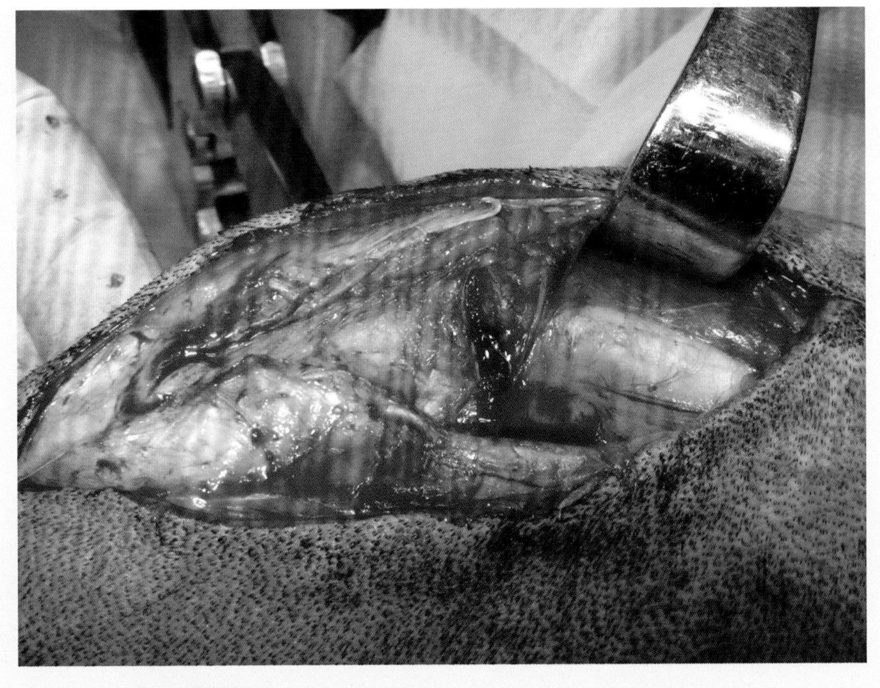

图12-30 自股骨远端膝关节外侧切开后暴露骨折断端

对远端股骨生长部骨折的内固定可使用单个髓内针、多个髓内针、接骨板或十字交叉克氏针等方法进行固定。髓内针多采用逆向进针法，从近端骨折面进针，自大转子窝出针。然后，再穿入远端骨折面至骺端，以整复固定骨折（图12-31～图12-33）。犬股骨远端骨折内固定术见视频12-2。

视频12-2

犬股骨远端骨折内固定术

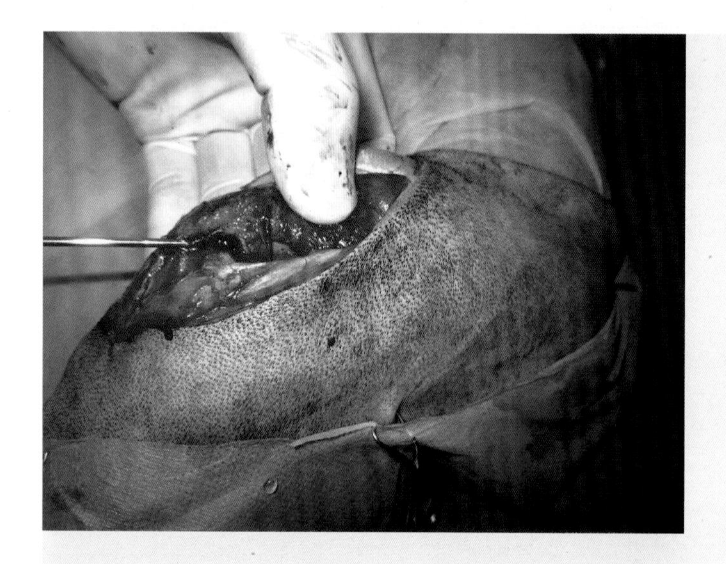

图12-31

逆向打入髓内针

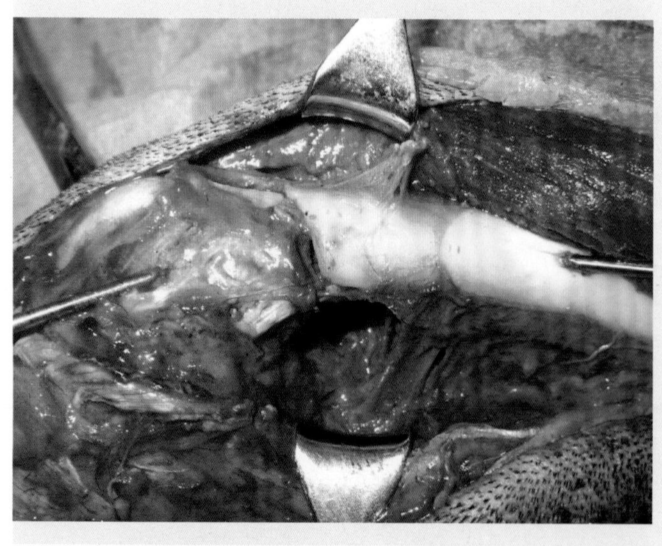

图12-32

分别正向和逆向装置内外侧克氏针

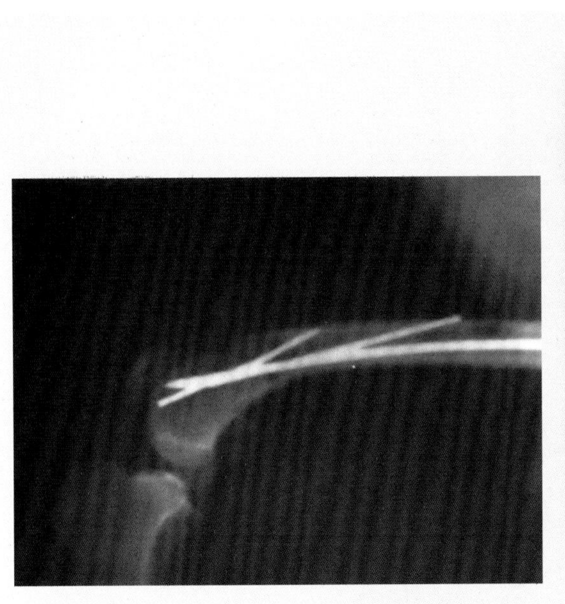
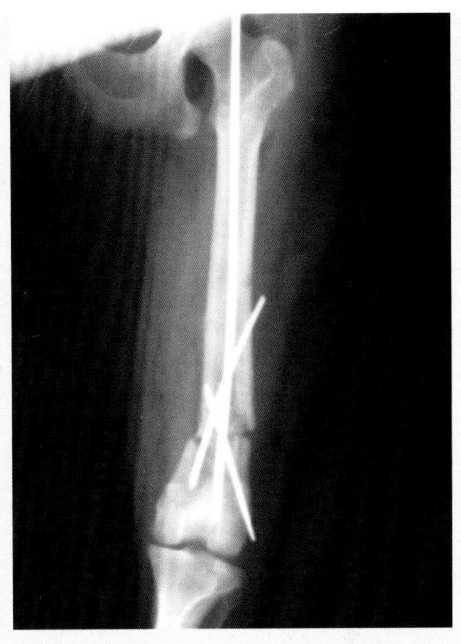

图12-33 术后X射线影像

第四节 肱骨骨折内固定术

【适应证】适用于肱骨（上臂骨）骨干骨折的治疗，多见于交通事故。单纯性横骨折或短斜骨折，常用髓内针固定，但对粉碎性骨折或复杂的骨折，多采用接骨板或接骨板联合骨螺钉或环扎不锈钢丝固定，或接骨板与髓内针联合应用。中部和近端骨折，接骨板多置前侧面，也可置于外侧；内侧、后内侧、后外侧板多用于远端骨折。

【解剖特点】肱骨又称为上臂骨，从上到下是弯曲的，肱骨头前部两侧各有一突起，外侧为大结节，内侧为小结节，两结节之间有肱二头肌通过。骨体呈扭曲的圆柱状，外侧有由后上方向外下方呈螺旋状的臂肌沟，供臂肌附着。肌沟外上方有稍凸的三角肌粗隆，内侧中部有卵圆形大圆肌粗隆，是大圆肌和背阔肌的止点。远端称肱骨髁，有内、外侧两个滑车状关节面，分别称为内侧髁和外侧髁。两髁的后面形成宽深的鹰嘴窝，尺骨鹰嘴的肘突伸入其中。在肱骨的中部，必须仔细地分离和保护正中神经、肌皮神经、尺神经及臂神经与脉管。

【麻醉与保定】全身麻醉。肱骨后外侧切口时，侧卧保定，患肢在上；肱骨内侧切口时，仰卧保定，患肢悬吊牵引。

【切口定位】肱骨骨干中部和近端的骨折，多用前外侧切口。从肱骨结节前缘到远端外上髁的连线上，沿肱骨的正常弯曲弧度做一切口（图12-34）。肱骨内侧切口可以良好地暴露肱骨远1/2段的远端，可做接骨板固定。

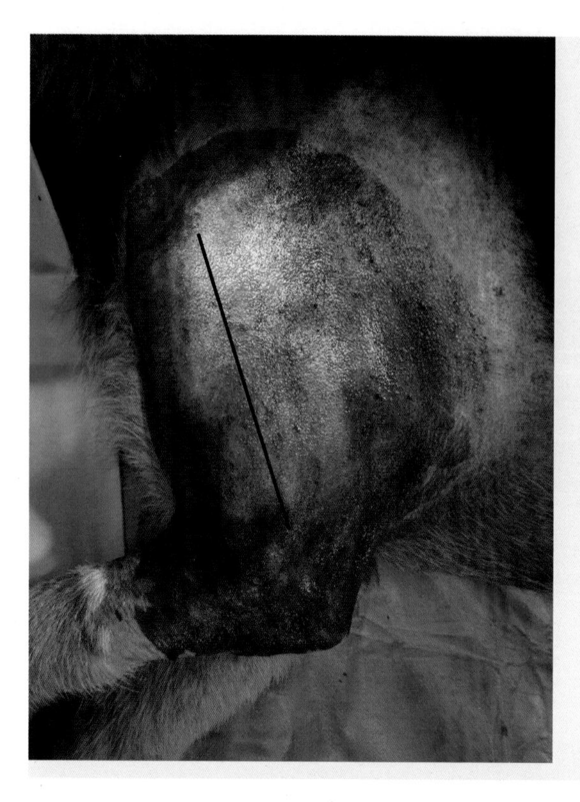

图12-34
切口为肱骨结节前缘到远端外上髁的连线（侧卧保定）

【手术方法】肱骨外侧切口：切开皮肤、皮下脂肪和臂筋膜，仔细分离和保护头静脉。如果需要充分暴露，可结扎头静脉。沿臂头肌边缘和三角肌外侧头端切开臂筋膜。沿肱三头肌前缘切开臂筋膜时要十分小心，肱三头肌下方为臂肌，可见到桡神经经过。分离桡神经后，向前牵拉臂头肌和胸浅肌，向后牵拉臂肌，暴露肱骨近端和骨干（图12-35）。但为了充分暴露肱骨远端，可向前牵拉臂肌和向后牵拉肱三头肌外侧缘。在上髁外侧嵴处切断腕桡侧伸肌的起点，可充分暴露肱骨远端。在闭合切口时，臂头肌和胸浅肌与臂肌的筋膜一起缝合。常规缝合皮下组织和皮肤。

图12-35
暴露骨干骨折

肱骨内侧切口：沿大结节的近端和肱骨远端的内上髁之间做切开。沿臂头肌后缘切开臂深筋膜。在远端注意保护和分离血管与神经（如正中神经、肌皮神经、尺神经、臂动脉与静脉等）。向前牵拉臂头肌，切开胸浅肌附着点。为了暴露肱骨中部，向前牵拉胸浅肌，向后牵拉肱二头肌和血管神经；为了暴露肱骨远端，向前牵拉肱二头肌、脉管与神经、胸浅肌。

用骨钳、牵引器、整复钳等骨科工具缓慢地牵拉骨折断端，以整复骨折处；注意减少对软组织的损伤，特别是要保护桡神经。横骨折，可通过肌肉牵引、对抗牵引等方法来整复，杠杆通常也用于横骨折的整复。横骨折多用髓内针、接骨板固定。开放性复位，多用逆向插针法，插针时自骨髓腔的中部对针施压，使其沿外侧皮质层自肩关节的近端穿出。闭合性复位则多采用正向插针法，针自肱骨近端大结节（肩关节）的前面进针至肱骨远端。对粉碎性骨折，可用接骨板配合应用骨螺钉、不锈钢丝环扎等，或应用髓内针与接骨板；长斜骨折，可用髓内针配合不锈钢丝环扎（图12-36～图12-40）。肱骨远端横骨折，可用髓内针结合一个后外侧接骨板或仅用后外侧接骨板。

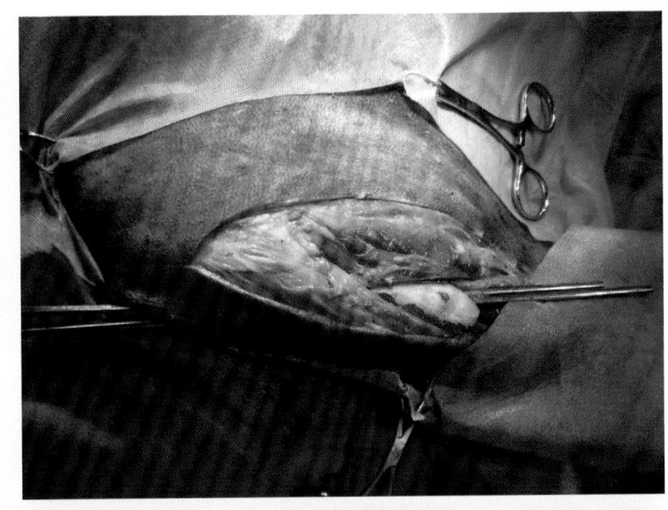

图12-36

从骨折断端逆向插入两根髓内针

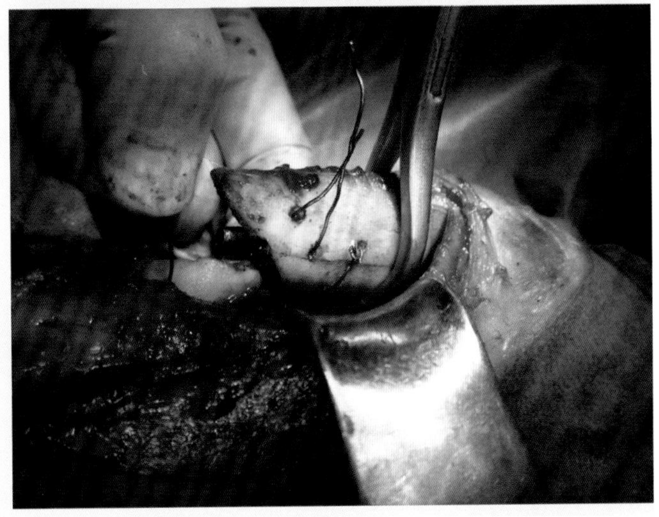

图12-37

用不锈钢丝缝合固定骨碎片

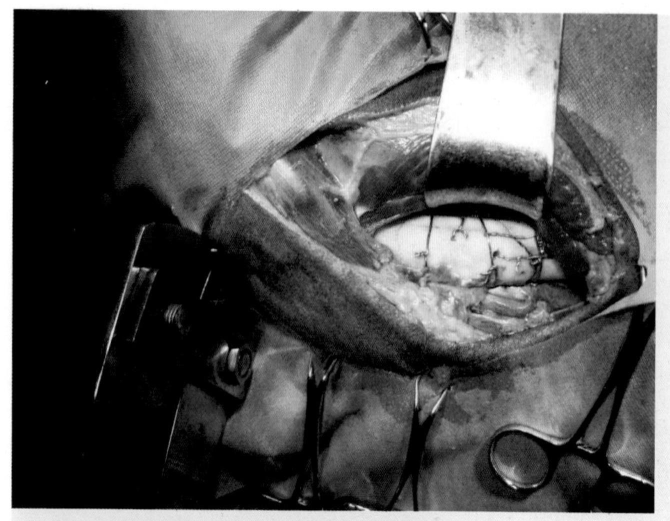

图12-38
将髓内针插入肱骨远端和剪除多余髓内针

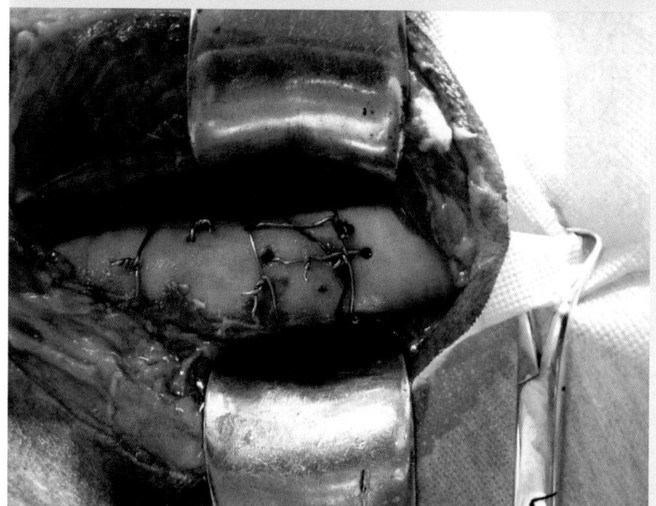

图12-39
骨折固定中采用不锈钢丝辅助固定

图12-40
接骨板内固定

整复固定后，把胸浅肌缝合到臂头肌筋膜上。常规缝合余下的深筋膜、皮下组织和皮肤。

术后X射线检查整复、固定情况（图12-41）。术后3天应用止痛药，缓解术后疼痛。在骨折愈合后拆除髓内针，但接骨板、骨螺钉、不锈钢丝一般不拆除。

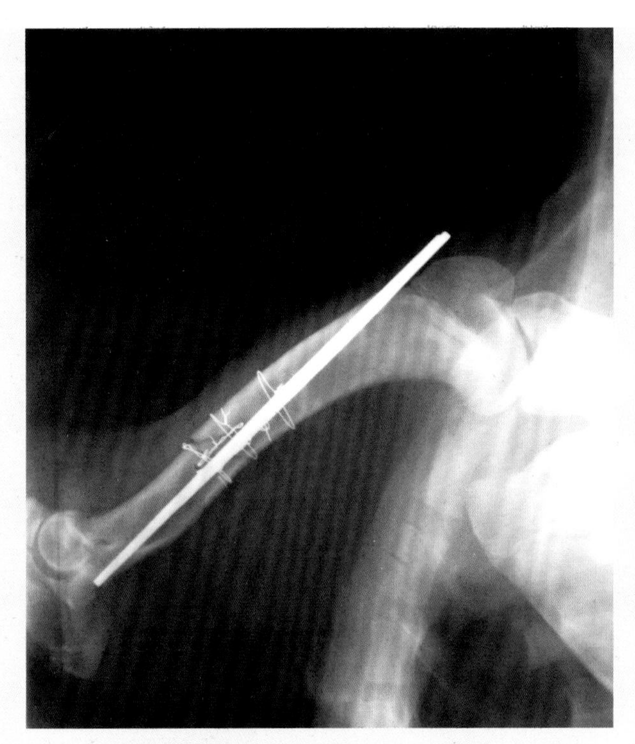

图12-41 术后检查整复固定情况

第五节　胫骨与腓骨骨折内固定术

【适应证】适用于比较严重的胫骨、腓骨的闭合性和开放性骨折。骨干单纯横骨折、易于复位的稳定性骨折，多用外固定；复杂的骨折，常用内固定或内固定与外固定联合应用。凡是实行骨折开放性复位的病例，原则上应采用内固定。

【解剖特点】胫骨为小腿骨之一，从前侧观，胫骨呈“S”形弯曲。近端的外髁凸出，其外侧与腓骨头成关节，是腓骨长肌和胫前肌的起点；在内外髁之间的前后压迹分别有前十字韧带和后十字韧带附着。胫骨近端前侧有粗大的隆起（胫骨嵴），股四头肌、股二头肌、缝匠肌等通过髌骨和膝直韧带附着此处。胫骨嵴与外髁之间为伸肌沟，是趾长伸肌的起点；胫骨远端内侧称为内髁。腓骨近端（腓骨头）与胫骨外髁成关节，远端称为外髁。隐神经和内侧隐静脉经过胫骨远端（远1/3处）的内侧面。近端的内侧面只有皮肤和皮下组织覆盖，没有肌肉组织。

【麻醉与保定】全身麻醉配合局部浸润麻醉。内侧手术通路时动物仰卧保定，悬吊患肢，或侧卧保定，患肢在下（图12-42）。外侧手术通路时侧卧保定，患肢在上（图12-43）。

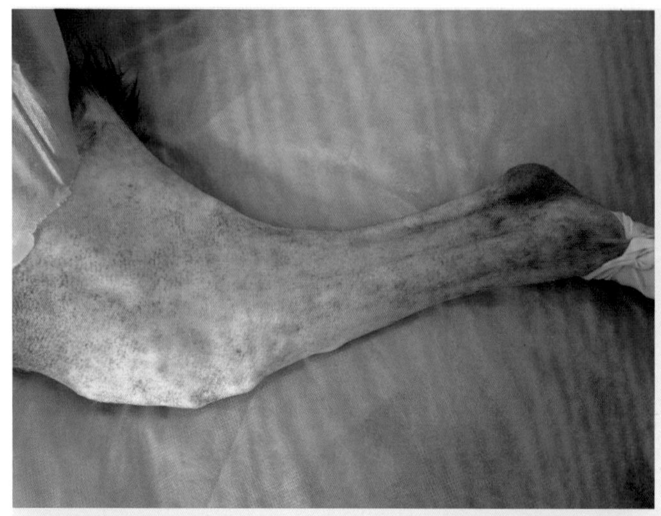

图12-42
内侧手术通路（侧卧保定，患肢在下）

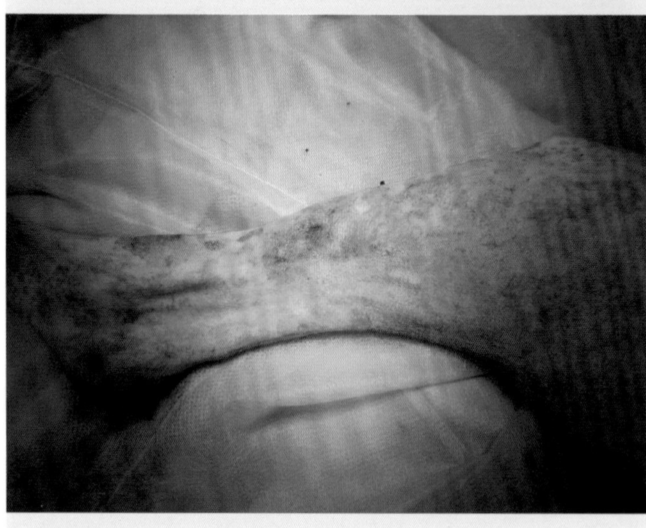

图12-43
外侧手术通路（侧卧保定，患肢在上）

【切口定位】选择离骨折部最近处做切口。内侧手术通路在胫骨前内侧，做一平行于胫骨嵴或弧形的切口（图12-44）；弧形切口易于显露骨干内外侧，便于安置接骨板。外侧手术通路是自胫骨近端外髁前外侧向远端外髁做切口，术中需要分离胫骨前外侧的肌肉（图12-45）。胫骨近端骨折，可在前内侧通路向近端延伸至髌骨水平，或做膝关节外侧通路，在髌骨前外侧、距髌骨中央5厘米处向下切开，至胫骨嵴下方3~5厘米处为止，不要切开膝关节。

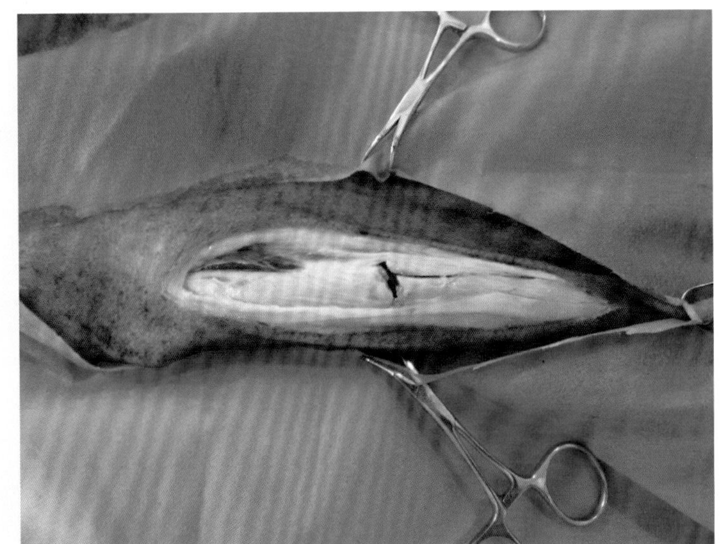

图12-44
在胫骨内侧弧形切开

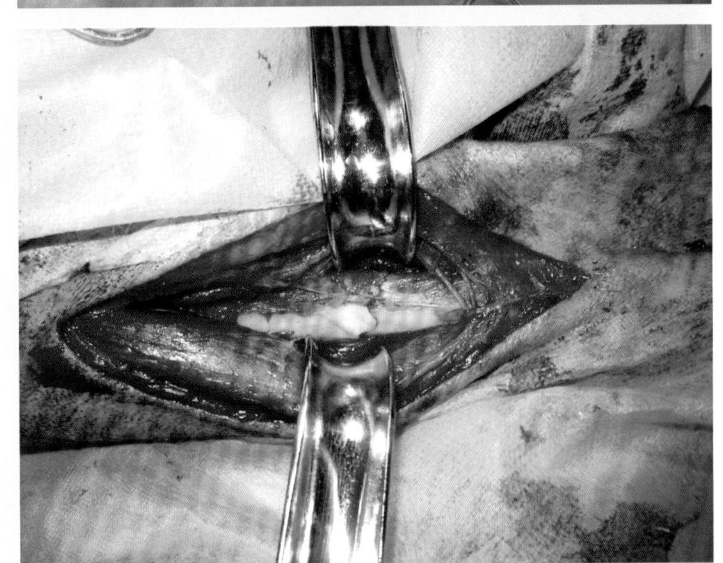

胫骨外侧切口

【手术方法】

（1）内侧手术通路　切口长度可为胫骨的长度。切开皮肤、皮下组织，分离骨表面的筋膜，注意保护中、下部的隐神经和隐脉管。分离胫前肌、趾长屈肌和腘肌，可充分显露胫骨干。

（2）外侧手术通路　切开皮肤、皮下组织和筋膜，向后牵拉胫前肌和趾长伸肌，可显露胫骨干。注意保护外侧隐静脉的前支，它横过胫骨远1/3处。

在直视的情况下将胫骨、腓骨的骨折部复位。然后，做内固定。内固定方法主要有髓内针固定和接骨板固定。

胫骨髓内针固定多采用正向插针法（图12-46），逆向插针易损伤胫骨近端或软骨，妨碍膝关节运动。在胫骨近端内侧面做皮肤小切口，针自胫骨结节前内侧、胫骨结节与胫骨内髁之间的中点刺向骨折断端，沿内侧皮质向下延伸，一直到达胫骨远端的内侧水平。钢针的直径应该在不破坏骨折复位的情况下使其能通过骨髓腔；对长斜骨折、螺旋骨折可加用不锈钢丝环扎。接骨板多安置于胫骨内侧面（图12-47），粉碎性骨折、长斜骨折或螺旋形骨折，常加用骨螺钉。腓骨的骨折通常伴随着胫骨骨折，一般情况下仅需固定胫骨就可以间接固定腓骨。

胫骨近端、远端骨折，胫骨结节（嵴）撕裂，多采用克氏针加骨螺钉固定，并联合使用张力钢丝。

犬胫骨骨折内固定术见视频12-3。

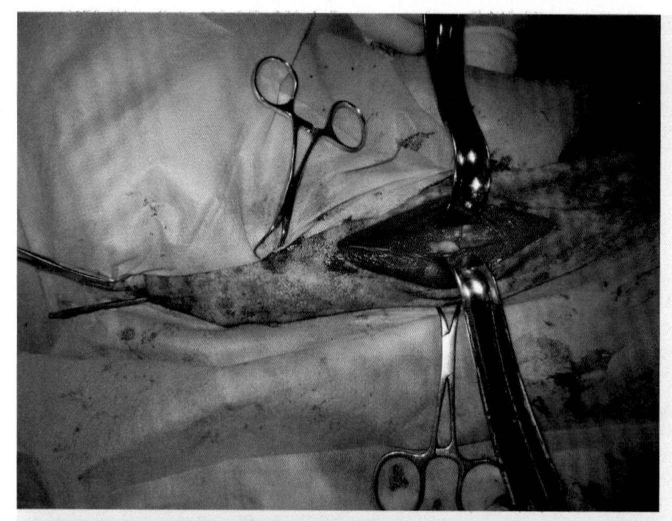

图12-46 复位后将髓内针正向插入骨折远端

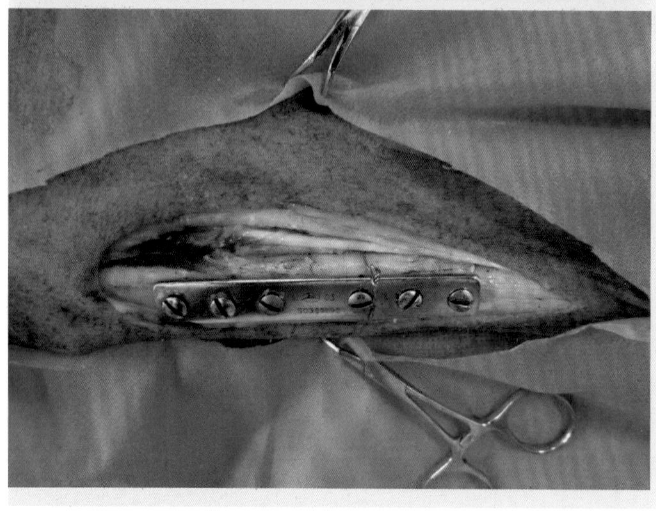

图12-47 内侧通路采用接骨板和不锈钢丝固定

视频12-3 犬胫骨骨折内固定术

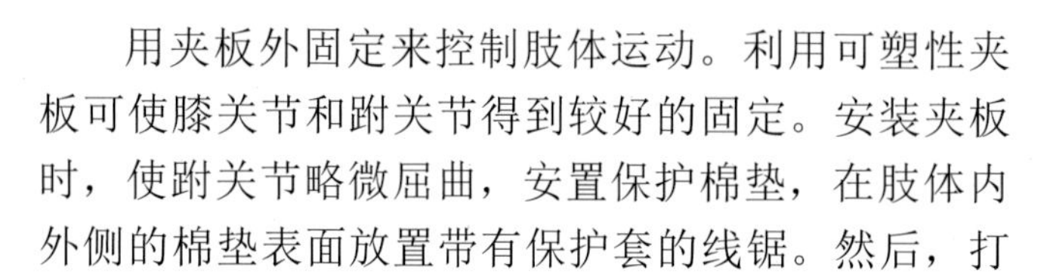

用夹板外固定来控制肢体运动。利用可塑性夹板可使膝关节和跗关节得到较好的固定。安装夹板时，使跗关节略微屈曲，安置保护棉垫，在肢体内外侧的棉垫表面放置带有保护套的线锯。然后，打

石膏绷带或玻璃纤维等可塑性绷带，待绷带凝固后用线锯锯开夹板，使其成为前后两半。再用弹力绷带将夹板重新固定到患肢上。术后解开绷带，定期检查、处理伤口。

术后应用X射线片记录骨折复位情况和埋植物的位置。骨折处过早松动会导致愈合缓慢或不能愈合。在X射线检查表明骨已愈合前最好限制动物的活动。骨愈合后尽量把内置髓内针、接骨板等内埋物取出。

第六节　桡骨和尺骨骨折内固定术

【适应证】桡骨、尺骨的闭合性和开放性骨折。闭合性骨折，若骨折断端能整复对合良好，常用外固定，特别是可塑性夹板外固定能产生良好的固定效果。需要切开复位的桡骨和尺骨闭合性骨折或开放性骨折、严重粉碎性骨折、近端骨折，多用内固定。

【解剖特点】桡骨和尺骨呈交叉位，在近端，尺骨位于桡骨的后内侧；在远端，尺骨位于桡骨的外侧；两骨之间形成狭长的前臂骨间隙，骨间动脉位于桡骨和尺骨中间。桡骨前外侧浅层的肌肉由内向外分别为腕桡侧伸肌、指总伸肌、指外侧伸肌和尺侧腕伸肌。在内侧面，桡骨中部的表面未被肌肉覆盖，分离桡骨近端的伸肌和远端的屈肌就可以暴露桡骨。桡神经在腕桡侧伸肌下行走。

【麻醉与保定】全身麻醉配合局部浸润麻醉。内侧手术通路时动物仰卧保定，悬吊患肢，或侧卧保定，患肢在下。外侧手术通路时侧卧保定，患肢在上。

【切口定位】内侧手术通路是自肱骨内上髁至桡骨茎突做切开［图12-48（A）］，对尺骨暴露不充分。外侧手术通路是以桡骨外缘为中心，自桡骨头至桡骨远端做切开［图12-49（A）］，可同时暴露桡骨和尺骨。

【手术方法】

（1）内侧手术通路　切开皮肤后，注意保护远端的头静脉。切开浅筋膜，自腕桡侧伸肌和旋前肌之间向上切开臂深筋膜，沿伸肌向下切开，注意保护下部的臂动脉、静脉和正中神经。向前侧牵引伸肌群，显露旋后肌。若要暴露桡骨近端，切开旋前圆肌和旋后肌的附着点。牵引旋前圆肌和旋后肌，显露桡骨近端。桡神经位于旋后肌下面，注意保护。可再继续向后分离腕桡侧屈肌和指深屈肌，进一步显露桡骨干，但注意保护桡骨和肌肉间的桡动脉和肌间后动脉。内固定后，旋前圆肌、旋后肌与其附着点一起缝合，若附着点组织不足，可与附近组织缝合。腕桡侧伸肌内侧缘与旋前圆肌缝在一起。常规缝合前臂深筋膜、浅筋膜和皮肤［图12-48（B）、图12-48（C）］。

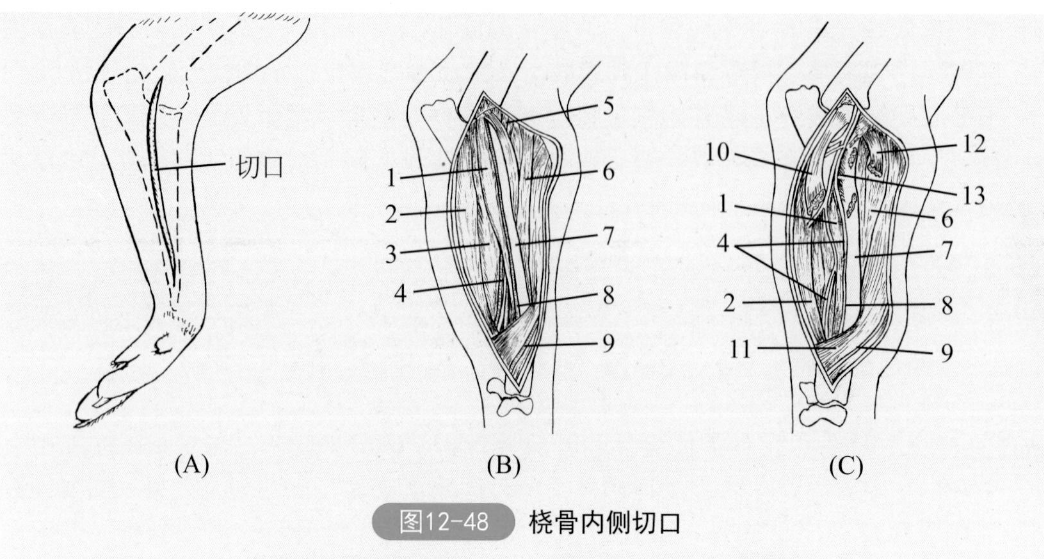

图12-48 桡骨内侧切口

(A)桡骨内侧切口线;(B)显露桡骨;(C)游离桡骨

1—腕桡侧屈肌;2—指浅屈肌;3—指深屈肌;4—正中神经;5—肱二头肌腱;6—腕桡侧伸肌;7—桡骨;8—桡动脉;9—头静脉;10—旋前圆肌;11—拇长展肌腱及筋膜;12—旋后肌;13—旋前方肌

(2)外侧手术通路 切开皮肤、皮下脂肪、前臂浅筋膜,沿指总伸肌前缘切开臂深筋膜,分离、游离该肌肉。向后牵拉指总伸肌和指外侧伸肌,向前牵引腕桡侧伸肌,显露桡骨干。为了更好显露桡骨和尺骨后外侧面,可切开拇长展肌在尺骨的附着点。皮肤切口可进一步向远端延长至爪部背面,显露桡骨远端和腕骨。内固定后,拇长展肌与其起点或拇长伸肌缝合。常规缝合前臂筋膜、皮下组织和皮肤[图12-49(B)~图12-49(D)]。对尺骨近端骨折,可做尺骨后外侧或外侧手术通路(图12-50)。

临床上采用的内固定法主要有髓内针固定法、接骨板固定法和骨螺钉固定法。

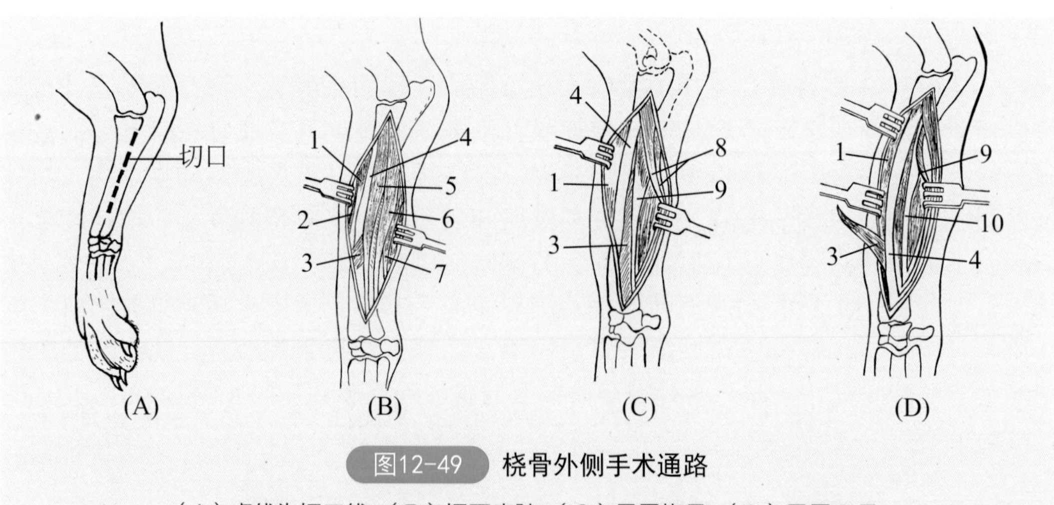

图12-49 桡骨外侧手术通路

(A)虚线为切口线;(B)切开皮肤;(C)显露桡骨;(D)显露尺骨

1—腕桡侧伸肌;2—头静脉;3—拇长展肌;4—桡骨;5—指总伸肌;6—指外侧伸肌;7—尺外侧肌;8—指总伸肌与指外侧伸肌;9—拇长伸肌;10—尺骨

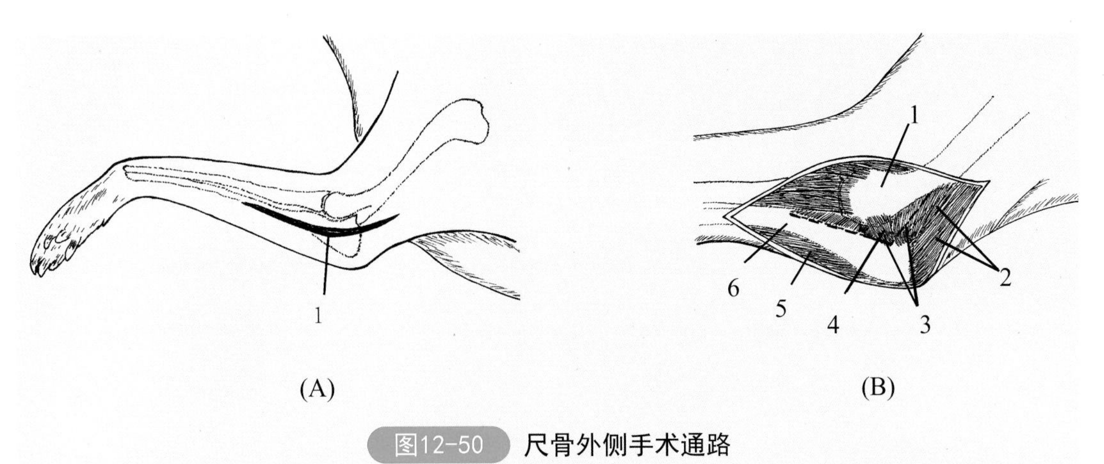

图12-50 尺骨外侧手术通路

（A）尺骨外侧：1—皮肤切口

（B）显露尺骨：1—肱骨外上髁；2—肱三头肌；3—切开线；4—肘肌；5—尺侧腕伸肌；6—尺骨

因为桡骨的骨髓腔较小，且在插入髓内针时常侵害腕关节，所以桡骨骨折不宜用髓内针固定。但髓内针可用于尺骨骨折（图12-51），并可间接地辅助粉碎性桡骨骨折的固定。髓内针应从肘突近端表面进入骨髓腔，并使针在骨髓腔内平行于皮质行走。髓内针应尽可能向深处插，但不能穿透皮质骨。最后，在尺骨近端皮下剪断髓内针并突出于肘突表面。

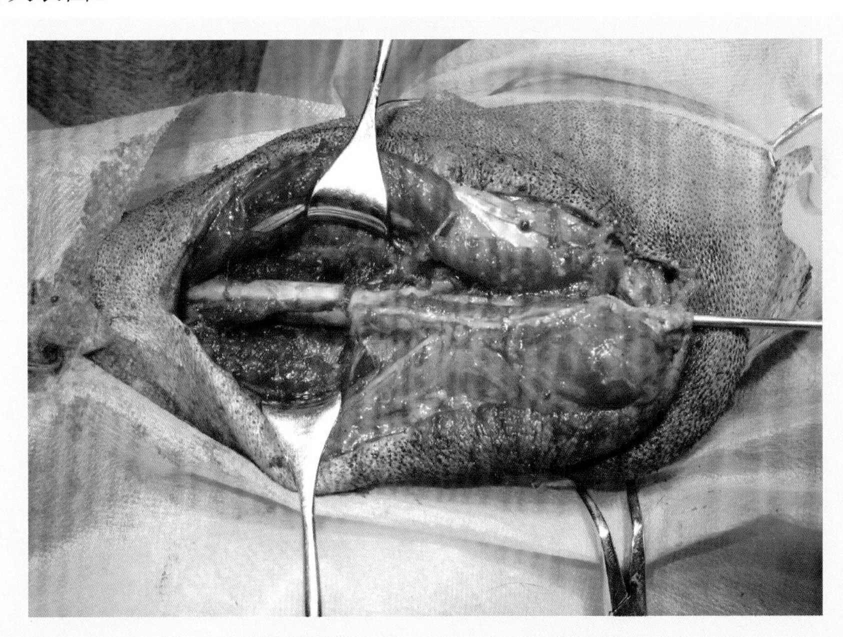

图12-51 尺骨骨折髓内针固定

接骨板通常用在桡骨、尺骨的横骨折，长斜骨折或螺旋状骨折可结合用骨螺钉或不锈钢丝固定（图12-52和图12-53）。粉碎性骨折可以通过大骨片拼合后用支撑接骨板固定。

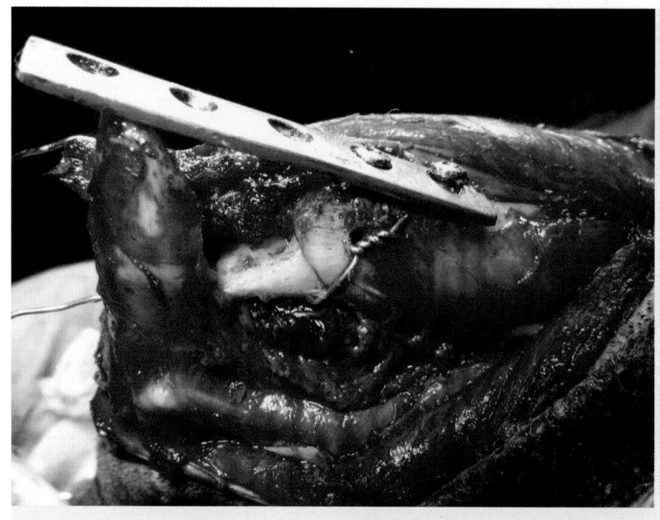

图12-52
不锈钢丝固定骨碎片

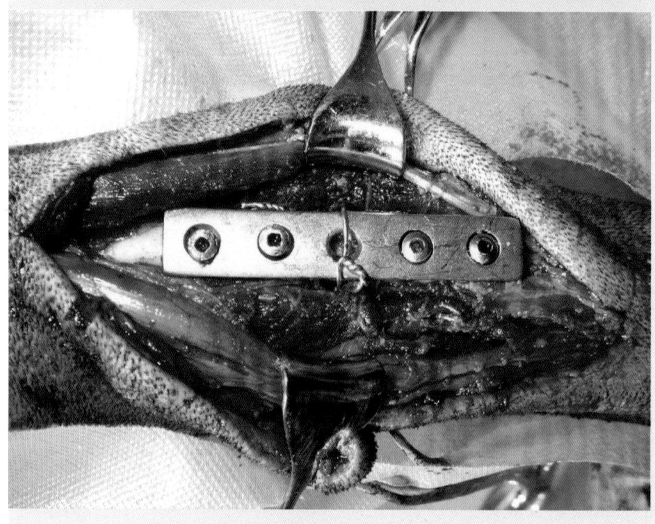

图12-53
接骨板结合不锈钢丝固定骨折部位

利用可塑性夹板可使肘关节和腕关节得到较好的固定，可提高内固定的效果。

术后拍X射线片记录骨折复位的情况（图12-54）。4～6周内限制运动。对开放性的桡骨、尺骨骨折或是做开放性复位的，在2周后复查看是否可以拆除皮肤缝线，4～6周后拍X射线片评估骨折的恢复程度。骨愈合后如果埋植物有障碍或是软组织有排斥反应，应取出埋植物。

犬桡骨尺骨骨折内固定见视频12-4。

视频12-4
犬桡骨尺骨骨折内固定

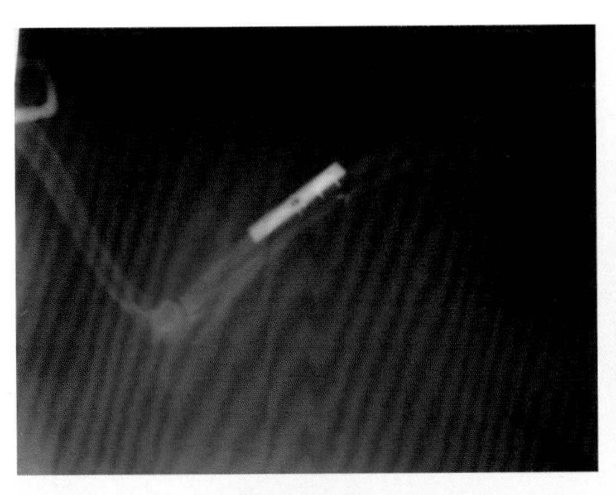
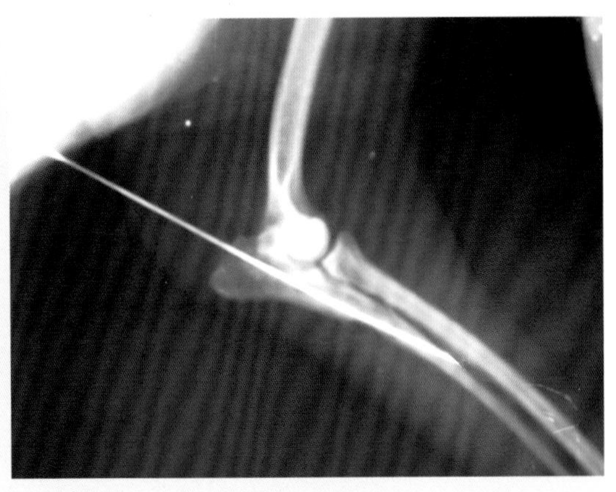

图12-54 桡骨接骨板固定和尺骨髓内针固定的X射线影像

第七节 掌骨（跖骨）骨折内固定术

【适应证】由于打击、暴力、车祸等各种原因造成的掌骨（跖骨）、趾骨（指骨）骨折。

【解剖特点】犬掌骨体短细，端部粗大，近端为基，远端为头。由内向外编号，第一掌骨退化，但常存在；第一跖骨退化，常缺失。主指骨包括三枚指节骨，即近、中、远指节骨；每枚指节骨的近端为基，远端为头。远指节骨的基部掌缘是指深屈肌腱附着点，背侧面为伸腱突，是指总伸肌附着点；远端有爪突，伸入角质爪内。掌指关节的掌侧面有两个近侧籽骨，越过掌指关节的伸肌腱内有一枚背侧籽骨。骨间中肌位于掌骨的后面，填充在掌骨之间的间隙内。每个关节均有内外侧韧带。掌（指）骨间背侧、掌侧分别有动脉通过，伸肌腱经过各指背侧面，屈肌腱及静脉位于掌、指的掌面。后肢的跖骨和趾骨，与前肢掌骨和指骨的结构相似。

【麻醉与保定】全身麻醉配合局部神经传导麻醉。仰卧或俯卧保定，患肢游离。

【切口定位】内固定手术，切口多在背侧面，直接跨过骨折处（图12-55）；腹侧面切开，常用于籽骨手术。

【手术方法】犬掌骨骨折，若为1枚掌骨骨折，直接在其背侧切开；若为2枚掌骨骨折，可在两者之间切开；若要显露2枚以上掌骨，可做两个平行切口或弧形切口。弧形切口自第二掌骨近端开始，向外、向远端切开至第五掌骨的中部，然后向内、向远端切至第二掌骨的远端；分离月牙形皮瓣，可显露4枚掌骨的大部分。切开皮肤、皮下组织，分离血管和肌腱，暴露骨折处。使用适当规格的接骨板和骨螺钉进行固定（图12-56），需要在骨折线的近端和远端各安置1~2个骨螺钉；对于较长的斜骨折，需要一骨螺钉穿过骨折线，使骨折处整复固定更稳固。

克氏针固定（图12-56），是自掌骨远端刺入克氏针，针尖磨钝，穿至近端骨折片后远端的针尾弯曲，以防移位。多个掌骨骨折时，至少固定第3、4掌骨。

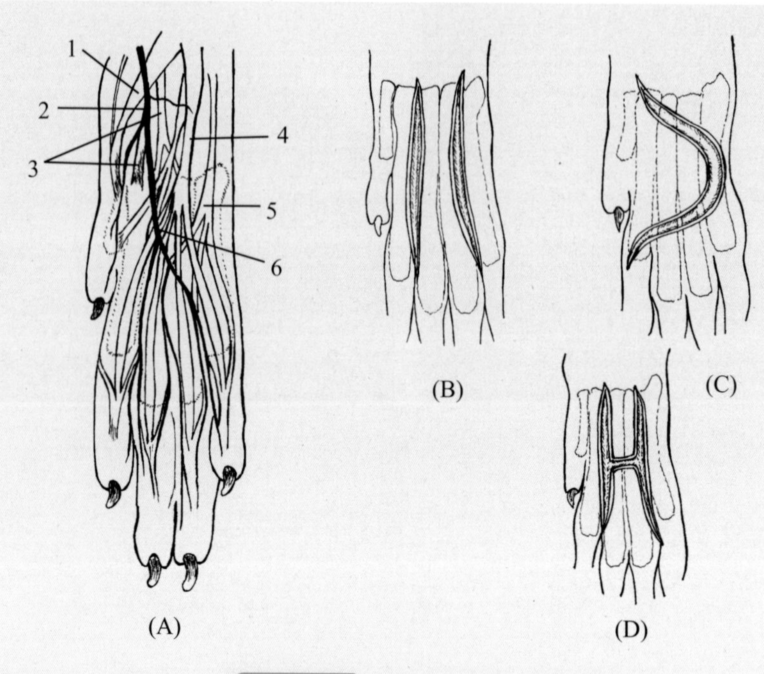

图12-55 掌骨骨折手术通路

（A）：1—拇长展肌腱；2—前臂头浅静脉；3—腕桡侧伸肌腱；4—指总伸肌腱；5—指外侧伸肌腱；6—指背总动脉

（B）（C）（D）：掌骨手术切开线

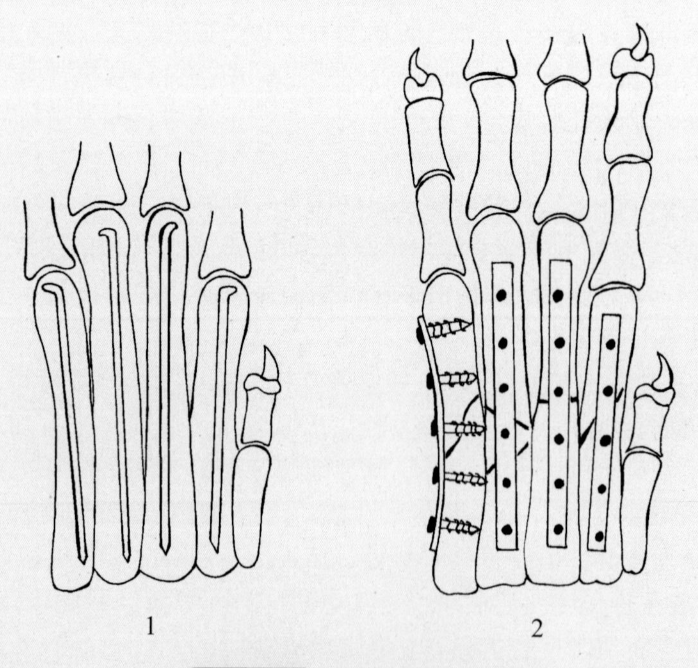

图12-56 掌骨骨折内固定

1—克氏针固定；2—接骨板固定

术后X射线检查，评价骨折整复的程度、固定物的位置。应用止痛药；限制动物活动。每4~6周进行一次X射线检查，直到骨折处完全愈合。

第八节　下颌骨骨折内固定术

【适应证】由于打击、车祸等各种原因导致的下颌骨正中联合、下颌骨体、下颌支的骨折。

【解剖特点】下颌骨分为水平部分的体和两侧垂直的支；支与体的接合部较肥厚，称为下颌角；两侧下颌骨在前部联合处称为下颌联合。下颌支伸向后上方，末端分叉形成两个突起，前方的称为冠突，后方的为髁突，二者中间的凹陷为下颌切迹，下颌神经穿过此切迹支配咬肌。下颌支的外侧面三角形咬肌窝（咬肌粗隆）有咬肌附着，冠状突内侧的凹陷有颞肌附着；在此凹陷的腹侧（支的内侧面中央）有下颌孔，下颌孔经贯穿于骨质中的下颌管通向颏孔，下颌管内有下颌脉管、神经通过，沿途分布到下颌骨和下颌齿槽，出颏孔后分布至下唇和颏。

【麻醉与保定】全身麻醉配合局部浸润麻醉。仰卧保定，头颈伸展。

【切口定位】下颌骨体骨折在下颌骨骨折部腹内侧缘切开（图12-57）。若为双侧下颌骨骨折，可在下颌腹中线切开。

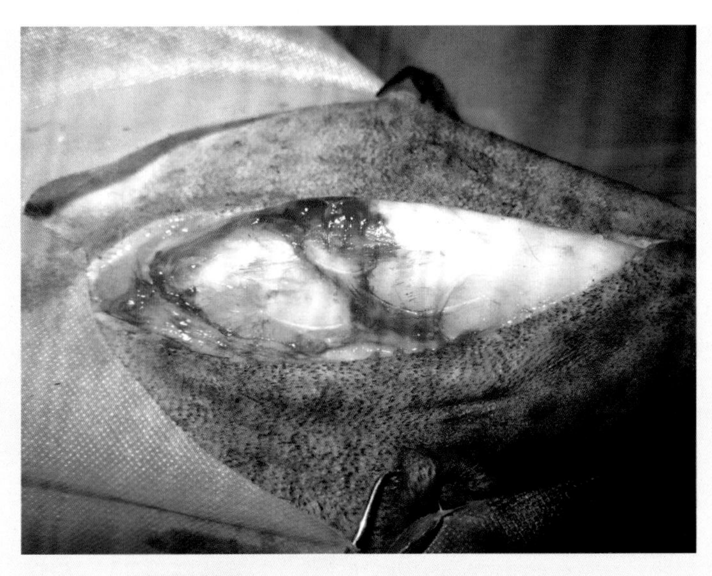

图12-57　下颌骨体骨折部腹内侧缘切开

【手术方法】犬齿到臼齿段骨折时，由下颌骨稍外侧向下颌骨体的腹中线切开皮肤、浅筋膜、薄的颈阔肌，牵拉颈阔肌和皮肤，显露下颌骨体；分离下颌舌骨肌，可显露下颌骨体的内侧。刀口也可继续向后延长，显露整个下颌骨体（图12-58）。

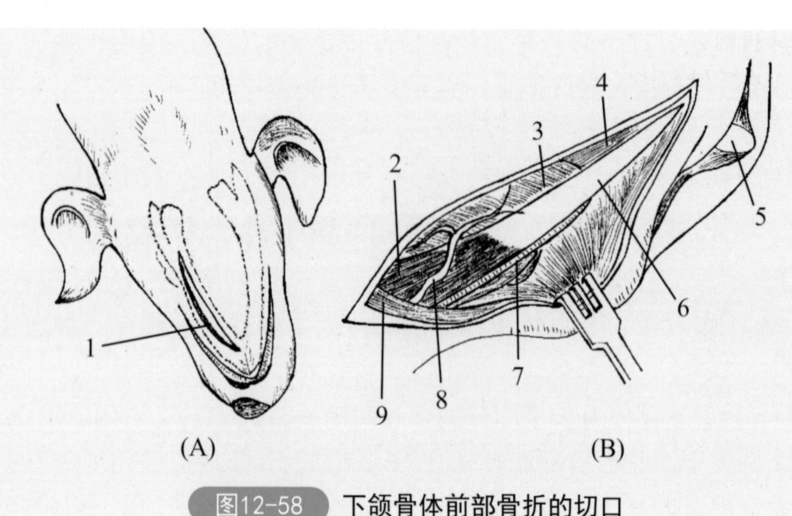

图12-58 下颌骨体前部骨折的切口

（A）仰卧保定；（B）显露下颌骨体

1—皮肤切口；2—二腹肌；3—下颌舌骨肌；4—颏舌骨肌；5—犬齿；6—下颌骨体前部；7—下唇脉管；8—面动脉与静脉；9—颈阔肌

若为下颌骨体后部和下颌支腹侧部骨折，可自下颌角突向前切至下颌骨体的中部。自下颌骨体的腹中线切开皮肤、颈阔肌，显露外侧浅层咬肌和下颌骨体腹内侧的二腹肌，在两肌肉之间切开肌间隔。切口的外侧有面神经和脉管。切开二腹肌在下颌骨的附着点并进行剥离；剥离咬肌在咬肌窝的附着点，向外牵引咬肌，显露下颌骨外侧和下颌支的腹侧；向内侧牵引二腹肌和深层的下颌舌骨肌，显露下颌骨体的内侧。可继续剥离下颌舌骨肌和咬肌的前部附着点，充分显露下颌骨的腹侧面（图12-59）。

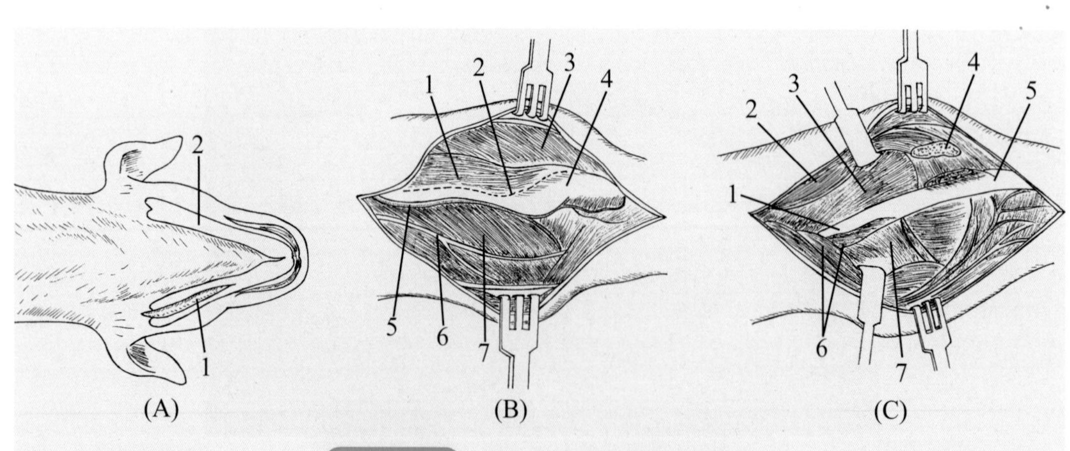

图12-59 下颌骨体后部骨折的切口

（A）下颌骨体后部切开：1—下颌骨体；2—皮肤切口

（B）显露下颌骨体：1—二腹肌；2—骨膜切开线；3—下颌舌骨肌；4—下颌骨体；5—面动脉与静脉；6—面神经分支；7—咬肌浅层

（C）显露下颌骨角：1—下颌支下端；2—二腹肌；3—茎突舌骨肌；4—二腹肌断面；5—下颌骨体；6—咬肌浅层与中层；7—咬肌深层

下颌骨骨折时，可用不锈钢丝、接骨板和克氏针等进行固定，常用不锈钢丝固定，或不锈钢丝与克氏针联合固定，用不锈钢丝收紧断端，克氏针防止移位；不锈钢丝尽量打在牙齿缘，并借助牙齿进行骨折端固定。粉碎性骨折、后部下颌骨体骨折可用接骨板固定，接骨板安置在下颌骨的腹外侧，骨螺钉要避开牙根（图12-60、图12-61）。

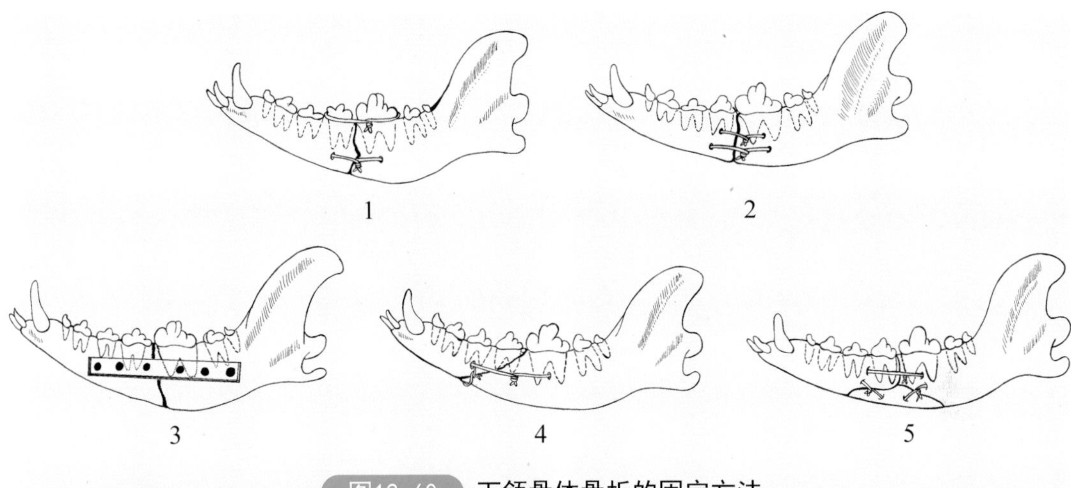

图12-60 下颌骨体骨折的固定方法

1—下颌骨体中部横骨折，以牙齿为支点的不锈钢丝固定法；2—自牙根处的不锈钢丝固定法；3—自牙根处的接骨板固定法；4—下颌骨体斜骨折，牙根处的不锈钢丝固定法；5—下颌骨体复合骨折的不锈钢丝固定法

图12-61 下颌骨体骨折的接骨板固定

在骨折线两侧的牙齿或牙根间对下颌骨皮质钻孔，不锈钢丝通过皮质孔缠绕在牙齿上并收紧，不锈钢丝末端弯曲在黏膜内。或不锈钢丝围绕牙齿呈“8”字形缠绕，先收紧后部的不锈钢丝。若用多个不锈钢丝固定多处骨折，先穿好所有的不锈钢丝，最后一起拧紧。

术后经X射线检查评价骨折整复情况（图12-62）。前2天内禁食，补液维持体液的平衡，第3天开始喝水，吃流质食物。应用止痛药和抗菌药7~10天。每天用0.1%硼酸溶液等防腐液对口腔进行清洗，口腔外部的伤口用2%碘酊或碘伏消毒。放置引流管的，第5天将引流管取出。

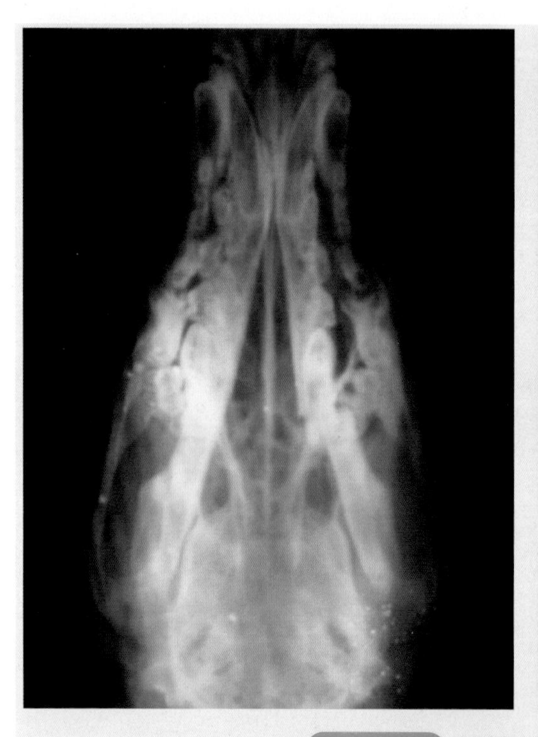
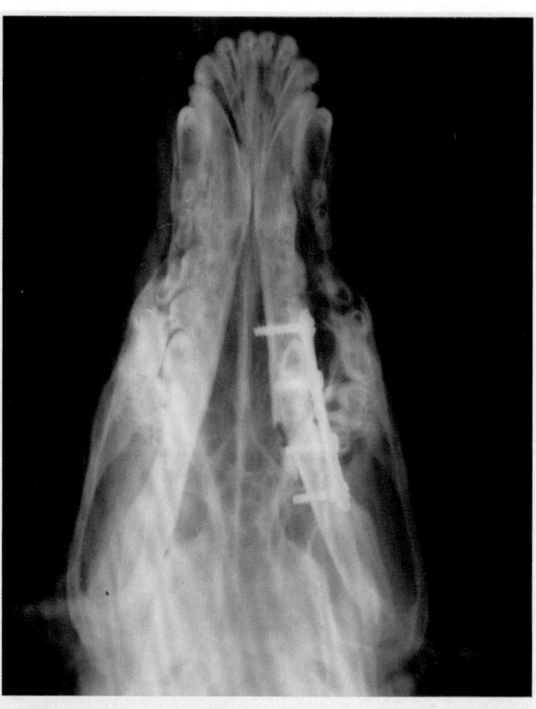

图12-62 接骨板固定前后的X射线检查

第十三章　四肢与脊柱疾病手术

第一节　犬断尾手术

【适应证】适用于治疗尾部严重创伤、骨折、肿瘤、麻痹、顽固性咬尾症等。某些品种的犬，为了让其美观而断尾。

【术前准备】禁食24小时，清理直肠蓄粪。在术部近心端扎止血带（图13-1）。

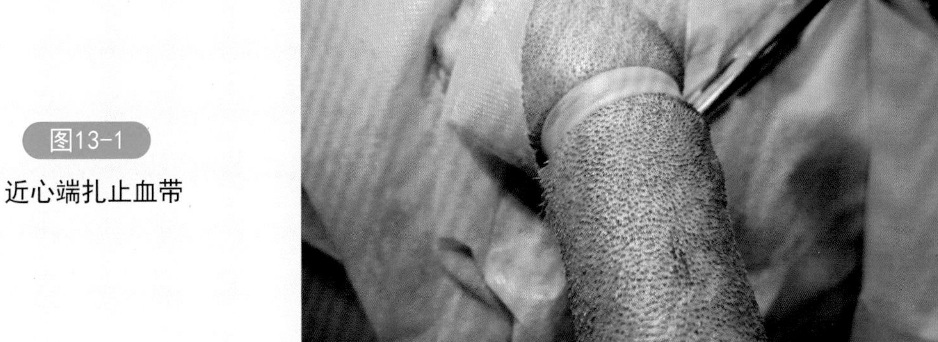

图13-1
近心端扎止血带

【麻醉与保定】幼犬用0.5%盐酸利多卡因局部浸润麻醉，成年犬全身麻醉配合荐尾硬膜外麻醉。仰卧或侧卧保定。

【切口定位】尾部截断处的椎间隙或椎体部。

【手术方法】

（1）幼犬断尾术　以生后7～10日龄为宜。在预截断部位尾两侧用剪刀各做一个皮瓣，横断尾椎。松开止血带，进行止血。然后，缝合断端的皮瓣。

（2）成年犬断尾术　在尾背腹两侧分别做皮瓣（图13-2、图13-3），其基部位于椎间隙；背侧皮瓣长，以备向腹侧折转覆盖尾断端。切断尾椎肌，从椎间隙截断尾椎或用骨剪剪断尾椎，结扎尾椎两侧和腹侧的血管（图13-4、图13-5）。缝合皮下组织，用背侧皮瓣包被尾断面，间断缝合皮肤切口（图13-6）。

犬断尾术见视频13-1。

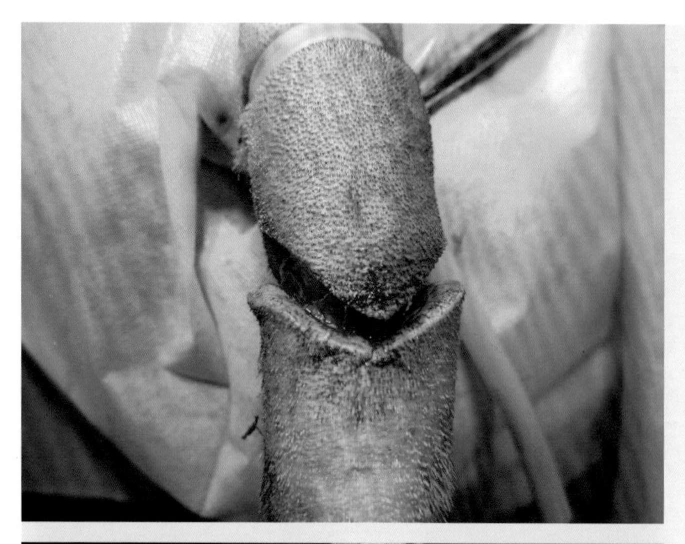

图13-2
尾背侧做皮瓣

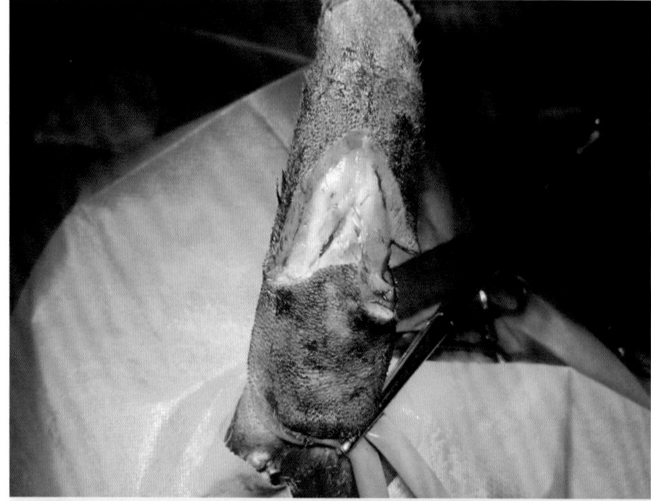

图13-3
尾腹侧做皮瓣

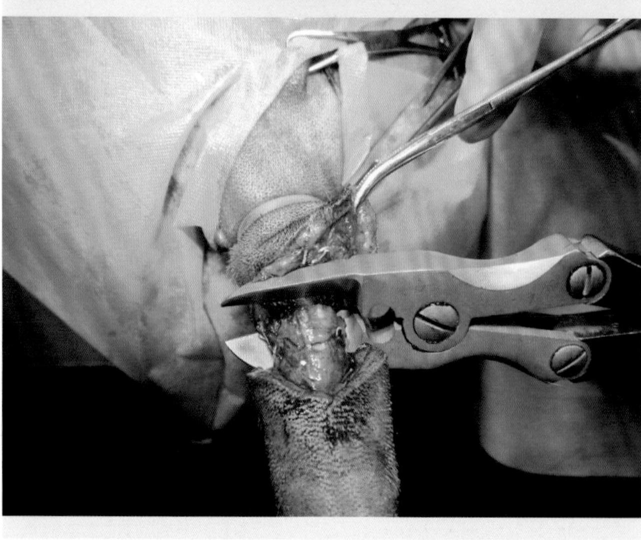

图13-4
剪断尾椎

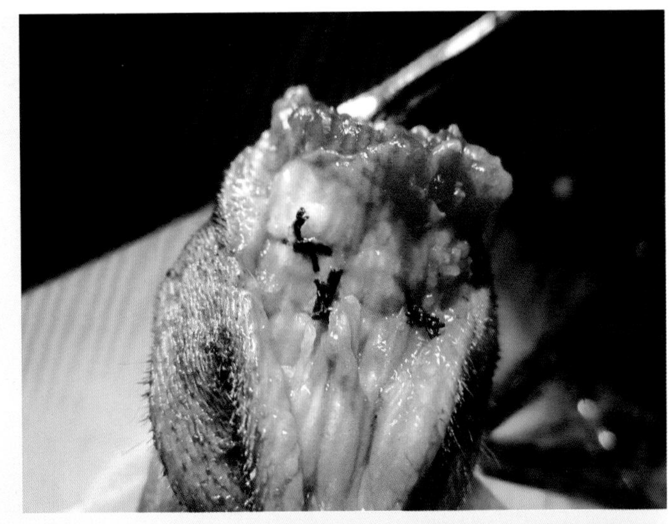

图13-5

结扎的尾部脉管

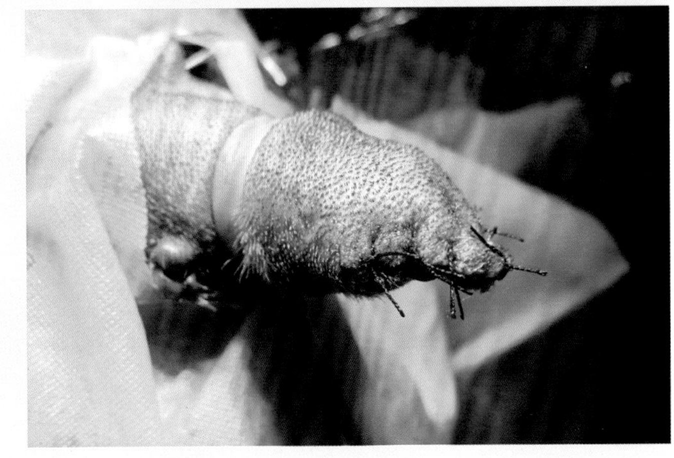

图13-6

间断缝合皮肤与皮下组织

视频13-1

犬断尾术

幼犬术后每日涂碘酊，7～8天后拆除皮肤线。成年犬术后应用抗菌药3～5天，保持尾部清洁，8~10天拆除皮肤缝线。

第二节　截肢（指）手术

【适应证】适用于治疗四肢受到不可修复的严重损伤或由于创伤继发严重的细菌感染，使肢体发生坏死、坏疽等。

【麻醉与保定】全身麻醉配合局部麻醉。侧卧保定，患肢在上。术部剃毛、消毒。

【切口定位】截肢部位由损伤部位及损伤程度而定。一般于损伤部位的上部关节的近心端切断（图13-7）。若是臂部或股部下端损伤时，可从该骨的中部切断，不宜自肩关节或髋关节处截肢。若截除指部，可在指关节处截断（图13-8）。

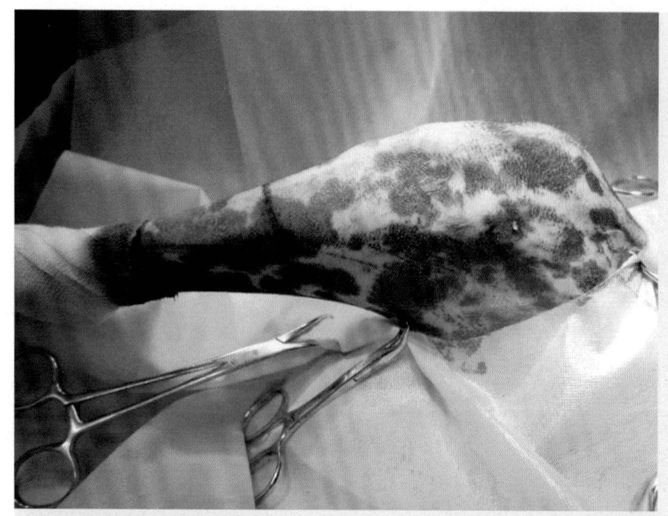

图13-7
自胫骨中段截肢

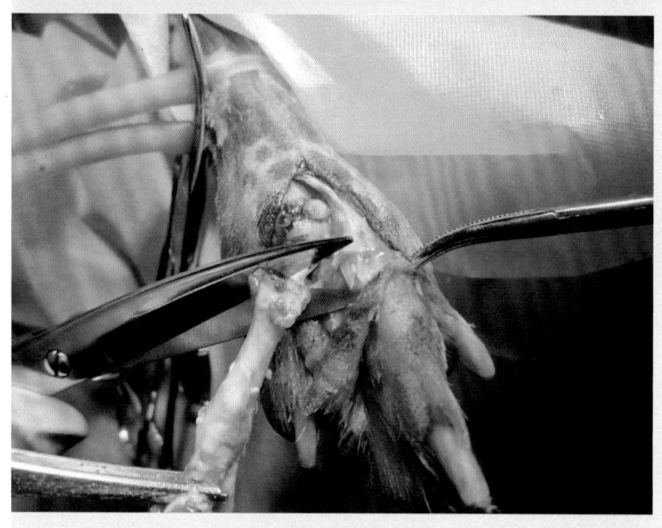

图13-8
指关节处截断

【手术方法】在切断部的上方3 ～ 5厘米处进行环形局部浸润麻醉。在患肢术部上方扎止血带（图13-9），环形切开皮肤（图13-10），钝性分离皮下组织；肢体前部皮肤多于后部，闭合时尽量用前部皮肤覆盖肢体断端。分离上方皮肤，充分止血，在皮肤切线上方4 ～ 5厘米处切断肌肉和骨骼。肌肉切断前分离大血管并进行双重结扎，肌肉切断后稍向近心端牵拉，暴露骨骼，用骨膜剥离器剥离骨膜，保持骨膜完整，以备包埋骨断端，用线锯将骨骼锯断，用骨锉修理断面，使其圆滑（图13-11 ～图13-13）。用生理盐水清洗后，将骨膜用荷包缝合法缝合，以包裹骨断端。向远心端牵拉肌肉覆盖骨断端，用褥式缝合法缝合肌肉（图13-14）。修剪皮肤创缘，用背侧皮肤覆盖断端，皮肤进行间断缝合或锁边缝合（图13-15）。如需引流，引流条自最低位引出体外。绷带包扎肢端。

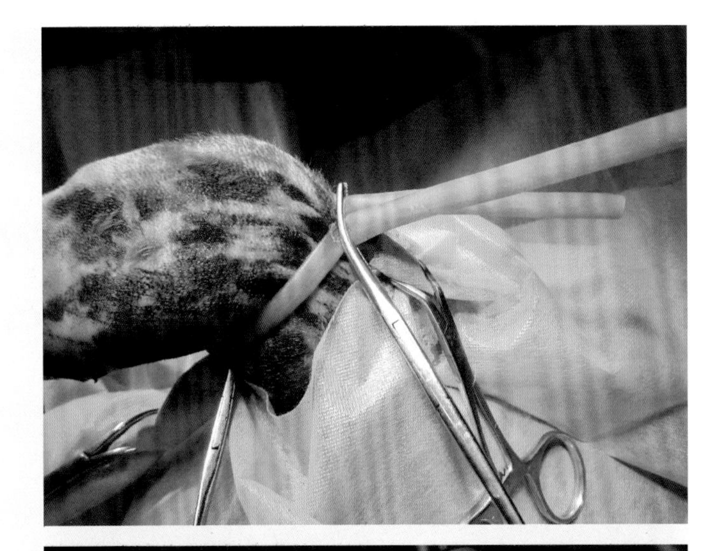

图13-9
术部上方扎止血带

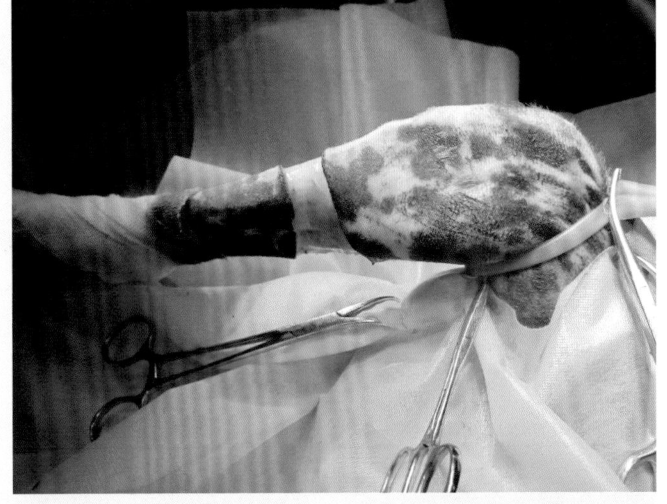

图13-10
环形切开皮肤

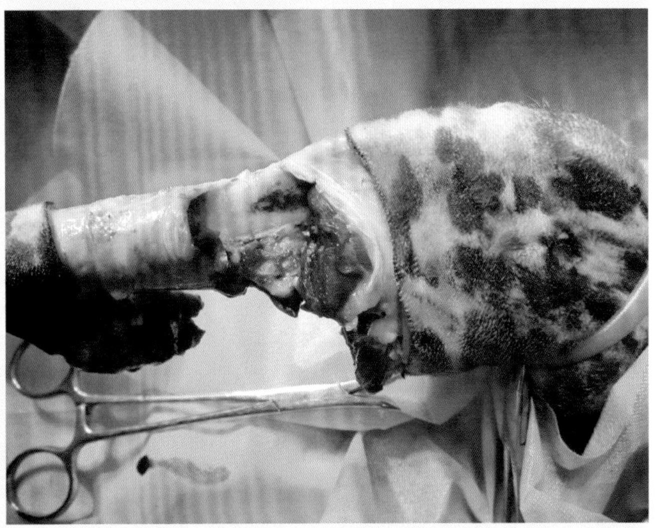

图13-11
横断肌肉与筋膜并向近心端做分离

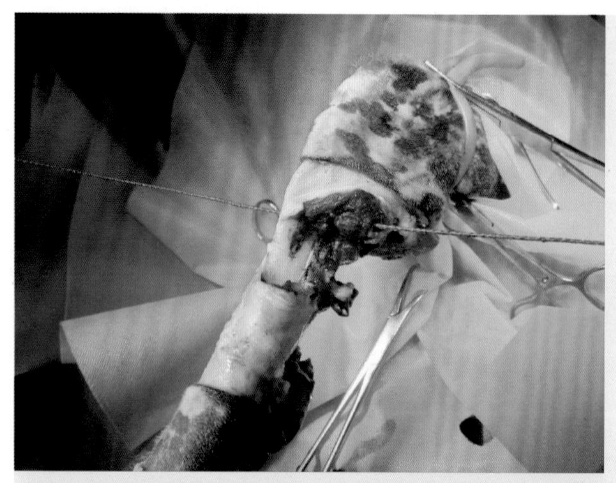

图13-12

线锯锯断胫腓骨

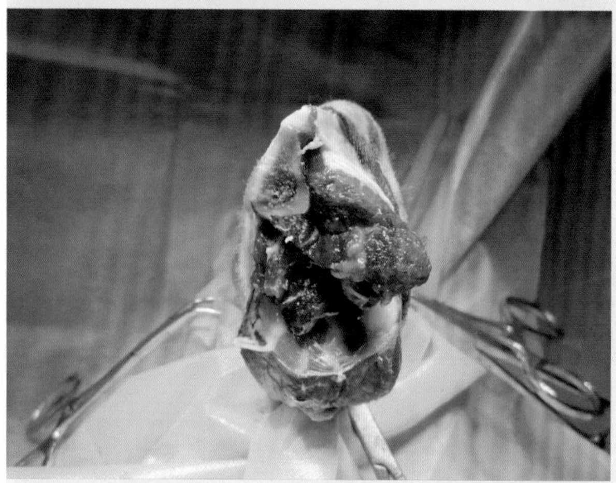

图13-13

截肢后的断面

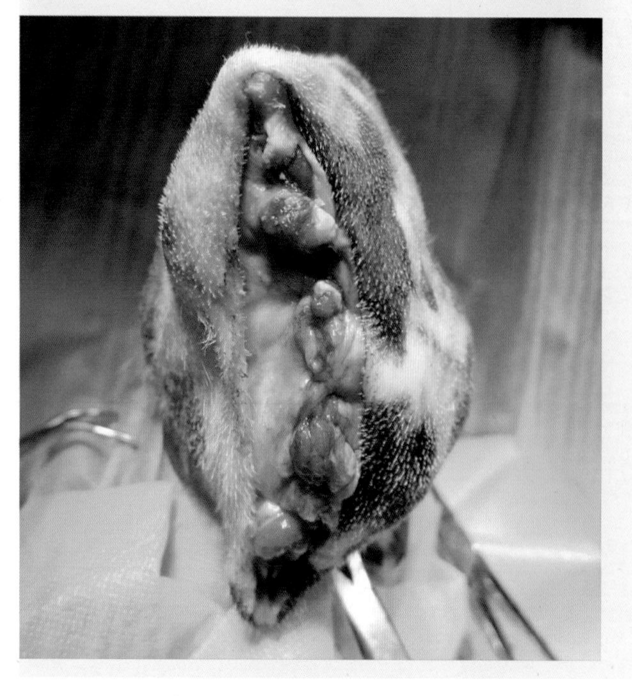

图13-14

缝合断面的肌肉

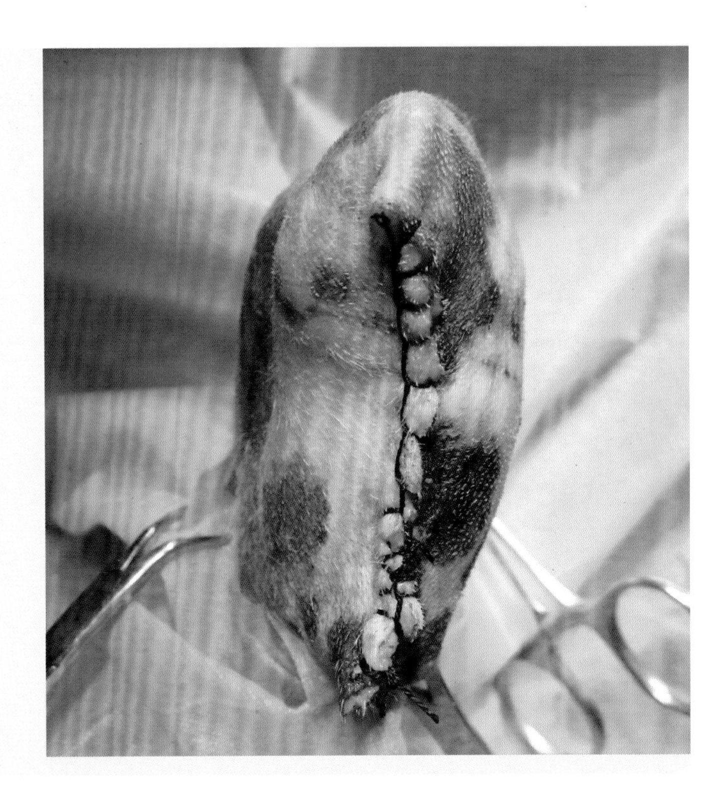

图13-15

皮肤做锁边缝合

若自关节部截肢，自关节远端切开关节周围的皮肤，分离皮下组织，切开关节囊，用手术刀将关节韧带切断，除去关节腔内的滑膜面和软骨。缝合关节囊与皮下组织，用背侧皮肤包裹关节断端，间断缝合皮肤。

第三节　髋关节手术

一、髋关节成形术

【适应证】用于治疗长期不能治愈的疼痛性髋关节疾病。例如，当患有关节变形性骨软骨、各种原因引起的慢性髋关节炎、髋臼或股骨头粉碎性骨折、股骨头骨折和慢性髋关节脱位伴有股骨头糜烂等。

【麻醉与保定】全身麻醉配合局部浸润麻醉。侧卧保定。

【切口定位】一般采用髋关节前背侧通路，不切开大转子。与前述股骨干骨折内固定术的手术通路相似。从髋关节前侧的臀中部至大转子，再转向股骨前缘中部做弧形皮肤切开［图13-16（A）］。

【手术方法】切开皮肤、皮下组织，沿股二头肌前缘切开股阔筋膜的浅头和深头［图13-16（B）］，向上切开臀浅肌前缘与阔筋膜张肌之间的肌间隔；沿股骨颈钝性分离显露三角区，背侧缘为臀中肌、臀深肌，外侧缘为股外侧肌，内侧缘为股直肌［图

13-16（C）～图13-16（E）]。髋关节囊显露后，向背侧牵拉臀中肌，将拉钩插入关节囊内，用抓骨钳固定大转子，使髋关节脱位。用弯剪剪断圆韧带和部分关节囊，把股骨垫高。用骨钳固定股骨，利用骨凿凿断或用摆锯锯断股骨颈。对大型犬，骨凿的宽度应不少于2.5厘米，是从大转子基部垂直于股骨颈中轴线横断股骨颈［图13-16（F）]，切面不得留有锐角。剪断软组织，除去股骨头，骨断面用骨锉锉光滑。犬股骨头切除术见视频13-2。

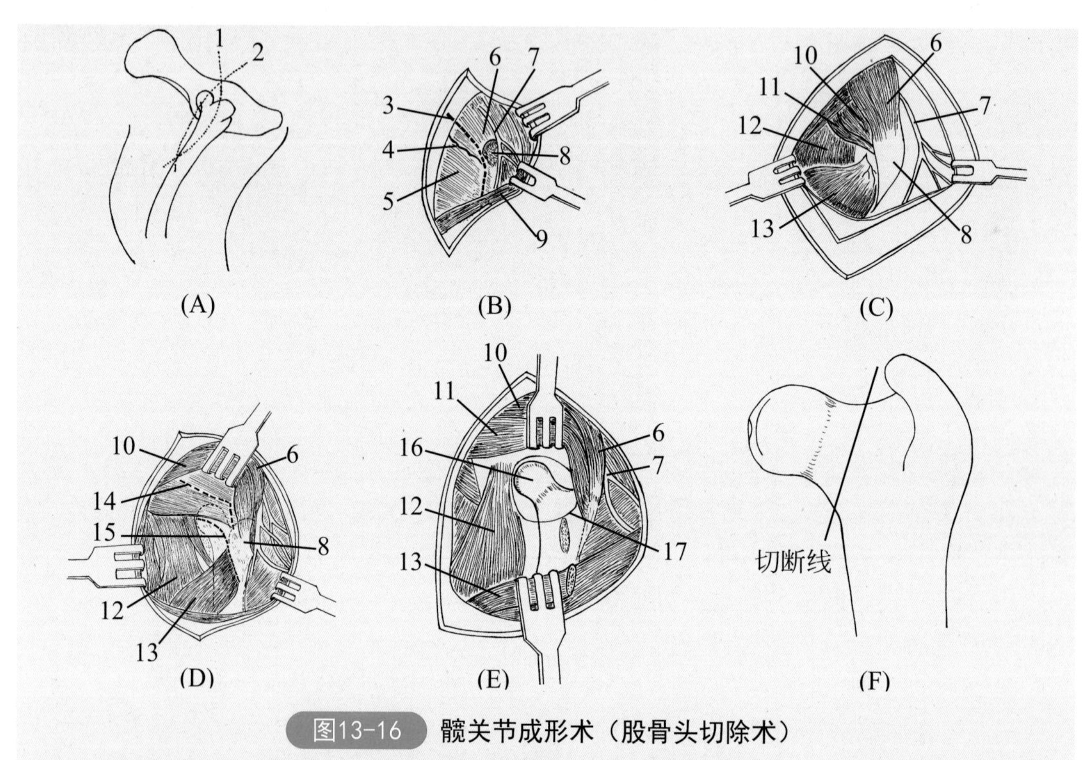

图13-16 髋关节成形术（股骨头切除术）

（A）髋关节前外侧手术通路；（B）切开皮肤与皮肌；（C）显露臀肌；（D）显露关节囊；（E）显露股骨头；（F）股骨颈切断线

1—适于股骨头、股骨颈切除手术和髋关节脱位整复术；2—适于股骨头置换手术；3—肌间切口线；4—股外侧静、动脉；5—阔筋膜张肌；6—臀浅肌；7—坐骨神经及脉管；8—大转子；9—股二头肌；10—臀中肌；11—臀深肌；12—股直肌；13—股外侧肌；14—臀深肌切开线；15—关节囊切开线；16—股骨头；17—关节囊

将臀深肌的前1/3从大转子分离，缝合至小转子的髂腰肌上；或把股二头肌的一部分做成蒂，包围在股骨颈的周围，缝合于臀深肌和股外侧肌上，可加快关节的功能恢复。待髋臼与股骨间有软组织增生，关节功能开始逐渐恢复。

视频13-2
犬股骨头切除术

用可吸收线缝合阔筋膜张肌与臀筋膜，常规闭合皮肤切口。术后早期进行病肢活动，开始每天3～4次。在拆线前牵遛，或限制在一定范围内活动。术后2周做跑步训练或游泳运动。若双侧患病，两次手术间隔为8～10周。

二、髋关节开放整复固定术

【适应证】当髋关节脱位用闭合方式不能完成整复或维持时，采用该技术。

【麻醉与保定】全身麻醉配合局部浸润麻醉。侧卧保定。

【切口定位】采用切开大转子的髋关节前背侧手术通路（图13-17），与前述髋臼骨折整复固定术的手术通路相似。自髂骨后1/3的背侧缘，越过大转子向下伸延到股骨近端1/3水平，弧形切开皮肤，切口正好落在股二头肌的前缘。未成年的动物易发生畸形，应采用部分切开臀深肌腱、不切开大转子的手术方案。

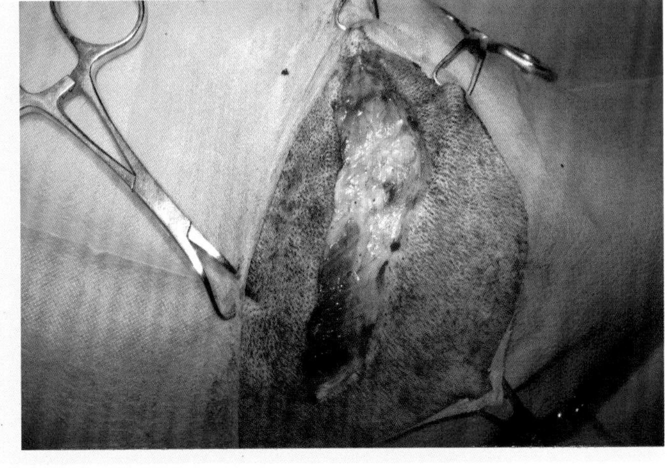

图13-17

髋关节前背侧手术通路

【手术方法】切开皮肤、皮下组织、阔筋膜张肌。其后将阔筋膜张肌和股二头肌分别向前向后拉开。在臀浅肌的抵止点前将腱切断并翻向背侧，显露臀中肌和臀深肌。在股骨的外侧，用骨凿或骨锯切断大转子的顶端（图13-18），包括臀中肌、臀深肌的抵止点，大转子的骨切线与股骨长轴成45°。将带有臀中肌、臀深肌的大转子翻向背侧，暴露关节囊。若关节囊完整，在髋臼唇的外侧3～4毫米处将关节囊切开和向两侧伸延，即可显露全部关节。

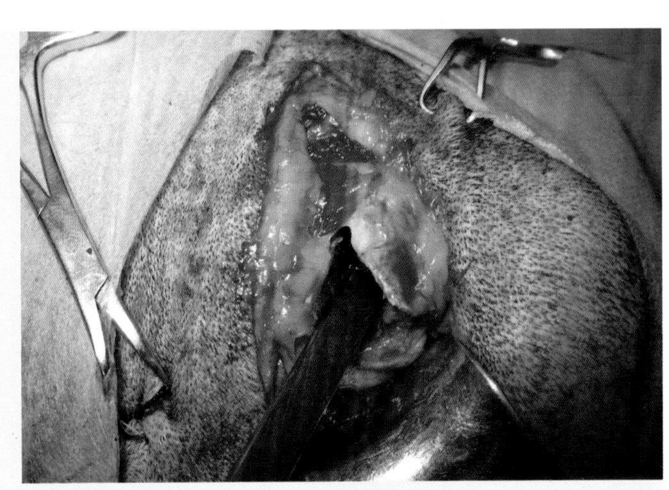

图13-18

用骨凿切断大转子的顶端

对髋臼和股骨近端进行全面检查，有无骨折、圆韧带断裂和关节软骨的损伤。若圆韧带断裂，从股骨头和关节窝切除圆韧带。髋臼用灭菌生理盐水冲洗，清除组织碎片。整复脱臼后，用可吸收缝线间断水平褥式缝合关节囊。

关节囊破损、缝合困难，可在股骨颈背侧钻一孔，在髋臼缘类似钟表11点和1点（左侧）或10点和2点（右侧）的位置拧上骨螺钉，取尼龙缝线或钢丝通过股骨颈的钻孔与骨螺钉缠绕、打结（图13-19）；对于圆韧带断裂的动物，也可以施行人工圆韧带术。

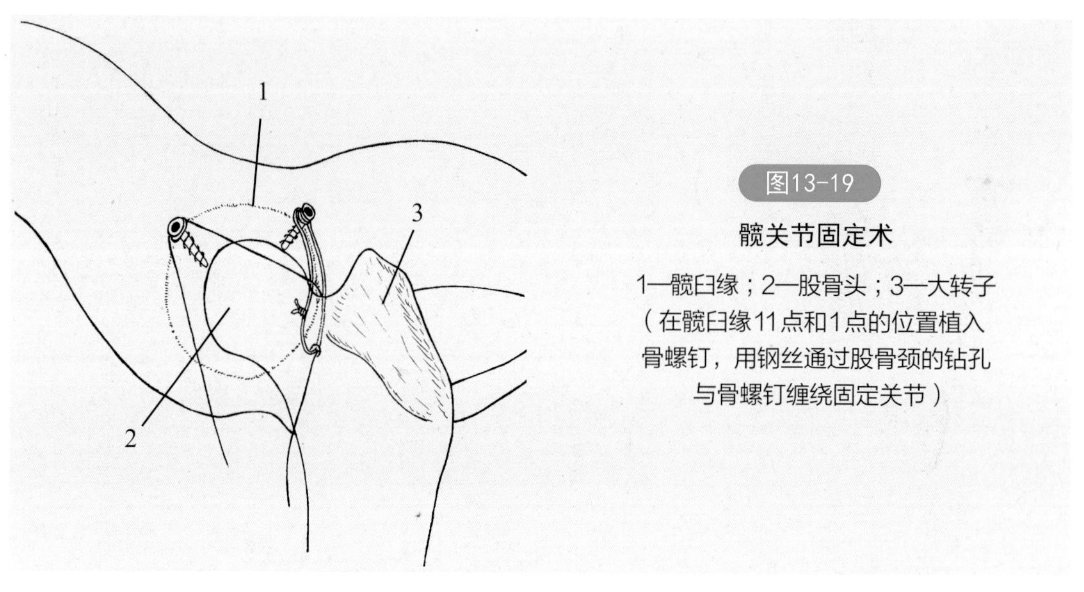

图13-19
髋关节固定术
1—髋臼缘；2—股骨头；3—大转子
（在髋臼缘11点和1点的位置植入骨螺钉，用钢丝通过股骨颈的钻孔与骨螺钉缠绕固定关节）

关节囊闭合后，把切断的大转子恢复解剖位置，用骨螺钉和张力钢丝固定（图13-20）。纽扣缝合臀浅肌腱断端，股二头肌和阔筋膜张肌缝合，常规闭合皮肤切口。在术后一段时间内限制动物活动。

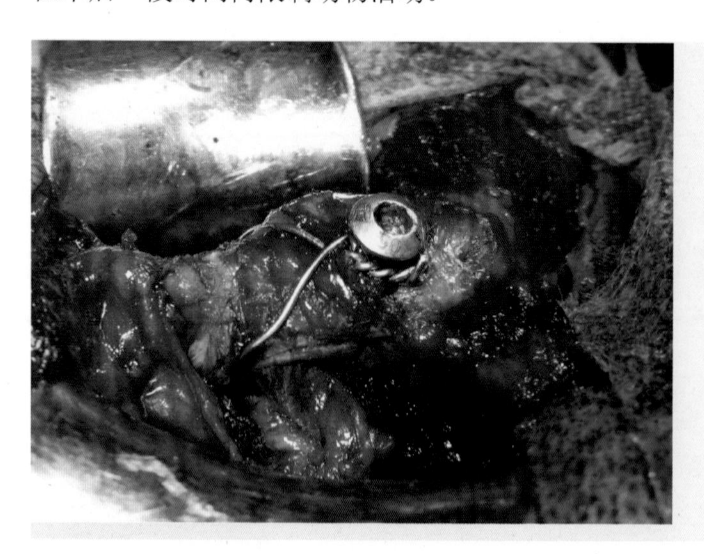

图13-20
大转子用皮质骨螺钉和张力钢丝固定

第四节　髌骨内方脱位手术

一、膝关节外侧支持带重叠术

【适应证】膝关节外侧支持带重叠术适用于治疗犬髌骨轻度内侧脱位（图13-21）。

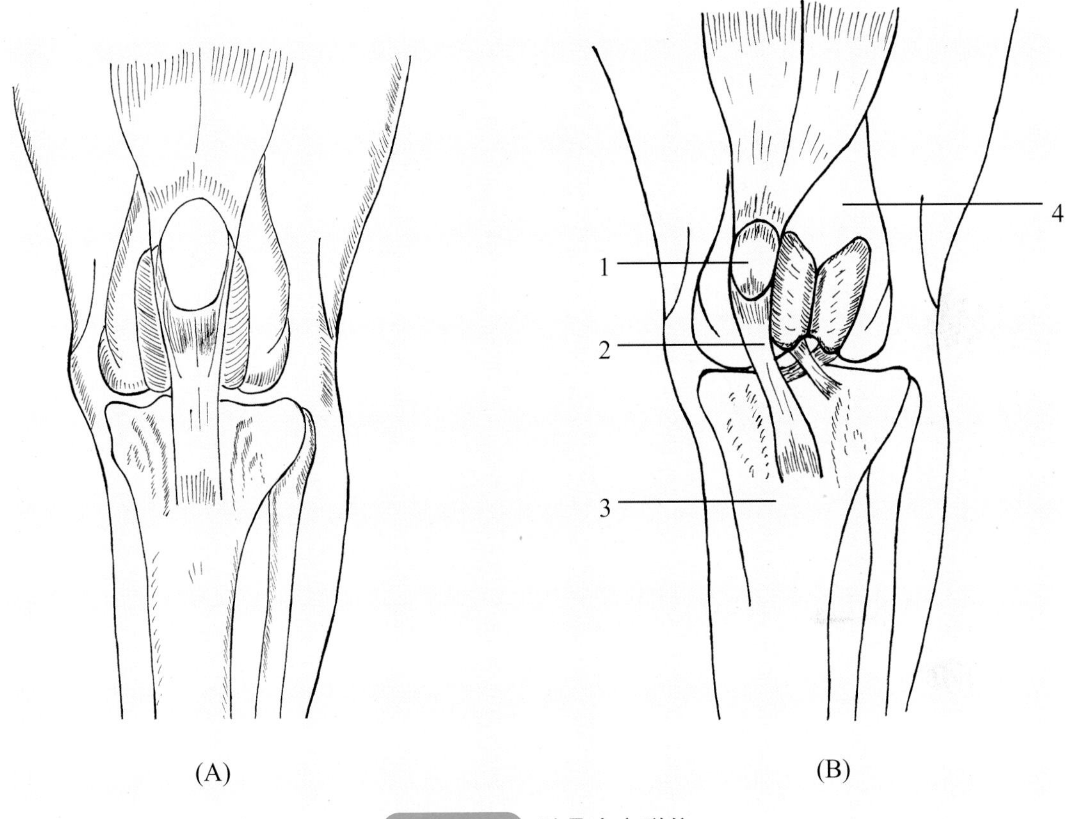

图13-21　髌骨内方脱位

（A）正常位置；（B）内方脱位

1—髌骨；2—直韧带；3—胫骨；4—股骨

【麻醉与保定】全身麻醉配合局部浸润麻醉。侧卧保定，患肢在上。

【手术方法】在膝关节外侧切开，皮肤切开线是起自外侧滑车嵴近端，沿滑车嵴外侧缘延伸至滑车嵴远侧，横过关节腔到胫骨嵴外侧的远端（图13-22）。分离皮下组织，切开深筋膜和关节囊，打开关节腔（图13-23）。检查关节表面和韧带的状态（图13-24）。

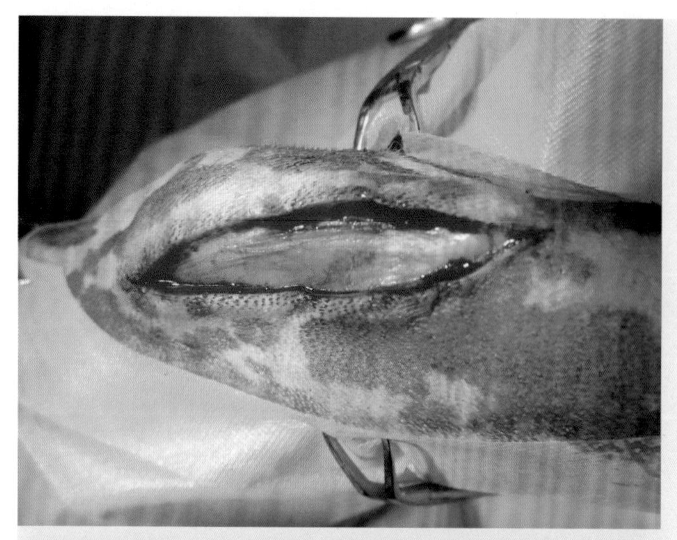

图13-22

自外侧滑车嵴近端沿滑车嵴至胫骨嵴远端切开皮肤

图13-23

分离皮下组织后切开深筋膜和关节囊

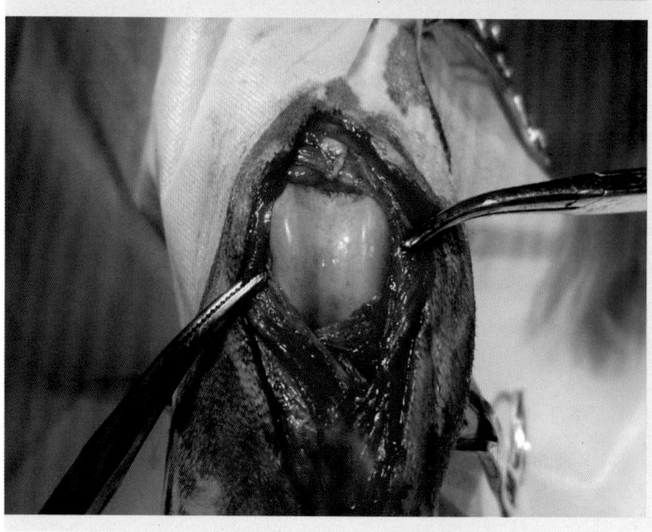

图13-24

髌骨内脱位后暴露滑车

用单股非吸收缝合材料做支持带的重叠缝合。先用水平褥式缝合将关节囊的内侧创缘拉向外侧缘的深侧（图13-25），然后再把外侧创缘与内侧创缘的表面做单纯间断缝合（图13-26）。外侧支持带由于重叠缝合，增加了外侧的张力，故能矫正髌骨内侧脱位。同样在膝关节内侧做手术，也可矫正髌骨外侧脱位。

支持带加固术见视频13-3。

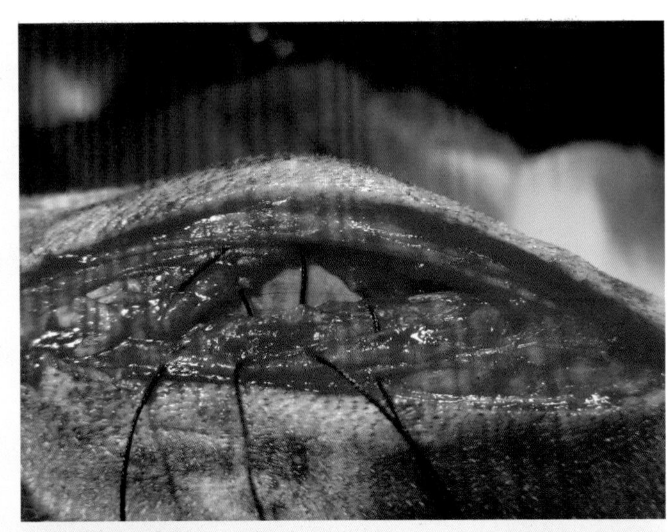

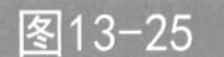
图13-25
用水平褥式缝合将关节囊的内侧创缘拉向外侧缘的深侧

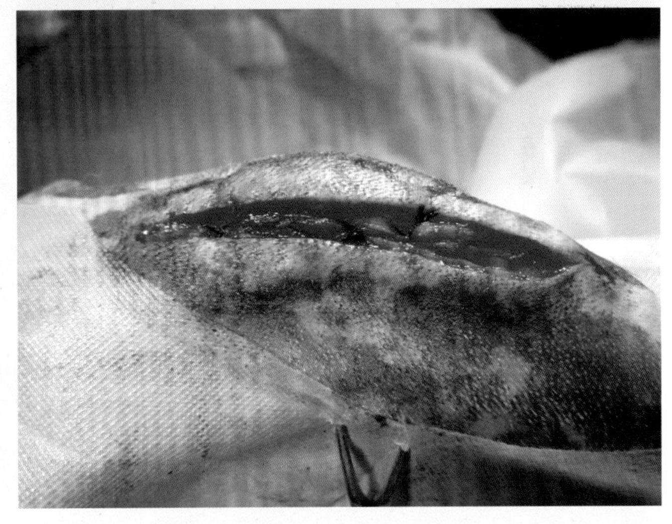

图13-26
外侧创缘与内侧创缘的表面做单纯间断缝合

二、膝关节滑车加深术

视频13-3
支持带加固术

【适应证】用于治疗髌骨顽固性脱位、膝关节外侧支持带的重叠手术无效；或滑车沟浅或滑车嵴矮等情况下导致的髌骨脱位。

【麻醉与保定】全身麻醉配合局部浸润麻醉。仰卧或侧卧保定。

【切口定位】髌骨近端前外侧至胫骨嵴。

【手术方法】髌骨近端前外侧切开皮肤4厘米，并延伸至胫骨嵴下方2厘米处。分离皮下组织，切开外侧支持带和关节囊，暴露关节滑车。切开滑车的关节软骨（图13-27），以近心端为基部制作软骨瓣（图13-28）。确保切口宽度的中点与髌骨宽度相一致。从切口去除骨质，加深滑车槽（图13-29）。或楔形切取软骨瓣，然后再自切口去除骨质，加深滑车槽。分别将软骨瓣或软骨楔、髌骨复位（图13-30），并检查其稳定性。用手握住跗骨，一边屈曲和伸展膝关节一边向内、外旋转。如果髌骨仍在原位，常规关闭切口。如果胫骨嵴位置偏内侧，则可试做胫骨嵴外侧移位术。术后绷带包扎膝关节3天，限制关节运动（图13-31）；6周后牵遛运动。犬滑车沟加深术见视频13-4。

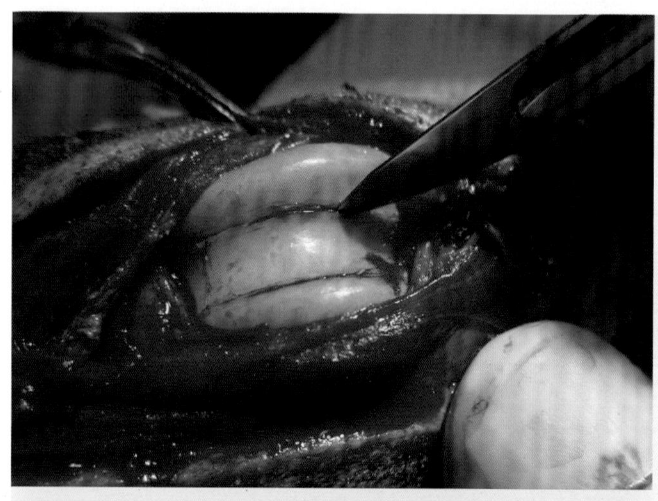

图13-27 做“U”形滑车软骨切口

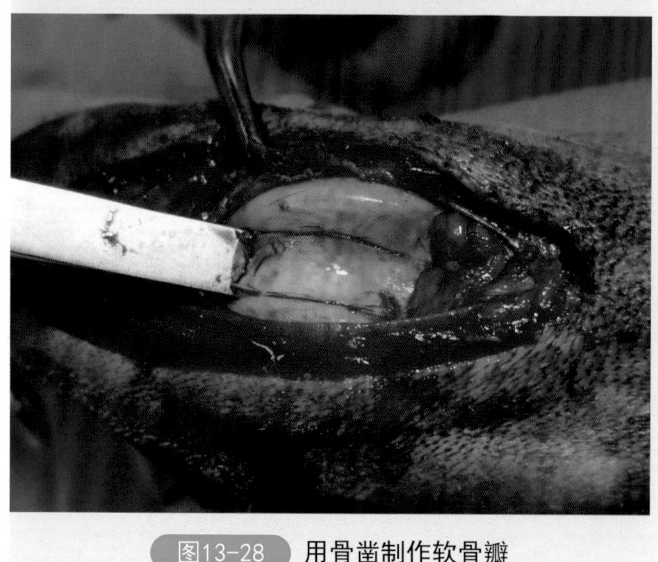

图13-28 用骨凿制作软骨瓣

视频13-4 犬滑车沟加深术

图13-29

依据脱位的程度加深滑车槽

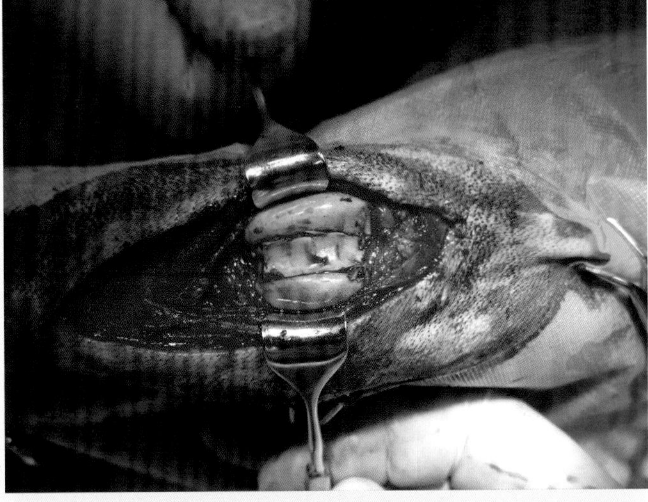

图13-30

将软骨复位

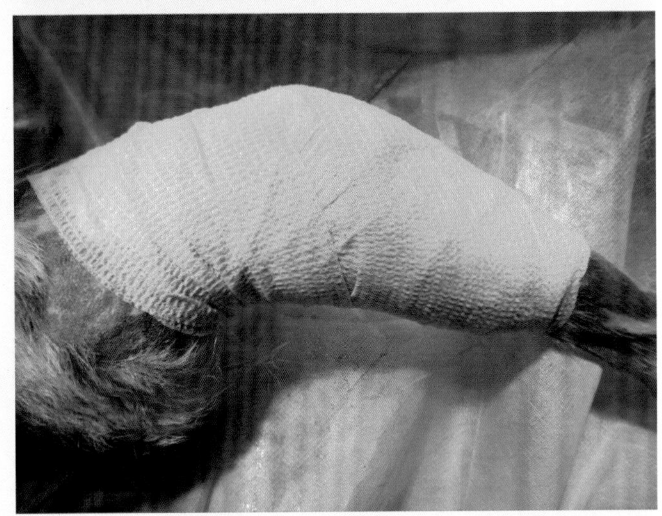

图13-31

绷带固定膝关节

第五节　黏液囊切开与摘除术

【适应证】用于治疗保守疗法无效的结节间滑液囊炎、肘头皮下黏液囊炎（图13-32）、腕前皮下黏液囊炎、跟骨头皮下黏液囊炎等。

图13-32
犬肘后黏液囊炎

【麻醉与保定】全身麻醉配合局部浸润麻醉。仰卧或俯卧保定，患部在上。

【切口定位】沿肢体长轴，于肿大部前外侧或外后侧做一弧形切口（图13-33），不宜在关节伸侧的正中做切口。

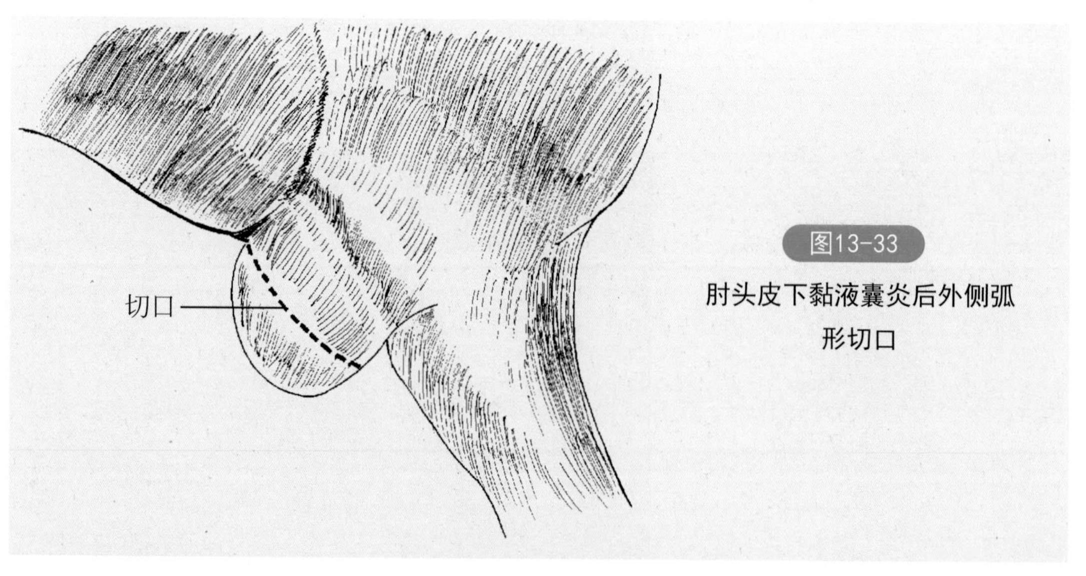

图13-33
肘头皮下黏液囊炎后外侧弧形切口

【手术方法】

（1）黏液囊切开术　分层切开皮肤、皮下组织和黏液囊壁，用抗菌生理盐水冲洗囊腔后，囊腔内添置浸有95%酒精的纱布块，以破坏黏液囊腺体；45分钟后取出纱布块，用抗菌药地塞米松药液冲洗后缝合各层组织，在囊底部放置引流管。用弹力绷带包扎。

（2）黏液囊摘除术　分层切开皮肤、皮下组织，钝性分离黏液囊，使之与周围组织完全剥离。结节缝合手术创口，并放置一细胶管引流，做纽扣减张缝合。术后包扎压迫绷带，保持3周，并根据情况及时更换包扎绷带。使用软铺垫。

第六节　脊柱手术

【适应证】椎间盘脱出轻瘫病例，经保守治疗无效者；脊髓截瘫，有感觉存在的病例；脊髓截瘫，感觉消失，但发病不超过24小时者。

【解剖特点】在椎骨的椎弓根与椎弓板之间有一对前后关节突，在椎体与椎弓之间有横突；椎体腹侧中线有突起的腹侧嵴；前后两块椎骨的前后切迹和椎体间的纤维软骨围成椎间孔，有脊神经和血管通过。第一颈椎称为寰椎，无棘突，仅有背侧椎弓，横突呈板状，称为寰椎翼，椎体后背侧有齿突凹，与枢椎的齿突形成关节；椎弓前部有椎外侧孔，供第一颈神经通过；横突基部有横突孔（图13-34）。第二颈椎称为枢椎，椎体前部有齿突，棘突呈脊状，横突伸向后腹侧，在其根部有横突孔；椎前切迹与寰椎的椎后切迹围成椎间孔，供第二颈神经通过（图13-35）。

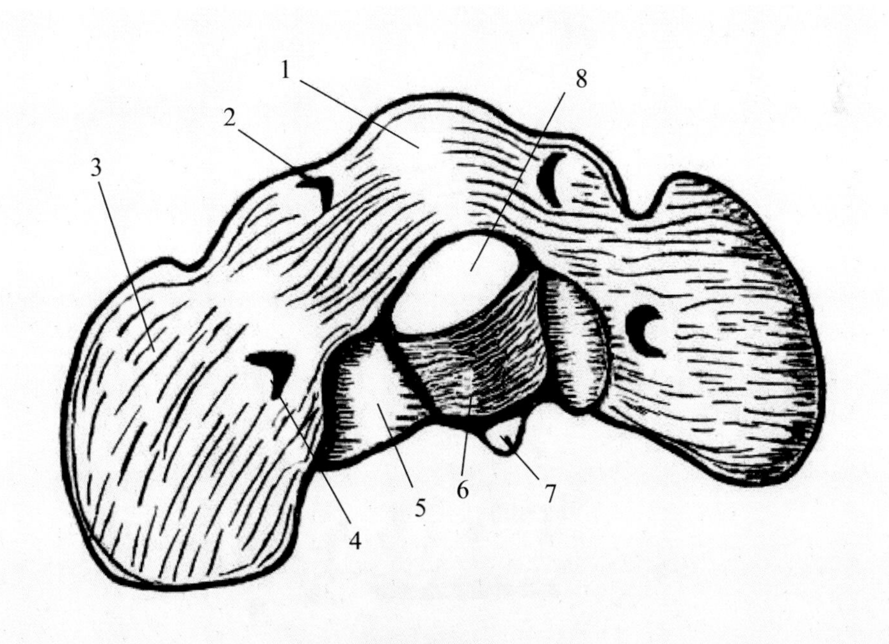

图13-34　寰椎

1—背侧椎弓；2—椎外侧孔；3—寰椎翼；4—横突孔；5—后关节突；6—齿突凹；7—腹侧嵴；8—椎孔

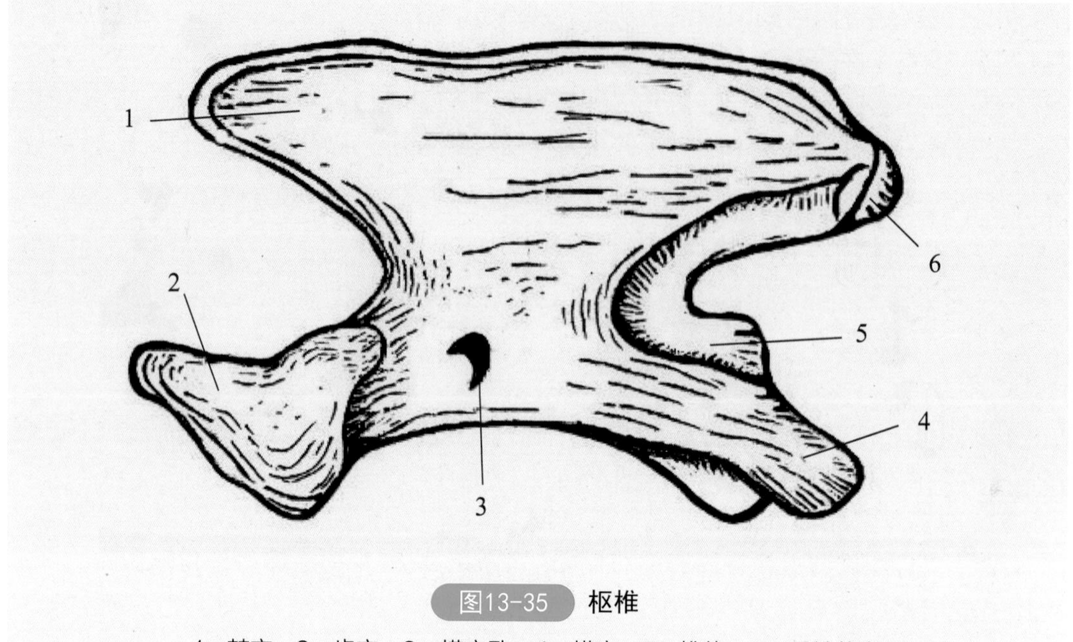

图13-35 枢椎

1—棘突；2—齿突；3—横突孔；4—横突；5—椎体；6—后关节突

椎间盘位于相连两个椎体之间，由纤维环、髓核和软骨终板三部分组成（图13-36）。纤维环由多层呈同心圆排列的纤维软骨构成，其腹侧厚度约为背侧的两倍；髓核为胶状物质，位于纤维环中央；软骨覆盖于前后椎体的骨骺端。椎间盘连接椎体，可容许椎体间有少量运动，同时又可减缓振动。

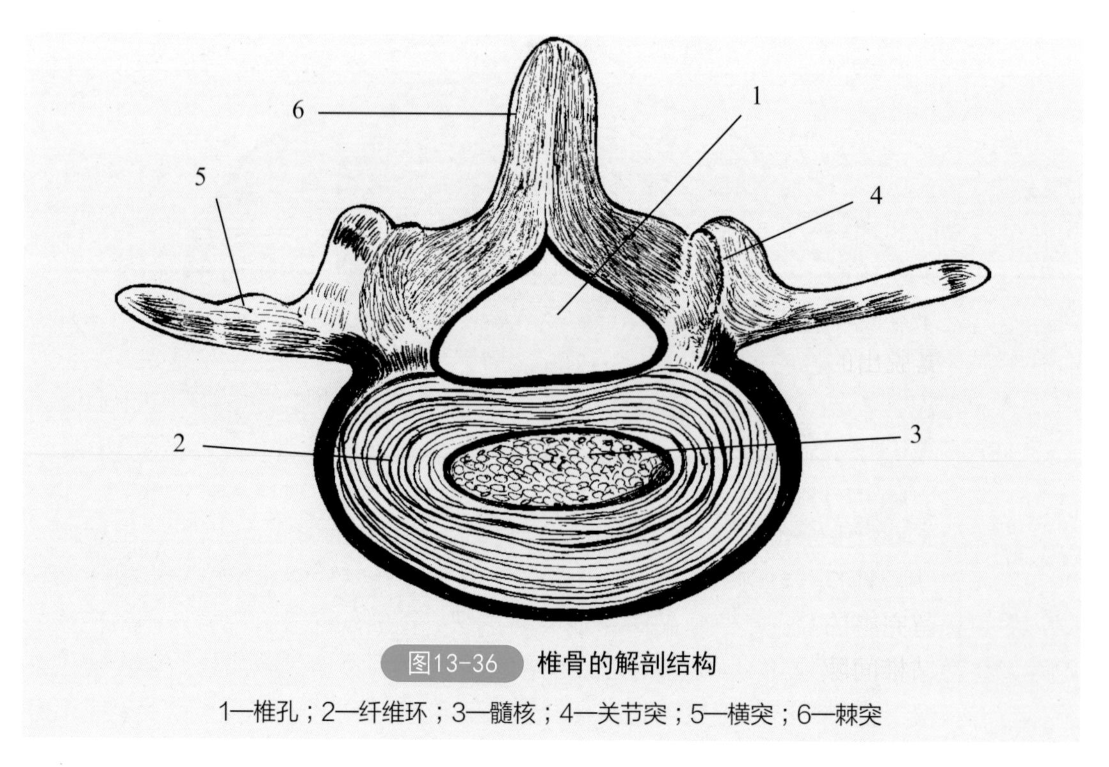

图13-36 椎骨的解剖结构

1—椎孔；2—纤维环；3—髓核；4—关节突；5—横突；6—棘突

【术前准备】注射或口服类固醇类药物。如地塞米松0.5~1毫克/千克或泼尼松龙1~2毫克/千克。在发病后24~48小时内完成手术较好，术后病畜脊髓需要一定的恢复期，症状要持续一段时间。

【麻醉与保定】全身麻醉配合局部麻醉。侧卧或俯卧保定。

一、胸腰段脊柱手术

【切口定位】以损伤的椎板为中心，沿棘突作背中线切口（图13-37）。

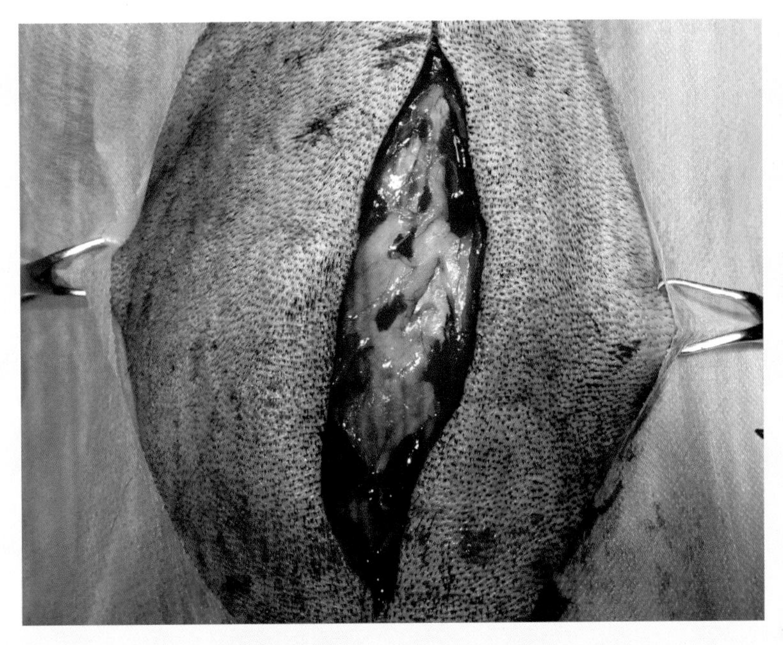

图13-37 沿背中线切开皮肤

【手术方法】可分为半椎板切除术和背侧椎板切除术（图13-38），手术的目的是切除压迫脊髓和神经根的病变。椎间盘片段常自腹外侧脱出，引起不同程度的神经根压迫、脊髓损伤和静脉窦出血。如果为单侧脱出，进行半椎板切除术，并将椎弓根完全切除；如果不是单侧的脱出，进行背侧椎板切除术和整个椎弓根切除术，到达椎管底水平，暴露脱出的椎间盘。

（1）背侧椎板切除术　适用于暴露椎管背侧和腹外侧的压迫团块，如椎间盘碎片、骨折碎片、肿瘤等。使脊椎背弓、椎弓间隙充分张开。在背中线做皮肤切开，暴露损伤部位的前后两个棘突（图13-39）。用骨膜剥离器分离背侧棘突、椎板、关节面和椎弓根上的轴上肌，电凝止血。用鸭嘴咬骨钳去除背侧棘突，切到背侧椎板水平（图13-40）。用刀切除椎间隙的软组织，用气钻将病变处前后两枚椎体的椎板逐渐切除，尽量保留完整的前关节突，钻头不能钻软组织、不能朝向椎管用力；先钻椎板的中间部，后钻椎间隙处（图13-41）。钻过骨板髓层后，要小心钻内皮层。当内皮层被钻透时，可换用牙科器械和小型咬骨钳处理剩余的内皮层、骨膜。

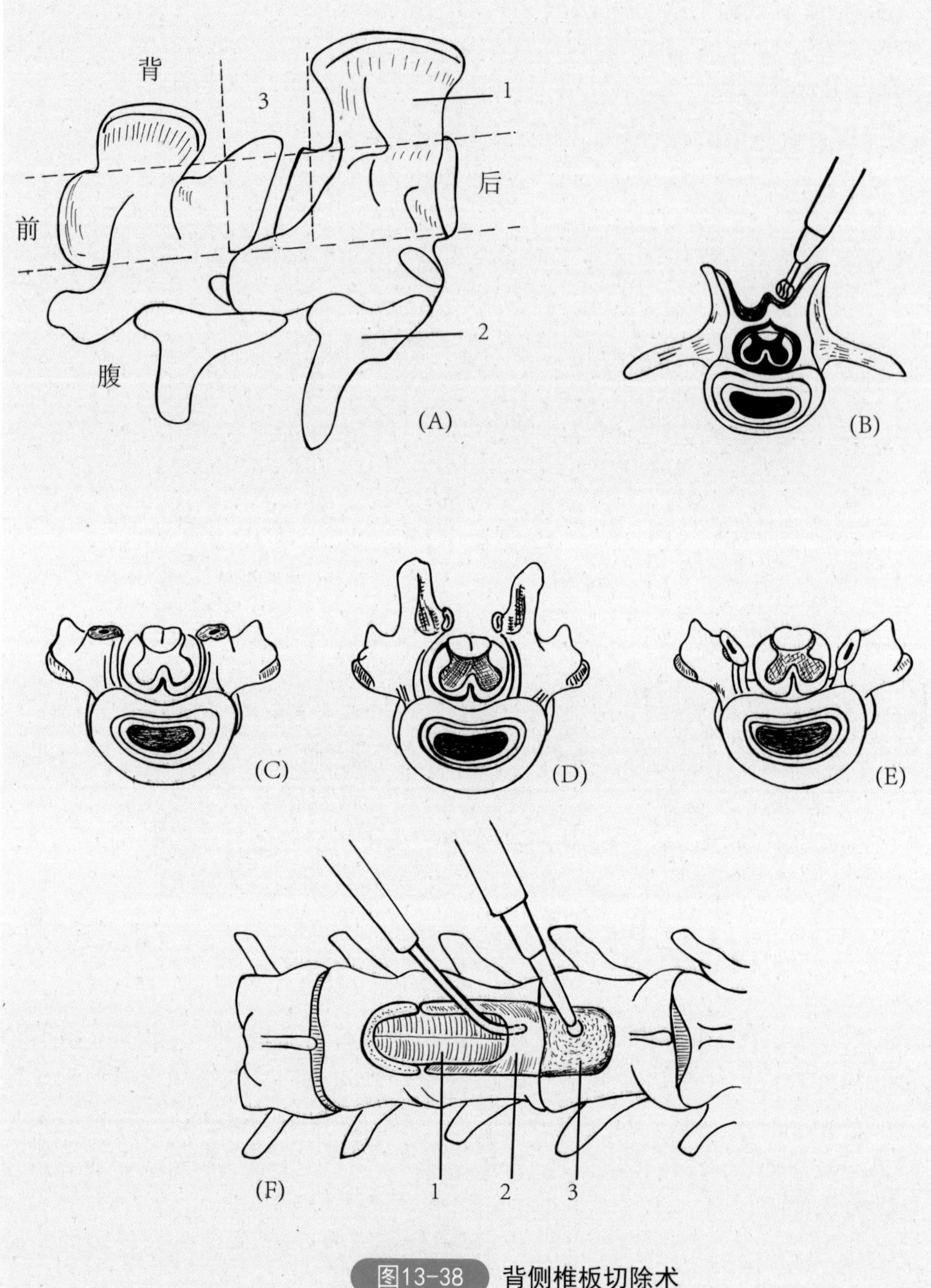

图13-38 背侧椎板切除术

（A）切口位置：1—横突；2—棘突；3—椎体切除槽的中心偏向椎间隙的头侧

（B）（C）（D）（E）：切除方法与范围

（F）切开骨膜，显露脊髓：1—脊髓与脊神经；2—切开骨膜；3—用球形钻头切开椎板骨层

图13-39
暴露损伤部位前后的两个棘突

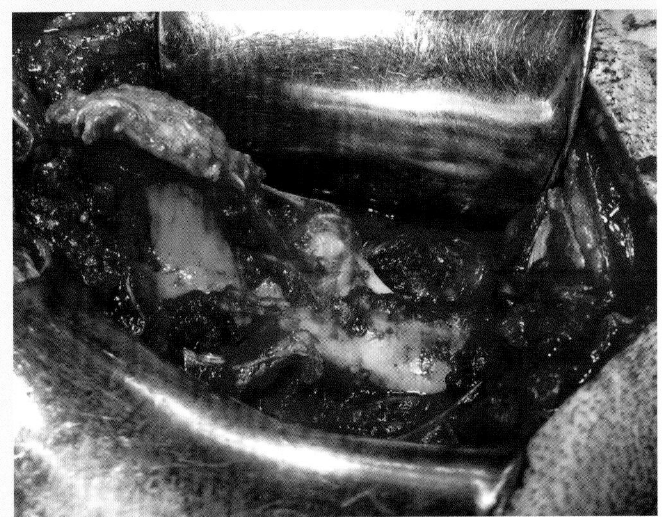

图13-40
去除背侧棘突

图13-41
用气钻切除椎板

（2）半椎板切除术　适用于显露椎管背外侧、外侧和腹外侧，如处理椎间盘突出、骨折碎片、硬膜内团块等。对两侧性病变，也可作两侧半椎板切除术。半椎板切除术显露椎体的方法同上述的背侧椎板切除术，也可作患侧背中线旁切口。显露椎体后，剥离一侧椎板及关节突，并继续向下剥离一侧的横突、椎弓根及椎体侧面。剥离应紧贴骨面进行，注意勿损伤腰神经及大血管。用高速气钻或电钻、咬骨钳切除椎间隙的关节突，从背侧的棘突基部、副突腹侧、前后关节面钻开，形成一前后向的长方形椎骨板外皮层缺失区（图13-42、图13-43）。然后，仔细地钻透骨板的髓层和内皮层。用牙科调拌刀穿透骨膜，切开暴露椎管。在直视下可用咬骨钳咬除横突；以腰神经为引导，显露椎弓根及椎间孔；用小号骨刀削薄椎弓根后，用咬骨钳咬除椎弓根，显露脊髓的侧面。在切除椎弓根的过程中，勿损伤神经根或脊髓。

犬腰椎一侧椎板切开术见视频13-5。

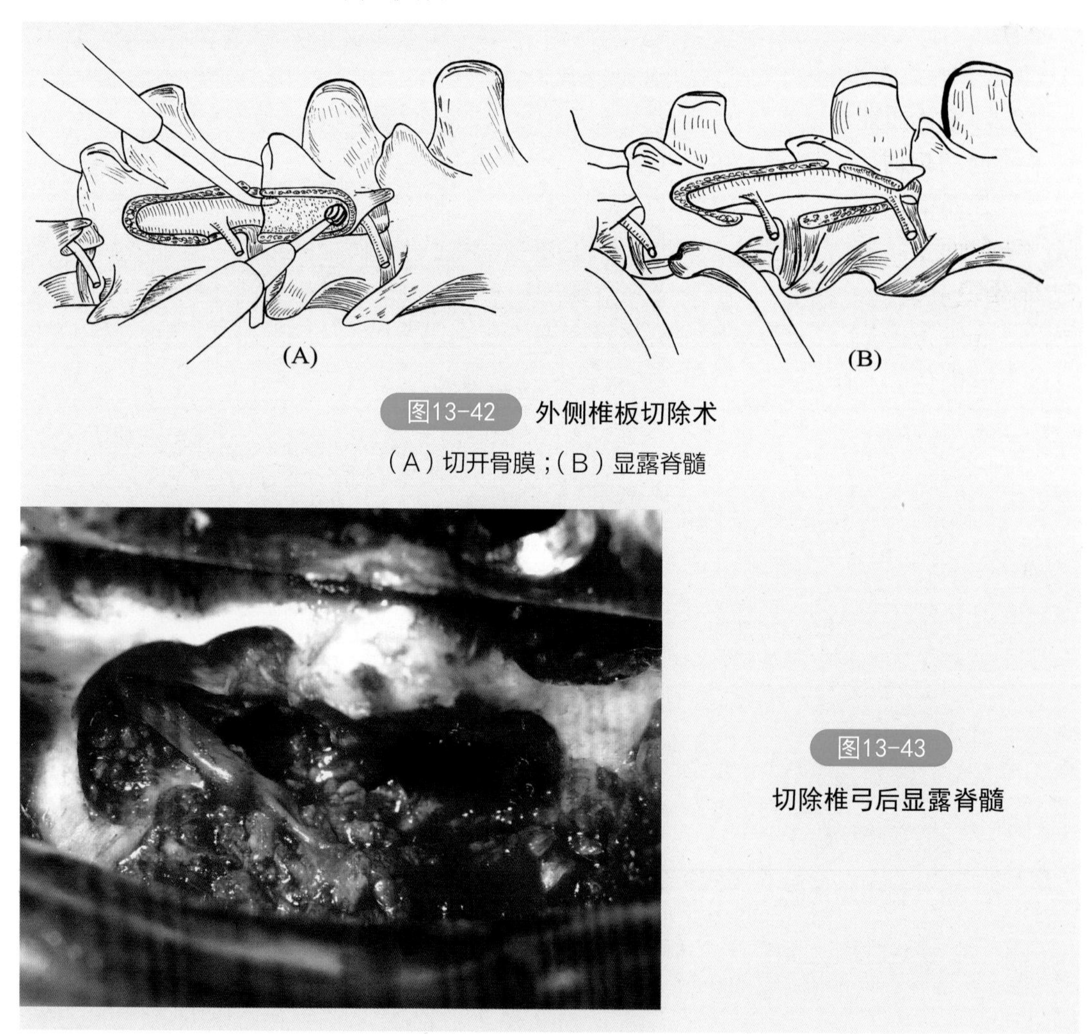

图13-42　外侧椎板切除术

（A）切开骨膜；（B）显露脊髓

图13-43

切除椎弓后显露脊髓

（3）椎体内病变处理　用硬膜剥离器轻轻拉开硬膜，分离硬膜与椎体之间的粘连，查明受压的部位及范围，脊髓的前侧如有碎骨片、血肿、破裂的韧带、髓核等，应彻底清除。对椎间盘脱出病例，用小号尖手术刀切开椎间盘囊，用牙科调拌刀、虹膜铲或牙石刮器小心地切除椎间盘物质；若显露通路受限，可用电刀切断脊神经根，术中不必处理脊髓膜。

视频13-5
犬腰椎一侧椎板切开术

陈旧性骨折常有瘢痕、骨赘或移位的椎体压迫脊髓。瘢痕可以切除，位于椎体背缘的骨赘可用弧形小骨刀切除。对背凸的骨嵴和背移椎体，为避免因振动或骨片挤压或失手而损伤脊髓，最好不用骨刀逐渐地切除骨嵴和椎体背侧皮质骨，而改用手摇钻在骨嵴的一侧钻一排孔，用小刮匙将骨嵴下的松质骨刮除，仅剩一薄层皮质骨时，再用椎体塌陷器将背凸的皮质骨压入骨质已刮除的空隙内。减压范围横向应超过中线，最好达到对侧椎弓根；纵向以背移位椎体的背面能与前、后椎体背缘平齐，不再压迫脊髓为度。

闭合切口时，充分清洗、止血后，用小块脂肪放在椎板缺失部位，以防硬膜粘连；用不锈钢丝固定连接椎板切除部的前后棘突，或在脊椎关节面的腹侧或椎板切除口的背侧面安置接骨板（图13-44和图13-45）。棘突钢板固定可加固脊柱（图13-46）。间断缝合筋膜和轴上肌，常规缝合皮下组织和皮肤。术后限制脊柱活动，以免内固定物折断、脱位或崩裂。用止痛药、抗菌药等药物。骨折愈合后，可取出棘突钢板等内固定物，以免因折断或移位压迫皮肤而形成窦道。

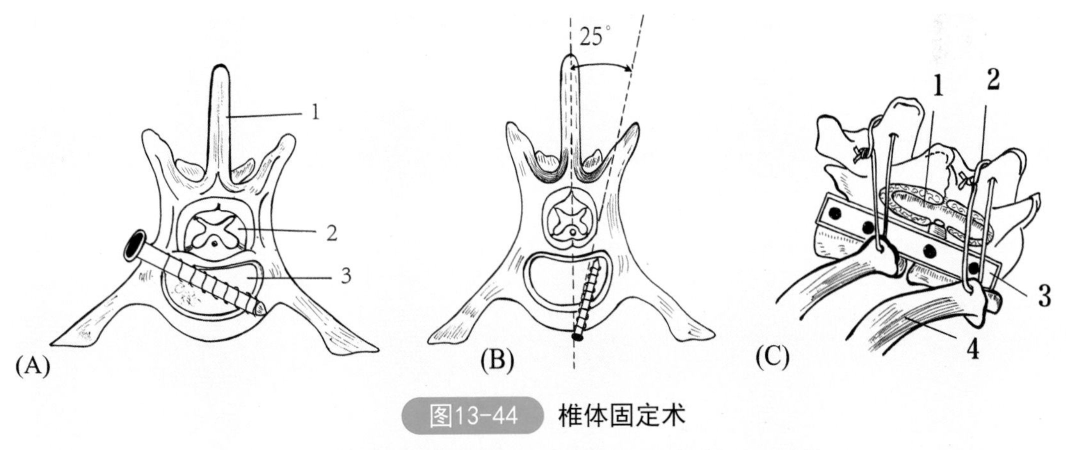

图13-44　椎体固定术

（A）椎体侧面安钉方法：1—棘突；2—脊髓；3—椎体
（B）椎体腹面安钉方法（腹侧接骨板螺钉方向）
（C）椎体侧面接骨板固定术：1—背外侧半椎板切除术；2—不锈钢丝固定；3—接骨板；4—肋骨

图13-45 接骨板固定

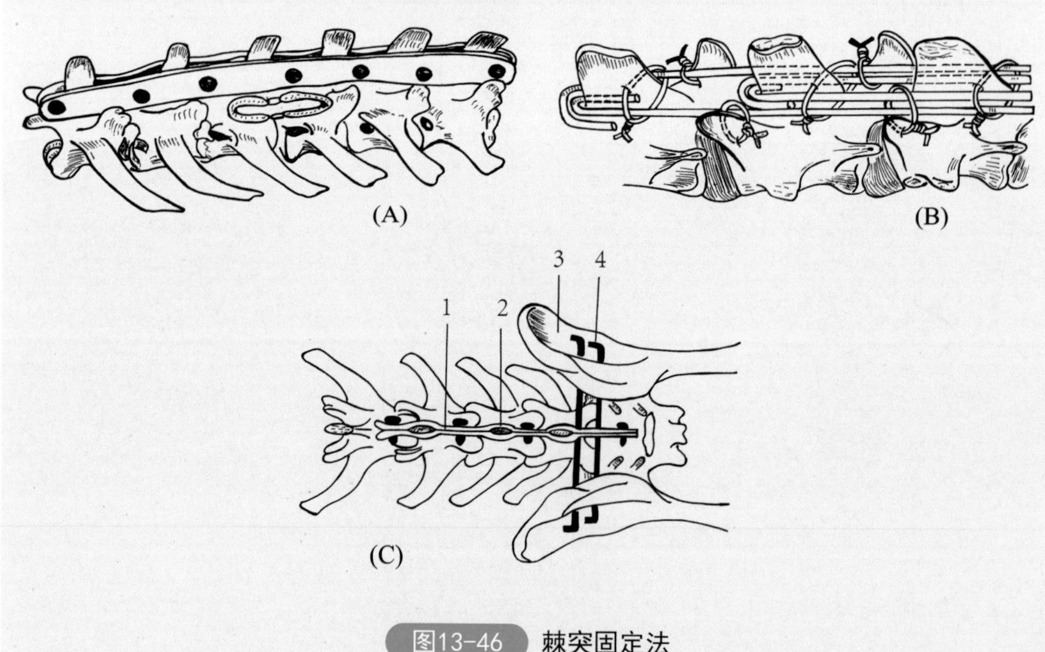

图13-46 棘突固定法

（A）接骨板固定法：在背侧棘突的两侧安装接骨板

（B）钢丝固定法：在背侧棘突和关节面基部之间纵向安置骨针

（C）腰椎骨盆固定术：1—接骨板；2—棘突；3—髂骨；4—骨针

二、颈部脊柱手术

【麻醉与保定】全身麻醉配合局部麻醉。仰卧保定或俯卧保定。仰卧保定时胸部置于“V”形槽内，躯体用沙袋保定，预防术中躯体左右移动。

【切口定位】颈椎可采用背侧或腹侧手术通路。

（1）颈椎的背侧手术通路　俯卧保定。显露第1~2颈椎时，头自然弯曲，头颈部下方垫一沙袋。在枕外隆凸至第4颈椎背侧棘突处做背中线切口。显露左右两侧夹肌和颈神经背侧支之间的纤维嵴（为正中线的标志）。在第2颈椎的棘突上分离夹肌并向两侧牵引。切开棘突两侧轴上肌，将其与棘突和背侧板分离。向后分离到第2~3颈椎关节突，向前至第1~2颈椎的椎间孔腹侧。

第2~5颈椎手术时，在颈中部下方垫一沙袋，将颈部向下弯曲，暴露脊椎，扩大椎间隙。自枕骨到第1胸椎棘突沿背中线做切口；切到项韧带。在两侧轴上肌之间，沿一侧项韧带切开。用骨膜剥离器从棘突和椎板上剥离轴上肌，剥离到关节水平。

第5~6颈椎手术时，是自颈中部至第3胸椎棘突做背中线切开。

（2）颈椎的腹侧手术通路　仰卧保定，向前牵拉头部。自下颌骨中部至胸骨柄的区域备皮。自甲状软骨后方到胸骨柄的腹中线上切开皮肤。沿中线向两侧分离胸骨舌骨肌和胸锁乳突肌。分离气管与食管，并将其拉向左侧。分离颈动脉周围的组织并向一侧牵引。椎体的定位方法是，触摸第1颈椎腹侧嵴和寰椎翼以及枢椎的横突与腹侧嵴，定位第1、第2颈椎的腹侧面；触摸第6颈椎的横突（伸向腹侧的宽骨板），定位其前后椎体的位置。确定病变椎体后，切断腹侧嵴的肌腱，沿腹侧的中线向两侧分离颈长肌，牵开颈长肌显露椎体的腹侧面（图13-47、图13-48）。

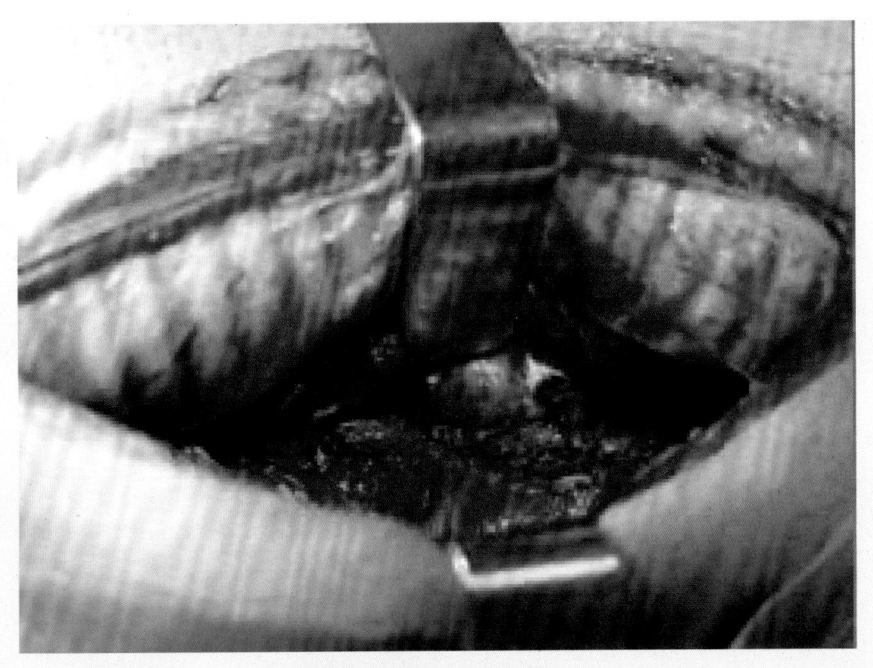

图13-47　分离颈长肌

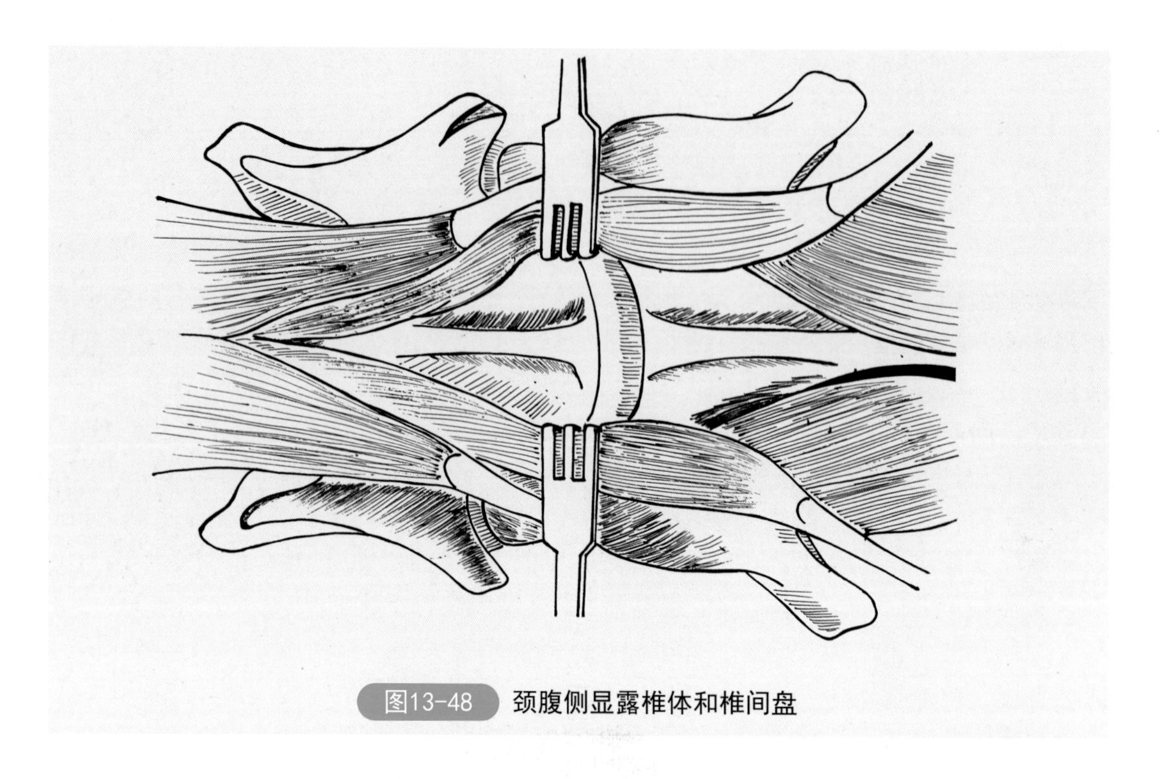

图13-48 颈腹侧显露椎体和椎间盘

【手术方法】颈椎病变的处理包括椎间盘突出、第1～2颈椎脱位、第2～7 颈椎骨折。

（1）椎间盘突出 处理椎间盘病变，可采用颈腹侧椎间盘开窗术和颈椎腹侧开槽术。

① 颈腹侧椎间盘开窗术：采用上述方法显露颈长肌，沿腹侧中线向两侧钝性分离颈长肌，显露椎体和椎间盘的腹侧面，然后在椎间盘位置做开窗术。用小型手术刀在椎间盘腹侧切一长条形楔状小口，外宽内窄，长度约为椎间盘直径的1/3，宽度与椎间盘厚度相等，深度达髓核。取出切开的纤维环，用锐匙、牙结石刮器或小型骨匙等器械挖除椎间盘组织。注意勿损伤深部的椎管、静脉窦和脊髓。对出血可用骨蜡、明胶海绵或双极电凝镊止血。然后，用生理盐水冲洗伤口，间断缝合颈长肌、胸骨舌骨肌，连续缝合皮下组织，皮内缝合皮肤。

② 颈椎腹侧开槽术：采用上述方法显露椎体的腹侧面，然后在椎间盘前后的椎体上开槽。槽的大小，前后缘分别是不超过前一椎体的后1/3和后一椎体的前1/4，宽度不超过椎体宽度的1/2。用高速电钻或气钻在椎体腹中线上打磨出一个骨槽（图13-49）。钻头依次钻透外皮质层、髓质层（松质骨）和内皮质层，颜色分别呈白色、红色和白色（图13-50、图13-51）。严格控制钻头深度，不宜用力过大、过猛。用骨匙刮除骨膜、纤维环，暴露背侧的纵韧带。注意勿伤及旁侧的椎静脉，万一损伤椎静脉，用吸引器吸出血液并用明胶海绵压迫止血。用锐匙取出突入椎管内的椎间盘组织和椎间隙内残留的椎间盘组织，用生理盐水冲洗后缝合颈长肌，常规闭合手术切口。犬颈部脊椎腹部开槽术见视频13-6。

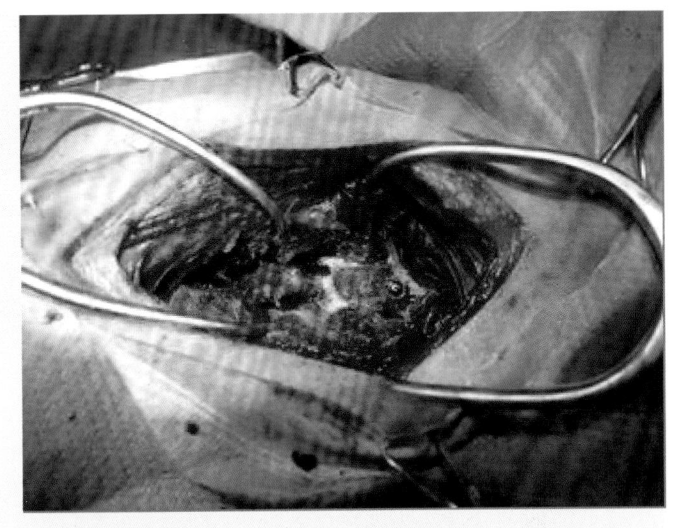

图13-49

已切除颈腹侧部分椎间盘与其前后的椎骨

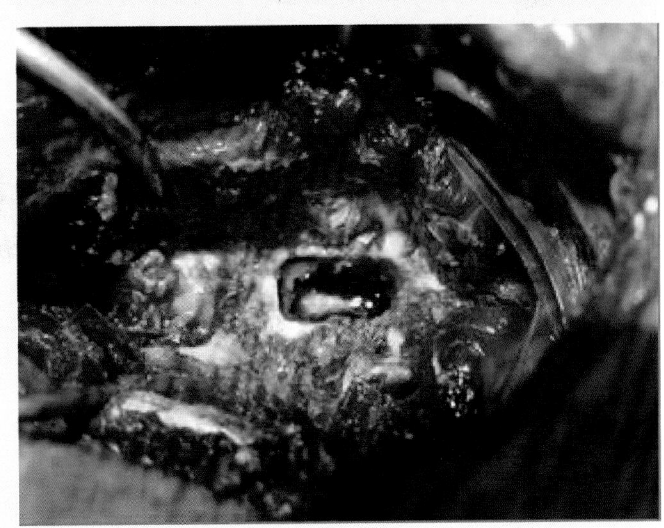

图13-50

颈腹侧椎体开槽术

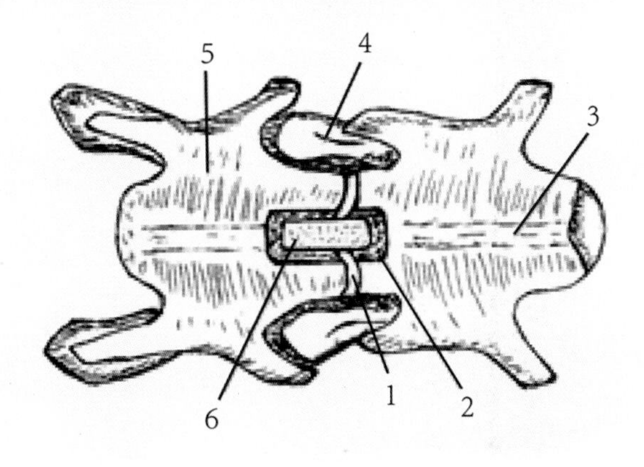

图13-51

颈腹侧开槽术示意图

1—椎间盘；2—骨槽；3—后侧椎体腹侧嵴；4—前后关节突；5—前侧椎体；6—脊髓

（2）第1~2颈椎脱位　手术显露椎体背侧后，第1~2颈椎半脱位可用不锈钢丝固定。从寰椎的背侧椎板、枢椎的背侧棘突、椎板和椎弓根上剥离轴上肌。在寰椎弓后面切开寰枢椎筋膜，显露硬膜外腔。切开寰椎弓前面的寰枕筋膜，进入硬膜外腔。通过寰椎弓下方将两根不锈钢丝自寰椎弓左右侧的前面穿行至寰椎弓后面；在枢椎背侧棘突钻前后排列的两个孔。然后，右侧的不锈钢丝两端分别穿过棘突上钻的前后孔，与左侧的不锈钢丝拧紧，寰椎与枢椎牢固固定（图13-52）。常规缝合肌肉和皮肤切口。

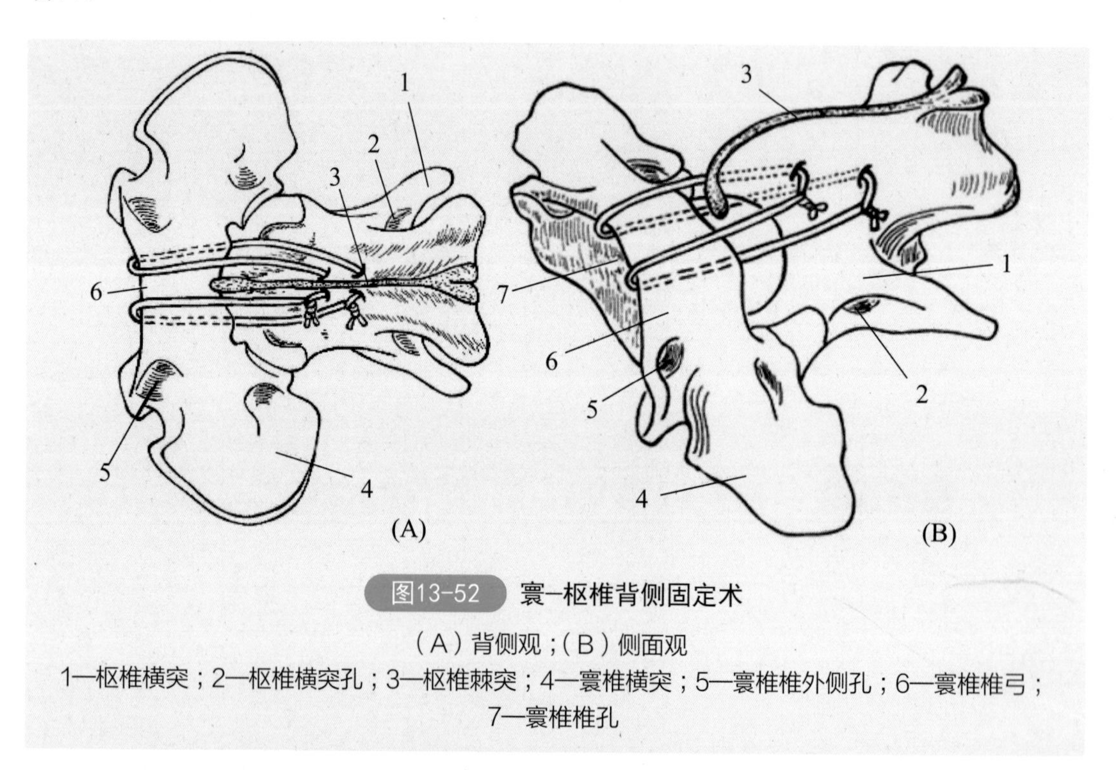

图13-52　寰−枢椎背侧固定术

（A）背侧观；（B）侧面观

1—枢椎横突；2—枢椎横突孔；3—枢椎棘突；4—寰椎横突；5—寰椎椎外侧孔；6—寰椎椎弓；7—寰椎椎孔

（3）第2~7颈椎骨折　可在椎体的腹侧采用接骨板固定。在骨折线的前后分别安置两枚骨螺钉。骨螺钉的长度以仅穿过接骨板内外皮层为度，不能过长；骨螺钉的运行方向与椎体中线成20°~25°，避免钉进入椎管［图13-44（B）］。

视频13-6

犬颈部脊椎腹部开槽术

参考文献

[1] 王洪斌.家畜外科学.北京：中国农业出版社，2011.

[2] 林德贵.兽医外科手术学.北京：中国农业出版社，2011.

[3] 福萨姆.小动物外科学.张海彬，译.北京：中国农业大学出版社，2008.

[4] 李建基，王亨.兽医临床外科诊疗技术及图解.北京：化学工业出版社，2013.

[5] 李建基，刘云.动物外科手术实用技术.北京：中国农业出版社，2012.

[6] 宋厚辉，王亨，邵春艳.动物医院实训教程.北京：中国林业出版社.2021